中国敦煌石窟保护研究基金会
甘肃省拔尖领军人才扶持计划项目（第一批）
联合资助出版

文化遗产微生物

汪万福　主编

科学出版社
北京

内 容 简 介

本书针对文化遗产保护中的微生物学问题，以文化遗产保护相关学科理论为指导，结合编者开展的以石窟寺、壁画彩塑及馆藏文物为重点研究内容的科学研究和教学工作，在参阅国内外大量文献资料的基础上，系统介绍了文化遗产保存保护中的微生物类群、分布特征、作用机制、防治方法与技术，旨在不断推动文化遗产微生物研究的可持续发展。

本书内容系统全面、资料丰富新颖、结构逻辑严密，学科交叉特色显著，是研究文化遗产与微生物关系的综合性学术著作，可供高等院校文物与博物馆学、文物保护技术、文化遗产、考古学及生态学和微生物学等相关专业的师生阅读参考，亦可作为高等院校的教科书；可供文物博物馆及文化遗产保护管理单位从事文物保护修复及管理的工作者参考。

图书在版编目（CIP）数据

文化遗产微生物 / 汪万福主编. –– 北京：科学出版社，2024.11.
ISBN 978-7-03-079233-4

Ⅰ. K203

中国国家版本馆 CIP 数据核字第 2024QT1390 号

责任编辑：李 迪 高璐佳 / 责任校对：严 娜
责任印制：肖 兴 / 封面设计：北京美光设计制版有限公司

科 学 出 版 社 出版
北京东黄城根北街 16 号
邮政编码：100717
http://www.sciencep.com

北京九天鸿程印刷有限责任公司印刷
科学出版社发行 各地新华书店经销
*

2024 年 11 月第 一 版 开本：787×1092 1/16
2024 年 11 月第一次印刷 印张：27 1/4
字数：640 000
定价：368.00 元
（如有印装质量问题，我社负责调换）

主 编

汪万福，生于 1966 年 9 月，甘肃省甘谷县人。理学博士，生物学博士后，二级研究馆员，中国科学院大学、兰州大学兼职教授、博士研究生导师。现任敦煌研究院学术委员会委员、保护研究部副部长，国家古代壁画与土遗址保护工程技术研究中心副主任，兼任中国古迹遗址保护协会石窟专业委员会副主任、中国文物学会文物保护技术与修复材料专业委员会副主任、中国文物保护技术协会石窟和土遗址保护专业委员会副主任等。第十四届全国人民代表大会代表。主要从事文物的生物退化与防护研究、干旱区环境与文物保护修复等方面的教学培训、文物科技保护及文物保护修复工程（项目）管理等工作。先后主持中国博士后科学基金敦煌壁画损害的微生物学机制及防护研究、国家自然科学基金丝绸之路甘肃段石窟壁画色变的微生物学机制研究等项目 10 余项，主持甘肃敦煌莫高窟九层楼修缮工程、甘肃省武山水帘洞石窟群壁画彩塑浮雕保护修复工程、西藏布达拉宫二期维修壁画保护修复工程、山西太原王家峰北齐徐显秀墓保护工程、青海瞿昙寺壁画保护修复工程等全国重点文物保护工程勘察设计与施工 20 余项，其中 5 项入选全国十佳（优秀）文物维修工程。发表学术论文 200 余篇；获得授权专利 30 余件、软件著作权 3 件；主持或参与制订国家及行业标准规范 7 项；撰写专著 9 部，其中 1 部入选博士后文库，3 部入选全国文化遗产十佳（优秀）图书。获国家科学技术进步奖二等奖 1 项，省部级奖项一等奖 1 项、二等奖 3 项。先后获文化部文化产业先进个人、全国优秀科技工作者等荣誉称号，以及第五届甘肃青年科技奖等奖项。入选甘肃省领军人才（第一层次）、甘肃省宣传文化系统"四个一批"文化专门技术界人才、甘肃省拔尖领军人才（第一批）。

副 主 编

冯虎元，兰州大学二级教授，博士生导师。1991 年以来从事植物学教学与研究工作，先后主持（参与完成）10 多项 973 课题及国家自然科学基金重点项目、面上项目和省级自然科学基金项目。发表学术论文 230 余篇，主编专著和教材 8 部。获教育部自然科学奖一等奖和甘肃省科技进步奖一等奖各 1 项，甘肃省自然科学奖二等奖 1 项，教育部教学成果奖二等奖 1 项、甘肃省教学成果奖一等奖 2 项。"植物生物学"和"生物学野外实习"甘肃省教学团队负责人，"生物学野外实习"甘肃省精品课程、教学团队和一流课程负责人。入选教育部新世纪人才计划、甘肃省领军人才。获得"宝钢"优秀教师、甘肃省教学名师、甘肃省优秀博士学位论文指导教师、兰州大学"师德标兵"、第三届兰州大学"学生最喜爱的十大教师"等荣誉称号。

马清林，北京化工大学特聘教授，山东大学兼职特聘教授，北京科技大学兼职教授，博士生导师。业务专长：文化遗产科技保护与科技考古、文物保护修复、文物数字化复原等。曾任甘肃省博物馆副馆长，中国文化遗产研究院副院长、二级研究员，中国文物保护技术协会副理事长，国际博物馆协会藏品保护委员会（ICOM-CC）理事会理事等。2003 年获第四届甘肃省青年科技奖，2007 年入选"新世纪百千万人才工程国家级人选"，2011 年获国务院政府特殊津贴。发表学术论文 210 余篇，其中 SCI 收录 50 余篇。撰写专著 5 部，译著 5 部，其中 4 部著作获奖。担任 *Heritage Science*、《文物保护与考古科学》编委。

陈拓，中国科学院西北生态环境资源研究院二级研究员，博士生导师。先后主持了国家重点研发计划政府间合作专项、国家国际合作专项、国家科技支撑课题、国家自然科学基金项目，以及甘肃省重大专项等。主要从事环境生物学研究，阐明了我国西部低温、干旱等极端环境微生物的分布规律及其环境适应机制，构建了极端环境微生物资源库，揭示了气候变化和森林管护对我国西北干旱区森林生长、生态韧性和水分利用效率等过程的影响机制。以第一或通信作者发表 SCI 论文 60 余篇，获得授权国家发明专利 5 件，撰写专著 2 部。获甘肃省科技进步奖一等奖、中国科学院杰出科技成就奖、中国科学院大学领雁银奖和优秀导师奖、教育部高校科学技术奖一等奖等奖项。

编　　委

陈章，理学硕士，敦煌研究院副研究馆员，2017年进入敦煌研究院保护研究所工作。主要从事文物动物损害监测与防治研究工作。主持完成甘肃省文物保护科学和技术研究课题1项，作为骨干成员参与国家重点研发计划项目1项、国家自然科学基金项目4项、甘肃省科技厅项目4项。参与完成全国重点文物保护单位勘察设计项目1项，发表学术论文7篇，参编专著2部，获授权专利9件，登记软件著作权1项。获2022年甘肃省科技进步奖一等奖1项。

段育龙，中国科学院西北生态环境资源研究院副研究员，硕士生导师，中国科学院"西部之光"青年学者（B类），中国科学院西北研究院"西部突出贡献人才"（四级）。长期从事文化遗产生物侵蚀及防治研究，近几年摸清了典型文化遗产地包括甘肃天水麦积山石窟和武威天梯山石窟文物本体及其赋存环境中的微生物多样性、群落结构及驱动因子，重点揭示了其与生物侵蚀间的耦合关系。近5年发表论文15篇（其中SCI论文12篇），主持各类项目7项，获批实用新型专利2项，获得甘肃省科技进步奖一等奖1项。

李天晓，历史学博士，敦煌研究院馆员。主要从事文物微生物病害防控材料研究、微生物技术在文物保护中的应用等工作，在抗菌材料的应用评估、微生物矿化的作用机理及对石质文物、土遗址加固研究等方面积累了大量经验。参与完成国家重点研发计划项目2项，主持中国博士后科学基金项目1项，山东省自然科学基金项目1项，甘肃省文物保护科学和技术研究课题1项，累计发表研究论文9篇。

马燕天，博士，南昌大学生命科学学院副教授。研究方向为微生物驱动的淡水湖泊湿地物质循环，主要从环境微生物的生物多样性和代谢功能角度分析湖泊湿地中的元素周转规律及其对环境健康的影响。近年来发表学术论文20余篇，主持国家自然科学基金及省部级基金4项。本科教学中主要承担"生物化学"和"生物化学实验"课程的教研工作，主持教改课题3项，参与教材编著2部，获省级教学成果奖二等奖1项。

潘皎，北京科技大学科技史与文化遗产研究院教授，博士生导师。研究方向为文物微生物病害研究，生物技术在文物保护中的应用，主要通过运用微生物学、分子生物学、组学、生物信息学等技术方法，开展文物微生物病害的溯源研究、病害种群结构特征研究、病害微生物对文物的生物腐蚀机理研究、病害与文物出土或保存环境关系研究、文物微生物病害的防控以及绿色环保生物抑菌剂的开发和应用研究等，以最终实现重要文物的预防性保护与本体保护。近5年以通讯作者在文物微生物领域共发表论文30余篇，荣获"十二五"文物保护科学和技术创新奖二等奖。

唐欢，博士，文博研究馆员（正高三级），现任重庆中国三峡博物馆文物保护与考古部副主任，馆藏文物有害生物控制研究国家文物局重点科研基地副主任。主要研究方向为馆藏文物预防性保护、馆藏文物生物病害控制研究，在文物虫霉病害防治及馆藏文物保存环境净化方面积累了大量基础与应用成果。先后主持文物生物病害研究省部级及以上项目3项，参与省部级及以上项目8项，参与制定行业标准4项，发表论文23篇（SCI 3篇），获专利授权23项（发明专利2项，实用新型专利21项）。

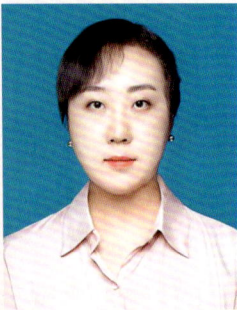

田恬，理学博士，兰州大学公共卫生学院教师，硕士生导师。主要从事我国古代文物环境微生物菌害防治、微生物种质资源鉴定、壁画颜料重金属与微生物的相互作用机制、低剂量重金属环境暴露对人群口腔微生物的影响等方面的研究工作。相关成果已发表在 *Frontiers in Microbiology*、*International Biodeterioration & Biodegradation*、*Environmental Monitoring and Assessment*、*Journal of Basic Microbiology*、*International Journal of Systematic and Evolutionary Microbiology* 等学术刊物上，累计发表文章20余篇。主持国家自然科学基金青年项目1项，参与国家自然科学基金面上项目2项。

武发思，理学博士，敦煌研究院研究馆员，现任敦煌研究院保护研究所副所长、国际生物退化与生物降解学会（IBBS）中国代表。入选国家"万人计划"青年拔尖人才、陇原人才（A类）、陇原青年英才、甘肃省优秀青年文化人才。主要从事文物的生物损害监测与防控技术研究。主持及参与完成国家和省部级项目20余项，在研4项。完成全国重点文物保护单位勘察设计及保护工程各2项。发表研究论文120余篇，参编专著3部，获授权专利20余件，获省部级奖励4项。

《文化遗产微生物》编委会

序　一

　　微生物是地球上出现的第一种生命形式，它对地球的演化及生命进化进程起到至关重要的作用，对人类而言既是不可缺少的朋友，又是致命的敌人。在世界范围内，因微生物生长代谢活动所导致的文化遗产生物侵蚀事件层出不穷，涉及古代壁画、石质文物、金属文物、自然和合成有机文物、遗址等各类文化遗产，给文化遗产的长期保护和安全展陈带来不可逆转的危害。为此，世界各国均开展了针对文化遗产微生物病害及其防治的研究。纵观全球，文化遗产微生物研究水平发展极不均衡，欧美发达国家远领先于发展中和不发达国家及地区。即使是在发达国家，文化遗产微生物的研究也仅局限在少数文化遗产高度集中地域，以欧洲为中心，研究成果的系统性和可借鉴性明显薄弱。更为重要的是，当前缺乏一套科学的研究理论、方法和技术体系，以指导文化遗产生物侵蚀的基础理论和防治措施的研究及技术开发。因此，亟须对已发表的文化遗产微生物研究成果进行梳理、凝练、总结与提升，提出存在的不足和急需聚焦的科学问题以及有效的科学技术手段，推动建立系统的研究方法，建立文化遗产微生物学。

　　汪万福研究馆员团队长期深耕于文化遗产保护领域，依托敦煌研究院和国家古代壁画与土遗址保护工程技术研究中心，研究团队一直活跃在石窟寺壁画、墓葬壁画和岩石壁画等文化遗产微生物损害的机制与防治技术研究的第一线和国际最前沿，取得了许多有影响力的成果，得到了国内外相关专家高度认可。我与汪万福研究馆员初次相识是在2010年，该团队在国际生物退化与生物降解学会的会刊《国际生物退化与生物降解》（*International Biodeterioration & Biodegradation*）上发表重要研究成果。当时我担任该刊副主编，汪万福研究馆员的论文题材新颖，逻辑严谨，数据翔实，给我留下了深刻的印象。2014年，经汪万福研究馆员提议，由敦煌研究院等四家机构主办，首届"文物的生物退化与防护国际学术研讨会"在敦煌成功举行。《国际生物退化与生物降解》作为主办方之一，我有幸赶赴莫高窟参加这一盛会，并在其间与该研究团队进行了深入交流，深深被该团队的科研精神和能力感动。近年来，该团队在壁画、石质文物的生物侵蚀研究，以及人才培养、国际合作等方面，均持续取得优异的研究成果和大的突破，可喜可贺。

　　在长期大量实践基础上，该团队联合国内一流的文化遗产微生物研究团队，编写《文化遗产微生物》一书，恰得其时。该书选题新颖，章节安排合理，图文并茂，科学性强，涵盖面广，是该领域首次系统地从学科专业角度论述文化遗产微生物研究、较全面地总结文化遗产与微生物关系的著作。该书从文化遗产微生物的研究现状出发，立足学科发展脉络，层层递进，有序分析了文化遗产微生物研究的特点、概念体系和研究技术。其中世界范围内的案例不但大大丰富了内容，也为读者提供了可借鉴的经验，必将为推动相关的研究起到非常积极的作用。

　　我相信，《文化遗产微生物》一书的出版将带动不同学科的力量加入这个正在兴起的领域，推动文化遗产研究和保护事业更上一层楼。承蒙作者厚爱，我应邀斗胆作序，最重要的是，在此为该书的出版表示祝贺！

广东以色列理工学院

2022 年 9 月 25 日于珠海

序　二

　　文物是人类社会活动中保留下来的具有历史价值、艺术价值、科学价值，并能在当今社会生活和未来社会发展中发挥其积极作用的遗迹遗物。我国是名副其实的文物资源大国，据第三次全国文物普查，我国境内保存有不可移动文物达 76.67 万处、国有可移动文物 1.08 亿件（套）。老祖宗留给我们的这些宝贵遗产，无疑是历史文化传承的伟大见证。保护好这些文化遗产，就是保护好中华民族精神生生不息的根脉。可以说，文物保护是功在当代、利在千秋的事情。文物保护的首要任务是保证文物实体的有效保护和长久保存，其核心是全面保护、保留、保存文物一切价值与信息。

　　由于文物珍贵而脆弱，在多因素耦合作用下，容易产生多种多样的病害问题，其中微生物是文物保存最重要的影响因素之一。微生物无处不在，在超高温、超低温、超高压、超低压、超干、超湿等各种恶劣的环境条件下都可能存活，对各种材质都可能造成伤害与腐蚀破坏，例如，铁器在地下环境中也能遭受硫酸盐还原菌的侵蚀，发生严重的腐蚀。由于微生物在文物上活动，与文物本体产生相互作用，通常引起不同的生物退化（biodeterioration）现象，如生物风化（bioweathering）、生物降解（biodegradation）、生物污损（biofouling）、生物腐蚀（bioerosion）和生物矿化（biomineralization）等过程，从而导致文物价值受损，甚至影响到文物的保存与传承。文物微生物研究范畴包括微生物生命活动对于文物本体及其赋存环境的影响，以及对微生物侵蚀的防护和修复技术，涉及科学理论和防护技术两个层面，前者强调微生物引起文物损伤和破坏的机制及具体过程，后者注重技术开发，预防微生物侵害的发生，并对已经形成侵害的文物进行保护修复。

　　随着我国文物事业的发展，文物保护事业急需人才的现状和文物保护的跨行业、跨部门、多学科、综合性应用技术特点，使得文物保护学科建设十分必要且紧迫。今天要加强学科建设，一方面是促进文物保护学科规范化发展，使更多具备条件的高等院校开设文物保护相关方向，扩大人才培养规模，提升人才培养持续性，建立健全与文物保护发展相适应的教育体系，提高人才培养质量；另一方面是促进学科的发展，就应该"打开门、走出去、请进来"，广泛地与高等院校、科研院所相结合，消化吸收多门类多学科的专业知识和技能等一切新成果，加强国内外的学术交流合作，吸引更多专门人才从事文物保护研究和教育，壮大文化遗产保护力量。

　　从现有的研究成果来看，文化遗产领域针对微生物开展的研究相对薄弱且没有形成系统的学科体系，文物保护科技工作者都能看到微生物对文物保护伤害的严重性，也都能意识到微生物、微生物腐蚀及其防治的必要性、迫切性，但是真正重视并深入研究者窦窦无几。汪万福研究馆员团队长期以来致力于微生物对文物伤害的机理和防治的研究，做了大量的工作，获得大量成果，保存了丰富的资料，其精神难能可贵。今汪万福研究馆员主编的《文化遗产微生物》一书，涉及国内外石窟寺、壁画、墓葬、考古遗址和馆藏文物等众多文化遗产类型中的微生物问题，该书系统介绍了文化遗产保存保护中的微生物种群、分布特征、作用机制、防治方法与技术，科学性强，学术价值较高，对文物保护一线工作人员而言，具有很强的实用性和指导性。该书填补了文化遗产保护工作中微生物研究的空白，亦可为微生物专业领域的研究人员以及广大微生物爱好者提供借鉴和参考。

全书内容系统全面，资料丰富，选题新颖，结构严谨，逻辑清晰，论述详略得当，是文化遗产与微生物研究有机结合的综合性学术著作，具有较高的学术水平和重要的学术价值。

我相信，《文化遗产微生物》的出版，定会大大促进文化遗产微生物研究的持续发展，带动不同学科的力量加入文物保护领域，推动文化遗产保护事业更上一层楼。

是为序。

故宫博物院

2022 年 10 月 7 日于北京

前　　言

文化遗产是人类创造并遗留、流传下来的具有历史、艺术和科学价值的文化财富，是人类文明历史的见证和人类可持续发展的宝贵资源，早已成为一个国家、一个区域重要的文化代言，不仅见证了历史的兴盛，而且凝结了古代劳动人民的智慧。随着全球气候变化加剧、极端天气事件频发、环境污染日益加重以及旅游业城镇化的高速发展，文化遗产遭受到的包括地震、海啸、沙尘暴等自然灾害的破坏，以及战争和经济开发等人类的破坏与日俱增。生物和非生物影响因素叠加，文化遗产保护中的微生物问题日益凸显，严重威胁到其永续保存与利用，部分脆弱遗产甚至在逐渐消失，开展深入研究的需求十分迫切。全球范围内，因微生物活动引起的文化遗产生物侵蚀现象屡屡可见，最为典型的如欧洲拉斯科洞穴和阿尔塔米拉洞穴因多种类型微生物持续侵蚀而被迫关闭，日本的高松冢古坟因真菌增殖而不得不解体搬迁异地保存，东南亚吴哥古迹和美洲玛雅遗迹也因蓝细菌等大量增殖而加速风化。就我国而言，第三次全国文物普查登记不可移动文物 76.67 万处、国有可移动文物 1.08 亿件（套），是名副其实的文物资源大国。根据对全国 2803 家各级国有文物收藏单位的馆藏文物调查结果，有 50.66% 的馆藏文物存在不同程度的腐蚀损害，其中濒危腐蚀程度、重度腐蚀程度、中度腐蚀程度分别占全国馆藏文物总数的 2.01%、14.52%、34.13%。近期对我国 28 个省（自治区、直辖市）所辖 45 167 个窟龛、484 867 尊摩崖造像进行普查，结果显示约 62% 的石窟寺和 71% 的摩崖造像遭受生物病害不同程度侵蚀，而微生物参与的腐蚀及劣化尤为突出。

文化遗产历史久远，类型多样，分布广泛，长期受到复杂多变的气候、环境及生物等因素的综合影响，导致这些珍贵文物被严重腐蚀。面对异常繁重艰巨的保护任务，保护研究力量却严重不足，我国文物机构队伍仍然存在"小马拉大车"现象。全国文物系统从业人员 16 万人，专业的文化遗产保护人员仅 3000 人左右。文物保护修复、可移动文物鉴定、文化遗产应用基础研究人员匮乏。文化遗产保护和考古相关学科体系不够健全，高校"双一流"建设考古学权重仍需增加，跨学科合作亟待加强，交叉学科建设有待突破。现有的文物保护科研力量分散，文物科技资源配置总体规模有限。世界范围内，针对文化遗产微生物损害机制及防护方面的研究各国均有开展，但研究力量和水平参差不齐。即便是发达国家，文化遗产微生物的研究也仅局限在少数文化遗产地，研究也缺乏系统性和可借鉴性。更为重要的是，缺乏一套科学的研究理论、方法和技术体系来指导文化遗产保护实践。

本书针对文化遗产保护中的微生物学问题，以文化遗产保护相关学科理论为指导，结合编者在国家重点基础研究发展计划项目"中国北方沙漠化过程及其防治"（TG2000048705），国家重点研发计划项目"馆藏文物预防性保护风险防控指标体系与评价技术研究"（2020YFC1522500），国家科技支撑计划课题"敦煌文化遗产与自然遗迹保护关键技术集成试验示范研究"（2013BAC07B02），国家自然科学基金项目"丝绸之路甘肃段石窟壁画色变的微生物学机制研究"（31560160）、"敦煌莫高窟微生物时空分布特征及对壁画腐蚀机理研究"（31260136）、"微生物介导的敦煌莫高窟壁画色变机理研究"（31440031）、"敦煌莫高窟崖体水－盐运移的环境动力过程及对壁画影响研究"（40940005）、"壁画保护高分子材料的抗菌性及其环境适应性研究"（31500430），中国博士后科学基金项目"敦煌壁画损害的微生物学机制及防护研究"（20080430109），甘肃省国际科技合作项目"甘肃古代壁画有害生物防治药剂的研发与示范"（1604WKCA003），甘肃省科技计划项目"砂岩文物的微生物风化作用机理研究——以甘肃北石窟寺为例"（18JR3RA004），重庆市社会事业与民生保障科技创新专项"植物源作为新型文物熏蒸剂的研发与应用研究"（cstc2017shmsA00012）等项目资助下开展的以石窟寺、壁画、墓葬、考古遗址及馆藏文物为重点研究内容的科学研究和教学工作，在参阅国内外大量文献资料的基础上，系统介绍了文化遗产保存保护中的微生物类群、分布特征、作用机制、防治方法与技术，提出并探讨了文化遗产微生物的基本理论及发展历程、研究进展，旨在不断推动文化遗产保护研究事业的持续高质量发展。

全书共 10 章，编写分工如下：第 1 章绪论介绍了文化遗产微生物的基本理论、研究范围等，由马燕天和汪万福编写；第 2 章介绍了文化遗产与微生物的关系，阐述了文化遗产微生物研究的发展史，由汪万福、马燕天和段育龙编写；第 3 章系统总结了文化遗产微生物研究的方法与技术，由段育龙和汪万福编写；第 4 章至第 9 章分别介绍和总结了国内外在文化遗产微生物研究方面的典型案例及最新研究进展，是本书的核心内容。其中，第 4 章洞窟壁画彩塑微生物由段育龙和汪万福编写；第 5 章石质文物微生物由段育龙、李天晓、潘皎和汪万福编写；第 6 章古墓葬微生物由段育龙、田恬、陈章和汪万福编写；第 7 章遗址及考古现场微生物由武发思和冯虎元编写；第 8 章海洋出水文物微生物由李天晓和马清林编写；第 9 章馆藏文物微生物由唐欢和马清林编写；第 10 章总结与展望由汪万福和马燕天编写。全书由汪万福、冯虎元、马清林、陈拓统稿和修订，李天晓、段育龙协助。

在编写过程中，我们立足自身文化遗产微生物研究工作，力求全面、准确、完整地反映文化遗产微生物研究的全貌。但面对浩如烟海的文献资料，加之编者能力、水平和时间所限，编辑成书后不足之处在所难免，殷切希望读者批评指正，我们将在今后的研究教学和工作中不断修正完善，力争使之成为一本专业参考书。本书引用了大量国内外最新研究成果，虽然编者已尽可能查找和标注了出处，但难免会有疏漏之处，敬请谅解。

编 者

2021 年 9 月 30 日

目　　录

第1章 绪 论

1.1 文 化 遗 产

1.1.1 文化遗产概念

什么是文化遗产（cultural heritage），在不同时代不同地域有着不同的定义或含义。1931年"九一八事变"后，马相伯在《为日祸敬告国人书》中写道"追怀已往历史之光荣，先民缔造之文化遗产"，其所述"文化遗产"包括先辈传承下来的物质与精神财富。于斌1932年在《公教学者与我国文化遗产的研究》中指出"文化遗产，指的是我们先民宗教、哲学、艺术、科学各方面思想的结晶，有专著可考，有史册以传"。稽希宗1935年在《万里长城：中国古代文化遗产之一》中，以及黄峰1937年在《怎样接受文化遗产》中也阐述或使用过"文化遗产"这个词。石公牧1944年在《寄青年：怎样接受文化遗产》中讲道："以社戏、灯会为代表的文化表现形式，虽有简陋之处，但表现的东西，终究是我们民族数千年来的文化产物，一直传留了下来"，因此"一切的文物艺术，诗词歌赋，也是我们民族文化的遗产"。郑伯奇1947年在《民俗：活的文化遗产》中讲道："各地的风俗习惯，各地的方言谚语，各地的歌谣、传说、故事、地方戏等所谓民间文艺，这一切可以包括在'民俗'这一个名称的范围之内"，而"民俗也正是一个民族的活的文化遗产"。综上，"文化遗产"的概念有时候仅仅是"物质"的，有时候则是"非物质"的，没有统一的标准。

1972年11月16日，联合国教育、科学及文化组织（简称联合国教科文组织，UNESCO）在巴黎举行的第十七届会议上通过了《保护世界文化和自然遗产公约》（Convention Concerning the Protection of the World Cultural and Natural Heritage），明确了"文化遗产"的定义。文化遗产可以分为有形文化遗产（tangible cultural heritage）和无形文化遗产（intangible cultural heritage），即物质文化遗产和非物质文化遗产。物质文化遗产是具有历史、艺术和科学价值的文物（cultural or historical relic）；非物质文化遗产是指各种以非物质形态存在的与群众生活密切相关、世代相承的传统文化表现形式。

2005年12月，国务院印发了《关于加强文化遗产保护的通知》，以"文化遗产"的概念拓宽了"文物"概念的内涵和外延，这标志着中国文物事业进入一个新的发展阶段。2006年至2014年，国家文物局每年举办一次"中国文化遗产保护无锡论坛"，先后就工业遗产、乡土建筑、20世纪遗产、文化线路、文化景观、运河遗产、世界遗产的可持续发展、文化遗产的保护与利用等主题进行了广泛深入讨论。

1.1.2 文化遗产类型

联合国教科文组织（UNESCO）在对文化遗产的定义中指出，文化遗产这一术语包含了以下几种类别的遗产。

1）物质文化遗产：可移动文物（画作、雕塑、钱币、手稿等）、不可移动文物（纪念碑、考古遗址等）、水下文物（沉船、水下遗迹等）。

2）非物质文化遗产：口述传统、行为艺术、仪式等。

3）自然遗产：具有文化内涵的自然遗址，如文化景观、地质形态等。

有形文化遗产即传统意义或狭义的"文化遗产"。根据《保护世界文化和自然遗产公约》，有形文化遗产包括历史文物、历史建筑、人类文化遗址。有形文化遗产通常也称物质文化遗产，进一步细化即包括古遗址、古墓葬、古建筑、石窟寺、石刻、壁画、近现代重要史迹及代表性建筑等不可移动文物，历史上各时代的重要实物、艺术品、文献、手稿、图书资料等可移动文物，以及在建筑式样、分布均匀或与环境景色结合方面具有突出普遍价值的历史文化名城（街区、村镇）。本书文化遗产微生物中的"文化遗产"是指文物或物质文化遗产（表 1-1）（郭宏，2001）。

表 1-1 文化遗产分类表

大类	小类	典型代表
不可移动文物	古遗址	周口店北京人遗址、殷墟、河姆渡文化等
	古墓葬	西安秦始皇陵及兵马俑坑，高句丽王城、王陵及贵族墓葬，明清皇家陵寝等
	古建筑	长城，北京故宫，曲阜孔庙、孔林、孔府等
	石窟寺	甘肃敦煌莫高窟、山西大同云冈石窟、河南洛阳龙门石窟等
	石刻	重庆大足石刻、四川乐山大佛、内蒙古阴山岩画等
	壁画	殿堂壁画、墓葬壁画、石窟壁画、寺观壁画等
	近现代重要史迹和代表性建筑	八路军西安办事处旧址、遵义会议会址、李大钊故居等
	历史文化名城、名镇名村及其附属文物	山西平遥古城、云南丽江古城、安徽皖南古村落等
	文化景观、文化线路遗产	山西五台山、丝绸之路、中国大运河等
可移动文物	金属文物	金器、银器、铜器、铁器、锡器等
	石质文物	石刻、石碑、玉器、宝石等
	陶瓷砖瓦文物	陶器、瓷器、玻璃、珐琅器、秦砖、汉瓦等
	纸质文物	古书籍、古字画等
	竹木漆器文物	竹器、漆器、木器、版画等
	牙骨器文物	甲骨、牙雕、贝币、骨角器等
	纺织品文物	丝织品、毛织品、棉麻制品等
	皮革类文物	皮革制品、羊皮书等

无形文化遗产又称非物质文化遗产，根据联合国教科文组织《保护非物质文化遗产公约》（Convention for the Safeguarding of the Intangible Cultural Heritage）的定义，无形文化遗产是指"被各群体、团体、有时为个人视为其文化遗产的各种实践、表演、表现形式、知识和技能及其有关的工具、实物、工艺品和文化场所"。

1.1.3　文化遗产价值

关于文化遗产（文物）的价值，《中华人民共和国文物保护法》第二条明确规定，具有历史、艺术、科学价值的古文化遗址、古墓葬、古建筑、石窟寺和石刻、壁画受国家保护。长期以来，谈及文物价值，人们比较熟悉的是文物的历史、艺术和科学价值，但从社会、文化、经济等角度对其价值的理论探讨并不充分。随着国内外对文化遗产认识的不断深化，文化遗产实践的不断丰富，文化遗产价值构成研究也呈现出多元化趋势。《中国文物古迹保护准则》（2015 年修订版）对此进行了总结，提出了文化价值和社会价值同样是文化遗产所应具备的重要价值。文化遗产具有突出的文化多样性，这种文化多样性所包含的文化价值是今天文化遗产价值的重要内容之一。同样，文化遗产在社会凝聚力、情感价值、教育功能等方面所具备的社会价值也是当今文化遗产保护所强调的。文化价值、社会价值的提出，无疑将有利于促进中国文化遗产整体价值体系的完善，有利于深化人们对文化遗产丰富内涵的认知，将对以价值保护为核心的文化遗产保护理论和方法的发展起到积极的推动作用（龚钰轩，2020；孙华，2020）。

（1）历史价值

历史价值是指文物古迹作为历史见证的价值。文物的价值内涵丰富，在文物所具有的五个价值中，历史价值最为重要。因为任何历史遗迹、遗物都是某个时代人类社会活动的遗存，是由产生它的那个时代的一定人群，根据当时的政治、经济、军事、文化等需要，运用当时所能获得的材料和所掌握的技术创造出来的。因此，它能从不同的侧面，反映当时的政治、经济、军事、科学技术、文化艺术、宗教信仰、风情习俗等，这些也是构成文物时代特点的主要内容，是文物最重要的特点。这些时代特点决定了文物是不可再生的，且它在当时的地位是客观存在的，是不以后代人的意志为转移的。正是由于文物具有时代特点，因此其能帮助人们去具体、形象地认识历史，从而恢复历史的本来面貌。

（2）艺术价值

艺术价值是指文物古迹作为人类艺术创作、审美趣味、特定时代的典型风格的实物见证的价值。文物的艺术价值内涵十分丰富，主要包括审美、欣赏、愉悦、借鉴以及美术史料等价值，它们之间既相互渗透，又相互制约。审美价值主要是从美学的深层次给人以艺术启迪和美的享受；欣赏价值主要是从观赏角度给人以精神作用，陶冶人的情操；愉悦价值主要是给人以娱乐、消遣；借鉴价值主要是从文物中吸取其精华，学习和借鉴其表现形式、手法技巧等，并加以创新；而美术史料价值，主要是可以作为研究美术史的实物资料。文物中，具有艺术价值的历史遗迹、遗物主要分为三大类：第一类是实用的遗迹和遗物，当时建造、制作的目的是为人们所使用；第二类是美术品、工艺品等创作类的艺术品，此类文物的艺术价值一般很高，具备了艺术价值内涵的主要方面；第三类是专为死者随葬而制作的部分明器，如人、家畜、鸟兽形象的器物，以及车船、建筑物等模型，还有礼器、生活器皿等器物。

（3）科学价值

科学价值是指文物古迹作为人类的创造性和科学技术成果本身或创造过程的实物

见证的价值。科学价值的内涵主要包括知识、科学、技术等。古代各种遗迹、遗物本身都蕴藏着其产生的那个时代的科学技术信息，并从不同的角度和侧面反映了当时的科学技术水平和生产力水平，以及社会经济、军事、文化的发展情况，可以为发展新的科学技术和文化艺术所借鉴。它蕴含着的科学技术水平信息须通过实物比较研究才能确定，其中可能包括新发明的科学技术水平，稳定发展阶段的技术水平，乃至该种技术衰落阶段的水平。例如，陶器的出现代表着生产力发展到了一定的水平，而在旧石器时代生产力水平极为低下的情况下其是不可能制造出来的。文物价值内涵的复杂性和人们价值观念的不同给文物价值的评估造成了很大的困难。人们价值观的不同决定了他们对文物评价的标准不同，从而对文物价值的评估也不同。此外，人们对文物价值的认识还受科学技术发展水平的制约，随着研究的深入及科学技术的迅速发展，所采用的技术手段愈多，对文物价值的深层次认识也会愈丰富。所以，在对文物价值进行认识和评价的过程中，不能祈求一次定音。

（4）社会价值

社会价值是指文物古迹在知识的记录和传播、文化精神的传承、社会凝聚力的产生等方面所具有的社会效益和价值。大量文化因素涵盖于文物社会价值内，要求在逐步研究、开发其主体的同时，将文物的社会价值通过精神形式进行传递。文化遗产在多大程度上或以什么方式向多数或少数群体宣泄精神的、政治的、民族的或其他的文化情绪，标志着一个群体的精神认同，同时也体现了人类历史与文化的多样性。文物社会价值的实现可以分为以下三个阶段：第一，文物研究的专业人员以价值主体的身份去进行文物价值的研究，从而为之后的主客体之间的价值交换提供一定的依据；第二，博物馆方面对文物的保护和管理开展一系列的工作，以此来展现文物的社会价值，并将有助于文物价值的提升，在这个过程中，可以吸引更多的人进入文物社会价值的交换当中；第三，让观众成为价值主体，通过博物馆讲解，加上观众自身对文物社会价值的不断认识和探究，使其精神得到相应的提升，加深受众对我国历史文明的认识。社会教育是博物馆工作的重要组成部分，在这个过程中，文物的社会价值可以得到体现。此外，文物还具有一定的经济价值，这取决于它的时空性，以及社会的经济状况。文物的经济价值不是恒定的，而是变化的。一件文物在某一特定历史时期，可能价值连城，到另一特定历史时期，如战乱时，或许一文不值。

（5）文化价值

文化价值主要指以下三个方面的价值：一是文物古迹因其体现民族文化、地区文化、宗教文化的多样性特征所具有的价值，二是文物古迹的自然、景观、环境等要素因被赋予了文化内涵所具有的价值，三是与文物古迹相关的非物质文化遗产所具有的价值。

1.2 文化遗产微生物研究概述

1.2.1 文化遗产微生物研究

物质文化遗产（文物）是弥足珍贵的不可再生资源，是历史留给人类的共同财富。

保护好这些珍贵文物，使之安全可持续地传承下去，是我们当代文物保护工作者的历史责任。文物在传承保护过程中，主要受到生物和非生物两个方面的安全威胁（马清林等，2001；王蕙贞，2009）。生物方面的威胁主要来自各种生物的生长代谢活动，如微生物引起的腐蚀、昆虫排泄物造成的污染、鸟类和鼠类导致的破坏，以及大量游客参观引起的各种后果（马燕天等，2014）。非生物方面的威胁则主要来自文物赋存地的环境条件，主要包括文物赋存地的地质条件、文物本身材料的性质、文物保存的微气候条件、赋存地周边的各种干扰条件等（王旭东等，2013）。随着我国经济的腾飞和文物保护事业的飞速发展，近年来文物保护工作取得了长足的进步。文物的生物防治研究，尤其是微生物防治研究，是现代文物保护研究的重点。然而，相较于文物保护研究的快速发展，文物保护教育和人才培养的发展则比较迟缓。尤其在文物保护中的生物防治方面，目前既缺乏完善系统的理论资料，又缺乏具体的生物防治技术指导规范。基于以上现状，我们在本书中系统阐述文物保护过程中微生物防治方面的理论研究成果和技术发展前沿，为我国文物保护事业的发展提供支持。

简单来讲，文化遗产微生物（cultural heritage microbiology）是以文物保护为宗旨、以微生物学理论和技术为主要手段，研究文物及其赋存环境中微生物的种类、数量、分布、生理代谢及其与环境之间关系，其研究范围涵盖了文物保护学、微生物学、地质学、环境化学、美术学、博物馆学等诸多学科门类。文化遗产微生物的研究范畴包括了微生物的生命活动对于文物本体及其赋存环境的影响，以及对微生物侵蚀的防治和修复技术，涉及科学理论和防治技术两个层面，前者强调微生物引起文物损伤和破坏的机制及具体过程，后者着重于技术开发，用来预防微生物侵害的发生，并对已经形成侵害的文物进行修复。

文物的种类很多，其材质的性质也相差很大，因而对于文物本体性质的研究就包含许多内容。如古建筑类文物中就包含了砖、木、岩石、土等各种材质，还有竹木漆器、纺织品、金属、纸、动物皮毛、玻璃、陶瓷等。微生物也是一个十分宽泛的概念，包含了细菌、真菌、病毒以及一些小型的原生生物和原核藻类等。因此，文化遗产微生物研究不仅仅是文物保护学或者微生物学研究的一个简单分支，而是整合了诸多自然、社会科学内容后形成的新兴交叉研究领域，是文物保护研究的基础之一。

1.2.2　文化遗产微生物研究相关的学科

如前所述，文化遗产微生物是整合了多门自然科学和社会科学学科而发展起来的多学科交叉学科，它以微生物学知识作为基础，结合了地质学、材料学和环境化学的分析方法，研究微生物对文物的破坏机制。微生物、文物和环境之间具有密切的相互联系，对于文物保存环境条件需要严格控制和及时监测，因此气象学研究必不可少。微生物侵蚀的预防以及修复工作，则要建立在材料学、建筑力学和美术学等研究的基础上，而抑菌材料和杀菌剂的使用，还需要农学及公共卫生学科的技术支撑。

文化遗产微生物研究的任务是探索文物微生物腐蚀和损害的形成原因、过程和具体的机制，进而开发预防微生物腐蚀、进行文物腐蚀修复的新技术和新方法。微生物广泛分布在文物的表面和内部，也存在于保存文物的环境中，如广受关注的空气微生物。这些微生物一方面来源于文物本身的生产材料和制作过程，另一方面来自文物和外界的交流，特别是在文物发掘出土、原有赋存地环境改变的情况下，短时间内环境条件的巨大改变，可能引起微生物暴发并对文物形成严重损坏。文化遗产微生物研究通过解析文物微生物的种类、来源、生理特征，探究微生物和文物本体、环境条件之间的相互关系，通过掌握这些知识和规律可为文物的微生物腐蚀防治、损伤修复、科学保存提供理论基础与实践依据。促进文化遗产微生物作为独立学科的建立和发展，加速现代技术对文物保护科学的渗透和融合，是文物保护理论和技术的最新发展方向，将极大地促进文化遗产保护事业的发展。

1.3　文化遗产微生物的研究范畴

1.3.1　文化遗产微生物的研究对象

文化遗产微生物的研究对象是与文物保护相关的微生物，包括和文物直接接触发生相互作用的微生物，以及存在于文物周围，能够对文物安全产生威胁的微生物，甚至还包括一些可以用来去除文物污染、助力文物修复和保护的微生物。尽管看起来文化遗产微生物的研究对象比较单一，但实际上并非如此。文化遗产微生物包含的生物种类十分广泛，而对微生物的研究，又离不开微生物生存的环境，因此文化遗产微生物的研究对象和研究范畴实际上十分复杂。例如，在研究对象上，一方面，在微生物个体水平上，微生物细胞所处的微环境决定了哪些微生物可以生存和繁殖，而在微生物群落的水平上，不同的群落结构特征往往反映出某种特定的环境条件特征，具有生物指示的作用。因此，文化遗产微生物研究需要在不同的尺度水平上（物种、种群、群落、生态系统）研究微生物。另一方面，微生物的生长和繁殖依赖于环境条件，而与文化遗产相关的环境条件也可以分为两类，一是文物本体，其材质和物理化学性质为微生物的生长提供了基质条件；二是周围的环境条件，包括环境温度、湿度、光照强度、空气流动速率等（表1-2）。所以，尽管文化遗产微生物的研究对象是微生物，但微生物与文物、环境条件三者间的相互关系也是研究的重要对象（郭宏，2001）。

表 1-2　文化遗产微生物的研究对象、尺度、范畴及实例

	腐蚀机制	损伤修复	预防管理
研究对象	文物和微生物	文物	文物、微生物和环境
研究尺度	主要是微生物物种和群落水平的腐蚀机制	针对特定文物实体和修复材料的物理、化学和生物性能表征（物种或群落）及修复方法研究	以文物赋存环境整体作为（微）生态系统的研究
研究范畴	文物材质的生物易感性；文物中微生物的种类和分布；微生物代谢产物与文物材料的相互作用等	文物基本结构的修复；文物艺术层面的修复；修复材料、方法和技术的开发等	文物保存微环境的设置；文物保存环境条件的控制；环境条件的监控与异常情况的处理方案制定等
研究实例	文物材质中的有机质成分和来源分析；文物表面的微生物多样性分析；文物表面微生物对文物材料的影响研究等	文物损伤的仿古复原研究；修复材料的生物易感性分析；文物艺术价值的修复研究等	文物馆藏环境条件的人工控制；全自动环境条件监控系统的开发；空气微生物的研究以及旅游活动的影响等

由于"文物"是一个十分宽泛的概念,包含了各种各样的材料和存在形式,因而表 1-2 中所提出的研究内容并不能完全囊括所有的文物种类。有些可移动的、小型的文物可以在专门的馆藏环境下保存,其环境条件的控制容易实现;而一些不具有迁地保护条件的大型古代遗存,如岩画、遗址、建筑、墓穴、雕塑等,往往直接暴露在周围环境中,很难实现传统意义上环境条件的控制。在这种情况下,可以通过区域气候条件调节来达到保护的目的,如实施防风固沙、建立植被防护带、改变土壤水力条件等。

1.3.2　文化遗产微生物的研究内容

文化遗产微生物的研究致力于回答以下科学问题:文物表面生长着哪些微生物?微生物侵蚀文物的一般过程和机制是什么?文物材质和微生物种类间存在怎样的相关性?如何防止文物上发生大规模的微生物腐蚀和破坏?哪些材料和工艺可以更好地抑制微生物的生长和繁殖?能否通过控制一些关键环境条件来维持文物表面微生物群落的稳定,避免微生物的爆发式生长?在不能彻底清除微生物的前提下,如何尽量减缓微生物对文物的影响,实现文物的稳定传承?针对以上问题,我们归纳了文化遗产微生物的主要研究内容,并将其概括为基础理论研究和应用技术研究两个方面(表 1-3)。此表仅仅总结了近年来公开报道的研究案例,并不能囊括所有的文物类型和具体研究内容。

表 1-3　文化遗产微生物的主要研究内容

研究属性	主要研究内容
基础理论研究	文物材质的物理化学性质及其生物易感性
	文物微生物的种类、分布、生理特征及代谢能力
	文物微生物群落的形成、维持和演替过程及机制
	微生物侵蚀文物的方式和损害原理
	文物生物腐蚀修复的原则与修复材料的抑菌性能要求
	文物生物腐蚀的环境控制
	文物保存环境的监测、预警及处理
	文物保存环境的长期维持与健康管理
应用技术研究	文物的原始材料及工艺技术重构
	文物生物腐蚀的无损监测与原位分析技术
	文物微生物的灭菌消毒处理技术
	文物生物腐蚀损害的复原技术体系
	文物保存环境的控制与健康监测技术体系
	文物保存环境的灭菌消毒处理技术
	典型文物生物腐蚀的综合防治试验示范与推广

从研究内容来看,文化遗产微生物的研究内容包含了物种、种群、群落甚至生态系统等多个层次的基础理论和应用研究,结合了文物本体的物理化学性质、文物所处的微环境条件和周围环境的气象特征,将文物及其赋存环境作为一个整体,从生态系统的角

度进行全面而系统的研究。文化遗产微生物的研究领域广泛且相互渗透和综合，涉及多个学科和工程技术的交叉融合，将会发展成一门全新的分支学科。加强文化遗产微生物的研究和人才培养，不仅能够推动传统的文物保护学和环境微生物学的深入发展，还能加强和促进边缘及交叉学科的相互联系、渗透和协同发展。

1.3.3 文化遗产微生物研究的基本原则

文化遗产微生物，是研究微生物与文物之间关系的科学，或者说是研究生物与非生物环境间关系的科学，因此，首先，需要遵从生态学原则。微生物作为生物圈中重要的一大类成员，和无机的自然环境之间存在着广泛而紧密的联系，各种生物和非生物的因素联系在一起，形成了复杂的生态系统，而其中各个要素都处于动态平衡之中，共同维系着生态系统的稳态。无论是大型的古建筑群，还是一件小型古代物品，其实都是一个相对独立、和外界广泛联系的生态系统，只是生态系统的尺度和复杂程度不同。因此，在开展文化遗产微生物研究的过程中，我们首先要建立生态系统和生态平衡的概念，无论是文物还是微生物，都要放到生态系统的背景中去考虑，分析其在生态系统中的定位和角色。在此基础上，我们才能科学地打破对文物保护不利的生态平衡，进而建立有利于文物保护的新的生态平衡，并不断维持和强化这种新的生态平衡，使其最终具有自我维持能力和一定的生态弹性。

其次，文化遗产微生物的研究要把握好系统性原则，既要充分考虑文物本体、微生物和环境这三个要素各自的性质和特点，还要详细分析三者之间的相互作用以及最终形成的整体（图 1-1）。就文物本体而言，主要包含两个研究内容，即文物材料的物理化学组成和性质，以及这些材料组合成文物的方式，也就是制作工艺。就微生物而言，既包括文物中微生物群落的组成，还包括微生物特定的生理活性（代谢能力）。对环境的研究，既包含区域性大气候环境，也包含微环境条件。但我们分别对文物、微生物和环境这三个要素的单独研究，仅仅是最基本的调查，而三者间的关系才是我们研究的重点。在文物和微生物的相互作用过程中，文物本身材质的生物易感性非常重要，它决定了微生物能否在其中成功定殖。文物表面微生物群落的形成和演替规律，是产生微生物病害的关键，包括了先锋物种的定殖、后续物种的加入、不同微生物之间的种间关系等方面。还要将微生物的代谢活性与文物材质联系起来，探究造成文物损害的微生物机制及其关键代谢调控通路，这对于我们找到对应的微生物损害防控对策十分重要。环境条件对于文物微生物的研究至关重要，在很多情况下我们都要遵循最小干预原则，不向文物赋存环境中带入新的物质，而通过环境控制就能够最大程度保持原有的、对文物保护有利的环境条件，减缓来自外界的环境压力。大量的文物保护实践经验告诉我们，贸然地实施人为干预措施（如照明、通风、杀虫剂使用等）对于文物原生态环境的影响往往是不可预见的，而且大多数情况下会加速文物的生物侵蚀过程。因此，通过探究文物材质的最佳保护条件，解析微生物生长的环境条件范围，我们可以人为控制和保持一个有利于文物保护而不利于病害微生物生长的微环境，以最小的干预程度实现最长久的文物保护。

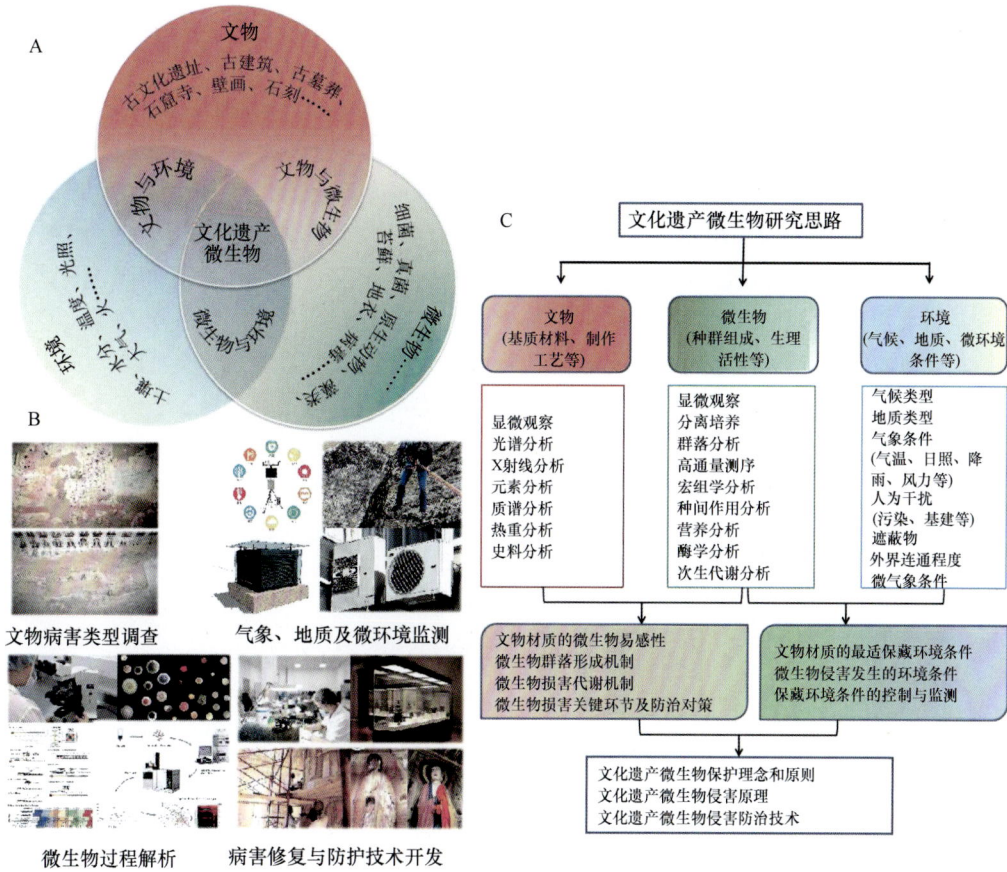

图 1-1 文化遗产微生物研究内容的系统性（A 图）、研究的一般过程（B 图）及常见的技术路线（C 图）

再次，我们在文化遗产微生物防治技术的研究中，要遵循预防为主、修复为辅的原则，要树立广泛研究（王旭东等，2013，2018）、谨慎实践的理念。目前，大多数文化遗产保护领域的微生物学专家都认同的一个观点，即文化遗产最好的保护措施就是让其保持原有的状态而不施加任何的人为干预。但这个观点并不是说文化遗产不需要保护，它也有一个前提，那就是文化遗产原有的状态（生态环境）没有被明显改变，而显然我们大多数文化遗产都无法满足这样的前提（汪万福等，2016）。一些珍贵的文物能够保存至今，就是因为它们原有的环境十分有利于文物的保护，如封闭的洞穴或者地下的墓葬，而一旦被发掘出来后，原有的环境条件不复存在。所以我们在文化遗产微生物研究中，优先考虑如何建立一个可以预防微生物侵蚀的环境条件，其次才考虑在微生物侵害发生后如何修复。在微生物预防和修复研究中，我们可以广泛地筛选和测试各种材料及药品在文物微生物防治中的效果，无论是天然材料还是合成材料，并通过建立数据库不断积累这些科学数据。但在实际应用之前，我们不能仅依靠这些实验室的测试数据，而是必须要在文物保存实地，使用相同的文物材料进行实验和测试。在此过程中，我们还要考虑应用这些材料可能产生的时间效应，即在经历长时间的气候变化后的稳定性（耐候性）和微生物易感性，以及更长时间后，下一辈文物保护工作者能否替换或者清除我们所使用的这些材料。这也要求我们在文化遗产微生物研究中必须要有大量的科学数据积累，才能支撑起我们的文物微生物侵蚀防治技术体系。

最后，我们要坚持绿色、可持续保护的理念。实际上，也只有绿色的防护技术，才能实现文物的可持续保护。体现在文化遗产微生物研究中，一是尽量不要引入原来文物保存环境中不存在的生物和材料，不要人为简化或者复杂化原有的生态系统；二是要建立精准防护技术，避免广谱的、专一性差的防护措施。这就要求我们必须仔细研究每一件文物及其保存环境的独特性，进而基于这种独特性建立文物的微生物侵害防治体系。

文化遗产微生物的研究具有和其他学科研究相似的思路，首先，需要对文化遗产的健康状态进行调查，以确定存在的损害形式与程度，发现其中存在的科学问题。其次，针对特定的文化遗产病害类型，探究其中的微生物类群和具体过程，涉及的技术流程如图 1-1 所示。再次，通过综合对文物、微生物和环境三者的分析结果，解析文化遗产病害背后的微生物学机制。最后，针对文化遗产病害的微生物过程和机制，进行文化遗产微生物侵蚀的预防与修复技术的开发，在修复当前文化遗产损害的基础上，预防相同病害的再次发生，彻底解决之前提出的科学问题。

1.4 文化遗产微生物研究的意义

党的十八大以来，以习近平同志为核心的党中央，把绿色发展和生态文明摆到党和国家事业全局的突出位置，倡导绿色、低碳、循环、可持续的生产生活方式，并将它贯穿于经济建设、政治建设、文化建设、社会建设和生态文明建设的全过程及各个方面。党的二十大，进一步强调了绿色发展和生态文明建设的重要性，提出"推动绿色发展，促进人与自然和谐共生"。文物保护是我国文化建设的重要内容，如何在文物保护事业中实现绿色保护、生态保护是摆在广大文物保护工作者面前的重大课题。然而，截至目前我国的文物保护工作中少有生态学的保护理念和思想，文物保护生物学的研究也刚刚起步。基于此现状，本书以近年来文物保护研究中发展最为迅猛的微生物学研究为主要内容，通过微生物生态学的理念，将生态文明和绿色保护的思想贯穿其中，为文物保护工作提供科学数据，为文物保护教育事业提供资料，为我国文物保护事业的生态文明建设贡献力量。

近年来，全球文物保护研究和文物保护教育事业发展迅速，各种新生的文物保护理论和保护技术层出不穷。在此潮流影响下，我国广大文物保护工作者紧跟研究前沿，将我国文物保护研究工作推向了新的高度。然而，和国际同行相比，我国的文物保护研究仍存在较大的不足，主要体现在文物保护教育体系缺乏系统性和专业性，文物保护专门技术人才缺乏，研究成果零散不成系统，保护技术和最新研究前沿脱轨等方面。因此，我们需要认清现实，在紧跟国际研究前沿的同时，整合和完善我国的文物保护学科体系，推动文物保护相关专门学科建设。文化遗产微生物研究是近年来文物保护研究发展最为迅速的学科方向，也是当前文物保护研究的最新理论前沿和技术诞生地，代表了未来文物保护事业的发展趋势。因此，建立和完善我国的文化遗产微生物研究理论和技术体系，是当前我国文物保护事业发展的迫切需求。

中华文明源远流长，我国的文物传承历史悠久。我国古代就有专门从事青铜器修复、瓷器修复和书画装裱修复的行业，但受限于当时的科技水平，文物的保护和修复只是一种经验技术的传承，缺乏理论指导，技术的发展创新非常缓慢。西方现代科学传入中国后，以考古学为主的文物保护技术开始在我国生根发芽。20 世纪 60 年代，我国一些主要的博物馆相继设立了文物保护实验室，开始应用现代科学技术进行文物的修复和保护研究。1982 年，第五届全国人民代表大会常务委员会第二十五次会议通过并颁布的《中华人民共和国文物保护法》，为我国文物保护工作提供了法律保障。1989 年，西北工业大学正式设立了我国第一个文物保护技术本科专业。2000 年，由国际古迹遗址理事会中国国家委员会（中国古迹遗址保护协会）、美国盖蒂保护研究所和澳大利亚遗产委员会三方合作编纂的《中国文物古迹保护准则》印发颁行，使中国的文物古迹保护工作与国际接轨，在世界文物保护领域发出了中国声音。2004 年，我国颁布了《文物保护行业标准管理办法》，并于 2004 年召开了第一次"全国文物保护科技工作会议"，自此我国文物保护研究进入了快速发展阶段。

近十几年来，文化遗产微生物研究及学科发展十分迅速。世界各国都有大量关于文物生物侵蚀的研究报道，并有专门的学术期刊、网站和协会进行关于文物生物侵蚀的交流和讨论。我国文化遗产保护事业近年来发展迅速，相关文物保护和管理单位积极发展文物保护科学研究，建立了多支横跨各个学科和专业的文物保护研究队伍，是我国文物保护和文化发展的重要生力军。然而，在近年来的文物保护实践过程中，国内许多的珍贵文物受到了微生物病害的困扰，而目前并没有有效的解决办法。虽然可以借鉴和参考国外的相关保护方案，但由于文物材质、环境等因素差异，国外的保护方案并不一定适合于我国实际情况。而我们自己由于缺乏文物微生物防治方面的基础科学数据和专业人才，在文物微生物侵害防治方面捉襟见肘，相关的保护方案和措施极为缺乏。

随着我国国民经济水平和综合国力的提高，人们对于文物保护的认识和关注程度在不断增加。我国具有悠久的历史和源远流长的文明传承，诞生了数量众多、种类各异的大量珍贵文物。对这些珍贵文物的保护和传承，是弘扬民族文化、增强民族凝聚力和自信心，实现民族复兴和国家强盛的重要基础。因此，大力发展文化遗产微生物研究，建立健全文物微生物侵蚀的防治和修复技术，是广大文物保护工作者的历史使命。

1.5　本　章　总　结

作为本书的绪论部分，本章首先详细介绍了"文化遗产"和"文化遗产微生物"这两个关键的概念，并从学科属性的角度剖析了文化遗产微生物相关科学研究的性质。该部分的介绍旨在为广大读者特别是非专业读者提供相关知识背景，建立本书的理论框架。本章的后半部分介绍了文化遗产微生物研究的范畴，包括研究对象、研究内容和研究的主要原则。文化遗产微生物研究作为一个典型的学科交叉研究方向，具有不同于其他已有学科的特征，本章对这一研究领域的特点进行了总结和归纳，以便读者能够迅速理解和掌握文化遗产微生物研究的独特之处，为相关研究人员或从业人员提供基本的理论指导。本章的最后介绍了文化遗产微生物研究的意义和价值。文化遗产微生物研究已成为文物保护研究的重点领域，为了促进这一研究领域的发展，需要从人才培养、学科建设、科学研究等多个方面综合布局、协同发展。文化遗产微生物研究将促进我国文物保护事业的发展，助力我国的生态文明建设。

参 考 文 献

龚钰轩. 2020. 文物保护概论[M]. 合肥: 中国科学技术大学出版社.

郭宏. 2001. 文物保存环境概论[M]. 北京: 科学出版社.

马清林, 苏伯民, 胡之德, 等. 2001. 中国文物分析鉴别与科学保护[M]. 北京: 科学出版社.

马燕天, 杜烨, 向婷, 等. 2014. 壁画的生物腐蚀与防护研究进展[J]. 文物保护与考古科学, 26(2): 97-103.

孙华. 2020. 文化遗产概论(上): 文化遗产的类型与价值[J]. 自然与文化遗产研究, 5(1): 8-17.

汪万福, 武光文, 赵林毅, 等. 2016. 北齐徐显秀墓壁画保护修复研究[M]. 北京: 文物出版社.

王蕙贞. 2009. 文物保护学[M]. 北京: 文物出版社.

王旭东, 苏伯民, 陈港泉, 等. 2013. 中国古代壁画保护规范研究[M]. 北京: 科学出版社.

王旭东, 汪万福, 俄军. 2018. 馆藏壁画保护与修复技术培训理论与实践研究[M]. 兰州: 甘肃民族出版社.

第 2 章 文化遗产与微生物

2.1 文化遗产保护

2.1.1 文化遗产保护的基本原则

国外对文化遗产的研究和保护开始于 16 世纪前后意大利艺术家对文化遗产的修复。随着文化遗产保护理念的不断发展，文化遗产保护程序也逐渐趋于完善。1931 年，第一份关于文化遗产保护的国际文献《关于历史性纪念物修复的雅典宪章》(《雅典宪章》)于第一届历史古迹建筑师及技师国际会议通过，提出保护文化遗产时保持其"原有外观和特征"及采用新材料时的"可识别"原则等。1964 年在第二届历史古迹建筑师及技师国际会议上，通过了《关于古迹遗址保护与修复的国际宪章》(《威尼斯宪章》)，其中强调古迹保护"日常的维护"及修补"必须与整体保持和谐，但同时须区别于原作"，保护与修复"必须求助于对研究和保护考古遗产有利的一切科学技术"等。1972 年，在巴黎举行的第十七届联合国教育、科学及文化组织大会通过了《保护世界文化和自然遗产公约》，第一次对"文化遗产"进行了详细准确的定义，并将其分为文物、建筑群及遗址三大类。1994 年通过的《奈良真实性文件》中强调了文化遗产的"价值与真实性"。1999 年通过的《巴拉宪章》中详细规定了文化遗产保护中的部分相关术语，逐渐明确了文化遗产保护工程理念，明确了文化遗产保护工程的关键程序和主要内容，为后续工作的开展丰富了思路。

中国近代的文化遗产保护观念和方法始于 20 世纪 30 年代。中华人民共和国成立以后，在有效保护了一大批濒临损毁的文物古迹的同时，逐渐形成了符合中国国情的保护理论和指导原则。20 世纪 80 年代，大量文化遗产保护项目的组织实施，为文化遗产的保护积累了丰富的经验，提出了若干值得探讨的保护理论，文化遗产保护的理念和原则也逐渐形成。2000 年，国际古迹遗址理事会中国国家委员会（中国古迹遗址保护协会）与美国盖蒂保护研究所、澳大利亚遗产委员会合作编制了《中国文物古迹保护准则》。它在对中国当时的文物保护工作进行充分总结的基础上，明确了文物保护工作的基本程序和基本原则，澄清了当时文物保护工作中存在的一些争议，提升了中国文物保护的理论水平，规范了中国文物保护的实践工作，促进了中国和国际文物保护理论的交流与学习。同年《关于〈中国文物古迹保护准则〉若干重要问题的阐述》也随之颁布，进一步明确了《中国文物古迹保护准则》的意义。

随着国民经济的发展，越来越多的有识之士倾身关注文化遗产的保护，国家在文化遗产保护领域的投资也逐年增加，较大规模地开展了文化遗产保护工程，为形成文化遗产领域法律法规和行业标准积累了丰富的实践经验。1982 年 11 月 19 日，第五届全国人民代表大会常务委员会第二十五次会议通过了《中华人民共和国文物保护法》,并于 1991 年、2002 年、2007 年、2013 年、2015 年、2017 年通过全国人民代表大会常务委员会先后进行了 5 次修正和 1 次修订。2003 年通过的《中华人民共和国文物保护法实施条例》详细阐述了不可移动文物、考古发掘、馆藏文物、民间收藏文物、文物出境进境、法律责任等方面不同的管理和利用模式。2003 年出台的《文物保护工程管理办法》,更进一步地明确了文物保护工程的基本原则和保护程序;2005 年《文物行政处罚程序暂行规定》、2006 年《长城保护条例》、2008 年《历史文化名城名镇名村保护条例》及地方性文化遗产保护管理条例和规定的颁布,丰富了文化遗产保护工作的理论依据,文化遗产保护工作者对文化遗产保护的理念也逐渐发生变化,逐步与国际先进的文化遗产保护理念接轨。

（1）不改变原状原则

不改变原状是文化遗产保护的要义。它意味着真实、完整地保护文物古迹在历史过程中形成的价值及其体现这种价值的状态,按照国际、国内公认的准则,有效地保护文物古迹本体及与之相关的历史、文化和自然环境,并通过保护延续相关的文化传统。文物古迹的原状是其价值的载体,不改变文化遗产的原状就是对文物古迹价值的保护,是文物古迹保护的基础,也是其他相关原则的基础。一处文物古迹中保存有若干时期不同的构件和手法时,经过价值论证,可以根据不同的价值采取不同的措施,使有保存价值的部分都得到保护。

（2）最低限度干预原则

《威尼斯宪章》中规定,"保护与修复古迹的目的旨在把它们既作为历史见证,又作为艺术品予以保护",其所规定的古代建筑的保护与修复指导原则,被概述为"最低限度干预原则"(也称"最少干预原则"),成为日后有关国际文件和宪章共同遵循的原则。对文物的干预主要来自以下几方面:①由保护和考古发掘所带来的材料干预、信息干预、性能干预,这些均为人为的主动干预;②由环境条件的变化所带来的干预,则是被动干预。应当把干预限制在保证文物古迹安全的程度上。为减少对文物古迹的干预,应对文物古迹采取预防性保护。对文物古迹的保护是对其生命过程的干预和对其存在状况的改变。采用的保护措施,应以延续现状、缓解损伤为主要目标。这种干预应当限制在保证文物古迹安全的程度上,必须避免过度干预造成对文物古迹价值和历史、文化信息的改变。

（3）使用恰当的保护技术

恰当的保护技术指对文物古迹无害,同时能有效解决文物古迹面临的问题,消除潜在威胁,改善文物古迹保存条件的技术。对文物古迹的保护包括技术性维修和管理两个方面。文物古迹作为历史遗存,是采用相应时代的、符合当时需要的技术建造和修缮的。当这些技术仍然存在,甚至成为文物古迹价值的重要载体时,这些技术应当得到保护和传承。应当使用经检验有利于文物古迹长期保存的成熟技术,对于文物古迹原有的技术和材料应当予以保护。对原有科学的、利于文物古迹长期保护的传统工艺应当予以传承。所有新材料和工艺都必须经过前期试验,证明切实有效,对文物古迹长期保存无害、无碍,方可使用。所有保护措施不得妨碍再次对文物古迹进行保护,在可能的情况下应当是可逆的。科技的发展不断为文物古迹的保护提供新的可能性。由于文物古迹的不可再生性，新技术必须经过前期试验，包括一定周期的现场试验，证明其对文物古迹无害，确实能够解决所需解决的问题，才能使用。增补和加固的部分应当可以识别，并记入档案。运用于文物古迹的保护技术措施应不妨碍以后进一步的保护，应尽可能采用具有可逆性的保护措施，以便有更好的技术措施时，可以撤销以前的技术措施而不对文物古迹本体及其价值造成损失。

（4）真实性原则

真实性是指文物古迹本身的材料、工艺、设计及其环境和它所反映的历史、文化、社会等相关信息的真实性。对文物古迹的保护就是保护这些信息及其来源的真实性。与文物古迹相关的文化传统的延续同样也是对真实性的保护。保护文物古迹真实性的原则是指在对文物古迹价值整体认识的基础上，以文物古迹物质遗存保护为基础，同时保护它所反映的文化特征及文化传统。这一原则包含了物质遗产和非物质遗产两个方面。它不仅适用于作为历史见证的古代遗址、古建筑等类型的文物古迹，而且对仍然保持着原有功能的历史文化名城、名镇、名村以及文化景观等类型的文物古迹的保护具有指导意义。对于这类具有活态特征的文物古迹，那些具有文化多样性价值的文化传统是真实性的重要组成部分，需要得到完整的保护。

真实性包括：外形和设计；材料和材质；用途和功能；传统，技术和管理体系；环境和位置；语言和其他形式的非物质遗产；精神和感觉；其他内外因素。真实性还体现在对已不存在的文物古迹不应重建；文物古迹经过修补、修复的部分应当可识别；所有修复工程和过程都应有详细的档案记录和永久的年代标志；文物古迹应原址保护等几个方面。

（5）完整性原则

完整性是指文物古迹的保护是对其价值、价值载体及其环境等体现文物古迹价值的各个要素的完整保护。文物古迹在历史演化过程中形成的包括各个时代特征、具有价值的物质遗存都应得到尊重。保护文物古迹的完整性的原则是指对所有体现文物古迹价值的要素进行保护。文物古迹具有多重价值。这些价值不仅体现在空间的维度上，如遗址或建筑遗存、空间格局、街巷、自然或景观环境、附属文物及非物质文化遗产等的价值，也体现在时间维度上，如文物古迹在存在的整个历史过程中产生和被赋予的价值。

在文物古迹认定、制定保护规划、保护管理、实施保护规划的过程中，要保护所有体现文物古迹价值的要素。要对各个时代留在文物古迹上的改动、变化痕迹的价值和对文物古迹本体的影响进行评估与保护。文物古迹保护区划应涵盖所有体现文物古迹价值的要素，其保护管理规定应足以消除周边活动对文物古迹及其环境产生的消极影响。在考古遗址中需要注意对多层叠压、各时代遗存的记录和保护。规划中对考古遗址可能分布区的划定，体现了对文物古迹完整性的保护。需要尊重和保护与文物古迹直接相关的非物质文化遗产或文化传统。

（6）文化传统保护原则

文化传统保护原则强调了对与物质遗产相关的文化传统的保护，这是能否实现对优秀传统文化保护的重要因素。当文物古迹与某种文化传统相关联，文物古迹的价值又取决于这种文化传统的延续时，保护文物古迹的同时应考虑对这种文化传统的保护。保护文物古迹，也是保护其反映的文化多样性。文物古迹可能是举行传统活动的场所，或与特定的生产、生活方式或非物质文化遗产相关。这些文化传统，生产、生活方式，非物质文化遗产，也是文物古迹价值的重要的组成部分。对文物古迹的保护同时也是对这些传统文化，生产、生活方式，以及非物质文化遗产的延续。对文物古迹的保护应当促进这些传统活动，生产、生活方式，以及非物质文化遗产适应当代生活的发展并保持活力。

（7）预防性保护原则

预防性保护是指通过防护和加固的技术措施及相应的管理措施减少灾害发生的可能、灾害对文物古迹造成的损害，以及灾后需要采取的修复措施的强度。

1930 年，在意大利罗马召开的关于艺术品保护的国际研讨会上第一次提出了预防性保护的概念，至今其已经成为国际文化遗产科学保护的共识和发展方向。预防性保护的核心技术内涵，即对馆藏文物保存环境实施有效的监测和控制，抑制各种环境因素对文物的危害作用，努力使文物处于一个稳定、洁净的存放环境，尽可能阻止或延缓文物的物理、化学性质改变乃至最终劣化，达到长久保护和保存馆藏文物的目的。其中，博物馆环境的稳定性，主要是指控制温度、湿度的平稳性，防止出现较大幅度的波动。对于博物馆环境的洁净概念，除了涉及有关污染气体极限浓度控制指标外，尚未见有系统的论述。而博物馆环境洁净程度则依赖于现代环境污染控制技术所达到的水平。

（8）可辨识原则

可辨识原则指文物在修复中对残破或缺失部分的添加要与文物原有部分在整体外观上保持和谐统一，但又要和原有部分有所区分，要做到既可以让观者从外观上辨别"真"与"假"，又不会出现以"假"乱"真"的现象。20 世纪中叶，唯美主义保护理论家布兰迪强调了文物的美学完整性与历史真实性，为兼顾二者的平衡，布兰迪在其所著的《文物修复理论》中要求补缺物远观达到美学整体性，近看仍与原作有别，不消除历史痕迹，整体呈现"和而不同"的可识别效果。1964 年《威尼斯宪章》第 12 条指出，缺失的替换物应与整体和谐，但又须与原作有别，以达到修复不臆造美学与历史证据的要求，这便是"可辨识"原则的体现。目前，在可移动文物修复中，对此原则在实际中的具体运用较为普遍接受的是"六英尺六英寸"（1 英尺=0.3048 m，1 英寸=2.54 cm）原则，即在 1.8 m 的距离内是看不出修复痕迹的，但在 15 cm 的距离内，修复痕迹是可以看出的。而中西方在可辨识原则实际运用当中还存在着些许差异，主要表现在西方修复理念强调补缺部位要与本体部位有所区别，整体呈现出可识别的修复效果；而我国的文物修复，要求修复后的文物，整体应呈现出浑然一体的效果。以书画修复为例，修复师对残缺部分的全色、接笔都是力求与整体画面和谐统一，而不是从视觉效果上将补全处与本体区分开来。这两者之间的差异是由文化背景、主观认知的不同所造成的。再以青铜器修复为例，国内修复专家主要采取"内外有别"的可识别修复方法。做色时，将文物对外展示的一面做到与周边的颜色浑然一体；而观众不易观察到的内侧部位通常不做色，有时也会大体做上颜色，但仔细观察之下，仍可以区别出补配的部分。

综上所述，可辨识原则就是指修复过的部分与文物本体应有所区别，远观不会导致整体的不协调，近观不需借助其他高科技手段即可辨别出修复痕迹。

（9）风险可控原则

文化遗产因遭受自然或人为因素的破坏，正面临损毁和坍塌的风险。因此，在文化遗产的保护方案设计和技术实施过程中强调"风险管理"是刻不容缓的。所谓风险管理，是指管理人员采取各种措施和方法，消灭或减少风险事件发生的各种可能性，或者减少风险事件发生时造成的损失。在文化遗产保护中，风险管理原则包含三层含义：一是在文物未受到损害前采取预防性保护措施，避免文物受到损害；二是对于已经受损或正在受损的文物及时采取有效措施，终止破坏的继续发生，尽可能保留文物的最大价值；三是对人身安全、财产、环境等进行风险管理，避免或减少损失的发生。此原则实际上要求，在文物保护过程中，对每一个操作步骤可能存在的风险都必须进行预估，且有相对的可控措施。

2.1.2　文化遗产保护的基本工作程序

文物古迹的保护和管理涉及多个可能的学科领域，是一项复杂的系统性工作，必须符合相关法律和技术规范，不得对文物古迹造成损害。文物古迹保护和管理工作程序是保证文物古迹保护依法合规，技术上具有可行性和合理性，能够有效保护文物古迹的基本保障。文物古迹保护和管理工作程序的每个步骤都是下一步骤的基础。对每一步骤实施专家评审制度。首先，由相关领域的具有理论素养和实践经验的专家组成的委员会对相关程序的工作内容进行审查；然后，由文物古迹行政管理部门根据专家委员会的意见对工作内容和相关措施做出审批决定；最后，文物古迹管理者根据审批决定和专家委员会意见实施相关工作。

文物古迹保护和管理工作程序分为六步，依次是调查、评估、确定文物保护单位等级、制订文物保护规划、实施文物保护规划、定期检查文物保护规划及其实施情况。

《中国文物古迹保护准则》作为中国文物保护工作的最高行业规则和主要标准，问世后得到了广泛的宣传、普及和运用，一大批文物保护工作者接受了关于《中国文物古迹保护准则》的培训，有中国特色的文物保护理念在业内乃至社会上广泛传播，对中国的文化遗产保护工作起到了很好的理论指引作用和重要的推动作用，在国内外文化遗产保护领域产生了广泛而深刻的影响。应该说，《中国文物古迹保护准则》为 2000 年以后中国文物保护工作的科学开展创造了条件，奠定了基础，对中国文物保护事业的发展具有重要的指导意义。

《中国文物古迹保护准则》将文物古迹保护工作分为"文物调查、评估、确定各级保护单位、制订保护规划、实施保护规划、定期检查规划"等六个步骤，在文化遗产保护实践中，结合不同类型文物保护的特殊性，借鉴文物古迹保护六步骤，在细化各环节的基础上，我们形成如下文化遗产保护程序（图 2-1）。

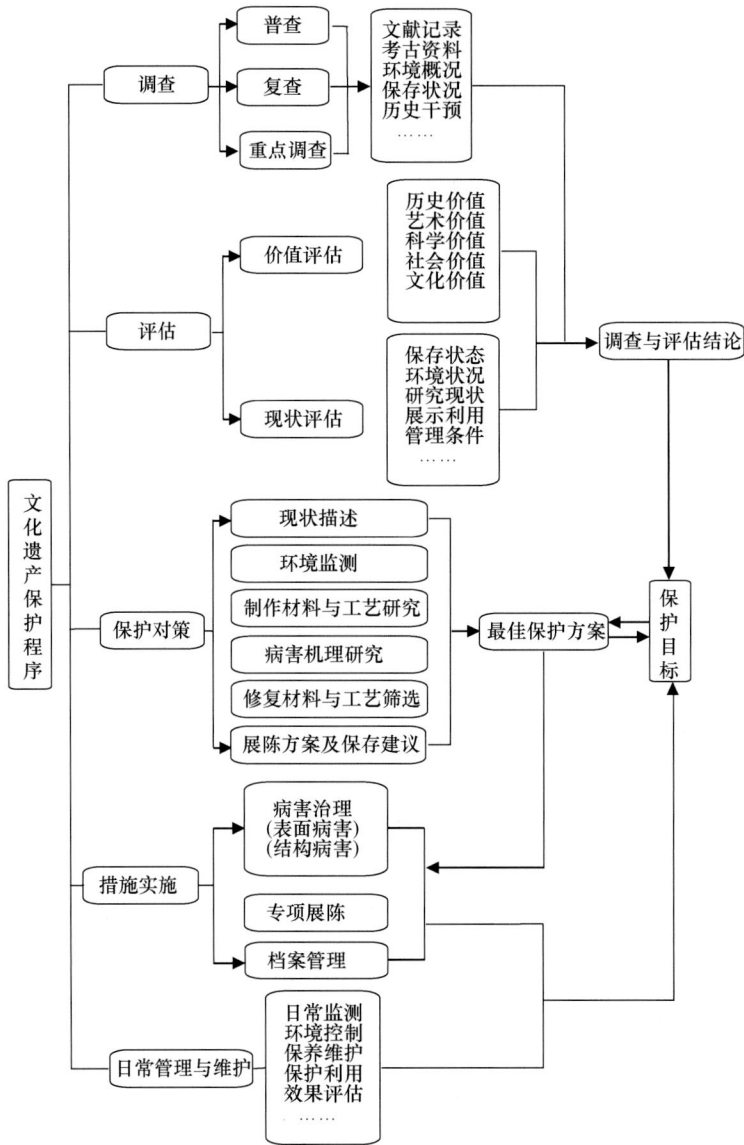

图 2-1　文化遗产保护程序

2.2　微生物对文化遗产的影响

2.2.1　文化遗产的生物易感性

文化遗产是历史遗留给我们的不可再生的宝贵资源，在经历了较长时期的传承以后，老化是不可逆的过程，表现出具有脆弱性和不稳定性的特征。在造成文物损害的众多因素中，人们一直以来关注的主要是非生物因素，如物理的和化学的方面（马清林等，2001；王蕙贞，2009）。对于生物的因素，往往强调了人为的因素以及大型的飞鸟、爬虫的活动或栖息等，但对于微生物与文化遗产的关系知之甚少，且一直没有得到足够的重视。当文物损害出现时，一方面，人们往往只关注文物损害的结果，而没有深入研究形成损害的机制，而且由于微生物本身形态微小，肉眼难以观测，从而经常忽视了微生物在其中发挥的作用。另一方面，由于文化遗产（文物）的生物易感性（bioreceptivity），也称生物感受性，加上发掘、移动和保藏过程中，因原生环境改变导致的微生物被活化或抑制，原有的微生物种群和群落动态平衡被打破，从而引起文物古迹保护中的新的不确定性。21 世纪以来诸如此类的问题，随着科学技术的迅猛发展和文物保护研究的逐步深入，从微生物生态学的视角研究文化遗产老化、退化、腐化和脆弱化的生物学机制，寻找生物防治与文化遗产保护的新途径，探索生态系统理念下文化遗产永续保存的新路子，由此催生了文化遗产微生物（cultural heritage microbiology）。大量研究发现，微生物在文物保护中起着至关重要的作用，生物侵蚀是引起文物损害的重要原因，许多研究发现深刻地改变了人们对于文物保护科学的认知（Mitchell and Mcnamara，2010）。文化遗产微生物的研究散见于 *Molecular Biology and Cultural Heritage*、*Cultural Heritage and Aerobiology: Methods and Measurement Techniques for Biodeterioration Monitoring*（Mandrioli *et al.*，2003）、*Plant Biology for Cultural Heritage: Biodeterioration and Conservation*（Caneva *et al.*，2008）、*Biodeterioration of Stone Surfaces*（Clair and Seaward，2004）和 *Cultural Heritage Microbiology: Fundamental Studies in Conservation Science*（Mitchell and Mcnamara，2010）等著作。上述书名中，冒号后的部分表述的是研究方向，主要内容是不同材质文物表面微生物学研究的论文集，没有形成完整的学科框架和布局，其他专著很少系统述及文化遗产微生物的研究范畴。我们知道，微生物无处不在，文化遗产本身就是一些微生物的乐土或新生境，微生物与文化遗产的相互作用下的文化遗产微生物研究就应运而生了。

微生物种类繁多，生活习性各异，能够在文物相关的各种有机和无机材料上生长繁殖，进而对文物造成损害（表 2-1）。各类微生物和文物的相互作用，通常会使文物表现出各种不同的生物退化（biodeterioration）现象，涉及复杂的微生物代谢过程。常见的生物退化现象包括生物风化（bioweathering）、生物降解（biodegradation）、生物污损（biofouling）、生物腐蚀（bioerosion）、生物矿化（biomineralization）等（Liu *et al.*，2020）。微生物对文化遗产的损害过程和机制十分复杂，涉及生物参与者、化学反应过程、文物基质化学组成、环境条件等多个方面的要素。已有的研究成果表明，微生物对文化遗产的损害机制主要体现在生物膜形成、变色、生物代谢酸和酶的化学腐蚀、机械破坏、矿物离子的氧化还原反应、次生矿化作用、阴阳离子络合等方面。

表 2-1　在不同文物材料上产生生物腐蚀的主要微生物类群

材料	微生物类群					
	自养细菌	异养细菌°	真菌	藻类°	地衣	苔藓
有机材料						
木质	–	**	***	+	+	–
纸质	–	**	***	–	–	–
丝质	–	*	**/***	–	–	–

续表

材料	微生物类群					
	自养细菌	异养细菌°	真菌	藻类[∞]	地衣	苔藓
皮革	−	*	**/***	−	−	−
壁画颜料层	−	*	**/***	−	−	−
合成材料	−	*	**	−	−	−
无机材料						
石质	**	*	*	***	***	**/***
壁画地仗层	*	*	**	*	*	+
玻璃质	*	*	−	*	*	−
金属	*	*	−	+	+	−

注：−表示没有；+表示极少；*表示偶尔；**表示普遍；***表示较多；°表示包括放线菌；∞表示包括蓝细菌

变色（discoloration）和结壳（encrustation）是文物保护中较常见的微生物损害方式，主要体现在文物表面颜色的改变，以及文物表层的结壳和脱落，对文物美学价值的影响最为明显。变色通常是由细胞含有色素或者能够分泌色素的微生物附着在文物表面生长所引起的，常见的色素如胡萝卜素和黑色素。一些光合自养微生物和真菌能够产生各种颜色的色素污染，常见的是淡黄色、深绿色和黑色。放线菌通常会在文物表面产生白色和黄色的菌斑，通常斑点较小但密度很大，且在文物表面呈斑块或者条带状分布。文物表面微生物生长也会改变文物表面的水热传递平衡，而局部的水热不均衡就会引起空鼓起甲，在石质文物和壁画表面较为常见。这些空鼓起甲的位置也会富集各种污染物和空气中的颗粒物，使得局部形成黑色的空壳。

微生物活动产生的代谢酸和胞外酶，会降解和腐化文物基质材料，改变文物的机械强度和完整性，造成的破坏后果十分严重。微生物代谢活动会产生各种无机酸和有机酸，其中无机酸主要包括亚硝酸（HNO_2）、硝酸（HNO_3）、亚硫酸（H_2SO_3）和硫酸（H_2SO_4）。这些无机酸可以将文物材料中的各种酸敏感性材料溶解，导致石质文物和壁画的结构性破坏。微生物通常也会产生各种有机酸（主要是草酸和柠檬酸），这些有机酸同样可以导致天然矿质材料的溶解性腐蚀。有研究表明，丝状真菌 [如黑曲霉（*Aspergillus niger*）和常现青霉（*Penicillium frequentans*）] 产生的有机酸，在引起文物材料溶解的同时，还会络合金属离子改变矿物晶体的结构稳定性。此外，大多数异养微生物能产生胞外酶，催化降解文物材料中的有机质，如岩画和壁画文物中的胶结材料（通常是动物胶）、竹木、纸质、纺织品、动物毛皮等。微生物的胞外酶降解过程主要涉及各种蛋白水解酶、糖苷水解酶、脂肪酶、纤维素酶等。

文物表面微生物的生长，不仅破坏文物表面的结构，还会通过丝状体（蓝细菌、藻类、地衣、真菌等）渗透和侵入到基质内部，造成文物基质内部的破坏。微生物的生长及其产生的代谢物，以及矿化作用代谢产生的无机盐，都会导致文物基质结构和化学性质的改变，材料变脆或者变得疏松多孔，这将有利于微生物菌丝体的进一步生长并侵入到文物基质的内部，从而导致文物结构整体性的破坏。在微生物的次生矿化作用中，微生物产生的酸提供阴离子，而岩石的溶解提供了金属阳离子，进而形成各种盐结晶，常见的包括草酸钙、硫酸钙、碳酸钙、氯化钠等。文物表面微生物聚集并通过分泌胞外聚合物（EPS）形成生物膜，已有研究表明，生物膜具有螯合二价和三价金属阳离子的作用，这会进一步促进微生物的次生矿化作用。另外，生物矿化作用形成的盐结晶会随着环境中温度和水分的变化而处于不断地脱水-失水、溶解-结晶的循环过程中，矿物盐的这些变化会导致文物基质内部不断膨胀和收缩，进而引起各种石质文物和建筑物的开裂、起甲、空鼓和脱落。同时，文物基质（如石质文物和壁画）中大量盐分的聚集以及随着基质中水的迁移运动，还会导致文物表层的酥碱粉化，同时会吸引大量嗜盐的古菌和细菌的生长，从而加速生物侵蚀的过程。

2.2.2　文化遗产微生物的多样性

微生物包含了非常多的生命形式，细菌、蓝细菌、藻类、地衣、真菌和原生动物等均属于微生物的范畴。不同的微生物对生长基质和环境条件的偏好性不同，因而对不同类型文物造成的危害也不同。在一些富含有机质的文物，如书籍、竹木制品和纺织品等的保护中，最常见的微生物侵害主要是由一些低等动物和真菌造成的；而在一些露天的建筑或者雕塑文物上，藻类和地衣是最为主要的微生物侵害因素；在一些金属制品中，主要是细菌和真菌引起的生物腐蚀；在一些洞窟和墓穴的岩画及壁画上，则各种微生物都有涉及（Joseph，2021）。

微生物按照其能量来源和生活方式可以分为自养微生物与异养微生物，其中自养微生物能够通过光合作用或者无机化能自养方式自主合成有机质，在文物微生物病害的形成过程中充当开拓者的角色，如藻类、地衣、光合细菌、硫酸盐还原菌（sulfate reducing bacteria，SRB）等。这些自养微生物首先附着在文物表面，通过利用 CO_2、SO_2、H_2S 等简单无机物积累有机质和水分，为异养微生物的加入提供基本营养基质。异养微生物的加入能够迅速降解各种有机大分子，为自养微生物提供无机盐，两种微生物之间可以互相促进，进而加速文物的生物侵蚀过程。

地衣是真菌与藻类和（或）蓝细菌组成的共生联合体，在一些处于潮湿环境中的石质文物和壁画上较为常见。*Dirina massiliensis* f. *sorediata* 在许多岩画的生物侵蚀中都有发现，它的菌丝体能够深入基质达 20 mm，产生的地衣酸和草酸等能够形成盐结晶，导致岩画的空鼓、酥粉和脱落，引起石质文物的生物风化（bioweathering）现象。石灰岩和白云岩表面 *Pyrenodesmia erodens* 的生长，会在岩石的表面形成数毫米深的溶解坑洞，从而引起岩石的风化和生物易感性的提高，具有相同侵蚀效果的地衣还包括 *Bagliettoa baldensis* 和 *B. marmoreal*（Tretiach et al.，2003；Sohrabi et al.，2017）。但地衣对文物的影响并不全是负面的，有研究表明，在特定的环境条件下，地衣也可以起到生物防护作用。一个典型的研究案例是黑面瓶口衣（*Verrucaria nigrescens*），在高温干燥的气候下，它会增大石质文物表面温度的变幅，进而引起热应力风化；但在湿润的气候下它能够保护石质文物避免风吹雨淋以及酸雨和其他植物的侵害。

在对壁画生物侵蚀的研究中发现，真菌在其中发挥着重要作用。曲霉属（*Aspergillus*）和青霉属（*Penicillium*）的真菌能够分泌有机酸，特别是草酸，引起方解石的溶解；枝孢霉属（*Cladosporium*）的真菌具有很高的蛋白水解酶活性，能够引起壁画颜料层中蛋白质的降解（Ortega-Morales *et al.*，2016；Unković *et al.*，2018）。国内李最雄（1992）的研究表明，微生物在壁画颜料褐变，特别是铅丹转变为二氧化铅的过程中发挥着重要作用，而冯清平等（1998）发现 *Cladosporium* 和 *Aspergillus* 能够在壁画颜料层上生长，造成颜料的脱落和颜料的褐变。Ma 等（2015）研究发现，一些嗜盐微生物在敦煌莫高窟壁画的酥碱过程中起着重要作用。一些产色素的藻类和细菌，也能够造成壁画的污损和破坏。在对意大利奥维多大教堂（St. Brizio Chapel）壁画的玫瑰色粉化破坏研究中发现，蓝细菌及其含有的藻红蛋白在其中发挥着重要作用（Cappitelli *et al.*，2009）。绿藻中的橘色藻属（*Trentepohlia*）同样能够造成壁画红色的粉化破坏，而细菌中的玫瑰色微球菌（*Micrococcus roseus*）和运动节杆菌（*Arthrobacter agilis*）也能产生类似的破坏效果。国内李强等（2014）的研究表明，地下墓室和洞穴环境壁画的微生物侵蚀通常都以放线菌中的假诺卡氏菌属（*Pseudonocardia*）和链霉菌属（*Streptomyces*）为主，在壁画表面形成白色的菌斑，在塞维利亚的多纳特立尼达（Doña Trinidad）和西班牙的桑蒂玛米涅（Santimamiñe）洞穴壁画以及我国北方公元 5 世纪墓葬壁画上也有相似的研究结果。

在欧洲的一些始建于中世纪的教堂中，经常发现彩绘玻璃上出现微生物的污损和蚀斑，并从玻璃上分离出了大量的微生物，通过实验室培养后回接到相同材质的玻璃上，证明微生物可以对玻璃造成腐蚀损害。在彩绘玻璃上微生物的损害过程较为缓慢，但长期的侵蚀会造成玻璃的分化和破损，涉及的微生物包括细菌中的变形菌门（Proteobacteria）、拟杆菌门（Bacteroidetes）、厚壁菌门（Firmicutes）和放线菌门（Actinobacteria）（Piñar *et al.*，2013），以及真菌中的 *Aspergillus*、*Cladosporium*、茎点霉属（*Phoma*）和 *Penicillium*（Carmona *et al.*，2006；Rodrigues *et al.*，2014）。微生物和金属文物的相互作用，常常引起金属文物的电化学腐蚀。最常见的金属腐蚀相关微生物包括硫酸盐还原菌（SRB）、硫氧化细菌、铁氧化还原菌、锰氧化菌、硝酸盐还原菌，以及一些可以分泌有机酸和黏液的细菌。金属文物腐蚀中真菌的作用较弱，但也有报道 *Aspergillus niger* 可以加速金属的生物腐蚀过程。

纸张是人类文明传承和发展的重要载体。作为常见的有机质文物，其主要化学成分有纤维素、半纤维素和木质素，决定了该类文物易发生生物病害。许多小型昆虫会在纸张书籍中活动和产卵，并以纸张为食，常见的此类昆虫包括毛衣鱼、烟草甲、书蠹蟲、书虱、花斑皮蠹、家白蚁等，在欧洲博物馆的纸质文物中还发现了衣蛾、螨虫、袋衣蛾、药材甲、家具蠹蟲、皮蠹等。大多数常见的真菌、细菌能够分泌降解酶（如葡萄糖苷酶 EC3.2.1），将纸张降解成小分子的有机质进而利用掉。真菌和放线菌具有十分发达的菌丝体，可以渗入纸质文物内部生长，并通过次生代谢产生的酸性物质、纤维素酶及色素侵蚀破坏纸张结构，造成书籍污损和损坏。虽然世界各地环境气候不同，但导致纸质文物损害的微生物种类基本相同,包括85个真菌属和71个细菌属，常见真菌如 *Penicillium*、*Aspergillus*、毛壳菌属（*Chaetomium*）、毛霉属（*Mucor*）、根霉属（*Rhizopus*）、镰刀菌属（*Fusarium*）、匍柄霉属（*Stemphylium*）、*Cladosporium*、葡萄穗霉属（*Stachybotrys*）、链格孢属（*Alternaria*）、木霉属（*Trichoderma*）等，常见细菌如气球菌属（*Aerococcus*）、芽孢杆菌属（*Bacillus*）、伯克氏菌属（*Burkholderia*）、溶杆菌属（*Lysobacter*）、分枝杆菌属（*Mycobacterium*）、罗尔斯通氏菌属（*Ralstonia*）、葡萄球菌属（*Staphylococcus*）、链霉菌属（*Streptomyces*）等（Joseph，2021）。

2.2.3 文化遗产的微生物防治技术

任何事情都具有两面性，正如同风险和机遇往往是同时到来的。微生物侵蚀给文物保护工作带来了严重的破坏和损失，同时也给文物保护工作提供了新的理念和技术（Cappitelli *et al.*，2020）。近年来，一种利用微生物间的拮抗关系来控制文物微生物侵蚀的技术正在兴起，相较于传统的化学杀菌剂，这种基于微生物相互作用关系的技术更加安全高效，是一种环境友好型的绿色技术。目前研究最为成熟的技术是利用细菌来控制丝状真菌和一些细菌的生长，这类细菌主要来自 *Bacillus* spp.，能够在次生代谢过程中产生具有杀菌活性的复合蛋白质。已有报道的细菌包括 *Bacillus subtilis*、*B. amyloliquefaciens*、*B. pumilus*、*B. licheniformis*、*B. methylotrophicus*、*B. atrophaeus*、*B. laterosporus*、*B. paralicheniformis*、*B. lehensis*、*Paenibacillus terrae*、*P. peoriae*、*P. polymyxa*、*P. larvae*、*P. mucilaginosus*、*P. bovis* 等。来自 *Bacillus* 的菌株普遍能够产生包括表面活性素（surfactin）、伊枯草菌素（iturin）、杆菌霉素 D（bacillomycin D）、丰原素（fengycin）和地衣素（lichenysin）在内的抗菌脂蛋白，另外还发现 *Pseudomonas aeruginosa* 产生的鼠李糖脂（rhamnolipid）、*Streptomyces roseosporus* 产生的达托霉素（daptomycin）也有很好的抑菌效果。同时，利用微生物产生的胞外酶进行文物表面污损清洗的新型技术（biocleaning）也广受关注，可以根据需要清理的污染物性质的不同，选择不同种属的细菌进行清洗，目前报道中涉及的微生物来自 50 多个细菌的属分类单元。一个为人们所熟知的例子是 Ranalli 等（2005）利用施氏假单胞菌（*Pseudomonas stutzeri* A29）对壁画表面老化的动物胶进行的生物清洗实验，效果十分显著。另外一个新型的基于微生物的文物防护技术是生物矿化（biomineralization）作用。实际上生物矿化作用在我们生活中十分常见，如动物骨骼、牙齿和外壳的形成过程，自然界中趋磁细菌介导了磁铁矿的矿化过程，绿藻和硅藻参与了方解石和硅石的矿化作用。在文物保护中研究最多的是微生物介导的碳酸钙沉积作用，一些种类的细菌可以通过代谢有机质（如氨基酸和尿素）产生碳酸钙并附着在石质文物表面，从而起到修复和固化的作用。*Micrococcus* sp.、*Bacillus subtilis*、*B. sphaericus*、普通脱硫弧菌（*Desulfovibrio vulgaris*）、黄色黏球菌（*Myxococcus xanthus*）、*Pseudomonas* sp.、泛菌（*Pantoea* sp.）、贪铜菌（*Cupriavidus* sp.）等是碳酸钙沉积研究中频繁使用的微生物菌株。

尽管作者用较大篇幅罗列了上述与文化遗产微生物研究相关的微生物信息，但这仅仅是相关研究的冰山一角，更加详细的内容会在后续章节中叙述。另外，随着高通量测序和组学技术的进步与大规模应用，更加丰富的微生物信息将会被发掘出来。基于微生物种类和代谢功能的多样性，我们可以预见文化遗产微生物的研究将会有更加快速的进步，也将带给文物保护工作更多意想不到的新理论和新技术。

2.3 文化遗产微生物研究的发展史

文化遗产微生物作为一个独立的研究方向具有十分悠久的发展历程，但一直以来都没有形成一门独立的学科。近年来，得益于微生物学和分子生物学技术的快速发展，文物保护中的微生物学研究得到迅猛发展，诸多研究成果在文物保护中发挥了重要作用，引起了人们的广泛关注。文化遗产微生物的相关研究起始于 20 世纪初，经历了一个世纪多的积累，近年来发展迅速，是文物保护学中最为活跃的前沿研究领域之一。纵观文化遗产微生物研究的技术发展历程，概括地讲可以划分为萌芽、快速发展和现代三个阶段。第一阶段为 1905～1982 年，该阶段注重文化遗产上微生物的传统培养和可能的损伤机制。第二阶段是 1983～2000 年，以两种科学技术的出现作为标志，即从 PCR 技术发明起始到宏基因组技术的出现结束，这个阶段是微生物学研究蓬勃发展的阶段，也是多技术综合应用于文化遗产微生物研究领域的阶段，同时是机制探讨和防治技术研究的主要阶段。第三阶段为 2001 年至今，是宏基因组等组学技术出现的阶段，这个阶段为形成完整的学科体系提供了新的要求和发展方向。下面分别介绍三个阶段的主要历程。

2.3.1 文化遗产微生物研究的萌芽阶段

微生物学的建立和快速发展为文化遗产微生物研究奠定了基础，因而文化遗产微生物研究的起始稍晚于微生物学。如果从时间上来划分，这一阶段大约起始于 19 世纪末20 世纪初，结束于 20 世纪后期。这一阶段的典型特征是研究方法主要依赖于传统的微生物学技术，即以显微观察和纯培养为主的方法。同时，科学家认识到微生物与文化遗产的腐蚀或退化有关系。在这一历史时期中，文物保护学在理论、方法和实践上都逐步走向成熟，为文化遗产微生物研究的诞生和发展提供了科学基础和环境保障。一些重要的历史事件还包括：1913 年，英国政府颁布了《古迹维护和修缮条例》，法国颁布了《历史古迹法》，这是现代意义上文物保护立法的起始；1931 年，在雅典召开的"第一届历史古迹建筑师及技师国际会议"上通过了修复历史性文物建筑的《雅典宪章》，这是第一次以国际文件的形式确定文物建筑保护的原则；1964 年国际古迹遗址理事会（ICOMOS）在威尼斯通过的《威尼斯宪章》，是世界各国文物古迹保护修复最重要的指导性文件。

人们对于微生物的认识和利用是比较早的，最早可以追溯到距今几千年前的酿酒和腌制食物等活动。在微生物学的发展过程中，人们逐渐认识到了微生物与环境之间的相互作用。早在 19 世纪中叶就有一些学者注意到了微生物在自然物质转化中的作用，这也是环境微生物研究的起始。最著名的如硝化作用的发现过程，Schloesing 等于 1871～1879 年发现了污水中的铵可以被氧化成硝酸盐，Winogradsky 在 1890 年分离出了硝化细菌。微生物和周围环境的相互作用，往往会导致一些材料的腐蚀与破坏（尤其是人工材料），发生生物腐蚀（bioerosion）。1891 年，Garrett 第一次提出微生物腐蚀的概念。而在 1910 年，Gaines 从埋设地下管线的腐蚀产物中提取出盖氏铁柄杆菌属（*Gallionella*），证实了细菌参与管道的腐蚀。荷兰学者 Von W. Kühr 做了大量关于硫酸盐还原菌的研究工作，并于 1934 年提出了著名的阴极去极化理论，建立了金属材料微生物腐蚀研究的基础。

文化遗产微生物的研究，起始于 19 世纪末 20 世纪初。1905 年，法国学者 Beaufils 和 Langlois 首次报道了微生物对壁画的影响，这是公开发表的微生物学在文化遗产保护与传承研究领域的第一篇文章。1911 年，Massee 从壁画上分离鉴定出了一株新的真菌，并对真菌破坏壁画的机制进行了初步的探讨，这是文化遗产微生物研究中首次对于真菌破坏机制进行探索（Massee，1911）。1949 年，N.A. Krasilnikov 对亚美尼亚古代庙宇埃奇米亚津（Echmiadzin）和兹瓦尔特诺茨（Zvartnots）教堂石质结构上的地衣进行了深入研究，并通过微生物接种实验证明这些微生物在石质文物风化过程中起着十分重要的作用，该研究的思路和结论对于后续文化遗产微生物研究的发展起到了十分重要的促进作用。在同一时期，西班牙阿尔塔米拉洞穴（Altamira Cave，1917 年）和法国的拉斯科洞穴（Lascaux Cave，1940 年）正式面世，这两个洞穴中史前岩画的微生物学保护研究极大地促进了文化遗产微生物研究的发展，是岩画微生物研究的典型案例（马旭等，2010；马燕天等，2011）。早在 1945 年，Polynov 在研究土壤形成的过程中就提出了生物退化（biodeterioration）的概念，但一直到 1971 年，生物退化才作为古建筑和其他文物保护一个重要的研究方向被正式确定。在此期间，有大量学者描述了发生在各种古代石质遗存上的生物退化，并通过分析确定了一些原生动物、藻类、真菌和细菌是导致生物退化的重要原因（Gettens *et al.*，1941；Reynolds，1950；Klens and Lang，1956；Ross，1963；Paquet，1964；Pochon and Jaton，1968）。

但受限于微生物学观测技术，在此期间发现的文物侵蚀相关微生物的种类和数量都较少，人们普遍认为文物的微生物侵蚀是由少数种类的细菌、真菌或者低等植物引起的。在文物受到微生物侵害较为严重时，人们广泛使用杀菌剂来进行微生物病害的控制，尽管其在短时间内效果明显，但后来的研究发现微生物很快获得了对杀菌剂的抗性，并再次形成严重的微生物病害（马旭等，2010）。这一阶段的文化遗产微生物研究，总体上是在描述文物表面微生物的生长现象，并从微生物营养的角度对文物和微生物之间的关系进行了初步的探究，而对微生物侵蚀的机制和原理的研究则较少。

2.3.2　文化遗产微生物研究的快速发展阶段

文化遗产微生物研究与普通交叉学科研究一样，其发展不仅依赖于分析技术的进步，也依靠文化遗产保护观念和社会的重视程度的提高。20 世纪 80 年代以来，尤其自 1983 年 Mullis 发明的 PCR 技术出现以来，分子生物学理论和技术趋于完善，极大地促进了文化遗产微生物研究的进程。诸如 PCR、反转录 PCR（RT-PCR）、变性梯度凝胶电泳（DGGE）、末端限制性片段长度多态性（T-RFLP）、荧光原位杂交（fluorescence *in situ* hybridization，FISH）以及克隆测序技术（cloning-sequencing）在文化遗产微生物研究中的应用非常广泛。例如，在 1996 年，Rolleke 首次报道利用 DGGE 技术对中世纪壁画中的细菌和真菌群落进行检测，发现了大量的不可培养的微生物种类。2004 年，Radaelli

等综合利用随机扩增多态性 DNA（random-amplified polymorphic DNA，RAPD）、限制性片段长度多态性（restriction fragment length polymorphism，RFLP）和 tDNA-PCR 技术对圣达米安修道院（St Damian's Monastery）两幅壁画上的变色蚀斑进行了研究，结果发现许多革兰氏阳性细菌参与了变色蚀斑的形成，这些研究结果提示了空气微生物对于壁画腐蚀的作用。这一阶段也是世界经济蓬勃发展、世界格局急速变迁的阶段，一些珍贵的文物因自然灾害、工业建设、战争等而遭到永久性的损坏，还有大量的文物受到环境污染和气候变化影响而变得岌岌可危。微生物与大多数文物的生物退化息息相关，这促使人们对于微生物和文物保护的研究格外关注。

这一阶段对于文物生物侵蚀的过程和机制都有了较为深入的研究，取得了丰富的研究成果。以石质文物的生物侵蚀研究为例，研究表明石质文物本身的性质决定了其生物易感性和受到微生物侵蚀的程度，疏松多孔且比较粗糙的石质结构，往往容易发生生物侵蚀（Negi and Sarethy, 2019）。不论是这些文物材质本身原始携带的微生物，还是后来通过空气、原生动物等传播吸附积累的微生物，都能够在适宜的环境条件下生长繁殖。一般情况下石质文物中的有机质含量较低，所以生物侵蚀的起始通常都是一些光合自养微生物（如蓝细菌、藻类、地衣等），这些自养物种通过固定空气中的二氧化碳积累有机质，为其他异养生物提供养分（Miller et al., 2006）。一些化能自养菌也发挥了重要的作用，如硝化细菌和硫细菌，可以利用空气中的污染物（NO_2、SO_2 等）生成无机酸，进而腐蚀石质结构，促进光合微生物的生长（Lan et al., 2010；Xu et al., 2018）。严重生物侵蚀的出现通常都是以有机化能异养微生物为主体的，主要是异养细菌和真菌，并且能够分泌胞外聚合物（EPS）形成生物膜（biofilm）结构。生物膜为各种微生物提供了物理屏障，可以有效减少水分散失，增加对杀菌剂的抗性，增强其环境适应能力，加速生物侵蚀的过程（Kusumi et al., 2011；Villa et al., 2016）。

长期的研究发现，人类活动对于文物的生物侵蚀过程有着强烈的影响，尤其是一些露天的建筑遗址或者和周围连通性较高的墓穴洞窟。如大量化石燃料使用、汽车尾气排放、工农业废气污染等，极大地增加了空气中氮化物（NH_3、NO_2 和 NO）、硫化物（H_2S 和 SO_2）以及各种挥发性有机物（VOC）的含量（Nuhoglu et al., 2006）。这些空气污染物可以随着大气运动，并在合适的条件下以颗粒物或者液体的形式沉降附着在文物表面，直接造成文物的损害（如酸雨）。同时，空气中的微生物也会随即附着到文物上，对文物造成生物侵蚀（Moroni and Pitzurra, 2008）。微生物的生长代谢活动促进了实体文物基质中的物质降解和元素循环，使生物退化的过程不断加速，文物损害越来越严重。全球气候变暖对于文物生物侵蚀具有促进效果，气温升高、降雨量增加等都能够加快生物侵蚀的发展，例如，位于较低纬度的古代遗址，通常受到生物侵蚀破坏的程度要比高纬度地区的遗址严重（Duan et al., 2017）。

在微生物对于文物的侵蚀过程和具体机制方面，这一时期的研究取得了较大的进展。微生物侵蚀引起的颜色改变和污损，主要是由一些带有颜色的微生物细胞以及微生物次生代谢色素引起的，常见的如类胡萝卜素和黑色素。一些光合微生物（如藻类）和大多数的真菌能够产生色素，许多放线菌也能够产生各种颜色的色素。微生物在文物表面的生长，还会导致文物材料的老化和风化。如在壁画表面微生物的生长，可以吸收更多的阳光辐射和水分，导致壁画表面温度和水分分布的不均匀，引起壁画变形、起甲和破碎。一些丝状真菌的菌丝体也可以深入壁画内部，导致壁画材料的机械性破坏（Sterfinger，2010）。微生物的生长活动还会在文物表面积累无机酸和有机酸，导致文物材料的腐蚀破坏。常见的无机酸如硝酸、亚硝酸、亚硫酸、硫酸等，对于一些石质建筑的腐蚀性破坏非常严重。微生物产生的一些有机酸如草酸和柠檬酸等，也侵蚀文物材料，同时吸附一些矿物盐离子，形成极为复杂的胞外聚合物（EPS）和生物膜。微生物对于石质文物材料的侵蚀，还会引起二次矿化和结晶，导致一些矿物盐在石质文物表面的积累，引起石质文物表面开裂破碎（Liu et al.，2020）。矿物盐的积累同时会吸引一些嗜盐古菌和细菌的生长，加速生物侵蚀的过程（Saiz-Jimenez and Laiz，2000）。

　　然而，微生物对文物的影响并不仅限于生物侵蚀和生物退化方面，在一些环境中，微生物对于文物也具有保护作用。生长在一些露天文物建筑表面的地衣和生物膜，虽然造成了文物表面的侵蚀和污损，但从长期来看也保护了文物整体上的安全（Rosa et al.，2013）。这些地衣和生物膜可以降低太阳辐射，减少降雨冲刷侵蚀和水分的渗入，减轻这些文物由于频繁受热不均引起的变形和分化。但是，这种基于微生物的生物保护效应到底有多大，能否抵消微生物生长造成的生物侵蚀破坏效果，仍然难以准确评估。这些研究也再一次提醒我们，在文物的可持续保护过程中进行人为干预行为一定要谨慎，最好能在原保护地进行小规模的模拟试验，以评估人为干预带来的后果。近些年来，利用微生物的代谢能力，开发出了生物固化技术和生物清洁技术，用来进行一些石质文物材料的修复，同时对一些生物污损进行生物清洁。在生物固化技术方面，主要是利用产碳酸盐微生物如 Bacillus sp.、Acinetobacter sp. 和 Sporosarcina sp. 等，通过代谢产生碳酸根离子结合石质材料中的钙离子生成碳酸钙，附着在石质文物的表面。这种微生物产生的碳酸钙沉积，和石质文物材质本身相容性好且环境友好，不仅能够起到修复的作用，还能改善石质文物的表面孔隙度，减少水分渗入和微生物的侵蚀（Jroundi et al.，2017）。利用微生物产生的天然次级代谢产物可以有效控制其他微生物的生长和大规模侵蚀现象。如利用 Bacillus sp. 产生的多肽类生物活性物质，可以有效抑制壁画表面真菌的生长，一些植物和地衣产生的精油类物质，也被证明具有生物防治作用。还有一些研究利用微生物产生的胞外酶，来清除壁画表面的生物污损，显示出了较好的效果（Sofritti et al.，2019）。一些真菌，如 Aspergillus allahabadii，可以有效清除文物表面的生物膜（Hu et al.，2013）。但总体来说，任何外源物质的引入，尤其是有机质，都应该十分谨慎，因为微生物具有强大的变异能力，总能找到合适的代谢途径来利用各种有机质，从而产生二次污染和侵蚀的风险。

　　这一阶段文化遗产微生物研究的快速发展，不仅受益于分子生物学技术的快速发展，还受益于物理和化学方面分析观测仪器和手段的进步。对于微生物与文物相互作用的过程和机制的解析，必须监测文物材料的化学组成、微观结构和形态特征，以评估文物所处的状态、环境的影响以及生物侵蚀的程度。成像观测技术、光谱学技术、热重分析、X 射线分析技术、离子束分析技术、质谱技术等，都在文化遗产微生物的研究中广泛使用，具体的技术方法如表 2-2 所示。

表 2-2　文化遗产微生物研究中常用物理化学分析技术

技术名称	具体信息	技术特点
成像观测技术	光学显微技术：普通光学显微镜（LM）、荧光显微镜、相差显微镜等 电子显微技术：原子力显微镜（AFM）、扫描电子显微镜（扫描电镜，SEM）、透射电子显微镜（透射电镜，TEM）、扫描电镜-能量色散 X 射线光谱仪（SEM-EDS）、环境扫描电镜（ESEM）等	各种材料表面（截面）的形貌特征、元素分布以及微观结构（Vázquez-Calvo et al.，2007；Şerifaki et al.，2009）
光谱学技术	紫外-可见光光谱（UV-vis）、傅里叶变换红外光谱（FTIR）、拉曼光谱（Raman spectroscopy）、激光诱导击穿光谱（LIBS）等	各种材料的色素、官能团、元素组成分析，特别是有机物质（Adriaens，2004；Kramar et al.，2011）
热重分析	差示热分析（DTA）、热重量法（TG）、导数热重量法（DTG）、差示扫描量热法（DSC）等	材料碳化、水化程度分析，常用于评估材料热的稳定性（Lanas and Alvarez-Galindo，2003）
X 射线分析技术	X 射线衍射（XRD）、X 射线荧光光谱仪（XRF）、X 射线光电子能谱（XPS）、X 射线吸收光谱（XAS）等	分析材料的晶体结构、元素组成和电子结构（Hormes et al.，2016）
离子束分析技术	质子激发 X 射线分析（PIXE）、质子激发 γ 射线分析（PIGE）等	各种材料中痕量元素的检测分析（Vilarigues et al.，2011）
质谱技术	气相色谱-质谱（GC/MS）、高效液相色谱-质谱（HPLC-MS）、热裂解-气相色谱-质谱联用仪（Py-GC-MS）、基质辅助激光解吸电离飞行时间质谱（MALDI-TOF-MS）、傅里叶变换离子回旋共振质谱（FTICR MS）、电感耦合等离子体质谱（ICP-MS）、飞行时间二次离子质谱（TOF-SIMS）等	各种有机材料的分子组成、官能团、化学结构分析（Hynek et al.，2004；Maguregui et al.，2008；Degano et al.，2017）

2.3.3　文化遗产微生物研究的现代阶段

组学（omics）技术的出现，将文化遗产微生物的研究推进到了新的高度，也标志着文化遗产微生物研究进入了一个新的发展阶段。尤其是宏基因组学（metagenomics）和下一代测序技术（NGS）的建立和推广，使文化遗产微生物研究的面貌焕然一新。宏基因组学的概念自 1998 年首次提出，并在 2000 年首次用于文物生物侵蚀的研究。随后，宏转录组学、宏蛋白质组学和代谢组学也逐步发展起来，形成了多组学联合分析的一整套技术体系和分析方法。纵观文化遗产微生物研究的三个发展阶段，分别对应了培养技术、分子技术和组学技术这三种微生物学研究的核心技术的发展历程，可见技术进步是学科发展的重要基石。最新发展起来的基因芯片（gene chip）技术、高通量荧光定量 PCR 技术（HT-qPCR）以及单分子测序技术，将我们探测环境微生物的分辨率提升到了更高的水平，可以预期这些技术在文化遗产微生物的研究中将带来令人振奋的新发现。

基于高通量测序和宏基因组方法的研究发现了许多以前没有发现的文物腐蚀相关微生物，拓展了我们对于文物微生物腐蚀过程的认识。在一项针对北宋和清朝佛像表面微生物的高通量分析中发现，空气污染物中的 NO_2 和 SO_2 对于硝化细菌和硫杆菌的生长十分重要。Kraková 等（2015）对意大利罗马圣卡利斯托（St. Callixtus）教堂墓穴石刻表面白色生物膜的宏基因组研究表明，一些丝状的放线菌门、厚壁菌门和变形菌门是其中最主要的微生物组成。Adamiak 等（2017）对模拟高盐环境下砖块表面微生物的代谢组进行了分析，研究发现微生物在高盐度情况下会增加色素的产生并导致生物侵蚀现象，表明一些壁画颜料是嗜盐微生物良好的生长基质，具有发生生物侵蚀的基础。许多文物表面蛋白质组的分析常常能够带来意想不到的信息，并且通过专用的乙酸乙酯离子交换树脂膜吸附文物表面的各类生物分子，可以实现无损分析。例如，对俄国作家契诃夫日记本表面的宏蛋白质组分析，发现了许多环境微生物以及结核分枝杆菌（*Mycobacterium tuberculosis*）的存在，而这与契诃夫的死因有着密切联系。类似的还有1630 年米兰大瘟疫的分析，其中发现了超过 400 种来自细菌的蛋白质，包括耶尔森菌科（Yersiniaceae，鼠疫杆菌所在科）的 17 种（D'Amato *et al.*，2018a，2018b）。目前对于文物表面的组学研究越来越盛行，产生的微生物组学数据也日益增加，如何整合分析这些数据显得十分重要。因此，有必要建立专门的文物表面微生物组学数据库，针对不同的文物材质、不同的生物侵蚀类型、不同的环境特征进行分类分析，这对于今后的文物保护工作十分重要。

在微生物侵蚀的防护研究方面，近年来也有许多新的进展。传统的杀虫剂或者杀菌剂的使用，往往容易带来一些环境问题，如熏蒸处理中常用的环氧乙烷，因为具有致突变和致癌风险而被许多国家禁用，进而使用过氧化氢替代环氧乙烷使用。一些杀菌剂的重复使用，往往容易导致抗性微生物的出现，进而引起更为严重的生物侵蚀。在文物表面菌斑的清理中，二甲基亚砜（DMSO）是最常用的溶剂，尽管人们认为 DMSO 是低毒性的，但也有研究表明 DMSO 能够引起心脏和肝脏 microRNA 表达异常。而近年来兴起的纳米材料在生物侵蚀防护中展现出明显的优势，如纳米银（Ag）、铜（Cu）、二氧化钛（TiO_2）、氧化锌（ZnO）等，具有非常好的环境稳定性和抑菌杀菌活性。许多严重的微生物污损，传统上都是通过清洗的办法解决，但会有严重的后遗症。近年来通过使用紫外线 UV-C 杀菌、伽马射线辐照、激光清除、微波处理、干冰处理等方法，能够在特定情况下达到传统机械清除的效果，具有较好的应用潜力（Cappitelli *et al.*，2020）。在新型杀菌剂的研发方面，近年来各种生物天然产物的杀菌效果越来越受到重视。从一些植物中分离出的精油具有抑制真菌生长的作用，从而被用来清除真菌形成的生物膜。最典型的植物精油是丁香精油，其对真菌和细菌都有广泛的抑制作用。从唇形科植物 *Thymbra capitata* 提取的精油，可以有效抑制蓝细菌和绿藻的生长，精油中主要成分为香芹酚（73.2%）、γ-萜品烯（6.9%）、对伞花烃（4.3%）（Candela *et al.*，2019）。但在不同的模拟实验中，这些植物精油抑制微生物生长的效果差异很大，可能和精油的提取方法、施用剂量等有关。因此想要在实际防护中使用植物精油，还要利用文物材料做详细的原位模拟实验以验证其有效性和安全性。另外，一些微生物胞外酶，如葡萄糖氧化酶和几丁质酶，可以用来清除文物表面的生物膜。葡萄糖氧化酶通过产生过氧化氢来清除细菌生物膜，而几丁质酶通过分解丝状真菌菌丝体清除真菌生物膜。然而，以上实验大多是在实验室中模拟进行的，想要在实际环境中使用这些有机生物分子还得更加谨慎，因为总有微生物能够利用各种有机分子。

由以上进展我们可以看出，文化遗产微生物的研究成果在文物保护领域有着极大的应用潜力。前期大量基础研究的积累，将微生物侵蚀退化的理论研究和生物侵蚀防护的应用技术研究有机结合在了一起，大大促进了文化遗产微生物学科中新的理论和技术体系的形成与发展。

2.4 本 章 总 结

　　本章首先介绍了文物保护工作需要遵循的基本原则以及基本工作的程序，这是开展一切文物保护相关工作的基础。在此基础上，本章还介绍了文物和微生物之间的相互作用，主要是文物材料的生物易感性，常见文物材料中的微生物多样性，以及基于微生物学原理的文物保护技术。在本章的最后，重点介绍了文化遗产微生物研究的三个发展阶段，即萌芽、快速发展和现代阶段，回顾了这一研究领域的发展历程。本章的目的在于强调文物保护学和微生物学的交叉和结合过程，这是文化遗产微生物这一重要研究领域科学理论的基础来源。

参 考 文 献

冯清平, 张晓军, 马清林, 等, 1998. 敦煌壁画色变中微生物因素的研究: Ⅱ.微生物对模拟石窟壁画颜料的影响[J]. 微生物学报, (2): 131-136.

国家文物局. 2016. 2015 年度文物保护科学和技术创新奖成果集[M]. 北京: 文物出版社.

李强, 葛琴雅, 潘晓轩, 等. 2014. 岩画和壁画类文物微生物病害研究进展[J]. 生态学报, 34(6): 1371-1378.

李最雄. 1992. 莫高窟壁画中的红色颜料及其变色机理探讨[J]. 敦煌研究, (3): 41-54, 128-129, 135-137.

联合国教科文组织世界遗产中心, 国际古迹遗址理事会, 国际文物保护与修复研究中心和中国国家文物局. 2007. 国际文化遗产保护文件选编[M]. 北京: 文物出版社.

马清林, 苏伯民, 胡之德, 等. 2001. 中国文物分析鉴别与科学保护[M]. 北京: 科学出版社.

马旭, 毛琳, 马燕天, 等. 2010. 拉斯科洞穴史前壁画微生物生态学研究进展[J]. 敦煌研究, (6): 115-120.

马燕天, 武发思, 马旭, 等. 2011. 史前洞窟阿尔塔米拉（Altamira Cave）壁画微生物群落研究进展[J]. 敦煌研究, (6): 115-120.

汪万福, 武光文, 赵林毅, 等. 2016. 北齐徐显秀墓壁画保护修复研究[M]. 北京: 文物出版社.

王蕙贞. 2009. 文物保护学[M]. 北京: 文物出版社.

Adamiak J, Bonifay V, Otlewska A, et al. 2017. Untargeted metabolomics approach in halophiles: understanding the biodeterioration process of building materials[J]. Frontiers in Microbiology, 8: 2448.

Adriaens A. 2004. European actions to promote and coordinate the use of analytical techniques for cultural heritage studies[J]. TrAC Trends in Analytical Chemistry, 23(8): 583-586.

Albertano P, Moscone D, Palleschi G, et al. 2003. Molecular Biology and Cultural Heritage[M]. Oxford: Taylor & Francis.

Candela R G, Maggi F, Lazzara G, et al. 2019. The essential oil of Thymbra capitata and its application as a biocide on stone and derived surfaces[J]. Plants, 8(9): 300.

Caneva G, Nugari M P, Salvadori O. 2008. Plant Biology for Cultural Heritage: Biodeterioration and Conservation[M]. Los Angeles: The Getty Conservation Institute.

Cappitelli F, Abbruscato P, Foladori P, et al. 2009. Detection and elimination of Cyanobacteria from frescoes: the case of the St. Brizio Chapel (Orvieto Cathedral, Italy) [J]. Microbial Ecol, 57(4): 633-639.

Cappitelli F, Cattò C, Villa F. 2020. The Control of Cultural Heritage Microbial Deterioration[J]. Microorganisms, 8(10): 1542.

Carmona N, Laiz L, Gonzalez J M, et al. 2006. Biodeterioration of historic stained glasses from the Cartuja de Miraflores (Spain) [J]. International Biodeterioration & Biodegradation, 58(3/4): 155-161.

Clair L, Seaward M. 2004. Biodeterioration of Stone Surfaces[M]. Dordrecht: Kluwer Academic Press.

D'Amato A, Zilberstein G, Zilberstein S, et al. 2018b. Of mice and men: traces of life in the death registries of the 1630 plague in Milano[J]. Journal of Proteomics, 180: 128-137.

D'Amato A., Zilberstein G., Zilberstein S, et al. 2018a. Anton Chekhov and Robert Koch cheek to cheek: a proteomic study[J]. Proteomics, 18(9): 1700447.

de la Rosa J P M, Warke P A, Smith B J. 2013. Lichen-induced biomodification of calcareous surfaces: Bioprotection versus biodeterioration[J]. Progress in Physical Geography: Earth and Environment, 37(3): 325-351.

Degano I, Tognotti P, Kunzelman D, et al. 2017. HPLC-DAD and HPLC-ESI-Q-ToF characterisation of early 20th century lake and organic pigments from Lefranc archives[J]. Heritage Science, 5: 1-15.

Duan Y L, Wu F S, Wang W F, et al. 2017. The microbial community characteristics of ancient painted sculptures in Maijishan Grottoes, China[J]. PLOS ONE, 12(7): e0179718.

Gettens R J, Pease M, Stout G L. 1941. The problem of mold growth in paintings[J]. Technical Studies in the Field of the Fine Arts, 9(3): 127-143.

Hormes J, Diekamp A, Klysubun W, et al. 2016. The characterization of historic mortars: a comparison between powder diffraction and synchrotron radiation based X-ray absorption and X-ray fluorescence spectroscopy[J]. Microchemical Journal, 125: 190-195.

Hu H L, Ding S P, Katayama Y, et al. 2013. Occurrence of *Aspergillus allahabadii* on sandstone at Bayon temple, Angkor Thom, Cambodia[J]. International Biodeterioration & Biodegradation, 76: 112-117.

Hueck H. 1968. The biodeterioration of materials-an appraisal. In Biodeterioration of materials: Microbiological and allied aspects[C]. Proceedings of the 1st international symposium. Southampton: Elsevier Publishing Co: 6-12.

Joseph E. 2021. Microorganisms in the Deterioration and Preservation of Cultural Heritage[M]. Cham: Springer International Publishing.

Jroundi F, Schiro M, Ruiz-Agudo E, et al. 2017. Protection and consolidation of stone heritage by self-inoculation with indigenous carbonatogenic bacterial communities[J]. Nature Communications, 8: 279.

Klens P F, Lang J R. 1956. Microbiological factors in paint preservation[J]. J Oil Colour Chemists' Assoc, 38: 887-899.

Kraková L, De Leo F, Bruno L, et al. 2015. Complex bacterial diversity in the white biofilms of the Catacombs of St. Callixtus in Rome evidenced by different investigation strategies[J]. Environmental Microbiology, 17(5): 1738-1752.

Kramar S, Urosevic M, Pristacz H, et al. 2010. Assessment of limestone deterioration due to salt formation by micro-Raman spectroscopy: application to architectural heritage[J]. Journal of Raman Spectroscopy, 41(11): 1441-1448.

Krasilnikov N. 1949. The role of microorganisms in the weathering of rocks[J]. Mikrobiologiya, 18: 318-323.

Kusumi A, Li X S, Katayama Y. 2011. Mycobacteria isolated from Angkor monument sandstones grow chemolithoautotrophically by oxidizing elemental sulfur[J]. Frontiers in Microbiology, 2: 104.

Lan W S, Li H, Wang W D, et al. 2010. Microbial community analysis of fresh and old microbial biofilms on bayon temple sandstone of Angkor thom, Cambodia[J]. Microbial Ecology, 60(1): 105-115.

Lanas J, Alvarez-Galindo J I. 2003. Masonry repair lime-based mortars: factors affecting the mechanical behavior[J]. Cement and Concrete Research, 33(11): 1867-1876.

Liu X B, Koestler R J, Warscheid T, et al. 2020. Microbial deterioration and sustainable conservation of stone monuments and buildings[J]. Nature Sustainability, 3(12): 991-1004.

Ma Y, Zhang H, Du Y, et al. 2015. The community distribution of bacteria and fungi on ancient wall paintings of the Mogao Grottoes. ScientificReports, 5: 7752.

Maguregui M, Sarmiento A, Martínez-Arkarazo I, et al. 2008. Analytical diagnosis methodology to evaluate nitrate impact on historical building materials[J]. Analytical and Bioanalytical Chemistry, 391(4): 1361-1370.

Mandrioli P, Caneva G, Sabbioni C. 2003. Cultural Heritage and Aerobiology: Methods and Measurement Techniques for Biodeterioration Monitoring[M]. Berlin: Springer Netherlands.

Massee G. 1911. A new paint-destroying fungus. (*Phoma* pigmentivora, mass.)[J]. Bulletin of Miscellaneous

Information (Royal Gardens, Kew), 1911(8): 325.

Miller A, Dionísio A, Macedo M F. 2006. Primary bioreceptivity: a comparative study of different Portuguese lithotypes[J]. International Biodeterioration & Biodegradation, 57(2): 136-142.

Mitchell R, Mcnamara C J. 2010. Cultural Heritage Microbiology: Fundamental Studies in Conservation Science[M]. Washington: ASM Press.

Moroni B, Pitzurra L. 2008. Biodegradation of atmospheric pollutants by fungi: a crucial point in the corrosion of carbonate building stone[J]. International Biodeterioration & Biodegradation, 62(4): 391-396.

Negi A, Sarethy I P. 2019. Microbial biodeterioration of cultural heritage: events, colonization, and analyses[J]. Microbial Ecology, 78(4): 1014-1029.

Nuhoglu Y, Oguz E, Uslu H, et al. 2006. The accelerating effects of the microorganisms on biodeterioration of stone monuments under air pollution and continental-cold climatic conditions in Erzurum, Turkey[J]. Science of the Total Environment, 364(1/2/3): 272-283.

Ortega-Morales B O, Narváez-Zapata J, Reyes-Estebanez M, et al. 2016. Bioweathering potential of cultivable fungi associated with semi-arid surface microhabitats of Mayan buildings[J]. Frontiers in Microbiology, 7: 201.

Paquet J. 1964. Contribution a l'etude de la maladie de la pierre: new hypothese sur les causes des transferts et des concentrations de sulfate produisant les efets foliants[J]. Mon His France, 10: 73-88.

Piñar G, Garcia-Valles M, Gimeno-Torrente D, et al. 2013. Microscopic, chemical, and molecular-biological investigation of the decayed medieval stained window glasses of two Catalonian churches[J]. International Biodeterioration & Biodegradation, 84: 388-400.

Pochon J, Jaton C. 1968. Biodeterioration of Materials[M]. London: Elsevier.

Polynov B B. 1945. The first stages of soil formation on massive crystaline rocks[J]. Porhvovedenie Pedology, 7: 327-339.

Ranalli G, Alfano G, Belli C, et al. 2005. Biotechnology applied to cultural heritage: biorestoration of frescoes using viable bacterial cells and enzymes[J]. Journal of Applied Microbiology, 98(1): 73-83.

Reynolds E S. 1950. *Pullularia* as a cause of deterioration of paint and plastic surfaces in south Florida[J]. Mycologia, 42(3): 432-448.

Rodrigues A, Gutierrez-Patricio S, Miller A Z, et al. 2014. Fungal biodeterioration of stained-glass windows[J]. International Biodeterioration & Biodegradation, 90: 152-160.

Ross R T. 1963. Microbiology of paint films[J]. Advances in Applied Microbiology, 5: 217-233.

Saiz-Jimenez C, Laiz L. 2000. Occurrence of halotolerant/halophilic bacterial communities in deteriorated monuments[J]. International Biodeterioration & Biodegradation, 46(4): 319-326.

Şerifaki K, Böke H, Yalçın Ş, et al. 2009. Characterization of materials used in the execution of historic oil paintings by XRD, SEM-EDS, TGA and LIBS analysis[J]. Materials Characterization, 60(4): 303-311.

Sofritti I, D'Accolti M, Lanzoni L, et al. 2019. The potential use of microorganisms as restorative agents: an update[J]. Sustainability, 11(14): 3853.

Sohrabi M, Favero-Longo S E, Pérez-Ortega S, et al. 2017. Lichen colonization and associated deterioration processes in Pasargadae, UNESCO world heritage site, Iran[J]. International Biodeterioration & Biodegradation, 117: 171-182.

Sterflinger K. 2010. Fungi: their role in deterioration of cultural heritage[J]. Fungal Biology Reviews, 24(1/2): 47-55.

Tretiach M, Pinna D, Grube M. 2003. *Caloplaca erodens*[sect. *Pyrenodesmia*], a new lichen species from Italy with an unusual thallus type[J]. Mycological Progress, 2(2): 127-136.

Unković N, Dimkić I, Stupar M, et al. 2018. Biodegradative potential of fungal isolates from sacral ambient: *in vitro* study as risk assessment implication for the conservation of wall paintings[J]. PLOS ONE, 13(1): e0190922.

Vázquez-Calvo C, Alvarez de Buergo M, Fort R, et al. 2007. Characterization of patinas by means of microscopic techniques[J]. Materials Characterization, 58(11/12): 1119-1132.

Vilarigues M, Redol P, Machado A, et al. 2011. Corrosion of 15th and early 16th century stained glass from the monastery of Batalha studied with external ion beam[J]. Materials Characterization, 62(2): 211-217.

Villa F, Stewart P S, Klapper I, et al. 2016. Subaerial biofilms on outdoor stone monuments: changing the perspective toward an ecological framework[J]. BioScience, 66(4): 285-294.

Xu H B, Tsukuda M, Takahara Y, et al. 2018. Lithoautotrophical oxidation of elemental sulfur by fungi including *Fusarium solani* isolated from sandstone Angkor temples[J]. International Biodeterioration & Biodegradation, 126: 95-102.

第 3 章　文化遗产微生物研究方法与技术

早在 20 世纪 80 年代，对于文化遗产系统科学的分析便已开始。20 世纪初，已有地衣和植物体导致历史纪念碑生物退化的相关报道（Beguinot，1912）。早期针对文化遗产生物退化的大多数先驱研究都总结发表于 1991 年的 *International Biodeterioration & Biodegradation* 特刊上（Koestler，1991）。经过三十年的发展，该期刊已成为国际上文化遗产生物退化及防治研究领域具有引领性和指导性的顶级专业期刊。从研究方法上来看，传统培养方法在文化遗产微生物类型、生长和代谢活动的研究中被普遍使用，但其在微生物群落结构及多样性等研究中具有先天不足，促使研究人员不断探索更为多样和高效的方法与技术，近年不断迭代更新的成像技术、分子生物学技术和组学相关的代谢分析技术等就是其中的代表。

随着全球气候变化加剧、极端天气频繁发生、环境污染日益加重以及旅游业城镇化的高速发展，文化遗产保护中面临的微生物问题日益凸显，开展深入研究的需求十分迫切。由于文化遗产类型的多样性，以及制作材料及工艺的特殊性，加之不同文化遗产的本底特征和保存状态迥异，相应地，引起不同文化遗产生物腐蚀的微生物类群及腐蚀机制更是常常具有强烈的位点特异性（site-specific），这些因素的叠加效应导致在开展特定文化遗产的微生物病害研究时所采用的研究方法和技术并没有"一定之规"。如何针对特定的文化遗产及微生物病害选择最佳的研究方法及技术体系？对于文化遗产保护工作者，尤其是刚刚接触文化遗产微生物病害研究的初学者来说，解答此问题至关重要。

本章以文化遗产微生物病害及其防治研究方法为主线，在探讨国内外相关方法技术的应用范围和已取得的最新进展的基础上，通过大量典型的案例介绍，梳理总结了文化遗产微生物研究中通用的研究方法和技术（图 3-1），以期为相关学者在研究方法与技术选择及研究路线设计中提供借鉴，同时推动文化遗产微生物研究向前发展。

3.1　样　品　采　集

文化遗产微生物研究的第一步便是对文化遗产本体及其赋存环境（空气）进行取样，对于文化遗产本体，在不影响文化遗产美学价值的前提下，进行无损或者微损采样；空气微生物的采样方式及装置较多，主要分为被动式采样法（passive sampling）和主动式采样法（active sampling），其中以六级筛孔空气撞击式采样器和液体撞击式采样器为代表的主动式采样法最为常见。

3.1.1　文物本体采样

由于文化遗产的结构脆弱性和不可再生性，在文化遗产本体上直接取样往往有着极

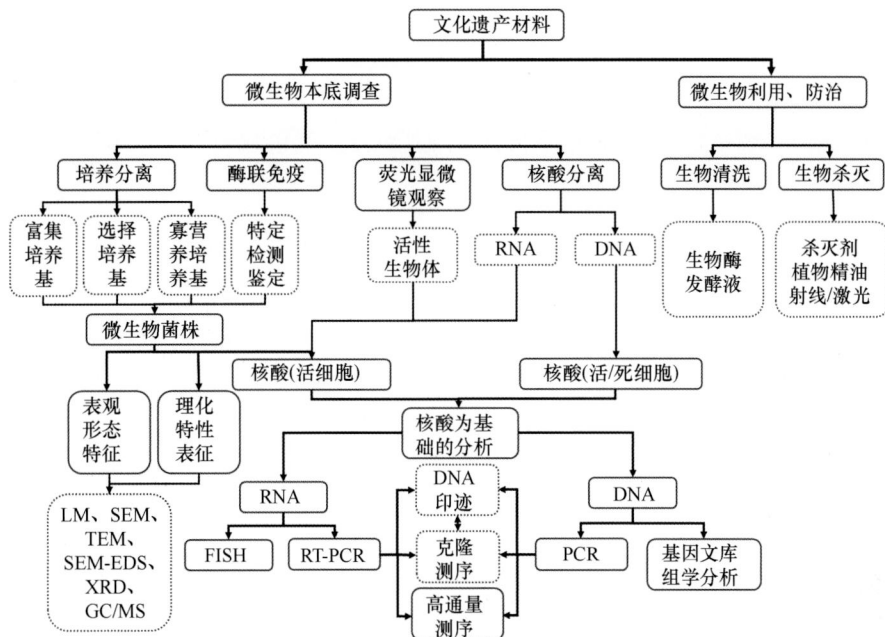

图 3-1　文化遗产微生物主要研究方法与技术框架（武发思等，2019）

为严格的限制，通常要求采用无损取样，且采样位置一般要避开目标文物的艺术价值的核心区域，以最大程度保留文化遗产原始风貌和所承载的历史文化信息。然而，目前文化遗产微生物分析仍然不得不通过一定的人为干预采集少量样品，即进行微损取样，常见的方式有利用蘸有无菌水的棉签（Ikner *et al.*，2007）或硝酸纤维素膜（Pepe *et al.*，2010）擦拭，利用无菌手术刀（Cappitelli *et al.*，2009）刮取，以及利用胶带法粘取以获得分析样品。当然，针对不同的文化遗产类型进行取样时所采用的取样方式各有特点，这与具体的研究目标和文化遗产自身特性有直接关系。下面分别针对壁画、石质文物、金属文物、纺织文物和纸质文物等的微生物采样流程进行介绍。

1. 壁画微生物

（1）原位壁画微生物采样

针对原位保藏壁画的微生物侵蚀程度的不同，采样方法有所不同，对于保存状态较好，表面无明显菌斑或微生物活动迹象的壁画，一般采用擦拭采样法；而对已遭受严重微生物侵蚀或者有明显菌斑、菌丝体的壁画，可采用机械揭取法采样。

擦拭采样法：主要是利用浸润过无菌纯水（或无菌生理盐水）的棉签（图 3-2）或其他柔性材料制成的工具（如硝酸纤维素膜），在壁画特定部位擦拭以获取微生物菌体的一种常规取样方式。在擦拭时，将棉签头轻轻按在待取样部位，使其与擦拭表面成 45°角，平稳而缓慢地擦拭取样表面，在向前移动的同时，将其从一边移动到另一边，擦拭过程应该覆盖整个表面。翻转棉签，用棉签的另一面进行擦拭，但擦拭方向与上次垂直，擦拭过程中手法要尽量轻柔。最后，用剪刀将无菌棉签头剪下，将其置于盛有生理盐水或者培养液的试管中，制成菌悬液，利用划线培养法在固体平板上分离培养，培养箱内 28℃生长 5～10 d。

图 3-2　敦煌研究院工作人员对麦积山石窟壁画进行无损采样

A. 壁画取样区域特写；B、C. 用蘸满无菌水的棉签在取样区域轻柔擦拭；D. 将棉签转接至含有生理盐水的试管内

在对亚利桑那州卡特那洞穴的研究中，研究人员利用无菌棉签蘸取无菌水擦拭有涂料的玻璃纤维和岩石表面，培养分离获得纯培养菌株，并利用 16S rRNA 的 PCR 扩增和测序技术鉴定了 90 个特定菌株（Ikner *et al.*，2007）。在对塞尔维亚圣地教堂（Church of the Holy Ascension）的研究中，科研人员运用了 3M 公司研发的包含了胰蛋白胨大豆琼脂（TSA）培养基和孟加拉红（Rose Bengal）的便携式采样器（Dipslide w/TSA/Rose Bengal CAF）进行采样，培养得到的纯培养物通过光学显微镜初步观察，再利用扫描电镜-能量色散 X 射线光谱仪（SEM-EDS）和 X 射线衍射（XRD）分析其形态及化学组成，以此评估该位点分离得到的真菌菌株的生物矿化潜能（Unković *et al.*，2017）。擦拭法的优点在于操作简便，准入门槛低，适合新入门的文保工作者使用，且其几乎不会对文化遗产造成破坏，但缺点也较明显，擦拭法只能获取文化遗产表层的样品，无法采集更深层位的样品。

机械揭取法：主要是利用无菌手术刀刮取或者胶带粘取样品的方法，相较于擦拭法，揭取法的优点是能够采集更深层次的样品，能更深入分析文化遗产微生物区系特征和生物侵蚀机理，但缺点在于对文化遗产造成的物料损失较大，因此，在保证研究效果的前提下，如何尽可能降低机械揭取法造成的文化遗产物料损失，引起了文保工作者的极大关注。

（2）搬迁壁画微生物采样

在很多情况下，比如城市开发、基础设施和交通设施等经济建设过程中偶然发现的墓葬遗址，由于种种条件限制，无法实现原址保护时，便不得不将墓葬及其内部的壁画等文物进行搬迁，将它们转移至博物馆等室内环境进行保藏，揭取壁画时，首先将白布用胶黏剂贴在待揭取壁画画面，以稳定画面，防止其脱落。常用的胶黏剂是天然树脂——桃胶。揭取后的壁画，用铺有棉花或泡沫的夹板夹紧。早期，揭取后的壁画因为技术有限，一时难以修复，放置时间久了，在适宜的外界条件下，白布上会滋生大量微生物。采样方法：①将合适面积的白布，平放在牛肉膏蛋白胨培养基、察氏培养基和高氏合成1 号培养基上，分别用来培养细菌、霉菌和放线菌；②用无菌镊子夹住白布，在培养基上反复擦拭；③将白布充分用无菌水浸泡，摇匀，分别吸取 0.2 mL 于三种分离培养基中摇匀，冷却凝固，在适温下培养（细菌 30℃±1℃、1～2 d，霉菌 28℃±1℃、1～2 周）。

2. 石质文物微生物

与壁画类似，根据石质文物遭受微生物侵蚀程度的不同，采样方法有所不同，对于表面无明显微生物活动迹象的石质文物，一般采用擦拭采样法，具体方法参照壁画。但在很多环境下，比如热带地区，或者气候温润潮湿的地区，石质文物表面上常常会有一层由细菌、真菌、苔藓、地衣等形成的薄厚不一的、致密的生物膜（biofilm）（图 3-3）。其采集方法如下：①用无菌手术刀、铲子或镊子，小心地将生物膜从石质文物上剥离下来；②在解剖镜下，用无菌手术刀片小心地去除生物膜上下表面附着杂质（即易附着环境中杂菌的上下皮层及假根）；③在超净工作台中，分别对上下表面进行紫外线照射消毒，时间严格控制在 15 min 以内；④在解剖镜下，小心地用酒精喷灯灼烧的刀片刮去生物菌膜表皮结构——髓层；⑤当髓层露出到可以挑取约 0.5 μm×0.5 μm 的菌丝块时，夹取一块菌丝，放入载有无菌水的擦镜纸上（通过表面张力，水滴附于擦镜纸上）。重复以上操作，直到取 20 块左右髓层菌丝碎片；⑥将载有髓层菌丝碎片的擦镜纸放于漏斗中，用 400 mL 无菌水小心冲洗髓层碎片；⑦将冲洗后的髓层碎片在解剖镜下观察，小心接种入培养基斜面中。

图 3-3　世界文化遗产地墨西哥帕伦克玛雅遗址石质文物表面生物膜（biofilm）（Ramírez *et al.*，2010）

A、C、E、G 为该遗址不同石质文物，B、D、F、H 为对应生物膜的放大图，箭头所指为生物膜

当然，随着技术进步，国际上不断研发出针对石质文物生物菌膜取样的新方法、新技术。在柬埔寨吴哥窟石质文物表面生物菌膜研究中所采用的采样装置最为经典，该装置可在生物膜的同一位置进行连续剥离采样，无菌黏附片可从表面，由浅入深，至最深处收集生物膜（固体表面的微生物群落和降解物质），以便分析不同层位的微生物群落结构（Zhang *et al.*，2018；Kusumi *et al.*，2011，2013；Hu *et al.*，2013），基本流程见图 3-4。该装置最早由日本宇航局开发用于国际空间站太空舱内微生物安全评估，后来被用于吴哥窟的文化遗产的系统性保护工作超过 20 年（图 3-5），相似采样装置和方法

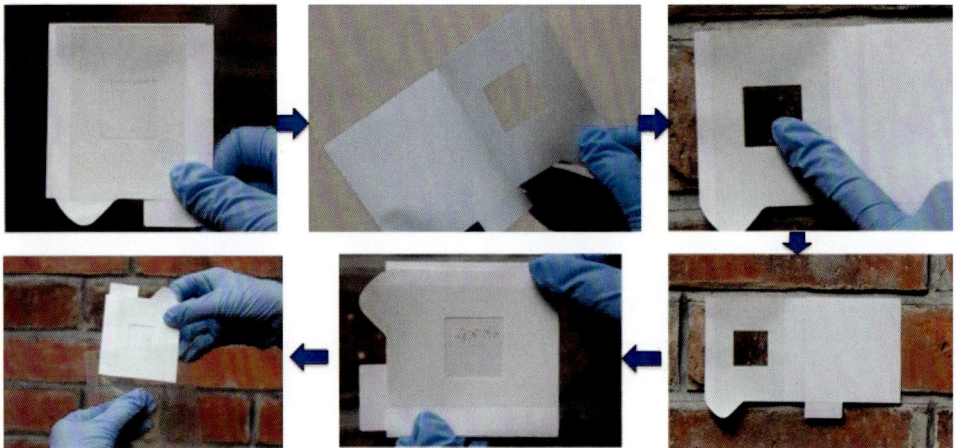

图 3-4　固体表面非侵入性/非破坏性取样的无菌黏附片取样装置及示意图（Ding *et al.*，2020）

图 3-5　柬埔寨吴哥窟砂岩表面生物菌膜的黏性采样膜，在图 3-4 所示配置基础上进一步改进，将生物菌膜揭取后转移到无菌自封袋中保存和运输（Ding et al.，2020）

也被用于欧洲文化遗产的微生物分析。该技术相较于传统的棉签或者胶印法具有微生物菌体的回收率高的优点，采集后的生物菌膜样品常保存于无菌自封袋当中，样品可直接用于微生物群落组成分析。利用该方法成功获得了吴哥窟巴戎寺砂岩墙壁浅浮雕表面不同颜色的生物菌膜，随后进行基于 16S rRNA 的变性梯度凝胶电泳（DGGE）分析，初步揭示了砂岩表面微生物区系特征。

3. 金属文物微生物

金属文物主要包括青铜器和铁器，此外还有金银器，相对来说，金银制成的文物由于化学性质稳定，耐腐蚀能力较强，而青铜器和铁器出现微生物侵蚀的现象十分普遍。一般来说，金属文物腐蚀包括化学腐蚀和电化学腐蚀。

化学腐蚀是指在非电解质溶液中，金属表面与介质发生化学作用生成化合物，而不产生电流的腐蚀过程，如青铜器和铁器在铸造过程中，表面形成的氧化膜，或在干旱环境中，金属器皿与酒类接触发生的腐蚀。

电化学腐蚀指的是金属与电解质溶液接触发生化学作用，并有电流产生的腐蚀。墓葬环境中的金属器物会接触泥土，土壤中的无机盐遇水溶解，形成电解液，会出现电化学腐蚀。

微生物活动引起的金属文物腐蚀往往是化学腐蚀和电化学腐蚀二者兼有，一方面，附着在金属文物表面的微生物，如真菌，自身代谢分泌产生的柠檬酸、琥珀酸、延胡索酸、草酸等有机酸类物质会对金属文物造成化学腐蚀，形成点状蚀斑；另一方面，微生物的次级代谢产物会将空气中的尘埃、颗粒物等黏附在金属表面形成黏泥。金属文物微生物采样方法：①蒸馏水浸泡液采集。金属文物特别是铁质文物出土和保护时要经过除锈、脱盐清洗、干燥、缓蚀处理、表面封护等步骤。用蒸馏水进行脱盐清洗时，采集清洗后水中微生物，可用滤膜过滤法。②用无菌手术刀片轻轻刮取适量的黏泥，后进行分离富集培养。

4. 纺织文物微生物

纺织类文物，主要由棉、麻、丝等有机材料制成，由于有机材料的自身属性，天然可为微生物提供营养源，微生物活动造成的纺织文物生物侵蚀十分严重。用无菌采样棒轻轻蘸取织物，并同时轻轻转动采样棒，以确保尽量多地采到样品。随后，将样品转接至固体培养平板中，进行复壮培养、分离、纯化直至得到单一的纯种菌种，再进行分类鉴定。需要注意的是，若采样地点距鉴定地点较远或时间间隔较长，需将样品转接至试管斜面培养基上，避免菌种死亡。采样方法为：将采到样品的采样棒在试管斜面培养基上轻轻转动划曲线，之后塞紧棉塞并盖好试管封口，避免杂菌的污染。

5. 纸质文物微生物

霉斑是纸质文物受到霉菌污染及侵蚀产生的。特别是考古出土的纸质文物，由于在地下埋藏时间长，自身的降解、破坏十分严重，加之土壤微生物的孢子附着，出土后因环境剧烈改变，霉斑影响更加突出。采样方法：①将脱脂棉签和圆形滤纸放入一个直径6 cm 的培养皿中，高压蒸汽灭菌后备用；②将无菌脱脂棉签在纸质文物霉斑处轻轻擦几下后，在超净工作台内将其涂抹接种到马铃薯葡萄糖琼脂（PDA）培养基，同时，使用无菌滤纸在纸质文物霉斑处蘸取几下后，将其再贴到 PDA 培养基表面，然后取下滤纸；③将接种培养基在恒温 28℃培养 7～10 d，再进行菌株分离纯化。

3.1.2 空气微生物采样

大气作为与文物本体直接接触的介质，是许多细菌和真菌孢子的载体，此外，花粉、病毒和动植物机体及其残留物等有机颗粒成分也是空气颗粒物的主要组分（Jones and Harrison，2004）。实际上，空气是微生物的重要储存库，已知空气中的细菌及放线菌约 1200 种、真菌则高达 40 000 种（宋凌浩等，2000），常见的细菌有葡萄球菌属（*Staphylococcus*）、微球菌属（*Micrococcus*）、芽孢杆菌属（*Bacillus*）、假单胞菌属（*Pseudomonas*）、不动杆菌属（*Acinetobacter*）和棒状杆菌属（*Corynebaterium*）等，优势真菌类群则有曲霉属（*Aspergillus*）、青霉属（*Penicillium*）、枝孢霉属（*Cladosporium*）和链格孢属（*Alternaria*）等（Fang *et al.*，2005；Lou *et al.*，2012）。研究表明，空气中微生物通常附着在灰尘等溶胶粒子上以生物气溶胶的形式存在，并随气流而传播至各个角落，空气微生物也是壁画表面微生物的重要来源。一般情况下，由于空气的流动性和寡营养特性，细菌和真菌等在空气中很难大量增殖，然而当其沉降、附着在文化遗产表面后，利用文化遗产的组成材料，在适宜的温度和湿度等外界条件下，便有暴发的可能，引起文物材料的生物退化和生物降解。因此，探明文物保存环境空气中微生物的浓度、群落结构、分布特征等已成为当前文化遗产预防性保护的重要内容。

相较于在文化遗产本体采样，对于文化遗产赋存环境中空气微生物的采样则往往没有特殊要求限制，采样方法和装置已有很多，但归纳起来，无外乎被动式采样法（passive sampling）和主动式采样法（active sampling）两大类。

被动式采样法：又称为自然沉降法（natural sinking method），其基本原理是利用空气微生物自身重力，在一定时间内，将文化遗产保存环境中的空气微生物颗粒逐步沉降到带有培养介质的平皿内，在适宜条件下培养，对菌落进行生物学观察和研究，用奥梅梁斯基公式（Omeliansky formula）计算出空气微生物的粒子浓度（CFU/m³），然后对培养后的微生物分离和纯化，再进行检验和鉴定。然而，被动式采样法是靠带菌大气颗粒的自然沉降，因而菌落数受气流、风力、气溶胶粒度分布等因素影响，沉降时间和沉降量都不好控制，且不能测定空气流量，故而在实际工作中较少采用被动式采样法，而是以主动式采样法居多。

主动式采样法：又称为仪器采样法，是指利用各种抽气装置，设定单位时间内恒定气流量，使空气通过狭小喷嘴，以便空气和悬浮于其中的微生物粒子形成高速气流，在离开喷嘴时气流射向采集面，气体沿采集面拐弯而去，而颗粒则由于惯性作用继续直线前进，撞击并黏附于采集面上，从而被捕获。在适宜条件下培养，对菌落进行生物学观察，用校正公式计算出空气微生物的粒子浓度（CFU/m³），然后分离、纯化得到纯培养，进行检验和鉴定。

主动式采样法因目标微生物和采样后分析方法的不同而有很大差异。按照采样介质的不同，可将常见的空气微生物采样器分为固体撞击式采样器、液体撞击式采样器和过滤采样器（图 3-6，表 3-1）。

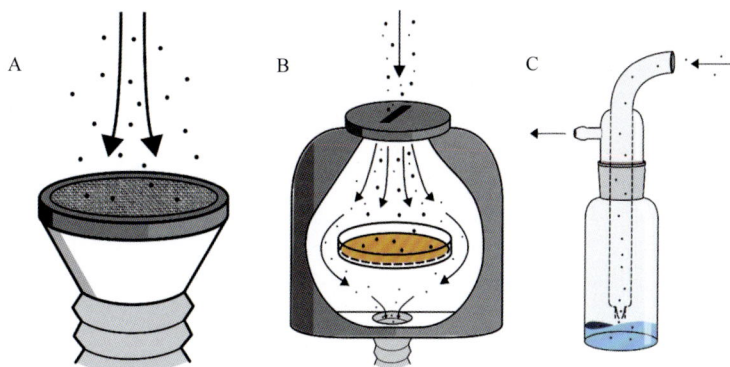

图 3-6　不同类型空气微生物采样器结构示意图（Svensson，2016）
A. 过滤采样器，粒子被吸入过滤器并被捕获；B. 固体撞击式采样器，空气颗粒物通过一个狭窄孔道被吸入，颗粒太大时，则无法随气流冲击固体平板；C. 液体撞击式采样器，粒子被真空吸入撞击器，撞击到液体中

表 3-1　常见的空气微生物采样器

类型	采样介质	采样器	采样容量
固体撞击式	琼脂、黏性表面、载玻片、生物膜	Andersen（FA-I 型）	空气流速：2～180 L/min；采样时间：几分钟到几小时，甚至一星期
液体撞击式	液体	Shipe、AGI-30、Midget	空气流速：0.1～55 L/min；采样时间：几分钟到几小时
过滤式	纤维筛、滤膜	玻璃纤维、纤维素酯、聚碳酸酯、特氟隆（滤膜材质）	空气流速：1～1000 L/min；采样时间：几小时

固体撞击式采样：包括不同的撞击器，以固体培养平板为捕获面，将空气微生物及颗粒物截留在平板上（图 3-6B），应用最广泛的固体介质采样装置为安德森六级筛孔采样器[Andersen（FA-I 型）]（图 3-7）（Xu et al.，2013），其模拟人体呼吸道的解剖结构及其

空气动力学特征，采用惯性碰撞原理，将悬浮在空气中的微生物粒子按大小等级分别收集在采样介质表面上，然后共培养并做进一步微生物分析，求出空气微生物粒子数量及其大小分布的特征。它是由 6 个撞击器组合成一体，每一级是一个单级采样器，利用 6 次反复撞击，将绝大部分粒子基本都撞击下来，因而它采集到的粒子大小范围自然比单级广，这是单级撞击采样器所无法比拟的，六级筛孔采样器的总体回收率超过 98%（表 3-2）。但当空气微生物浓度较高时，六级筛孔采样器会出现平板过载，菌落相互重叠的情况，影响菌落计数的准确性，因此，六级筛孔采样器适合空气微生物浓度较低的采样工作。

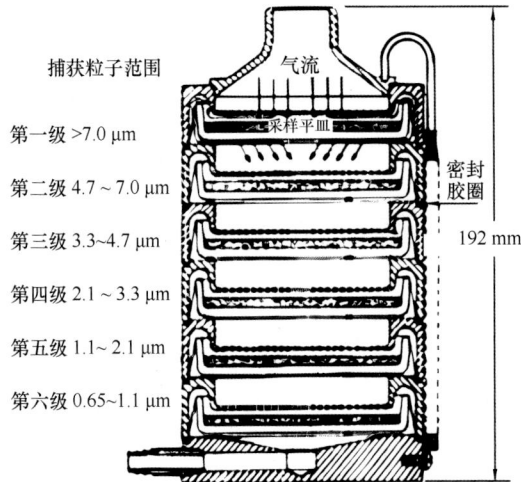

图 3-7　Andersen（FA-I 型）采样器剖面图

表 3-2　Andersen（FA-I 型）采样器各级特征

级数	孔径（mm）	空气流速（m/s）	捕集范围（μm）	ECD
第一层	1.18	1.08	> 7.0	7.0
第二层	0.91	1.79	4.7～7.0	4.7
第三层	0.71	2.97	3.3～4.7	3.3
第四层	0.53	5.28	2.1～3.3	2.1
第五层	0.34	12.77	1.1～2.1	1.1
第六层	0.25	23.29	0.65～1.1	0.65

注：ECD 表示有效截留粒子径

敦煌研究院利用六级筛孔采样器对世界文化遗产地敦煌莫高窟不同类型洞窟内的空气微生物粒径、多样性和群落组成等特征进行了系统性研究（Wang *et al.*，2010a，2010b，2011，2012）。此外，还有一些研究使用双通道或单通道固体采样器进行文化遗产地空气微生物采样，前者如 Martin-Sanchez 等（2014）利用意大利拜普诺 DUO SAS Super 360 采样器（图 3-8A）在不同季节对法国拉斯科洞穴内的 8 处位点采样并进行对比分析，后者如段育龙等利用美国 Buck Bio-Culture Model B30120 采样器（图 3-8B）采集了麦积山石窟和天梯山石窟的空气微生物，并揭示了两地空气可培养细菌和真菌的浓度变化、群落组成和时空分布特征（段育龙等，2019a，2019b；Duan *et al.*，2021）。

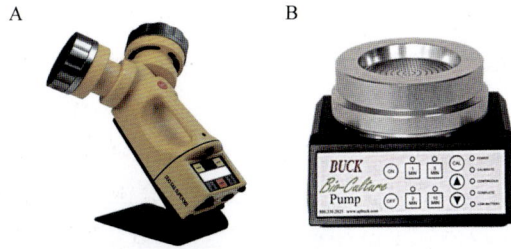

图 3-8　DUO SAS Super 360 采样器（A）和 Buck Bio-Culture Model B30120 采样器（B）

液体撞击式采样：将空气鼓泡进入液体介质（图 3-6C），不会造成菌落重叠，且可以对采集样液进行连续倍半稀释计数，得到较为准确的结果。但液体介质采样的速率不能过高，一般控制在 2 L/min，适用于较高浓度的空气微生物采样。

过滤采样：是在空气过滤器中捕获生物气溶胶，其优点在于能在低温条件下采样，采集效率高，但其会使耐干燥能力弱的微生物被气流吹干致死，且滤膜孔径小、易堵塞，难以保持稳定的采气量（图 3-6A）。

总之，固体撞击式采样、液体撞击式采样或是过滤采样三种方式各有利弊，在实际工作时需酌情选择。一般认为，采集细菌类等大的活性粒子，Andersen 采样器最好。

此外，无论是被动式采样法还是主动式采样法都依赖于培养基培养法，利用培养技术不仅可以得到微生物生存能力的信息，而且可以通过显微镜观察和生化技术鉴定所得到的粒子（细菌、病毒、放线菌、真菌孢子）。大量生物气溶胶样品直接收集到培养基平面上，结果可以通过菌落形成单位（colony forming unit，CFU）来表示，这一指标用来反映单位体积空气中可培养微生物数量，它可作为文物赋存环境中微生物暴发的早期预警与环境控制的重要生态学指标（Wang *et al.*，2010a，2010b；Docampo *et al.*，2011；武望婷等，2012；俄军等，2013）。

3.2　表　型　观　察

在采集文化遗产样品后，还应对样品的形貌进行表观和形态学观察。表观和形态学方法指涉及视觉和微生物物理外观等方面的研究方法。环境样品微生物的可视化及其活性研究长期以来是微生物多样性研究中的重要内容。显微技术常常依赖于基于培养的方法，对微生物样本的微观检查是开展更为复杂研究的基本步骤。目前，在文化遗产微生物学研究中常常综合应用显微镜技术、荧光分析技术和光谱技术，对样品的形貌、物理结构和化学组成等进行可视化研究。

3.2.1　显微镜技术

在微生物研究中用到的显微镜种类较多，包括光学显微镜（light microscope，LM）、荧光显微镜（fluorescence microscope，FM）、扫描电子显微镜（scanning electron microscope，SEM）、扫描隧道显微镜（scanning tunneling microscope，STM）和激光扫描共聚焦显微镜（CLSM）等。

光学显微镜：利用凸透镜放大成像原理，获得观察样品的可见光图像，由于可见光波长范围、光干涉效应和肉眼的分辨能力所限，普通光学显微镜放大能力一般在 2000 倍以下。显微镜的光学系统主要包括物镜、目镜、反光镜和聚光器 4 个部件，广义地说也包括照明光源、滤光器、盖玻片和载玻片等。经典的光学显微镜结构如图 3-9 所示。

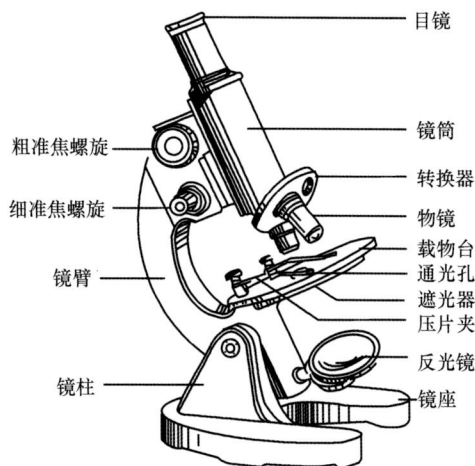

图 3-9 经典的光学显微镜结构示意图

荧光显微镜：是以紫外线为光源，用以照射被检物体，使之发出荧光，然后在显微镜下观察物体的形状及其所在位置。荧光显微镜用于研究细胞内物质的吸收、运输、化学物质的分布及定位等。细胞中有些物质，如叶绿素等，受紫外线照射后可发荧光；另有一些物质本身虽不能发荧光，但如果用荧光染料或荧光抗体染色后，经紫外线照射亦可发荧光，荧光显微镜就是对这类物质进行定性和定量研究的工具之一。荧光显微镜也是光学显微镜的一种，主要的区别是二者的激发波长不同。由此决定了荧光显微镜与普通光学显微镜结构和使用方法上的不同。

扫描电子显微镜：利用电子束对样品进行扫描，通常放大成像可达 20 万～30 万倍，采集的样品图像具有大景深和立体感强的特点。商品化的扫描电子显微镜自 1965 年在英国面世，就广泛应用于各个自然科学领域。随着分析仪器技术的不断进步，扫描电子显微镜的综合分析功能不断得到加强，如与多种 X 射线谱仪联用，在观察形貌的同时进行样品元素分析。目前，扫描电子显微镜可以配接电子探针、X 射线显微分析、电子衍射等部件，成为用于材料综合分析的通用仪器。

激光扫描共聚焦显微镜：是 20 世纪 80 年代中期发展起来并得到广泛应用的新技术。它是在荧光显微镜成像基础上加装了激光扫描装置，利用计算机进行图像处理，把光学成像的分辨率提高了 30%～40%。使用紫外或可见光激发荧光探针，从而得到细胞或组织内部微细结构的荧光图像，在亚细胞水平上观察诸如 Ca^{2+}、pH、膜电位等生理信号及细胞形态的变化，成为形态学、分子生物学、神经科学、药理学、遗传学等领域中新一代强有力的研究工具。激光扫描共聚焦显微镜既可以用于观察细胞形态，也可以用于细胞内生化成分的定量分析、光密度统计以及细胞形态的测量，配合焦点稳定系统可以实现长时间活细胞动态观察。

目前，在文化遗产微生物学研究中，以扫描电子显微镜为主，综合运用其他成像技术，来观察文化遗产表面附生微生物的形态学特征和分布模式，判断微生物侵蚀造成的危害程度，帮助科研人员探索微生物活动的病害机制，这些方面已经有了相当多的案例。

国际上，在对西班牙托莱多大教堂基督十字架油画的研究中，研究人员使用扫描电镜-能量色散 X 射线光谱仪（SEM-EDS）、环境扫描电镜（ESEM）和荧光原位杂交（FISH）相结合的技术。结果表明，细菌和真菌的生物膜结构与壁画颜料层紧密结合；SEM-EDS 分析在描述颜料与微生物群落间的相关性方面发挥了重要作用。例如，细菌是铜基颜料的主要污染物，并且在朱砂中的丰度低，在这两类颜料中也存在少量真菌。在对意大利圣布里齐奥教堂中路加·西诺雷利壁画上的玫瑰色斑点（rosy stain）进行全面研究时，通过荧光显微镜和扫描电镜（SEM）检查了斑点中是否存在微生物及其大小和分布；发现形成生物膜的微生物细胞主要是直径大于 5 μm 的球形细胞；样本的自发荧光信号结果呈阳性；而扫描电镜分析显示囊状球形细胞占主导地位（Cappitelli *et al.*，2009）。

在对西班牙塞戈维亚 4 座被列入《世界遗产名录》的罗马式教堂——科鲁兹教堂、圣佐罗教堂、塞戈维亚大教堂和圣马丁教堂碳酸盐建筑石材中的地衣和真菌的多样性研究中，研究人员使用透射电子显微镜（TEM）、SEM-EDS、二次电子扫描电镜（SEM-SE）、扫描电镜-背散射电子成像（SEM-BSE）和低温扫描电镜（LTSEM）等分析是否有微生物存在及其在石材生物退化中的可能作用，发现真菌在风化最严重的区域占优势；此外，由 LTSEM 鉴定的草酸钙二水合物可能是真菌生物矿化而形成的矿物晶体；图像分析显示，地衣对建筑石材造成了机械损伤（de los Ríos *et al.*，2009）。在对塞尔维亚的圣地教堂壁画微生物的研究中，运用光学显微镜、SEM-EDS 和 X 射线衍射（XRD）对分离真菌的形态和化学组成进行了分析，为富钙介质中的草酸和碳酸盐矿物的真菌矿化提供了直接的实验证据，研究表明真菌活动无疑可在矿物沉积中发挥更大作用，从而改变文化遗产材料的钙质组成（Unković *et al.*，2017）。在对墨西哥帕伦克玛雅遗址石质建筑表面形成的生物膜进行研究时，研究人员综合应用 SEM-BSE（图 3-10）和激光扫描共聚焦显微镜（CLSM）技术（图 3-11），分析了生物膜内光合微生物（蓝藻）在生物膜中的分布、与定殖基质的关系以及生物膜的三维结构（Ramírez *et al.*，2010）。

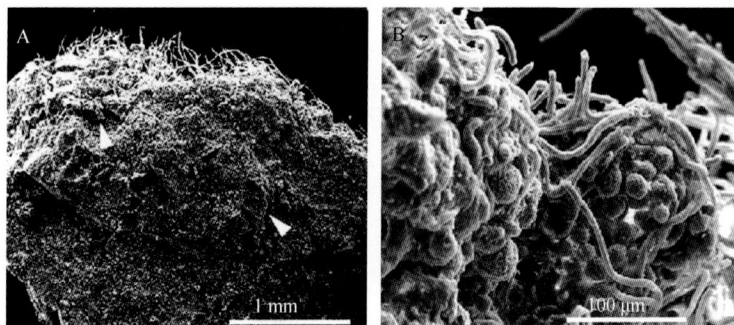

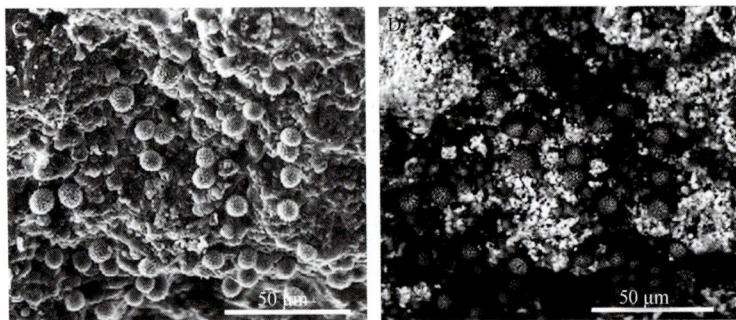

图 3-10　玛雅遗址表面生物膜 SEM-BSE 图片（Ramírez *et al.*，2010）

A. 生物膜低倍电镜图，箭头所指为收缩裂隙；B. 格圆伪枝藻和球状蓝藻；C. 星球藻；D. 背散射模式下的星球藻

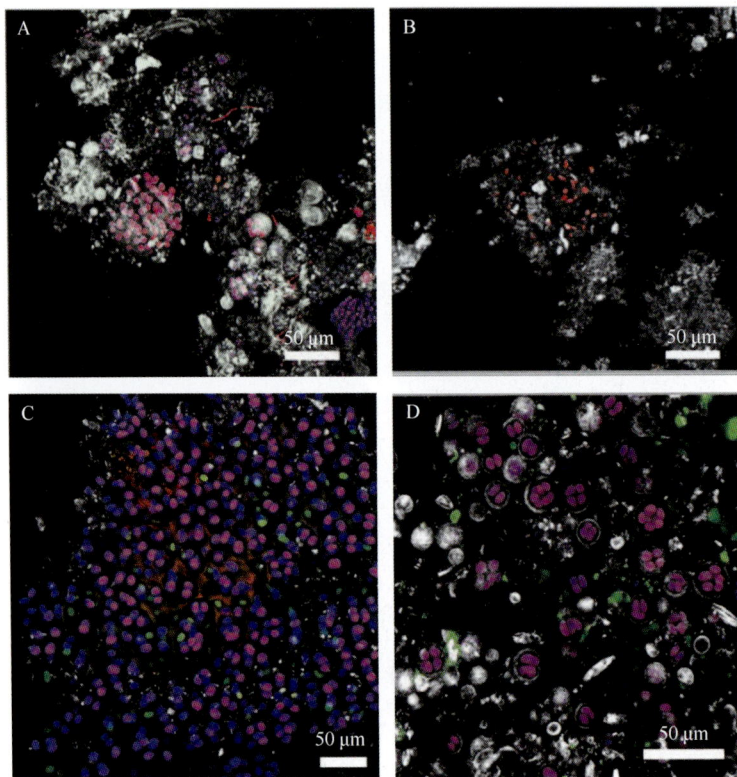

图 3-11　玛雅遗址表面生物膜 CLSM 图片（Ramírez *et al.*，2010）

A. 旱季格圆伪枝藻菌丝和球状蓝藻生物膜；B. 雨季粘球藻生物膜；C. 雨季星球藻生物膜；D. 旱季星球藻生物膜。蓝色、红色为藻胆素，紫红色为蓝藻，绿色为胞外聚合物

　　Coutinho 等（2013）发表过一篇关于 20 世纪 20 年代后期釉面瓷砖上微生物的研究报告；光合微生物在艺术瓷砖上定殖，并导致釉面产生部分剥落现象；作者使用光学显微镜（LM）识别了其中的部分微生物：两种绿藻、一种真菌和一些不发达的地衣；使用此技术揭示了地衣演化过程的第一阶段；并使用场发射扫描电镜（FESEM）来确定表面形貌、微生物形态和分布及其与基底材料的关系。FESEM 图像呈现了玻璃表面和材料内部的生物膜，以及胞外聚合物（EPS）对丝状生物的黏附力。激光扫描共聚焦显微

镜的使用实现了对瓷砖上生物膜的生物学表征，其主要由细菌、蓝藻、微型藻和一些地衣组成，从而证实了 LM 的观察结果；而荧光模式的 CLSM 显示出了光合色素和用刀豆球蛋白 A 鉴定的 EPS 小斑点，使用 CLSM 获得的 3D 图像还可用来确定生物膜结构并测量其厚度。同样，Cennamo 等（2013）使用 LM 和 SEM 确定了生长在意大利那不勒斯历史遗址黄色凝灰岩上的由蓝藻和其他藻类形成的光合生物膜；利用 SEM 观测证实了生物膜与石质基质间的联系，并表明蓝藻紧密黏附在凝灰岩上，而其他藻类则分布在其表面。Jroundi 等（2017）利用 SEM-EDS、TEM 和原子力显微镜（AFM）等从纳米尺度上表征了产碳酸细菌群落的微生物矿化进程和产物特征。

　　国内，许多文保单位也已引入扫描电子显微镜，通过将扫描电镜与其他分析手段相结合，广泛用于古陶瓷、金属文物和腐蚀产物、颜料、古代植物、石器工具、骨头和牙齿、古代衣物和保护修复材料的研究。敦煌研究院在与国内外科研机构的合作中，也利用扫描电子显微镜分析过古代壁画的结构，并用于文物保护修复材料的研究。敦煌研究院利用 SEM 技术对存在于麦积山石窟和天梯山石窟砂岩表面的微生物形貌特征进行了观察（图 3-12），确定了其存在形式、分布特点及其菌丝生长对砂岩结构的影响（Duan et al.，2017，2018，2021）。毫无疑问，显微镜成像技术在文化遗产微生物研究中的应用今后将会更为广泛和深入。

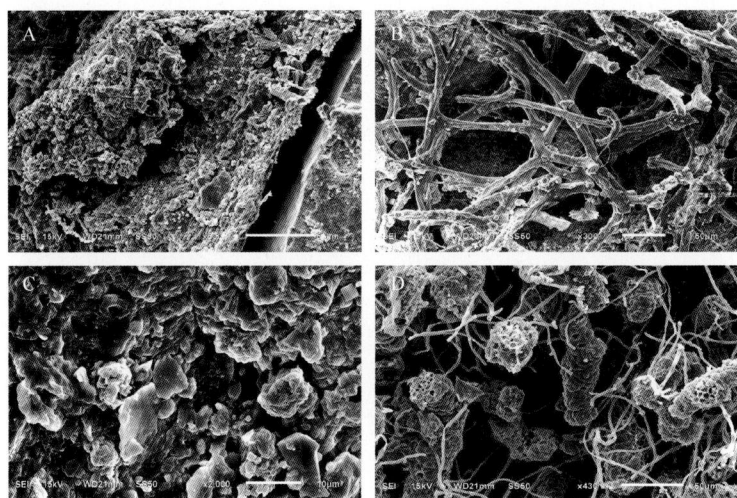

图 3-12　石窟砂岩表面 SEM 图片
A. 砂岩及微小微生物孢子（比例尺为 50 μm）；B. 砂岩与微生物菌丝聚集体（比例尺为 50 μm）；C. 无微生物砂岩样品（比例尺为 10 μm）；D. 砂岩与微生物菌丝聚集体（比例尺为 50 μm）

3.2.2　无损分析技术

　　如前所述，由于文化遗产的脆弱性和不可再生性，在对其进行分析时尽可能减小破坏（或破坏风险），也就是常说的无损分析技术，以求分析信息最大化。目前，在文化遗产微生物研究中最常用的无损分析技术有拉曼光谱（Raman spectrum）分析和荧光分析技术。

拉曼光谱分析技术：拉曼光谱是一种振动光谱，可提供分子官能团的内在信息，"指纹"区对异构体有选择性，可进行无损分析，广泛用于各种样品的分析，具有空间分辨率与光谱分辨率高以及分析速度快的特点，在文物保护研究领域越来越受到关注。早在1928 年，印度物理学家 C. V. Raman 就发现了拉曼效应，但直至 20 世纪 70 年代末才出现有关将拉曼光谱运用于文化遗产研究的报道，Dhamelincourt 等（1979）记述了拉曼光谱仪与显微镜的结合及其在文物调查中的应用。

早期的拉曼光谱设备体积巨大，运输不便，大多只能在实验室内使用。20 世纪 80年代中后期，随着激光器和滤光片的发展、电荷耦合器件（charge-coupled device，CCD）和光导纤维设备的引入，拉曼光谱分析系统逐渐小型化、可移动化，在文化遗产研究中得到越来越多的应用，涵盖颜料、腐蚀产物、纺织物、树脂、胶结材料、纸张、玉石器、陶瓷和玻璃器等领域。Jroundi 等（2017）通过拉曼光谱验证了细菌矿化过程中方解石的生成。

荧光分析技术：真菌可对多种文化遗产材料造成侵蚀，对真菌污染进行清除的成本很高，且可能造成新的损伤，常见微生物生物量检测方法昂贵又耗时。因真菌生物量与荧光强度呈线性关系，荧光测定法被用来检测真菌对文化遗产材料的破坏性，以及材料表面是否使用过其他化学成分和溶液。Konkol 等（2010）对一种简单的荧光测定方法进行了微调，可用于检测如纸张、帆布和大理石基质等各类文物上的真菌生物量，这种能在 45 min 内完成的快速荧光测定的方法可检测到早期生长在纸质文物上的真菌，从而帮助图书档案管理人员有效地保护资料，或及时制定补救措施。对该方法的进一步改进（Konkol *et al.*，2013），使其成为在无法应用其他复杂检测设备时的一个最佳选择，因其只需一个紫外线灯在很短时间内就可完成测定，通过成像软件（如常用于扫描琼脂糖凝胶的软件）进行半定量和荧光定量测定。

由此可见，荧光分析和光谱技术今后必将在文化遗产图像信息提取（Chai *et al.*，2017）和微生物病害研究中有更为广阔的应用。

3.3 物 种 鉴 定

纵观多数环境微生物的研究历史，现有知识主要来源于基于培养的方法。要研究文化遗产微生物，首先需要对出现在遗产材料上的微生物进行表征和鉴定。在实验室条件下培养微生物，并维持和控制其生长，是开展不同类群生长及代谢特征研究最直接和最有效的方式。基于培养的技术包括通过利用富营养培养基、选择性培养基或寡营养培养基，对菌株进行富集和分离纯化，其中富集培养应用较为广泛。分离得到的纯菌株可以表征其生理生化等方面特性，因为培养条件下的任何改变都可以直接归因于菌体的生物学过程。

1）细胞的形态和习性水平，例如，用经典的研究方法，观察微生物的形态特征、运动性、酶反应、营养要求、生长条件、代谢特性、致病性、抗原性和生态学特性等。

2）细胞组分水平，包括细胞壁、脂类、酮类和光合色素等成分的分析，所用的技术除常规技术外，还使用红外光谱、气相色谱、高效液相色谱（HPLC）和质谱分析等新技术。

　　3）蛋白质水平，包括氨基酸序列分析、凝胶电泳和各种免疫标记技术等。

　　4）核酸水平，包括 G+C mol%值的测定、核酸分子杂交、16S/18S rRNA 寡核苷酸序列分析、重要基因序列分析和全基因组测序等。

　　在微生物分类学发展的早期，主要的分类、鉴定指标尚局限于利用常规方法鉴定微生物细胞的形态、构造和习性等表型特征水平上，这可称为经典的分类鉴定方法。从 20 世纪 60 年代起，细胞组分水平、蛋白质水平、核酸水平上的分类鉴定理论和方法开始发展，特别是化学分类学（chemotaxonomy）和数值分类学（numerical taxonomy）等现代分类鉴定方法的发展，不但为探索微生物的自然分类打下了坚实的基础，也为微生物的精确鉴定开创了一个新的局面。

　　一般认为，通过传统的纯化、分离方法鉴定的微生物只占环境微生物总数的 0.1%～1%，远远不能满足微生物生态学研究的需要。因此，有必要将微生物分为可培养微生物和不可培养微生物分别对其鉴定方法加以阐述。活的非可培养状态（viable but non-culturable，VBNC）指微生物处于不良环境条件下时产生的一种特殊的生存方式或休眠状态，在常规培养条件下培养时不能生长繁殖，但仍是具有代谢活性的活菌。一般表现为细胞保持完整，胞内酶维持活性，染色体及质粒 DNA 均保持稳定，而用显微镜观察，其细胞会缩小成球状，细胞表面产生褶皱等。活的可培养微生物可以采用传统的分离纯化方法后再结合分子生物学方法进行鉴定。未培养微生物（uncultured microorganism）可直接利用分子生物学方法进行分类鉴定，如利用特异性 rRNA 探针进行荧光原位杂交（fluorescence *in situ* hybridization，FISH）或进行原位 PCR（*in situ* PCR）后再进行荧光原位杂交，对环境中不可培养微生物进行定位、计数和进行形态鉴定。

　　总之，对于文化遗产微生物的分析方法主要有基于培养的技术（又称为依赖培养的技术）和基于非培养的技术（不依赖培养的技术），近年来发展起来的分子生物学技术加快了文化遗产微生物研究的进展。

3.3.1　依赖培养的物种鉴定技术

　　目前，常用的依赖培养的物种鉴定技术有经典的平板培养方法、Biolog 微平板法和磷脂脂肪酸（phospholipid fatty acid，PLFA）谱图分析法等。

　　平板培养方法：使用不同营养成分的固体培养基对可培养微生物进行分离培养，然后根据微生物的菌落形态和菌落数来计测微生物的数量及其类型的方法。常用的微生物纯培养方法见表 3-3，培养基配制见表 3-4。

表 3-3　微生物纯培养方法的比较

方法	应用范围及特点
固体稀释平板法	既可定性又可定量，用途广泛
划线分离和涂布分离法	方法简便，多用于分离细菌
组织分离法	用于分离高等真菌及植物病原菌
单细胞挑取法	局限于高等专业化的科学研究
利用选择培养基	分离某些生理类型较特殊的微生物

表 3-4　常用培养基配方及用途

培养基	每 100 mL 培养基中成分	pH	适用范围
PCA 培养基	5.0 g 胰蛋白胨、2.5 g 酵母浸粉、1.0 g 葡萄糖、15.0 g 琼脂	7.0～7.2	细菌
R₂A 培养基	0.5 g 酵母浸粉、0.5 g 蛋白胨、0.5 g 酪蛋白水解物、0.5 g 葡萄糖、0.5 g 可溶性淀粉、0.3 g 磷酸氢二钾、0.024 g 无水硫酸镁、0.3 g 丙酮酸钠、15.0 g 琼脂	7.0～7.2	细菌
肉汁培养基	0.3 g 牛肉膏、1.0 g 蛋白胨、0.5 g NaCl	7.0～7.2	放线菌
高氏 1 号培养基	2.0 g 可溶性淀粉、0.1 g KNO₃、0.5 g NaCl、0.05 g K₂HPO₄、0.05 g MgSO₄、0.001 g FeSO₄	自然（约 6.4）	
马铃薯培养基	2.0 g 蔗糖或葡萄糖、20.0 g 新鲜马铃薯	自然（约 6.4）	酵母
麦芽汁培养基	100 mL 麦芽汁、2.0 g 琼脂	自然（约 6.4）	
豆芽汁培养基	10.0 g 黄豆芽、5.0 g 葡萄糖、1.5～2 g 琼脂	自然（约 6.4）	霉菌
马丁氏培养基	1.0 g 葡萄糖、0.5 g 蛋白胨、0.1 g K₂HPO₄、0.5 g MgSO₄	自然（约 6.4）	真菌

　　为尽可能多地得到微生物菌株，应该首先考虑使用筛选范围较大的培养基，即通用培养基，这些培养基可以允许大量微生物生长。随后使用选择性培养基，可满足有特别需求的微生物生长。多数情况下，应该尝试多种培养基，但这明显会增加工作量。当需要培养得到最大的可培养真菌孢子时，选择 WL（Wallerstein Laboratory）营养琼脂培养基要比麦芽琼脂（malt agar，MA）培养基更好（增加 50%）。另外，用平板计数琼脂（plate count agar，PCA）培养基和营养琼脂（NA）培养基所得结果并无差异。这两种培养基都是基于肉蛋白胨来培养微生物，并无特殊的营养需求。蛋白胨提供了大量碳源、氮源及多数微生物生长所需的维生素，如那些出现在环境中的需氧菌和厌氧菌。PCA 培养基是目前用于细菌总数计数的培养基中最好的培养基，在欧洲的很多标准中都提及。

　　当然，针对一些特定微生物时，通常使用选择性培养基抑制其他微生物的生长。这样限制了不同微生物间的竞争，便于计数。这个结果，通常低估了样品中的微生物类群，因为这种技术仅考虑了可在选择性培养基上存活的微生物。这类方法的特点是可以分离得到纯菌株，便于后期的鉴定。甚至是当采样器不直接使用培养基时，这些技术对随后微生物的鉴定也有所帮助。

　　Biolog 微平板法：利用微生物对 95 种不同碳源的利用能力及其代谢差异，进而用以表征微生物代谢功能多样性或结构多样性的一种方法。该方法起始于医学领域。具体做法：由 95 孔单一碳源和 1 个对照孔组成的 Biolog 微平板系统，将菌液接种到每一个微平板孔中，在一定的温育时间内，由于不同微生物对不同单一碳源利用程度和强度不一样，而发生不同生化代谢反应，最终使得每一个孔的溶液呈现出不同的颜色，微平板中每一孔的颜色变化可以通过酶标仪测定和记录下来，这样便可得到微生物特有的"代谢指纹"（metabolic fingerprint）。根据微生物的代谢指纹图谱，结合有关的计算机分析软件和已有的菌种库资料，可以得到某些微生物的分类鉴定，对一般细菌的鉴定可以精确到种（species），有的甚至可以精确到种以下分类水平，如不同的生化变种等。

　　磷脂脂肪酸谱图分析法：利用有机溶剂将微生物中的磷脂脂肪酸浸提出来，再进行分离纯化，最后利用标记脂肪酸，通过气相色谱-质谱（GC/MS）等仪器分析，得到微生物的磷脂脂肪酸组成图谱，进而得到不同脂肪酸的含量和种类，即所谓的脂肪酸甲酯（fatty acid methyl ester，FAME）的指纹谱（fingerprint profile）。根据 FAME 的多样性，利用相关的计算机分析软件及数据库便可同时得到微生物多样性、群落组成以及微生物生物量等信息。但该方法实验条件要求高，耗时长、成本高，因而在实际研究工作中常受到一定限制。

3.3.2　不依赖培养的物种鉴定技术

常规微生物鉴定方法主要是基于微生物形态、生理生化特性及营养特性的方法，这些方法操作复杂，费时费力。20 世纪 90 年代引入分子生物学技术之后，微生物生态学的研究更加深入。利用现代生物化学和分子生物学方法的优点，克服了传统微生物生态学研究技术的局限性，获取更加丰富的微生物多样性信息，推动着当今微生物生态学研究的进一步发展。

分子生物学在微生物生态学研究中的方法较多，主要有通过核酸分析鉴定微生物遗传型（包括 DNA 碱基比例、分子杂交技术、16S/18S rRNA 寡核苷酸编目和微生物全基因组序列）与微生物细胞化学成分鉴定（细胞壁成分、磷酸类脂成分、枝菌酸和醌类）两大类。

近年来，分子方法因其敏感性和不依赖于微生物的培养，同样在文化遗产微生物鉴定中广受青睐（Schabereiter-Gurtner *et al*.，2001）。为鉴定艺术品或文物中重要的病原微生物，并评估其污染水平，除传统培养技术外，出现了大量分子技术，如聚合酶链式反应（PCR），是高度特异性的，可对核酸中目标序列进行扩增和鉴定。多数分子技术可被较容易地应用到文化遗产的研究中（表 3-5），如 PCR、克隆、群落图谱、测序等，它们可以在短期内提供很多可以信赖的结果（González and Sáiz-Jiménez，2005）。研究表明，这些技术比基于培养的手段具有更高的检测能力，特别是对于那些无法培养的微生物。如对石质文物造成腐蚀的硫杆菌属（*Thiobacillus*），就是通过使用特殊引物分析其23S rRNA 而鉴定出的。其他一些研究也表明，通过使用撞击滤尘器（impinger）采样和随后对 16S～23S 内间隔区的 PCR 扩增分析，完成了细菌和一些病原微生物的鉴定（González，2003）。

表 3-5　分子技术在文化遗产研究中的使用频率，当前或潜在应用价值，以及在短期、中期、长期内其应用可能增加的趋势

技术	使用频率	当前或潜在应用	使用趋势
聚合酶链式反应（PCR）	高	DNA 扩增	S
连接酶链式反应（LCR）	未使用	序列与物种检测	M
滚环扩增（RCA）	未使用	序列与物种检测	M
PCR 增强剂（PCR enhancer）	高	避免 PCR 抑制	S
分子信标（molecular beacon）	未使用	使用 DNA 探针	M
戊糖核酸（PNA）	未使用	改善 DNA 探针特性	M
多重 PCR（multiplex PCR）	未使用	单管内多重反应	M

续表

技术	使用频率	当前或潜在应用	使用趋势
长片段 PCR（long PCR）	未使用	回收长 DNA 片段	M
变性梯度凝胶电泳（DGGE）	高	群落图谱/生物多样性	S
温度梯度凝胶电泳（TGGE）	低	群落图谱/生物多样性	—
末端限制性片段长度多态性（T-RFLP）	高	群落图谱/生物多样性	S
单链构象多态性（SSCP）	低	群落图谱/生物多样性	M
DNA 文库（DNA library）构建	高	群落图谱/生物多样性	S
克隆（cloning）	高	DNA 测序前步骤	S
测序（sequencing）	高	微生物鉴定	S
荧光原位杂交（FISH）	高	物种特异性检测	S
流式细胞仪（flow cytometer）	未使用	物种自动检测	M
FISH/微量自动射线照相（MAR）集成技术	未使用	计数并测定活性	M
定量 PCR	低	物种的相对数量	S
反转录 PCR（RT-PCR）	低	基因表达的量化	S
基于网络的生物信息	高	寻找同源性	S
计算机程序	低	研究者的特殊需求	L
分子数据库（molecular database）	高	寻找同源性	S
基因组学（genomics）	未使用	通路分析	L
功能基因组学（functional genomics）	未使用	基于 RNA 的差异性分析	M
蛋白质组学（proteomics）	低	差异蛋白分析	M
DNA 微阵列（DNA microarray）	高	多种基因和物种的量化	M
样品微阵列	否	高通量分析	L
基因工程（genetic engineering）	低	实验基于表达研究	S
报告基因（reporter gene）	未使用	原位基因表达分析	S

注：S 表示短期（short-term）；M 表示中期（medium-term）；L 表示长期（long-term）；—表示无法预测使用是否增加（increase of usage is not expected）

截至目前，分子技术在理解微生物群落和它们的潜在影响方面作用显著。分子方法并不是单独使用，在研究微生物及其对文物作用时，它们可以作为传统方法的补充。这两种策略的融合有利于对文化遗产上微生物的数量、活性及功能的理解。以空气微生物研究为例，近来出现了几种整合空气采样与基于 PCR 技术诊断的研究方法。其中最简单的是，用标准采样器在琼脂板中采样、培养，使用分子方法鉴定可以萌发的真菌孢子（Kauserud et al.，2005），鉴定得到的数量比显微观察所获得的更高。使用实时定量 PCR 技术对链霉菌进行了定量分析（Rintala et al.，2004），这使得特定微生物类群和代谢水平的研究成为可能。

分子技术实现了从微生物 DNA、RNA、蛋白质的水平上研究微生物。从 DNA 角度，可以鉴定特定的基因或出现在样品中的特定微生物。而在细胞中 RNA 的量与细胞的代谢活性呈一定比例关系，还可以根据 RNA 序列获得其功能信息。蛋白质可以应用到功能研究中，可以通过它们的氨基酸序列、三级结构，通过使用抗体，或者通过酶联免疫吸附试验直接测定其活性。

因此，基于非培养的技术比基于培养的技术有更广阔的应用前景，特别是针对那些在空气中存在的，但由于各种胁迫而无法培养得到的微生物。然而，是否有一些研究手段，可以完成鉴定并确定微生物的所有特性，还可以确定它们在生物腐蚀过程中的作用？答案是否定的，但是这些技术的开发却在不断探索中。

3.4　生理生化分析

利用生理生化分析手段，通常可检测到原位微生物的活力，并判断因微生物生长增殖和代谢活动对文化遗产材料造成的可能侵蚀、退化和危害。

3.4.1　ATP 测定法

三磷酸腺苷（ATP）生物发光测定法是一种用于确定微生物活力的较为敏感的方法。由于所有生物活细胞中含有恒量的 ATP，因此 ATP 含量可以清晰地表明样品中微生物与其他生物残余的多少。样品中微生物的 ATP 在被萃取出来后，与萤光素酶（luciferase）和萤光素（luciferin）作用下产生荧光，光量与 ATP 成正比，而该光量可被荧光仪检测出来。活的微生物越多，则 ATP 就越多，产生的光量越大，从而判断、检测出样品中微生物状况。

ATP 荧光检测仪便是基于萤火虫发光原理，利用"萤光素酶-萤光素体系"快速检测三磷酸腺苷（ATP）的一种新技术。目前，ATP 荧光检测仪已经商品化，美国 3M 公司 Clean-Trace LM1 荧光检测仪和日本龟甲万公司 PD-30 型 ATP 荧光检测仪是目前最为常用的 ATP 荧光检测仪，广泛应用在食品、公共卫生、化妆品、水质处理、医疗等各个领域。

近年来，ATP 荧光检测仪在文化遗产微生物病害防治中也得到一些应用，如 Rakotonirainy 和 Dubar（2013）应用该方法对书籍中斑点进行了成功检测，分别检测书本斑点区和无斑点区，无斑点区没有检测到 ATP。但这种方法是有损分析，必须将纸张样本切下来，因此该方法不太适用于文化遗产微生物常规检测。在对 17 世纪的羊皮纸手稿的研究中，Troiano 等（2014）通过显微镜观察和 ATP 分析，显示微生物污染水平很低，表明其变色与当前活跃的微生物关系不大。另外，ATP 测定试剂盒主要是针对细菌设计的，在病害菌为真菌时其检测能力会明显不足，但 ATP 测定法在将人为污染的纸张切碎的情况下能产生可靠数据（Rakotonirainy and Dubar，2013）。ATP 生物发光测定结果证实，变色与作为主要损伤来源的活性微生物的定殖可能无关。在国内，葛琴雅等（2014）利用 ATP 生物发光法检测了抑菌剂的作用效力，也取得了较好的效果。

3.4.2　酶分析手段

微生物在环境中的重要功能可通过测定酶的方法确定，常见酶测定方法已应用很多年了，但在文化遗产微生物研究中的应用却很有限，最常见的是对文物中真菌代谢产生的纤维素酶的测定。Bergadi 等（2014）研究了分离自古代手稿上的真菌的纤维素酶活性及其对滤纸的降解能力，通过使用含羧甲基纤维素（CMC）的培养基，用半定量方式筛选具有纤维素分解能力的真菌，并使用滤纸来定量测定其酶活性，这一指标是通过分析在适宜条件下真菌对滤纸作用时释放的还原糖的量来计算的，称其为滤纸酶活（FPU）。Hu 等（2013）研究发现，从巴戎寺砂岩中分离的曲霉属真菌在体外表现出较高的纤维素降解能力，主要测定了纤维二糖水解酶、半乳糖苷酶和其他纤维素酶；有趣的是，真菌在形成生物膜的区域生长可能通过酶活性消除生物膜，即真菌可能在去除石材表面生物膜方面发挥重要功能。

此外，一些参与氮或硫循环的酶在体外也较容易研究。如 Villa 等（2015）分析了古墓石灰石上微生物对于硫污染的响应，测定了负责硫代谢的酶，特别是其基因转录水平较高的酶。酶分析是微生物生态学研究中的有力工具，蛋白质组学的进步增加了酶谱研究的易用性，色谱和质谱技术则提供了极好的灵敏度。随着大型数据库的公开，这些优越的方法正变得更具吸引力。

3.4.3　代谢产物分析法

微生物代谢产物可为微生物生态学研究提供证据。微生物次级代谢产物因其具有的各种性质在历史上被广泛关注。例如，链霉菌和青霉菌产生抗菌化合物以抵御其他微生物；另一类次级代谢产物包括色素，如吩嗪（由假单胞菌属和链霉菌属产生），已被证明在微生物存活和适应性中起到关键作用（Pierson and Pierson，2010）。目前，最常用来鉴定分析微生物代谢产物的是气相色谱-质谱联用仪（gas chromatography-mass spectrometer，GC-MS）。

气相色谱-质谱联用仪：是一种测量离子荷质比（电荷-质量比）的分析仪器。在这类仪器中，由于质谱仪工作原理不同，又分为气相色谱-四极质谱仪、气相色谱-飞行时间质谱仪和气相色谱-离子阱质谱仪等。其基本原理是使样品中各组分在离子源中发生电离，生成具有不同荷质比的带正电荷的离子，经加速电场的作用，形成离子束，进入质量分析器。在质量分析器中，再利用电场和磁场使其发生相反的速度色散，将它们分别聚焦而得到质谱图，从而确定其质量。

第一台质谱仪是英国科学家弗朗西斯·阿斯顿于 1919 年制成的。阿斯顿用其发现了多种元素的同位素，研究了 53 个非放射性元素，发现了天然存在的 287 种核素中的 212 种，第一次证明原子质量亏损，为此荣获 1922 年诺贝尔化学奖。

文化遗产上微生物代谢产物检测相对容易，而气相色谱-质谱（GC-MS）和基质辅助激光解吸电离飞行时间质谱（MALDI-TOF）等方法也为代谢物分析提供了巨大的潜力。Kirby 等（2013）使用一种小分子分析方法——多肽质量指纹图谱，鉴定了文化遗产上的胶原材料。该方法具有简单、快速、灵敏和具体等优势。Vasanthakumar 等（2013）使用 GC/MS 对图坦卡蒙墓壁画上棕色斑点进行分析发现，棕斑中苹果酸（常见的微生物代谢物）的形成与青霉菌代谢有关。色谱和质谱方法目前仍处于快速发展阶段，并成为蛋白质组学和代谢组学方法的基础。这些方法已经成为微生物学研究的主流，因此将很快成为文化遗产研究中有用的方法。

此外，核磁共振（NMR）技术也是较为常用的一种代谢产物分析法，并开始在文化遗产微生物学研究中崭露头角，如 Corsaro 等（2013）使用高分辨率魔角旋转（HR-MAS）核磁共振（NMR）技术分别检测了古代和人工老化手稿中纤维素降解的代谢物，并检测到了纤维中的低分子量化合物；该研究的一个主要目标是展示这种技术对文化遗产对象研究的价值。Rosa 等（2017）最近利用核磁共振和表面增强拉曼光谱（SERS）研究了分离自法国拉斯科洞穴史前岩画上两株微生物新种（*Ochroconis lascauxensis* 和 *O. anomala*）产生的黑色素结构，其对岩画造成了严重污染。上述研究凸显了代谢物分析方法的最新进展，此类方法有望为文化遗产微生物生理生态学研究提供可靠数据。

3.5　群落特征分析

3.5.1　基于核酸分析的方法

如前所述，研究者可以充分利用分子技术，以不依赖于培养的方式对原位微生物进行高灵敏度的检测和鉴定，还可以利用电子显微镜之外的各种物理和化学表征方法，实时和三维分析微生物与基质间的相互作用。

在 20 世纪 80 年代和 90 年代，PCR 作为一项革命性的技术，能够在不需要培养的条件下，定性检测和定量分析不可培养微生物及整个复杂的群落结构特征。以核酸为基础的各类方法都是基于 rRNA 或其他基因片段的 PCR 扩增，再采用变性梯度凝胶电泳（DGGE）或克隆文库构建和测序（图 3-13）；rRNA 是目前在微生物分子鉴定中最为有用以及应用最广泛的分子标记，因为其功能上高度保守，序列上包含可区分分类群的高变区；细菌和古菌 16S rRNA 基因［或真菌 18S/28S rRNA 基因内转录间隔区（ITS）］是识别的首选基因，而基因数据库已发展到可以鉴定到物种的精确度。

目前，最常用的基于核酸分析微生物群落组成的方法就是聚合酶链式反应（PCR）结合变性梯度凝胶电泳（DGGE）或者温度梯度凝胶电泳（TGGE），即 PCR-DGGE 或 PCR-TGGE。DNA 含有碱基的数量不同，各片段解链温度（T_m）也就不同，甚至一个碱基对的不同，都会引起 T_m 大的差异。DGGE/TGGE 技术是在聚丙烯酰胺凝胶基础上，加入了变性剂（尿素和甲酰胺）梯度或温度梯度，长度相同但序列不同的 DNA 片段在胶中迁移过程中，当变性剂浓度或温度达到 DNA 片段最低的解链区域浓度或温度时，该区域的碱基对开始解链，迁移速率大幅度下降，从而在胶中被区分开来。故该法可区别大小相同但组成不一的 DNA 片段。该法技术一般步骤有：样品采集、样品总 DNA 的提取及纯化、样品 16S/18S rDNA 片段 PCR 扩增、通过 DGGE 分离 PCR 产物、DGGE 图谱显示和条带与图谱分析。

DGGE 的优点在于可直接从样品中抽提总 DNA，可鉴定不可培养微生物，检测速度快，可同时检测多种微生物。但由于该法仍然依赖传统电泳方法，分辨率受到限制，并且由于微生物的破壁程度不同，不同微生物的 DNA 提取效率也存在差异，也会对结果造成影响。

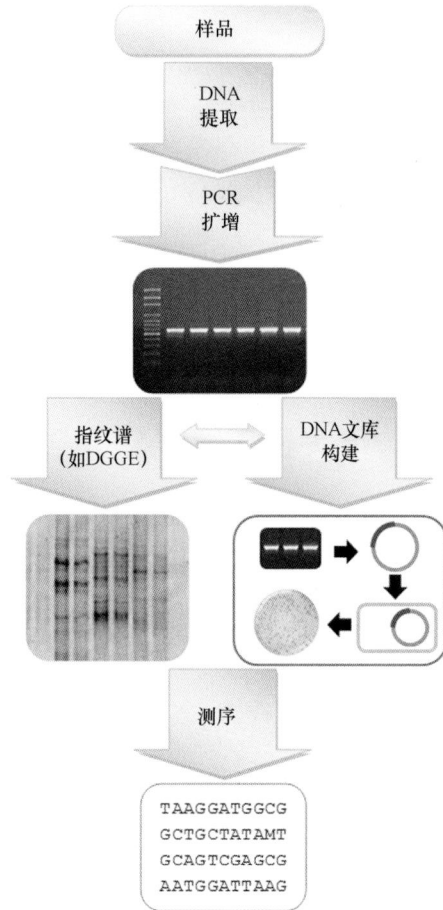

图 3-13　经典的微生物群落组成特征分子技术流程图

在罗马尼亚尼库拉修道院木质教堂的微生物研究中，Lupan 等（2014）利用培养和分子技术分离并鉴定了木材上细菌和真菌群落的变化。基因检测方法相比传统鉴定方法更为省时，传统培养和观察菌丝及孢子形态的鉴定手段一般需要数天至数周时间。对列入《世界遗产名录》的智利 18～19 世纪奇洛埃木制教堂也进行过类似研究（Ortiz et al.，2014），在木材中检测到了白腐菌、褐腐菌和软腐菌；通过 ITS 区测序确定了大量木腐真菌，其中一些种属在智利是首次被报道。Kusumi 等（2013）研究了柬埔寨 12 世纪巴戎寺砂岩的生物膜形成，作者使用 PCR 扩增后用 DGGE 对生物膜中群落组成进行了分析。DGGE 技术的优点是单个条带容易分离，可用于构建克隆文库，再测序鉴定，条带的浓度可以反映出类群的丰度。另一项研究探索了巴戎寺真菌及其在群落演替中的作用（Hu et al.，2013），通过分离真菌丝体、PCR 扩增、ITS 区域测序及 β 微管蛋白（β-tubulin）基因分析完成了真菌鉴定，使用两个独立的基因使鉴定更为准确。Kusumi 等（2013）选用 DGGE 技术来区分石材上生物膜的空气来源，通过克隆文库技术鉴定了生物膜样品常见的种属。

我国研究者曾应用 PCR-DGGE 技术对云冈石窟石质文物样品中微生物群落结构进

行过分析研究（颜菲等，2012）。吴明辉等（2017）回顾了石生微生物的分类、分布、研究方法、生态适应等方面的研究进展，并探究了其与石质文物保护间的关系。在对莫高窟壁画微生物的研究中，本课题组运用 PCR、克隆文库和测序技术鉴定了壁画表面白色菌斑中的细菌群落组成（武发思等，2013）；通过采用培养和分子方法研究了石窟可培养微生物在不同 pH、盐度和温度范围内的生长；使用相关性分析发现，真菌群落与洞窟的建造年代相关（Ma *et al.*，2015）。

以上研究都是根据常规 PCR，仅能提供定性结果。而通过定量 PCR（qPCR）进行定量分析则更为有趣，该测定可基于标准曲线评估模板的浓度。Meng 等（2016）近期使用实时荧光定量反转录 PCR 方法比较了吴哥窟巴戎寺 4 个位点氨氧化古菌（AOA）和氨氧化细菌（AOB）的丰度，发现 AOA 基因丰度明显高于 AOB，这两类功能菌群在氮循环中发挥着重要作用，其活性影响产酸过程并导致砂岩劣化。Kraková 等（2012）使用功能基因表征了博物馆木质和纸质文物上的真菌；运用可预测纤维素分解活性的基因引物，即纤维二糖水解酶 I（cbhI），并通过 cbhI 和 ITS 区鉴定分离的真菌；此类功能基因可用于表征微生物活性及其对文化遗产侵蚀能力的评估。根据对罗马地下墓穴的研究，Kraková 等（2012）建议同时使用多种方法；虽然分子方法可快速获得微生物多样性的可重复数据，但如果没有培养的菌株，就很难研究材料劣化的生物化学过程。

因此，基于核酸的分子方法优势明显，不须培养，从而节省时间，并可获得大量微生物信息，检测敏感度更高；其局限性在于不能对代谢潜能做出判断。基因功能预测方法正在快速发展，基于 mRNA 的基因表达预测今后将更为普遍。

3.5.2　荧光原位杂交技术

荧光原位杂交（FISH）技术：是指根据已知微生物不同分类级别上种群特异的 DNA 序列，以利用荧光标记的特异寡聚核苷酸片段作为探针，与环境样品基因组中 DNA 分子杂交，然后通过荧光显微镜或激光扫描共聚焦显微镜直接观察和定量该特异微生物种群的存在与丰度（Hugenholtz *et al.*，2002）。具有不同荧光团的多个荧光探针可应用于同一样本，以便同时观察多个类群。由于荧光原位杂交（FISH）靶向 rRNA 转录，只有具有足够数量核糖体的活性微生物才会产生强烈的荧光信号。

荧光原位杂交技术的一般流程为：①样品固定；②样品的制备与预处理；③预杂交；④探针和样品的变性、杂交；⑤漂洗和信号检测等。荧光探针具有以下优点：相较于同位素标记物等安全性更好；分辨率较高，且不需要额外的检测步骤；荧光探针可用发射不同波长的染料标记，可同时在一个检测步骤中处理多条目标序列。由于该技术不需要任何选择、纯化和扩增的步骤，并且可以同时对不同类群的微生物在细胞水平上进行定性定量分析和空间位置标识，因此，其被广泛应用于不同环境，如环境微生物群落和微生物多样性的研究中，故也将成为对文化遗产微生物进行鉴定的良好手段。

González-Pérez 等（2017）已讨论了荧光原位杂交技术在细菌生物退化中的作用，近期开发了一种 RNA-FISH 双染悬浮法用于细菌和酵母的瞬时检测，该技术可以证实那些直接参与文化遗产生物退化的活性微生物，通过 RNA-FISH 悬浮法，利用流式细胞仪

（flow cytometer）分析微生物群落也将成为可能；Kostanjšek 等（2013）将这一技术应用到葡萄牙阿伦特霍埃斯库尔洞旧石器时代考古遗址样品的检测上，并深入讨论了探针标记荧光染料对分析结果的影响。

3.5.3　新一代组学技术

高通量测序（high-throughput sequencing）技术又称"下一代测序技术"（next-generation sequencing technology），以能一次并行对几十万到几百万条 DNA 分子进行序列测定和一般读长较短等为标志。近年来，高通量测序技术被应用于环境微生物多样性和群落组成的研究，已成为深入了解微生物多样性的重要工具。全新的 DNA 测序技术能同时对几十万甚至几亿条 DNA 分子进行平行测定，与传统测序技术相比具有高通量、高敏感性等优势，因此被称作"高通量测序技术"，是对传统 Sanger 测序的革命性改革。随着高通量测序技术成熟、费用降低和实验周期缩短，其大量应用于临床诊断和科学研究中，并用于单一生物的全基因组研究，实现了对各类环境样品的深入测序和数据分析。

常用的第二代高通量测序平台有罗氏公司的 Roche-454 测序仪和 Illumina 公司新一代测序仪 HiSeq 2000、HiSeq 2500 及 MiSeq PE300 等。Vasanthakumar 等（2013）使用 454-焦磷酸测序（454-pyrosequencing）研究了埃及图坦卡蒙墓壁画上的微生物群落，为壁画棕色菌斑的形成机制提供了重要证据。虽然下一代测序在文化遗产领域仍属新的技术，但它是当前微生物群落分析的最佳选择。敦煌研究院应用 Illumina MiSeq PE300 高通量测序技术对天水麦积山石窟和武威天梯山石窟壁画微生物进行了全面研究，评估了壁画病害菌群落结构特征及其劣化过程（Duan et al.，2017，2018）。其他学者，如 Xu 等（2013）运用高通量测序技术研究了考古埋藏环境中细菌多样性和群落分布；Li 等（2018）运用该技术分析了石质文物上的微生物群落，讨论了微生物诱导的碳酸钙沉降。高通量平台的选择目前更加多样化。Adamiak 等（2018）首次利用半导体芯片测序技术平台（PGM，Ion Torrent™）调查了波兰罗兹 19 世纪砖石质历史建筑上参与生物退化的细菌、古菌，尤其是嗜盐微生物的群落结构，并讨论了因引物选择造成的结果偏离。

在高通量测序中，相应的生物信息学工具也已普遍应用到文化遗产微生物学研究中，如 16S rRNA 的系统发育树分析，BLAST-NCBI 数据库的同源性检索分析（Unković et al.，2017），以及运用 MEGA 软件建立系统发育树，如邻接法（NJ）（Zimmermann et al.，2006）、最大似然法（ML）和最大简约法（MP）等（Cuzman et al.，2010）。

毫无疑问，新兴技术和生物信息学分析工具在未来 10 年将会有更多突破及发展，这对于促进文化遗产微生物的生物退化及其防治研究有重要意义。

3.6　微生物病害防治方法和技术

3.6.1　传统方法

国内外在对病害生物类群、损害机制等进行调查后，开展了文化遗产的生物侵蚀防治工作。传统的防治手段主要为化学法和物理法，化学法是指通过喷洒化学药剂和熏蒸法杀灭病害微生物，欧洲多采用醇类、酸酯类、氨基甲酸盐类、活性卤素化合物、表面活性剂等（Paulus，2004），但对其潜在威胁，如导致颜料色变、材料降解等缺乏系统性研究。目前，最常用的有复合甲醛防腐剂、季铵盐复合物、异噻唑啉酮、乙醇等（Nittérus，2000；Polo et al.，2010）。选择化学杀菌剂必须慎重，错用、滥用杀菌剂很可能导致微生物群落演替，原始类群被消灭，而对杀菌剂不敏感的类群则乘机填补空留的生态位。土耳其以弗所（Ephesus）古城圣保罗（St. Paul）洞穴内壁画表面原先覆盖着大片藻类、蓝细菌，由于反复施用季铵盐复合物，导致真菌暴发（Pillinger，2009）；在拉斯科洞穴，长期滥用杀菌剂导致腐皮镰刀菌、荧光假单胞菌（*Pseudomonas fluorescens*）等先后暴发（Martin-Sanchez et al.，2012）。因此，化学杀菌剂有很大局限性，后果不可预期，且往往只对特定微生物起作用，抑菌效果不持久、易反复。环氧乙烷（ethylene oxide）熏蒸法则主要针对馆藏文物，该法局限性在于其具有极强的毒性（Magaudda，2004）。

物理方法中，除人工清除病害菌外，常用的方法还有 γ 射线照射法和热激法。γ 射线照射剂量超过 $10 \sim 20$ kGy 时可有效杀灭真菌菌丝体及孢子，抑制其繁殖（Nittérus，2000），但在此剂量下会引起纸质文物纤维素解聚（Adamo et al.，1998）；热激法是一种比较安全、环保的杀菌方式，与化学法相比它不会与基质发生相互作用，避免了对石质文物本体产生次生伤害（Tretiach et al.，2012），物理方法对馆藏文物的保护效果较佳，但对户外不可移动文物的病害防治难度较大。

3.6.2　新型技术

针对传统物理和化学方法防治费时耗力、效果不持久且不可控等问题，近年来，科研人员利用生物杀灭剂及相关产品进行微生物消除，或利用活生物体及其产物清洗或清除污染物。在这两种情况下，不能改变艺术品材料的物理化学性质及其美学外观。

生物清洗方法：虽然微生物通常对建筑材料和结构有负面影响，但越来越多的证据表明，它们也可以用作生物清洗过程中的清洁剂（Sanmartín et al.，2015；Bosch-Roig and Ranalli，2014）。在 20 世纪 80 年代末至 90 年代初，微生物在文化遗产修复或清洁过程中发挥了积极的作用。目前，随着新型微生物技术的发展，文化遗产的生物清洗和生物修复得到了新的关注。

砂岩表面生物膜对基底材料的完整性是有害的，是造成砂岩破坏的主要生物因素。Hu 等（2013）对巴戎寺的研究中观察到，一种真菌能够去除砂岩表面由自养和异养微生物定殖形成的生物膜，经鉴定该真菌为曲霉属真菌（*Aspergillus allahabadii*），其在生物膜清除中具有应用潜力。Valentini 等（2010）研究中，将基于葡萄糖氧化酶的新型生物清洁流程用于石灰华和白榴拟灰岩生物膜的去除；用作模型酶系统的葡萄糖氧化酶能在室温下通过酶促反应原位产生具有氧化特性的清洁剂过氧化氢（H_2O_2），就其清洁效果和表面蚀刻程度而言，葡萄糖氧化酶对石灰华样品的清洁效果更好，可能是因为两种石材的孔隙度不同。与饱和碳酸铵溶液、乙二胺四乙酸（EDTA）缓冲溶液和脂肪酶等处理方法相比，葡萄糖氧化酶的清洁方法效果更好，可能是因为葡萄糖氧化酶能够控制

H_2O_2 的浓度，并根据基质的孔隙率将 H_2O_2 保留在存在生物斑的地方。基于葡萄糖氧化酶与其他酶（如脂肪酶和蛋白酶）的协同作用，再加上酶处理方式的生物相容性，生物清洗可以成为提高不同材质生物膜清洁效率的一种新方法。

与化学清洗和激光清洗相比较，生物清洗技术在去除石材硫酸盐时能达到更好的效果（Gioventù et al.，2011）。Lustrato 等（2012）对位于意大利米兰纪念园的湿壁画进行了生物清洗，该壁画因第二次世界大战进行移除，保护工作包括清除早期修复过程中残留的酪蛋白和动物胶，并将绘画重新粘贴到更合适的支撑体上；将施氏假单胞菌（Pseudomonas stutzeri）A29 菌株的活菌细胞快速施用于壁画表面 2 h，并分析评估生物清洗的有效性。短期和中期微生物监测证实，活细胞在生物处理后不存在于壁画中，且没有任何由代谢引起的潜在负面影响，即该方法安全、环保、无风险。Jroundi 等（2017）研究了基于微生物矿化的石质文物加固技术，并从纳米尺度上表征了产碳酸细菌群落的微生物矿化进程和产物。这种生物清洗工艺的成本相对较低，代表了一种极具竞争力、低成本高效益的解决方案。

Troiano 等（2014）展示了石材艺术品清洁中，化学和生物处理相结合的协同效应。在该研究中，建立了一种生物学方法来清除壁画中由石膏、花岗岩、碳酸钙、磷灰石、硝酸盐和老化蛋白质物质组成的黏附沉积物。所选细菌为非孢子形成菌株，原位生物清洁测试显示，清洁后不会有任何残留物，清洗修复方法成功。我国文物保护工作者对丝织文物的生物技术清洗、微生物注浆加固砖石砌体，以及生物技术在文物保护中的应用也进行了有益的探索和讨论（闫丽和武望婷，2008；孙延忠和陈青，2008；杨钻和程晓辉，2015），为相关技术的应用提供了参考。

生物杀灭方法：在使用一种杀菌剂或相关产品前，必须充分研究目标菌落的微生物生态学特征。近年来，寻找天然杀菌剂成为一种趋势（Villa and Cappitelli，2013；Jeong et al.，2018）。使用拮抗生物体或其代谢产物为生物防治提供了新思路，其具有对人体健康无害、环境影响小、选择性高、成本低廉等优势。Cappitelli 等（2009）测试了两种生物杀菌剂（Rocima 110 和 Neo Desogen）对奥维多大教堂壁画上蓝藻的杀灭能力，使用 ATP 检测法证明其中 Rocima 110 效果更好。已知的许多植物精油亦具有抗微生物活性，Jeong 等（2018）提出了利用生态友好型丁香油酚防治韩国和老挝石质文化遗产上地衣和生物膜的新方法，取得了较好的效果。Borrego 等（2012）利用通过蒸馏获得的精油，使用琼脂扩散法分析了其对 4 种真菌和 6 种细菌的抗菌活性；发现茴香和大蒜油在所有浓度下均显示出最好的抗真菌活性，而牛至油还能抑制真菌形成孢子；但甜橙精油和月桂油对真菌无效。丁香、大蒜和牛至油对成团肠杆菌（Enterobacter agglomerans）和链霉菌（Streptomyces sp.）有最佳抗菌活性，而只有丁香和牛至油对芽孢杆菌（Bacillus sp.）有效。我国学者也对植物精油化学成分及其抗菌活性的研究进展进行了评述（李文茹等，2016）。同时，基于传统杀菌剂和 ZnO、TiO_2 等纳米材料的杀菌方法近年来快速发展，并在多类文物上得到应用（Harandi et al.，2016；Ruffolo et al.，2017）。

杀菌剂时效性是文物保护工作者最为关注的问题之一。一项长达 8 年的监测研究表明，意大利佛罗伦萨一处考古遗址不同类型石材经加固剂和杀菌剂（包括铜纳米粒子）处理后，微生物膜是否会再定殖主要是由石材本身的生物易感性和当地气候决定的

（Pinna *et al.*，2018）。这些研究对于利用植物天然产物和纳米材料控制文化遗产微生物病害具有重要意义。Cennamo 等（2013）研究了在意大利那不勒斯历史遗址黄色凝灰岩上的光合生物，通过光学、电子显微镜和分子生物学技术鉴定发现蓝藻是生物膜的主要成分；通过采用射频非致热效应的新技术，结果表明，暴露于射频电磁场 7 天后，生物膜减少了约 50%，处理一个月后生物膜完全消失，并且在 6 个月后没有再生。Mascalchi 等（2015）利用激光清洗配合微波方法有针对性、高效、安全地清除了石面生和石内生微生物。Calvo 等（2017）讨论了 γ 射线在纸质文物病害真菌防治中的应用；姚娜等（2016）讨论了纸质文物防霉、除霉技术，并利用纸浆修复方法对霉变文物进行修复实验。此类传统的物理方法结合新型生物杀灭技术，将在文化遗产生物防治中发挥重要作用。

3.7　本 章 总 结

本章介绍并举例论证了文化遗产微生物研究中已使用的主要方法及其适用性，但这些方法各自也存在一些缺点。例如，基于培养的方法仅能获得当前微生物多样性的有限部分。基于核酸的分析并不能获得关于微生物代谢潜能的信息，因此不能作为微生物群落表征的唯一方法；与其他方法相比，分子方法有其优越性，但由扩增偏好性引起的偏差不容忽视，该方法对操作过程技术要求较高，且费用高昂。就采样而言，无损的非侵入性采样，其内在局限性是不能收集生长在文物材质内并正与基质发生相互作用的微生物（Cappitelli *et al.*，2010）。

新一代测序技术对于提取文化遗产上的微生物多样性信息非常有用，其在揭示微生物的功能方面亦具有优势，将显微镜成像、培养技术、多组学技术和多学科分析方法相结合来评估文化遗产微生物的作用形式及其生理生态功能是该领域未来的发展趋势。在大量的检测信息支持下，微生物风险综合管理对于人力和财力相对有限的文化遗产保护至关重要；需要强调的是，预防性保护是当前解决文化遗产微生物退化问题最理想的对策，这就需要找出制约生物退化的关键因子，如水是影响吴哥窟砂岩中微生物和盐分活动的主要因子（Liu *et al.*，2018）。因此，涉及预防性保护的研究应最大限度地挖掘已有信息，并应着眼于开发和改进监测、检测仪器设备，以推动无损分析技术的应用和基于大数据的预防性保护的发展。尤为重要的是，今后有必要建立从采样到生物学信息分析整个流程的方法规范和标准，增加微生物活性方面的模拟研究，促进研究平台与数据库信息的全球共享（Sterflinger *et al.*，2018）。

参 考 文 献

段育龙, 武发思, 汪万福, 等. 2019a. 麦积山石窟赋存环境中空气细菌的时空分布特征[J]. 微生物学报, 59(1): 145-156.

段育龙, 武发思, 汪万福, 等. 2019b. 天梯山石窟壁画保存环境中空气细菌的季节性变化[J]. 微生物学通报, 46(3): 468-480.

俄军, 武发思, 汪万福, 等. 2013. 魏晋五号壁画墓保存环境中空气微生物监测研究[J]. 敦煌研究, (6): 109-116.

葛琴雅, 潘晓轩, 李强, 等. 2014. ATP 生物发光法在文物抑菌剂效力检测中的应用[J]. 文物保护与考古科学, 26(4): 39-46.

李文茹, 施庆珊, 谢小保, 等. 2016. 植物精油化学成分及其抗菌活性的研究进展[J]. 微生物学通报, 43(6): 1339-1344.

宋凌浩, 宋伟民, 施玮, 等. 2000. 上海市大气微生物污染对儿童呼吸系统健康影响的研究[J]. 环境与健康杂志, 17(3): 135-138.

孙延忠, 陈青. 2008. 微生物技术在文物保护中的应用研究述略[J]. 文物保护与考古科学, 20(3): 68-72.

汪万福. 2018. 敦煌莫高窟风沙危害及防治[M]. 北京: 科学出版社.

汪万福, 武光文, 赵林毅. 2016. 北齐徐显秀墓壁画保护修复研究[M]. 北京: 文物出版社.

王旭东. 2015. 基于风险管理理论的莫高窟监测预警体系构建与预防性保护探索[J]. 敦煌研究, (1): 104-110.

王旭东, 苏伯民, 陈港泉. 2013. 中国古代壁画保护规范研究[M]. 北京: 科学出版社.

王旭东, 汪万福, 俄军. 2018. 馆藏壁画保护修复技术培训理论与实践研究[M]. 兰州: 甘肃民族出版社.

吴明辉, 章高森, 陈拓, 等. 2017. 石生微生物研究进展[J]. 微生物学杂志, 37(4): 64-73.

武发思, 苏敏, 田恬, 等. 2019. 文化遗产微生物研究方法进展[J]. 微生物学杂志, 39(3): 71-83.

武发思, 汪万福, 马燕天, 等. 2013. 敦煌莫高窟第 98 窟壁画表面菌斑的群落结构分析[J]. 微生物学通报, 40(9): 1599-1608.

武望婷, 何海平, 闫丽, 等. 2012. 首都博物馆空气中细菌的分离鉴定及在文物保护中的意义[J]. 文物保护与考古科学, 24(1): 76-82.

闫丽, 武望婷. 2008. 生物技术对丝织文物清洗保护研究初探[J]. 首都博物馆论丛, (1): 445-455.

颜菲, 葛琴雅, 李强, 等. 2012. 云冈石窟石质文物表面及周边岩石样品中微生物群落分析[J]. 微生物学报, 52(5): 629-636.

杨钻, 程晓辉. 2015. 劣化古建砖石砌体的微生物注浆加固试验研究[J]. 工业建筑, 45(7): 48-53.

姚娜, 习永惠, 吴若菲, 等. 2016. 纸质文物防霉、除霉保护技术探讨[J]. 北京印刷学院学报, 24(4): 14-17.

中华人民共和国国家文物局. 2014a. 可移动文物病害评估技术规程 瓷器类文物. WW/T 0057—2014. http://www.ncha.gov.cn/[2021-10-08].

中华人民共和国国家文物局. 2014b. 可移动文物病害评估技术规程 馆藏壁画类文物. WW/T 0061—2014. http://www.ncha.gov.cn/[2021-10-08].

中华人民共和国国家文物局. 2014c. 可移动文物病害评估技术规程 金属类文物. WW/T 0058—2014. http://www.ncha.gov.cn/[2021-10-08].

中华人民共和国国家文物局. 2014d. 可移动文物病害评估技术规程 石质文物. WW/T 0062—2014. http://www.ncha.gov.cn/[2021-10-08].

中华人民共和国国家文物局. 2014e. 可移动文物病害评估技术规程 丝织品类文物. WW/T 0059—2014. http://www.ncha.gov.cn/[2021-10-08].

中华人民共和国国家文物局. 2014f. 可移动文物病害评估技术规程 陶质类文物. WW/T 0056—2014. http://www.ncha.gov.cn/[2021-10-08].

中华人民共和国国家文物局. 2014g. 可移动文物病害评估技术规程 竹木漆器类文物. WW/T 0060—2014. http://www.ncha.gov.cn/[2021-10-08].

中华人民共和国国家文物局. 2020. 可移动文物修复管理办法. http://www.ncha.gov.cn/art/2020/9/15/art_2407_164.html[2021-10-08].

Adamiak J, Otlewska A, Tafer H, et al. 2018. First evaluation of the microbiome of built cultural heritage by using the Ion Torrent next generation sequencing platform[J]. International Biodeterioration & Biodegradation, 131: 11-18.

Adamo A M, Giovannotti M, Magaudda G, et al. 1998. Effect of gamma rays on pure cellulose paper as a model for the study of a treatment of "biological recovery" of biodeteriorated books[J]. Restaurator,

19(1): 41-59.

Athanassiou A, Hill A E, Fourrier T, et al. 2000. The effects of UV laser light radiation on artists' pigments[J]. Journal of Cultural Heritage, 1: S209-S213.

Beguinot A. 1912. La Fora delle mura e delle vie di Padova[Z]. Studio Biogeographico. Malpighia, 24: 413-428.

Bergadi F, Laachari F, Elabed S, et al. 2014. Cellulolytic potential and filter paper activity of fungi isolated from ancients manuscripts from the Medina of Fez[J]. Annals of Microbiology, 64(2): 815-822.

Borrego S, Valdés O, Vivar I, et al. 2012. Essential oils of plants as biocides against microorganisms isolated from Cuban and Argentine documentary heritage[J]. ISRN Microbiology, 2012: 826786.

Bosch-Roig P, Ranalli G. 2014. The safety of biocleaning technologies for cultural heritage[J]. Frontiers in Microbiology, 5: 155.

Cámara B, De los Ríos A, Urizal M, et al. 2011. Characterizing the microbial colonization of a dolostone quarry: implications for stone biodeterioration and response to biocide treatments[J]. Microbial Ecology, 62(2): 299-313.

Cappitelli F, Abbruscato P, Foladori P, et al. 2009. Detection and elimination of Cyanobacteria from frescoes: the case of the St. Brizio Chapel (Orvieto Cathedral, Italy)[J]. Microbial Ecology, 57(4): 633-639.

Cappitelli F, Pasquariello G, Tarsitani G, et al. 2010. Scripta manent? Assessing microbial risk to paper heritage[J]. Trends in Microbiology, 18(12): 538-542.

Cennamo P, Caputo P, Giorgio A, et al. 2013. Biofilms on tuff stones at historical sites: identification and removal by nonthermal effects of radiofrequencies[J]. Microbial Ecology, 66(3): 659-668.

Chai B, Su B, Zhang W, et al. 2017. Standard multispectral image database for paint materials used in the Dunhuang Murals[J]. Spectroscopy and Spectral Analysis, 37(10): 3289-3306.

Corsaro C, Mallamace D, Łojewska J, et al. 2013. Molecular degradation of ancient documents revealed by ^{1}H HR-MAS NMR spectroscopy[J]. Scientific Reports, 3: 2896.

Coutinho M L, Miller A Z, Gutierrez-Patricio S, et al. 2013. Microbial communities on deteriorated artistic tiles from Pena National Palace (Sintra, Portugal)[J]. International Biodeterioration & Biodegradation, 84: 322-332.

Cuzman O A, Ventura S, Sili C, et al. 2010. Biodiversity of phototrophic biofilms dwelling on monumental fountains[J]. Microbial Ecology, 60(1): 81-95.

De la Rosa J M, Martin-Sanchez P M, Sanchez-Cortes S, et al. 2017. Structure of melanins from the fungi *Ochroconis lascauxensis* and *Ochroconis anomala* contaminating rock art in the Lascaux Cave[J]. Scientific Reports, 7: 13441.

de los Ríos A, Cámara B, García del Cura M Á, et al. 2009. Deteriorating effects of lichen and microbial colonization of carbonate building rocks in the Romanesque churches of Segovia (Spain)[J]. Science of the Total Environment, 407(3): 1123-1134.

del Carmen Calvo A M, Docters A, Miranda M V, et al. 2017. The use of gamma radiation for the treatment of cultural heritage in the Argentine national atomic energy commission: past, present, and future[M]//Venturi M, D'Angelantonio M. Applications of Radiation Chemistry in the Fields of Industry, Biotechnology and Environment. Cham: Springer: 227-247.

Dhamelincourt P, Wallart F, Leclercq M, et al. 1979. Laser Raman Molecular Microprobe (MOLE) [J]. Analytical Chemistry, 51(3): 414-421.

Ding X H, Lan W S, Gu J D. 2020. A review on sampling techniques and analytical methods for microbiota of cultural properties and historical architecture[J]. Applied Sciences, 10(22): 8099.

Docampo S, Trigo M M, Recio M, et al. 2011. Fungal spore content of the atmosphere of the Cave of Nerja (southern Spain): diversity and origin[J]. Science of the Total Environment, 409(4): 835-843.

Duan Y L, Wu F S, He D P, et al. 2021. Diversity and spatial-temporal distribution of airborne fungi at the world culture heritage site Maijishan Grottoes in China[J]. Aerobiologia, 37(4): 681-694.

Duan Y L, Wu F S, Wang W F, et al. 2017. The microbial community characteristics of ancient painted sculptures in Maijishan Grottoes, China[J]. PLOS ONE, 12(7): e0179718.

Duan Y L, Wu F S, Wang W F, et al. 2018. Differences of Microbial Community on the wall paintings preserved *in situ* and *ex situ* of the Tiantishan Grottoes, China[J]. International Biodeterioration & Biodegradation, 132: 102-113.

Fang Z G, Ouyang Z Y, Hu L F, et al. 2005. Culturable airborne fungi in outdoor environments in Beijing, China[J]. Science of the Total Environment, 350(1/2/3): 47-58.

Gioventù E, Lorenzi P F, Villa F, et al. 2011. Comparing the bioremoval of black crusts on colored artistic lithotypes of the Cathedral of Florence with chemical and laser treatment[J]. International Biodeterioration & Biodegradation, 65(6): 832-839.

González J M. 2017. Overview on existing molecular techniques with potential interest in cultural heritage[M]//Saiz-Jimenez C. Molecular Biology and Cultural Heritage. London: Routledge: 3-13.

González J M, Sáiz-Jiménez C. 2005. Application of molecular nucleic acid-based techniques for the study of microbial communities in monuments and artworks[J]. International Microbiology, 8(3): 189-194.

González-Pérez M, Brinco C, Vieira R, et al. 2017. Dual phylogenetic staining protocol for simultaneous analysis of yeast and bacteria in artworks[J]. Applied Physics A, 123(2): 142.

Harandi D, Ahmadi H, Mohammadi Achachluei M. 2016. Comparison of TiO_2 and ZnO nanoparticles for the improvement of consolidated wood with polyvinyl butyral against white rot[J]. International Biodeterioration & Biodegradation, 108: 142-148.

Hu H L, Ding S P, Katayama Y, et al. 2013. Occurrence of *Aspergillus allahabadii* on sandstone at Bayon temple, Angkor Thom, Cambodia[J]. International Biodeterioration & Biodegradation, 76: 112-117.

Hugenholtz P, Tyson G W, Blackall L L. 2002. Design and evaluation of 16S rRNA-targeted oligonucleotide probes for fluorescence *in situ* hybridization[M]//Marilena A M, Ralph R. Gene Probes. New Jersey: Humana Press: 29-42.

Ikner L A, Toomey R S, Nolan G, et al. 2007. Culturable microbial diversity and the impact of tourism in Kartchner Caverns, Arizona[J]. Microbial Ecology, 53(1): 30-42.

Jeong S H, Lee H J, Kim D W, et al. 2018. New biocide for eco-friendly biofilm removal on outdoor stone monuments[J]. International Biodeterioration & Biodegradation, 131: 19-28.

Jones A M, Harrison R M. 2004. The effects of meteorological factors on atmospheric bioaerosol concentrations—a review[J]. Science of the Total Environment, 326(1/2/3): 151-180.

Jroundi F, Schiro M, Ruiz-Agudo E, et al. 2017. Protection and consolidation of stone heritage by self-inoculation with indigenous carbonatogenic bacterial communities[J]. Nature Communications, 8: 279.

Kauserud H, Lie M, Stensrud O, et al. 2005. Molecular characterization of airborne fungal spores in boreal forests of contrasting human disturbance[J]. Mycologia, 97(6): 1215-1224.

Kirby D P, Buckley M, Promise E, et al. 2013. Identification of collagen-based materials in cultural heritage[J]. The Analyst, 138(17): 4849-4858.

Koestler R J. 1991. Biodeterioration of cultural heritage[J]. International Biodeteriorioration, 28: 1-341.

Konkol N, McNamara C J, Mitchell R. 2010. Fluorometric detection and estimation of fungal biomass on cultural heritage materials[J]. Journal of Microbiological Methods, 80(2): 178-182.

Konkol N R, McNamara C J, Hellman E, et al. 2012. Early detection of fungal biomass on library materials[J]. Journal of Cultural Heritage, 13(2): 115-119.

Konkol N R, Vasanthakumar A, DeAraujo A, et al. 2013. A non-fluidic, fluorometric assay for the detection of fungi on cultural heritage materials[J]. Annals of Microbiology, 63(3): 965-970.

Kostanjšek R, Pašić L, Daims H, et al. 2013. Structure and community composition of sprout-like bacterial aggregates in a dinaric Karst subterranean stream[J]. Microbial Ecology, 66(1): 5-18.

Kraková L, Chovanová K, Puškarová A, et al. 2012. A novel PCR-based approach for the detection and classification of potential cellulolytic fungal strains isolated from museum items and surrounding indoor environment[J]. Letters in Applied Microbiology, 54(5): 433-440.

Kusumi A, Li X S, Katayama Y. 2011. Mycobacteria isolated from Angkor monument sandstones grow chemolithoautotrophically by oxidizing elemental sulfur[J]. Frontiers in Microbiology, 2: 104.

Kusumi A, Li X S, Osuga Y, et al. 2013. Bacterial communities in pigmented biofilms formed on the sandstone bas-relief walls of the Bayon Temple, Angkor Thom, Cambodia[J]. Microbes and Environments, 28(4): 422-431.

Li Q, Zhang B J, Yang X R, et al. 2018. Deterioration-associated microbiome of stone monuments: structure, variation, and assembly[J]. Applied and Environmental Microbiology, 84(7): e02680-e02617.

Liu X B, Meng H, Wang Y L, et al. 2018. Water is a critical factor in evaluating and assessing microbial colonization and destruction of Angkor sandstone monuments[J]. International Biodeterioration & Biodegradation, 133: 9-16.

Lou X, Fang Z, Si G. 2012. Assessment of culturable airborne bacteria in a university campus in Hangzhou, Southeast of China[J]. African Journal of Microbiology Research, 6(3): 665-673.

Lupan I, Ianc M B, Kelemen B S, et al. 2014. New and old microbial communities colonizing a seventeenth-century wooden church[J]. Folia Microbiologica, 59(1): 45-51.

Lustrato G, Alfano G, Andreotti A, et al. 2012. Fast biocleaning of mediaeval frescoes using viable bacterial cells[J]. International Biodeterioration & Biodegradation, 69: 51-61.

Ma Y T, Zhang H, Du Y, et al. 2015. The community distribution of bacteria and fungi on ancient wall paintings of the Mogao Grottoes[J]. Scientific Reports, 5: 7752.

Magaudda G. 2004. The recovery of biodeteriorated books and archive documents through gamma radiation: some considerations on the results achieved[J]. Journal of Cultural Heritage, 5(1): 113-118.

Martin-Sanchez P M, Jurado V, Porca E, et al. 2014. Airborne microorganisms in Lascaux Cave (France)[J]. International Journal of Speleology, 43(3): 295-303.

Martin-Sanchez P M, Nováková A, Bastian F, et al. 2012. Use of biocides for the control of fungal outbreaks in subterranean environments: the case of the Lascaux Cave in France[J]. Environmental Science & Technology, 46(7): 3762-3770.

Mascalchi M, Osticioli I, Riminesi C, et al. 2015. Preliminary investigation of combined laser and microwave treatment for stone biodeterioration[J]. Studies in Conservation, 60(sup1): S19-S27.

Mazzoni M, Alisi C, Tasso F, et al. 2014. Laponite micro-packs for the selective cleaning of multiple coherent deposits on wall paintings: the case study of Casina Farnese on the Palatine Hill (Rome-Italy)[J]. International Biodeterioration & Biodegradation, 94: 1-11.

Meng H, Luo L, Chan H W, et al. 2016. Higher diversity and abundance of ammonia-oxidizing archaea than bacteria detected at the Bayon Temple of Angkor Thom in Cambodia[J]. International Biodeterioration & Biodegradation, 115: 234-243.

Nittérus M. 2000. Fungi in archives and libraries[J]. Restaurator, 21(1): 25-40.

Ortiz R, Párraga M, Navarrete J, et al. 2014. Investigations of biodeterioration by fungi in historic wooden churches of Chiloé, Chile[J]. Microbial Ecology, 67(3): 568-575.

Paulus W. 2004. Directory of Microbiocides for the Protection of Materials—A Handbook[M]. 2nd ed. Amsterdam: Kluwer Academic Publishers.

Pepe O, Sannino L, Palomba S, et al. 2010. Heterotrophic microorganisms in deteriorated medieval wall paintings in southern Italian churches[J]. Microbiological Research, 165(1): 21-32.

Pierson L S, Pierson E A. 2010. Metabolism and function of phenazines in bacteria: impacts on the behavior of bacteria in the environment and biotechnological processes[J]. Applied Microbiology and Biotechnology, 86(6): 1659-1670.

Pillinger R. 2009. Die wandmalereien in der so genannten paulusgrotte von ephesos: studien zur ausführungstechnik und erhaltungsproblematik, restaurierung und konservierung[J]. Anzeiger Der Philosophisch-Historischen Klasse, 143: 71-116.

Pinna D, Galeotti M, Perito B, et al. 2018. In situ long-term monitoring of recolonization by fungi and lichens after innovative and traditional conservative treatments of archaeological stones in Fiesole (Italy)[J]. International Biodeterioration & Biodegradation, 132: 49-58.

Polo A, Cappitelli F, Brusetti L, et al. 2010. Feasibility of removing surface deposits on stone using biological and chemical remediation methods[J]. Microbial Ecology, 60(1): 1-14.

Rakotonirainy M S, Dubar P. 2013. Application of bioluminescence ATP measurement for evaluation of fungal viability of foxing spots on old documents[J]. Luminescence, 28(3): 308-312.

Ramírez M, Hernandez-Marine M, Novelo E, et al. 2010. Cyanobacteria-containing biofilms from a Mayan monument in Palenque, Mexico[J]. Biofouling, 26(4): 399-409.

Rintala H, Hyvärinen A, Paulin L, et al. 2004. Detection of streptomycetes in house dust: comparison of culture and PCR methods[J]. Indoor Air, 14(2): 112-119.

Ruffolo S A, De Leo F, Ricca M, et al. 2017. Medium-term *in situ* experiment by using organic biocides and titanium dioxide for the mitigation of microbial colonization on stone surfaces[J]. International Biodeterioration & Biodegradation, 123: 17-26.

Sanmartín P, Chorro E, Vázquez-Nion D, et al. 2014. Conversion of a digital camera into a non-contact colorimeter for use in stone cultural heritage: the application case to Spanish granites[J]. Measurement, 56: 194-202.

Sanmartín P, DeAraujo A, Vasanthakumar A, et al. 2015. Feasibility study involving the search for natural strains of microorganisms capable of degrading graffiti from heritage materials[J]. International Biodeterioration & Biodegradation, 103: 186-190.

Schabereiter-Gurtner C, Piñar G, Lubitz W, et al. 2001. An advanced molecular strategy to identify bacterial communities on art objects[J]. Journal of Microbiological Methods, 45(2): 77-87.

Sterflinger K. 2010. Fungi: their role in deterioration of cultural heritage[J]. Fungal Biology Reviews, 24(1/2): 47-55.

Sterflinger K, Little B, Pinar G, et al. 2018. Future directions and challenges in biodeterioration research on historic materials and cultural properties[J]. International Biodeterioration & Biodegradation, 129: 10-12.

Svensson T. 2016. Airborne Microorganisms. A methodology to examine viability of bioaerosols [D]. Lund: Lund University Master's Degree. 9595

Tretiach M, Bertuzzi S, Carniel F C. 2012. Heat shock treatments: a new safe approach against lichen growth on outdoor stone surfaces[J]. Environmental Science & Technology, 46(12): 6851-6859.

Troiano F, Polo A, Villa F, et al. 2014. Assessing the microbiological risk to stored sixteenth century parchment manuscripts: a holistic approach based on molecular and environmental studies[J]. Biofouling, 30(3): 299-311.

Unković N, Erić S, Šarić K, et al. 2017. Biogenesis of secondary mycogenic minerals related to wall paintings deterioration process[J]. Micron, 100: 1-9.

Valentini F, Diamanti A, Palleschi G. 2010. New bio-cleaning strategies on porous building materials affected by biodeterioration event[J]. Applied Surface Science, 256(22): 6550-6563.

Vasanthakumar A, DeAraujo A, Mazurek J, et al. 2013. Microbiological survey for analysis of the brown spots on the walls of the tomb of King Tutankhamun[J]. International Biodeterioration & Biodegradation, 79: 56-63.

Villa F, Cappitelli F. 2013. Plant-derived bioactive compounds at sub-lethal concentrations: towards smart biocide-free antibiofilm strategies[J]. Phytochemistry Reviews, 12(1): 245-254.

Villa F, Vasanthakumar A, Mitchell R, et al. 2015. RNA-based molecular survey of biodiversity of limestone tombstone microbiota in response to atmospheric sulphur pollution[J]. Letters in Applied Microbiology, 60(1): 92-102.

Wang W F, Ma X, Ma Y T, et al. 2010a. Seasonal dynamics of airborne fungi in different caves of the Mogao Grottoes, Dunhuang, China[J]. International Biodeterioration & Biodegradation, 64(6): 461-466.

Wang W F, Ma X, Ma Y T, et al. 2011. Molecular characterization of airborne fungi in caves of the Mogao Grottoes, Dunhuang, China[J]. International Biodeterioration & Biodegradation, 65(5): 726-731.

Wang W F, Ma Y T, Ma X, et al. 2010b. Seasonal variations of airborne bacteria in the Mogao Grottoes, Dunhuang, China[J]. International Biodeterioration & Biodegradation, 64(4): 309-315.

Wang W F, Ma Y T, Ma X, et al. 2012. Diversity and seasonal dynamics of airborne bacteria in the Mogao Grottoes, Dunhuang, China[J]. Aerobiologia, 28(1): 27-38.

Xu Z Q, Wei K, Wu Y, et al. 2013. Enhancing bioaerosol sampling by Andersen impactors using mineral-oil-spread agar plate[J]. PLOS ONE, 8(2): e56896.

Zhang X W, Ge Q Y, Zhu Z B, et al. 2018. Microbiological community of the Royal Palace in Angkor Thom and Beng Mealea of Cambodia by Illumina sequencing based on 16S rRNA gene[J]. International Biodeterioration & Biodegradation, 134: 127-135.

Zimmermann J, Gonzalez J M, Saiz-Jimenez C. 2006. Epilithic biofilms in Saint Callixtus Catacombs (Rome) harbour a broad spectrum of Acidobacteria[J]. Antonie Van Leeuwenhoek, 89(1): 203-208.

第4章 洞窟壁画彩塑微生物

　　壁画是文化遗产的重要组成部分，是人类最早的绘画艺术形式之一，壁画的发展可以追溯到石器时代。从广义上讲，绘制在建筑物的墙壁上或岩石上，以及其他如洞穴壁上的绘画，都可以称为壁画，而绘于岩壁上的绘画亦称"岩画"。在建筑物上的壁画，大致可以分为绘制壁画、浮雕壁画、粗地壁画、刷地壁画、马赛克镶嵌壁画以及其他工艺材料壁画等。中国古代壁画一般根据绘制场所的不同而区分，有殿堂壁画、寺观壁画、石窟壁画、墓室壁画、民居住宅壁画等（汪万福等，2006）。

　　本章主要讨论的就是石窟壁画微生物。石窟文物是分布最为广泛、传承脉络最为清晰、体系最为完整的文物类别之一，具有重要的历史、艺术和科学价值。在我国80余处全国重点文物保护石窟中，9处被列入《世界遗产名录》，如我国著名的敦煌莫高窟、大同云冈石窟、洛阳龙门石窟和天水麦积山石窟"四大石窟"，以及新疆克孜尔石窟等。完整的石窟壁画结构由内部向表层一般包括支撑体、地仗层、底色层和颜料层等（图4-1）。支撑体：一般以崖（岩）体、木（竹）板、砖、土墙等为材料；地仗层：一般由泥层组成，包括粗泥层（一般在和泥时加入麦草、粗麻等粗纤维）和细泥层（一般在和泥时加入棉、细麻、毛、纸筋等细纤维）；底色层：是为了衬托壁画主题色彩在地仗层所涂的底色，一般材料为熟石灰、石膏、高岭土等；颜料层：就是用各种颜料绘制而成的壁画画面层，同时使用动物皮胶等作为胶黏剂。古代壁画的组成都包含许多有机和无机成分，

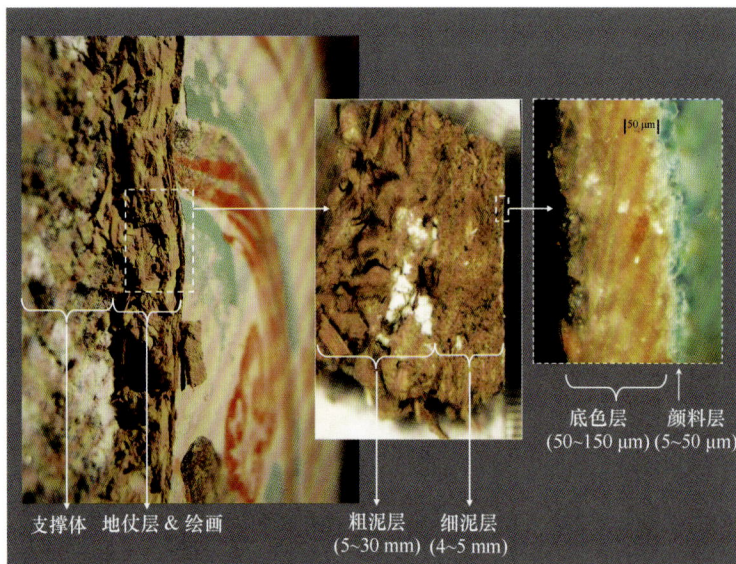

图 4-1　完整的壁画结构示意图（以敦煌莫高窟85窟为例）

为大量微生物提供了不同的生态位。壁画的多数成分是可生物降解的，胶结材料也是可降解的（包括胶类、乳化剂、黏稠剂等），它们便于绘制，可以应用于壁画颜料层并提高艺术品的美学效果。

壁画中存在很多类型的有机和无机分子，一旦环境条件适宜（湿度、温度、光照以及 pH 等），不同种类的微生物有机体就可以在这些基质上生长。除了艺术品的化学组成外，环境条件也影响着这些微生物群系的发生和发展，并可形成一些特殊的微生物群体。例如，在可接受光照直射的壁画正面附生的微生物类群与建筑物内部光线较暗环境下壁画表面微生物类群完全不同。如果温度、湿度和光线不受控制，如将其中一块放在北纬，而将另一块放在热带，即便是在同一种材质的壁画上所形成的微生物类群也是完全不同的。一般而言，高湿、高温和强光照会加速空气污染、生物腐蚀及自然老化对壁画的破坏过程。

关于壁画和历史遗迹表面微生物生态学及其环境保护的研究始于 20 世纪 50 年代末期。已有的研究表明，壁画表面的微生物主要有以青霉属（*Penicillium*）、曲霉属（*Aspergillus*）、枝孢霉属（*Cladosporium*）和白色侧齿霉属（*Engyodontium*）为主的真菌（Guglielminetti *et al.*，1994），以芽孢杆菌属（*Bacillus*）、节杆菌属（*Arthrobacter*）、微球菌属（*Micrococcus*）和假单胞菌属（*Pseudomonas*）为主的细菌（Altenburger *et al.*，1996；Heyrman *et al.*，1999），以念珠藻属（*Nostoc*）、鞘丝藻属（*Lyngbya*）和绿球藻属（*Chlorococcum*）为主的藻类（Ariño *et al.*，1996；Ortega-Calvo *et al.*，1993），以链霉菌属（*Streptomyces*）和诺卡氏菌属（*Nocardia*）为主的放线菌（Abdulla *et al.*，2008），以及壳状地衣（Mohammadi and Krumbein，2008）等。这些微生物不仅影响壁画的美学价值，而且会造成壁画的结构性破坏（Ciferri，1999；Saiz-Jimenez and Gonzalez，2007；Nugari and Roccardi，2001）。在美学方面，微生物可以通过代谢产物（如胞外酶、色素和酸性物质）沉积，致使壁画褪色、变色，并通过在壁画表面形成生物膜（biofilm）等过程，影响壁画的品质和保存（Ciferri，1999；Guglielminetti *et al.*，1994；Karpovichtate and Rebrikova，1991）。在结构性损害方面，微生物可通过利用壁画支持物、胶黏剂、有机化合物以及菌丝延伸生长等导致壁画起甲、裂缝、脱落、分离和变皱（Petushkova and Lyalikova，1986；Sorlini *et al.*，1987）。因此，壁画生物病害的出现常常伴随着其他次生病害的产生，严重威胁到壁画的永久保存。壁画腐蚀微生物类群的鉴定和壁画变色生物学机制的阐明，为探索壁画老化和变色的保护途径奠定了基础（Nugari and Roccardi，2001）。

与之相类似，蓝细菌和藻类生长在露天壁画表面，除了藻类斑生长形成的绿色、黑色、棕色及黄色覆盖绘画部分而造成美学方面的破坏外，还会引起表层的风化，加速颜料层和地仗层的分离。而且，蓝细菌和藻类可以为异养细菌和真菌提供重要的有机能量源，并造成壁画美学方面和结构的损害。最后，蓝细菌和藻类还可以侵染灰泥、砖块或者石质的支撑体。已有报道表明，这些有机体可导致石质文物的风化（Ortega-Calvo *et al.*，1993）。

4.1 敦煌莫高窟微生物

4.1.1 环境背景与文物价值

（1）气候环境特征

敦煌市位于甘肃省河西走廊最西端（东经 92°42′~95°30′、北纬 39°38′~41°34′），地处库姆塔格沙漠边缘，东邻瓜州县，西以星星峡为界与新疆维吾尔自治区相连，南部以三危山隆起带与阿克塞哈萨克族自治县相隔，北部边缘是戈壁和石质低山丘陵。而举世闻名的莫高窟位于敦煌盆地东南缘，距敦煌市 25 km，东邻三危山，西接鸣沙山，南为山间河谷，北面是开阔的砂砾质戈壁。莫高窟石窟群开凿在大泉河西岸洪积扇阶地的直立崖面上，崖面呈南北走向，洞窟群坐西向东，整个崖壁南北长 1600 m，相对高度10~45 m，分上、中、下三层密集型分布于崖体上（彭金章和王建军，2000）。莫高窟地区属于典型的大陆性荒漠气候，由于常年受到蒙古高压的影响，具有气候极端干旱、降水量少、变率大、蒸发强烈、温度变化大和风沙活动频繁等特点。年平均气温 10.6℃，平均降水量仅 39.84 mm，主要集中在 4~9 月，占全年总量的 83%，蒸发量高达 2468 mm，是降水量的约 62 倍，平均相对湿度为 40%。

（2）文物价值

莫高窟，俗称千佛洞，始建于前秦建元二年（公元 366 年），是世界上现存规模最大、连续营造时间最长、内容最丰富的佛教石窟群，虽然走过 1600 余年的风雨历程，尚保存了 4~14 世纪的壁画 4.5×10^4 m²，彩塑 2000 余身，木构窟檐 5 座，还有藏经洞发现的 5 万余件文献及各种文物，其中有上千件绢画、刺绣和大量书法作品。莫高窟经过多个朝代的连续营建，这些珍贵遗产是丝绸之路上中国古代多民族文化及欧亚文化汇集和交融的结晶，是历史与社会发展的见证，也是研究我国古代历史、政治、经济、文化、宗教与科技的重要实物资料。因此，莫高窟被誉为"东方艺术宝库"和"墙壁上的博物馆"，1961 年被国务院公布为第一批全国重点文物保护单位，1987 年作为中国首批申报的世界遗产，因符合世界文化遗产公约的全部六条遴选标准被联合国教科文组织列入《世界遗产名录》。

敦煌研究院课题组是国内较早开展壁画微生物病害研究的团队之一，从 20 世纪 90年代至今，利用可培养法和分子生物学相结合的技术，并借助扫描电镜和红外光谱扫描等分析手段，对莫高窟不同时代典型洞窟的壁画微生物多样性、区系、群落结构及其时空分布特征进行了研究，初步阐明了主要病害微生物对壁画的损害机理；同时，确定了影响微生物群落结构及分布特征的关键环境因子，并初步阐明了它们之间的耦合关系。

4.1.2 莫高窟空气微生物研究

通过对莫高窟典型洞窟（第 16 窟、54 窟和 244 窟）窟内和窟区环境（对照）空气微生物种群及数量的时空变化的研究，以及游客数量与区域环境相互作用的分析，从环境生物学角度为敦煌莫高窟的有效保护和合理利用提供科学依据及技术支撑。

（1）莫高窟空气主要细菌类群及其多样性

在莫高窟 4 个地点空气中总共发现了 19 个属的可培养细菌（图 4-2）。其中，变形菌门 9 个属，占总的细菌属的 47.37%。放线菌门 4 个属，占总的细菌菌属的 21.05%。厚壁菌门 6 个属，占总细菌属的 31.58%。其中优势菌属为 *Janthinobacterium*（14.91%）、*Pseudomonas*（13.4%）、*Bacillus*（11.25%）、*Sphingomonas*（11.21%）、*Micrococcus*（10.31%）、*Microbacterium*（6.92%）、*Caulobacter*（6.31%）、*Roseomonas*（5.85%）。这 8 个优势菌属在整个空气细菌群落中所占的比例超过了 80%。其他各个菌属在空气细菌群落中所占数量比例的大小依次为：*Paenibacillus*（5.4%）、*Kocuria*（4.84%）、*Staphylococcus*（3.38%）、*Planomicrobium*（2.01%）、*Arthrobacter*（1.6%）、*Luteimonas*（1.44%）、*Naxibacter*（0.77%）、*Ramlibacter*（0.34%）、*Exiguobacterium*（0.04%）、*Acinetobacter*（0.01%）、*Aerococcus*（0.01%）。

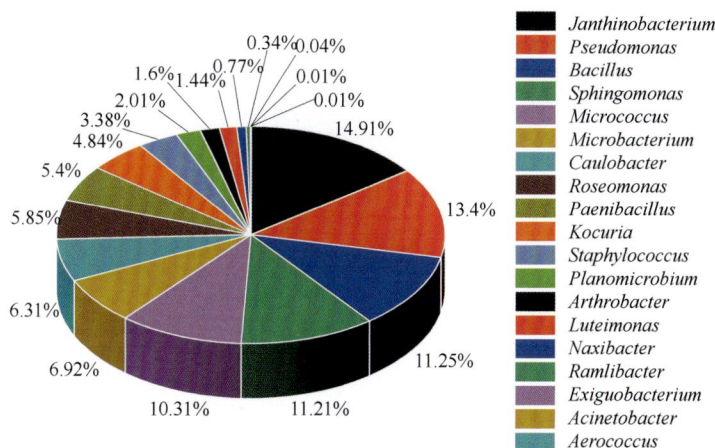

图 4-2　莫高窟空气细菌主要群落所占比例示意图

对所有分离出的细菌进行限制性酶切片段长度多态性（RFLP）分析，对比酶切图谱筛选出了 54 种不同酶切谱型的代表性菌株。对 54 株代表性菌株的 16S rDNA 测序研究发现了 49 条不同的序列，利用这些序列构建了敦煌莫高窟空气中可培养细菌的系统发育树（图 4-3）。

以香农-维纳多样性指数（Shannon-Wiener's diversity index）表示莫高窟空气细菌群落的多样性，以多样性指数和时间作图，结果如图 4-4 所示。从总体来看，4 个地点的细菌多样性指数相差不大，年平均值分别为：封闭洞窟（closed cave，CC）中为 2.20，半开放洞窟（semi-closed cave，SC）中为 2.16，开放洞窟（open cave，OC）中为 2.17，检票口处（the entrance，EN）为 2.07。但各个地点的空气细菌多样性指数随时间的变化很大，范围为 1.69~2.57。在开放洞窟中，3 月的多样性指数最高（2.57），在半开放洞窟中 6 月多样性指数最高（2.33），在封闭洞窟中 8 月最高（2.32），检票口处 12 月最高（2.33）。在户外检票口处的 2 月，细菌群落的多样性指数非常低（1.69）。

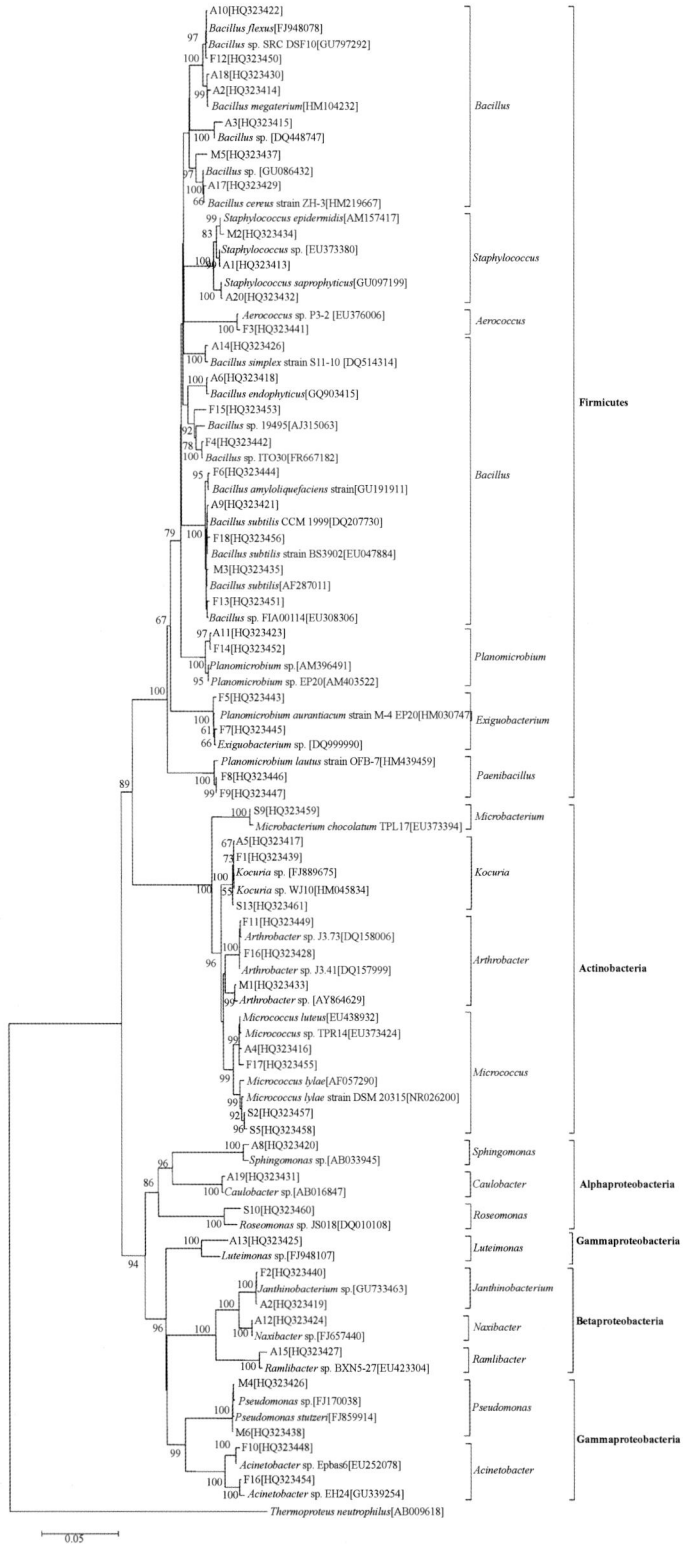

图 4-3　莫高窟空气中可培养细菌的系统发育树

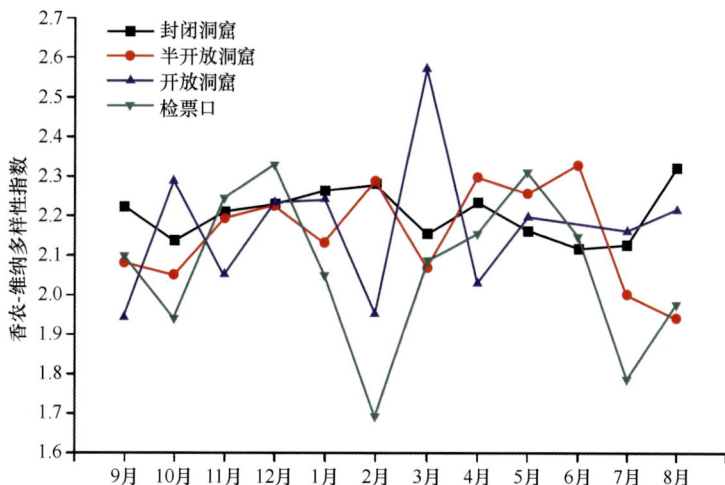

图4-4　莫高窟不同采样点空气细菌香农-维纳多样性指数月变化

（2）莫高窟空气细菌群落结构差异

使用非度量多维尺度分析（non-metric multidimensional scaling，NMDS），以基于
Bray-Curtis 相似性模型计算莫高窟细菌种属在时间和地点上分布的相似性（图4-5）。从
图4-5 可以看出，封闭洞窟和开放洞窟中的细菌群落结构在一年内的变化不大，而半开
放洞窟和检票口空气细菌群落的结构变化较大，如半开放洞窟中的 3 月的细菌群落，检
票口处的 2 月的细菌群落。从空间分布来说，开放洞窟中的细菌群落结构与半开放洞窟、
封闭洞窟中的细菌群落结构均比较类似，但半开放洞窟和封闭洞窟的细菌群落结构之间
有较大的差异。使用多维尺度分析的两个主要成分的负载值与时间、地点变量做相关性
统计，统计结果表明，在属的水平上，空气中细菌的分布与时间（$r=0.310$，$P=0.032$）、
地点（$r=0.470$，$P=0.001$）均有显著相关性，并且与地点的相关性更为显著。

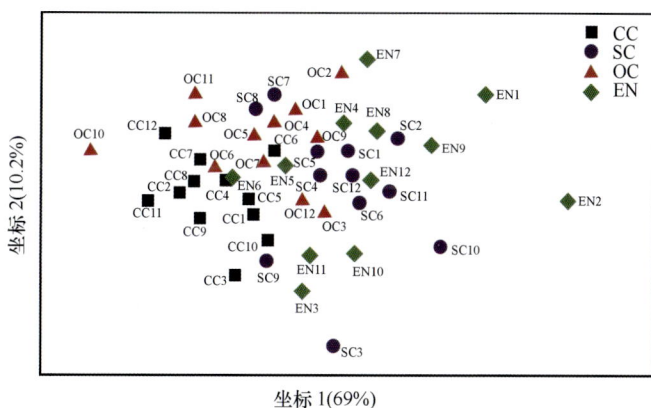

图4-5　莫高窟不同采样点空气细菌群落的 NMDS 分析

（3）莫高窟空气细菌群落的影响因子分析

由于不同地点环境条件的不同，各个地点空气细菌群落的结构也不一样。为了调查
环境条件对各个菌属年际分布的影响，我们统计了不同地点空气细菌的分布与其所处环

境条件之间的皮尔森（Pearson）相关性关系（表 4-1）。研究发现，在除了封闭洞窟之外的其他三个地点，大多数细菌种属的分布与参观游客的数量呈现出显著的正相关关系，如在半开放洞窟中的 *Microbacterium*，在开放洞窟中的 *Sphingomonas*、*Microbacterium*、*Planomicrobium* 等，以及在检票口处的 *Planomicrobium*、*Pseudomonas*。同时，在开放洞窟和检票口处，*Caulobacter* 的分布与其所处环境的温度和太阳辐射有显著的正相关关系；在半开放洞窟和检票口处，*Kocuria* 的分布与其所处环境的温度也有显著的正相关关系；而在封闭洞窟和检票口处，*Exiguobacterium* 的分布却深受空气湿度和降雨的影响，并且呈正相关关系；在半开放洞窟中，*Micrococcus* 和 *Staphylococcus* 的分布与空气湿度和降雨也有显著的正相关关系。另外还发现，*Naxibacter* 和 *Ramlibacter* 的分布与风向的关系也很密切，随着风向角度的增大，开放洞窟中的 *Ramlibacter*，以及半开放洞窟和检票口处的 *Naxibacter* 的数量明显增加。

表 4-1 空气细菌群落结构与环境因子之间的皮尔森相关性分析

种属	温度	相对湿度	太阳辐射	风向	降水量	地面温度	访客数量
Sphingomonas	0.677*（OC）	NS	0.625*（EN）	NS	NS	NS	0.745**（OC）
Microbacterium	NS	0.667*（OC）	NS	NS	NS	NS	0.737**（OC） 0.657*（SC）
Planomicrobium	0.612*（CC） 0.720*（SC）	0.791**（SC）	NS	NS	NS	NS	0.626*（OC） 0.595*（EN）
Arthrobacter	NS	−0.716*（SC）	NS	NS	NS	−0.624*（CC）	NS
Caulobacter	0.622*（OC-EN）	NS	0.696*（OC） 0.647*（EN）	NS	NS	0.646*（OC）	0.720*（OC）
Kocuria	0.744**（SC-EN）	NS	NS	NS	NS	0.693*（SC）	0.577*（OC）
Exiguobacterium	−0.640*（CC-EN）	0.778**（CC-EN）	NS	NS	0.985**（CC）	NS	NS
Janthinobacterium	NS	−0.623*（EN）	NS	NS	NS	NS	0.644*（OC）
Micrococcus	NS	0.774**（SC-EN）	NS	NS	0.896**（SC）	NS	NS
Staphylococcus	NS	0.666*（SC-EN） −0.624*（EN）	NS	−0.708*（OC）	0.888**（SC）	NS	NS
Pseudomonas	NS	NS	0.647*（EN）	NS	NS	0.636*（EN）	0.741**（OC） 0.813**（EN）
Naxibacter	NS	NS	−0.701*（EN）	0.752*（SC） 0.646*（EN）	NS	NS	NS
Ramlibacter	NS	NS	NS	0.651*（OC）	NS	NS	NS
Luteimonas	NS	NS	NS	NS	0.689*（OC）	NS	NS
Paenibacillus	NS	NS	NS	NS	0.723*（CC）	NS	0.795**（OC）
Bacillus	NS	NS	NS	NS	NS	NS	0.650*（OC）

注：*表示 $P \leqslant 0.05$；**表示 $P \leqslant 0.01$；NS 表示无显著相关性（$P > 0.05$）

（4）莫高窟空气真菌类群及其多样性

莫高窟空气分布较广泛的真菌是链格孢属（*Alternaria*，35.92%）、镰刀菌属（*Fusarium*，24.95%）、青霉属（*Penicillium*，14.15%）、枝孢霉属（*Cladosporium*，13.96%）、曲霉属（*Aspergillus*，7.59%）（图 4-6）。这些真菌的主要来源是土壤真菌和植物病原菌，它们的孢子广泛分布于空气中。另外，我们还发现两种担子菌偶尔出现在采样过程当中。这些真菌的系统发育树见图 4-7。

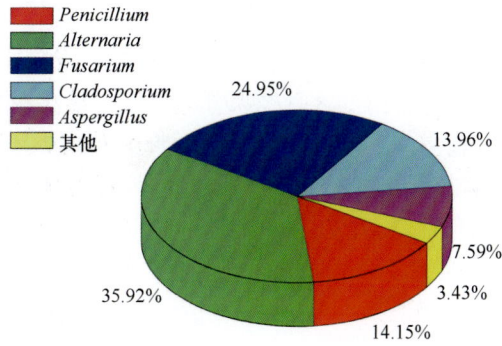

图 4-6   莫高窟空气真菌群落组成

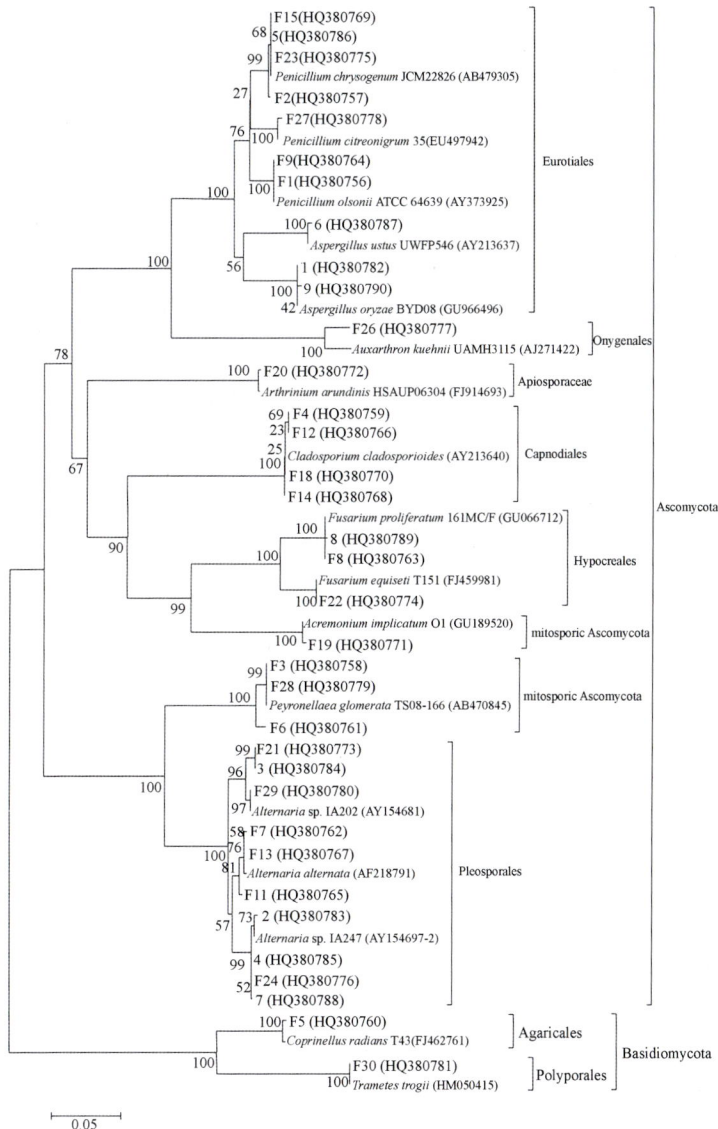

图 4-7   莫高窟空气真菌基于 ITS 序列的系统发育树

　　图 4-8 显示的是不同月份空气真菌香农-维纳多样性指数的变化，4 个采样地点的平均多样性指数变化不大，封闭洞窟中为 1.42，半开放洞窟中为 1.31，开放洞窟中为 1.27，检票口处为 1.10，但是在不同月份的表现却有显著差异。莫高窟在夏天的时候空气真菌多样性指数最高［封闭洞窟空气真菌最高多样性指数出现在 7 月（1.87），开放洞窟出现在 6 月（1.64），半开放洞窟出现在 8 月（1.69），检票口处出现在 6 月（1.57）］，而最低的空气真菌多样性指数出现在 2 月的开放洞窟处（0.50）。

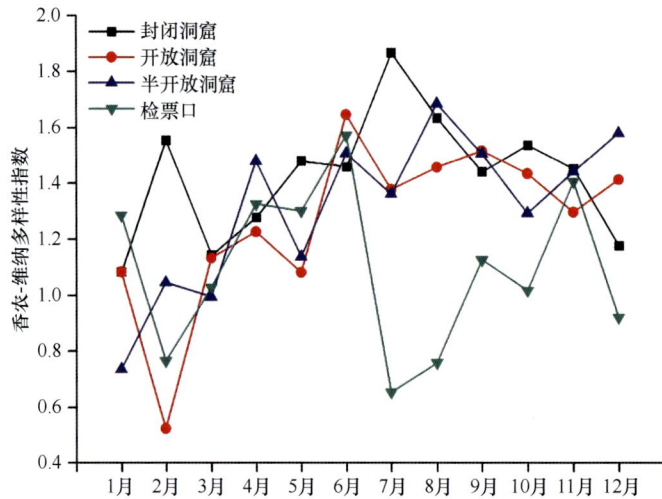

图 4-8　莫高窟不同采样点空气真菌香农-维纳多样性指数月变化

4.1.3　莫高窟壁画表面微生物研究

（1）莫高窟壁画表面微生物多样性

　　针对莫高窟第 245 窟壁画表面的研究分析发现，该窟壁画表面共鉴定出芽孢杆菌属（*Bacillus*）、节杆菌属（*Arthrobacter*）、类芽孢杆菌属（*Paenibacillus*）和赤杆菌属（*Erythrobacter*)等 4 个细菌属，其中,芽孢杆菌属和节杆菌属为优势菌属，并发现 DHXJ05（Enterobacteriaceae）、DHXJ08（Bacillaceae）、DHXJ15（Erythrobacteraceae）、DHXJ16（Bacillaceae）和 DHXJ17（Bacillaceae）等能在含有铁红、铅丹、朱砂的环境中良好生长（张昺林等，2012）。对莫高窟第 98 窟壁画表面白色斑点进行扫描电镜分析发现，该窟东壁及东坡的壁画表面白色污染物主要是微生物生长所形成的菌斑。污染物中菌体多数呈短杆状、卵圆形或梭形，大小在（0~0.5）μm×（5~2.5）μm，其主要通过生长代谢和在壁画表面扩散形成白色菌斑，随后基于 16S rRNA 的微生物群落结构分析表明，壁画表面细菌类群主要有肠杆菌属（*Enterobacter*）、埃希菌属（*Escherichia*）、固氮菌属（*Azotobacter*）、沙雷氏菌属（*Serratia*）和克雷伯菌属（*Klebsiella*）。其中埃希菌属和肠杆菌属为优势属，分别占克隆文库序列的 46.8% 和 35.1%（武发思等，2013）。对莫高窟不同年代（北魏、西魏、唐代、元代）的 10 个代表性洞窟（采样信息见表 4-2）内的壁画微生物进行培养，经鉴定，共发现细菌 9 个门，包括厚壁菌门（Firmicutes）、变形菌门（Proteobacteria）、放线菌门（Actinobacteria）、酸杆菌门（Acidobacteria）、蓝细菌门

（Cyanobacteria）、拟杆菌门（Bacteroidetes）、芽单胞菌门（Gemmatimonadetes）、浮霉菌门（Planctomycetes）和绿弯菌门（Chloroflexi）（图 4-9）；真菌 3 个门，包括子囊菌门（Ascomycota）、接合菌门（Zygomycota）和担子菌门（Basidiomycota），其中子囊菌门为最优势门，占克隆总数的 88.4%，包括真子囊菌纲（含 *Alternaria* 和 *Westerdykella*）、座囊菌纲（含 *Cladosporium* 和 *Leptosphaerulina*）、散囊菌纲（含 *Aspergillus*、*Penicillium* 和 *Eurotium*）、粪壳菌纲（含 Chaetomiaceae、*Stachybotrys* 和 *Fusarium*）、酵母纲（含 *Candida*）和盘菌纲（含 *Tricharina*）。另外 2 个真菌门占总克隆数的 11.7%，其中以接合菌门中的毛霉科为代表，以担子菌门中的线黑粉菌科为代表（图 4-10）（Ma *et al.*，2015）。

表 4-2　采样信息

样品名	层位	位置	年代	克隆文库	描述
TM，CB	3	西墙右侧	北魏	仅细菌：TMB，CBB	TM 起甲部位收集的碎片；CB 取自带有斑点的暗色壁画
RM，RN，BN	2	西墙	西魏	细菌：RMB、RNB、BNB；真菌：RMF	RM 和 RN 取自密布小斑点的壁画；样本 RM 的位置高于 RN。以无斑点的 BN 作为对照
FM，FN	1	南壁	唐代	细菌：FMB、FNB；真菌：FNF	FM 和 FN 取自斑点分布区域的壁画；FM 位置高于 FN
FMH，FNH	1	北壁	唐代	细菌：FMHB、FNHB 真菌：FMHF、FNHF	FMH 和 FNH 是取自斑点分布区域的壁画；FMH 位置高于 FNH
CY	3	东壁左侧	元代	细菌：CYB；真菌：CYF	CY 取自画面模糊的暗色壁画

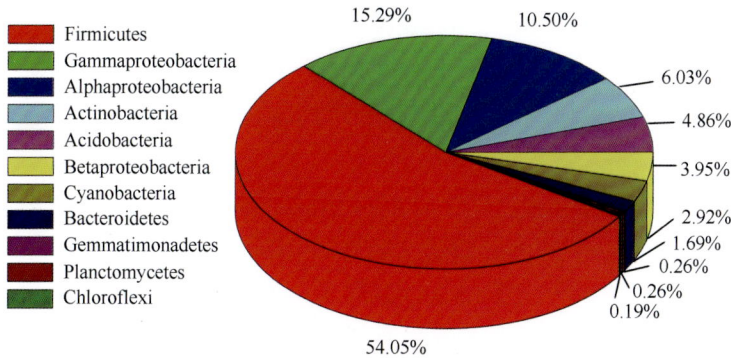

图 4-9　莫高窟壁画表面优势细菌（门）

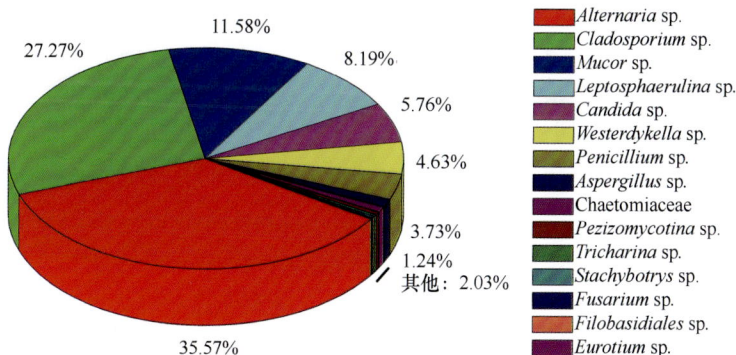

图 4-10　莫高窟壁画表面优势真菌

（2）莫高窟壁画表面微生物群落组成（不依赖培养的方法）

采集莫高窟第220窟和第420窟中不同位置色变壁画样品与未色变壁画样品（对照）共12个，基于Illumina MiSeq PE250/PE300平台测序，细菌16S rRNA扩增选择338F/806R引物，真核生物18S rRNA选择0817F/1196R引物，每个样品至少提供30 000条测序数据，生物信息学分析包括运算分类单元（operational taxonomic unit，OTU）、稀释曲线、主成分分析（PCA）和热图（Heatmap）分析等。

为验证测序量是否足够多以真实反映样品中原始真核生物群落多样性，根据97%水平下OTU的丰度信息，使用Chao1多样性指数对细菌和真菌群落多样性进行评估。如图4-11所示，各样本中获得的细菌和真核生物序列数均大于30 000条，随着测序量不断增大，OTU数目增加曲线趋于平缓，说明本次测序量达到饱和，同时表明该测序量已可以反映样品中细菌和真核生物群落多样性。

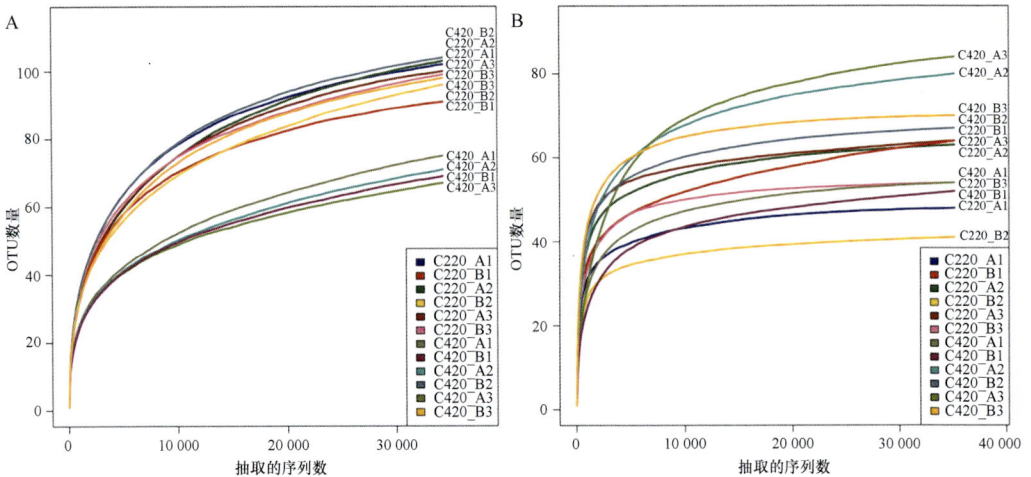

图4-11　各样本中细菌（A）与真核生物（B）的α多样性，Chao1曲线
C220、C420代表洞窟号，下划线后的A、B分别代表色变和未色变壁画样品，下同

结合OTU的序列数量，可计算其在各分类水平上的比例，进而确定不同样品中细菌群落结构特征。结果表明，在属的水平上（图4-12），主要有芽孢杆菌属（*Bacillus*）、类芽孢杆菌属（*Paenibacillus*）、克罗诺杆菌属（*Cronobacter*）、嗜碱菌属（*Alkaliphilus*）、肠球菌属（*Enterococcus*）、乳球菌属（*Lactococcus*）、海洋芽孢杆菌属（*Oceanobacillus*），在各样本中芽孢杆菌属和类芽孢杆菌属为优势属，色变壁画（A1～A3样本）与未色变壁画（B1～B3样本）在细菌群落组成上没有明显差异，仅表现为各属所占百分比有所不同。

真核生物群落组成结果表明，在属的水平上（图4-13），主要有发菌科未鉴定属（Trichocomaceae_unclassified）、短梗霉属（*Aureobasidium*）、酵母目分类未定属（Saccharomycetales_incertae_sedis）、散囊菌纲未鉴定属（Eurotiomycetes_unclassified）、枝孢霉属（*Cladosporium*）、粪壳菌目未定名属（Sordariales_norank）、旋孢腔菌属（*Cochliobolus*）、半乳糖霉菌属（*Galactomyces*）等，其中发菌科未鉴定属占绝对优势（>44%）。相较而言，大量真核生物序列为不可鉴定到属或分类未定，这可能与古代壁画样品本身的特殊性，以及基因数据库中相似序列有限相关。

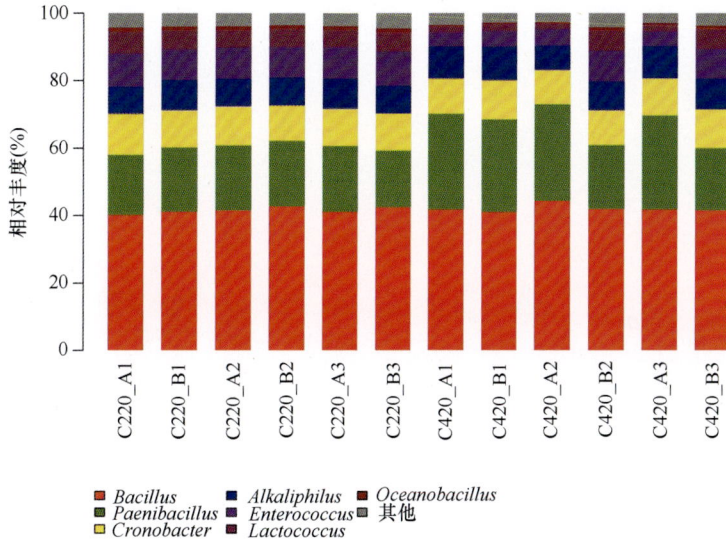

Bacillus　　Alkaliphilus　　Oceanobacillus
Paenibacillus　　Enterococcus　　其他
Cronobacter　　Lactococcus

图 4-12　各样本细菌群落相对丰度（属）

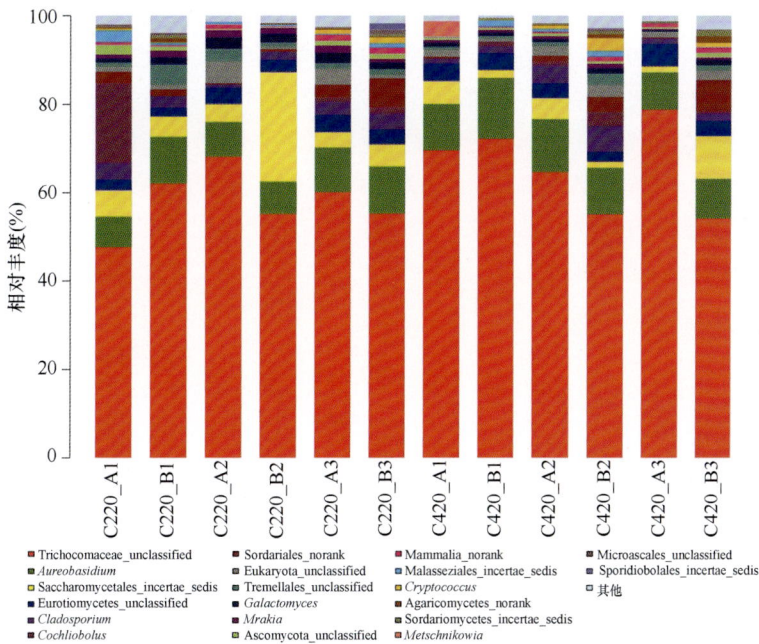

Trichocomaceae_unclassified　　Sordariales_norank　　Mammalia_norank　　Microascales_unclassified
Aureobasidium　　Eukaryota_unclassified　　Malasseziales_incertae_sedis　　Sporidiobolales_incertae_sedis
Saccharomycetales_incertae_sedis　　Tremellales_unclassified　　Cryptococcus　　其他
Eurotiomycetes_unclassified　　Galactomyces　　Agaricomycetes_norank
Cladosporium　　Mrakia　　Sordariomycetes_incertae_sedis
Cochliobolus　　Ascomycota_unclassified　　Metschnikowia

图 4-13　各样本真核生物群落相对丰度（属）

　　为了更加直观地表现出色变壁画（C220_A、C420_A）和未色变壁画（C220_B、C420_B）样品之间 OTU 组成的相似程度，基于维恩图（Venn diagram）分析统计了多个样品中共有或独有的 OTU 数目（图 4-14）。该结果表明，同一洞窟中，色变与未色变壁画样品中细菌和真菌 OTU 组成有差异，除 420 窟的细菌 OTU 外，其他各组样品均表现为色变壁画表面 OTU 数目大于未色变壁画。同为色变或未色变样品，不同洞窟间 OTU 差异较大。

A

B

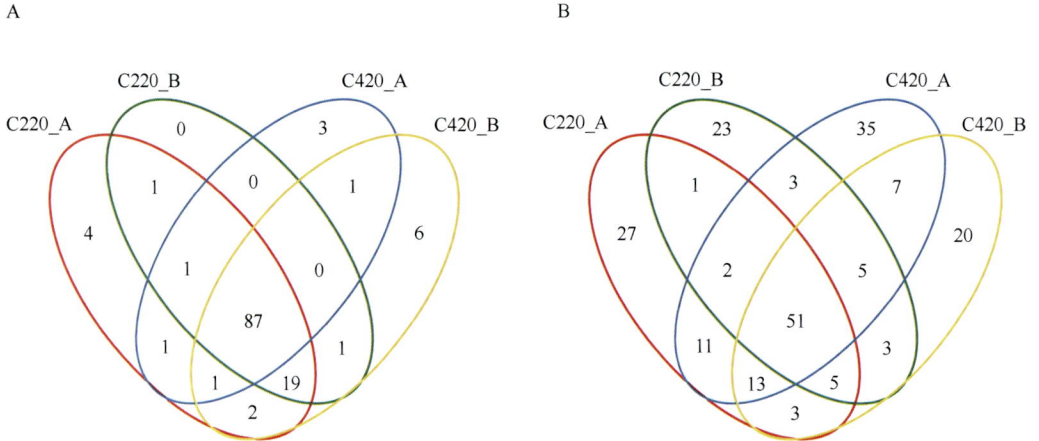

图 4-14　各样本细菌（A）与真核生物（B）OTU 分布维恩图

不同样品中的 OTU 组成可反映样品间差异和距离，PCA 运用方差分解，将不同样品中细菌群落在属水平上 OTU 的差异反映在二维坐标图上（图 4-15）。可以看出，主成分 1（PC1）和主成分 2（PC2）是造成不同样品中细菌群落组成差异的两个最大差异特征，贡献率分别为 91.97% 和 5.66%。就第 220 窟样品而言，色变壁画（A2、A3）与未色变壁画样品（B2、B3）中细菌群落结构有较为明显的不同；同一区域内（字母 A、B 后 1、2、3 分别代表洞窟内 3 个不同位置的采样区域）色变与未色变样品间群落结构差异较大，即 A1 和 B1 间、A2 和 B2 间、A3 和 B3 间差异大。由此表明，壁画色变过程伴随着细菌群落结构的改变，是否某一类细菌参与色变过程，有待进一步分析验证。

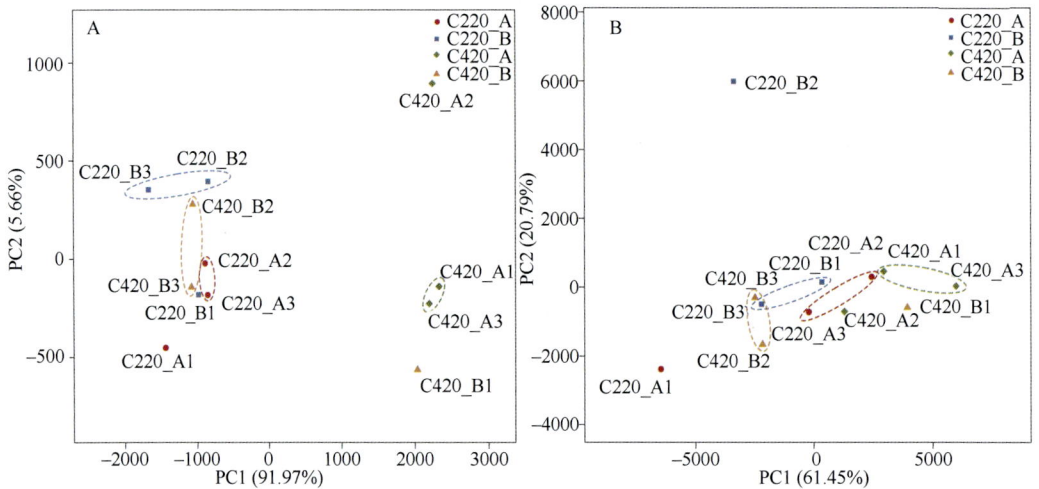

图 4-15　各样本细菌（A）与真核生物（B）OTU 主成分分析（PCA）

主成分分析显示，主成分 1（PC1）和主成分 2（PC2）是造成不同样本间真核生物群落组成差异的两个最大差异特征，贡献率分别为 61.45% 和 20.79%。第 220 窟色变壁画样品（A2、A3）与未色变壁画样品（B1、B3）中真核生物群落结构显示出较为明显的差异，可分别在不同坐标系或小范围内聚集，第 420 窟色变（A1、A3）与未色变（B2、

B3）样品中真核生物群落组成也存在明显差异。由此可以初步看出，色变与未色变区域壁画样本中真菌群落壁画色变过程伴随着微生物群落结构的改变，是否某一类真菌参与色变过程，有待进一步验证。

色变与未变色壁画中，在属的水平上，细菌主要有芽孢杆菌属（*Bacillus*）、类芽孢杆菌属（*Paenibacillus*）、克罗诺杆菌属（*Cronobacter*）、嗜碱菌属（*Alkaliphilus*）、肠球菌属（*Enterococcus*）、乳球菌属（*Lactococcus*）、海洋芽孢杆菌属（*Oceanobacillus*），芽孢杆菌属和类芽孢杆菌属为优势属，色变壁画（A1、A2、A3）与未色变壁画（B1、B2、B3）在细菌群落组成上没有明显差异，仅表现为各属百分比不同，如类芽孢杆菌属在420窟色变壁画中占据更高的比例（图4-16）。

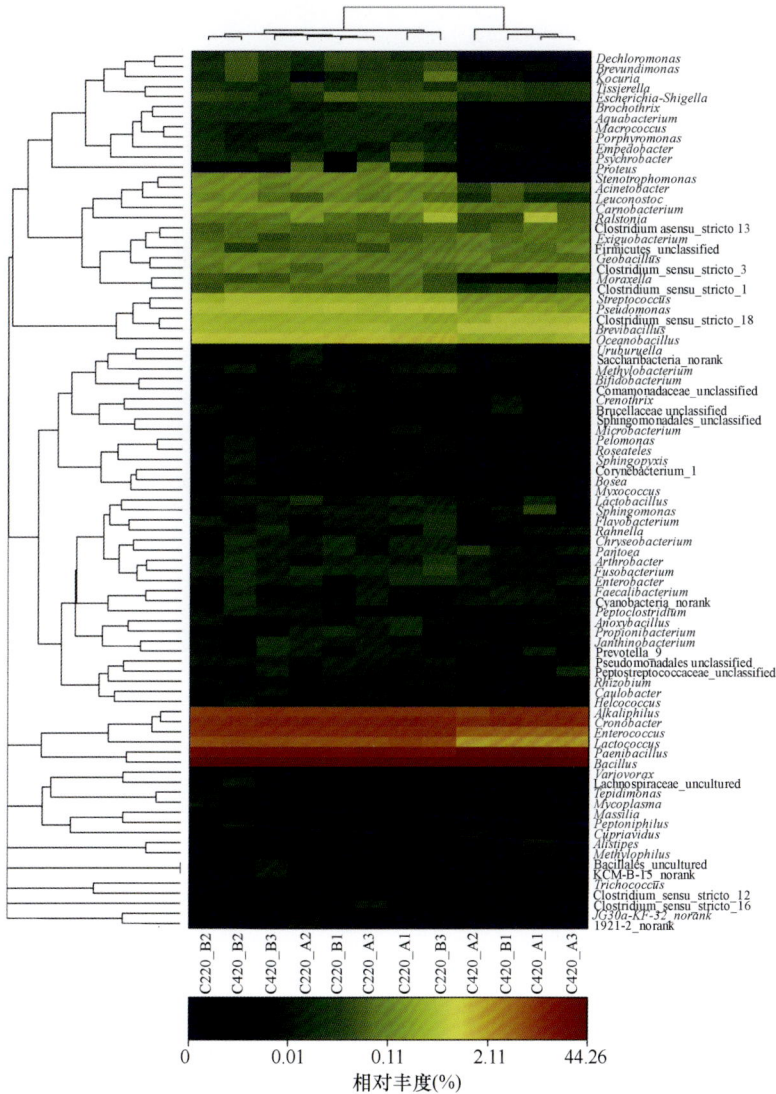

图4-16　莫高窟第220窟与420窟细菌在属水平上的组成及进化关系热图

变色与未变色壁画中真核生物在属的水平上（图4-17），主要有发菌科未鉴定属

（Trichocomaceae_unclassified）、短梗霉属（*Aureobasidium*）、酵母目分类未定属（Saccharomycetales_incertae_sedis）、散囊菌纲未鉴定属（Eurotiomycetes_unclassified）、枝孢霉属（*Cladosporium*）、粪壳菌目未定名属（Sordariales_norank）、旋孢腔菌属（*Cochliobolus*）、半乳糖霉菌属（*Galactomyces*）等，其中发菌科未鉴定属成员占绝对优势（＞44%）。相较而言，大量真核生物序列为不可鉴定到属或分类未定，这可能与古代壁画样品本身的特殊性，以及基因数据库中相似序列有限相关。

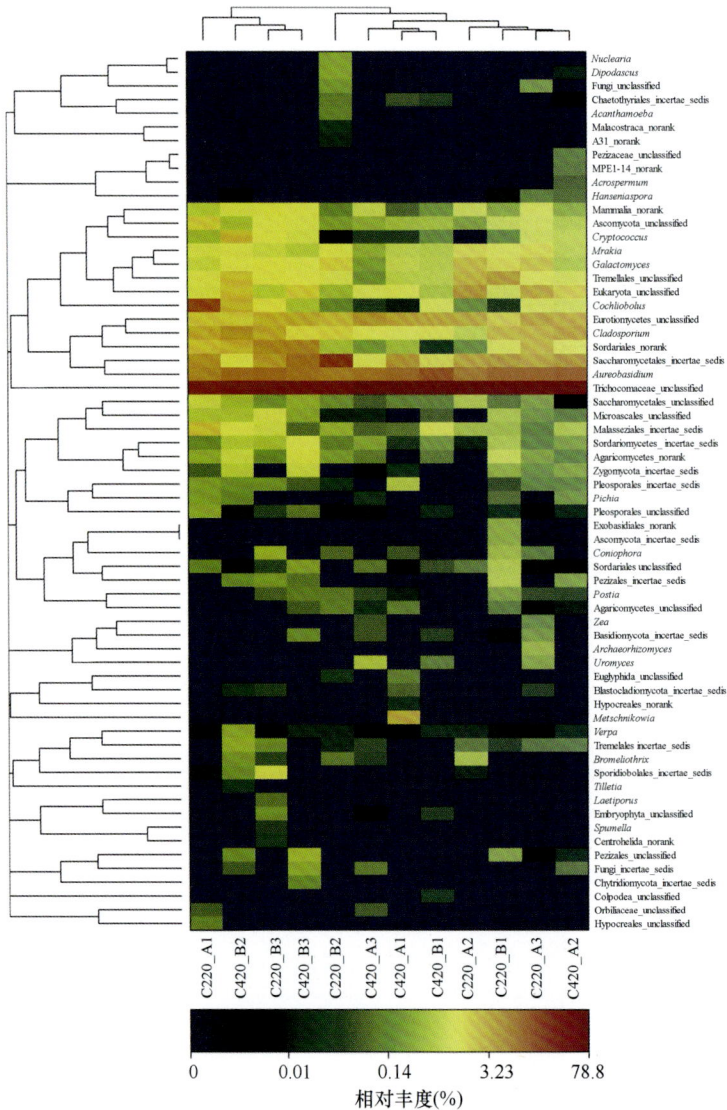

图 4-17 莫高窟第 220 窟与 420 窟真核生物在属水平上组成及进化关系热图

（3）莫高窟壁画表面可培养微生物群落组成

通过传统分离培养的手段，使用 PDA、R₂A、沙氏葡萄糖琼脂（Sabouraud's dextrose agar，SDA）、麦芽提取物琼脂（malt extract agar，MEA）和 TSA 等多种培养基筛选分离壁画样品中可培养微生物,获得菌株 60 余个。分离获得的细菌菌株主要隶属于 Actinobacteria、Firmicutes、Proteobacteria,共 3 个细菌门,包括 Bacillaceae、Microbacteriaceae、Micrococcaceae、Nocardioidaceae、Pseudomonadaceae、Sphingomonadaceae 等 12 个科,其中 Bacillaceae、Micrococcaceae、Moraxellaceae、Sphingomonadaceae 为优势科;包括 *Acinetobacter*、*Arthrobacter*、*Bacillus*、*Pseudomonas* 等 21 个属,其中 *Sphingomonas*、*Bacillus*、*Pseudomonas*、*Arthrobacter*、*Acinetobacter* 等为优势属。可培养优势真菌菌株主要有 *Penicillium chrysogenum*、*Aspergillus versicolor*、*Cryptococcus adeliensis*、*Alternaria alternata*、*Chaetomium madrasense*、*Aspergillus niger* 等。

在莫高窟壁画常用的红色颜料铅丹(Pb_3O_4)未色变样品细菌克隆文库中发现了 11 个类群的细菌,在文库中所占的比例差异较小,其中 Gammaproteobacteria 所占比例为 19.3%,在属的水平上包含了 4 个属。Alphaproteobacteria 所占的比例为 14.04%,在属的水平上包含了 3 个属。优势属 *Bacillus* 占 19.3%,*Propionibacterium* 占 14.04%,*Planococcus* 占 10.53%,*Shigella* 占 10.53%(图 4-18)。

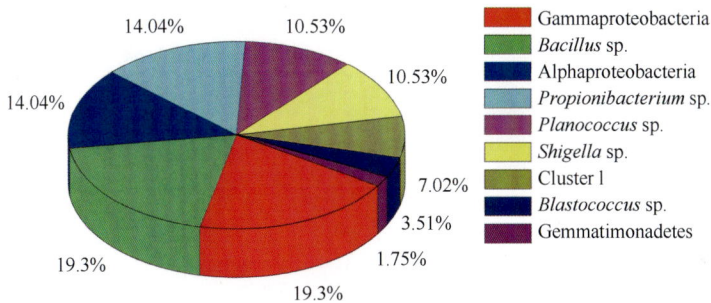

图 4-18　壁画未色变铅丹颜料样品中主要细菌组成

壁画红色颜料铅丹未色变样品中真菌有 1 个门(子囊菌门)、2 个亚门(子囊菌亚门和酵母亚门)的 5 个属的真菌,从属的水平来看(图 4-19),所占比例从大到小依次为:*Alternaria*(63.27%),*Westerdykella*(16.14%),*Candida*(15.07%),*Cladosporium*(5.31%),*Penicillium*(0.21%)。

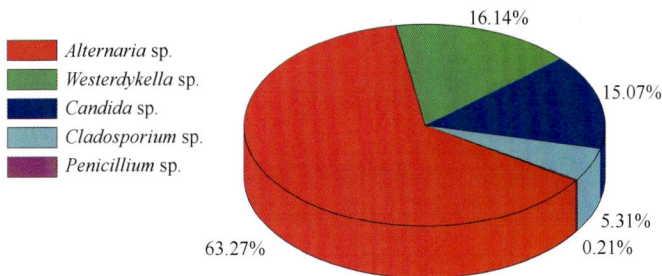

图 4-19　壁画未色变铅丹颜料样品中主要真菌组成

壁画色变颜料(铅丹,变为棕黑色)样品克隆文库共得到 16 个主要类群细菌。最占优势的类群为 Gammaproteobacteria(38.66%),主要包括了 3 个种属,分别为埃希菌属（*Escherichia*）、假单胞菌属（*Pseudomonas*）和一个未确定属名的 OTU；动性球菌属（*Planococcus*，10.08%）、芽孢杆菌属（*Bacillus*，10.08%）也占有相对优势（图 4-20）。

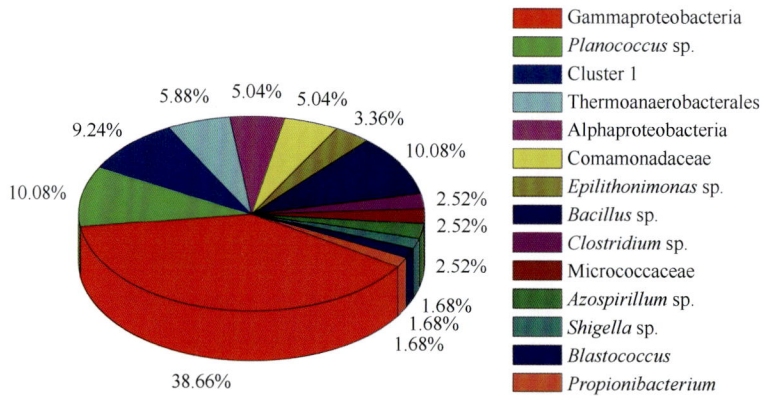

图 4-20　壁画色变铅丹颜料中细菌类群组成

　　色变铅丹颜料样品克隆文库中共获得 2 个真菌门类，包括子囊菌门（Ascomycota）和担子菌门（Basidiomycota），其中子囊菌门占据了绝对的优势。从属的水平看，毛霉属（*Mucor*）最占优势，占 67.88%；其次为曲霉属，占 7.28%；其他较占优势属比例依次为：枝孢霉属（6.29%），链格孢属（5.96%），属于毛壳菌科的属（4.64%），青霉属（3.97%）等（图 4-21）。

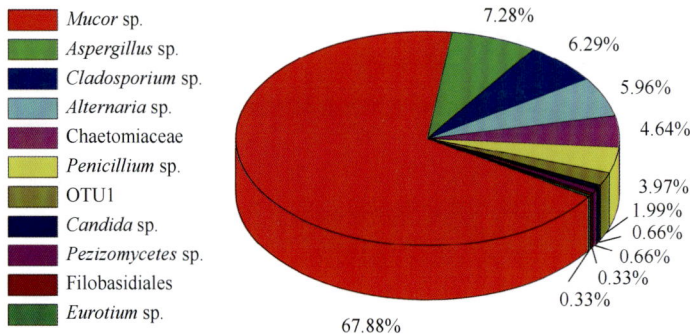

图 4-21　壁画色变铅丹颜料中真菌类群组成

4.1.4　微生物对莫高窟壁画损害机制研究

　　（1）真菌对模拟色板上红色颜料的影响

　　早在 20 世纪 90 年代，敦煌研究院就对莫高窟不同朝代的 6 个代表性洞窟（3 个下层洞窟和 3 个三层洞窟）的 51 份典型色变壁画样品进行微生物培养（表 4-3），利用固体平板（肉汤培养基和麦芽汁培养基）和液体培养基进行培养，共分离出葡萄球菌属（*Staphylococcus*）、链球菌属（*Streptococcus*）、产碱杆菌属（*Alcaligenes*）和黄色单胞菌属（*Xanthomonas*）等 6 个细菌属，同时还分离出青霉属（*Penicillium*）、曲霉属（*Aspergillus*）、枝孢霉属（*Cladosporium*）、链格孢属（*Alternaria*）和根霉属（*Rhizopus*）

等 5 个真菌属，以及灰黄链霉菌、黄色链霉菌和浅灰链霉菌等放线菌；随后，利用从壁画等样品筛选得到的细菌、真菌和放线菌菌株，将其与铅丹、铁红和朱砂三种莫高窟常用红色颜料（红色颜料也是最易发生变色、褪色的颜料）在培养液中进行共培养，同时将其接种在含铅丹、铁红和朱砂的模拟壁画试块上，以上试验统称为回复筛选试验，结果表明：除黄色杆菌属外，绝大部分细菌不会对莫高窟常用的三种红色颜料产生太大影响，而以曲霉属、枝孢霉属为代表的真菌会加速壁画劣化（冯清平等，1998a）（表 4-4）。

表 4-3　采样信息

窟号	层位	采样温度（℃）	采样相对湿度（%）	采样位置	变色、褪色程度
53	下层窟	17.8	43.5	北壁	黑色斑
				南壁	褐色及黑色斑
				西龛北壁	褐色斑
54	下层窟	19.8	34	北壁	白色发黑
				北壁土面	褐色斑
				南壁	黑色、褐色
467	下层窟	19	36	西壁北侧	白色粉末
				龛外北壁	白色粉末
				空气样品	无
435	三层窟	20	32	北壁	黑褐色油滴
				西壁	棕色油滴
256	三层窟	18	33.5	东壁	未变色
				空气样品	无
205	三层窟	12	30	中心龛北侧	未褪色
				中心龛立土像	红色
				中心龛外立像	棕色斑

表 4-4　真菌在红色颜料模拟壁画试块上的生长情况

菌种	铅丹	铁红	朱砂
展开青霉	+++	++	+
桔青霉	++++	+++	+
产黄青霉	+++	++	+
白边青霉	++	++	±
拟青霉	++	+	±
圆弧青霉	+++	++	+
产紫青霉	++	+	−
黄曲霉	++++	++	+
黑曲霉	++++	++	++
蜡叶枝孢霉	+++	++	+
枝孢霉	+++	+	+
链格孢霉	++	±	+
匍枝根霉	+	−	+

注：+代表真菌可在色板上生长；−代表不可在色板上生长；±代表有一定生长概率，且菌斑数量极少

随后，通过在模拟壁画试块上接种微生物，发现它们的生长、繁殖及代谢会引起颜料色度的改变，其次级代谢产物草酸会与颜料晶体反应形成有机酸盐草酸钙（calcium oxalate），破坏颜料晶体结构、降低晶体结构稳定性、改变颜料的化学价，这会引起莫高窟壁画常用红色颜料铅丹（Pb_3O_4）的褪色、变色（冯清平等，1998b），其中，枝孢

霉在铅丹向铅白转变的过程中发挥着十分重要的作用（冯清平等，1998c）。总之，微生物主要通过代谢产物（如胞外酶、色素和酸性物质）沉积，致使壁画褪色、变色，或通过菌丝生长以及分解利用壁画胶黏剂、有机物等，导致壁画起甲、变皱，降低稳定性。

（2）微生物与矿物颜料色变进程间耦合关系研究

1）可培养菌株参与颜料色变的模拟试验分析：分离获得的细菌菌株分别接入含0.25%、0.5%、1.0%和2.0%铅丹颜料的 LB 液体培养基，以及含 0.05%、0.2%、0.8%和3.2%铁红颜料的 LB 液体培养基中，于 37℃、150 r/min 摇培 20 d，用色差仪测量、记录颜料培养基在不同培养时间下的色度值，计算得出颜料培养基色度值的改变量。根据颜料液体培养基色度的改变程度筛选出 15 株铅丹色变菌株，分别与数据库中枯草芽孢杆菌、藤黄微球菌、考克氏菌、弯曲芽孢杆菌、动性杆菌、纳西杆菌、假单胞杆菌和丛毛单胞菌等具有较高相似性；筛选获得铁红色变菌 12 株，与鲁氏不动杆菌、节细菌、贪铜菌、申氏不动杆菌、施氏假单胞菌、岩下芽孢杆菌、沙福芽孢杆菌等具有较高相似性。色变细菌引起铅丹颜料的色变较铁红颜料更加明显，细菌介导的铁红和铅丹颜料色变在低浓度下较高浓度明显。

Bacillus subtilis 在含浓度为 1.0%铅丹培养基中有明显的色变，其余三种浓度下菌株色变不显著；在铁红培养基中，含浓度为 0.2%、0.8%铁红培养基分别在培养的第 10 天、第 12 天时色变突然加剧，之后趋于稳定（图 4-22）。

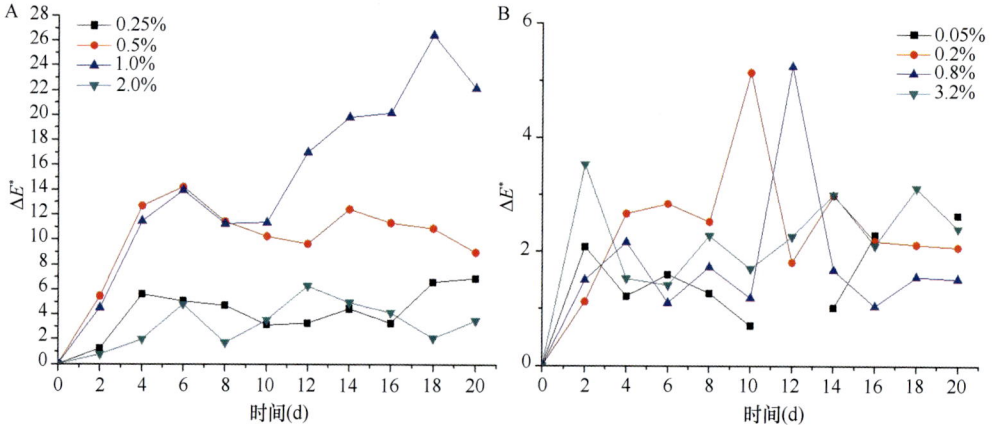

图 4-22　*Bacillus subtilis* 菌株摇培 20 d 内引起 4 种浓度铅丹（A）和铁红（B）色差值（ΔE^*）

Micrococcus sp.在 0.25%、0.5%、1.0%和 2.0%铅丹培养基中，均呈现平稳升高趋势，且以 0.5%变化最为显著；在 0.05%的铁红培养基中，大范围波动性升高，色变值最大，3.2%呈现小范围波动性升高，0.8%、0.2%先快速升高再降低后呈现波动性变化（图 4-23）。

2）色差分布与色块模拟分析：通过便携式色差仪自带的软件分析，可以模拟获得不同培养天数颜料色差的渐变程度，从而更加直观地判断细菌菌株所介导的矿物颜料色变过程。由图 4-24 可以看出，非色变菌株（*Staphylococcus hominis*）与色变菌株（34号）造成铅丹颜料色变差异明显。在高浓度（2.0%）颜料下，差异不明显，低浓度（0.5%）颜料下，色变差异明显。

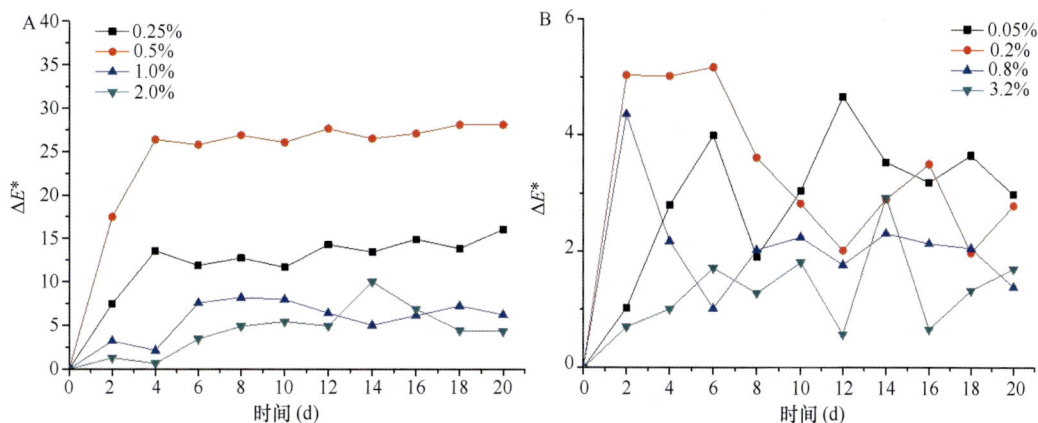

图 4-23　*Micrococcus* sp.菌株摇培 20 d 内引起 4 种浓度铅丹（A）和铁红（B）色差值

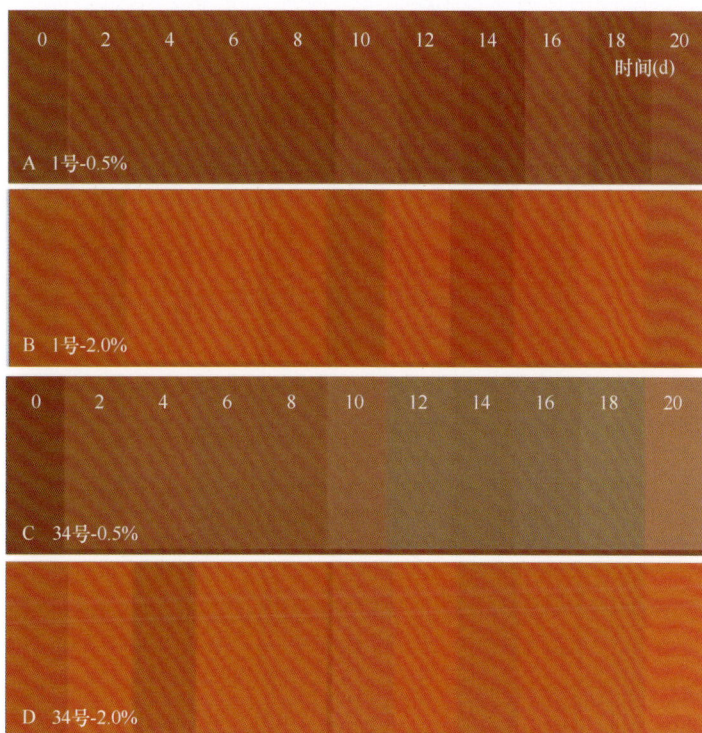

图 4-24　菌株导致不同浓度铅丹色变模拟

A、B. *Staphylococcus hominis*；C、D. 34 号待鉴定菌

在接种至浓度分别为 0.5% 和 2.0% 的铅丹颜料后，34 号菌株在三维空间色差值分布，红色和黄色消褪，颜色变浅（图 4-25）。

3）色差分解分析：因 ΔE^* 的变化只能反映色变的大小，不能反映色变在深、浅（L^*），红、绿（a^*），黄、蓝（b^*）三个维度的变化方向和大小，因此，为了揭示色变菌株是如何影响铅丹和铁红的色变维度的，本研究提出了色差值的分解分析，以 *Ramlibacter* sp. 和 *Bacillus cereus* 菌株为例，结果（消除 CK 背景值后）表明，在 LB 液体培养基中、37℃下，摇培 20 d，引起铅丹色变明显，其色变在亮度、红度和黄度三个维度均呈显著降低

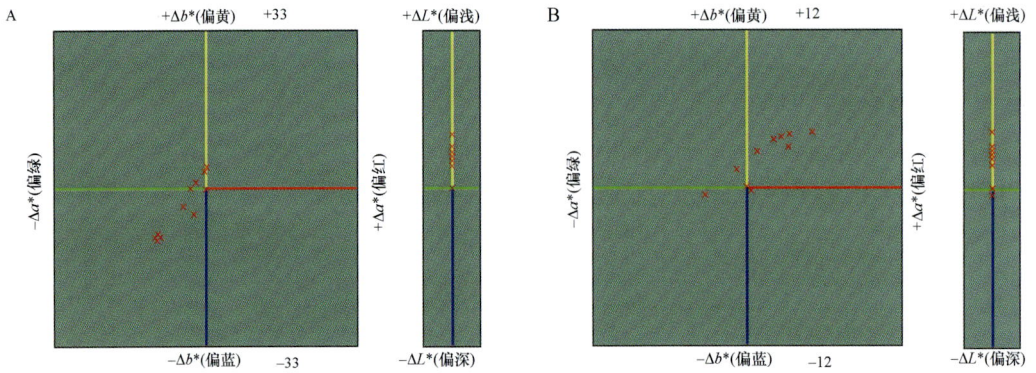

图 4-25　34 号菌株导致铅丹三维空间色差值分布变化
A. 中浓度为 0.5%；B. 中浓度为 2.0%

的趋势。*Bacillus cereus* 菌株对铁红 LB 培养基颜色改变主要通过改变亮度，红度和黄度小幅度降低后又稍有回升（图 4-26）。

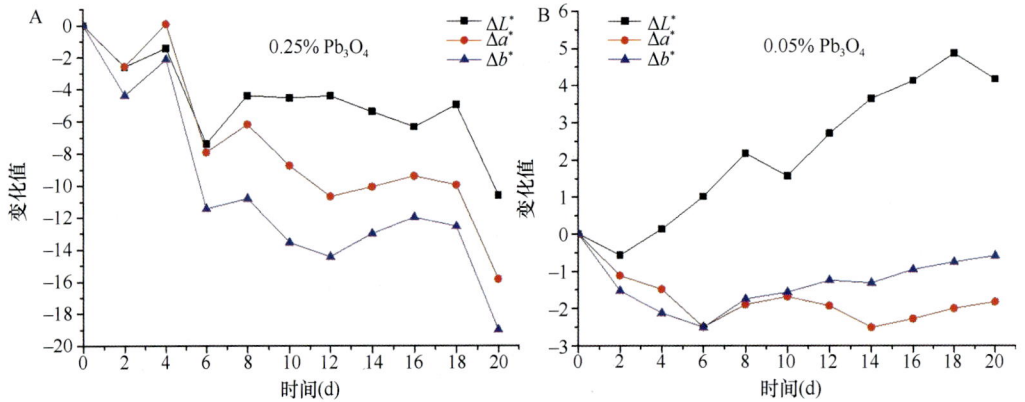

图 4-26　*Ramlibacter* sp.（A）和 *Bacillus cereus*（B）引起铅丹及铁红亮度（L^*）、红度（a^*）和黄度（b^*）改变量

综上，模拟试验中色差值的分解分析表明，在多数情况下，颜料色度在监测期内向红色变淡、黄色偏浅的方向发展。

（3）典型菌株介导的壁画色变机制研究

采集色变壁画微生物样品，利用不同类型寡营养培养基，以及含有不同浓度（0.5%～2%）矿物颜料铅丹的特定培养基筛选抗性菌株，获得不仅能在各个浓度下生长，菌体或培养基也会发生变化的优势细菌和真菌，经 16S rRNA 和 ITS 间隔区序列鉴定。下面以少动鞘氨醇单胞菌、黑曲霉和 *Naumannella cuiyingiana* AFT2[T] 等 3 株典型菌株为例进行相关分析。

1）含铅丹固体培养基色变模拟实验：以铅丹浓度梯度为选择压，筛选可在含铅丹固体培养基上生长、具有较强重金属耐受性，并能导致培养基色变的菌株，或菌体本身在含铅丹和无铅丹培养基上生长代谢差异较大的菌株。经筛选获得 2 株功能型特定菌株，经分子鉴定，1 号菌株为少动鞘氨醇单胞菌（*Sphingomonas paucimobilis*），隶属于变形菌门，α-变形菌纲，鞘脂单胞菌目，鞘氨醇单胞菌科，鞘氨醇单胞菌属。62 号菌株为黑曲霉（*Aspergillus niger*），隶属于子囊菌门，盘菌亚门，散囊菌纲，散囊菌目，曲霉科，曲霉属。为此我们设计铅丹浓度梯度，在光照和黑暗条件下，连续记录了菌体在培养 7 d、15 d 和 60 d 后，菌体形态、代谢产物和培养基色差等指标变化，以期解析微生物介导的壁画颜料色变过程。

在不含铅丹的 PDA 培养基上，1 号菌在光照强度为 120～160 μmol/（m²·s）（每天 8 h）和黑暗条件下均可以正常生长（表 4-5）。在铅丹浓度为 0.25%、0.5%、1.0%的 PDA 培养基上，光照条件下 1 号菌不生长。光照条件下，1 号菌在不含铅丹的 PDA 培养基上正常生长，形成亮黄色菌斑，呈圆形隆起，波状边缘。第一周生长速度较快，之后菌斑直径增长缓慢。在含铅丹的培养基上没有形成可见菌斑。随着培养时间增加，60 d 后，不含铅丹的培养基色差基本不变，铅丹浓度 0.0%培养基$\Delta E=11.07$，而含铅丹的培养基在光照条件下色差变化较大，铅丹浓度 0.25%培养基$\Delta E=50.68$，铅丹浓度 0.5%培养基$\Delta E=58.20$，铅丹浓度 1.0%培养基$\Delta E=33.95$。

表 4-5　1 号菌在不同铅丹浓度培养基中光照和黑暗条件下连续 60 d 变化

光照条件	铅丹浓度（%）	7 d 后		15 d 后		60 d 后	
		正面	背面	正面	背面	正面	背面
光照	0.0						
	0.25						
	0.5						
	1.0						
暗处	0.0						
		$\Delta E=13.99$		$\Delta E=12.92$		$\Delta E=9.79$	

光照条件	铅丹浓度（%）	7 d 后		15 d 后		60 d 后	
		正面	背面	正面	背面	正面	背面
暗处	0.25						
	0.5						
	1.0						

　　黑暗条件下，1 号菌在不含铅丹的 PDA 培养基上正常生长，形成亮黄色菌斑，呈圆形隆起，波状边缘。与光照条件下相同，第一周生长速度较快，之后菌斑直径增长缓慢。在含铅丹的培养基上形成棕黑色菌斑，边缘黄色，呈圆形隆起，生长速度极为缓慢。60 d 后，不含铅丹和含铅丹的培养基色差都变化不大，铅丹浓度 0.0%培养基 ΔE=9.79，铅丹浓度 0.25%培养基 ΔE=9.52，铅丹浓度 0.5%培养基 ΔE=10.23，铅丹浓度 1.0%培养基 ΔE=7.62。

　　光照条件下，62 号菌在不含铅丹的 PDA 培养基上正常生长，形成黑褐色菌斑，同心圆纹，隆起，边缘孢子散布（表 4-6）。第一周生长速度较快，之后菌斑直径增长缓慢。在含 0.25%铅丹的培养基上形成菌斑，在 0.5%和 1.0%的铅丹培养基上没有形成可见菌斑。60 d 后，不含铅丹的培养基色差变化不大，铅丹浓度 0.0%培养基 ΔE=10.15，而含铅丹的培养基在光照条件下色差变化较大，铅丹浓度 0.25%培养基 ΔE=42.14，铅丹浓度 0.5%培养基 ΔE=57.14，铅丹浓度 1.0%培养基 ΔE=53.04。

表 4-6　62 号菌在不同铅丹浓度培养基中光照和黑暗条件下连续 60 d 变化

光照条件	铅丹浓度（%）	7 d 后		15 d 后		60 d 后	
		正面	背面	正面	背面	正面	背面
光照	0.0						

续表

光照条件	铅丹浓度（%）	7 d 后		15 d 后		60 d 后	
		正面	背面	正面	背面	正面	背面
光照	0.25						
	0.5						
	1.0						
暗处	0.0						
	0.25						
	0.5						
	1.0						

　　黑暗条件下，62 号菌在不含铅丹的 PDA 培养基上正常生长。在含铅丹的培养基上也可生长，但生长速度随铅丹浓度增大而减小，在含铅丹的培养基上形成墨绿色菌斑，同心圆纹，白色丝状边缘。60 d 后，不含铅丹的培养基色差基本不变，铅丹浓度 0.0%

培养基ΔE=6.04，而含铅丹的培养基在光照条件下色差变化较大，铅丹浓度 0.25%培养基ΔE=42.97，铅丹浓度 0.5%培养基ΔE=46.74，铅丹浓度 1.0%培养基ΔE=56.78。

综上，在光照条件下，含铅丹的培养基会由橘红色逐渐变成乳白色，色差较大。而在黑暗条件下，含铅丹培养基色度基本不变。这说明光照是引起含铅丹固体培养基内铅丹色变的重要因素之一。壁画优势分离菌中，在不含铅丹培养条件下产黄色色素的 1 号菌，在含铅丹固体培养基上菌体变为棕褐色，将棕褐色菌体反接到不含铅丹培养基，菌体又变为黄色。通过观察发现，62 号菌在生长过程中可能会释放出某种代谢产物，导致菌斑下方培养基中的铅丹变色，由红变白，形成与菌斑相对应的白色圆斑，随着菌斑的增长，代谢产物增加，最终培养基内铅丹全部变成白色，微生物生长代谢会加速色变过程。

对色变壁画分离优势菌少动鞘氨醇单胞菌和黑曲霉参与的颜料色变机制研究发现（表 4-7），二者可通过产酸、分泌色素、代谢产物的氧化还原反应等形式导致含颜料培养基或模拟试块色变。少动鞘氨醇单胞菌对高浓度和不同价态的含铅颜料均具有耐受性，菌体在含铅颜料中由黄色变为黑色是由于菌体中 PbS 的形成。

表 4-7 壁画分离优势菌株及其参与的色变过程模拟

菌株	铅丹含量 (%)	7 d 后		15 d 后		60 d 后	
		正面	反面	正面	反面	正面	反面
黑曲霉	0.0						
	1.0						
少动鞘氨醇单胞菌	0.0						
	0.25						

黑曲霉参与的铅丹色变机制：黑曲霉液体培养液的 pH 下降至 3.43，说明黑曲霉的代谢产物呈酸性，且为强酸。微生物代谢所产生的乙酸根离子、氯离子、硫酸根离子等酸根离子能与多种壁画颜料发生化学反应，导致壁画颜料层腐蚀和色变等多种损害。XRD 分析表明，模拟壁画试块上铅丹变白后，颜料成分中存在草酸铅和乙酸铅的特征吸收峰，这说明微生物代谢过程中产生的草酸和乙酸等有机酸与铅丹发生了化学反应，形成草酸铅（PbC_2O_4）、乙酸铅［$(CH_3COO)_2Pb$］及其他可能尚未鉴定的有机盐类复合物（图 4-27）。

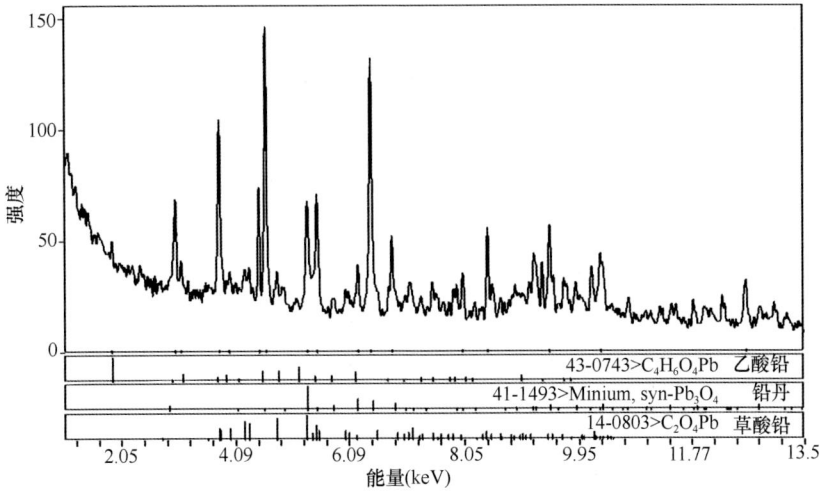

图 4-27　*A. niger* 菌液腐蚀铅丹产物 XRD 分析（乙酸铅、铅丹、草酸铅特征峰）

少动鞘氨醇单胞菌参与的铅丹色变机制：少动鞘氨醇单胞菌在铅颜料培养基上生长时，菌体均会变为黑色，为探究其与洞窟黑色菌斑间关联性，进行相关实验。结果表明其在 4 种含铅培养基中都能生长，但高浓度的 Pb_3O_4 似乎抑制菌株的生长，菌株只能在较低的浓度（0.1%）下正常增殖。菌落在不含铅、含铅培养基中都呈圆形，在含 Pb_3O_4 培养基中菌落还呈现出金属光泽，菌落颜色也随含铅颜料的不同，而呈现出不同的颜色，大多为黑色或棕黑色（表 4-8）。生物、化学鉴定试验结果表明，菌株会吸收培养基中的 Pb，再与菌体代谢产生的 S^{2-} 反应生成黑色的 PbS。

正常培养后的少动鞘氨醇单胞菌（W10）不与酸、碱反应，含铅培养基培养的黑色细菌只与酸反应褪色，不与碱反应（表 4-8）。培养基所加的 4 种含铅颜料中，只有 Pb_3O_4 与酸反应，PbO_2 在加热条件下才与碱反应，PbO 溶于碱液（表 4-9）。不同培养条件下的 W10 菌株在有机溶剂萃取后，都未萃取出黑色物质（表 4-10），这种黑色物质可能不是某种含铅蛋白质或含铅色素，而更有可能是某种黑色的含铅无机物或有机盐。

表 4-8　含铅培养基培养下菌落的形态

含铅颜料	外观形态	菌落颜色	菌落数量
0%	圆形	黄色，白色	+++
0.1% Pb_3O_4	圆形	棕黑色，白色	+
0.5% Pb_3O_4	圆形，金属光泽	黑色，棕黑色，白色	++
1% Pb_3O_4	圆形，金属光泽	黑色，棕黑色	++
2% Pb_3O_4	圆形，金属光泽	黑色	++
0.1% $2PbCO_3 \cdot Pb(OH)_2$	圆形	黄褐色	+++
0.5% $2PbCO_3 \cdot Pb(OH)_2$	圆形	黑色，棕黑色	+
1% $2PbCO_3 \cdot Pb(OH)_2$	圆形	黑色，棕黑色	+
2% $2PbCO_3 \cdot Pb(OH)_2$	圆形	黑色，棕黑色	+
0.1% PbO_2	圆形	棕黑色	+++
0.5% PbO_2	圆形	黑色，棕黑色	+
1% PbO_2	圆形	棕黑色	++
2% PbO_2	圆形	黄褐色，棕黑色	+
0.1% PbO	圆形	褐色	+++

表 4-9　菌株、含铅颜料与酸、碱反应

酸碱浓度	W10 对照	W10 含铅培养基	Pb₃O₄	2PbCO₃·Pb(OH)₂	PbO	PbO₂
0.5 mol/L HCl	−	+	+	−	−	−
1 mol/L HCl	−	+	+	−	−	−
2 mol/L HCl	−	+	+	−	−	−
0.5 mol/L NaOH	−	−	−	−	+	−
1 mol/L NaOH	−	−	−	−	+	−
2 mol/L NaOH	−	−	−	−	+	−

表 4-10　不同培养条件下的菌株与有机溶剂反应

有机溶剂	W10 对照	W10 含铅培养基
氯仿	−	−
甲苯	−	−
甲醇	−	−
乙醇	−	−
异丙醇	−	−
丙酮	−	−
乙二醇甲醚	−	−

2）基于色素产生沉积的壁画色变机制研究：分子生物学菌株鉴定发现，1 号菌株为少动鞘氨醇单胞菌（*Sphingomonas paucimobilis*）。鞘氨醇单胞菌属在 1990 年由日本学者 Yabuuchi 等首次提出，Holmes 等于 1977 年将从医院临床样本中分离的 *Pseudomonas paucimobilis* 菌种重新命名为 *Sphingomonas paucimobilis*，且将其鉴定为鞘氨醇单胞菌属的典型菌种，并描述了该属的生理生化特性。鞘氨醇单胞菌可将戊糖、己糖及二糖转变成酸，其对芳香化合物有极为广泛的代谢能力，是一类丰富的新型微生物资源，在污染环境保护治理和工业生产方面应用潜力巨大。鞘氨醇单胞菌广泛分布，因其耐受贫营养的代谢机制而在自然界中有着极强的生命力和广泛的分布，其代谢产物包括 β-胡萝卜素、结冷胶。菌体内主要的呼吸链为辅酶 Q₁₀。鞘氨醇单胞菌属的大多数菌株呈黄色，大部分黄色素是类胡萝卜素。这种色素用丙酮极易提取，通常在 452～480 nm 处有特征吸收峰。*S. paucimobilis* 的黄色色素被鉴定为鼻黄素（nostoxanthin）。在本研究中，通过对正常培养条件下的黄色菌体，以及在 0.25% 铅丹颜料培养基中变为棕褐色的菌体进行丙酮提取，黄色菌体变白，棕褐色菌体变灰但未完全变白，二者萃取液均呈黄色，在 452～480 nm 处有类胡萝卜素特征吸收峰（图 4-28）。未被丙酮完全萃取的灰褐色菌体残留究竟为其他色素分子或代谢产物，还是因菌体吸收代谢了 Pb₃O₄，继而转化为 PbO₂，有待今后进一步验证和研究。已有研究表明鞘氨醇单胞菌对 Pb、Zn、Cd、Cr、Cu、Ni 等多种重金属具有抗性，对重金属 Pb、Cd、Zn 的抗性机理主要为细胞内外沉积作用，细胞壁上主要有—NH₂、—OH、—COOH、—PO₄³⁻ 等基团参与了吸附或结合 Pb、Cd 的反应，通过在细菌细胞表面沉淀重金属离子而达到对重金属富集与解毒。综上，特定分离菌株鞘氨醇单胞菌具有抗铅丹特性，其可通过产类胡萝卜素和色素沉积导致壁画色变，菌体在含铅丹培养基上的色变有待进一步深入研究。

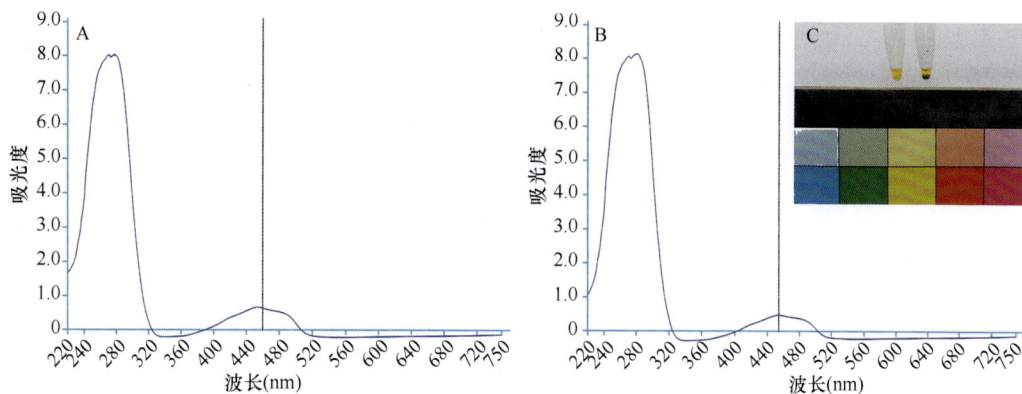

图 4-28　菌体丙酮提取液紫外-可见光光谱（UV-vis）
A. 黄色菌体 UV-vis；B. 棕褐色菌体 UV-vis；C. 两种菌体丙酮提取液

　　3）基于有机酸代谢腐蚀的壁画色变机制研究：通过模拟壁画试块试验，确定了具铅丹抗性的 62 号菌株生长代谢对模拟平板及试块的颜料色度、物理形貌和化学成分均能形成一定程度改变。分析发现，在含铅丹培养基上生长的菌株大多具有产酸能力，可造成颜料色变菌株的菌液 pH 下降差值范围为 0.11～3.45，其中 62 号菌菌液的 pH 最低可下降至 1.8，pH 差值达 3.43。用紫外-可见光分光光度计对 1 号菌和 62 号菌菌液进行分析，发现 62 号菌菌液在波长 210 nm 处具有很强的吸收峰，说明菌液中有机酸含量较高，（图 4-29）。将梯度体积离心后菌液上清加至模拟壁画试块颜料表面后，造成铅丹和朱砂颜料层色度发生不同程度的改变，单位面积颜料完全变白所需菌液约为 8.5 μL/mm^2。便携式显微镜分析发现，经 62 号菌代谢产物处理后，模拟试块上褪色颜料层形貌改变表现为颜料颗粒粉化、松散不平整，颗粒锐化、粒径变小，片状胶结、易脱落等（图 4-30），这可能与多种新的有机盐形成有关。已有研究指出，黑曲霉产生的有机酸主要有草酸和柠檬酸等。对于模拟试块上色变铅丹颜料的 X 射线衍射分析发现，铅丹变白后，颜料成分中存在草酸铅和乙酸铅的特征吸收峰，这充分说明微生物代谢活动中产生的草酸和乙酸等有机酸与铅丹发生反应，形成草酸铅（PbC_2O_4）、乙酸铅[$(CH_3COO)_2Pb$]，以及其他类型尚未鉴定的有机盐类复合物（图 4-27）。然而此次 XRD 分析并未检测出柠檬

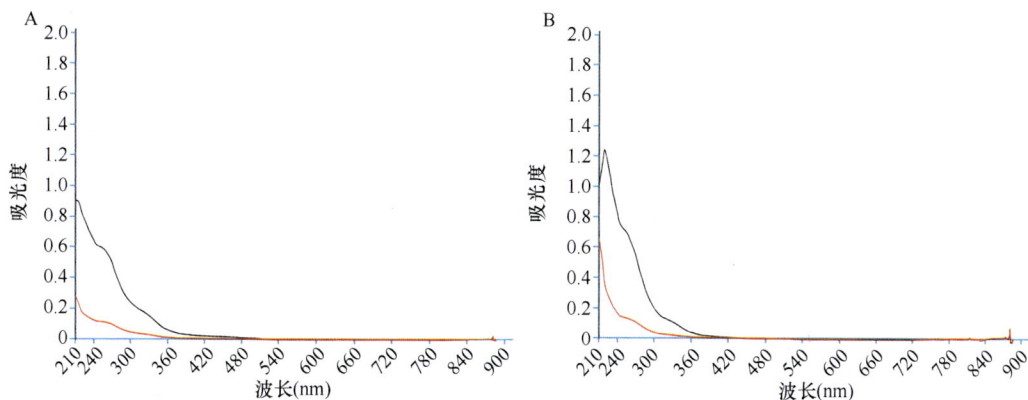

图 4-29　1 号菌（A）和 62 号菌（B）菌液中有机酸定性分析

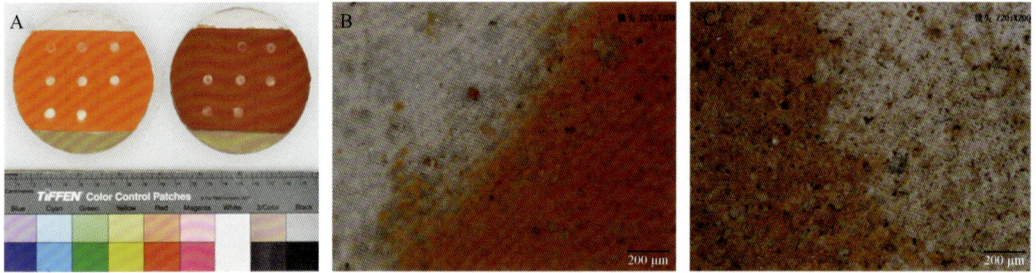

图 4-30 62 号菌株代谢产物对铅丹和朱砂模拟试块形貌的影响

A. 壁画试块模拟；B. 铅丹；C. 朱砂

酸铅的形成，尽管黑曲霉产柠檬酸的报道较多。已有研究证明 *Aspergillus niger* 的重金属抗性强，其可去除水溶液中的 Pb、Cd 和 Cu 等重金属，羟酸盐和胺基在菌体生物吸附金属离子过程中起到关键作用，吸附后将 Ca^{2+}、Mg^{2+} 和 K^+ 置换到菌体外，即通过离子交换过程吸收重金属离子。综上，具有重金属抗性的微生物生长代谢过程中形成的有机酸类是导致壁画矿物颜料腐蚀和劣化的重要组分，可导致壁画颜料铅丹和朱砂的色变。

4）*N. cuiyingiana* AFT2^T 参与的铅丹色变机制：除上面的少动鞘氨醇单胞菌和黑曲霉外，萃英诺曼菌（*Naumannella cuiyingiana*）AFT2^T（图 4-31）也参与铅丹色变。将 *N. cuiyingiana* AFT2^T 分别接种于含有 0.5%铅丹（Pb_3O_4）、铁红（Fe_2O_3）、白铅矿（$PbCO_3$）、石灰石（$CaCO_3$）、炭黑（C）、石英（SiO_2）以及石膏（$CaSO_4$）颜料成分的 LB 培养基内，于 37℃培养 72 h，观察其生长情况。在含有相同质量的铁红（Fe_2O_3）、炭黑（C）、石英（SiO_2）以及石膏（$CaSO_4$）的培养基中，*N. cuiyingiana* AFT2^T 均能正常生长，且菌株颜色为乳白色，与不添加颜料成分时无明显差别，培养基中颜料也无色变现象。在含有 $CaCO_3$ 的培养基中，菌体周围无明显水解圈形成，且菌株颜色无变化（图 4-32）。

将白铅矿（$PbCO_3$）和铅丹（Pb_3O_4）（0.5%，*W/V*）分别加入 LB 培养基中并接种 *N. cuiyingiana* AFT2^T，发现两种培养条件下的菌体均由原来的乳白色变为黑褐色，色变自接种后开始逐渐发生。菌体在约 30 h 内由乳白色变为灰褐色直至黑褐色，色变菌体光滑有黏性，菌体下方及周围培养基均无色变现象。图 4-33 显示了 *N. cuiyingiana* AFT2^T 在普通 LB 培养基和添加了两种含铅颜料的 LB 培养基中菌体颜色的对比。

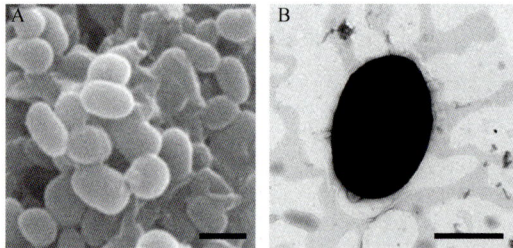

图 4-31 *N. cuiyingiana* AFT2^T 细胞形态电镜照片

A. 扫描电子显微镜（SEM）照片；B. 透射电子显微镜（TEM）照片；比例尺均为 0.5 μm

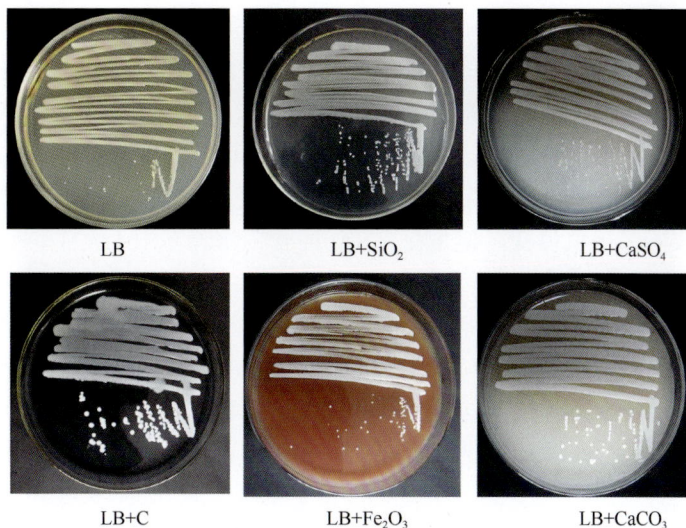

图 4-32　*N. cuiyingiana* AFT2^T 在含不同颜料培养基中生长状况

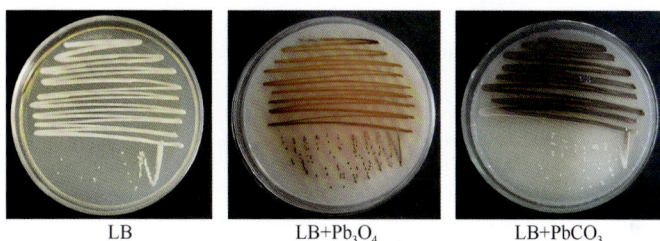

图 4-33　*N. cuiyingiana* AFT2^T 在含有 Pb_3O_4 及 $PbCO_3$ 的培养基中的色变照片

已色变 *N. cuiyingiana* AFT2^T 中 Pb 元素的分析：在含有 $PbCO_3$ 和 Pb_3O_4 的培养基中分别挑取 *N. cuiyingiana* AFT2^T 的色变菌斑，使用能量色散 X 射线光谱仪（EDS）的 Mapping 模式进行 Pb 元素的微观测定，结果显示两种培养条件下色变的菌体内均有 Pb 元素的存在，说明 AFT2^T 具有吸收 Pb 离子的能力。

不同含铅颜料中 *N. cuiyingiana* AFT2^T 色变观察：将常见的 PbO_2、PbO 以及 PbS 三种不同铅化合物分别加入培养基中，观察菌株是否色变。在含 PbO_2 和 PbO 培养基中，菌体均能变为黑褐色，色变现象与 $PbCO_3$ 及 Pb_3O_4 一致，而在添加了 PbS 的培养基中并未出现色变（图 4-34）。

图 4-34　*N. cuiyingiana* AFT2^T 在含有 PbO_2、PbO 和 PbS 的培养基中的生长状况

色变 $N.\ cuiyingiana$ AFT2^T 中硫元素的分析：在添加半胱氨酸的 M9 含铅培养基中，菌株发生色变现象，将色变菌株与浓盐酸反应后使用乙酸铅试纸检测，发现乙酸铅试纸变黑。而在不加铅的 M9 基础培养基中菌体不变色，且不能使乙酸铅试纸变黑。

培养基底物类型对 $N.\ cuiyingiana$ AFT2^T 色变的影响：在 TSA、NA、LB 和 M9 培养基中分别添加 $PbCO_3$ 和 Pb_3O_4 后观察菌株是否色变。AFT2^T 在 NA、LB 的含铅培养条件下均发生一致的黑褐色色变，但是在 TSA 的含铅培养基中不发生色变现象，菌体仍为乳白色。

在 M9 培养基中分别加入含硫量一致的半胱氨酸（cysteine）、胱氨酸（cystine）以及甲硫氨酸（methionine）后，分别添加 $PbCO_3$ 和 Pb_3O_4 并接种 $N.\ cuiyingiana$ AFT2^T。结果表明，在以半胱氨酸和胱氨酸为底物的情况下，菌株会与铅发生色变反应，色变现象和之前情况相同；而在添加了甲硫氨酸的培养基中，菌株不发生色变现象，菌体仍为乳白色。

以上结果表明：萃英诺曼菌（$N.\ cuiyingiana$）在不同含铅颜料培养基上的色变过程与菌体直接相关，而与培养条件以及菌体代谢产物等无关；菌体通过吸收铅离子并还原底物氨基酸中的硫元素，进而形成硫化铅（PbS）化合物，最终导致黑褐色色变。

（4）微生物介导的模拟壁画试块机理研究

制作壁画试块，将圆形模拟壁画试块分成 6 个区域，分别为地仗层、白粉层（高岭土：$2SiO_2 \cdot Al_2O_3 \cdot 2H_2O$）、石绿 [$CuCO_3 \cdot Cu(OH)_2$]、铅丹（$Pb_3O_4$）、朱砂（HgS）、铅白 [$2PbCO_3 \cdot Pb(OH)_2$]。通过对比灭菌与不灭菌、接菌与不接菌，对比机会菌和本土菌的建殖优势。包括两种模式菌：黑曲霉 An（$Aspergillus\ niger$）和嗜松青霉 Pp（$Penicillium\ pinophilim$）；两种壁画分离菌：分离自敦煌莫高窟的 Cs（$Cladosporium$ sp.）和分离自麦积山石窟壁画的 Ap（$Arachnomyces\ peruvianus$）。将其接种在模拟壁画试块表面右半侧，左半侧作为对照不接菌，接菌后放在无菌培养皿中，再置于湿度恒定的环境腔中，试块处理方式如图 4-35 所示，环境腔的相对湿度分别为 75%、96% 和 99% 三种（以下简称75%环境腔、96%环境腔、99%环境腔），定期观察模拟试块上微生物生长状况和颜料层的颜色的变化。

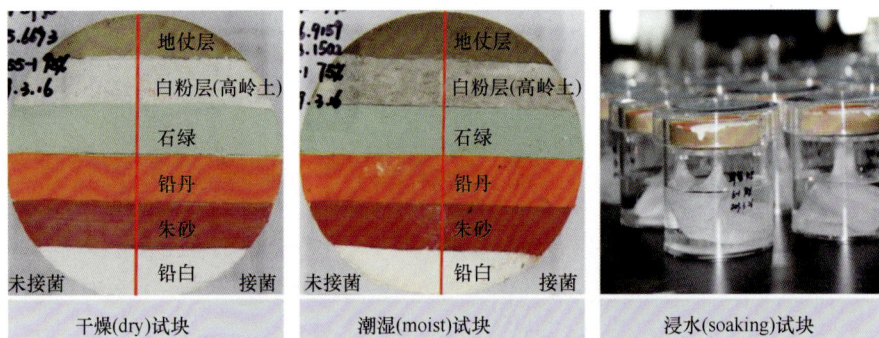

图 4-35　模拟壁画试块三种处理方式

75%环境腔中除 D-RH75%-G10%-An 外，其余试块的铅白均发生了变色，其中 9 块为变色一，即铅白表面颜色为浅灰褐色，变色较浅，变色区域没有明显的轮廓，5 块为变色二，即铅白表面颜色为灰黑色，变色较深，变色区域轮廓清晰。发生变色一的试块明胶浓度普遍较低，而发生变色二的试块明胶浓度都较高（图4-36）。

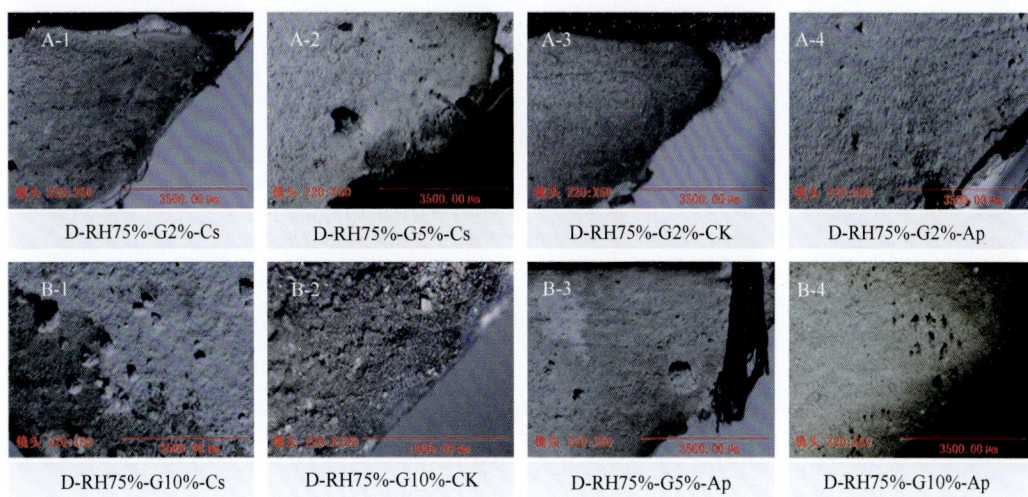

图 4-36　75%环境腔中铅白变色试块

D 表示干燥试块；RH75%表示相对湿度为75%；G 表示明胶；Cs、Ap 为菌株简称，CK 为对照

使用 XRF，对 D-RH75%-G10%-CK 上的变色铅白进行进一步分析，结果如图4-37所示，主要检出元素为 Pb。

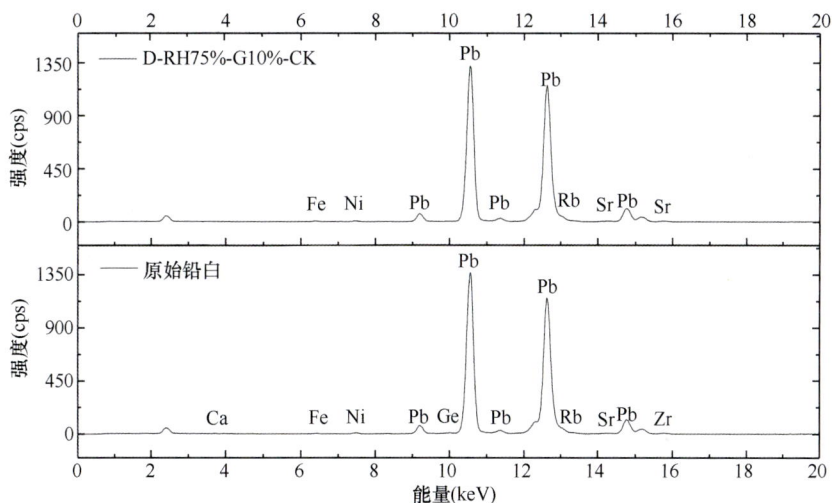

图 4-37　75%环境腔中干燥模拟壁画试块铅白 XRF 检测图谱

而 99%环境腔中共有 11 块铅白试块发生了变色，其中 4 块为变色一，变为浅灰褐色，7 块为变色二，变为灰黑色。发生变色一的试块明胶浓度普遍较低，而发生变色二的试块明胶浓度都较高。模拟试块上铅白在 75%和 99%环境腔内部分变为浅灰褐色和灰黑色，经 XRD 分析，模拟试块表面变黑区域物相成分主要是水白铅矿[Pb$_3$(CO$_3$)$_2$(OH)$_2$]和白铅矿（PbCO$_3$）（图4-38）。

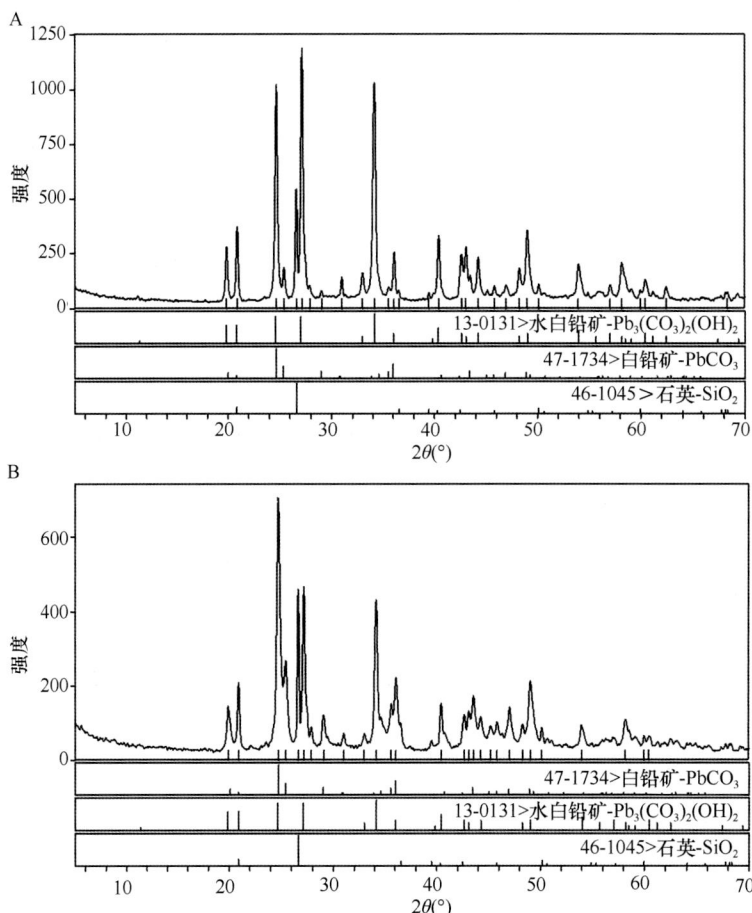

图 4-38　原始对照试块铅白（A）和 D-RH75%-G10%-CK（B）XRD 检测结果谱图

　　单次浸湿试块是将模拟试块浸于灭菌后的纯水中 48 h，待试块完全浸湿后取出，放入无菌培养皿中，将菌悬液滴加在试块右侧表面，然后放入不同环境腔中，在相对湿度为 75% 环境腔中的试块变化如图 4-39 所示。试块放置在环境腔中 48 h 后，边缘地仗层就开始出现菌落，并逐渐向试块表面蔓延，72 h 后试块表面出现白色菌丝，10 d 后菌丝布满整个试块，经 60 d 后，接菌与不接菌对照试块上均出现大量微生物的生长，多数菌体为灰色和黑色。接菌一侧比不接菌一侧的菌体分布更为密集。所接不同菌株在模拟试块上的适应性和扩散能力不同，嗜松青霉 Pp（*Penicillium pinophilim*）扩散能力更强，形成的黑色菌斑更为密集。试验结果表明，试块明胶浓度越高，试块表面的菌落分布越多，菌株依赖于模拟壁画表面的营养源。

　　本次试验中所有发生变色的铅丹试块有三种变色类型：第一种变色的铅丹表面颜色为浅灰色，如图 4-40A 所示，变色较浅，变色后的轮廓较清晰；第二种变色的颜色为银白色，如图 4-40B 所示，变色后的颜料表面有金属光泽，变色轮廓清晰；第三种变色为灰黑色，如图 4-40C 所示，颜色较深，表面有金属光泽，变色轮廓清晰。大部分试块的铅丹变色是从颜料区域的中间开始，并向四周延伸。

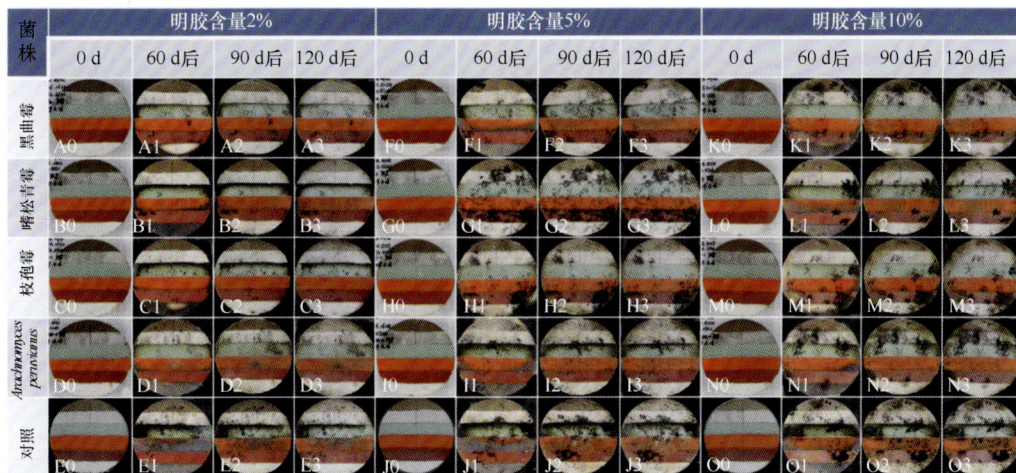

图 4-39　单次浸湿模拟壁画试块在相对湿度为 75% 环境腔中的变化

图 4-40　模拟试块表面铅丹三种变色类型对比

铅丹发生变色的试块一共有 6 块,其中变色一的有 4 块,变色三的有 2 块,如图 4-41 所示。

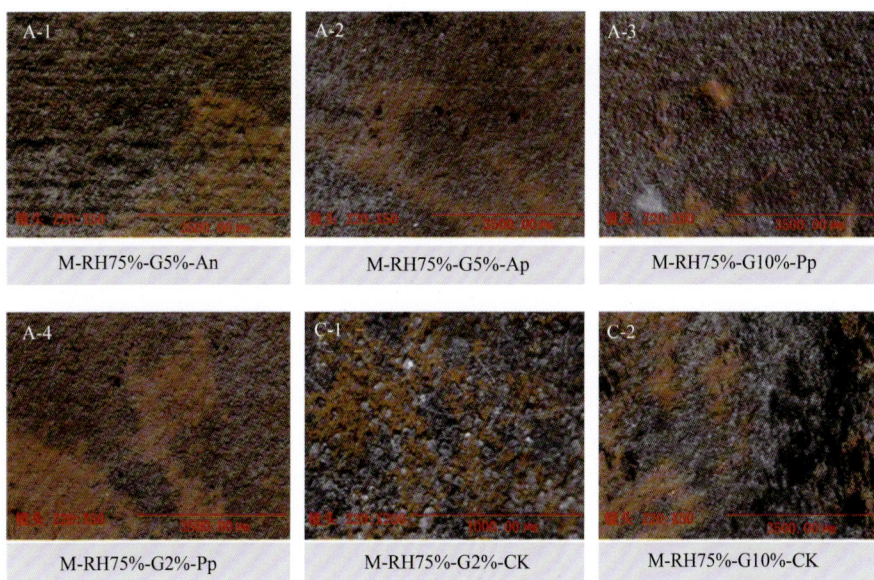

M-RH75%-G5%-An　　M-RH75%-G5%-Ap　　M-RH75%-G10%-Pp

M-RH75%-G2%-Pp　　M-RH75%-G2%-CK　　M-RH75%-G10%-CK

图 4-41　单次浸湿试块在 75% 环境腔中不同处理的铅丹变色试块

使用 XRF 和 XRD，对 M-RH75%-G2%-CK 上的变色铅丹进行进一步分析，发现 M-RH75%-G2%-CK 上的变色铅丹属于变色三，从 XRF 的结果来看，变色后的铅丹中的元素种类明显多于原始对照试块的铅丹。XRD 分析表明（图 4-42），变色后的铅丹出现了一种新的矿物，白铅矿（PbCO₃）。

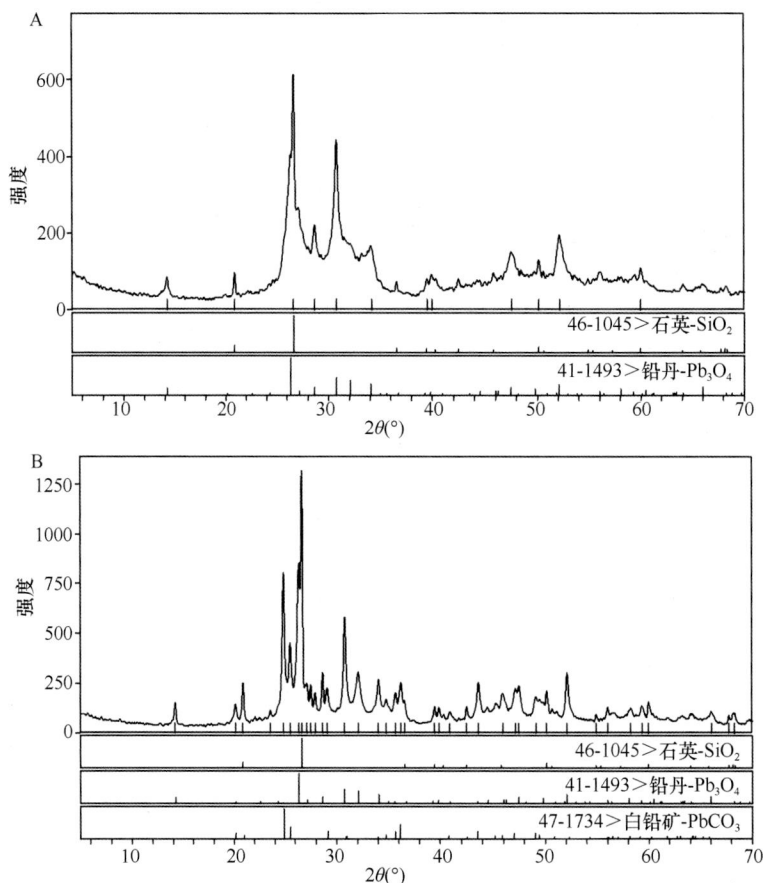

图 4-42　原始对照试块铅丹（A）和 M-RH75%-G2%-CK（B）X 射线衍射检测结果谱图

潮湿试块在 99%环境腔中，有 10 块发生铅丹变色，其中变色一有 4 块，变色三有 6 块，如图 4-43 所示。变色一（浅灰色）试块接菌的类型包括 *Cladosporium* sp.、*P. pinophilim* 和 CK，变色三（灰黑色）的试块接菌类型有 *A. niger*、*A. peruvianus* 和 CK。明胶浓度低的试块的铅丹主要发生变色一，明胶浓度高的试块的铅丹主要发生变色三。

99%环境腔中 M-RH99%-G2%-Cs 和 M-RH99%-G5%-Pp 的 XRD 分析结果如图 4-44 所示。两样品都是变色一，从 XRF 的分析结果来看，变色后的铅丹元素种类明显多于原始铅丹。XRD 结果表明，变色后的铅丹有新的矿物成分出现，是白铅矿（PbCO₃）和块黑铅矿（PbO₂）。明胶浓度为 5%的模拟试块单次浸湿后，接种了嗜松青霉 Pp（*Penicillium pinophilim*），置于 99%相对湿度的环境腔中，模拟试块表面铅丹经 XRD 分析显示，橘红色的铅丹（Pb₃O₄）变为灰白色的白铅矿（PbCO₃）和黑色的块黑铅矿（PbO₂）。

| M-RH99%-G2%-Cs | M-RH99%-G5%-Cs | M-RH99%-G2%-CK | M-RH99%-G5%-Pp |
| M-RH99%-G5%-An | M-RH99%-G10%-An | M-RH99%-G2%-Ap | M-RH99%-G5%-Ap |

图 4-43　单次浸湿模拟试块铅丹在 99%环境腔中变色情况

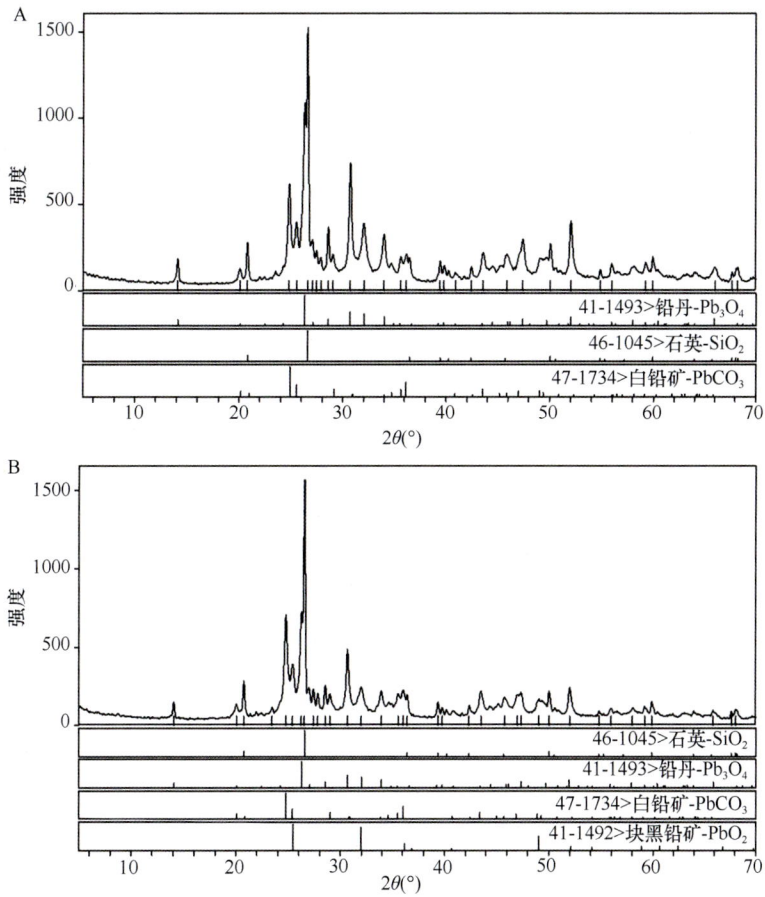

图 4-44　M-RH99%-G2%-Cs（A）和 M-RH99%-G5%-Pp（B）X 射线衍射检测结果谱图

4.1.5 小结与讨论

1）基于培养方法，在莫高窟 4 个地点空气中总共发现可培养细菌 19 个属，其大多数属于变形菌门（Proteobacteria）和放线菌门（Actinobacteria），分别占 54.24% 和 23.67%。在莫高窟窟区，空气细菌群落结构在 4 个采样地点各不相同，但并未发现哪一属的细菌特异性地存在于某一个地点。尽管有三个属的细菌（*Aerococcus*、*Acinetobacter*、*Exiguobacterium*）在 4 个地点的分布上出现了有或无的情况，但它们出现的频率非常低，统计结果显示其在 4 个地点分布无显著差异。

一般来说，空气微生物往往会随着季节交替而出现较大变化（Abdel-Hameed *et al.*，2009），然而在敦煌莫高窟，微生物数量在各个季节的变化不是很明显。但总的来说，莫高窟空气中细菌的数量在温暖的季节升高，在寒冷的季节降低。这种变化趋势既受到环境条件的限制，如温度、湿度等，也受到人为因素的影响，如大量游客的参观。然而，参观游客的数量又与环境条件密不可分。对大多数的人们而言，温暖的季节适合于外出活动，而寒冷的季节则适合留在家里。随着空气温度的增高，空气中细菌更容易生长，同时，由于自然环境中动植物的复苏，也会向空气中释放大量的微生物。同时，通过对洞窟内外微生物数量的比较还发现，冬季窟内细菌的数量高于窟外。敦煌莫高窟地处内陆，常年大风干旱，平均空气湿度低于 30%。常年持续的大风一方面可以对空气中的微生物起到稀释作用（Wu *et al.*，2007），另一方面可以带来新的微生物，这样就使空气微生物数量保持在一个稳定的范围内。在夏季，莫高窟的植物生长茂盛，同时会向空气中释放大量的真菌孢子，而这些飘浮于空气中的孢子不能或仅极少量能进入封闭的洞窟。而在冬季，洞窟内的温度高于洞窟外，有利于细菌的繁殖。

不同种属的细菌在年内的分布也不尽相同。在开放洞窟、半开放洞窟和检票口处，所有的细菌种属都有一个类似的分布趋势，即随着气温的升高细菌开始大量生长，随着气温的降低细菌数量减少。但在封闭洞窟中，一些细菌种属分布的月际变化不显著，如 *Janthinobacterium*、*Pseudomonas*、*Bacillus*、*Micrococcus* 和 *Caulobacter* 等。这种地点上的差异性可以用环境因子的差异来解释，在旅游旺季，洞窟外气温高于窟内，而在旅游淡季，洞窟内温度高于窟外。封闭洞窟处于常年封闭状态，在洞窟内部保持了温湿度相对恒定的微环境。而开放洞窟和半开放洞窟虽然也有这样的作用，但由于洞窟门户的频繁打开与关闭，以及大量游客的进出参观，其内部的微气候特征被破坏，进而和洞窟外保持相似的环境条件。在相关性分析中发现封闭洞窟中的细菌群落多样性指数与洞窟外的空气温湿度以及风速具有显著的负相关性。这种统计结果表明随着气温的升高，空气湿度的增大，诸多的空气细菌开始生长，这个时候的空气细菌群落多样性最高；而随着空气温湿度的进一步升高，一些优势种属开始迅速生长，并且占据了空气细菌群落的较大比例，这时候群落的多样性就会降低。在此次研究中发现，较大的风速降低了空气中细菌群落的多样性，表明这种大风可以扰乱洞窟中的细菌群落的平衡，对洞窟中的空气细菌起到了稀释的作用。

莫高窟空气真菌群落结构受采样地点和时间的双重影响。封闭洞窟的空气真菌的香农-维纳多样性指数比其他采样地点都要高，而最低的多样性指数出现在检票口处。这表明洞窟开放可以促进空气流通，降低空气真菌的多样性。莫高窟在夏季空气真菌多样性最高（封闭洞窟空气真菌最高多样性指数出现在 7 月，开放洞窟出现在 6 月，半开放洞窟出现在 8 月，检票口处出现在 6 月），而最低的空气真菌多样性指数出现在 7 月的检票口处。研究表明，温度和相对湿度显著影响空气真菌的来源和孢子的扩散，相对较缓和的气候条件，尤其是较适宜的温度和相对湿度可以为真菌生长提供有利环境（Jones and Harrison，2004），这很好地解释了莫高窟较高的空气真菌多样性指数都出现在夏天。另外，在 7 月采样时间的前一天下过雨，空气真菌孢子得到了净化，所以检票口处真菌多样性显著降低。另外，夏天是旅游旺季，大量游客涌入莫高窟，极大改变了莫高窟的微环境条件和食物网络，游客涌入会导致洞穴内的温湿度、CO_2 浓度和粉尘浓度激增，这些导致了空气真菌的大量繁殖和扩散，显著增加空气真菌的多样性。

2）高通量分析显示：莫高窟色变与未色变壁画中芽孢杆菌属和类芽孢杆菌属为优势细菌；发菌科未鉴定属成员为优势真菌（>44%）；细菌群落组成上没有明显差异，但特定属百分比有所不同，如类芽孢杆菌属在第 420 窟色变壁画中占更高比例。PCA、NMDS 及 Heatmap 等分析显示，色变与未色变壁画中细菌和真菌 OTU 类群组成与结构存在差异，并与采样位置相关。

克隆文库分析发现，色变壁画中优势细菌有动性球菌属（10.08%）和芽孢杆菌属（10.08%），优势真菌为毛霉属（67.88%）和曲霉属（7.28%）。未色变样品中，可培养优势细菌有鞘氨醇单胞菌属、芽孢杆菌属、假单胞菌属，真菌有青霉属、链格孢属、曲霉属。

3）以色变为主的壁画病害严重威胁到敦煌莫高窟壁画的永久保存与传承。敦煌研究院汪万福研究团队运用多种技术手段，系统研究了色变与未色变壁画中的微生物群落组成与结构特点，揭示了特殊功能菌株与矿物颜料色变进程间的耦合关系；结合洞窟温湿度监测和环境模拟，逐步解析了影响壁画色变的关键因子。历史图像档案显示，壁画色变病害的表观发展进程具有缓慢活动性。外环境与第 420 窟的温湿度日波动较第 220 窟剧烈，可能是导致窟内壁画色变程度差异的重要环境因素。色差分析表明菌体生长代谢可引起含铅丹及铁红培养基色度值改变，趋向红色变淡、黄色偏浅。以对铅丹具抗性的少动鞘氨醇单胞菌与黑曲霉为研究对象的模拟实验显示，光照加速颜料色变，抑制菌体生长；产黄色色素的少动鞘氨醇单胞菌在含铅丹培养基上变为棕褐色，而黑曲霉生长代谢导致铅丹由橘红变白。紫外-可见分光光度计分析发现，少动鞘氨醇单胞菌的丙酮萃取液在波长 452 nm 与 480 nm 有特征吸收峰，黑曲霉菌液 pH 可下降至 1.8，在 210 nm 处有强吸收峰，表明其代谢产生有机酸。显微镜分析发现其导致颜料形貌改变为颗粒粉化、松散和片状胶结等，X 射线衍射分析显示有草酸铅（PbC_2O_4）和乙酸铅〔$(CH_3COO)_2Pb$〕形成，黑曲霉生长代谢过程中形成的有机酸类是导致壁画颜料腐蚀和劣化的重要因素，鞘氨醇单胞菌可通过色素沉积等过程引起壁画颜料色变。

从壁画中分离到的新种萃英诺曼菌（*N. cuiyingiana*）$AFT2^T$ 在不同含铅颜料培养基上的色变过程为菌体吸收铅离子并还原底物氨基酸中的硫元素，形成硫化铅（PbS），最终导致黑褐色的色变。少动鞘氨醇单胞菌通过代谢形成了黑色的 PbS。黑曲霉通过产酸形成草酸铅（PbC_2O_4）、乙酸铅［$(CH_3COO)_2Pb$］等导致铅丹变白。仿真模拟实验还原了微生物介导的壁画色变过程，在明胶浓度 5%模拟试块单次浸湿后，接种嗜松青霉，在环境腔的相对湿度为 99%条件下，橘红色铅丹（Pb_3O_4）可变为灰白色的白铅矿（$PbCO_3$）和黑色的块黑铅矿（PbO_2）。色变壁画微生物群落组成和壁画色变过程类型多样，主要受太阳辐射、气候（降雨量）、壁画湿度、外源营养物、本土或机会微生物生长代谢等多因素影响。

以上研究初步阐明了基于微生物介导的有机酸产生和色素形成的壁画色变机理。项目研究成果对我国乃至世界同类文化遗产的保护具有一定的示范作用和参考价值。

4.2 天水麦积山石窟微生物

4.2.1 环境背景与文物价值

（1）气候环境特征

麦积山石窟（北纬 34°21.093′、东经 106°00.261′）位于甘肃省天水市东南 30 km 的秦岭小陇山区，海拔 1740 m，年降水量 680 mm，无霜期 200 d，年平均气温 10.4℃，相对湿度 69.2%。年均日照 2090 h，每天平均 5.7 h。太阳辐射总量在 2395～2703 MJ/m^2。气候区域属于湿润区和半湿润区，冬无严寒，夏无酷暑，气候温和，四季分明，日照充足。

（2）文物价值

麦积山石窟始建于公元 5 世纪，经过上迄后秦下至清代等十多个朝代 1600 多年的营建，现存大小洞窟 221 个，各类造像 3938 件 10 632 身，壁画约 1000 m^2，以及大量经卷文书、碑碣，是著名的佛教艺术圣地，被誉为“东方雕塑馆”，与敦煌莫高窟、洛阳龙门石窟和大同云冈石窟并称中国“四大石窟”。1961 年，麦积山石窟被国务院公布为第一批全国重点文物保护单位。2014 年，联合国教科文组织第 38 届世界遗产委员会会议上，麦积山石窟作为中国、哈萨克斯坦、吉尔吉斯斯坦三国联合申遗的“丝绸之路：长安-天山廊道的路网”的重要遗址点，被联合国教科文组织世界遗产委员会正式认定为世界文化遗产。

相较于敦煌莫高窟，麦积山石窟进入《世界遗产名录》的时间较迟，针对彩塑、壁画的生物侵蚀的研究也较晚。2017 年，包括麦积山石窟在内的三个石窟划归敦煌研究院进行统一管理，敦煌研究院先后对麦积山石窟窟区及不同层位洞窟空气微生物时空分布特征和典型洞窟彩塑表面微生物群落组成进行了研究。

4.2.2 麦积山石窟空气微生物研究

针对麦积山石窟多数洞窟开凿于山体之上、位于不同层位的分布特点，以不同海拔层位典型性洞窟（4 窟、9 窟和 29 窟）及瑞应寺广场为研究位点（图 4-45，表 4-11），利用生物气溶胶采样器，在 2016 年春、夏、秋和冬季分别采集空气样品；基于传统培养方法获得空气中细菌和真菌浓度及纯培养菌株；通过提取基因组 DNA、扩增细菌 16S rRNA 和真菌 ITS、测序及构建系统发生树等分子技术研究细菌和真菌群落时空动态变化规律；结合环境监测数据，揭示影响该地空气细菌和真菌浓度、群落组成及分布特征的关键环境因子（段育龙等，2019；Duan *et al.*，2021）。

图 4-45　麦积山石窟采样位置

A. 麦积山第 4-4 号洞窟内景；B. 瑞应寺广场；C. 麦积山第 4、9、29 号洞窟的相对位置

表 4-11　各采样位点信息

采样位点	海拔（m）	描述
MJO	1547	瑞应寺广场，游客参观入口
MJ29	1579	29 号窟，又称下七佛阁，窟内体积为 53.46 m³
MJ9	1595	9 号窟，又称中七佛阁，窟内体积为 160.25 m³
MJ4	1610	4 号窟，又称上七佛阁，窟内体积为 83.48 m³

（1）麦积山石窟空气微生物浓度的季节性变化

4 个位点中，空气中可培养细菌的总浓度为 281.20～1409.20 CFU/m³，平均为（754.65±63.77）CFU/m³（表 4-12）。MJO、MJ29、MJ9 和 MJ4 等 4 个样点间，差异不显著（$P > 0.05$）。

表 4-12　不同位点间空气中可培养细菌浓度（CFU/m³）变化

位点	平均值	中间值	最小值	最大值
MJO	816.59±122.69	857.40	281.20	1270.40
MJ29	882.02±106.28	927.02	507.43	1166.60
MJ9	608.99±118.80	488.79	352.85	1105.50
MJ4	711.01±158.52	534.25	366.30	1409.20
总计	754.65±63.77	705.55	281.20	1409.20

空气中可培养真菌的总浓度为 216～1389 CFU/m³，平均浓度为（645±47）CFU/m³（表 4-13）。MJO 与 MJ9 差异不显著，与 MJ29 和 MJ4 差异显著；MJ29、MJ9 和 MJ4 等三个样点间差异不显著（$P > 0.05$）。

表 4-13　不同位点间空气中可培养真菌浓度（CFU/m³）变化

位点	平均值	中间值	最小值	最大值
MJO	444.71±64b	411	216	741
MJ29	702±63a	556	583	970
MJ9	631±76ab	667	354	835
MJ4	804±131a	534.25	363	1389
总计	645±47	594	216	1389

注：同列数据后有相同字母表示差异不显著（$P > 0.05$），下同

各位点空气细菌浓度呈现出明显的季节性变动特征（图 4-46）。监测期内，空气细菌最高浓度出现于 MJ4 位点的夏季［（1409.20±187.93）CFU/m³］，最低浓度出现在 MJO

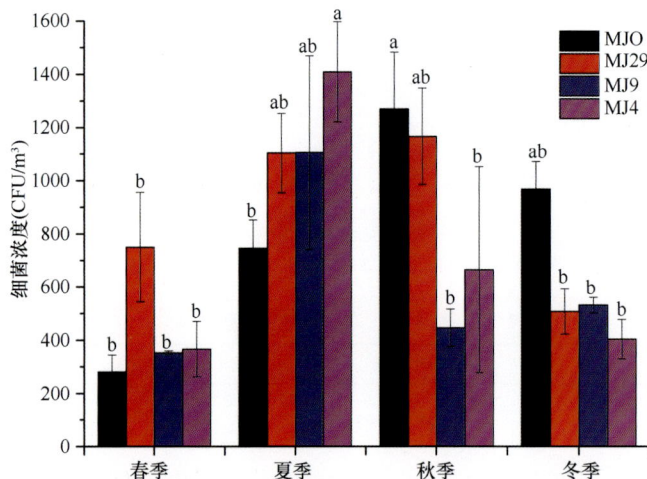

图 4-46　不同季节中麦积山石窟窟区各位点空气细菌浓度

柱形图上不同字母表示差异显著（$P < 0.05$），下同

监测点的春季 [（281.20±63.12）CFU/m³]；然而，在秋、冬两季，MJO 处浓度高于其他各点。总体来看，各位点夏、秋两季空气细菌总浓度普遍高于冬、春两季，细菌浓度在四个季节均呈现出正态分布。在相同季节，不同高度层位的监测点空气可培养细菌浓度也有较大差异。春季，各位点间细菌浓度接近，差异不显著；夏季，高层位 MJ4 细菌浓度显著高于最低位点 MJO 处（$P < 0.05$），同时高于中层位点，但差异不显著。相反，在秋季 MJO 处细菌浓度显著高于 MJ9 和 MJ4 位点（$P < 0.05$）；冬季 MJO 处细菌浓度最高，但与其他各位点差异不显著。

与细菌变动趋势类似，各位点空气真菌浓度也呈现出明显的季节性变动特征（图 4-47）。监测期内，空气真菌最高浓度出现在 MJ4 位点的夏季 [（1389±178）CFU/m³]，最低浓度出现在 MJO 监测点的春季 [（216±20）CFU/m³]。总体来看，各位点夏、秋两季空气真菌总浓度高于冬、春两季，四季间均呈现出正态分布。

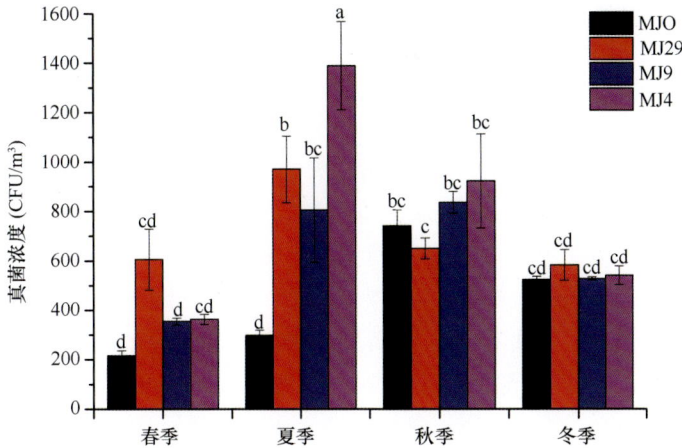

图 4-47　不同季节中麦积山石窟窟区各位点空气真菌浓度

在相同季节，不同高度层位的监测点空气可培养真菌浓度也有较大差异。春季，除 MJ29 处浓度略高外，各位点间真菌浓度接近，差异不显著；夏季，高层位 MJ4 真菌浓度显著高于最低位点 MJO 处（$P < 0.05$），同时高于中层 MJ29 和 MJ9 位点。秋、冬两季各处的真菌浓度十分接近，差异不显著。

（2）麦积山石窟空气微生物浓度与环境因子的相关性分析

麦积山各位点空气细菌浓度与温度、相对湿度和降雨量等环境因子间的相关性关系如表 4-14 所示。各位点空气细菌浓度与温度呈正相关，但只有 29 窟呈显著相关（$P < 0.05$）；各位点中除 MJO 空气细菌浓度与相对湿度呈负相关外，其余各位点均与相对湿度呈正相关；MJO 处空气细菌浓度与降雨量呈正相关，但不显著。

表 4-14　空气细菌浓度与环境因子间的相关性分析

环境因子	MJO	MJ29	MJ9	MJ4
温度	0.334	0.956*	0.666	0.948
相对湿度	−0.279	0.871	0.111	0.318
降雨量	0.558	—	—	—

注：*表示 $P < 0.05$

各位点空气真菌浓度与温度、相对湿度和降雨量等环境因子间的相关性关系如表 4-15 所示。各位点空气真菌浓度与温度呈正相关，但只有 4 窟呈显著相关（$P < 0.05$）。各位点中除 MJO 空气真菌浓度与相对湿度呈负相关外，其余各位点均与相对湿度呈正相关；MJO 处空气真菌浓度与降雨量呈正相关，但不显著。

表 4-15　空气真菌浓度与环境因子间的相关性分析

环境因子	MJO	MJ29	MJ9	MJ4
温度	0.15	0.807	0.751	0.961[*]
相对湿度	−0.227	0.459	0.353	0.368
降雨量	0.547	—	—	—

注：*表示 $P < 0.05$。

（3）麦积山石窟空气微生物群落结构和季节特征

对麦积山石窟各位点可培养细菌 16S rRNA 进行扩增测序，共得到片段大小合适的序列 26 条，序列号为 MG694473～MG694499，经与 GenBank 数据库比对，其分属 11 个细菌属。可培养真菌 ITS 进行扩增测序，共得到片段大小合适的序列 24 条，序列号为 MH042763～MH042803，分属 15 个真菌属。选取典型序列及 NCBI 数据库中与之相似度最高的序列，基于此构建麦积山石窟空气细菌和真菌的系统发育树（图 4-48 和图 4-49）。

麦积山石窟空气中共鉴定出细菌属 11 个，分属放线菌门（Actinobacteria，54.55%）、变形菌门（Proteobacteria，18.18%）、厚壁菌门（Firmicutes，18.18%）和拟杆菌门（Bacteroidetes，9.09%），其中有 5 个细菌属在麦积山石窟分布最广（图 4-50）。芽孢杆菌属（*Bacillus*）是最常见空气细菌属，占比 39.52%，其他依次为 *Paenarthrobacter*、节杆菌属（*Arthrobacter*）、薄层菌属（*Hymenobacter*）和考克氏菌属（*Kocuria*），分别占 20.65%、20.48%、9.89% 和 5.27%，上述 5 个属占 CFU 总数的 95.81%。栖霉菌属（*Mycetocola*）、葡萄球菌属（*Staphylococcus*）、鞘氨醇单胞菌属（*Sphingomonas*）、马赛菌属（*Massilia*）、链霉菌属（*Streptomyces*）和微球菌属（*Micrococcus*）等仅占 4.19%。

真菌共有 14 属，均属子囊菌门，其中 4 属在麦积山石窟分布最广（图 4-51）。枝孢霉属（*Cladosporium*）为最优势真菌属，占比为 72.70%，其他优势真菌属依次为真菌未鉴定属（Fungi_unclassified）、附球菌属（*Epicoccum*）和链格孢属（*Alternaria*），它们分别占 16.38%、3.15% 和 3.01%，它们共占 CFU 总数的约 95.24%。拟盘多毛孢属（*Pestalotiopsis*）、小光壳属（*Leptosphaerulina*）、曲霉属（*Aspergillus*）、青霉属（*Penicillium*）、亚隔孢壳属（*Didymella*）、黑团孢属（*Periconia*）、茎点霉属（*Phoma*）、盾壳霉属（*Coniothyrium*）、Dothideomycete 和 Ascomycota_unclassified 等总共仅占约 4.76%。

麦积山石窟空气中可培养细菌群落结构因季节和位点不同而有所差异（图 4-52）。春季，MJO 处最优势菌属为节杆菌属细菌（92.7%），其他位点均为 *Paenarthrobacter*，依次为 MJ4（97.56%）、MJ9（75%）和 MJ29（53.16%）。夏季，MJO 处节杆菌属细菌占比降至 59.58%，薄层菌属和芽孢杆菌属分别从 3.64% 升至 21.91% 和 14.38%；MJ29 处，*Paenarthrobacter* 降至 5.53%，芽孢杆菌属占比升至 88.37%；MJ9 处，最优菌属为 *Paenarthrobacter*，其占比有一定升高，占 77.44%；MJ4 处，*Paenarthrobacter* 的优势地位被芽孢杆菌属（41.57%）、节杆菌属（34.83%）和薄层菌属（13.48%）取代。秋季，MJO 处芽孢杆菌属（56.28%）和薄层菌属（32.93%）占比上升，节杆菌属减少；MJ29 处，节杆菌属、栖霉菌属和薄层菌属分别占 39.08%、37.93%和 21.83%；MJ9 处，*Paenarthrobacter* 的优势地位被考克氏菌属替代，占 88.71%；MJ4 处，优势菌属为芽孢杆菌属、薄层菌属和节杆菌属，分别占 26.67%、28.88%和 35.36%。冬季，MJO 处芽孢杆

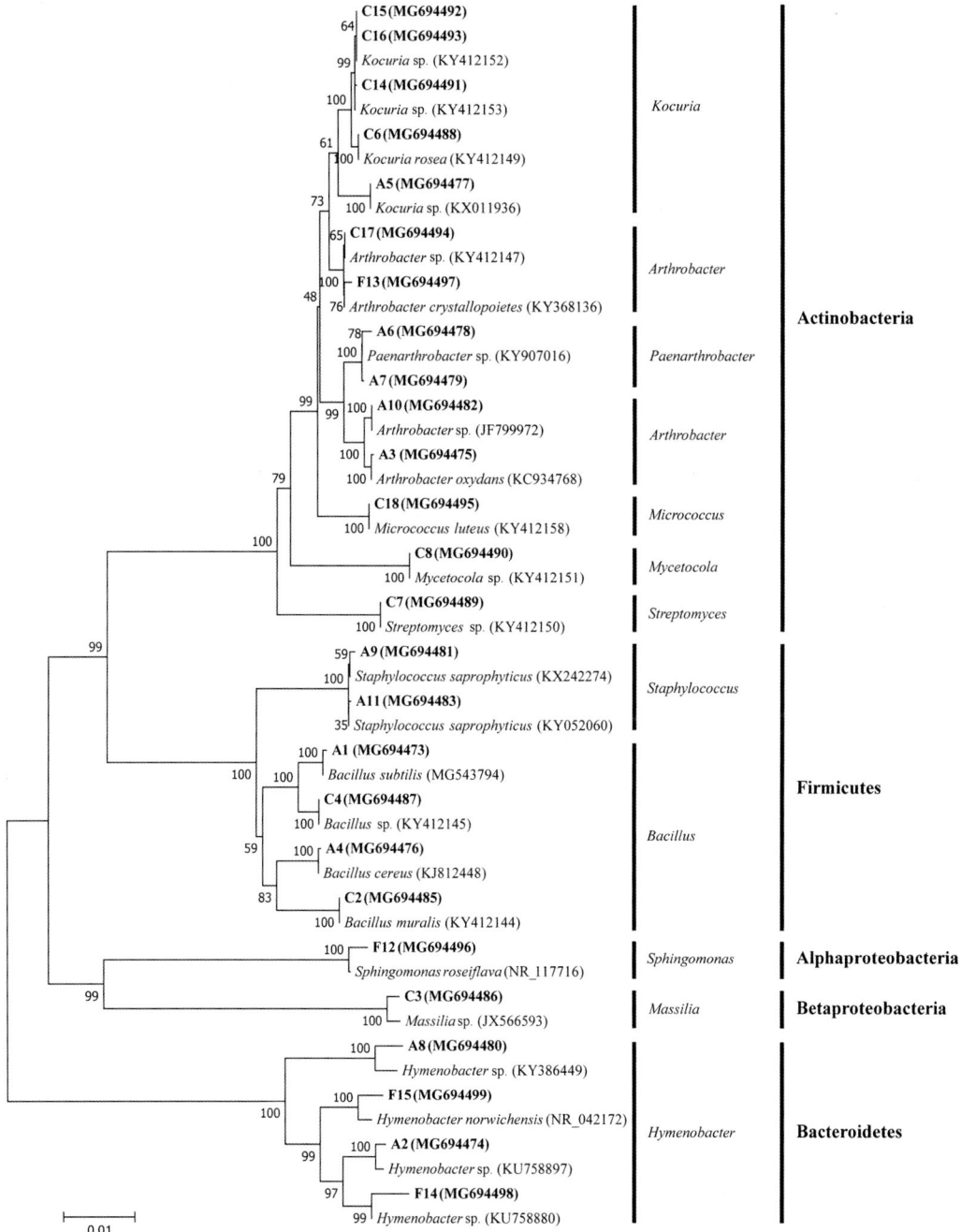

图 4-48　麦积山石窟空气细菌 16S rRNA 序列构建的系统发育树

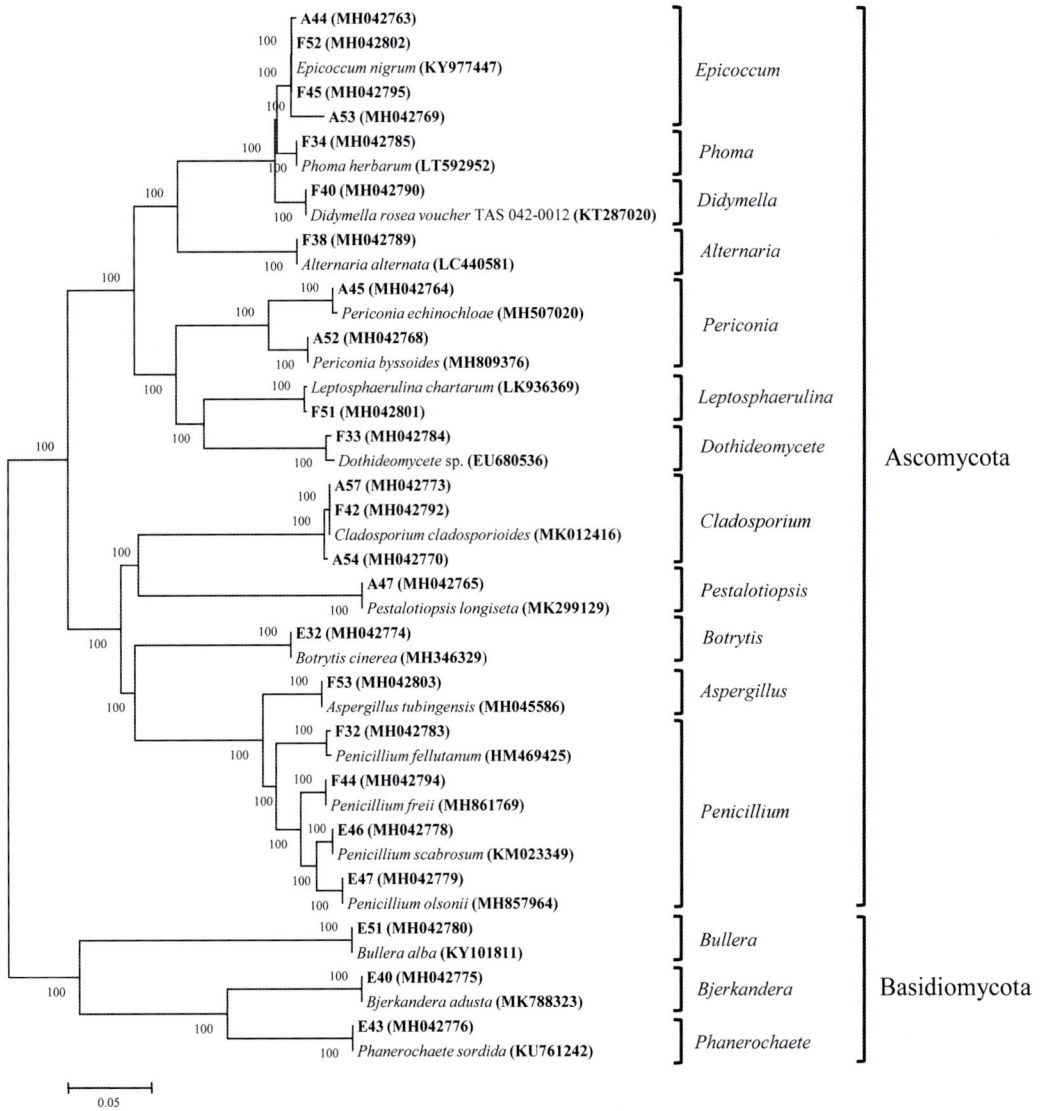

图 4-49　麦积山石窟空气真菌 ITS 序列构建的系统发育树

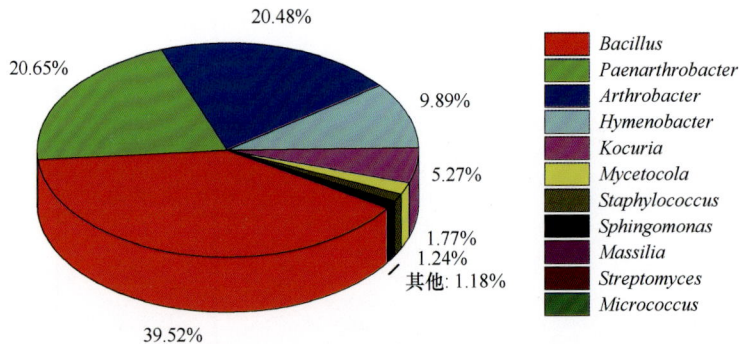

图 4-50　麦积山石窟空气细菌组成（属）

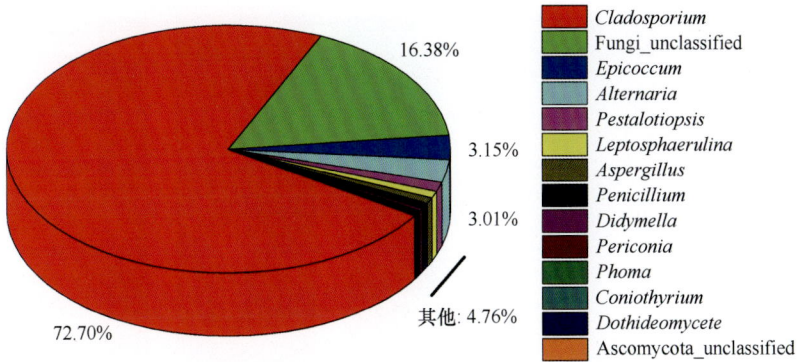

图 4-51 麦积山石窟空气真菌组成（属）

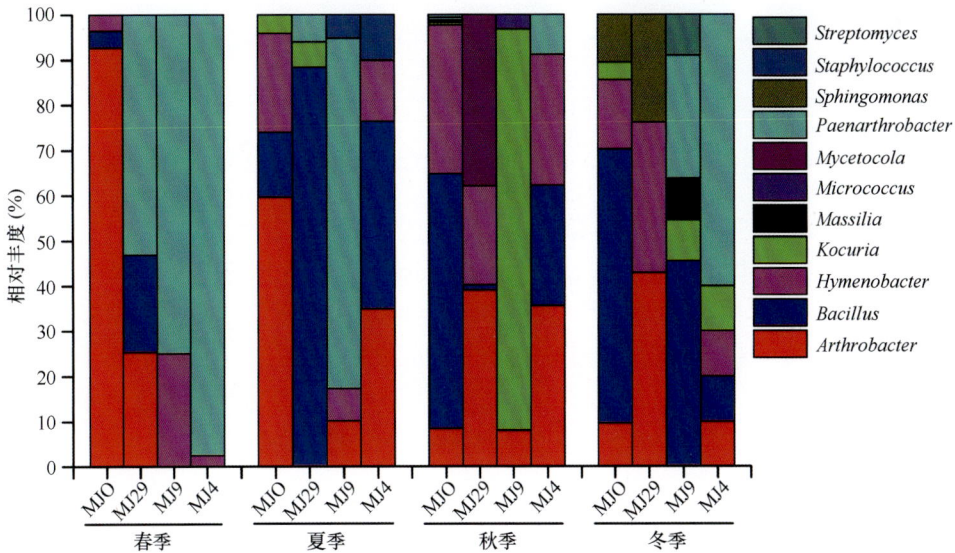

图 4-52 麦积山石窟优势空气细菌相对丰度（属）

菌属占比 60.57%，其次为薄层菌属（15.38%）；MJ29 处主要由节杆菌属（42.46%）、薄层菌属（33.33%）和鞘氨醇单胞菌属（23.81%）组成；MJ9 处，芽孢杆菌属和 *Paenarthrobacter* 分别占 45.45% 和 27.27%；MJ4 处 *Paenarthrobacter* 占比 60%。

　　空气中可培养真菌群落结构同样因季节和位点不同而有所差异（图 4-53）。春季，除 MJ29 处最优势菌属为真菌未鉴定属（Fungi_unclassified）（51.78%）外，其他位点均为枝孢霉属，依次为 MJO（68.96%）、MJ9（85.07%）和 MJ4（90.10%），枝孢霉属在 MJ29 为第二大优势菌属，占比为 28.57%。夏季，MJ29 处最优势菌属仍为 Fungi_unclassified，且其占比显著上升，达到 95.30%，其他位点均为枝孢霉属，依次为 MJO（54.54%）、MJ9（94.02%）和 MJ4（97.5%），在 MJO 处附球菌属为第二大优势真菌属，占比为 36.4%。秋季，所有位点最优势真菌属均为枝孢霉属，其在 MJO、MJ29、MJ9 和 MJ4 的占比依次为 53.125%、54.90%、96.84% 和 94.5%。冬季，除 MJ9 处枝孢霉属（36.36%）的最优势地位被链格孢属（54.54%）取代外，其余三个位点最优势真菌属仍为枝孢霉属，其占比依次为 MJO（66.67%）、MJ29（80.77%）和 MJ4（91.3%）。

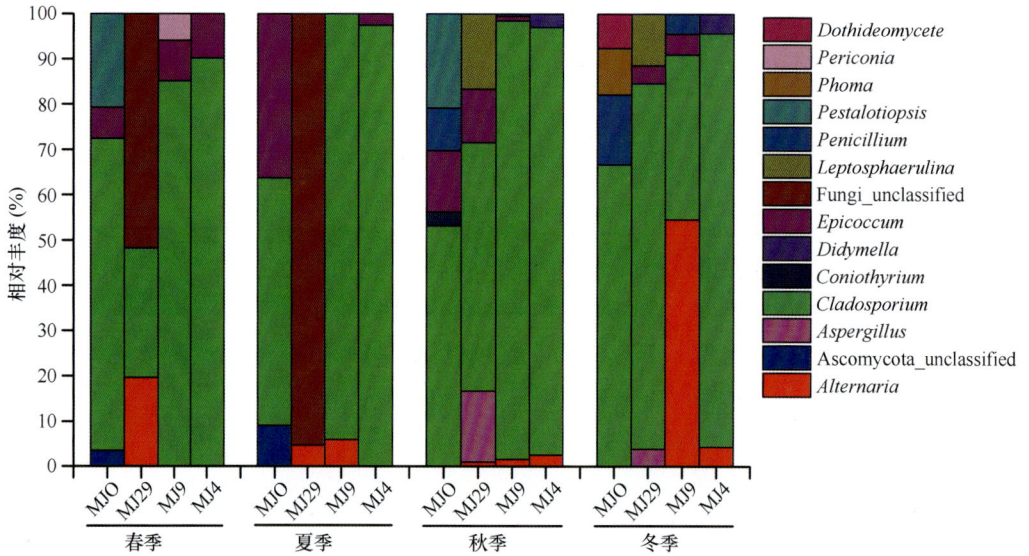

图 4-53　麦积山石窟优势空气真菌相对丰度（属）

（4）麦积山石窟空气微生物群落结构与环境因子的耦合分析

通过典型相关分析（canonical correlation analysis，CCA），麦积山石窟各位点在不同季节空气细菌群落结构差异较大（图 4-54），各环境因子对其差异的贡献率由高到低依次为：相对湿度>温度>海拔>降雨量，对应值分别为 0.526、0.454、0.386 和 0.318。细菌群落结构在春季、夏季、秋季更为相似，但与冬季间差别较大；各位点间也具有一定差异，MJ29 与 MJO 及 MJ4 间有较大不同，与 MJ9 间更为接近。

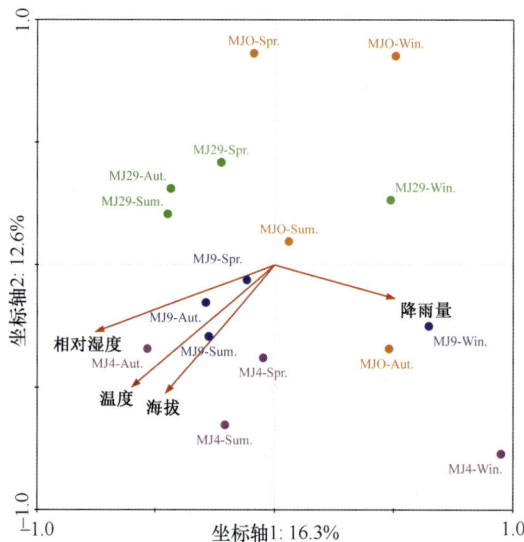

图 4-54　各位点不同季节空气细菌群落组成与环境因子间的典型相关分析

Spr.表示春季，Sum.表示夏季，Aut.表示秋季，Win.表示冬季，下同

各位点在不同季节间空气真菌群落结构差异也较大（图 4-55），各环境因子对其差

异的贡献率由高到低为海拔>降雨量>温度>相对湿度，分别为 0.35、0.29、0.09 和 0.07。真菌群落结构在同一位点的不同季节差异较小；不同位点间差异较大，除 MJO 外的其他三位点间相似性较高。

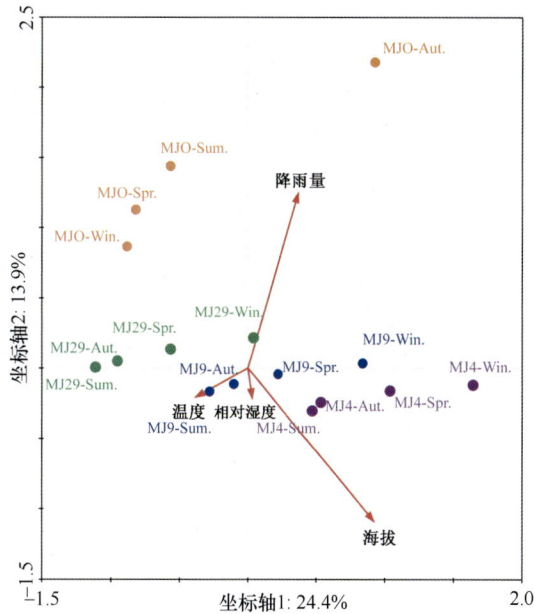

图 4-55　各位点不同季节空气真菌群落组成与环境因子间的典型相关分析

4.2.3　麦积山石窟彩塑微生物研究

　　敦煌研究院利用 Illumina 公司 MiSeq PE300 高通量测序平台，对麦积山石窟典型洞窟第 4 窟内彩塑表面微生物多样性及群落结构进行了分析。麦积山石窟第 4 窟，又称"散花楼""上七佛阁"，位于麦积山石窟东崖最高、最显赫处，距离地面约 70 m，窟口外凿出巨大的仿木庑殿结构，是麦积山石窟最为高大壮丽的崖阁式洞窟，开凿时代为北周（公元 557～581 年），为北周秦州大都督李允信为追忆其亡父而建造的。第 4 窟共包括 7 个窟龛，本研究选择最中央的窟龛为研究对象，其门楣有"是无等等"匾额，编号为 MJ4-4，海拔 1610 m（图 4-56）。

　　（1）麦积山石窟彩塑微生物多样性

　　各样本中所有 OTU 可划分为细菌 19 个门，202 个科和 435 个属。放线菌门（Actinobacteria）、酸杆菌门（Acidobacteria）、拟杆菌门（Bacteroidetes）、蓝细菌门（Cyanobacteria）、绿弯菌门（Chloroflexi）、厚壁菌门（Firmicutes）、变形菌门（Proteobacteria）和疣微菌门（Verrucomicrobia）为各样本的共有细菌门（图 4-57A），它们的序列数之和分别占 MJ4-1、MJ4-2、MJ4-3 和 MJ4-4 总数的 99.96%、99.93%、99.82% 和 98.88%。放线菌门是最具优势的细菌门，其占各样本 OTU 总数的 20.88%（367）和序列总数的 66.92%(41 741)；厚壁菌门为第二大细菌门，其占各样本 OTU 总数的 28.45%

图 4-56　麦积山石窟壁画样品采样位置

A. 麦积山石窟 4-4 窟；B～D. 4-4 窟内彩塑及取样位置，颜料层样品 a～c 取自释迦牟尼坐像，合并为 MJ4-1；同样，颜料层样品 d～f 和 g～i 分别取自南北两身菩萨塑像上，d～f 合并为 MJ4-2，g～i 合并为 MJ4-3；粉尘样品 1～3 合并为 MJ4-4

（500）和总序列数的 12.68%（7911）。放线菌门与厚壁菌门序列之和，分别占 MJ4-1、MJ4-2 和 MJ4-3 的 97.86%、94.56% 和 81.9%（图 4-57A）。放线菌门的相对丰度样本间的差异较大，按照降序排列依次为 MJ4-1（92.08%，14 361）、MJ4-2（83.56%，13 032）、MJ4-3（58.99%，9201）和 MJ4-4（33.0%，5147）。厚壁菌门在各样本间的序列数差异也较大，其在 MJ4-1 中占比最低；同时，它还是 MJ4-4 中第四大细菌门（11.04%，1723），排在蓝细菌门（25.45%，3969）和变形菌门（22.31%，3479）之后。此外，酸杆菌门、拟杆菌门、绿弯菌门、蓝细菌门和变形菌门，分别占各样本细菌总序列数的 0.16%（99）、5.45%（3402）、0.27%（171）、6.76%（4218）和 7.25%（4521）。其余各菌门只占极小一部分（4.10%，72 OTU；0.5%，317 reads）。

在属水平上，假诺卡氏菌属（*Pseudonocardia*）和糖多孢菌属（*Saccharopolyspora*）虽仅占 OTU 总数的 5.41%，却占各样本序列总和的 54.06%，其在各样本的相对丰度在 18.80%～78.90% 变动（图 4-57B）。同时，红色杆菌属（*Rubrobacter*）仅 17 个 OTU，占各样本序列总数的 7.47%，其在样本间的差异较大（1.53%～15.46%）。同时，假诺卡氏菌属在各样本间的相对丰度差异很大，其在粉尘样品 MJ4-4 中的相对丰度仅为 6.35%，而其在壁画样品（MJ4-1、MJ4-2 和 MJ4-3）中的相对丰度则在 41.54%～65.57% 变动。

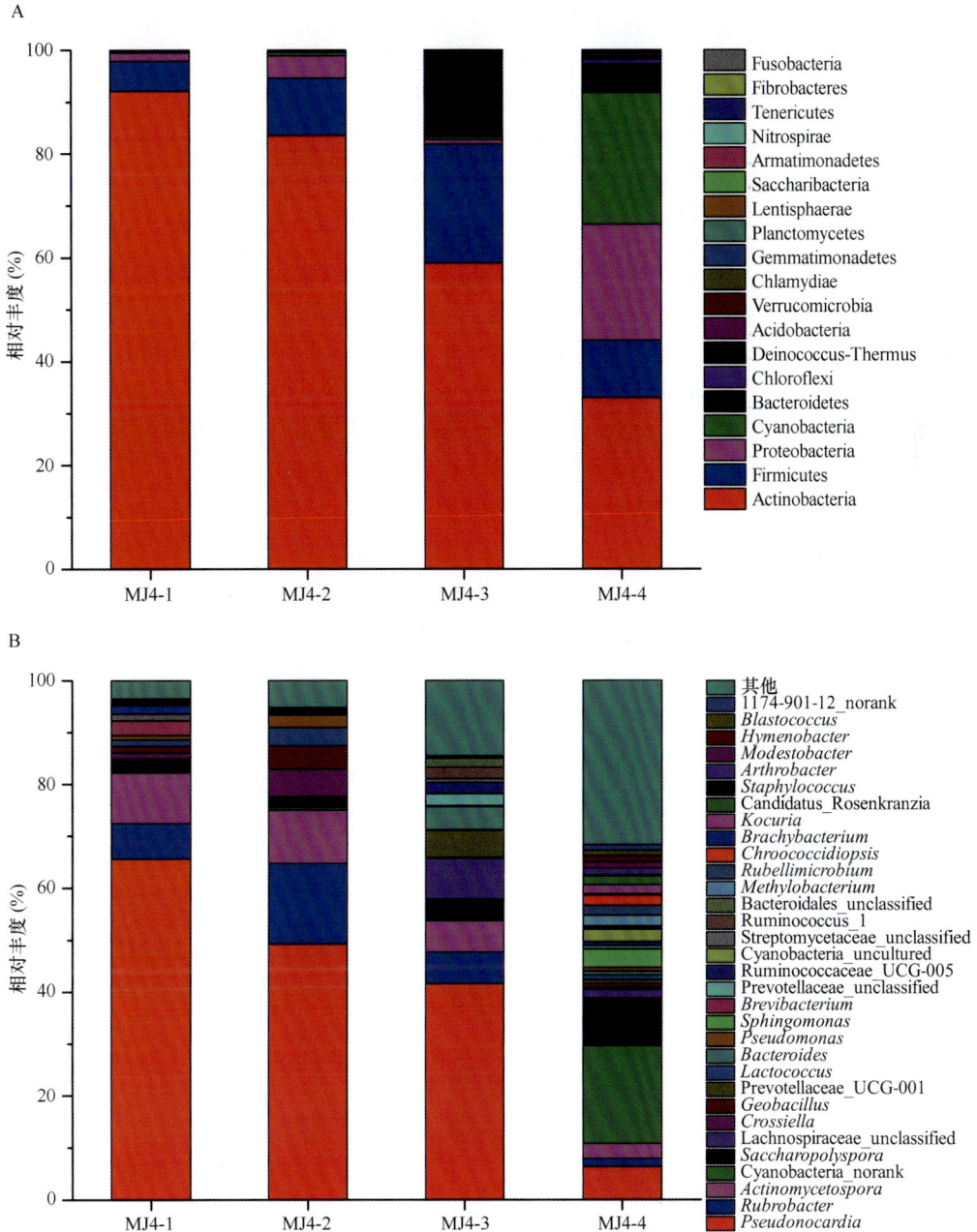

图 4-57　麦积山石窟彩塑细菌群落在门（A）和属（B）水平的相对丰度

与之相反，MJ4-4 中，蓝细菌门所属未分类的序列相对丰度达到了 18.92%，远高于其在其他样本中的占比（0.23%～0.56%）。此外，微球菌科（Micrococcaceae）、短杆菌科（Brevibacteriaceae）、地嗜皮菌科（Geodermatophilaceae）、链霉菌科（Streptomycetaceae）、皮菌科（Dermabacteraceae）和丙酸杆菌科（Propionibacteriaceae）的序列数占序列总数的 1% 以下，分别为 0.92%、0.76%、0.65%、0.64%、0.50% 和 0.33%。

真菌则有 6 个门，53 个科和 46 个属。子囊菌门（Ascomycota）为最优势真菌门，其占各样本 OTU 总数的 67.74%（147）和总序列数的 94.73%。担子菌门（Basidiomycota）为第二优势真菌门，其占各样本总 OTU 数的 28.57%（62）和序列总数的 5.17%。其余真菌中，壶菌门（Chytridiomycota）、纤毛亚门（Ciliophora）、真核生物未鉴定门（Eukaryota_unclassified）和膜生植物（Phragmoplastophyta）等共占序列总数的 0.1%。在此，纤毛亚门所属序列应为非特异性扩增的产物，而分类地位未定的真核生物序列应是使用通用真核生物引物的结果。

在科的水平上，各样本中均有大量未鉴定（unclassified）或未定名（norank）的真菌序列，它们分别占 MJ4-1、MJ4-2、MJ4-3 和 MJ4-4 序列总数的 83.93%、97.23%、92.15%和 93.71%（图 4-58）。各样本中，煤炱目（Capnodiales）在子囊菌门中占绝对优势地位，包括 Capnodiales_unclassified 和 Capnodiales_norank，其分别占各样本序列总数的 51.28%（37 319）和 10.19%（7421）。Ascomycota_unclassified 为第二大优势真菌类群，共有 26 个 OTU（11.98%）和 10 832 条序列（14.88%）；Capnodiales_unclassified 在各样本间的差异极大，最低仅 32.36%，最高至 66.97%。同时，Ascomycota_unclassified 在 MJ4-4 中占比仅 6.71%，而在三个壁画颜料层样品中占比分别为 22.25%（MJ4-1）、13.89%（MJ4-2）和 16.17%（MJ4-3）。此外，Capnodiales_unclassified，Ascomycota_unclassified 和 Capnodiales_ norank 三个类群的序列数占各样本序列总和的 76.3%。

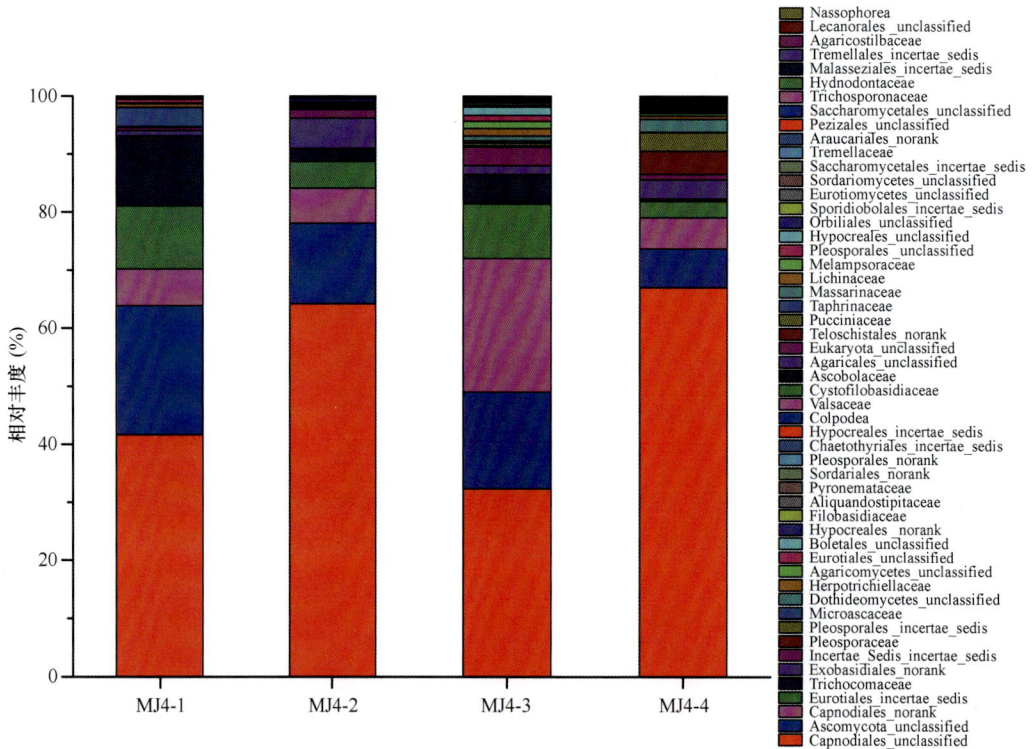

图 4-58　麦积山石窟彩塑真菌群落的相对丰度（科）

（2）麦积山石窟彩塑微生物群落组成差异分析

通过热图（Heatmap）来做样本间相对丰度的相似性聚类分析。对相对丰度排名前

50 的细菌属进行聚类分析（图 4-59A），结果显示，MJ4-2 和 MJ4-3 先聚类，然后与 MJ4-1 聚类；MJ4-4 与 MJ4-1、MJ4-2 和 MJ4-3 明显不同。主成分分析（PCA）结果显示（图 4-60A），MJ4-1 和 MJ4-3 沿着主轴 PC1（65.03%）相互靠近，而 MJ4-2 沿着主轴 PC2（33.14%）远离其他样本。

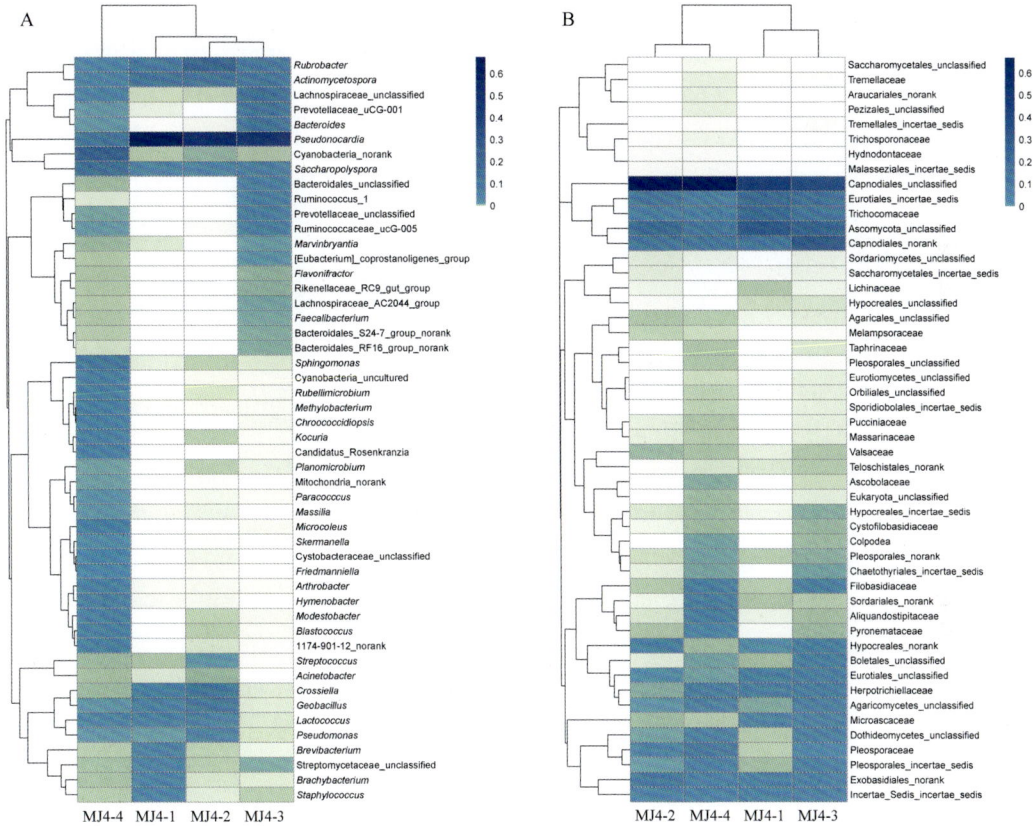

图 4-59　麦积山石窟彩塑细菌（A）和真菌（B）群落组成及进化关系热图

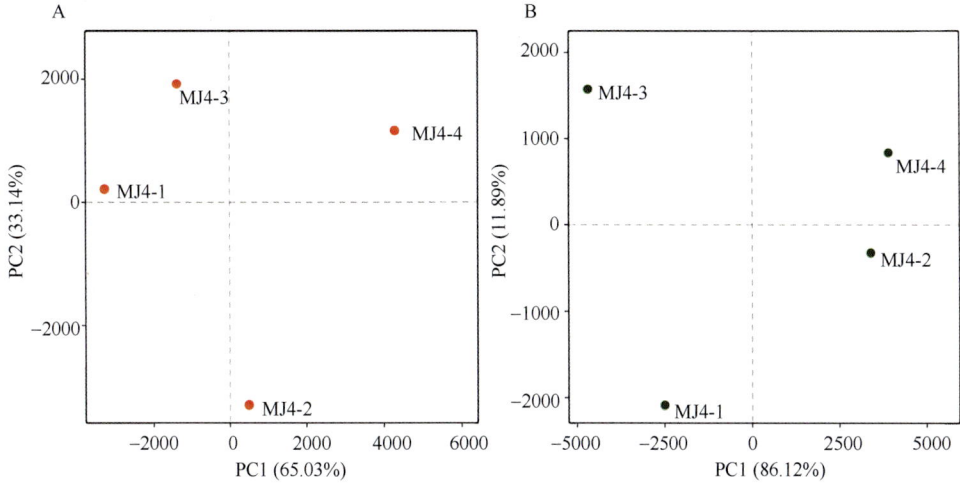

图 4-60　麦积山石窟彩塑各样本间细菌（A）和真菌（B）群落组成主成分分析

用维恩图来进一步比较不同样本间细菌群落的相似程度。结果显示，各样本间共有 78 个共有 OTU（图 4-61A），它们分别占 MJ4-1、MJ4-2、MJ4-3 和 MJ4-4 的 97.04%、 95.36%、3.18% 和 49.12%。其中，放线菌门和厚壁菌门的 OTU 占比及序列占比均为最高。在颜料层样本 MJ4-1、MJ4-2 和 MJ4-3 中，OTU 总数为 530 个，三样本的共有 OTU 的数目为 80 个，它们分别占各样本序列的 97.17%、95.4% 和 63.19%。在科水平上，假诺卡氏菌科（Pseudonocardiaceae）、红色杆菌科（Rubrobacteriaceae）、芽孢杆菌科（Bacillaceae）和链球菌科（Streptococcaceae）为最优势细菌科。假诺卡氏菌科所属假诺卡氏菌属（*Pseudonocardia*）虽仅有 7 个 OTU，但其相应序列数占各样本序列总数的 75.37%（25 293）。此外，粉尘样本 MJ4-4 还有 396 个独有 OTU，它们相对应的序列占 MJ4-4 中的 11.84%（1847），其中，变形菌门（107 OTU，486 reads）和放线菌门（98 OTU，364 reads）为优势细菌门。

对相对丰度排名前 50 名的真菌科进行聚类分析（图 4-59B），结果显示，MJ4-1 和 MJ4-3 聚为一组，MJ4-2 与 MJ4-4 聚为另一组。主成分分析（PCA）（图 4-60B）和热图所示结果一致，MJ4-1 和 MJ4-3 沿着主轴 PC1（86.12%）相互靠近，而 MJ4-2 和 MJ4-4 沿着主轴 PC2（11.89%）相互靠近。用维恩图来进一步比较不同样本间细菌群落的相似程度。结果显示，各样本间有 34 个共有 OTU（图 4-61B），它们分别占 MJ4-1、MJ4-2、MJ4-3 和 MJ4-4 的 99.86%、99.84%、99.13% 和 98.77%。其中，子囊菌门的 OTU 占比及所属序列均呈绝对优势，其次为担子菌门。在颜料层样本 MJ4-1、MJ4-2 和 MJ4-3 中，真菌 OTU 的总数为 77，三样本的共有 OTU 的数目为 37 个，它们分别占各样本序列的 97.17%、95.4% 和 63.19%。同时，本研究中的所有 4 个样本的共有 OTU 中除 3 个 OTU 外，基本上与颜料层样本的重叠。此外，在 MJ4-4 中还有 9 个独有 OTU，它们仅占 MJ4-4 全部序列的 0.10%，它们对 MJ4-4 真菌群落组成的影响微乎其微。

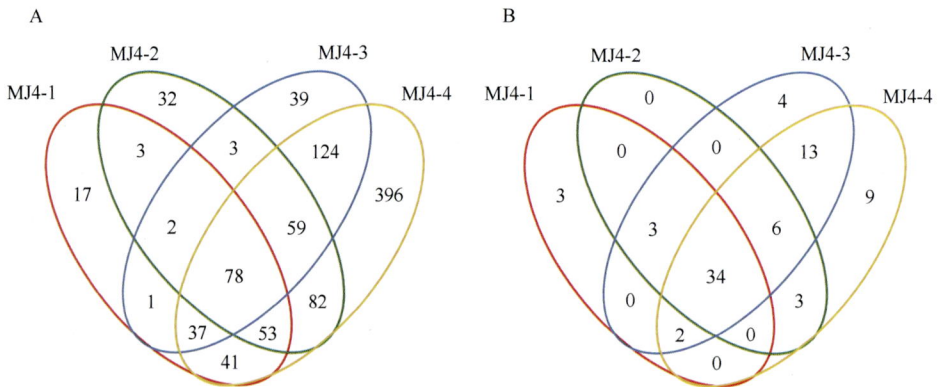

图 4-61　麦积山石窟彩塑各样本间细菌（A）和真菌（B）群落组成维恩图

4.2.4　小结与讨论

1）麦积山石窟各位点空气细菌和真菌浓度具有明显季节性变动性，总体呈现夏、秋两季高，冬、春两季低的特点。在同一季节，各位点间空气中细菌和真菌浓度有所不同，这可能与各位点微环境条件、采样时间及天气状况有关（Tanaka et al.，2015）。相关性分析显示，各位点空气细菌和真菌浓度均与温度呈正相关性，细菌和真菌分别在第 29 窟和第 4 窟呈显著性正相关；除 MJO 外，石窟上其他各位点空气细菌及真菌浓度均与相对湿度呈正相关；降雨量对外环境 MJO 处的空气细菌和真菌浓度有影响，二者呈正相关。在麦积山石窟，降水主要集中在夏、秋季，降水在一定程度上会减少空气中颗粒物浓度，降低空气中微生物数量；但夏、秋季因气温较高，降雨又能增高湿度，促进微生物萌发和增殖。监测期内，空气细菌总浓度在 281.20～1409.20 CFU/m³，平均浓度（754.65±63.77）CFU/m³；空气真菌总浓度为 216～1389 CFU/m³，平均浓度为（645±47）CFU/m³。与城市大气空气微生物浓度相比（薛林贵等，2017），该地空气微生物浓度保持在较低水平；与其他文化遗产地相比，如敦煌莫高窟在国庆期间最高空气细菌浓度达 3800 CFU/m³（Wang et al.，2010b），该地空气微生物浓度水平仍较低，这与麦积山石窟地处小陇山林区，高密度森林植被对空气微生物的抑制作用有很大关系。参照我国《室内空气质量标准》（GB/T 18883—2002），室内空气微生物的总浓度应小于 2500 CFU/m³，麦积山石窟洞窟内空气微生物浓度尚在国标范围内，但因该地近年来游客激增及随之而来的人为扰动加剧，仍需加强在人流密集等特殊情况下空气微生物浓度的实时监测。针对文化遗产地的特殊环境，有研究认为可将空气微生物 CFU 作为洞窟等受微生物侵染的指标，当 CFU 数在 500～1000 时，表明洞窟已经因大量游客活动而受到影响；当 CFU 数大于 1000 时，洞窟已经面临不可逆的生态失衡（Porca et al.，2011）。

麦积山石窟共鉴定得到细菌属 11 个，分属放线菌门（Actinobacteria）、厚壁菌门（Firmicutes）、拟杆菌门（Bacteroidetes）和变形菌门（Proteobacteria）。研究发现，不同文化遗产地空气细菌门属差异较大，如莫高窟空气细菌主要为变形菌门（54.24%）和放线菌门（23.67%）（Wang et al.，2012），阿尔塔米拉洞穴则为放线菌门和厚壁菌门，共占分离菌株的 70%左右，而拉斯科洞穴优势细菌门为放线菌门（44.1%）、变形菌门（26.5%）和厚壁菌门（23.5%），拟杆菌门仅占 5.8%（Laiz et al.，2003）。本研究中放线菌门和厚壁菌门为优势菌门，分别占 54.55%和 18.18%，拟杆菌门和变形菌门各占 9.09% 和 18.18%。放线菌门在较为潮湿环境中分布较广，其成员也是使壁画遭受微生物退化的主要先锋类群（Martin-Sanchez et al.，2014）。麦积山石窟空气中优势细菌为芽孢杆菌属（Bacillus）、节杆菌属（Arthrobacter）、薄层菌属（Hymenobacter）和考克氏菌属（Kocuria）等，各位点空气细菌群落结构有明显的季节性差异，这应与空气温度、相对湿度、太阳辐射、风向、降雨等自然因素和人为扰动有关（Tanaka et al.，2015）。与细菌不同，麦积山石窟空气真菌的变化较小，各季节空气中均以枝孢霉属（Cladosporium）为主要优势种属。普遍认为枝孢霉的代谢活动会加速壁画的劣化，古代壁画通常以骨胶、桃胶等动植物胶作为胶结剂，与矿物颜料颗粒混合后使用。这些动植物胶的化学本质是蛋白质，枝孢霉可将其降解为小分子肽或氨基酸并加以利用，造成胶结材料的老化，引起壁画颜料层的起甲、脱落；同时，失去胶结材料保护的颜料，如红色颜料铅丹（Pb₃O₄），会直接暴露在光照、空气及大气污染物等当中，这被认为是铅丹褪色、变色的重要原因。此外，枝孢霉代谢分泌的某些次级代谢产物，如草酸盐类中的草酸钙（calcium oxalate），会破坏颜料晶体结构、降低晶体结构稳定性。

通过典型相关分析（CCA），相对湿度、温度、海拔及降雨量等环境因子均会对各样点空气细菌群落产生影响。其中，在春、夏、秋三季，相对湿度、温度及海拔对位于高层的第4窟和第9窟影响最大，对低层第29窟影响次之，对最低处瑞应寺广场影响最小；降雨对夏秋季广场空气细菌群落结构影响较大，而对冬、春两季影响较小，这可能与当地季节性降水有关，即夏、秋季降雨量较多，而冬、春季较少。此前，研究人员主要针对城市医院和学校等公共环境中空气微生物浓度及群落组成与环境因子间的耦合关系进行研究（薛林贵等，2017），但对文化遗产地的研究较少（Wang et al.，2010a，2010b）。一般来说，除温度、湿度和降雨等因素外，太阳辐射、大气压力、大气运动、大气污染物等也会影响空气微生物群落结构，需进一步研究。

本研究鉴定的部分种属，如芽孢杆菌属、节杆菌属和考克氏菌属等广泛存在于土壤、气溶胶和建筑表面（Ettenauer et al.，2011；Pangallo et al.，2012；Kusumi et al.，2013），它们是文化遗产地常见细菌类群。例如，芽孢杆菌属在拉斯科洞穴、阿尔塔米拉洞穴（Laiz et al.，1999）和莫高窟（Wang et al.，2012）等地均有报道。研究表明，洞穴和墓室壁画表面附生芽孢杆菌属、节杆菌属、考克氏菌属、链霉菌属和鞘氨醇单胞菌属等（Bassi et al.，1986；Ciferri，1999；Heyrman et al.，1999；Filomena et al.，2012），它们在壁画劣化中起着非常重要的作用（Capodicasa et al.，2010；Jroundi et al.，2010；Piñar et al.，2010）。例如，芽孢杆菌和节杆菌等的代谢会促使壁画红色颜料铁红（Fe_2O_3）褪色（Gonzalez et al.，1999）。本研究表明，麦积山石窟赋存环境中空气细菌和真菌种属具备引起壁画微生物病害的潜势。

2）MiSeq 高通量测序结果显示，麦积山石窟壁画表面附生细菌的多样性较高，而真菌多样性相对较低。本研究中检出的许多微生物类群在世界上其他文化遗产地也有过报道。

细菌在门的水平上，放线菌门（Actinobacteria）和厚壁菌门（Firmicutes）是麦积山石窟壁画最优势细菌门。放线菌门具有非常强的次级代谢能力，可向外分泌色素、有机酸类、黏性多糖和抗生素等物质。多年研究表明，放线菌门成员广泛发现于洞穴和地下环境中（Jurado et al.，2005a，2005b，2008；Cuezva et al.，2012），而厚壁菌门普遍发现于土壤和干旱环境。此外，酸杆菌门（Acidobacteria）、拟杆菌门（Bacteroidetes）、蓝细菌门（Cyanobacteria）、绿弯菌门（Chloroflexi）和变形菌门（Proteobacteria）也是洞穴和其他地下环境常见细菌。在属水平上，假诺卡氏菌属（Pseudonocardia）在颜料层样品 MJ4-1、MJ4-2 和 MJ4-3 中占有很大比例（41.54%～65.57%），远高于其在粉尘样品 MJ4-4 中的占比（6.35%），这很可能说明麦积山石窟壁画发生了明显的微生物群落演替。此前，假诺卡氏菌属已被大量发现于文化遗产地，尤其是地下墓穴和其他地下洞穴。一般来说，地下洞穴被认为是典型的寡营养环境，较弱的光线、贫乏的有机营养和高盐分等，不利于绝大多数微生物生存（Lee et al.，2012）。

壁画实际上也是一种极端环境，贫瘠的营养和水分条件不适宜于大多数细菌生存。此外，在麦积山石窟壁画及彩塑的制作过程中，大量使用了以重金属化合物为主要成分的无机矿物颜料，常用的如红色颜料铅丹（Pb_3O_4）和朱砂（HgS），其毒性对绝大多数细菌的生长、繁殖具有抑制作用。因此，对于多数微生物类群来说，壁画表面微环境条件不适于其生存。然而，假诺卡氏菌属正好是例外，该菌属不但具有非常发达的菌丝体结构，还有很强的利用多种 N 源、C 源的能力，这使得它们对寡营养环境具有非常强的适应能力。因此，假诺卡氏菌属的出现常被视为洞穴出现微生物侵蚀的早期标志（Laiz et al.，1999），其代谢活动可改善壁画表面营养及 pH 条件，有利于其他生命形式，如真菌和藻类等生存；该菌属是引起洞穴等环境中壁画生物侵蚀及降解的核心代谢类群（Portillo et al.，2008；Stomeo et al.，2008）。假诺卡氏菌属的繁殖，不但会在壁画表面形成弱碱性微环境，进而形成白色菌斑，其菌丝体还会穿透颜料层深入壁画基质，造成结构破坏和材料损失；这些活动将会进一步改变壁画表面微生态条件，使其更利于其他微生物类群的暴发。

红色杆菌属（Rubrobacter）为第二大优势细菌属，该属已被证明与欧洲多地壁画或石灰质建筑表面出现的玫红色斑点有关（Imperi et al.，2007；Laiz et al.，2009；Nugari et al.，2009）。此外，在柬埔寨吴哥窟浅浮雕表面出现的橙红色斑点中也检出了该菌属成员（Kusumi et al.，2013），而且从不同采样点抽提到的该属 16S rRNA 序列略有差异。值得注意的是，红色杆菌属大多发现于高盐环境当中，尤其是遭受盐害的建筑物表面（Schabereiter-Gurtner et al.，2001）。目前认为，玫红色斑点的出现主要是由红色杆菌属次级代谢而分泌的类胡萝卜色素（如 α-菌红素和 β-胡萝卜素）造成的，这会对壁画或建筑物的美学特征造成严重削弱。因此，在麦积山石窟壁画表面检出大量假诺卡氏菌属和红色杆菌属，很可能意味着该地有遭受微生物侵蚀的风险。

本研究中还检出了节杆菌属（Arthrobacter）、短杆菌属（Brevibacterium）、芽孢杆菌属（Bacillus）、考克氏菌属（Kocuria）、假单胞菌属（Pseudomonas）、链霉菌属（Streptomyces）和糖多孢菌属（Saccharopolyspora）等异养型细菌，它们也是洞穴及地下墓室壁画表面的常见类群（Bassi et al.，1986；Ciferri，1999；Heyrman et al.，1999；Filomena et al.，2012；Pangallo et al.，2012）。它们在壁画的生物侵蚀中均发挥着重要作用，例如，假单胞菌属成员就是拉斯科洞穴暴发的第二次微生物危机的"罪魁祸首"，其对杀菌剂具有很强的适应力（Bastian et al.，2009a）。该菌属的一些重要成员，如弯曲假单胞菌（Pseudomonas geniculata）、施氏假单胞菌（P. stutzeri）和荧光假单胞菌（P. fluorescens）等均参与 N 元素的固定，其可将游离于空气中的氮气以 NH_3 形式固定，NH_3 在其他亚硝化菌或硝化菌作用下氧化生成亚硝酸或硝酸，最终对壁画、大理石及石灰质文物造成酸蚀（颜菲等，2012）。其他细菌属，包括节杆菌属、芽孢杆菌属和考克氏菌属等广泛发现于土壤、气溶胶和古建筑等多种环境（Ettenauer et al.，2011；Pangallo et al.，2012；Kusumi et al.，2013），其均会对壁画及其他类型文物造成破坏（Capodicasa et al.，2010；Jroundi et al.，2010；Piñar et al.，2010）。值得注意的是，蓝细菌门和变形菌门为粉尘样品中的优势菌门，其占比仅次于放线菌门，但它们在颜料层样品中的占比则远低于在粉尘样品中。蓝细菌门所属序列多为分类地位未定或不可培养种属，而在变形菌门中则以鞘氨醇单胞菌属（Sphingomonas）、假单胞菌属（Pseudomonas）和肠杆菌属（Enterobacter）为优势菌属。显而易见，蓝细菌门和变形菌门较少出现主要是因为壁画极端环境和假诺卡氏菌属的拮抗作用。

　　真菌则由于目前 18S rRNA 数据库规模较小，大量序列属于分类地位未定或不明确序列，难以鉴定到科、属的水平。这些序列大多属于煤炱目（Capnodiales unclassified & norank）和子囊菌门（Ascomycota_unclassified）。造成这一现象的原因除 18S rRNA 数据库限制外，MiSeq 测序所用真菌通用引物 817F/1196R 的种属覆盖度较低也是重要原因（Rousk *et al*.，2010；Mueller *et al*.，2016）。

　　比较壁画颜料层和粉尘中的微生物群落组成后，我们发现粉尘样品中细菌的多样性和丰度远高于其在颜料层样品中。除 78 个样品的共有 OTU 外，在粉尘样品中发现了396 个独有细菌 OTU。此外，在粉尘中真菌的 OTU 的数目也略多于颜料层样品。也就是说，麦积山壁画表面检测出的几乎所有细菌和真菌都可以在粉尘中见到。在很大程度上来说，壁画表面粉尘中微生物群落组成与其赋存环境中空气微生物有很高的一致性，这也间接证明了空气是壁画微生物的重要来源。

　　近年来，麦积山石窟以其精美绝伦的彩塑和秀丽的景色，吸引着越来越多的中外游客来此参观，这给石窟的安全和管理工作造成了极大压力。研究表明，大量游客在短时间内涌入洞窟，会严重破坏文物赋存的生态平衡，如引起粉尘在空气中重悬，还会引起温度、相对湿度、CO_2 浓度及空气微生物浓度和多样性上升（Wang *et al*.，2010a，2010b），这些都会给窟内微生态平衡造成不可逆转的破坏。在西班牙阿尔塔米拉洞穴，在一组人数为 6 人的游客进入洞窟停留 20 min 后，洞窟内温度上升了 0.07℃，CO_2 浓度上升 51 ppm（1 ppm=10^{-6}），这些参数直到第二天仍未完全恢复到初始水平，长时间超过环境承载力的参观活动，最终导致洞穴内微生物病害的发生（Sánchez-Moral *et al*.，1999；Saiz-Jimenez *et al*.，2011）。此外，游客还会将外界环境中具有致病性的微生物引入洞窟内，比如，假单胞菌属、短杆菌属、鞘氨醇单胞菌属和葡萄球菌属等都是常见的人类条件性致病菌，它们大量聚集在洞窟内狭小的空间中很可能会对石窟管理人员及游客的身体健康造成潜在危害（Valme *et al*.，2010；Wang *et al*.，2011，2012）。因此，在文化遗产地有必要适度控制游客数量并进行游客参观新模式的探索，同时，对洞窟微环境条件和微生物传播方式及腐蚀机制进行深入研究。当然，保护文化遗产最佳的方式仍然是避免人为干扰以保持洞窟微生境的微弱平衡。

4.3 武威天梯山石窟微生物

4.3.1 环境背景与文物价值

（1）气候环境特征

　　天梯山石窟位于甘肃省武威市凉州区城南约 60 km 处的天梯山北麓，坐标为北纬37°33.942′、东经 102°44.421′。气候类型上属于高寒半干旱气候区，干旱少雨、日照充足、昼夜温差大。年平均气温 4.9℃，昼夜温差平均 7.9℃。年均降水量 159 mm，年蒸发量 2020 mm，无霜期 150 d 左右，日照时数 2873.4 h，太阳总辐射量 582.17KJ/cm^2，属太阳辐射量高值区。

（2）文物价值

天梯山石窟始建于东晋十六国时期的北凉，后经北魏、北周、隋、唐、西夏、元和明等朝代开凿或重修，距今已有 1600 多年的历史。天梯山石窟，又名"凉州石窟"，是我国早期石窟艺术的代表，其对后世开凿的云冈石窟、龙门石窟均有直接影响，在佛教东渐的过程中有着重要作用，极具史学价值、艺术价值，学界称其为"石窟鼻祖""石窟源头"。2001 年 6 月 25 日，天梯山石窟被国务院公布为第五批全国重点文物保护单位。

（3）保护历程

1958 年，因黄羊水库修建，为保护石窟免受水库蓄水影响，次年经甘肃省人民政府批准，由敦煌研究院（时称敦煌文物研究所）和甘肃省博物馆，对天梯山石窟所存壁画和彩塑进行异地搬迁（图 4-62A～E）。除部分造像因体量太大无法搬迁外，其余彩塑 40 余尊，揭取壁画 526 块（200 多平方米），以及经卷、文书等，异地搬迁至甘肃省博物馆。

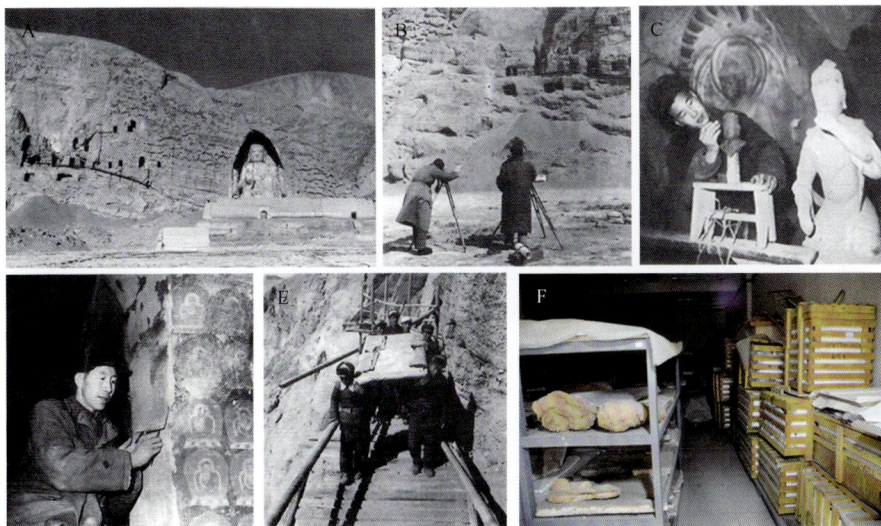

图 4-62　1959 年天梯山石窟壁画搬迁过程（A～E），以及暂存于武威西夏博物馆中的揭取壁画（F）

目前，天梯山石窟遗存 18 处大小洞窟，仅 13 窟大佛窟和 18 窟内中心塔柱附近残存少量的壁画。由于当时运输条件恶劣，为减轻壁画及彩塑在运输过程中遭受的损伤，搬迁人员先将 2% 的明矾 $[KAl(SO_4)_2 \cdot 12H_2O]$ 溶液与鹿皮胶（deer skin glue）按 1∶1、1∶2 和 2∶3 的比例配制成不同浓度梯度的混合溶液，并在壁画表面轻轻涂刷若干层，以增加颜料层与基质之间的胶结力，明矾与鹿皮胶的具体比例根据壁画的保存状态而定；然后，用慢火将画面烘干，随后在壁画表面再轻轻刷一层浓度为 2% 的明矾稀释液，并将一层用相同浓度的明矾溶液预先润湿的棉纸小心粘贴于壁画表面；最后，将一层白棉布轻轻覆盖在棉纸上，以进一步保护壁画颜料层。在揭取壁画之前，将与被揭取壁画同等大小的支撑板牢牢地固定在壁画边缘，颜料层与支撑板之间的缝隙用棉花、棉纸填满。揭取的壁画的背面及边缘还得用生石膏 $(CaSO_4 \cdot 2H_2O)$ 进行结构加固。当所有壁画揭取及加固措施完成后，才将其转运至甘肃省博物馆内进行室内保藏，这批文物在甘肃省博物馆库房内几乎原封不动地静置了约半个世纪。2005年，国家文物局和甘肃省人民政府决定，除少量壁画、彩塑作为甘肃省博物馆馆藏文物外，其余运回武威天梯山原址。由于地震及搬迁仓促、揭取技术落后及后期保存环境不良等原因，揭取的壁画受损严重；普遍存在颜料层起甲、霉变、酥碱等病害，当前正在西夏博物馆紧急修复保护（图4-62F）。

与麦积山石窟的情况类似，针对天梯山石窟壁画、彩塑生物侵蚀的研究开展得也较晚。近年来，敦煌研究院先后对天梯山石窟壁画的两处保存地，即天梯山原址和武威西夏博物馆壁画保存环境中的空气微生物的浓度、群落结构及其季节变化规律进行研究。同时，还对保存在露天环境（天梯山石窟原址）和馆藏环境（甘肃省博物馆）中的天梯山石窟壁画表面微生物群落特征进行了研究。

4.3.2 天梯山石窟壁画赋存环境空气微生物研究

选取天梯山石窟第13窟和第18窟赋存环境，以及西夏博物馆库房内部和外部广场4个监测位点，分别命名为TT13、TT18、TMI和TMO（图4-63）。第13窟，内有23.8 m高的释迦牟尼造像，其外筑有18 m高的钢筋混凝土围堰大坝，呈半包围结构，将其与黄羊水库蓄水隔开；第18窟，现仅遗存中心塔柱，其位置较13窟高，且地势开阔，这两处是目前天梯山石窟原址仍然遗存壁画的洞窟。西夏博物馆位于武威市凉州区东南文庙近旁，外部广场及周边人流量较大，馆内库房保存有搬迁的天梯山石窟壁画彩塑，近年正在开展修复工作。针对各研究位点，在2016年4月、6月、10月和12月中旬进行空气微生物采样；需要指出的是，西夏博物馆库房内，春、夏、秋三季采样时均有文保人员进行文物修复工作，冬季修复工作暂停，库房关闭，没有人员活动。

图4-63 天梯山石窟和西夏博物馆空气微生物采样位点

A、B分别为天梯山石窟第18窟和第13窟；C、D分别为西夏博物馆外广场和库房

（1）空气微生物浓度的季节性变化

监测期内，空气中可培养细菌总浓度为 16.7～1451.8 CFU/m^3，平均值和中间值分别为（627.17±62.03）CFU/m^3 和 579.35 CFU/m^3（表 4-16）。各位点中，TMO 细菌浓度最高，与其他位点间均呈显著性差异（$P<0.05$），TT18 与 TMI 间浓度差异显著（$P<0.05$）。空气中可培养真菌的总浓度为 13～1576 CFU/m^3，平均为（603±57）CFU/m^3（表 4-17）。

表 4-16 不同位点间空气中可培养细菌浓度（CFU/m^3）变化

位点	平均值	中间值	最小值	最大值
TT18	667.02±124.44b	657.40	266.70	1086.6
TT13	518.82±113.50bc	451.54	140.73	1031.5
TMO	994.68±104.69a	896.77	733.40	1451.8
TMI	328.17±69.41c	385.00	16.70	526.0
总计	627.17±62.03	579.35	16.70	1451.8

表 4-17 不同位点间空气中可培养真菌浓度（CFU/m^3）变化

位点	平均值	中间值	最小值	最大值
TT18	559±81b	561	226	887
TT13	504±43bc	475	374	689
TMO	1057±117a	900	852	1576
TMI	291±74c	238	13	674
总计	603±57	525	13	1576

各位点空气细菌浓度随季节变动规律如图 4-64 所示。除 TMI 以外的其他各位点，在冬、春两季空气细菌浓度均显著高于夏、秋两季。监测期内，冬季 TMO 位点空气细菌浓度最高［（1451.8±25.9）CFU/m^3］，TMI 位点最低［（16.70±5.57）CFU/m^3］。在天梯山原址监测的 2 个位点，TT18 和 TT13 在夏季与冬季细菌浓度接近；秋季，二者差异也不显著；春季 TT18 位点则显著高于 TT13 位点（$P<0.05$）。在西夏博物馆外环境 TMO 在各季节空气细菌浓度均高于馆内仓库 TMI，但仅在冬季差异显著（$P<0.05$）。

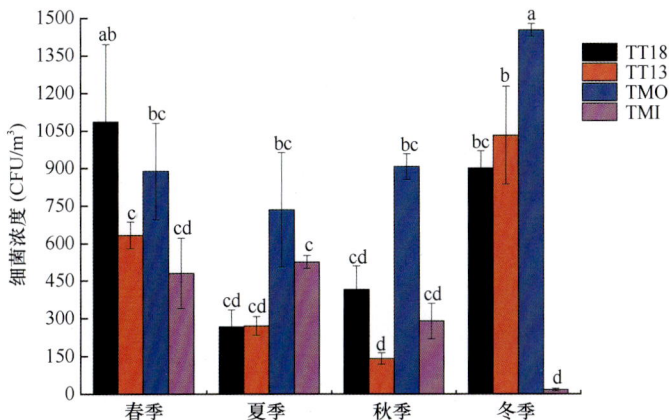

图 4-64 不同季节各研究位点的空气细菌浓度

各位点空气真菌浓度随季节变动规律如图 4-65 所示。监测期内,秋季 TMO 位点空气真菌浓度最高 [(1576±175) CFU/m³],冬季 TMI 位点最低 [(13±5) CFU/m³]。在天梯山原址监测的 2 个位点,TT18 和 TT13 在四季真菌浓度差异均不显著(P > 0.05)。在西夏博物馆外环境 TMO 在各季节空气真菌浓度均高于馆内仓库 TMI,且均呈显著差异(P < 0.05)。

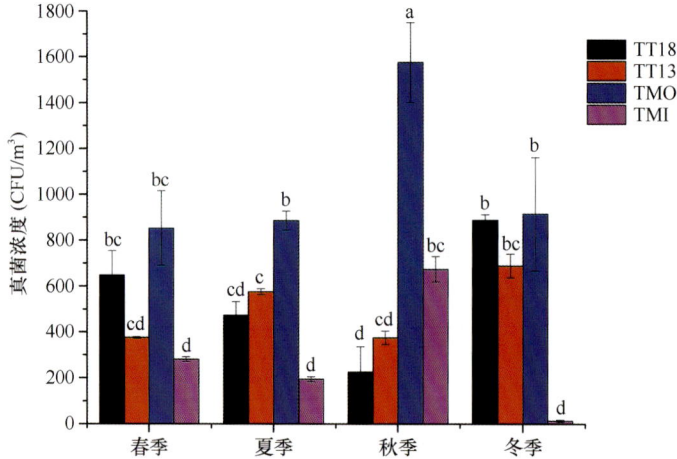

图 4-65　不同季节各研究位点的空气真菌浓度

(2)空气微生物浓度与环境因子的相关性分析

各位点空气细菌浓度与温度、相对湿度和降雨量等自然环境因子间的相关性关系如表 4-18 所示。除西夏博物馆内空气细菌浓度与温度及相对湿度呈正相关外,其余各位点均与温度、相对湿度呈负相关;各位点空气细菌浓度与降雨量呈负相关,TT18 位点呈显著性负相关(P < 0.05)。

表 4-18　空气细菌浓度(CFU/m³)与环境因子间相关性分析

环境因子	18 窟	13 窟	馆外	馆内
温度	−0.899	−0.893	−0.926	0.67
相对湿度	−0.533	−0.797	−0.474	0.532
降雨量	−0.975*	−0.895	−0.655	—

注:*表示 P < 0.05

各位点空气真菌浓度与温度、相对湿度和降雨量等自然环境因子间的相关性关系如表 4-19 所示。天梯山石窟原址两位点,TT18 和 TT13 处空气真菌浓度与温度、相对湿度和降雨量均呈负相关,均不显著;武威西夏博物馆内外,TMI 和 TMO 处空气真菌浓度与温度、相对湿度和降雨量呈正相关,均不显著。

表 4-19　空气真菌浓度(CFU/m³)与环境因子间相关性分析

环境因子	18 窟	13 窟	馆外	馆内
温度	−0.787	−0.246	0.124	0.361
相对湿度	−0.778	−0.332	0.837	0.536
降雨量	−0.843	−0.181	0.531	—

（3）空气微生物群落结构和季节特征

经测序，共得到片段大小合适的 16S rRNA 序列 36 条，序列号为 MG694500～MG694535，在 GenBank 数据库进行比对，其分属 19 个细菌属。对真菌 ITS rRNA 进行扩增测序，共得到片段大小合适的序列 24 条，序列号为 MH042805～MH042838，分属 8 个真菌属。选取典型序列及 NCBI 数据库中与之匹配度最高的相似序列，构建天梯山石窟原址与西夏博物馆环境空气微生物的系统发育树（图 4-66 和图 4-67）。

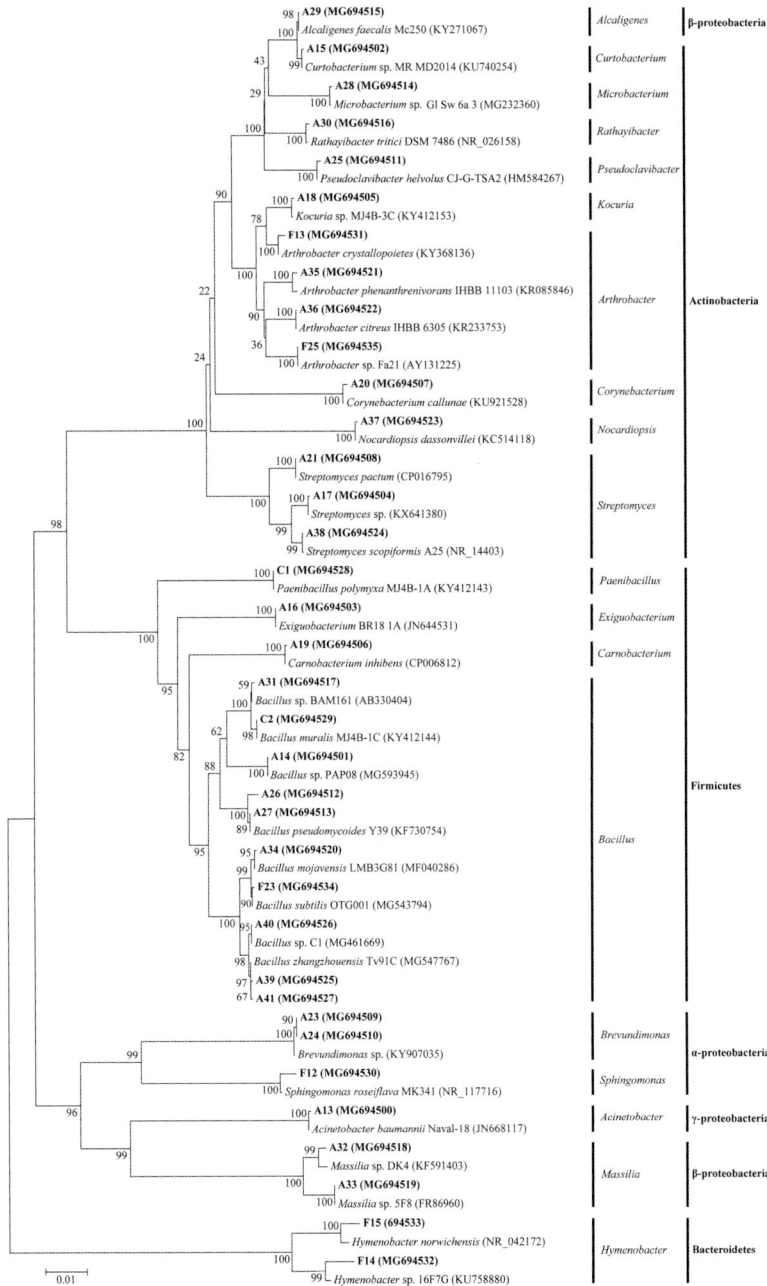

图 4-66　天梯山石窟和西夏博物馆空气细菌 16S rRNA 序列系统发育树

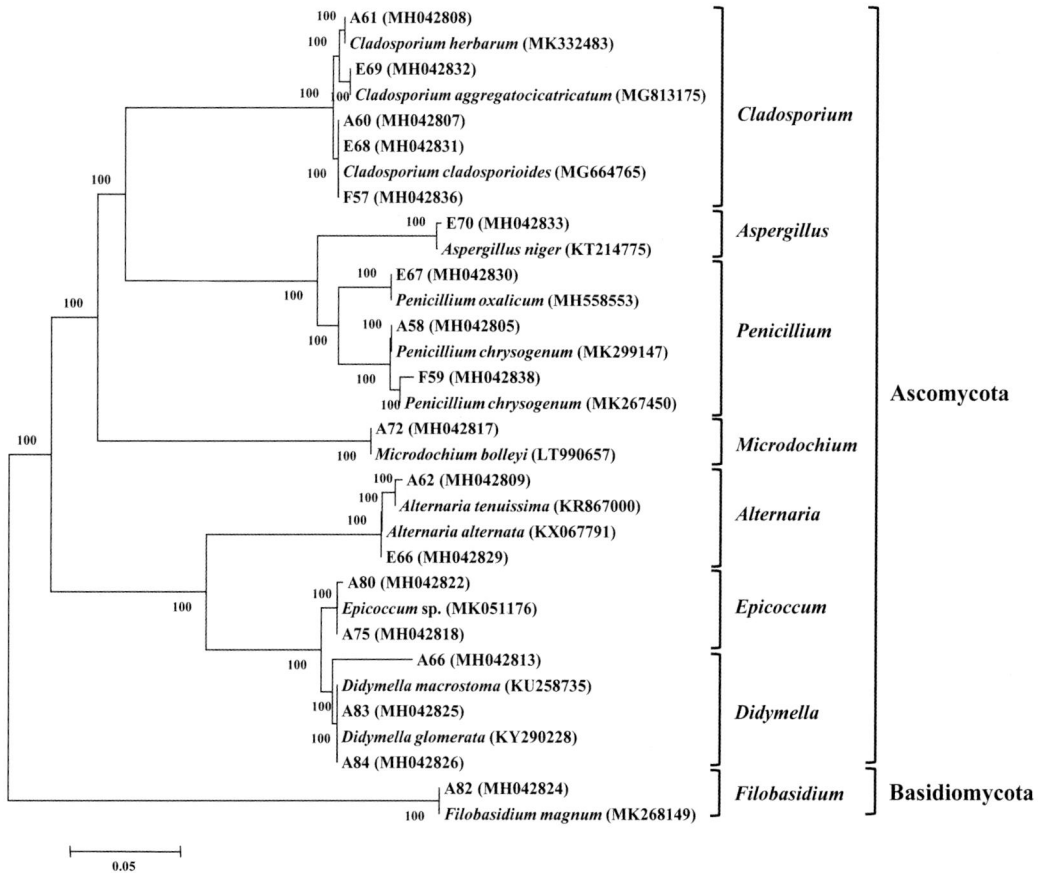

图 4-67　天梯山石窟和西夏博物馆空气真菌 ITS 序列系统发育树

　　天梯山石窟和西夏博物馆共鉴定出细菌属 19 个，分属放线菌门（Actinobacteria，47.37%）、变形菌门（Proteobacteria，26.32%）、厚壁菌门（Firmicutes，21.05%）和拟杆菌门（Bacteroidetes，5.26%）。占比超过 5% 的优势细菌属共 8 个（图 4-68），其中，不动杆菌属（Acinetobacter）占比最高，为 17.45%；其余为节杆菌属（Arthrobacter）、芽孢杆菌属（Bacillus）、考克氏菌属（Kocuria）、短波单胞菌属（Brevundimonas）、肉食杆菌属（Carnobacterium）、Pseudoclavibacter 和薄层菌属（Hymenobacter），分别占 10.6%、10.24%、8.87%、8.22%、8%、5.62% 和 5.19%，共占总数的 74.19%。棒状杆菌属（Corynebacterium）、鞘氨醇单胞菌属（Sphingomonas）、类芽孢杆菌属（Paenibacillus）、链霉菌属（Streptomyces）、拟诺卡氏菌属（Nocardiopsis）和产碱杆菌属（Alcaligenes）占比较低，分别为 4.25%、4.04%、3.46%、3.03%、2.67% 和 2.24%。

　　共鉴定出 11 个真菌属，主要为子囊菌门，其中，4 个真菌属在天梯山石窟分布最广（图 4-69）。枝孢霉属（Cladosporium）为最优势真菌属，占比为 45.17%，其他优势真菌属依次为青霉属（Penicillium）、链格孢属（Alternaria）和 Filobasidium，它们分别占 38.44%、8.05% 和 6.22%，共占真菌总数的 97.88%。其余附球菌属（Epicoccum）、曲霉属（Aspergillus）、盾壳霉属（Coniothyrium）、亚隔孢壳属（Didymella）、微座孢属（Microdochium）、茎点霉属（Phoma）和 Dothideomycete 等总共仅占约 2.12%。

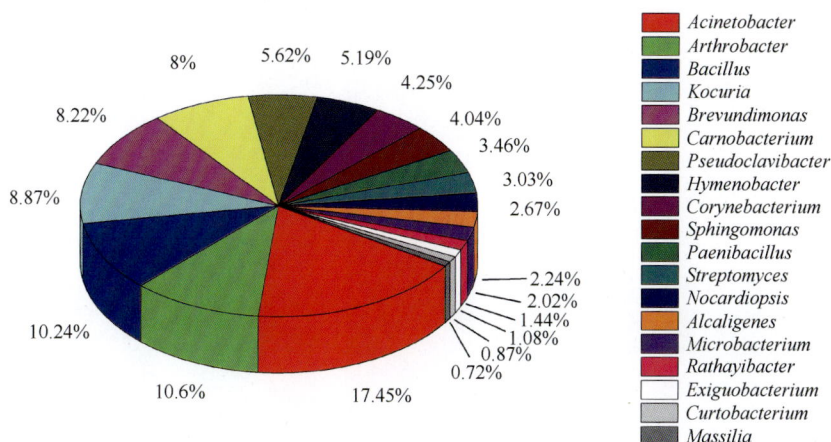

图 4-68　天梯山石窟和西夏博物馆空气细菌组成（属）

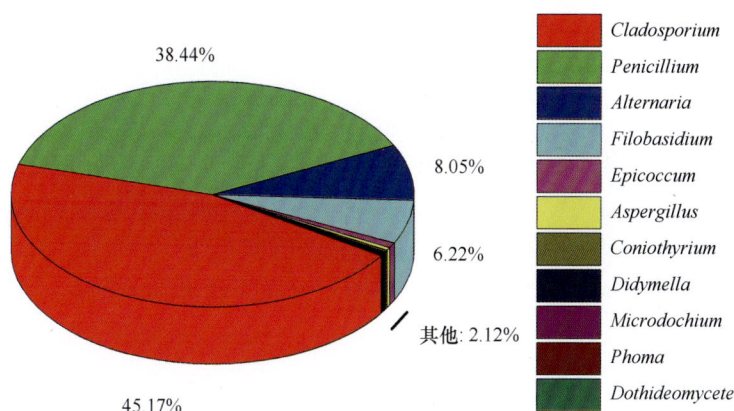

图 4-69　天梯山石窟和西夏博物馆空气真菌组成（属）

　　天梯山石窟第 13 窟和第 18 窟及西夏博物馆内外各季节空气细菌群落组成见图 4-70。在天梯山石窟原址，春季，TT18 处优势菌属为产碱杆菌属（36.53%）和芽孢杆菌属（28.84%），TT13 处为节杆菌属（45.96%）和拟诺卡氏菌属（29.84%）。夏季，TT18 处优势细菌属为不动杆菌属（43.90%）和产碱杆菌属（29.27%），TT13 处为节杆菌属（71.43%）和链霉菌属（20.41%）。秋季，TT18 处节杆菌属和链霉菌属分别占 55.56% 和 25.0%，TT13 处优势菌属变成肉食杆菌属（60%）和棒状杆菌属（20%）。冬季，TT18 优势菌属处为短波单胞菌属（52.27%）和考克氏菌属（31.82%），而 TT13 处薄层菌属（62.79%）为优势菌属。

　　TMI 处，春、夏、秋三季最优势菌属均为不动杆菌属，其占比逐季下降，依次为 65.43%、58.06% 和 37.93%，至冬季被棒状杆菌属取代；同时，除秋季未检测到棒状杆菌属外，春、夏、冬三季均有检出，且占比逐季上升，依次为 13.17%、16.10% 和 66.67%。TMO 处优势菌属随季节变化。春季为考克氏菌属（36.06%）和肉食杆菌属（25.82%）；夏季为芽孢杆菌属（29.88%）和类芽孢杆菌属（27.58%）；秋季为鞘氨醇单胞菌属（42.22%）和节杆菌属（26.67%）；冬季为薄层菌属（60%）和鞘氨醇单胞菌属（32.73%）。

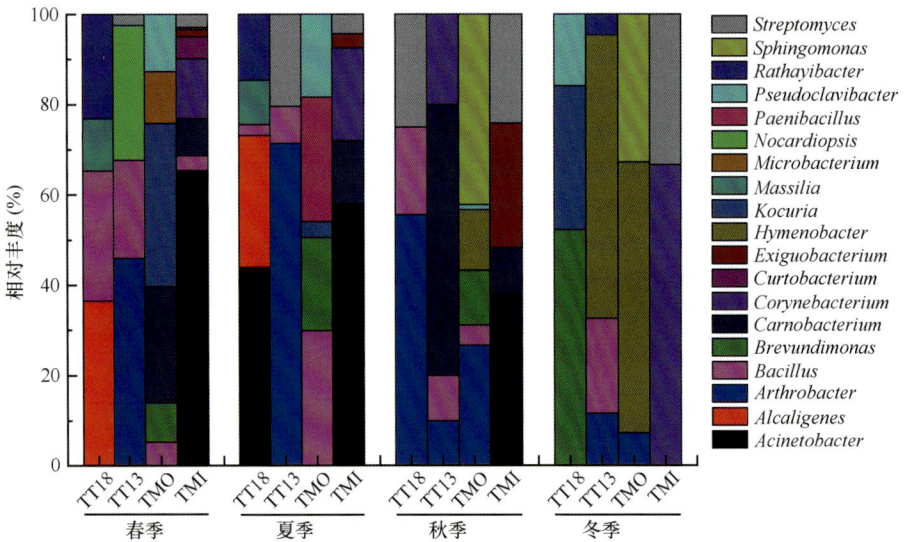

图 4-70　天梯山石窟和西夏博物馆各季节空气细菌相对丰度（属）

天梯山石窟第 13 窟和第 18 窟及西夏博物馆内外各季节空气真菌群落组成见图 4-71。在天梯山石窟原址，春季，TT18 处优势真菌属为青霉属（35.89%）和枝孢霉属（29.10%），附球菌属和 *Filobasidium* 均占 11.96%；TT13 处，最优势真菌属为枝孢霉属，占比为 78.95%。夏季，TT18 处为青霉属和 *Filobasidium*，其占比分别为 55.25% 和 37.74%；TT13 处，优势真菌属依次为枝孢霉属、青霉属和链格孢属，其占比分别为 47.2%、29.2% 和 19.87%。秋季，TT18 和 TT13 处最优势真菌属均变为链格孢属，其占比分别为 72% 和 60.95%，两位点第二优势真菌属为枝孢霉属，其占比分别为 24% 和 21.95%。冬季，TT18 处和 TT13 两位点最优势菌属均为枝孢霉属，占比分别为 64.58% 和 80.77%，此外，青霉属和链格孢属分别为 TT18 和 TT13 两处的第二优势真菌属，分别占 35.4% 和 19.23%。

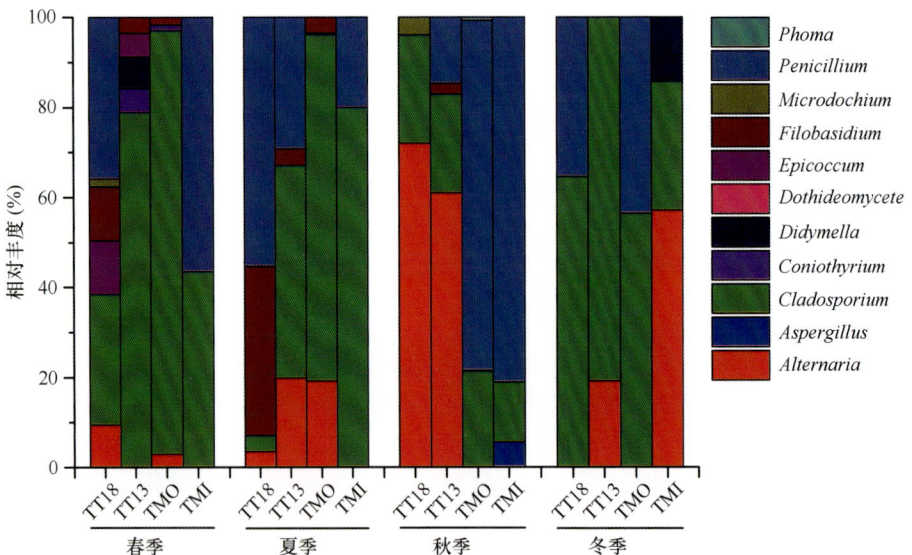

图 4-71　天梯山石窟和西夏博物馆各季节空气真菌相对丰度（属）

TMI 处，在春、夏和秋三季，优势真菌属均为青霉属和枝孢霉属，但其相对占比逐季变动。春季，两真菌属 CFU 占比分别为 56.41% 和 43.59%；夏季，青霉属占比下降，同时，枝孢霉属比例相应上升，其分别占 20% 和 80%；秋季，青霉属占比骤升至 81.0%，枝孢霉属则仅占 13.4%。冬季，TMI 处最优势真菌变为链格孢属，占比为 57.14%，其余依次为枝孢霉属（28.57%）和亚隔孢壳属（14.3%）。TMO 处，春、夏两季最优势真菌属均为枝孢霉属，其分别占 CFU 总数的 94.20% 和 77.0%；秋季，枝孢霉属的占比显著降低至 21.59%，最优势真菌属地位为青霉属所取代，占比为 77.69%；冬季，枝孢霉属和青霉属的相对占比再次变化，分别为 56.46% 和 43.54%。

（4）空气微生物群落结构与环境因子的耦合分析

通过典型相关分析（CCA），天梯山石窟 13 窟和 18 窟以及西夏博物馆内外在不同季节的空气细菌群落结构有较大差异（图 4-72），各环境因子对其差异的贡献率由高到低依次为相对湿度>温度>降雨量，对应数值分别为 0.620、0.438 和 0.355。相对湿度与温度呈负相关，与降雨量呈正相关。馆内环境（TMI）与原址空旷环境（TT13）中细菌群落结构差异明显。天梯山石窟 13 窟和 18 窟以及西夏博物馆内外在不同季节的空气真菌群落结构同样有较大差异（图 4-73），各环境因子对其差异的贡献率由高到低依次为降雨量>相对湿度>温度，对应数值分别为 0.097、0.049 和 0.042。馆内环境（TMI）与另外三处位点中真菌群落结构差异明显。

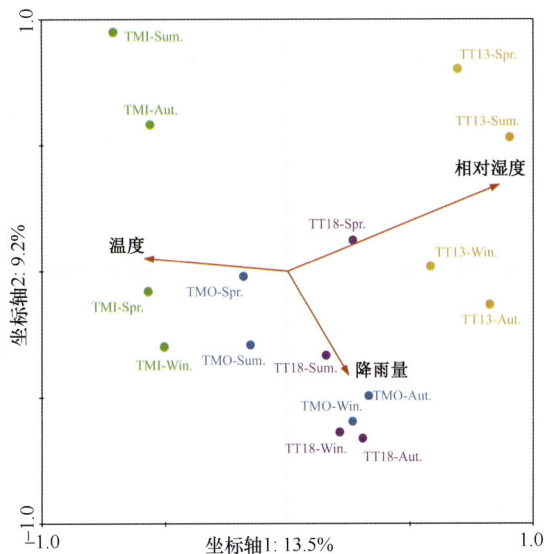

图 4-72　各位点不同季节空气细菌群落组成与环境因子间的典型相关分析

4.3.3　天梯山石窟壁画微生物研究

目前，天梯山石窟原址仅 13 窟大佛窟和 18 窟内中心塔柱附近残留少量壁画。其中，第 13 窟体量很大，其内部释迦牟尼坐像有 23.8 m 之高，其窟顶距地表更是达到了 30 m，此处的残存壁画主要分布在穹顶内侧，如此高度导致无法对其进行采样。第 18 窟，是

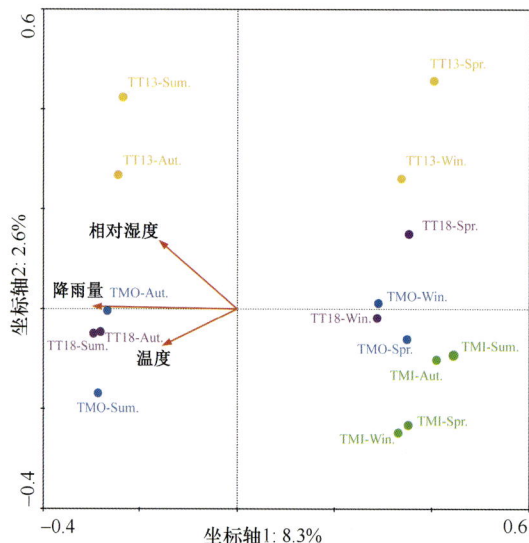

图 4-73　各位点不同季节空气真菌群落组成与环境因子间的典型相关分析

天梯山石窟目前所有洞窟中体积最大、保存最为完整的一处中心塔柱，其呈"凸"字形平面，塔柱共分为三层，每层均上下收分，上层每面开 5 个圆拱形窟龛，中下两层每面开 3 个窟龛，每龛内均塑有坐佛；中心塔柱最高一层基本上已无壁画，最低的一层也被泥土、杂草所埋藏，只有中间的一层壁画颜料层结构较完整（图 4-74）。因此，最终选择 18 窟内中心塔柱第二层佛龛作为采样位点。

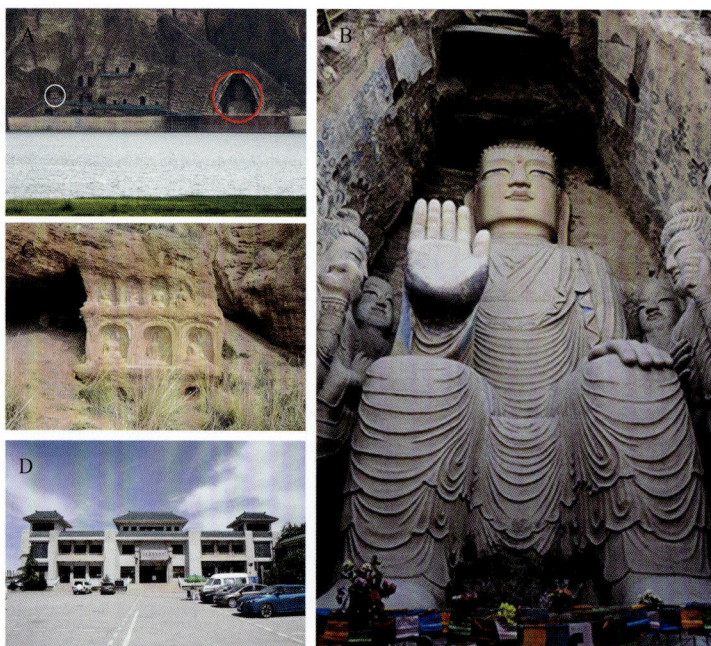

图 4-74　研究位点信息

A. 天梯山石窟遗存壁画的洞窟；B. 位于黄羊水库上方的 13 窟，又称为大佛窟（A 中红圈处所示也是 13 窟）；C. 位于黄羊水库上方的 18 窟（A 中白圈处所示也是 18 窟）；D. 西夏博物馆外景第 1 窟和第 8 窟壁画现存于西夏博物馆（北纬 37°55.394′，东经 102°38.558′），即馆藏壁画。第 1 窟、第 8 窟和第 18 窟均为天梯山石窟低层洞窟，它们的相对位置十分接近；同时，它们建造的年代也十分相近，第 1 窟和第 18 窟建造于北凉，而第 8 窟建造于北魏，它们均属天梯山石窟早期洞窟的代表。

天梯山石窟第 1 窟所选壁画总面积约为 0.327 m²，在其表面选 4 个采样点，分别命名为 TM1-1、TM1-2、TM1-3 和 TM1-4（图 4-75A）；第 8 窟所选壁画总面积约为 0.179 m²，在其表面选取 4 个采样点，分别命名为 TM8-1、TM8-2、TM8-3 和 TM8-4（图 4-75B）。除 TM1-1 和 TM8-4 外，其余 6 个壁画样品表面均带有明显的菌斑。在第 18 窟内中心塔柱残存壁画表面的不同位置取 4 个位点，分别命名为 TT18-1、TT18-2、TT18-3 和 TT18-4（图 4-75C），表面无明显菌斑。三块壁画中，第 1 窟和第 8 窟壁画在取样之后便进行了修复，修复效果见图 4-76。

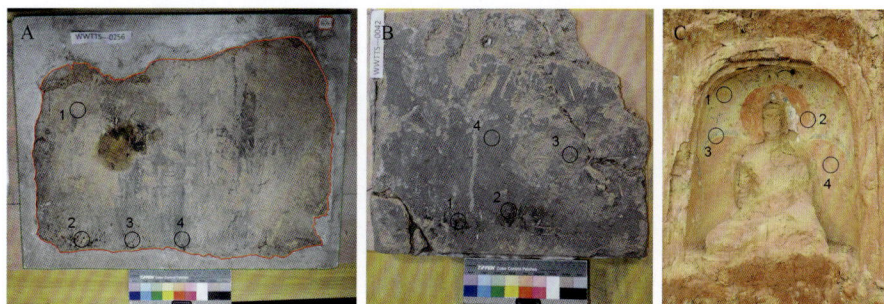

图 4-75　天梯山石窟原址（C）和异地（A、B）保存壁画上的采样位点
A、B 分别为第 1 窟和第 8 窟壁画；C 为第 18 窟壁画

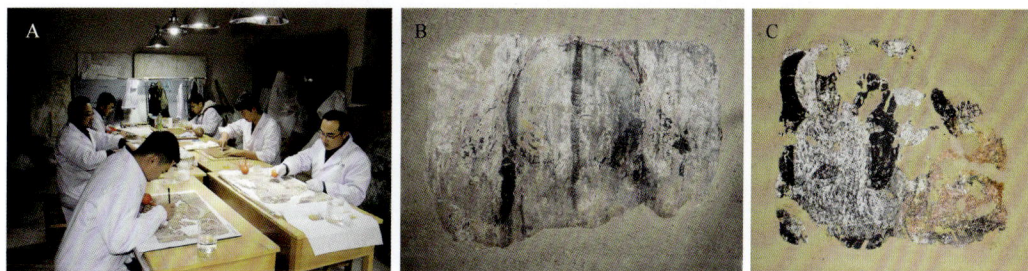

图 4-76　天梯山石窟馆藏壁画修复过程（A）及修复后的壁画 TM1（B）和 TM8（C）

（1）壁画形貌特征

馆藏壁画 TM1 和 TM8 表面附生着大量微生物菌丝体及孢子，甚至深入到壁画基质（图 4-77A，B）。相反，原址壁画 TT18 表面及基质浅层没有发现任何菌丝结构（图 4-77C）。

（2）壁画微生物类群

天梯山石窟原址和馆藏壁画样品中所有 OTU 可划分为细菌 22 个门，239 个科和 518 个属。厚壁菌门（Firmicutes）、放线菌门（Actinobacteria）、变形菌门（Proteobacteria）、拟杆菌门（Bacteroidetes）、蓝细菌门（Cyanobacteria）、酸杆菌门（Acidobacteria）、异常球菌-栖热菌门（Deinococcus-Thermus）和梭杆菌门（Fusobacteria）等 8 个细菌门为

图 4-77 壁画表面菌斑电子显微镜照片

A. TM1 壁画表面密布微生物菌丝体及孢子；B. TM8 壁画表面密布微生物菌丝体及孢子；C. TT18 壁画表面无菌丝结构

各样本的共有细菌门（图 4-78A），它们在各样本中的序列数之和占比均超过 99%。其中，厚壁菌门是第一大细菌门，其占各样本 OTU 总数的 22.75%（785）和序列总数的 51.39%（96 175）；放线菌门为第二大细菌门，其占各样本 OTU 总数的 23.88%（824）和总序列数的 26.61%（49 800）。然而，厚壁菌门和放线菌门在不同样本间的差异极大，它们分别在 4.61%～75.87% 和 0.41%～92.22% 变动。例如，与 TM1 中其他样本不同，

TM1-1 中厚壁菌门的占比在各样本中最低，而放线菌门在 TM1-1 中的占比在各样本中最高。变形菌门是第三大细菌门，占各样本 OTU 总数的 29.42%（1015）和总序列数的 19.83%（37 118）。此外，拟杆菌门（8.35%，288 OTU）、蓝细菌门（3.45%，119 OTU）、酸杆菌门（1.83%，63 OTU）、异常球菌-栖热菌门（2.20%，76 OTU）和梭杆菌门（0.52%，18 OTU）的序列数分别占各样本序列数之和的 0.80%（1489）、0.49%（922）、0.14%（267）、0.13%（249）和 0.08%（152）。剩余各细菌门序列数只占非常小的比例，大约为 0.52%。

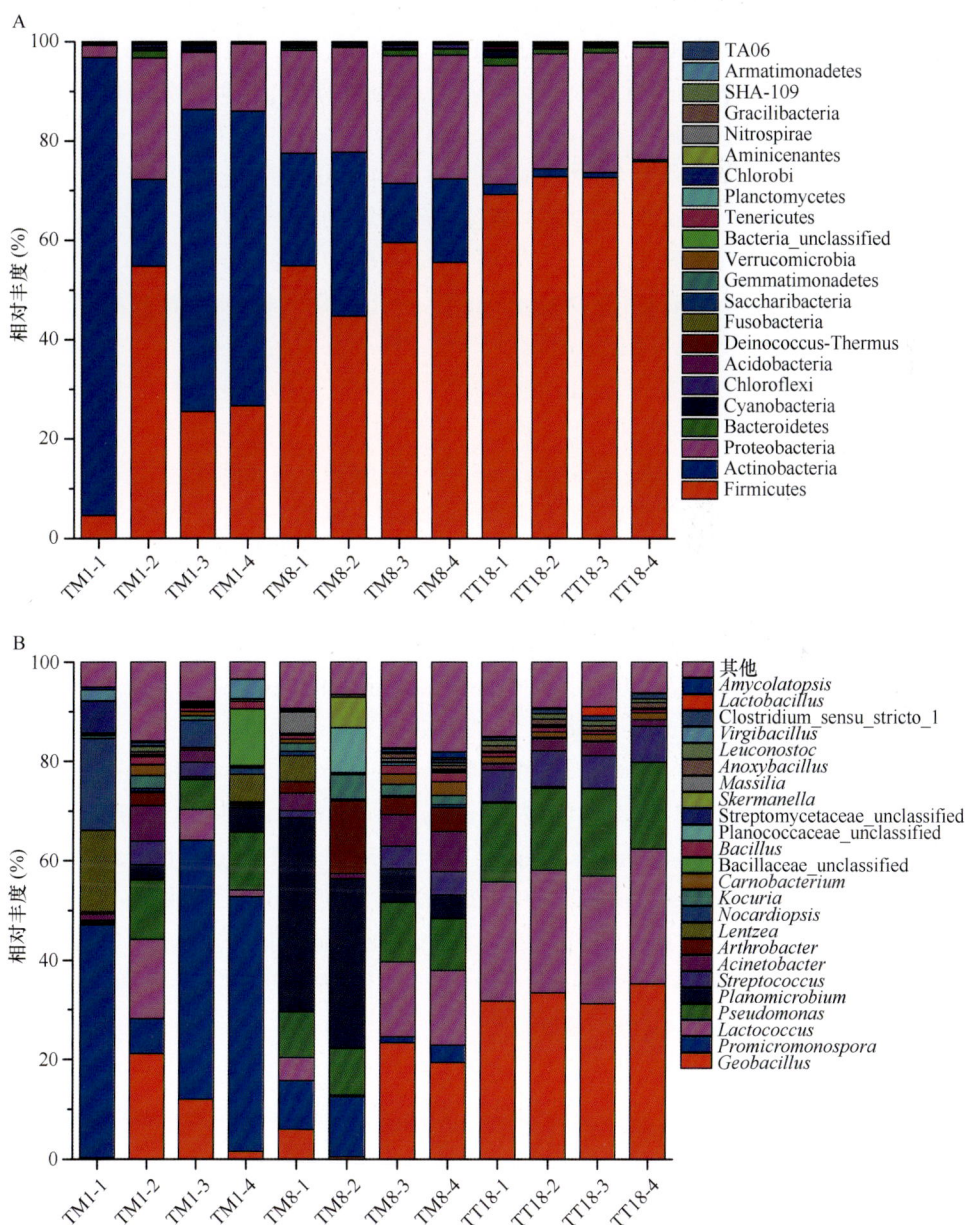

图 4-78　细菌群落在门（A）和属（B）水平上的相对丰度

在属的水平上，在 TM1 中，原小单孢菌属（*Promicromonospora*）为除 TM1-2 之外各样中的最优势细菌属，该菌属在 TM1-1、TM1-3 和 TM1-4 的相对丰度分别为 46.81%、52.18% 和 51.25%（图 4-78B）。土芽孢杆菌属（*Geobacillus*）是 TM1-2 中的最优势细菌属，占比 21.13%，其余依次为乳球菌属（*Lactococcus*）、假单胞菌属（*Pseudomonas*）和不动杆菌属（*Acinetobacter*），它们分别占 15.99%、11.99% 和 7.14%，而原小单孢菌属仅排第五，占比 7.03%。在 TM8 中，动性杆菌属（*Planomicrobium*）为 TM8-1 和 TM8-2 中的最优势细菌属，分别占 39.13% 和 34.10%；而土芽孢杆菌属（*Geobacillus*）为 TM8-3 和 TM8-4 中的最优势细菌属，分别占 22.33% 和 19.40%。与 TM1 和 TM8 不同，TT18 中各样本细菌群落组成极为接近，土芽孢杆菌属、乳球菌属、假单胞菌属和链球菌属等为 TT18 各样本中的优势菌属。

真菌则有 17 个门，57 个科和 51 个属。子囊菌门（Ascomycota）为最优势真菌门，其占各样本 OTU 总数的 66.07%（259）和总序列数的 90.45%（图 4-79A）。担子菌门（Basidiomycota）为第二优势真菌门，其占各样本总 OTU 数的 11.54%（45）和序列总数的 5.17%。其余，脊椎动物门（Vertebrata）、纤毛亚门（Ciliophora）、节肢动物门（Arthropoda）和双并鞭虫目（Bicosoecida）等仅占序列总数的 2.73%。这些序列应为非特异性扩增产物，而出现分类地位未定的真核生物序列应是由于使用的是通用真核生物引物。

在科水平上，各样本中均有大量 unclassified 或 norank 的真菌序列。粪壳菌目未定名科（Sordariales_norank）为最优势真核生物类群，其占各样本 OTU 总数的 2.81%（11）和总序列数的 57.94%（126 479）（图 4-79B），但其相对丰度在不同样本间差异极大，在 0～97.33% 变动。各样本中其他相对丰度大于 1% 的真菌，依次为发菌科（Trichocomaceae）（7.39%，16 133）、酵母目分类未定科（Saccharomycetales_incertae_sedis）（5.74%，12 531）、散囊菌目分类未定科（Eurotiales_incertae_sedis）（3.74%，8167）、煤炱目未鉴定科（Capnodiales_unclassified）（2.87%，6270）、子囊菌门未鉴定科（Ascomycota_unclassified）（2.64%，5775）、酵母目未鉴定科（Saccharomycetales_unclassified）（2.28%，4966）、Cystofilobasidiaceae（2.19%，4774）、Eukaryota_unclassified（1.80%，3937）、茶渍目未鉴定科（Lecanorales_unclassified）（1.71%，3713）、Trichosporonaceae（1.53%，3328）、Incertae_Sedis_incertae_sedis（1.35%，2948）、马色拉目分类未定科（Malasseziales_incertae_sedis）（1.25%，2735）、哺乳动物（Mammalia_norank）（1.24%，2707）、格孢菌目分类未定科（Pleosporales_incertae_sedis）（1.06%，2317）和孢腔菌科（Pleosporaceae）（1.04%，2273），其余仅占 4.24%（9254）。

（3）壁画微生物群落组成

通过热图（Heatmap）来做样本间相对丰度的相似性聚类分析。对相对丰度排名前 50 名的细菌属进行聚类分析（图 4-80A），结果显示，所有样本可分别聚集为两组，第一组包括 TT18 群组的所有 4 个样本，即 TT18-1、TT18-2、TT18-3 和 TT18-4，它们先行聚类，然后再与 TM8-3、TM1-2 和 TM8-4 聚类；第二组则包括 TM8-1 和 TM8-2，以及 TM1-1、TM1-3 和 TM1-4。主成分分析（PCA）结果显示（图 4-81A），TM1 群组中除 TM1-2 以外的三样本，沿着主轴 PC1（65.79%）在左侧相互靠近，而 TT18 群组中的所有 4 个样本则在右侧聚集。同时，TM8 群组内各样本有明显差异。

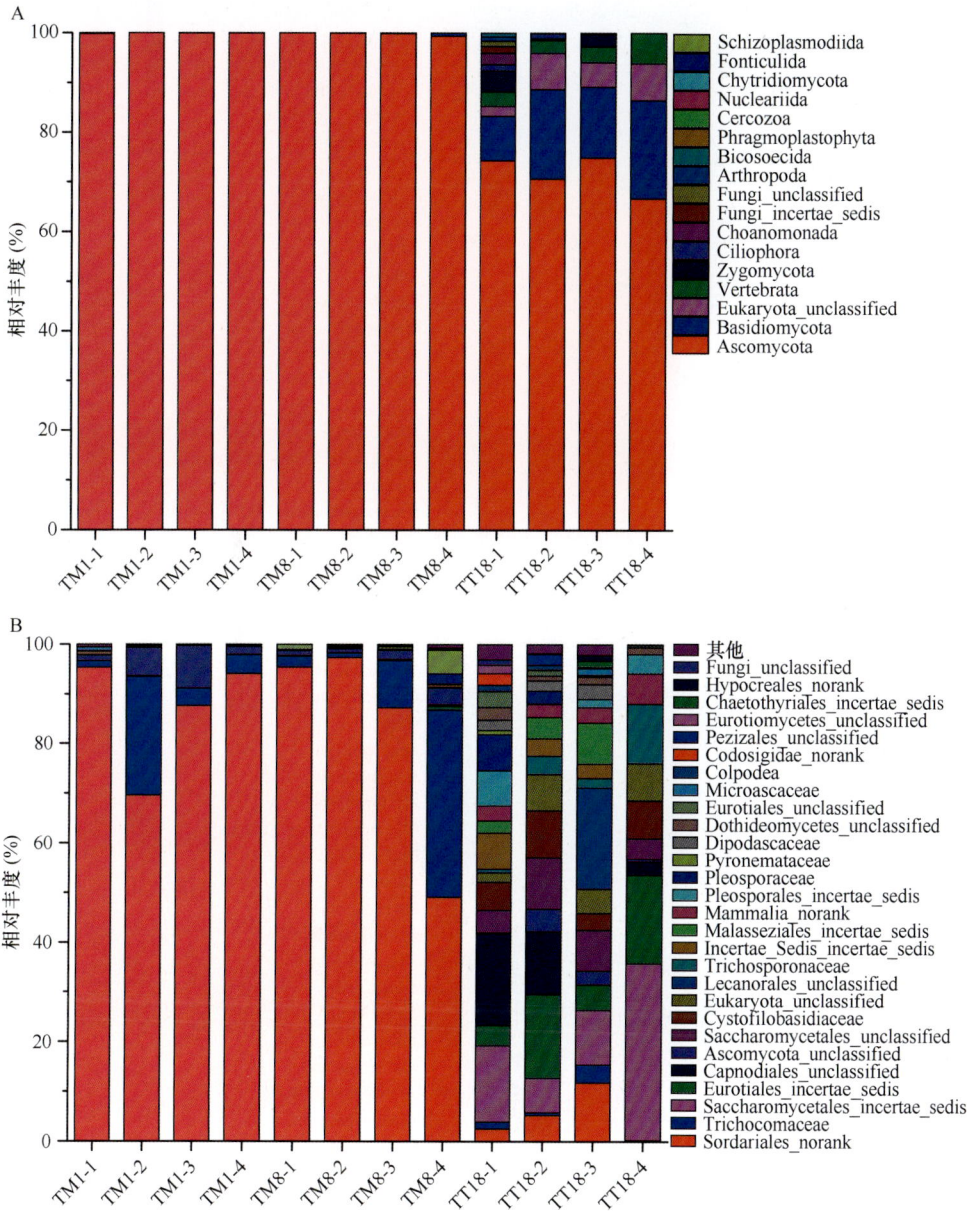

图 4-79　真核生物群落在门（A）和科（B）水平上的相对丰度

A

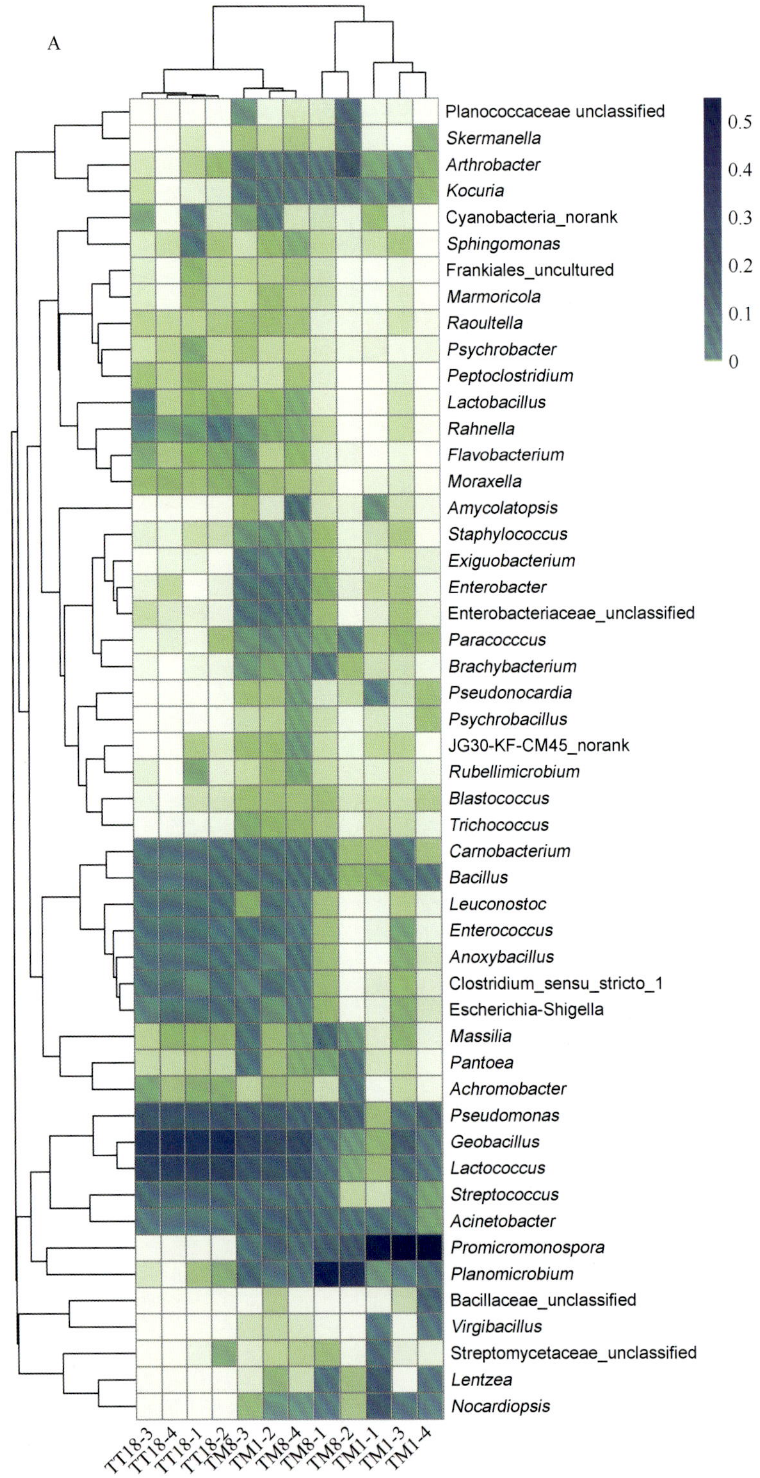
Planococcaceae unclassified
Skermanella
Arthrobacter
Kocuria
Cyanobacteria_norank
Sphingomonas
Frankiales_uncultured
Marmoricola
Raoultella
Psychrobacter
Peptoclostridium
Lactobacillus
Rahnella
Flavobacterium
Moraxella
Amycolatopsis
Staphylococcus
Exiguobacterium
Enterobacter
Enterobacteriaceae_unclassified
Paracocccus
Brachybacterium
Pseudonocardia
Psychrobacillus
JG30-KF-CM45_norank
Rubellimicrobium
Blastococcus
Trichococcus
Carnobacterium
Bacillus
Leuconostoc
Enterococcus
Anoxybacillus
Clostridium_sensu_stricto_1
Escherichia-Shigella
Massilia
Pantoea
Achromobacter
Pseudomonas
Geobacillus
Lactococcus
Streptococcus
Acinetobacter
Promicromonospora
Planomicrobium
Bacillaceae_unclassified
Virgibacillus
Streptomycetaceae_unclassified
Lentzea
Nocardiopsis
0.5
0.4
0.3
0.2
0.1
0
TT18-3
TT18-4
TT18-1
TT18-2
TM8-3
TM1-2
TM8-4
TM8-1
TM8-2
TM1-1
TM1-3
TM1-4

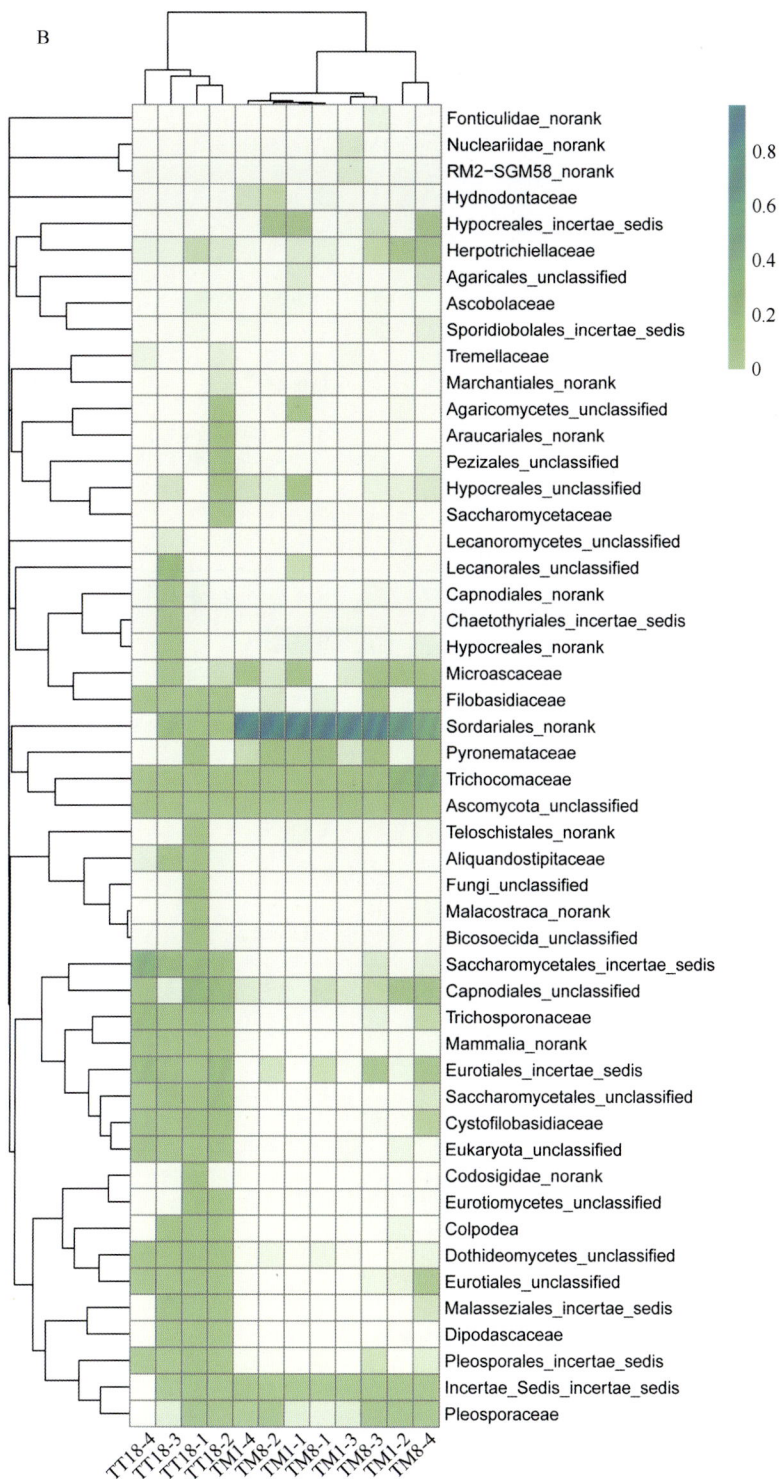

图 4-80　天梯山石窟壁画细菌（A）和真菌（B）群落组成及进化关系热图

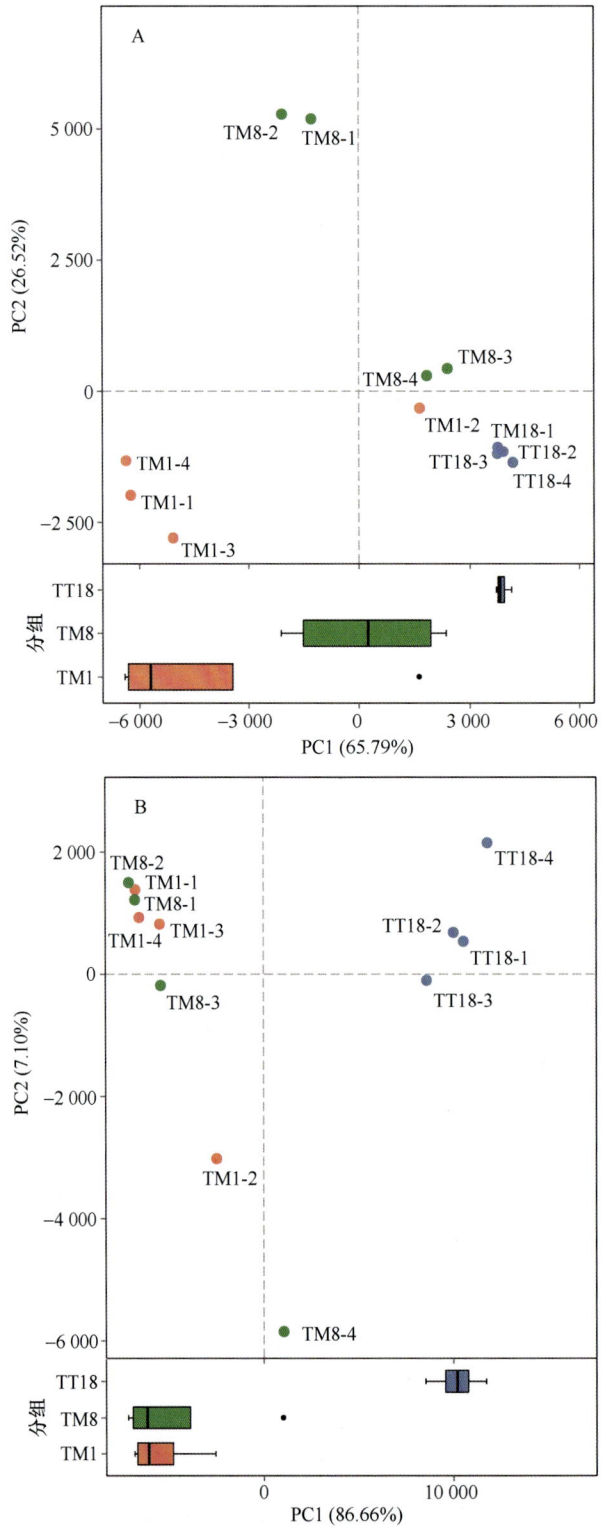

图 4-81 天梯山石窟壁画各样本间细菌（A）和真菌（B）群落组成主成分分析

用维恩图来进一步比较不同样本间细菌群落的相似程度。结果显示，三样组间有 242 个共有 OTU（图 4-82A），其相对应的序列数分别占 TM1、TM8 和 TT18 中的 95.16%、95.11% 和 97.45%。厚壁菌门、放线菌门和变形菌门为共有 OTU 中的优势菌门。核心菌属为厚壁菌门和放线菌门中的土芽孢杆菌属、原小单孢菌属、乳球菌属和动性杆菌属。其中，原小单孢菌属、动性杆菌属和土芽孢杆菌属分别为 TM1、TM8 和 TT18 中的最优势细菌属。

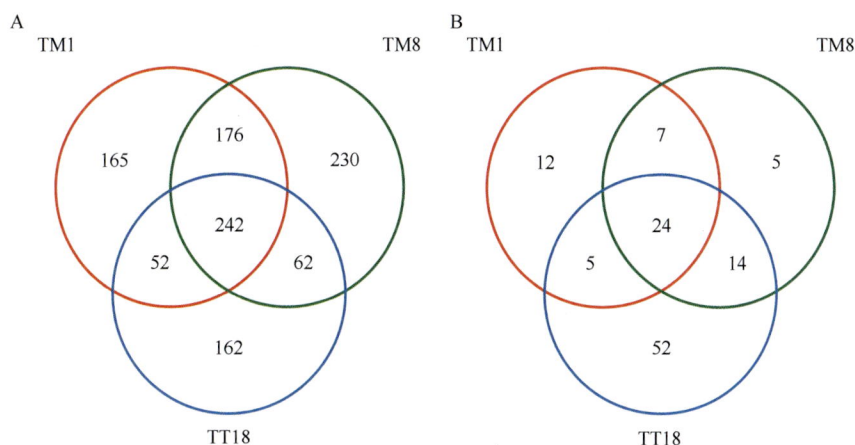

图 4-82　天梯山石窟壁画各样本间细菌（A）和真核生物（B）群落组成维恩图

对相对丰度排名前 50 名的真核生物菌科进行聚类分析（图 4-80B），结果显示，所有样本可分别聚集为两组，第一组包括 TT18 样组内的所有 4 个样本，即 TT18-1、TT18-2、TT18-3 和 TT18-4；第二组则包括 TM1 和 TM8 样组所有成员，即 TM1-1、TM1-2、TM1-3 和 TM1-4，以及 TM8-1、TM8-2、TM8-3 和 TM8-4。主成分分析（PCA）结果（图 4-81B）与热图结果完全一致，TT18 内各样本群落结构十分相似，TM1 和 TM8 内各样本也十分相似。非常明显，天梯山石窟原址壁画和馆藏壁画真核生物群落组成有显著差异。TM1 和 TM8 样组内各样本，以及 TT18 样组内各样本，分别沿着主轴 PC1（86.66%）并在其左边和右边聚集；主轴 PC2 仅 7.10%。维恩图显示（图 4-82B）TM1、TM8 和 TT18 三样组间的共有 OTU 数目为 24，其分别占 TM1、TM8 和 TT18 中序列数的 99.80%、99.77% 和 38.34%。在共有 OTU 中，子囊菌门占最优势地位，其次为担子菌门。其中，分类地位不明确的粪壳菌目（Sordariales_norank）为 TM1 和 TM8 样组中的核心菌群；与前述不同，TT18 样组中皱褶假丝酵母（*Candida rugosa*）、疏棉状嗜热丝孢菌（*Thermomyces lanuginosus*）和煤炱目（Capnodiales）为核心真菌群。

4.3.4　小结与讨论

1）天梯山石窟第 18 窟和第 13 窟，各个季节细菌浓度较接近，无显著性差异，且细菌浓度有明显季节性变动规律，总体特征为冬春季高，夏秋季低。该两位点空气中真菌的变化趋势与细菌基本一致。西夏博物馆外空气细菌和真菌浓度在各季节均高于库房内，馆外广场空气细菌和真菌浓度也高于原址第 18 窟和第 13 窟（春季除外），冬季细菌浓度最高，这可能与冬季采暖造成城市环境空气污染等因素相关；秋季真菌浓度最高，这应与秋季降水集中，适宜真菌孢子萌发有关。

通过相关性分析发现，除 TMI 处空气细菌浓度与温度和相对湿度呈非显著正相关外，其他各位点空气细菌浓度均与温湿度呈负相关，户外三处位点基本一致。降雨量与 TT18、TT13 和 TMO 三处的空气细菌浓度呈负相关，在 18 窟处相关性显著（$P < 0.05$）。真菌则有所不同，原址 TT18 和 TT13 两位点真菌浓度与温度、湿度和降雨均呈负相关，而西夏博物馆内外两位点则与三因子均呈正相关。

温度、相对湿度对博物馆馆内与室外各位点空气中细菌浓度的影响相反，这应与武威地区地处高寒半干旱气候区、降雨较少有关，该地空气相对湿度的增加主要由降雨引起，但降雨量可对空气起到净化作用，而降低空气中细菌浓度；且该地气温较低，外环境空气中的主要微生物类群可能更适应较低温度。此外，原址 18 窟和 13 窟夏季空气细菌浓度比冬、春两季低，这可能是由于原址的降雨主要发生在夏季。与细菌比较，温度、相对湿度和降雨对天梯山石窟与武威西夏博物馆空气中真菌浓度的影响呈相反趋势，这应与两地周围小环境的巨大差异有关，天梯山石窟地处黄羊水库之上，大气湿度长期保持在相对较高的水平，该地空气中真菌受湿度变化的影响较小；而博物馆内外空气相对湿度较低，真菌孢子的萌发对温度和空气湿度的要求较高，而武威地区气候干旱、寒冷，只有在有降雨及温度上升时真菌浓度才会上升。除受温度、相对湿度及降雨量等自然因素影响外，人为扰动对空气微生物浓度影响也很大，这在西夏博物馆内外表现尤为明显，该博物馆位于武威市主城区，周边人流密集，空气中浮尘和微生物含量上升（Bastian *et al*., 2009a；Saiz-Jimenez *et al*., 2011）。而博物馆建筑物本身对外环境污染物有阻隔作用，馆内除文保人员修复壁画外，基本无其他人员进出，尤其在冬季，细菌浓度仅 16.7 CFU/m³，真菌浓度也仅为 13 CFU/m³，修复工作暂停，无人员活动，库房内外差异更加显著；库房内受人为干扰程度要远低于户外，这是博物馆内外空气细菌及真菌浓度差异最可能的原因。

本研究鉴定出的 19 个细菌属，分属放线菌门（Actinobacteria）、变形菌门（Proteobacteria）、厚壁菌门（Firmicutes）和拟杆菌门（Bacteroidetes），其分别占 47.37%、26.32%、21.05% 和 5.26%。其中，不动杆菌属、节杆菌属、芽孢杆菌属、考克氏菌属、短波单胞菌属、肉食杆菌属、*Pseudoclavibacter* 和薄层菌属为优势菌属，各位点空气细菌群组差异明显，这与不同位点温度、相对湿度、太阳辐射、风向、降雨等自然条件差异有很大关联（Wang *et al*., 2012）。芽孢杆菌属、鞘氨醇单胞菌属和微杆菌属等为城市空气中的常见细菌属（薛林贵等，2017），其他菌属并非城市空气中的常见类群，其出现应与采样时的气象条件、人类活动及周边复杂环境等有关。不动杆菌属占馆内空气细菌总数的 60% 以上，除冬季外，春、夏、秋三季均有检出，该属出现于库房的时间与修复工作开展同步，可能与修复人员活动有关。不动杆菌属为变形菌门成员，是常见的条件致病菌（Rosa *et al*., 2014），其大量出现在库房这种狭小密闭的环境中，对工作人员健康有潜在威胁，有必要采取阶段性通风透气措施以减少此类病害菌对文物和工作人员的危害。本研究共鉴定出 11 个真菌属，大部分属于子囊菌门，其中，枝孢霉属

（*Cladosporium*）、青霉属（*Penicillium*）、链格孢属（*Alternaria*）和 *Filobasidium*，其占比分别 45.17%、38.44%、8.05% 和 6.22%。它们在天梯山石窟原址和西夏博物馆内外等4 位点均有检出，其分布无位点特异性，它们是当地空气中占优势地位的真菌类群，这与国内外对城市生态系统中空气微生物群组研究的结果基本一致。

通过典型相关分析（CCA），相对湿度、温度及降雨量等环境因子均会对空气微生物群落产生影响。其中，相对湿度对第 13 窟在各季节空气细菌群落结构的影响大于其他因素；降雨量则对 18 窟和博物馆外广场空气细菌群落结构影响较其他因素更明显；博物馆内空气细菌群落则受温度、相对湿度的协同作用。第 13 窟和博物馆内空气真菌在各季节受温度和相对湿度变化的影响较小；第 18 窟和博物馆外广场在夏、秋两季受温度和降雨的影响较大。受客观条件所限，诸如风速、风向、太阳辐射和游客等数据未能纳入此次分析，它们对空气中微生物群落组成及分布同样有影响（Ciferri，1999；Wang *et al*.，2010b），尚待进一步研究。

本研究鉴定得到菌属，如节杆菌属、芽孢杆菌、类芽孢杆菌属、诺卡氏菌属等细菌，还有枝孢霉属、青霉属和链格孢属等真菌，它们均属于异养菌，是墓室、洞穴等环境壁画表面的常见菌属（Ciferri，1999；Pepe *et al*.，2010）。一旦其沉降到壁画表面，一方面，其很可能利用壁画制作材料中的有机成分，如动物胶结材料，造成文物基质材料的降解、老化；另一方面，它们普遍具备旺盛的次级代谢能力，能向外分泌色素和酸类，沾染、腐蚀壁画（Heyrman *et al*.，1999），若其大量出现在壁画保存环境当中，将成为壁画微生物劣化的潜在威胁（Filomena *et al*.，2012；Pangallo *et al*.，2012）。

2）MiSeq 高通量测序结果显示，天梯山石窟壁画表面附生细菌的多样性较高，而真核生物多样性相对较低。本研究中检出的许多微生物类群在世界上其他文化遗产地也有过报道。

在门的水平上，厚壁菌门（Firmicutes）、放线菌门（Actinobacteria）和变形菌门（Proteobacteria）为最优势细菌门。厚壁菌门具有很强的抗高温、耐干旱的能力，其广泛发现于土壤和干旱环境中，而放线菌门和变形菌门则为洞穴和墓穴等地下生态环境中的优势细菌门（Laiz *et al*.，1999；Schabereiter-Gurtner *et al*.，2002a，2002b；Jurado *et al*.，2005a，2005b；Cuezva *et al*.，2012）。此外，拟杆菌门（Bacteroidetes）、蓝细菌门（Cyanobacteria）、酸杆菌门（Acidobacteria）、绿弯菌门（Chloroflexi）和浮霉菌门（Planctomycetes）同样广泛发现于洞穴和地下环境中（Bastian and Alabouvette，2009）。

比较发现，各样点壁画的细菌群落结构间存在显著差异。原小单孢菌属（*Promicromonospora*）和动性杆菌属（*Planomicrobium*）分别为 TM1 和 TM8 中最优势细菌属。原小单孢菌属，属于放线菌门微球菌目（Micrococcales）原小单孢菌科（Promicromonosporaceae），该属成员主要存在于土壤和大气中，对人类无致病性。原小单孢菌属首次发现于德国 Greene 的圣马丁（St. Martin）教堂内受腐蚀的壁画表面（Gurtner *et al*.，2000），随后，西班牙苏埃罗斯的蝙蝠洞（Cave of Bats）也分离出了该菌属（Filomena *et al*.，2012）。作为典型的有机化能营养细菌，原小单孢菌属成员具有发达的分支菌丝结构和旺盛的产孢能力，其也很可能对壁画有潜在降解能力，但它们在壁画生物侵蚀中的具体作用仍缺乏研究。

动性球菌属（*Planomicrobium*，或 *Planococcus*），革兰氏阳性、需氧、可运动、孢子非内生、不具有内生孢子反应，其广泛存在于各种不同生境中，包括土壤（Luo *et al.*，2014）、冻土（Mayilraj *et al.*，2005）、海洋沉积物（Dai *et al.*，2005）和深海（Head *et al.*，2006）中，甚至在章鱼肠道中也有发现（Liu *et al.*，2013）。该属部分成员，如深海中的解烷烃游动微菌（*Planomicrobium alkanoclasticum*），具有很强的碳氢化合物降解能力，可有效降解原油中的饱和烷烃，在原油污染清除和环境修复过程中有重要作用（Head *et al.*，2006）。此外，还有一些该属菌株可向外分泌蛋白水解酶，能利用明胶作为碳源或能源。此前，利用培养基分离法，在罗马尼亚 Nicula 的一处建造于 17 世纪的遭受生物侵蚀的木质教堂分离到该菌属（Lupan *et al.*，2014）。目前，该菌属在文物生物侵蚀过程中的具体作用还不得而知，但其对饱和烷烃及明胶等有机质具备旺盛的降解能力，很可能对壁画产生潜在破坏。

真核生物由于 18S rRNA 目前数据库规模较小，大量序列属于分类地位未定或序列不明确，难以鉴定到科、属的水平，这些序列大多属于粪壳菌目（Sordariales）。造成这一现象的原因除 18S rRNA 数据库限制外，MiSeq 测序所使用的真菌通用引物 817F/1196R 的种属覆盖度较低也是重要原因（Rousk *et al.*，2010；Mueller *et al.*，2016）。粪壳菌目属于子囊菌门粪壳菌纲，营腐生真菌，粪便、草丛或污泥等均是其偏好的场所。粪壳菌目的部分成员，如毛壳菌科（Chaetomiaceae），具备很强的次级代谢能力，可向外分泌纤维素酶、木聚糖酶和虫漆酶等，分解代谢植物纤维素和木质素，最终引起木材及木制品的朽糟。因此，粪壳菌目很可能具备降解壁画制作材料的潜势。在天梯山馆藏壁画，TM1 和 TM8 上发菌科（Trichocomaceae）为第二大优势真菌类群，该真菌科中最为常见的便是青霉属（*Penicillium*）和曲霉属（*Aspergillus*），是典型的非自养型丝状真菌，广泛存在于包括大气溶胶在内的各种环境中（Wang *et al.*，2010a，2011；Docampo *et al.*，2011；Porca *et al.*，2011）；同时，它们还是赋存于岩穴、地下墓室和教堂等环境中的壁画表面最为常见的类群（Pepe *et al.*，2010；Ma *et al.*，2015），其发达的菌丝结构会对壁画产生严重的机械破坏。

比较分析发现，在馆藏壁画 TM1 和 TM8 各样本中，放线菌门和粪壳菌目占优势地位，它们的占比远超其在原址壁画 TT18 中的占比，这意味着室内环境条件更利于其生长、繁殖。微生物的生长、繁殖需要适宜的环境条件，包括温度、相对湿度、营养物质和水等。然而，壁画表面往往较为干燥，且可利用的营养物质也很贫乏，不适合绝大多数微生物生存。此外，与多数古代中国壁画的制作类似，天梯山石窟壁画在制作过程中也大量使用了以重金属化合物为主要成分的矿物颜料，比如，常用红色矿物颜料铅丹（Pb_3O_4）和朱砂（HgS），它们对微生物的生长、增殖具有很强的毒害、抑制作用。

比较天梯山原址和武威西夏博物馆两地的温湿度数据，发现西夏博物馆在为期一年监测期内（2016 年 4 月 16 日～2017 年 4 月 16 日），室内温度和相对湿度均保持相对稳定，其最高值分别为28.35℃和56.8%。相反，位于原址第 18 窟的数据显示，该监测点周围的温度和相对湿度变化十分剧烈，同期，最高温度和相对湿度分别为 24.21℃和84.01%。第 18 窟相对湿度能达到如此之高的程度，最可能的原因是其正好处于黄羊水库的正上方，水库周围具有潮湿的小环境。一般来说，相对湿度过高不利于文物的保存，博物馆等室内环境的相对湿度超过 75%的阈值一段时间后，真菌浓度及多样性便会显著上升。在博物馆环境中，相对湿度为 55%被认为是真菌活动的临界值，若低于这一水平，真菌很难在此环境中存活，因此，常常将馆内相对湿度控制在 55%以下（Sterflinger，2010）。令人惊奇的是，通过肉眼观察和电镜分析，馆藏壁画 TM1 和 TM8 表面密布菌丝和孢子，甚至深入到基质，但原址 18 窟壁画则未发现菌丝及孢子。

天梯山石窟原址第 18 窟的温湿度监测数据显示，该监测点周边相对湿度经常性超过 70%，最高达到 84.01%；但在为期一年的监测期内，湿度超过 70%的天数总计不到 20 d，且持续时间最长仅 10 d（2016 年 8 月 17 日～8 月 26 日）。因此，这种环境条件很难引起该处壁画微生物的过度增殖。此外，第 18 窟位于露天环境，气流交换流畅，这在很大程度上对微生物浓度起到了稀释作用。对馆藏壁画来说，目前在西夏博物馆内较低的温度和相对湿度，实际上非常适合文物的保存。因此，这批文物所出现的微生物病害，应不是在搬迁到西夏博物馆之后产生的；在甘肃省博物馆内，长达半个世纪的不可控的环境条件，应是引起微生物病害的主要环境因素。

如前所述，壁画表面有限的营养和水分供给条件，并不适合绝大多数微生物生存。然而，早前搬迁时的一些人为干预措施，可在很大程度上改善壁画表面贫瘠环境条件。搬迁时，为保护壁画颜料层所使用的鹿皮胶、薄棉纸和棉布等均是天然有机材料，它们对非自养微生物来说都是很好的营养源和能源；在壁画加固过程中，大量水分随着生石膏的使用而渗入颜料层，甚至进入壁画基质。我们观察到在用生石膏加固的部位，也就是壁画的边缘，微生物菌丝体的密度较其他部位更高；且石膏层的厚度越大，菌丝越多。因此，水分是影响微生物菌丝体分布状况的关键因子。更进一步，通过比较两块馆藏壁画 TM1 和 TM8 发现，TM8 的加固过程中所使用的生石膏很少，石膏层也很薄，其能引入的水分有限，这就难以解释 TM8 之上为何附生这么丰富的微生物菌丝及孢子。早前搬迁时，为方便壁画搬迁，文保人员经常将多块揭取壁画封装入同一木箱内，由于包装过于严实，密闭性过高导致木箱内的水分难以散失，揭取壁画长期处于高湿微环境中。因此，外源性有机营养物质和水分的引入，有效地改善了壁画贫瘠的寡营养条件，引起放线菌门和粪壳菌目的生长；过于密实的包装加速了这些类群的微生物繁殖；总之，早期搬迁时采取的加固措施，是引起保存在甘肃省博物馆中的壁画发生微生物暴发的另一重要原因。

在本研究中，所鉴定到的许多菌属，如假单胞菌属（*Pseudomonas*）、考克氏菌属（*Kocuria*）、节杆菌属（*Arthrobacter*）、不动杆菌属（*Acinetobacter*）和芽孢杆菌属（*Bacillus*）等广泛发现于文化遗产地。例如，假单胞菌属成员广泛分布于各种环境中，如地下洞穴和墓室中（Laiz *et al.*，2000；Pasquarella *et al.*，2011；Filomena *et al.*，2012；Martin-Sanchez *et al.*，2014）。作为反硝化细菌，它们广泛地参与了许多自然界的物质及能量循环过程，涉及 N 元素的固定、金属元素的循环和生物质的降解（石油衍生物、芳香烃和非芳香烃及其他化合物）（Lalucat *et al.*，2006）。荧光假单胞菌（*Pseudomonas fluorescens*）作为假单胞菌属中的重要成员，它与真菌中的腐皮镰刀菌（*Fusarium solani*）共同引发了拉斯科洞穴的第二次微生物危机（Bastian *et al.*，2010）。节杆菌属和不动杆菌属也参与了不同材质的文化遗产的生物降解（Capodicasa *et al.*，2010；Jroundi *et al.*，2010；Piñar *et al.*，

2010）。其他菌属，如考克氏菌属和芽孢杆菌属等，也广泛存在于土壤、水体、建筑物和大气等多种环境（Ettenauer *et al.*，2011；Morin *et al.*，2012；Pangallo *et al.*，2012；Kusumi *et al.*，2013）。

总之，处于不同保存环境下的天梯山石窟壁画，其表面微生物的群落组成存在显著差异。异地搬迁是针对石窟寺或墓室壁画而进行的常用抢救性保护措施之一，其初衷为改善壁画的保存环境。然而，部分人为干预措施会对壁画产生潜在威胁。本研究表明，天梯山馆藏壁画出现严重微生物侵蚀的主要原因有二：①搬迁时的人为干预措施，包括外源性营养和水分的输入以及不合理的包装方式；②搬迁后的管理缺位，博物馆内不可控的环境条件。针对以上原因，我们认为，在实施保护的任何阶段都要注意，避免将外源性营养和水分引入壁画微环境，同时，在博物馆等室内环境保存时还要严格控制室内温度及相对湿度。

4.4 本 章 总 结

本章系统梳理了敦煌研究院长期以来对丝绸之路甘肃段重要石窟敦煌莫高窟、天水麦积山石窟和武威天梯山石窟微生物研究的成果，包括三处遗址壁画彩塑微生物区系特征，空气微生物的浓度、群落结构、分布特征及季节变动规律，以及壁画色变的微生物学机制。所得成果可为壁画生物病害防治及文化遗产地预防性保护体系建设提供本底资料。由于壁画材料的特殊性，目前的研究中还有一些不足和欠缺的地方，未来对壁画和其他类型文物的生物侵蚀相关研究还需关注以下问题。

1）壁画作为极为宝贵的文化遗产，具有不可再生性。而传统研究壁画微生物群落不可避免要在壁画本体采样，虽然取样位置多在已破损处，且取样量有严格控制，但毕竟还是会造成壁画材料的物质损失。今后应加强针对壁画等文化遗产微生物群落研究的无损检测技术应用，如荧光原位杂交（fluorescence *in situ* hybridization，FISH）技术等。

2）过去对文物微生物群落组成的研究主要采取传统的培养基分离法，后随着分子克隆技术的发展，16S/18S rRNA 和 ITS 区域扩增结合变性梯度凝胶电泳（denaturing gradient gel electrophoresis，DGGE）技术成为微生物种群鉴定和群落结构研究的有力手段。研究更进一步，采取基于 MiSeq PE300 平台的二代高通量测序技术，较为客观地反映了麦积山石窟和天梯山石窟壁画表面的微生物群落组成，但该技术与前述方法一致，仍无法确定所检测微生物群落中哪些类群还具有代谢活性。未来可进一步使用基于 RNA 的分子技术以区分具代谢活性的菌群，同时还可结合 Meta 分析、微阵列（microarray）等技术。

3）基于高通量测序手段，本研究对三地壁画微生物群落组成情况，尤其是占优势地位的微生物类群有了初步了解，这对评估壁画保存状态、制定微生物病害防治策略有重要参考价值。但其缺点在于只关注了对微生物群落结构特征的揭示，而忽略了对群落整体功能的揭示，单纯以若干优势微生物的代谢特性来代替整个微生物群落功能，会给文物微生物侵蚀防治造成很大误导。目前，宏基因组测序、转录组测序、蛋白质组测序和代谢组分析等手段已被用来揭示壁画表面微生物群落的整体功能，它们能较准确、真实地反映不同层面的微生物群落功能特征。但其价格较高、效费比低，且其数据量大、处理过程复杂。但先可尝试利用 PICRUSt、Tax4Fun、FAPROTAX 和 BugBase 等平台，对基于 16S rDNA 高通量测序数据加以分析，结合京都基因和基因组数据库（KEGG）、蛋白质直系同源簇（COG）等数据库，来对微生物群落功能进行预测。

4）本研究针对三处石窟空气微生物的研究是基于冲击式的生物气溶胶采样泵结合培养平板的方法，空气中的微生物经过采样器时，往往会受到叶片的切割作用，在一定程度上可以说是受损的，这会使最终的结果产生误差。因此，未来应加强空气微生物采样技术及设备的研发。目前，针对文化遗产地的空气微生物采样都是定点采样，由于空气的流动性，空气微生物群落结构特征会受诸多复杂因素的制约，且定点采样的结果只能反映采样期间的微生物群落结构，而无法反映较大范围和较长时间内空气微生物结构和动态变化规律。未来应着力寻找一种可较为全面反映文化遗产地空气微生物群落结构及变化规律的新方法。另外，空气微生物随季节和风向等时空变化明显，当前时段性采样虽然反映了季节性特点，但无疑是管中窥豹。因此有必要加大采样密度，对比白天和夜间差异。微生物浓度及多样性实时监测在技术层面目前还没有实现，限制了监测预警发展。

参 考 文 献

段育龙, 武发思, 汪万福, 等. 2019. 麦积山石窟赋存环境中空气细菌的时空分布特征[J]. 微生物学报, 59(1): 145-156.

樊锦诗. 2000. 敦煌莫高窟的保护与管理[J]. 敦煌研究, 63(1): 1-4.

冯清平, 马晓军, 张晓君, 等. 1998a. 敦煌壁画色变中微生物因素的研究: Ⅰ. 色变壁画的微生物类群及优势菌的检测[J]. 微生物学报, 38(1): 52-56.

冯清平, 张晓军, 马清林, 等. 1998b. 敦煌壁画色变中微生物因素的研究: Ⅱ. 微生物对模拟石窟壁画颜料的影响[J]. 微生物学报, 38(2): 131-136.

冯清平, 张晓君, 马晓军, 等. 1998c. 敦煌壁画色变中微生物因素的研究: Ⅲ. 枝孢霉在石窟壁画铅丹变色中的作用[J]. 微生物学报, 38(5): 365-370.

李最雄. 2000. 敦煌石窟的保护现状和面临的任务[J]. 敦煌研究, (1): 10-23.

李最雄. 2005. 丝绸之路石窟壁画彩塑保护[M]. 北京: 科学出版社.

马燕天, 杜烨, 向婷, 等. 2014. 壁画的生物腐蚀与防护研究进展[J]. 文物保护与考古科学, 26(2): 97-103.

彭金章, 王建军. 2000. 敦煌莫高窟北区石窟(第一卷)[M]. 北京: 文物出版社.

宿白. 1996. 中国石窟寺研究[M]. 北京: 文物出版社.

孙儒僴. 2000. 回忆石窟保护工作[J]. 敦煌研究, (1): 24-29.

汪万福, 马赞峰, 李最雄, 等. 2006. 空鼓病害壁画灌浆加固技术研究[J]. 文物保护与考古科学, 18(1): 52-59.

汪万福, 赵林毅, 裴强强, 等. 2015. 馆藏壁画保护理论探索与实践: 以甘肃省博物馆藏武威天梯山石窟壁画的保护修复为例[J]. 文物保护与考古科学, 27(4): 101-112.

王春燕, 李蔓, 夏寅, 等. 2014. 中国古代石窟壁画制作工艺研究[J]. 文博, 4: 74-78.

武发思, 汪万福, 马燕天, 等. 2013. 敦煌莫高窟第 98 窟壁画表面菌斑的群落结构分析[J]. 微生物学通报, 40(9): 1599-1608.

薛林贵, 姜金融, Erhunmwunsee F. 2017. 城市空气微生物的监测及研究进展[J]. 环境工程, 35(3):

152-157, 162.

颜菲, 葛琴雅, 李强, 等. 2012. 云冈石窟石质文物表面及周边岩石样品中微生物群落分析[J]. 微生物学报, 52(5): 629-636.

张昺林, 唐德平, 张楠, 等. 2012. 敦煌莫高窟中细菌多样性的研究[J]. 微生物学通报, 39(5): 614-623.

Abdel-Hameed A A, Khoder M I, Yuosra S, et al. 2009. Diurnal distribution of airborne bacteria and fungi in the atmosphere of Helwan area, Egypt[J]. Science of The Total Environment, 407(24): 6217-6222.

Abdulla H, Morshedy H, Dewedar A. 2008. Characterization of actinomycetes isolated from the indoor air of the church of Saint Katherine Monastery, Egypt[J]. Aerobiologia, 24(1): 35-41.

Allemand L, Bahn P G. 2005. Best way to protect rock art is to leave it alone[J]. Nature, 433(7028): 800.

Altenburgera P, Kämpferb P, Makristathisc A, et al. 1996. Classification of bacteria isolated from a medieval wall painting[J]. Journal of Biotechnology, 47(1): 39-52.

Amato K R, Yeoman C J, Kent A, et al. 2013. Habitat degradation impacts black howler monkey (*Alouatta pigra*) gastrointestinal microbiomes[J]. The ISME Journal, 7(7): 1344-1353.

Ariño X, Hernandez-Marine M, Saiz-Jimenez C. 1996. *Ctenocladus circinnatus* (Chlorophyta) in stuccos from archaeological sites of southern Spain[J]. Phycologia, 35(3): 183-189.

Athanassiou A, Hill A E, Fourrier T, et al. 2000. The effects of UV laser light radiation on artists' pigments[J]. Journal of Cultural Heritage, 1: S209-S213.

Bassi M, Ferrari A, Realini M, et al. 1986. Red stains on the Certosa of Pavia: A case of biodeterioration[J]. International Biodeterioration, 22(3): 201-205.

Bastian F, Alabouvette C. 2009. Lights and shadows on the conservation of a rock art cave: The case of Lascaux Cave[J]. International Journal of Speleology, 38(1): 55-60.

Bastian F, Alabouvette C, Jurado V, et al. 2009a. Impact of biocide treatments on the bacterial communities of the Lascaux Cave[J]. Naturwissenschaften, 96(7): 863-868.

Bastian F, Alabouvette C, Saiz-Jimenez C. 2009b. The impact of arthropods on fungal community structure in Lascaux Cave[J]. Journal of Applied Microbiology, 106(5): 1456-1462.

Bastian F, Jurado V, Nováková A, et al. 2010. The microbiology of Lascaux Cave[J]. Microbiology, 156(3): 644-652.

Blaxter M, Mann J, Chapman T, et al. 2005. Defining operational taxonomic units using DNA barcode data[J]. Philosophical Transactions of the Royal Society of London Series B, Biological Sciences, 360(1462): 1935-1943.

Brecoulaki H, Fiorin E, Vigato P A. 2006. The funerary *klinai* of tomb 1 from Amphipolis and a sarcophagus from ancient Tragilos, eastern Macedonia: a physico-chemical investigation on the painting materials[J]. Journal of Cultural Heritage, 7(4): 301-311.

Capodicasa S, Fedi S, Porcelli A M, et al. 2010. The microbial community dwelling on a biodeteriorated 16th century painting[J]. International Biodeterioration & Biodegradation, 64(8): 727-733.

Caporaso J G, Lauber C L, Walters W A, et al. 2012. Ultra-high-throughput microbial community analysis on the Illumina HiSeq and MiSeq platforms[J]. The ISME Journal, 6(8): 1621-1624.

Ciferri O. 1999. Microbial degradation of paintings[J]. Applied & Environmental Microbiology, 65(3): 879-885.

Colombini M P, Carmignani A, Modugno F, et al. 2004. Integrated analytical techniques for the study of ancient Greek polychromy[J]. Talanta, 63(4): 839-848.

Cuezva S, Fernandez-Cortes A, Porca E, et al. 2012. The biogeochemical role of Actinobacteria in Altamira cave, Spain[J]. FEMS Microbiology Ecology, 81(1): 281-290.

Dai X, Wang Y N, Wang B J, et al. 2005. *Planomicrobium chinense* sp. nov., isolated from coastal sediment, and transfer of *Planococcus psychrophilus* and *Planococcus alkanoclasticus* to *Planomicrobium* as *Planomicrobium psychrophilum* comb. nov. and *Planomicrobium alkanoclasticum* comb. nov[J]. International Journal of Systematic and Evolutionary Microbiology, 55: 699-702.

De Leo F, Iero A, Zammit G, et al. 2012. Chemoorganotrophic bacteria isolated from biodeteriorated surfaces in cave and catacombs[J]. International Journal of Speleology, 41(2): 125-136.

Dennis K L, Wang Y W, Blatner N R, et al. 2013. Adenomatous polyps are driven by microbe-instigated focal inflammation and are controlled by IL-10-producing T cells[J]. Cancer Research, 73(19): 5905-5913.

di Giorgio C, Krempff A, Guiraud H, et al. 1996. Atmospheric pollution by airborne microorganisms in the city of Marseilles[J]. Atmospheric Environment, 30(1): 155-160.

Docampo S, Trigo M M, Recio M, et al. 2011. Fungal spore content of the atmosphere of the Cave of Nerja (southern Spain): diversity and origin[J]. Science of the Total Environment, 409(4): 835-843.

Duan Y L, Wu F S, He D P, et al. 2021. Diversity and spatial-temporal distribution of airborne fungi at the world culture heritage site Maijishan Grottoes in China[J]. Aerobiologia, 37(4): 681-694.

Dupont J, Jacquet C, Dennetière B, et al. 2007. Invasion of the French paleolithic painted cave of Lascaux by members of the *Fusarium solani* species complex[J]. Mycologia, 99(4): 526-533.

Ettenauer J, Piñar G, Sterflinger K, et al. 2011. Molecular monitoring of the microbial dynamics occurring on historical limestone buildings during and after the *in situ* application of different bio-consolidation treatments[J]. Science of the Total Environment, 409(24): 5337-5352.

Fahd M. 1994. Biodeterioration of the mural paintings of the tomb of Tutankhamun and its conservation[J]. Zeitschrift fur Kunsttechnologie und Konservierung, Wernersche Verlagsgellschaft, 8: 143-146.

Fang Z G, Ouyang Z Y, Hu L F, et al. 2005. Culturable airborne fungi in outdoor environments in Beijing, China[J]. Science of the Total Environment, 350(1/2/3): 47-58.

Filomena D L, Agnese I, Gabrielle Z, et al. 2012. Chemoorganotrophic bacteria isolated from biodeteriorated surfaces in cave and catacombs[J]. International Journal of Speleology, 41(2): 1-12.

Gaüzère C, Moletta-Denat M, Blanquart H, et al. 2014. Stability of airborne microbes in the Louvre Museum over time[J]. Indoor Air, 24(1): 29-40.

Godoi R H M, Potgieter-Vermaak S, Godoi A F L, et al. 2008. Assessment of aerosol particles within the Rubens' house museum in Antwerp, Belgium[J]. X-Ray Spectrometry, 37(4): 298-303.

Gonzalez I, Laiz L, Hermosin B, et al. 1999. Bacteria isolated from rock art paintings: the case of Atlanterra shelter (south Spain)[J]. Journal of Microbiological Methods, 36(1/2): 123-127.

González J M, Sáiz-Jiménez C. 2005. Application of molecular nucleic acid-based techniques for the study of microbial communities in monuments and artworks[J]. International Microbiology: the Official Journal of the Spanish Society for Microbiology, 8(3): 189-194.

Guglielminetti M, De Giuli Morghen C, Radaelli A, et al. 1994. Mycological and ultrastructural studies to evaluate biodeterioration of mural paintings. Detection of fungi and mites in Frescos of the monastery of St Damian in Assisi[J]. International Biodeterioration & Biodegradation, 33(3): 269-283.

Gurtner C, Heyrman J, Piñar G, et al. 2000. Comparative analyses of the bacterial diversity on two different biodeteriorated wall paintings by DGGE and 16S rDNA sequence analysis[J]. International Biodeterioration & Biodegradation, 46(3): 229-239.

Gutarowska B. 2010. Metabolic activity of moulds as a factor of building materials biodegradation[J]. Polish Journal of Microbiology, 59(2): 119-124.

Head I M, Jones D M, Röling W F M. 2006. Marine microorganisms make a meal of oil[J]. Nature Reviews Microbiology, 4(3): 173-182.

Heyrman J, Mergaert J, Denys R, et al. 1999. The use of fatty acid methyl ester analysis (FAME) for the identification of heterotrophic bacteria present on three mural paintings showing severe damage by microorganisms[J]. FEMS Microbiology Letters, 181(1): 55-62.

Houlbrooke S. 2005. A study of the materials and techniques of 13th century tomb of aveline, countess of lancester, in Westminster Abbey[J]. The Conservator, 29(1): 105-116.

Huang C Y, Lee C C, Li F C. 2002. The seasonal distribution of bioaerosols in municipal landfill sites: a 3-yr study[J]. Atmospheric Environment, 36(27): 4385-4395.

Hueck H J. 1965. The biodeterioration of materials as part of hylobiology[J]. Material Und Organismen, 1(1): 5-34.

Imperi F, Caneva G, Cancellieri L, et al. 2007. The bacterial aetiology of rosy discoloration of ancient wall paintings[J]. Environmental Microbiology, 9(11): 2894-2902.

Jones A M, Harrison R M. 2004. The effects of meteorological factors on atmospheric bioaerosol concentrations—a review[J]. Science of the Total Environment, 326(1/2/3): 151-180.

Jroundi F, Fernández-Vivas A, Rodriguez-Navarro C, et al. 2010. Bioconservation of deteriorated monumental calcarenite stone and identification of bacteria with carbonatogenic activity[J]. Microbial Ecology, 60(1): 39-54.

Jurado V, Boiron P, Kroppenstedt R M, et al. 2008. *Nocardia altamirensis* sp. nov., isolated from Altamira cave, Cantabria, Spain[J]. International Journal of Systematic and Evolutionary Microbiology, 58: 2210-2214.

Jurado V, Groth I, Gonzalez J M, et al. 2005a. *Agromyces subbeticus* sp. nov., isolated from a cave in southern Spain[J]. International Journal of Systematic and Evolutionary Microbiology, 55(Pt 5): 1897-1901.

Jurado V, Groth I, Gonzalez J M, et al. 2005b. *Agromyces salentinus* sp. nov. and *Agromyces neolithicus* sp. nov[J]. International Journal of Systematic and Evolutionary Microbiology, 55(1): 153-157.

Jurado V, Laiz L, Rodriguez-Nava V, et al. 2010. Pathogenic and opportunistic microorganisms in caves[J]. International Journal of Speleology, 39(1): 15-24.

Karpovichtate N, Rebrikova N L. 1991. Microbial communities on damaged frescoes and building materials in the Cathedral of the Nativity of the Virgin in the Pafnutii-Borovskii Monastery, Russia[J]. International Biodeterioration, 27(3): 281-296.

Kusumi A, Li X S, Osuga Y, et al. 2013. Bacterial communities in pigmented biofilms formed on the sandstone bas-relief walls of the Bayon Temple, Angkor Thom, Cambodia[J]. Microbes and Environments, 28(4): 422-431.

Laiz L, Gonzalez J, Saiz-Jimenez C. 2003. Microbial communities in caves: Ecology, physiology, and effects on Paleolithic paintings[C]. Art, biology, and conservation: Biodeterioration of works of art: 210-215.

Laiz L, Groth I, Gonzalez I, et al. 1999. Microbiological study of the dripping waters in Altamira cave (Santillana del Mar, Spain)[J]. Journal of Microbiological Methods, 36(1/2): 129-138.

Laiz L, Hermosin B, Caballero B, et al. 2000. Bacteria isolated from the rocks supporting prehistoricpaintings in two shelters from Sierra de Cazorla, Jaen, Spain[J]. Aerobiologia, 16(1): 119-124.

Laiz L, Miller A Z, Jurado V, et al. 2009. Isolation of five *Rubrobacter* strains from biodeteriorated monuments[J]. Naturwissenschaften, 96(1): 71-79.

Lalucat J, Bennasar A, Bosch R, et al. 2006. Biology of *Pseudomonas stutzeri*[J]. Microbiology and Molecular Biology Reviews: MMBR, 70(2): 510-547.

Lee N M, Meisinger D B, Aubrecht R, et al. 2012. Caves and Karst Environments[M]. London: CAB International.

Liu L J, Krahmer M, Fox A, et al. 2000. Investigation of the concentration of bacteria and their cell envelope components in indoor air in two elementary schools[J]. Journal of the Air & Waste Management Association, 50(11): 1957-1967.

Liu Q, Sun S J, Piao M Z, et al. 2013. Purification and characterization of a protease produced by a *Planomicrobium* sp. L-2 from gut of *Octopus vulgaris*[J]. Preventive Nutrition and Food Science, 18(4): 273-279.

Lluveras A, Boularand S, Andreotti A, et al. 2010. Degradation of azurite in mural paintings: distribution of copper carbonate, chlorides and oxalates by SRFTIR[J]. Applied Physics A, 99(2): 363-375.

Logares R, Sunagawa S, Salazar G, et al. 2014. Metagenomic 16S rDNA Illumina tags are a powerful alternative to amplicon sequencing to explore diversity and structure of microbial communities[J]. Environmental Microbiology, 16(9): 2659-2671.

Lou X, Fang Z, Si G. 2012. Assessment of culturable airborne bacteria in a university campus in Hangzhou, Southeast of China[J]. African Journal of Microbiology Research, 6(3): 665-673.

Lugauskas A, Sveistyte L, Ulevicius V. 2003. Concentration and species diversity of airborne fungi near busy streets in Lithuanian urban areas[J]. Annals of Agricultural and Environmental Medicine: AAEM, 10(2): 233-239.

Luo X N, Zhang J L, Li D, et al. 2014. *Planomicrobium soli* sp. nov., isolated from soil[J]. International Journal of Systematic and Evolutionary Microbiology, 64: 2700-2705.

Lupan I, Ianc M B, Kelemen B S, et al. 2014. New and old microbial communities colonizing a seventeenth-century wooden church[J]. Folia Microbiologica, 59(1): 45-51.

Ma Y T, Zhang H, Du Y, et al. 2015. The community distribution of bacteria and fungi on ancient wall paintings of the Mogao Grottoes[J]. Scientific Reports, 5: 7752.

Maron P A, Mougel C, Lejon D P H, et al. 2006. Temporal variability of airborne bacterial community structure in an urban area[J]. Atmospheric Environment, 40(40): 8074-8080.

Martin-Sanchez P M, Bastian F, Alabouvette C, et al. 2013. Real-time PCR detection of *Ochroconis lascauxensis* involved in the formation of black stains in the Lascaux Cave, France[J]. Science of the Total Environment, 443: 478-484.

Martin-Sanchez P M, Jurado V, Porca E, et al. 2014. Airborne microorganisms in Lascaux Cave (France)[J]. International Journal of Speleology, 43(3): 295-303.

Mayilraj S, Prasad G S, Suresh K, et al. 2005. *Planococcus stackebrandtii* sp. nov., isolated from a cold desert of the Himalayas, India[J]. International Journal of Systematic and Evolutionary Microbiology, 55(Pt 1): 91-94.

Mohammadi P, Krumbein W E. 2008. Biodeterioration of ancient stone materials from the Persepolis monuments (Iran)[J]. Aerobiologia, 24(1): 27-33.

Morin S, Cordonier A, Lavoie I, et al. 2012. Emerging and priority pollutants in rivers[J]. Handbook of Environmental Chemistry, 22(1): N/A.

Mueller R C, Gallegos-Graves L V, Kuske C R. 2016. A new fungal large subunit ribosomal RNA primer for high-throughput sequencing surveys[J]. FEMS Microbiology Ecology, 92(2): fiv153.

Mugnaini S, Bagnoli A, Bensi P, et al. 2006. Thirteenth century wall paintings under the Siena Cathedral (Italy). Mineralogical and petrographic study of materials, painting techniques and state of conservation[J]. Journal of Cultural Heritage, 7(3): 171-185.

Muyzer G, Smalla K. 1998. Application of denaturing gradient gel electrophoresis (DGGE) and temperature gradient gel electrophoresis (TGGE) in microbial ecology[J]. Antonie Van Leeuwenhoek, 73(1): 127-141.

Nugari M P, Pietrini A M, Caneva G, et al. 2009. Biodeterioration of mural paintings in a rocky habitat: the Crypt of the Original Sin (Matera, Italy)[J]. International Biodeterioration & Biodegradation, 63(6): 705-711.

Nugari M P, Roccardi A. 2001. Aerobiological investigations applied to the conservation of cultural heritage[J]. Aerobiologia, 17(3): 215-223.

Ortega-Calvo J J, Hernandez-Marine M, Saiz-Jimenez C. 1993. Cyanobacteria and algae on historic buildings and monuments[M]//Garg K L, Garg N, Mukerji K G. Recent Advances in Biodeterioration and Biodegradation. vol I. Calcutta: Naya Prokash: 173-203.

Otlewska A, Adamiak J, Gutarowska B. 2014. Application of molecular techniques for the assessment of microorganism diversity on cultural heritage objects[J]. Acta Biochimica Polonica, 61(2): 217-225.

Pangallo D, Kraková L, Chovanová K, et al. 2012. Analysis and comparison of the microflora isolated from fresco surface and from surrounding air environment through molecular and biodegradative assays[J]. World Journal of Microbiology and Biotechnology, 28(5): 2015-2027.

Pasquarella C, Sansebastiano G E, Saccani E, et al. 2011. Proposal for an integrated approach to microbial environmental monitoring in cultural heritage: experience at the Correggio exhibition in Parma[J]. Aerobiologia, 27(3): 203-211.

Pepe O, Sannino L, Palomba S, et al. 2010. Heterotrophic microorganisms in deteriorated medieval wall paintings in southern Italian churches[J]. Microbiological Research, 165(1): 21-32.

Petushkova J P, Lyalikova N N. 1986. Microbiological degradation of lead-containing pigments in mural paintings[J]. Studies in Conservation, 31(2): 65.

Piñar G, Jimenez-Lopez C, Sterflinger K, et al. 2010. Bacterial community dynamics during the application of a *Myxococcus xanthus*-inoculated culture medium used for consolidation of ornamental limestone[J]. Microbial Ecology, 60(1): 15-28.

Piñar G, Ramos C, Rölleke S, et al. 2001. Detection of indigenous *Halobacillus* populations in damaged ancient wall paintings and building materials: molecular monitoring and cultivation[J]. Applied and

Environmental Microbiology, 67(10): 4891-4895.

Porca E, Jurado V, Martin-Sanchez P M, et al. 2011. Aerobiology: an ecological indicator for early detection and control of fungal outbreaks in caves[J]. Ecological Indicators, 11(6): 1594-1598.

Portillo M C, Gonzalez J M, Saiz-Jimenez C. 2008. Metabolically active microbial communities of yellow and grey colonizations on the walls of Altamira Cave, Spain[J]. Journal of Applied Microbiology, 104(3): 681-691.

Portillo M C, Saiz-Jimenez C, Gonzalez J M. 2009. Molecular characterization of total and metabolically active bacterial communities of "white colonizations" in the Altamira Cave, Spain[J]. Research in Microbiology, 160(1): 41-47.

Quast C, Pruesse E, Yilmaz P, et al. 2013. The SILVA ribosomal RNA gene database project: improved data processing and web-based tools[J]. Nucleic Acids Research, 41(D1): D590-D596.

Rosa R, Depascale D, Cleary T, et al. 2014. Differential environmental contamination with *Acinetobacter baumannii* based on the anatomic source of colonization[J]. American Journal of Infection Control, 42(7): 755-757.

Rosado T, Mirão J, Candeias A, et al. 2014. Microbial communities analysis assessed by pyrosequencing—a new approach applied to conservation state studies of mural paintings[J]. Analytical and Bioanalytical Chemistry, 406(3): 887-895.

Rousk J, Bååth E, Brookes P C, et al. 2010. Soil bacterial and fungal communities across a pH gradient in an arable soil[J]. The ISME Journal, 4(10): 1340-1351.

Ruhemann H, Wehlte K. 1969. Werkstoffe und techniken der malerei[J]. Studies in Conservation, 14(1): 35.

Saiz-Jimenez C, Cuezva S, Jurado V, et al. 2011. Conservation. Paleolithic art in peril: policy and science collide at Altamira Cave[J]. Science, 334(6052): 42-43.

Saiz-Jimenez C, Gonzalez J M. 2007. Aerobiology and cultural heritage: some reflections and future challenges[J]. Aerobiologia, 23(2): 89-90.

Saiz-Jimenez C, Miller A Z, Martin-Sanchez P M, et al. 2012. Uncovering the origin of the black stains in Lascaux Cave in France[J]. Environmental Microbiology, 14(12): 3220-3231.

Saiz-Jimenez C, Samson R A. 1981. Biodegradacion de obras de arte. Hongos implicados en la degradacion de los frescos del monasterio de la Rabida (Huelva)[J]. Bot Macaronesica, 8/9: 255-264.

Sanchez-Moral S, Luque L, Cuezva S, et al. 2005. Deterioration of building materials in Roman catacombs: the influence of visitors[J]. Science of the Total Environment, 349(1/2/3): 260-276.

Sánchez-Moral S, Soler V, Cañaveras J C, et al. 1999. Inorganic deterioration affecting the Altamira Cave, N Spain: quantitative approach to wall-corrosion (solutional etching) processes induced by visitors[J]. Science of the Total Environment, 243/244: 67-84.

Sauer K, Rickard A H, Davies D G. 2007. Biofilms and bio complexity[J]. Microbe Magazine, 2(7): 347-353.

Saunders D, Spring M, Higgitt C. 2002. Colour change in red lead-containing paint films[C]. ICOM-CC 13th Triennial Meeting London, 455-463.

Schabereiter-Gurtner C, Piñar G, Vybiral D, et al. 2001. *Rubrobacter*-related bacteria associated with rosy discolouration of masonry and lime wall paintings[J]. Archives of Microbiology, 176(5): 347-354.

Schabereiter-Gurtner C, Saiz-Jimenez C, Piñar G, et al. 2002a. Phylogenetic 16S rRNA analysis reveals the presence of complex and partly unknown bacterial communities in Tito Bustillo cave, Spain, and on its Palaeolithic paintings[J]. Environmental Microbiology, 4(7): 392-400.

Schabereiter-Gurtner C, Saiz-Jimenez C, Piñar G, et al. 2002b. Altamira cave Paleolithic paintings harbor partly unknown bacterial communities[J]. FEMS Microbiology Letters, 211(1): 7-11.

Schabereiter-Gurtner C, Saiz-Jimenez C, Piñar G, et al. 2004. Phylogenetic diversity of bacteria associated with Paleolithic paintings and surrounding rock walls in two Spanish caves (Llonín and La Garma)[J]. FEMS Microbiology Ecology, 47(2): 235-247.

Schloss P D, Westcott S L, Ryabin T, et al. 2009. Introducing mothur: open-source, platform-independent, community-supported software for describing and comparing microbial communities[J]. Applied and Environmental Microbiology, 75(23): 7537-7541.

Sorlini C, Sacchi M, Ferrari A. 1987. Microbiological deterioration of Gambara's frescos exposed to open air in Brescia, Italy[J]. International Biodeterioration, 23(3): 167-179.

Sterflinger K. 2010. Fungi: their role in deterioration of cultural heritage[J]. Fungal Biology Reviews, 24(1/2): 47-55.

Stomeo F, Portillo M C, Gonzalez J M, et al. 2008. *Pseudonocardia* in white colonizations in two caves with Paleolithic paintings[J]. International Biodeterioration & Biodegradation, 62(4): 483-486.

Suihko M L, Alakomi H L, Gorbushina A, et al. 2007. Characterization of aerobic bacterial and fungal microbiota on surfaces of historic Scottish monuments[J]. Systematic and Applied Microbiology, 30(6): 494-508.

Tanaka D, Terada Y, Nakashima T, et al. 2015. Seasonal variations in airborne bacterial community structures at a suburban site of central Japan over a 1-year time period using PCR-DGGE method[J]. Aerobiologia, 31(2): 143-157.

Tomasi C, Fuzzi S, Kokhanovsky A. 2016. Aerosol Impact on Cultural Heritage: Deterioration Processes and Strategies for Preventive Conservation[M]. Hoboken: Wiley-VCH Verlag GmbH & Co. KGaA.

Valme J, Leonila L, Veronica R N, et al. 2010. Pathogenic and opportunistic microorganisms in caves[J]. International Journal of Speleology, 39(1): 15-24.

Vasanthakumar A, DeAraujo A, Mazurek J, et al. 2013. Microbiological survey for analysis of the brown spots on the walls of the tomb of King Tutankhamun[J]. International Biodeterioration & Biodegradation, 79: 56-63.

Wang W F, Ma X, Ma Y T, et al. 2010a. Seasonal dynamics of airborne fungi in different caves of the Mogao Grottoes, Dunhuang, China[J]. International Biodeterioration & Biodegradation, 64(6): 461-466.

Wang W F, Ma X, Ma Y T, et al. 2011. Molecular characterization of airborne fungi in caves of the Mogao Grottoes, Dunhuang, China[J]. International Biodeterioration & Biodegradation, 65(5): 726-731.

Wang W F, Ma Y T, Ma X, et al. 2010b. Seasonal variations of airborne bacteria in the Mogao Grottoes, Dunhuang, China[J]. International Biodeterioration & Biodegradation, 64(4): 309-315.

Wang W F, Ma Y T, Ma X, et al. 2012. Diversity and seasonal dynamics of airborne bacteria in the Mogao Grottoes, Dunhuang, China[J]. Aerobiologia, 28(1): 27-38.

Warner L. 1938. Buddhist Wall-Paintings: A Study of a Ninth-Century Grotto at Wan Fo Hsia[M]. Cambridge, Mass: Harvard University Press.

Wu F S, Wang W F, Feng H Y, et al. 2017. Realization of biodeterioration to cultural heritage protection in China[J]. International Biodeterioration & Biodegradation, 117: 128-130.

Zucconi L, Gagliardi M, Isola D, et al. 2012. Biodeterioration agents dwelling in or on the wall paintings of the Holy Saviour's cave (Vallerano, Italy)[J]. International Biodeterioration & Biodegradation, 70: 40-46.

第 5 章 石质文物微生物

石质文物是人类历史发展过程中遗留下来的具有历史、艺术、科学价值的，由天然岩石制作而成的历史遗存，包括石窟、摩崖石刻、岩画、石雕、石器、石碑、石桥、经幢、石塔、石牌坊等。这些石质文物中有很多属于不可移动文物，它们多数直接暴露于自然环境中，容易遭受微生物的定殖和破坏。微生物病害是指由于微生物的生命活动所导致的文物物理状态或化学成分改变或破坏的现象。尽管与其他天然材料相比，岩石具有耐久性好、对环境变化不敏感的特点，但因为石质材料本身分布有不同孔径和数量的孔隙，加之微生物丰富多样的营养类型和极强的生态适应性，由微生物活动引起的石质文物微生物侵蚀现象在国内外均很常见，尤以处于热带地区或者降雨量较多的区域为甚，典型的如柬埔寨吴哥窟的石质文物和建筑，以及我国的云冈石窟和乐山大佛。除露天环境外，一些特殊环境，如阴暗、潮湿、通风不畅的寡营养（oligotrophic）条件的地下洞穴（subterranean cave），也会出现严重的微生物侵蚀现象，典型的如法国拉斯科洞穴（Lascaux Cave）和西班牙阿尔塔米拉洞穴（Altamira Cave）内的史前岩画。

微生物作为威胁石质文物的重要因素，近年来得到越来越多的专家学者的关注。环境中存在的微生物是多种多样的，富集在石质文物表面的微生物种类会因地域、环境差异而有所不同。因此，需要对石质文物表面的微生物进行无损或微损取样，并对其微生物群落组成进行鉴定和分析。此外，不同微生物对石质文物的破坏过程和机理也存在差异，需要对文物表面微生物进行分离、培养和鉴定，在实验室条件下模拟微生物的生长代谢情况，进而了解微生物破坏石质文物的机制。

5.1 云冈石窟微生物

5.1.1 环境背景与文物价值

（1）地质地貌及气候环境特征

云冈石窟（图 5-1）位于山西大同市西郊 17 km 处的武州（周）山南麓，位于波状起伏的低山丘陵区，石窟依山开凿，东西绵延 1 km。石窟开凿于钙质胶结的长石石英砂岩上，由底部含泥质砂岩、中部粗砂岩、夹薄层砂质页岩、顶部砂质页岩组成，其结构现呈现交错层理发育的特点（苑静虎和丰晓军，2004）。

云冈石窟所处地区属大陆性季风半干旱气候，气温季节变化明显，具有长达 5 个月的冰冻期，冰冻深度 1.5 m。昼夜温差较大，最大单日温差可达 20℃。因云冈石窟地势较高，东南面又有山岭阻挡海洋气流，故该地降雨较少，主要集中于 7 月、8 月，并且蒸发量大于降水量。

（2）文物价值

云冈石窟现存主要洞窟 45 个，大小窟龛 252 个，石雕造像 51 000 余尊，为中国规模最大的古代石窟群之一。1961 年被国务院公布为第一批全国重点文物保护单位，2001 年 12 月 14 日被联合国教科文组织（UNESCO）列入《世界遗产名录》。

云冈石窟的建立为北方佛教史的研究提供了重要的"补缺材料"；作为佛教艺术传入中国以来首次由皇家主持开凿，并且在北魏一个朝代就完成的石窟群，云冈石窟为北魏历史的研究提供了一部可视的"断代史"；石窟中的建筑雕刻与佛教造像也反映出北魏时期不同文化艺术风格交相融合的趋势。

图 5-1 云冈石窟

5.1.2 云冈石窟微生物多样性

目前，针对云冈石窟石质文物微生物的研究相对有限，主要为颜菲等（2012）利用 PCR-DGGE 技术对云冈石窟 38 号窟和云冈石窟周边岩石进行的微生物多样性分析。云冈石窟 38 号窟的微生物类群主要包括 4 类：γ-变形菌纲（Gammaproteobacteria）、鞘脂杆菌门（Sphingobacteria）、α-变形菌纲（Alphaproteobacteria）和放线菌门（Actinobacteria）。石窟周边岩石样品中的微生物群落则以 γ-变形菌纲、厚壁菌门（Firmicutes）和 α-变形菌纲为主（表 5-1）。

α-变形菌纲及 γ-变形菌纲普遍具有广泛多样的代谢能力，其中的硝化杆菌属（Nitrobacter）、红假单胞菌属（Rhodopseudomonas）、根瘤菌属（Rhizobium）等对岩石具有明确的侵蚀能力。云冈石窟周边岩石样品中的优势菌群也多为不可培养微生物，分属 γ-变形菌纲、厚壁菌门和 α-变形菌纲（表 5-2）。

表 5-1　云冈石窟 38 号窟细菌种类及在种群中所占比例

GenBank 登录号	相近微生物	占比（%）
JQ180225	不可培养细菌（FJ753412.1）	5.36
JQ180226	不可培养假单胞菌（FJ868262.1）	6.76
JQ180227	不可培养假单胞菌（AM711886.1）	9.43
JQ180228	土壤细菌（EU515384.1）	25.2
JQ180229	不可培养生丝微菌科细菌（GQ351484.1）	30.28
JQ180230	不可培养细菌（GU564130.1）	17.92
JQ180231	不可培养细菌（HM326366.1）	3.08
JQ180232	不可培养微杆菌（GQ365756.1）	1.04
JQ180233	不可培养细菌（GQ153955.1）	0.93

表 5-2　云冈石窟周边岩石样品细菌种类及在种群中所占比例

GenBank 登录号	相近微生物	占比（%）		
		Y 外	Y 中	Y 内
JQ248030	约氏不动杆菌（JF915343）	3.58	2.78	3.49
JQ248031	氧化吲哚假单胞菌（FJ944696）	3.65	3.48	2.88
JQ248032	乳杆菌（AB559567）	4.74	—	—
JQ248033	不动杆菌（JN000337）	5.14	4.29	4.74
JQ248034	不可培养厚壁菌（GU959162）	4.97	5.99	4.85
JQ248035	鼠乳杆菌（HQ668465）	4.30	4.28	4.43
JQ248036	产琥珀酸厌氧螺菌（EU863654）	6.36	6.24	6.24
JQ248037	不可培养厚壁菌（GU958887）	3.65	3.55	3.76
JQ248038	约氏乳杆菌（HQ828141）	6.22	6.89	6.40
JQ248039	罗伊氏乳杆菌（CP002844）	5.76	6.37	3.65
JQ248040	鼠乳杆菌（HQ668465）	2.68	3.82	5.23
JQ248041	不可培养厚壁菌（GU956121）	4.08	4.85	4.62
JQ248042	不可培养鞘氨醇单胞菌（JF733117）	2.18	2.52	3.13
JQ248043	厌氧螺菌（EU863654）	3.37	3.46	4.62
JQ248044	恶臭假单胞菌（CP002870）	2.93	3.63	2.26

注：Y 为钻孔取芯岩石样品，Y 外、Y 中、Y 内分别表示取样点距离岩石表层 1.2 cm、1.5 cm、2.0 cm

5.1.3　云冈石窟微生物腐蚀机理分析

云冈石窟 38 号窟样品中，假单胞菌属（*Pseudomonas*）占到种群的 16.19%。假单胞菌属为革兰氏阴性无芽孢杆菌，常见的有铜绿假单胞菌（*P. aeruginosa*）、荧光假单胞菌（*P. fluoresoens*）、恶臭假单胞菌（*P. putida*）等（颜菲等，2012）。研究发现该属细菌有较强解磷作用，即将植物难以利用的含磷成分转变为可利用的磷酸盐，特别是以溶解不溶性磷酸盐类为特征的无机解磷作用。此外，该属部分种类在地球氮素循环中也起着重要作用，如施氏假单胞菌（*P. stutzeri*）、荧光假单胞菌和弯曲假单胞菌（*P. geniculata*）等部分菌株具有联合固氮作用，能将空气中游离氮以 NH_3 形式固定下来，NH_3 在其他亚硝化、硝化微生物作用下可氧化生成硝酸、亚硝酸，进而对岩石等材料造成酸蚀。云冈石窟周边空气中含有高浓度的磷、硫、氨等污染物质，假单胞菌属细菌可将其降解并进一步产生酸性物质，云冈石窟石质文物主要是由砂岩组成，砂岩中的胶结物中含有大量的 CaCO₃，这些酸性物质会对云冈石窟的石质文物及周边岩石造成腐蚀。

38 号窟石质样品表面的微生物群落中，微杆菌属（*Microbacterium*）占到 1.04%，该属部分菌种在煤矿、黄铁矿等污染处理中表现出良好的脱硫能力，虽然目前研究显示其脱硫能力主要是针对含硫杂环类有机物，但不排除其他具有无机硫代谢能力的细菌会对云冈石窟石质文物造成破坏。

其他 38 号窟样品中检出的微生物主要为非培养微生物，属于 α-变形菌纲和 γ-变形菌纲。由于相关序列同源度较低，难以鉴定到种属。西班牙研究人员在对阿尔塔米拉山洞中旧石器时代晚期彩色岩画的研究中也发现，α-变形菌纲、γ-变形菌纲和假单胞菌属在彩色岩画样品中的微生物种群中所占的比例较高（Portillo and Gonzalez, 2009）。α-变形菌纲和 γ-变形菌纲均具有广泛多样的代谢能力，其中包含的硝化杆菌属、红假单胞菌属、根瘤菌属等细菌均是已知对石质材料有明确侵蚀能力的微生物。这提示上述非培养微生物也会对云冈石窟的石质文物造成破坏。

云冈石窟周边的类似岩石样品中，优势微生物包括乳杆菌属（*Lactobacillus*）、厚壁菌门、不动杆菌属（*Acinetobacter*）、厌氧螺菌属（*Anaerobiospirillum*）和假单胞菌属。以上微生物多属于异养型微生物，其可利用石质文物中的有机成分作为自身生长繁殖所需的碳源和氮源，从而导致岩石胶结材料缺失。同时微生物生长代谢产生的有机酸和无机酸等物质可以直接与石材中的组分发生反应（如螯合或酸化），也会对文物造成破坏。在微生物的长期作用下，石质文物易于出现酥碱分化、变色甚至褪色等病害（张秉坚等，2001）。由此可见，微生物是威胁云冈石窟文物安全的主要因素之一。

5.1.4　小结与讨论

云冈石窟 38 号窟文物的微生物群落主要由 γ-变形菌纲、鞘脂杆菌门、α-变形菌纲和放线菌门等组成，石窟周边岩石的微生物则主要定殖着 γ-变形菌纲、厚壁菌门和 α-变形菌纲的细菌。其中假单胞菌属是云冈石窟文物中的优势细菌，它的生长代谢一方面会为其他微生物提供可利用的磷元素，促进微生物在文物中的生长定殖；另一方面也会产生大量的酸性物质，对文物造成酸蚀破坏。文物上生长的其他微生物也可以通过有机酸或无机酸代谢的方式加速对文物的腐蚀破坏。因此可以认为微生物对云冈石窟中的石质文物有极大危害，需要采取相应的措施加以治理。

现今国际上用于文物微生物病害防治的方法有很多，比较常用的是物理清洗、化学抗菌剂处理和文物表面加固封护等。物理清洗法一般可以有效清除微生物，但是清洗之后仍会有少量微生物残留在文物表面，环境中的微生物也会重新沉降在文物中，因此物理清洗法并不能完全解决微生物病害问题。具有杀菌防霉功能的化学抗菌剂随即开始广泛用于微生物病害的治理。这类抗菌剂不仅应该可以杀灭石质文物上生长的微生物，还应可以预防新的微生物再生。但部分抗菌剂也会存在抗菌时效短、易引发耐药菌种的不足，需要在实际使用前对抗菌剂进行筛选和评估。此外现代有机聚合物因具有较好的黏结性、防水性和抗酸性而被广泛地应用于石质文物的保护和加固，可以通过对石质文物表面进行加固封护的方法，减轻或阻止微生物对文物的侵蚀。总的来说，微生物的去除需符合"以防为主、防治结合"的文物保护基本原则，不应该产生任何危及将来再处理的物质，更重要的是不能引起任何严重划痕、裂隙及其他损伤石质文物的后果。

在一般情况下微生物是造成石质文物破坏的因素之一，但在某些特殊情况下微生物对石质文物也具有保护作用，例如，微生物在文物表面诱导生成的草酸钙膜具有防酸雨的作用。研究微生物腐蚀石质文物的机理，对于我们控制微生物生长、保护石质文物和古迹具有十分重要的作用。

5.2 乐山大佛微生物

5.2.1 环境背景与文物价值

（1）地质环境特征

乐山大佛位于四川省乐山市，岷江、青衣江、大渡河三江汇流处。大佛依岷江东岸凌云山栖霞峰临江峭壁凿造而成，因而又名凌云大佛（图5-2）。

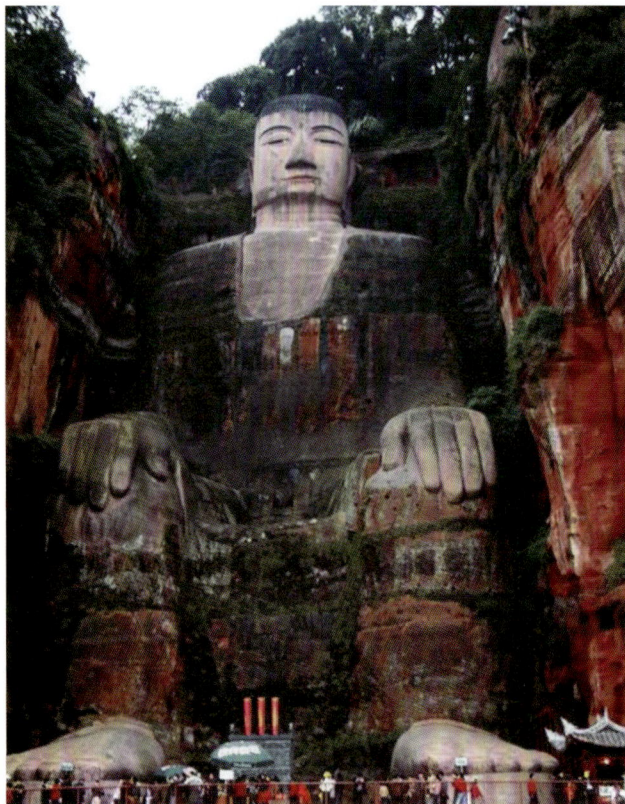

图 5-2　乐山大佛

乐山大佛地处四川盆地，常年气候温湿，不利于粉尘和 CO_2 等物质的扩散，且四川地区酸雨危害严重，导致酸性物质对岩石表面的侵蚀加剧（李海等，2016）。乐山大佛主要由红色砂岩构成，质地相对疏松，常年的湿润气候使岩石表面保持较湿润的状态，有利于微生物及植物的生长，加剧了生物对文物的腐蚀（Gómez-Alarcón et al.，1995）。

（2）文物价值

乐山大佛是唐代摩崖造像中的艺术精品之一，大佛通高 71 m，头高 14.7 m，发髻有 1021 个，耳长 6.72 m，鼻长 5.33 m，眼长 3.3 m，肩宽 24 m，手的中指长 8.3 m，脚背宽 9 m，长 11 m，是世界上最大的石刻弥勒佛坐像（素问，2002）。1982 年 2 月，乐山大佛被国务院列为全国重点文物保护单位。1996 年 12 月，峨眉山-乐山大佛被联合国教科文组织列入《世界遗产名录》。佛像雕刻细致，线条流畅，身躯比例匀称，气势恢宏，体现了盛唐文化的宏大气派，具有很高的艺术价值和丰富的文化内涵，是中华民族的文化瑰宝，也是世界历史文化的宝贵遗产。

5.2.2　乐山大佛微生物多样性

苔藓和地衣是乐山大佛石质文物表面最常见的生物体，陈学萍等（2023）通过高通量测序的方法对乐山大佛中常见的地衣和苔藓进行了微生物群落分析。从总体来看，地衣、活苔藓和苔藓残体的微生物群落构成存在明显差异，但其中的优势微生物存在一定的共性。就细菌而言，蓝细菌门（Cyanobacteria）微生物在地衣和活苔藓组成的生物膜中占据绝对的优势，其次为醋酸杆菌科（Acetobacteraceae）（图 5-3A）。但在由苔藓残体

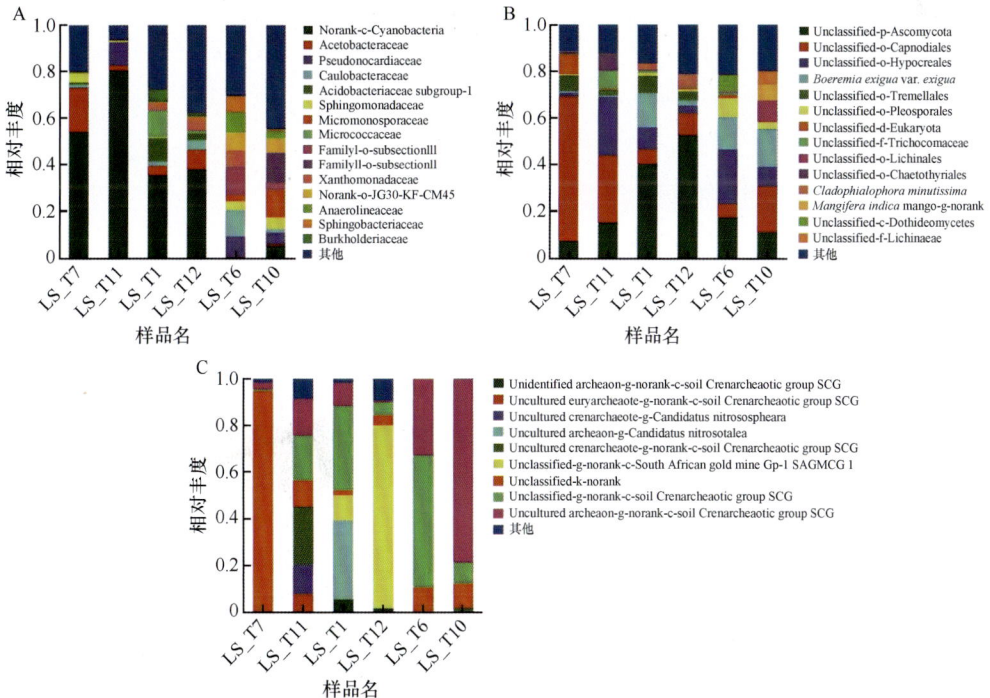

图 5-3　地衣（LS_T7、LS_T11），苔藓（LS_T1、LS_T12），苔藓残体（LS_T6、LS_T10）样品中细菌（A）、真菌（B）与古菌（C）群落组成分析

组成的生物膜中，蓝细菌仅在部分样品中占优势，也未发现醋酸杆菌的存在，其中的优势细菌 Micromonosporaceae、FamilyI_subsectionIII、FamilyII_subsectionII、Norank-o-JG30-KF-CM45、Anaerolineaceae 等也只出现在该组样品中。就真菌而言（图 5-3B），煤炱目（Capnodiales）为地衣的优势菌种，而活苔藓和苔藓残体中的优势菌则为子囊菌门（Ascomycota）。古菌在不同样品中的组成差异较大，鉴定出的古菌多数是与氮转化相关的亚硝化球菌属（Nitrososphaera）和土壤泉古菌类群（soil Crenarchaeotic group，SCG）。

温暖潮湿的环境气候促使不同种类的微生物在乐山大佛上生长繁殖，给文物造成了严重的腐蚀破坏。煤炱目形态与泥煤的褐色真菌相似，能在叶面上形成黑块（Chomnunti et al., 2011），它的存在可能是石质文物表面地衣出现黑色斑点的原因之一。氮元素是植物生长的必需元素，蓝细菌和醋酸杆菌具有的固氮功能（Saravanan et al., 2008）为植物在岩石表面的生长提供了条件，植物的生长则可以通过根劈作用对岩石造成物理破坏。铁元素是植物和微生物生长所需的微量元素之一，在酶的生成、光合作用等生命活动中发挥着重要作用。乐山大佛的基质砂岩中含有较为丰富的氧化铁，而 Bai 等（2021）在乐山大佛的生物膜中发现了丰富的铁还原菌，这些细菌对铁的代谢将改变岩石基质的晶格结构，给岩石造成物理破坏。

酸蚀是微生物腐蚀石质文物最主要的方式之一。碳酸酐酶是光合作用中的一种重要的生物酶，它可以催化二氧化碳水合生成碳酸。乐山大佛表面的苔藓、地衣和蓝细菌都能够进行光合作用，该过程生成的碳酸可以促使岩石基质中的碳酸钙溶解。此外，乐山大佛中鉴定出的古菌大多属于氨氧化古菌，它们对氨的氧化代谢活动会伴随产生大量的硝酸（Spang et al., 2012；Bai et al., 2021），也会对文物造成酸蚀。除无机酸外，微生物的生长代谢也会分泌大量的有机酸。例如，三羧酸循环是微生物有氧呼吸的主要代谢途径，该过程通常会产生柠檬酸、琥珀酸、苹果酸等副产物；苔藓能够捕获大气中的重金属，为了保护细胞微生物通常会分泌有机酸。这些有机酸螯合岩石中的金属离子，也会对岩石的结构造成破坏。

5.2.3 乐山大佛微生物群落演替

定殖于岩石中的植物通常会经历从低等到高等的演替过程，不同植物的生长阶段也会影响其中微生物的群落组成。王蔓菲（2020）参照植物的进化过程将乐山大佛佛体区域的植物划分为"风化初期—地衣生长阶段—苔藓生长阶段—蕨类植物生长阶段—草本植物生长阶段—灌木植物生长阶段"这 6 个演替阶段，并依据目前乐山大佛的现状，对呈现不同植物形态的土壤进行取样，分析其中的微生物群落演替规律。放线菌门（Actinobacteria）和变形菌门（Proteobacteria）是乐山大佛佛体区域的主要优势细菌，它们随着植物演替阶段的进行呈规律性变化，最开始变形菌门占据优势，但随着演替的进行变形菌门逐渐被放线菌门所取代。由于植物根内共生菌的固氮作用，植物可以在乐山大佛缺氮的土壤中正常生长。放线菌属于植物内生菌，随着演替过程的发展，植物与放线菌之间的相互作用加强，促进了放线菌的生长繁殖。真菌的群落组成也随着植物类群的演替而变化。子囊菌门在各个演替阶段都占据绝对优势，但它的相对丰度存在先增加后降低随后稳定的变化规律，其中在地衣阶段子囊菌门的相对丰度最高，这可能是构成地衣的真菌多为子囊菌所致。此外，细菌和真菌的多样性都会随着演替的进行呈现先上

升后降低最终趋于平缓的趋势。

Bai 等（2021）对乐山大佛中处于不同生长阶段（生长期、衰老期和残留期）的苔藓内的微生物也进行了群落演替分析。与王蔓菲（2020）的结果类似，群落中的优势菌群也会随着苔藓的生长阶段的变化呈现规律性的变化，即原有的优势菌群数量出现明显的下降。此外，Bai 等（2021）还对比了苔藓不同生长阶段下微生物群落中氨单加氧酶（amoA）基因、磷酸酶、铁螯合酶、有机酸酶、碳酸酐酶等酶的含量，以及铁还原菌丰度等信息的变化，结果显示它们的丰度都会随着苔藓的死亡而逐渐下降。这表明苔藓不同的生长阶段能够影响微生物的代谢类型，苔藓活跃生长所引发的微生物代谢活动会加速微生物对文物的腐蚀过程。

5.2.4　小结与讨论

苔藓和地衣是乐山大佛石质文物表面最常见的生物体，它们能在恶劣的环境中生长繁殖，并通过代谢活动影响、改变石质文物中的微环境，为其他微小生物提供养分和栖息地，最终在文物表面形成生物膜。这些生物膜中的优势微生物主要为蓝细菌门、醋酸杆菌科、子囊菌门等，并且生物类型的差异会影响不同生物膜中的微生物群落结构。

生物的演替过程促进了微生物群落组成的变化。细菌和真菌的多样性都会随着植物种类的演替呈现先上升后降低最终趋于平缓的趋势，变形菌门的优势地位逐渐被放线菌门所取代，子囊菌门的相对丰度在地衣生长阶段达到最高后逐渐下降。仅就苔藓而言，苔藓不同的生长阶段也会引起微生物群落结构的改变，甚至影响微生物的代谢活动。处于不同演替阶段的细菌、真菌以及其他真核微生物在不同样品中的分布差异较大，其中真菌的演替大都只在目及其以下的分类等级中发生。而其他真核微生物的演替过程受周边生态环境的影响巨大，难以总结具体的规律。从这个角度来说，只有细菌的演替过程才是最根本的改变，能够反映石质文物风化阶段的原生演替过程（Chen et al.，2021）。不同风化阶段的细菌演替过程就是变形菌门逐渐取代放线菌门的过程，最终以变形菌门中的根瘤菌属（*Rhizobium*）和根瘤杆菌属（*Rhizobacter*）类群为主，而放线菌门则仅剩部分节杆菌属（*Arthrobacter*）。在一开始，土壤中的放线菌仅起到降解有机物的作用，风化演替速度较慢；进入植物生长阶段后，生长在植物根部的根瘤菌发挥固氮作用，促进了植物生长，从而加速生物风化的进程（赵淑清等，2000）；一方面，细菌的演替有着加速生物风化进程的作用；另一方面细菌与植物共生，二者相互作用会对文物产生更严重的破坏（吴福佳等，2020）。因此，在今后的微生物病害防治过程中，需要充分考虑微生物与共生植物间的相互作用，对微生物和植物开展综合治理。

5.3　飞来峰造像微生物

5.3.1　环境背景与文物价值

（1）地质地貌及环境特征

飞来峰造像及石刻群雕凿于杭州市灵隐景区飞来峰北麓的山崖岩壁之上（图 5-4）。

崖面高差为8～15 m，地形单元属低山丘陵区，区内沟谷发育，致使地形起伏不平。岩体由碳酸盐岩构成，造像赋存的岩层出露厚度>100 m，属于生物碎屑粉晶-微晶灰岩。飞来峰所在地地貌上为独立低丘，构成相对独立的水文地质单元，主要接受大气降水补给，地下水以岩溶裂隙水为主，以下降泉的形式在冷泉溪一带排出（张克繠等，2015）。在地下水的作用下，飞来峰形成了相对发育的岩溶地貌，具有龙泓洞、青林洞等较大的溶洞。

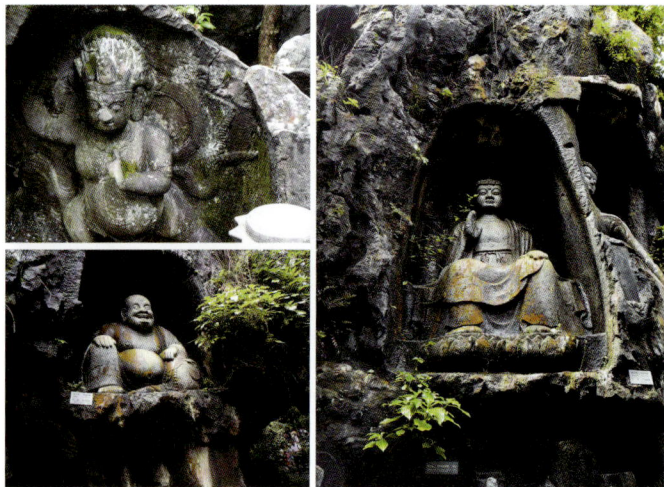

图 5-4　飞来峰造像

飞来峰造像所处地区属亚热带季风气候，气候温和，日照较多，雨量充沛，空气湿润。空气中二氧化碳含量较高，降雨偏酸性，雨水 pH 在 5.0～6.0 波动（魏忠武等，2019）。

（2）文物价值

飞来峰造像是中国现存规模最大的藏传佛教艺术遗迹之一，也是国内佛教造像中将汉、藏佛教艺术风格融于一体，规模庞大、绝无仅有的大型石刻造像群。对研究宋元时期佛教造像艺术形式以及佛教中国化具有重要意义。飞来峰造像始刻于唐代之前，但目前保存年代最早的是位于青林洞口处的"西方三圣"，于五代后周广顺元年（公元 951年）雕造。后经宋、元、明历代增刻，至今尚存造像 115 龛，390 余尊。其中保存尚好的有 99 龛，共计 345 尊造像和 100 余款题刻（王丽雅，2016）。飞来峰造像中宋代佛像最多，有 200 余尊。这些造像大多呈现小巧精致的面貌和略显简约的特征，反映出自唐代之后，庶族地主阶级开始成为推动地方佛教事业兴盛的主体。该时期的造像展现出丰富的地方信仰和本土审美的特征，展现出佛教在中国的深入传播，并与广大下层民众产生了紧密的联系，这对佛教中国化进程的研究具有重要的个案价值（赵雅辞，2020）。元代造像是飞来峰造像中最珍贵的一批造像。该时期造像现存 100 余尊，融汉、藏佛教艺术风格于一体，反映出元代大一统时代背景下兼容并包、莫不崇奉的宗教政策促进了汉地佛教与藏传佛教的交流和沟通（赵雅辞，2020）。

中原地区石窟艺术从晚唐开始就走向衰落，而飞来峰的石刻造像正好弥补了这一缺环。它具有明确断代，弥补了五代至元代时期佛教造像实物例证缺少的不足。特别是元代造像，其具有刀法洗练、线条流畅的艺术特点，在中国古代造像艺术史上占有重要地位，对中国美术史和藏传佛教艺术研究具有重要意义。1982 年飞来峰造像被国务院列为全国重点文物保护单位。2011 年飞来峰造像作为"杭州西湖文化景观"中的重要组成部分被列入《世界遗产名录》，向世人展现中国的美学思想和人文底蕴。

5.3.2　飞来峰造像微生物多样性

温暖湿润的自然环境促使微生物在飞来峰造像中滋生，这些微生物覆盖在文物表面严重影响了文物的美学价值，并对文物安全产生了威胁。

2015 年 Li 等（2017）对飞来峰造像上的微生物病害进行了初步调查。研究发现，造像表面微生物的分布十分广泛，并呈现绿色、橘红色以及白色斑点等多种形态特征（图 5-5）。

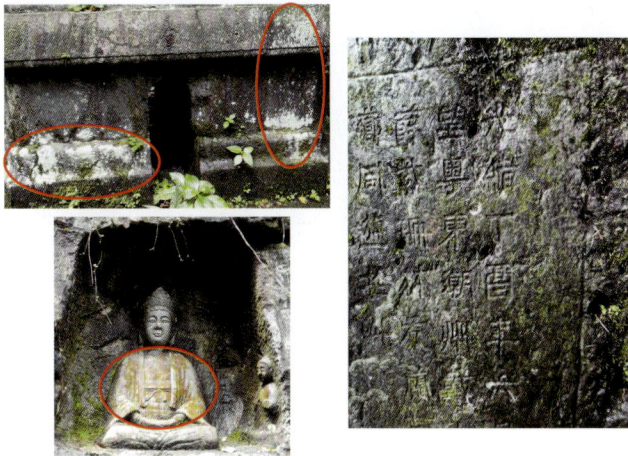

图 5-5　飞来峰造像典型微生物病害图

李天晓（2019）对飞来峰造像上覆盖广泛的绿色、橘红色微生物进行了鉴定（图 5-6，图 5-7），共发现耳叶苔科（Frullaniaceae）和鳞叶藓属（*Taxiphyllum*）两种绿色苔藓，而橘红色微生物被鉴定为橘色藻属（*Trentepohlia*）。

图 5-6　绿色苔藓在光学显微镜下的结构

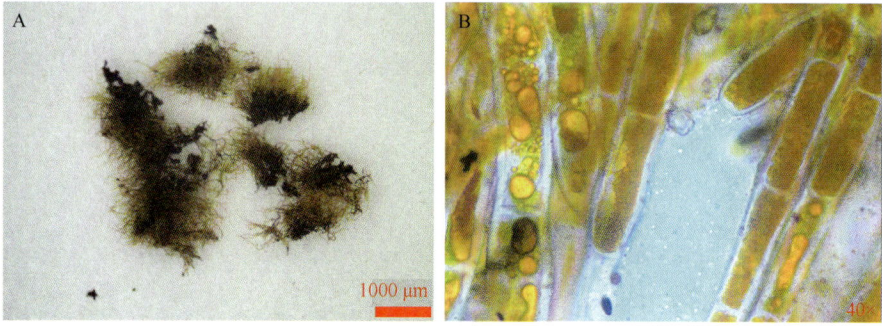

图 5-7　橘红色藻类在光学显微镜下的结构

通过高通量测序和传统培养技术相结合的方法，Li 等（2017）对飞来峰造像中的细菌和真菌进行了鉴定。高通量测序结果显示（图 5-8），蓝细菌门（Cyanobacteria）细菌

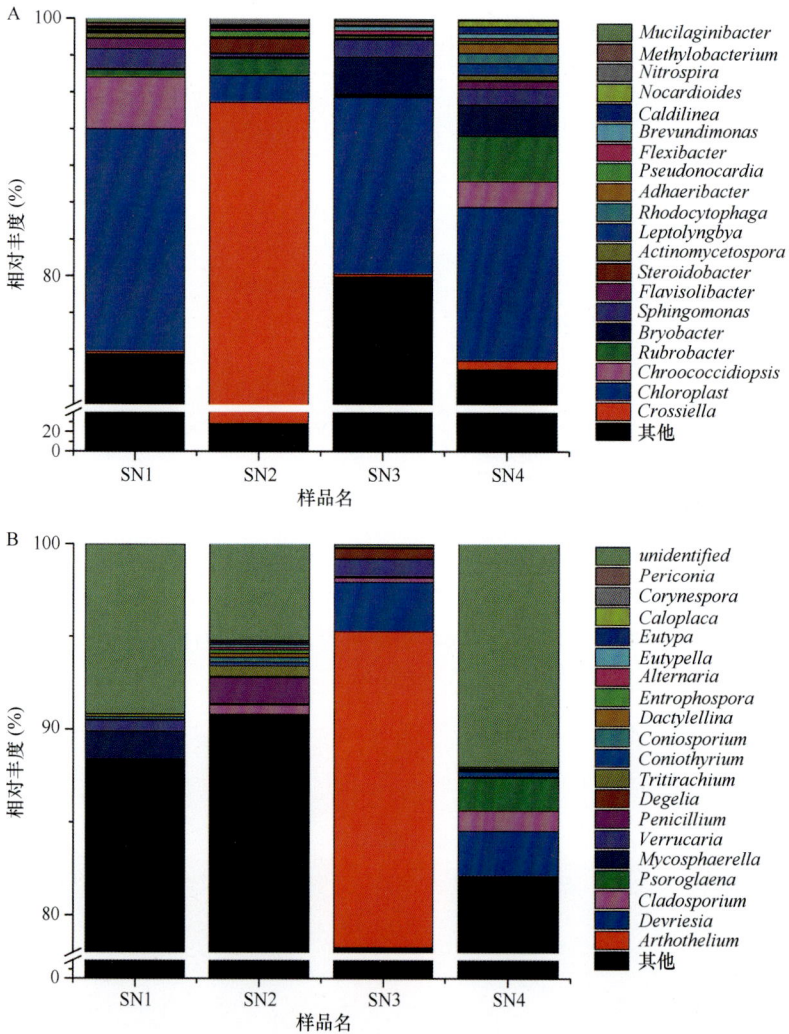

图 5-8　飞来峰造像表面微生物群落组成（Li *et al.*，2017）

SN1～SN4 为来自不同位置的样品。A. 细菌；B. 真菌

在光照充足的样品中占据绝对的优势,而位于洞内的样品则以放线菌门(Actinobacteria)为主。此外,变形菌门(Proteobacteria)、拟杆菌门(Bacteroidetes)、酸杆菌门(Acidobacteria)和绿弯菌门(Chloroflexi)等在群落中的相对丰度也较高。而传统培养法分离出的细菌则以厚壁菌门(Firmicutes)为主,其次为变形菌门和拟杆菌门。对真菌而言,两种方法的鉴定结果相一致,优势菌群均属于子囊菌门(Ascomycota)。

随后,李强(2018)对飞来峰造像中分离培养出的微生物进行了酯酶(图 5-9A)和脂肪酶(图 5-9B)活性测试,结果表明大多数可培养微生物具有水解有机高分子材料的潜力,这为石质文物保护材料的选择提供了可供参考的科学依据。

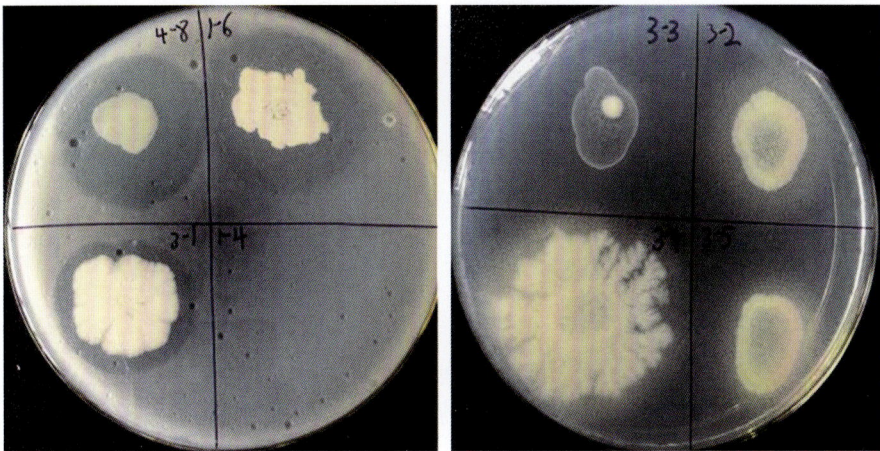

图 5-9 三丁酸甘油酯(A)和 Tween-80(B)微生物降解实验(李强,2018)

随后,Li 等(2018a)在 2016 年和 2017 年对飞来峰造像中的微生物病害进行了连续两年的监测。虽然不同地点中的微生物群落具有明显的差别,但是同一地点的群落丰度随时间的变化并不明显。这表明不同环境下的生态位和群落本身是影响飞来峰造像中微生物群落结构和丰度的主要因素。此外,在这两年的持续监测中,同一地点的细菌多样性明显下降,并同时伴随真菌多样性的增加。这暗示群落中的各种微生物间存在相互作用,相互影响,共同维持着群落的稳定性,因此对于飞来峰造像中的微生物病害的防治应综合考虑生态位的稳定。

5.3.3 飞来峰造像微生物腐蚀机理及防治研究

飞来峰造像中出现的数量繁多的"白斑"被认为是一种主要的文物病害(图 5-10)。Li 等(2018c)对"白斑"进行了鉴定,认为其是光合生物和碳酸钙的混合体,推测"白斑"形成与其中的微生物密切相关。Li 等(2018b)通过生物矿化实验发现,"白斑"中的芽孢杆菌、假单胞菌等多种可培养细菌具有诱导碳酸钙形成的能力。Li 等(2018c)认为"白斑"的形成与群落中的真菌也有着密切关系,并且通过实验证实真菌可以通过有机酸代谢以及草酸盐-碳酸盐循环等直接和间接途径诱导碳酸钙生成,并首次发现刺盘孢属(Colletotrichum)真菌具有生物矿化的能力。该真菌在碳酸钙形成中的

图 5-10　飞来峰造像"白斑"病害

主要机制是代谢有机酸或有机酸盐营造碱性环境，从而促使碳酸钙在菌体周围结晶（Li et al.，2018d）。此外，有研究表明，植物的光合作用也是碳酸钙形成的途径之一（Dhami et al.，2014）。因此，微生物在"白斑"形成中的作用机制可以总结为如下几个过程（李天晓，2019）。

1）钙离子捕获：微生物分泌的有机酸可以溶解岩石基质，使钙离子游离出来；微生物代谢的有机酸可以将岩石基质中的碳酸钙转化为有机酸钙盐（如乙酸钙、草酸钙等），有机酸钙盐可以被细菌或真菌分解代谢，从而使钙离子游离出来；岩石基质中的碳酸钙溶于水后，也能够电离出自由的钙离子。这些带正电荷的游离钙离子随即被生物膜中的胞外聚合物或微生物细胞壁中带负电荷的基团捕获，固定在微生物细胞周围。

2）微环境改造：微生物通过光合作用、有机酸代谢、尿素水解等代谢活动，将其所处的微环境营造成适宜碳酸钙结晶的碱性环境，并且这一过程也会产生丰富的溶解无机碳。此外，微生物呼吸作用产生的 CO_2 在碱性环境下也能够转化为溶解无机碳。

3）碳酸钙结晶：在钙离子和溶解无机碳浓度积累到一定程度后，碳酸钙会以固定钙离子的胞外聚合物或细胞壁为结核位点结晶析出，从而促使"白斑"形成。

Li 等（2018a）研究发现，飞来峰造像中的微生物之间存在竞争关系，一种微生物丰度的增加或减少将伴随其他微生物丰度的减少或增加。因此，在微生物病害的治理过程中，不能仅仅抑制群落中某些种类微生物的生长，而应当尽可能控制所有病害微生物的活性。化学抗菌剂是目前治理微生物病害最常用的一种方式，但目前市售抗菌剂种类繁多，其有效杀菌成分也各有不同，为了更好地控制微生物在飞来峰造像中的生长繁殖，Li 等（2020）对比了 6 种抗菌剂［两种商业抗菌剂，ACTICIDE®50X（A）、AW-600；4种常用作抗菌剂有效成分的化合物，苯扎氯铵、辛噻酮、戊唑醇、噻苯咪唑］的抗菌效力，从而筛选可以用于治理飞来峰造像微生物病害的抗菌剂。研究结果表明，季铵盐类和异噻唑啉酮类抗菌剂的抗菌谱系均较广，对飞来峰造像中常见的病害微生物都具有较好的抗菌效果。但相比较而言，季铵盐类化合物［ACTICIDE®50X（A）、苯扎氯铵］更偏向于抑制细菌的生长，而异噻唑啉酮类化合物（AW-600、辛噻酮）对细菌和真菌的抑制效果则更为一致，因此异噻唑啉酮类抗菌剂更适用于飞来峰造像微生物病害的防治。此外，Li 等（2020）也注意到抗菌剂的抗菌能力会随其浓度下降而降低，但下降的速率并非一成不变。综合考虑抗菌效力、使用成本以及减少副作用等因素，0.5%被认为是最佳的使用浓度。但是由于飞来峰造像所在区域雨量充沛，雨水对造像表面持续的冲刷使得抗菌剂在实际使用过程中并不会持久地维持其抗菌效力，在抗菌剂使用后的短时间内微生物就可以重新定殖（图 5-11）。这提示在今后露天石质文物的微生物病害防治研究中，应当考虑增强抗菌剂的抗流失能力，以便可以长期抑制微生物在文物中的生长。

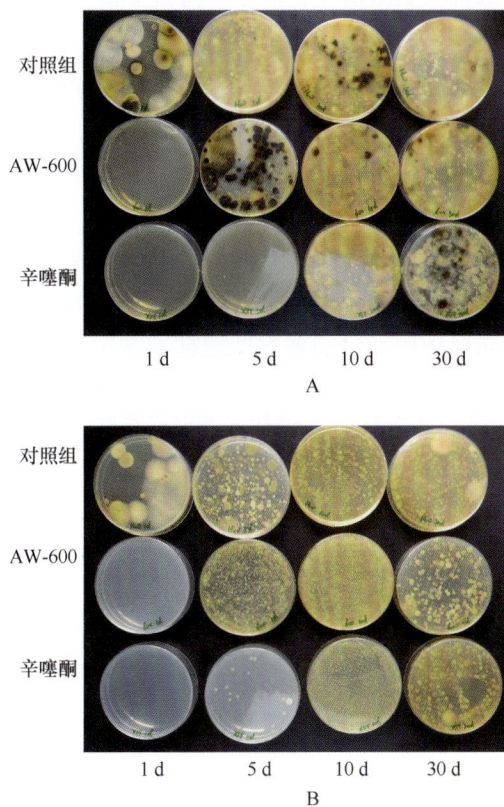

图 5-11　抗菌剂处理后微生物群落数量变化
A. 麦芽提取物琼脂培养基；B. Mueller-Hinton 琼脂培养基

5.3.4　小结与讨论

杭州飞来峰现存的丰富石质佛教造像弥补了中国佛教石窟造像艺术史中五代至元代的缺环，对我国宗教和石刻艺术研究具有十分重要的价值。但是潮湿多雨的自然环境使蓝细菌、藻类、苔藓、地衣等大面积地覆盖在飞来峰造像表面，严重影响了文物的价值。

飞来峰造像中的典型微生物病害呈现绿色、橘红色以及白色等多种不同的外观特征。在具有宏观形态的微生物中，绿色微生物被鉴定为耳叶苔和鳞叶藓，橘红色微生物为橘色藻。通过高通量测序和传统培养法相结合的鉴定技术，发现蓝细菌是光照充足的造像表面上的优势细菌，而溶洞或庇荫位置则以放线菌为主。对真菌而言，无论光照是否充足子囊菌门在群落中都占有绝对优势。此外，长期的监测结果显示，群落中的各类微生物互相拮抗，共同维持群落的相对稳定，不同环境下的生态位和群落本身才是影响群落结构及丰度的主要因素。

飞来峰造像中随处可见的"白斑"也与微生物有着密切关系。"白斑"是碳酸钙在岩石基质表面沉积所形成的矿物结壳，具有光合作用的苔藓、藻类、蓝细菌，以及分离培养出的芽孢杆菌、假单胞菌等细菌和刺盘孢属真菌均具有诱导碳酸钙沉淀的能力，它们的生长繁殖促使了"白斑"的出现。它们在"白斑"形成中的核心作用是通过多种代谢活动营造一个碱性微环境，从而促使碳酸钙在菌体周围结晶。

有机抗菌剂的使用是目前微生物病害治理最常见的一种方式。通过对多种文物保护中常用抗菌剂的对比研究，异噻唑啉酮类抗菌剂对细菌和真菌生长的抑制能力相对均衡，抗菌谱系也最广，可以作为飞来峰造像微生物病害治理的候选抗菌剂。抗菌剂的抗菌效力会随着浓度的降低而下降，0.5%被认为是兼顾抗菌、成本和副作用后的最佳使用浓度。飞来峰造像所处区域潮湿多雨的自然特征，使得抗菌剂的浓度会随着雨水冲刷而下降，从而导致微生物在抗菌剂使用后的短时间内重新在文物表面定殖。因此在今后的微生物病害防治研究中需要考虑如何长期有效地抑制微生物在飞来峰造像上的生长。

5.4 法国拉斯科洞穴微生物

5.4.1 环境背景与文物价值

（1）环境特征

拉斯科洞穴位于法国西南部多尔多涅拉斯科山脉的韦泽尔峡谷，这条峡谷里发现了众多旧石器时代的珍贵遗产，包括 147 个史前遗址和 25 个有壁画的洞窟，特别是以拉斯科洞穴壁画最为著名。拉斯科洞穴发现于 1940 年，它是地质时代第三纪形成的大型石灰岩溶洞，主因是石灰岩受地下水长期溶蚀，石灰岩不溶性的 $CaCO_3$ 受水和二氧化碳共同作用转化为微溶性的 $Ca(HCO_3)_2$。拉斯科洞穴的发现极富戏剧性，是 4 个少年在此游玩时偶然发现的。当时洞窟的入口被枯枝落叶所遮蔽，入口处宽仅 80 cm；洞口向下几乎与地表垂直，洞内可以看到一些原始社会人类活动遗迹。

（2）文物价值

法国政府对拉斯科洞穴的发现极为重视，在其被发现的当年便将其定为重点文物保护对象，有关部门为防止游客涌入在洞窟设置了保护栅栏，同时组织考古专家对其进行清理发掘。考古人员在离洞穴入口处 10 m 左右处发现了"独角兽"图案，随着清理发掘工作不断深入，人们发现洞窟内岩壁上描绘了大量旧石器时代的岩画作品（创作于公元前 15 000～13 000 年），包括野牛、鹿、熊、马等约 100 种动物形象，共计 1500 件岩刻和 600 幅岩画，主色调为红色、黄色、棕色和黑色，描绘细致、色彩丰富、栩栩如生，特别是以"野牛圆厅"最为壮观，其上绘制了长达 5 m 的欧洲野牛、鹿、马，以及大量虚构的动物等共计 65 个大型动物形象，极为震撼（图 5-12）。拉斯科洞穴岩画极具历史、科研价值，非常直观地反映了旧石器时代人类生活场景，为现代人研究远古时期人类生活、艺术创作

提供了很好的素材，因此，其被学界誉为"史前西斯廷教堂""史前卢浮宫"。1979 年，联合国教科文组织将以拉斯科洞穴为代表的韦泽尔峡谷地区列入《世界遗产名录》。

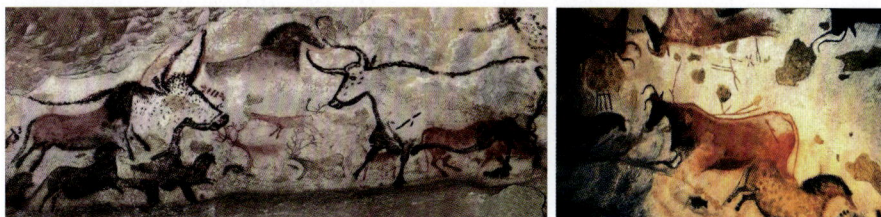

图 5-12　拉斯科洞穴史前岩画

5.4.2　拉斯科洞穴岩画微生物多样性

因具有独特的自然环境，拉斯科洞穴内发现了大量细菌、真菌及藻类等微生物，它们的过度增殖及活动对壁画造成侵蚀。自洞穴发现以来，先后发生过三次大规模的微生物侵蚀事件（microbial crisis），其中引发第一次微生物侵蚀的优势微生物为藻类，后两次则以细菌、真菌为主（表 5-3）。

表 5-3　拉斯科洞穴内引发三次微生物侵蚀的主要微生物类群

物种类型	物种名称	参考文献
藻类	*Bracteacoccus minor*	Lefèvre，1974
细菌	解甘露醇罗尔斯通氏菌（*Ralstonia mannitolilytica*） 皮氏罗尔斯通氏菌（*Ralstonia pickettii*） 嗜糖假单胞菌（*Pseudomonas saccharophila*） 大肠杆菌（*Escherichia coli*） 氧化无色杆菌（*Achromobacter xylosoxidans*） *Pseudomonas lanceolata* 阿菲波菌（*Afipia* spp.） 军团菌（*Legionella* spp.） 嗜麦芽窄食单胞菌（*Stenotrophomonas maltophilia*） *Aquicella* spp. *Inquilinus* spp. 荧光假单胞菌（*Pseudomonas fluorescens*） 艾伯特埃希菌（*Escherichia albertii*） *Bordetella ansorpii* *Sighella sonnei*	Bastian *et al*.，2009a
真菌	*Penicillium namyslowskii* 粉棒束孢（*Isaria farinose*） 杂色曲霉（*Aspergillus versicolor*） *Tolypocladium cylindrosporum* 皂味口蘑（*Tricholoma saponaceum*） *Geomyces pannorum* *Engyodontium album* *Kraurogymnocarpa trochleospora* Clavicipitaceae 腐皮镰刀菌（*Fusarium solani*） *Chrysosporium* sp. 粘帚霉（*Gliocladium* sp.） *Gliomastix* sp. 拟青霉（*Paecilomyces* sp.） 木霉（*Trichoderma* sp.） 轮枝孢属（*Verticillium* sp.）	Bastian *et al*.，2009b Dupont *et al*.，2007

　　第一次微生物侵蚀：发生于 1963 年，拉斯科洞穴于 1948 年对社会开放后，游客络绎不绝，平均每天达到 1800 人次（Bastian *et al.*，2010），为方便游客参观及科研活动的进行，洞穴内安装了人工照明设施。光线和游客呼吸导致绿球藻目（Chlorococcales）的 *Bracteacoccus minor* 大暴发（Bastian and Alabouvette，2009）。*Bracteacoccus minor* 是一种单细胞藻类，其在洞穴内裸露的岩壁及壁画表层形成一层绿膜，严重破坏壁画的美学价值，这迫使管理机构于 1963 年暂时对外关闭洞窟。在此后的几年，通过喷洒杀菌剂和甲醛去除这些藻类。

　　第二次微生物侵蚀：发生于 2001 年，出现以荧光假单胞菌（*Pseudomonas fluorescens*）、罗尔斯通氏菌属（*Ralstonia*）和腐皮镰刀菌（*Fusarium solani*）为优势菌群的微生物侵蚀（Allemand and Bahn，2005）。为杀灭这些病害菌，人们使用了苯扎氯铵（benzalkonium chloride）、链霉素（streptomycin）和多黏菌素（polymyxin）等多种杀菌剂，但效果不佳，最终只能通过物理方法清除这些微生物。

　　第三次微生物侵蚀：发生于 2007 年，在洞穴内很多地方出现黑色菌落（图 5-13），调查表明这些菌落主要是轮枝孢属（*Verticillium*）、齿梗孢属（*Scolecobasidium*）和黑酵母（black yeast）等真菌（Bastian *et al.*，2010；Saiz-Jimenez *et al.*，2012）。它们的暴发与前期大量无节制使用真菌杀灭剂有关，在此过程中，一种名为 *Folsomia candida* 的跳虫的活动对病菌传播起到重要媒介作用（Bastian *et al.*，2009b），它是一种洞穴内常见的节肢动物，广泛分布于世界各地的洞穴内。研究人员发现 *F. candida* 可将黑色霉斑菌丝体作为食物，它们的身体和残留物也可以作为真菌传播的媒介（图 5-14），将黑色霉斑扩散到洞穴其他地方（Martin-Sanchez *et al.*，2013）。

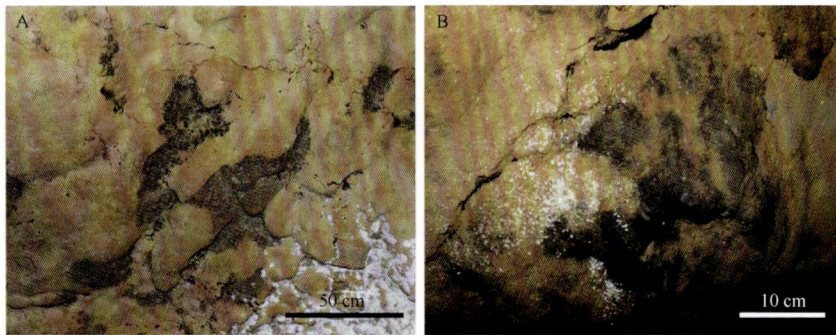

图 5-13　拉斯科洞穴岩壁表面的黑色菌斑（Saiz-Jimenez *et al.*，2012）
A. 走廊天花板石灰石表面黑色斑点（摄于 2008 年 7 月）；B. 半圆殿泥质沉淀物表面黑色及紫色污渍（摄于 2007 年 2 月）

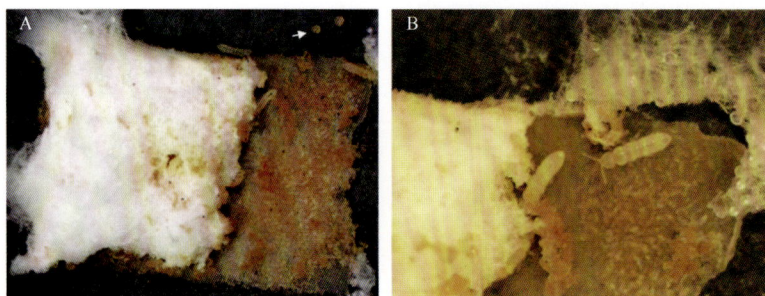

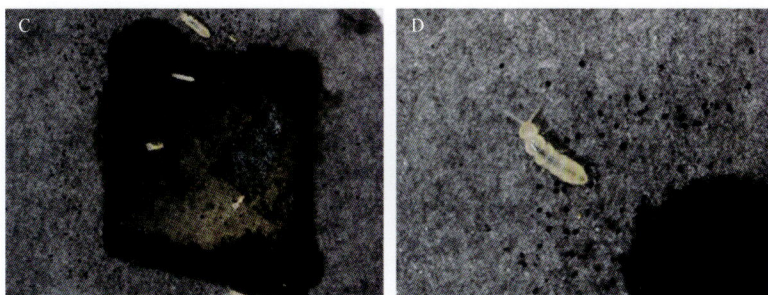

图 5-14 *Folsomia candida* 对拉斯科洞穴两种主要真菌的放牧研究（Bastian *et al.*，2010）
A. *Folsomia candida* 在熟石膏表面放牧腐皮镰刀菌；B. 腐皮镰刀菌菌丝已被 *Folsomia candida* 吃掉；C. *Folsomia candida* 在洞穴沉积物上放牧腐皮镰刀菌；D. *Folsomia candida* 啃食 *Scolecobasidium tshawytschae* 和粪球

5.4.3 拉斯科洞穴空气微生物多样性

除岩画表面微生物外，Martin-Sanchez 等（2014）还对拉斯科洞穴内不同位点的空气微生物群落进行了分析（图 5-15），对比了不同季节（2 月和 9 月）空气中可培养细菌和真菌的丰度及多样性。结果表明，除户外环境（outdoor），拉斯科洞穴中各个采样点的细菌和真菌浓度均在 2 月更高（表 5-4）。

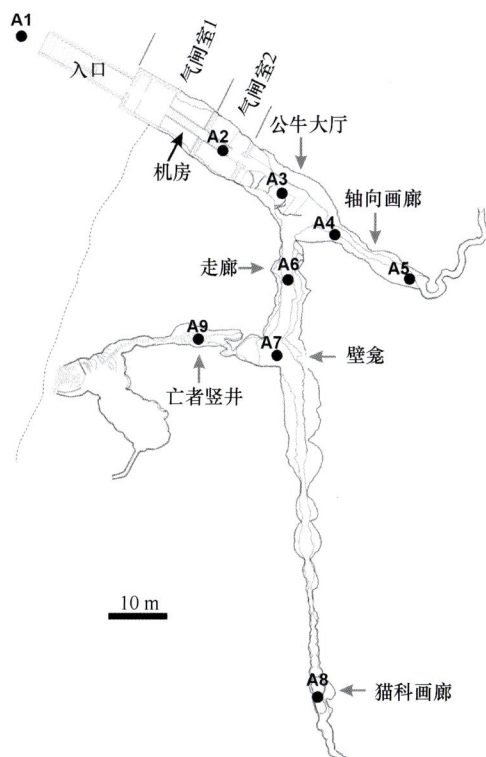

图 5-15 拉斯科洞穴简图及空气样本位置（Martin-Sanchez *et al.*，2014）

表 5-4　拉斯科洞穴空气样本中微生物浓度

采样点	细菌（CFU/m³）*		真菌（CFU/m³）*	
	2 月	9 月	2 月	9 月
A1：户外环境	360±78	1 090±71	170±14	960±42
A2：气闸室 2	4 550±311	700±233	460±267	170±21
A3：公牛大厅	2 490±78	980±63	200±35	140±42
A4：轴向画廊（入口处）	4 470±56	420±226	290±177	170±42
A5：轴向画廊（内部）	4 050±792	360±283	950±7	190±42
A6：走廊	1 120±219	540±21	150±7	80±28
A7：壁龛	1 500±853	760±163	690±71	120±35
A8：猫科画廊	15 520±49	740±226	700±551	190±56
A9：亡者竖井	310±127	70±56	50±42	10±7

注：*指数值为带有标准误差的两个重复的平均值，表示为每立方米采样空气的菌落形成单位

（1）拉斯科洞穴空气细菌变化规律

拉斯科洞穴空气中细菌类群在不同季节存在显著差异，除户外环境外，2 月空气中细菌丰度要明显高于 9 月（表 5-4）。空气中最丰富的物种是 *Brachybacterium fresconis*，属放线菌门。除亡者竖井（A9）外，洞穴内外各位点均检测到其存在，然而在 9 月的空气微生物中却未发现该菌。*Microbacterium murale* 在细菌群落中的丰度也较大，在公牛大厅（A3）、轴向画廊（A4、A5）、壁龛（A7）和猫科画廊（A8）等处均可发现，但该菌仅在 9 月采集的样品中存在。

厚壁菌门（Firmicutes）中的芽孢杆菌属（*Bacillus*）在拉斯科洞穴中也广泛分布，除公牛大厅（A3）以外的各个位点均分离出来。蕈样芽孢杆菌（*Bacillus mycoides*）是拉斯科洞穴中最常见的一种芽孢杆菌，分别在 2 月的 6 个样本和 9 月的 5 个样本中检出。之前的研究就报道过拉斯科洞穴存在芽孢杆菌属（Orial *et al.*，2009），该细菌在西班牙阿尔塔米拉洞穴（Laiz *et al.*，1999）、意大利鹿洞（Grotta dei Cervi）（Laiz *et al.*，2000a）及印度乞拉朋齐地区的多处洞穴（Baskar *et al.*，2006，2009）也有分布，这表明芽孢杆菌属细菌是洞穴中常见的一类细菌。

变形菌门（Proteobacteria）中最丰富的是施氏假单胞菌（*Pseudomonas stutzeri*），2 月采集的空气微生物中有 5 个样本可以检测出该菌，而 9 月则有 7 个样本。研究表明，该菌通常出现在人为活动较频繁的洞穴和地下墓穴（Laiz *et al.*，2000b；De Leo *et al.*，2012）或受污染的环境（Mulet *et al.*，2011），这表明游客游览可能是该菌出现的一个主要因素。此外，Lalucat 等（2006）的研究发现，*P. stutzeri* 参与金属循环和生物或外源化合物（如石油衍生物、芳香烃和非芳香烃、抗菌剂等）降解等代谢活动，这为之前有机抗菌剂治理微生物病害效果不佳做出了一定的解释。

（2）拉斯科洞穴空气真菌变化规律

与细菌群落相似，不同季节中真菌群落的组成也存在显著差异（表 5-4）。2 月，洞穴内真菌浓度较高，在 150～950 CFU/m³，这表明真菌已经对洞穴造成了一定的影响（Porca *et al.*，2011）。9 月洞穴内真菌浓度降至 10～190 CFU/m³，此时真菌对洞穴的影响较小。

子囊菌门是拉斯科洞穴空气微生物中最主要的真菌（80.8%），其次为担子菌门（19.2%）。空气中 *Aspergillus versicolor* 和 *Verticillium leptobactrum* 的丰度最高，它们可以从 5 个样本中分离得到。其中，*A. versicolor* 在 A8（87.6%）和 A7（40.1%）的丰度最高。该菌在拉斯科洞穴（Bastian *et al.*，2009b）及印度（Koilraj *et al.*，1999）、斯洛伐克（Nováková，2009）和西班牙（Domínguez-Moñino *et al.*，2012）等地的洞穴中均有发现。2 月 *V. leptobactrum* 在 A9（76%）和 A4（40.1%）两处地点的丰度最高，但在 9 月该菌则在 A7（26.6%）中的丰度最高。之前在该洞穴墙壁和沉积物中检测到 *V. leptobactrum* 的存在（Bastian *et al.*，2009b），该菌是线虫的寄生菌（Godoy *et al.*，1982），这表明拉斯科洞穴中可能存在相关的线虫种群。

枝孢霉属（*Cladosporium*）和青霉属（*Penicillium*）也是拉斯科洞穴空气微生物中的优势真菌，之前在拉斯科洞穴空气中也检出过（Orial *et al.*，2009）。这些真菌在西班牙内尔哈洞穴（Nerja Cave）的空气中也占据优势，Docampo 等（2011）的研究表明，内尔哈洞穴的空气微生物中，曲霉属、青霉属最为丰富，占孢子总数的 50%，其次是枝孢霉属，占 17%。分枝杆菌和青霉菌也经常从西班牙其他洞穴（Domínguez-Moñino *et al.*，2012）和斯洛伐克多米卡洞穴（Domica Cave）（Nováková，2009）的空气样本中分离出。

Doratomyces sp.、*Geomyces pannorum*、*Gliomastix murorum* 和 *Ochroconis lascauxensis* 等真菌也广泛分布于拉斯科洞穴中。*Ochroconis lascauxensis* 被认为是导致拉斯科洞穴黑色斑点暴发的"元凶"（Martin-Sanchez *et al.*，2012）。*Doratomyces* sp.在斯洛伐克（Nováková，2009）、日本（Nagai *et al.*，1998）和美国（Vaughan *et al.*，2011）等地的洞穴中也有发现。*Geomyces pannorum* 则在拉斯科洞穴（Bastian *et al.*，2009b）和多米卡洞穴（Nováková，2009）等洞穴的微生物群落中报道过。*Geomyces* 的再次检出表明该菌在拉斯科洞穴空气微生物中长期存在（Orial *et al.*，2009）。

5.4.4　小结与讨论

对拉斯科洞穴壁画造成严重破坏的微生物主要分为以下几类。①藻类：游客游览增加了洞穴内的光照时间，并提高了 CO_2 浓度及空气湿度，促使藻类大量增殖，在洞穴内形成绿色生物膜，覆盖壁画；②细菌：洞穴内发现的很多细菌可分泌有机酸、色素等代谢产物，侵蚀壁画并与颜料发生作用造成壁画变色；③真菌：丝状真菌通过发达的菌丝体覆盖壁画，并向壁画内部渗透，对壁画造成物理破坏。有些真菌分泌的代谢物也使壁画褪色。此外节肢动物可以通过身体及排泄物，促进真菌在洞穴内的传播。

虽然研究人员在拉斯科洞穴进行了大量工作，但目前采取的研究技术手段相对简单，研究理论尚不成熟；洞穴内微生物的分布特征仍不明确，这些微生物是否会对壁画产生伤害及其破坏机理都需要进一步研究。拉斯科洞窟的保护过程为今后微生物病害研究提供了启示。

1）必须从整个洞穴生态学功能方面考虑。不是"头疼医头，脚疼医脚"，而是应用生态学原理制定出控制微生物生长及扩散行为的有效措施。为此，需要搞清以下几种关系：不同微生物之间的关系，微生物和动植物间的关系，气候因子、洞穴表层特征与微生物生长之间的关系，抗菌剂与微生物生长之间的平衡关系。

2）多学科交叉融合。为了在生态系统如此复杂的洞穴内更好地控制微生物的生长，需要具有不同学科背景（如微生物学、生态学、生理学、分子生物学、地理学）的学者共同努力，将各自领域的先进设备和技术相融合，从微生物病害认识、防控、监测等方面对文物中的微生物开展综合研究。

3）文物数字化。为更好地保护人类文化遗产，同时满足游客了解文化遗产的需求，从 1963 年起，法国政府已基本将洞穴关闭，并在附近仿造了一个拉斯科洞穴壁画 2 号，以接待来自全球各地的游客。数字化技术使文物突破了时间和空间的限制，使文物得以更好地保存。

5.5 西班牙阿尔塔米拉洞穴微生物

5.5.1 文物价值及保护历程

（1）文物价值

阿尔塔米拉洞穴位于西班牙北部坎塔布里亚自治区，距离大西洋海岸仅 5 km，洞窟距海平面平均高度为 156 m。该洞窟发现于 1868 年，但岩画却发现于 1879 年。洞穴内部结构复杂，全长约 270 m（图 5-16）（Cuezva *et al.*，2012），其中完整保存着 15 000

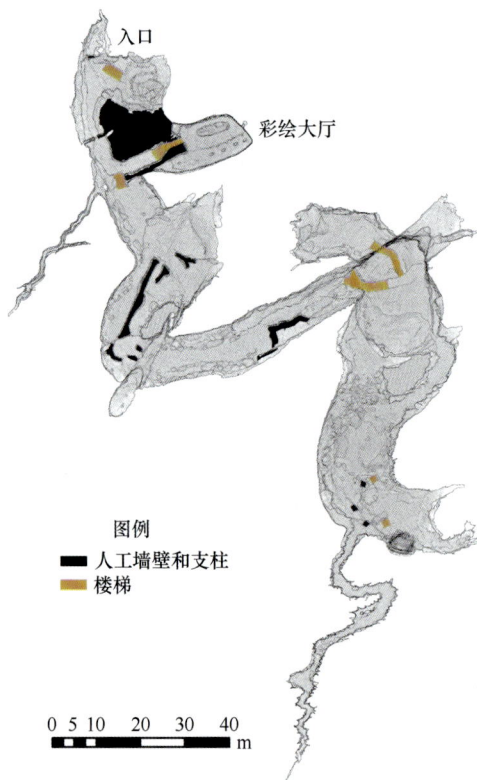

图 5-16　阿尔塔米拉洞穴简图

年前欧洲旧石器时代晚期的古老岩画，它被认为是史前绘画的代表和最早的艺术品
（Valladas *et al.*，1992）。洞穴内保持着久远的石器时代面貌，有石斧、石针等工具以及
雕凿平坦的巨大石榻。150 余幅壁画集中在长 18 m、宽 9 m 的入口处顶壁上，是公元前
3 万年至公元前 1 万年左右的旧石器时代晚期的古人类绘画遗迹。其中有简单的风景草
图，也有红、黑、黄、褐等色彩浓重的动物画像：野马、野猪、赤鹿、山羊、野牛和猛
犸等。阿尔塔米拉洞穴壁画颜料取于矿物质、炭灰、动物血和土壤，再掺和动物油脂而
成，色彩至今仍鲜艳夺目。壁画线条清晰，彰显动物的自然本色，可以说达到了史前艺
术高峰，具有很高的历史和艺术价值。

（2）保护历程

阿尔塔米拉洞穴于 1917 年正式向公众开放，1985 年被列入《世界遗产名录》。洞窟
自开放以来，一直受到管理机构的严格保护。早在 1950 年，一些文物保护专家就发现洞
窟中的环境受游客影响巨大，建议限制游客数量，但一直没有得到重视。直到 1976 年，
洞窟内壁画已受到严重的微生物侵蚀，政府才建立了专门的阿尔塔米拉洞窟保护研究机构
开展正式的保护研究，并于 1977 年关闭了洞窟。调查显示，洞窟参观人数的激增是造成
壁画破坏的重要原因。1952 年的全年参观人数为 30 000 人，1957 年上升为 60 000 人，
1967 年增长到 155 000 人，1973 年达到 175 000 人。大量游客的涌入破坏了阿尔塔米拉洞
窟原本的生态环境。为此在 1982 年洞窟重新开放时，规定每年的参观人数限制在 9440
人次。近年阿尔塔米拉洞穴壁画成为世界学者重要的研究对象，受到人们的高度重视，针
对洞窟中壁画保护、环境变化等方面开展了一系列研究，积累了许多宝贵的经验。

5.5.2　阿尔塔米拉洞穴壁画微生物多样性

对阿尔塔米拉洞穴微生物及微生态学的研究始于 20 世纪初，Schabereiter-Gurtner
等（2002）利用 RNA-DGGE 技术对洞穴彩绘大厅（polychromes hall）岩画上绘制的欧
洲野牛图附近的红色颜料进行了分析，共得到 29 条可见条带（图 5-17A）。条带回收鉴
定后显示，52.3%的细菌属于变形菌门（Proteobacteria），其次为酸杆菌门（Acidobacteria）
（23.8%）。其他鉴定出的细菌分别为：绿色非硫细菌（green non-sulfur bacteria，4.8%），
浮霉菌目（Planctomycetales，4.8%），*Cytophaga*/*Flexibacter*/*Bacteroides*（CFB，9.5%），
放线菌门（Actinobacteria，4.8%）（图 5-17B）。

2005 年，科研人员在洞窟岩壁及窟顶检测到活的古菌，其中低温泉古菌（low-tem-
perature Crenarchaeota）为优势类群（Gonzalez *et al.*，2006），该菌广泛存在于各种环境
中（如洞穴、土壤、海底以及淡水），并且积极参与生物地球化学循环。有研究表明低
温泉古菌参与氨（NH_3）的氧化（Schleper *et al.*，2005），该过程产生的硝酸将对壁画产
生酸蚀，这提示该古菌参与了洞窟岩画的生物侵蚀过程。

阿尔塔米拉洞穴岩画表面出现了许多不同颜色的斑点，包括白色、黄色和灰色，其
中黄色斑点的数量最多，严重削弱了岩画的美学价值（图 5-18）。Portillo 等（2008，2009）
利用 RNA-DGGE 技术分别对这些斑点进行分析，鉴定出许多具有代谢活性的细菌，这
些细菌可以向外分泌色素，从而形成不同颜色的菌斑。

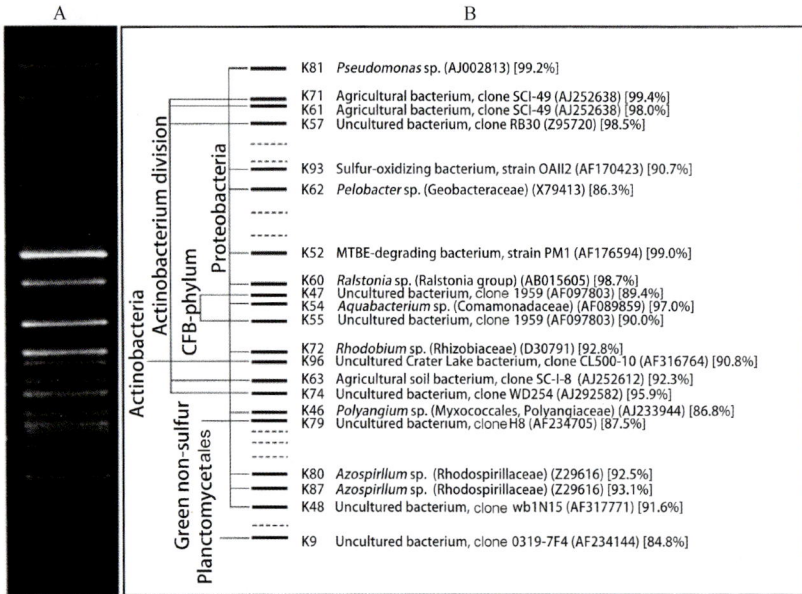

图 5-17　阿尔塔米拉洞穴红色颜料样品细菌 DGGE 指纹图谱（A）及对应的 DGGE 条带示意图（B）
（Schabereiter-Gurtner *et al.*，2002）

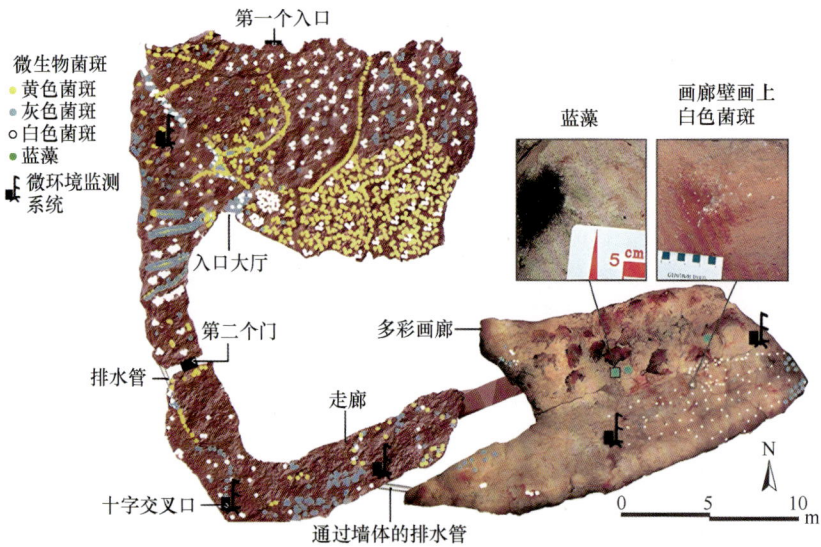

图 5-18　阿尔塔米拉洞穴天花板上白、黄、灰色菌斑的分布区域

　　在白色菌斑中，具有代谢活性的细菌种类主要为 α-变形菌纲（Alphaproteobacteria），代表种类为鞘氨醇单胞菌属相关细菌（*Sphingomonas*-related bacteria）。其他优势细菌包括酸杆菌门（Acidobacteria）、放线菌门（Actinobacteria）、β-变形菌（Betaproteobacteria）、假单胞菌属（*Pseudomonas*）。在洞窟内不同位置采集的白色菌落，其所包含的细菌群落组成极为相似，这可能是环境同质化造成的（Portillo *et al.*，2009）。在黄色菌斑和灰色菌斑中，优势细菌为变形菌门（Proteobacteria）和酸杆菌门（Acidobacteria），这两类细

菌中具有代谢活性的细菌的种群丰度分别为 33%和 29%。基于 16S rDNA 基因文库的研究表明，变形菌门在黄色菌斑和灰色菌斑中分别占 68.2%和 78.4%，主要代表性细菌为α、β、γ、δ-变形菌纲以及酸杆菌门（Acidobacteria）。基于 RNA-DGGE 技术，在黄色菌斑中还检测到厚壁菌门（Firmicutes）、放线菌门（Actinobacteria）、硝化螺旋菌门（Nitrospirae）和芽单胞菌门（Gemmatimonadetes）（Portillo et al.，2008）。

总体来看，阿尔塔米拉洞穴三种颜色菌斑中具有代谢活性的优势细菌差异较大（表 5-5）。值得注意的是，在黄色菌斑中检测到的 γ-变形菌纲中的着色菌目（Chromatiales）和黄单胞菌目（Xanthomonadales）均可以产生黄色色素，这可能与黄色菌斑的出现有关（Starr and Stephens，1964）。此外，β-变形菌纲中的陶厄氏菌属和 δ-变形菌纲中的脱硫弧菌属均为厌氧菌，它们能够在洞穴较深处存活并积极参与对壁画的侵蚀。

表 5-5　阿尔塔米拉洞穴内三种颜色菌斑内的主要微生物类群

菌斑类型		具有代谢活力的优势细菌类群	参考文献
白色菌斑	α-变形菌纲	鞘氨醇单胞菌属（Sphingomonas）	Portillo et al.，2009
黄色菌斑	α-变形菌纲	根瘤菌目（Rhizobiales） 鞘脂单胞菌目（Sphingomonadales）	Portillo et al.，2008
	β-变形菌纲	亚硝化单胞菌目（Nitrosomonadales） 伯克氏菌目（Burkholderiales）	
	γ-变形菌纲	假单胞菌目（Pseudomonadales） 着色菌目（Chromatiales） 黄单胞菌目（Xanthomonadales）	
	δ-变形菌纲	脱硫弧菌属（Desulfovibrio）	
灰色菌斑	α-变形菌纲	根瘤菌目（Rhizobiales） 鞘脂单胞菌目（Sphingomonadales）	Portillo et al.，2008
	β-变形菌纲	陶厄氏菌属（Thauera）	
	γ-变形菌纲	肠杆菌目（Enterobacteriales）	
	δ-变形菌纲	黏球菌目（Myxococcales）	

5.5.3　阿尔塔米拉洞穴微生物腐蚀机理研究

研究人员针对阿尔塔米拉洞穴内部岩画表面菌斑的形成机制进行了探讨（Cuezva et al.，2012），利用扫描电子显微镜和透射电子显微镜发现，灰色菌斑是由细菌和其他生物诱导形成的 $CaCO_3$ 晶体组成。菌斑形态显示了一个密集的微生物网络，从中心区域向斑点外部呈现清晰的径向和树枝状分枝组织，并覆盖着 $CaCO_3$ 球状和巢状聚集体。分子鉴定表明，灰色菌斑主要是由放线菌门中未鉴定菌种的活动引起的。在大量灰色菌斑覆盖的岩石中，CO_2 外流测量证实了细菌形成的灰斑促进了 CO_2 的吸收，这种气体在洞穴中是丰富的。细菌吸收洞穴中的 CO_2，导致周围环境的 pH 降低，对石灰岩进行酸蚀溶解，释放的 Ca^{2+} 被细菌吸附，当洞穴中 CO_2 浓度和湿度降低时，碳酸钙结晶沉淀，在岩画表面形成灰斑（图 5-19）。

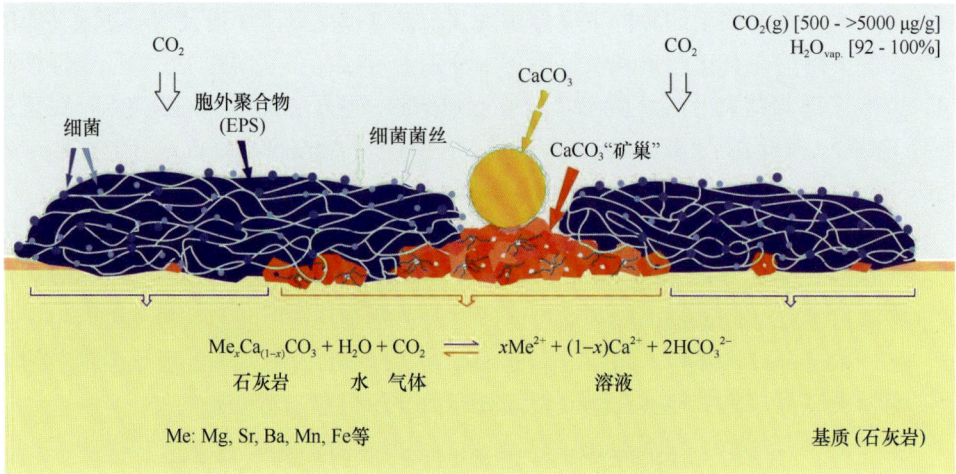

图 5-19　微生物-矿物相互作用模型：石灰石基质上的灰色菌斑剖面（Cuezva *et al.*，2012）

除细菌外，研究人员还在阿尔塔米拉洞穴中鉴定出许多真菌，包括直立顶孢霉（*Acremonium strictum*）、淡色生赤壳菌（*Bionectria ochroleuca*）、枝状枝孢霉（*Cladosporium cladosporioides*）、刀孢轮枝菌（*Lecanicillium psalliotae*）和马昆德拟青霉（*Paecilomyces marquandii*）。这些真菌广泛存在于洞穴各个地方，且各个地点之间并没有发现特殊的种属。Jurado 等（2009）通过模拟实验重现了真菌对于岩画的侵蚀过程（图 5-20）。

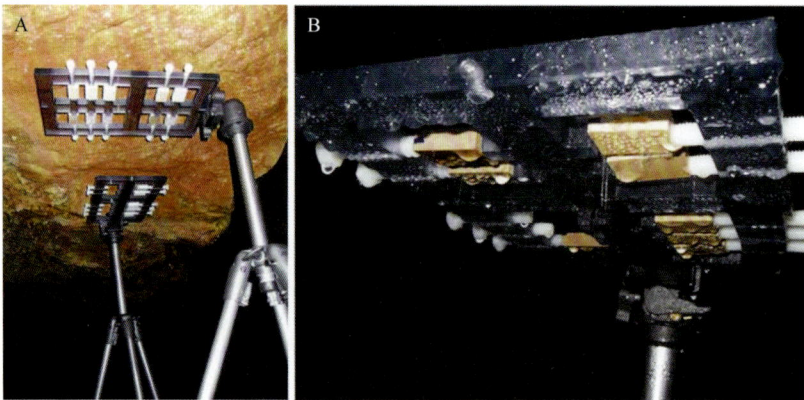

图 5-20　不同石碑的测试系统（A），以及真菌菌丝悬挂在岩石上，菌丝上有一串水滴（B）（Jurado *et al.*，2009）

值得注意的是，在阿尔塔米拉洞穴中发现的一些放线菌门具有拮抗真菌的特性，如马杜拉放线菌属（*Actinomadura*）、拟无枝菌酸菌属（*Amycolatopsis*）、诺卡氏菌属（*Nocardia*）、小单孢菌属（*Micromonospora*）、红球菌属（*Rhodococcus*）、链霉菌属（*Streptomyces*）等。一些细菌包括芽孢杆菌属（*Bacillus*）、黏球菌属（*Myxococcus*）、假单胞菌属（*Pseudomonas*）、嗜麦芽窄食单胞菌（*Stenotrophomonas maltophilia*）等可以分泌一些具有生物活性的复合物，也能够抑制真菌生长（Portillo *et al.*，2008，2009）。具有拮抗真菌特性的细菌的广泛存在，在一定程度上保护岩画免受真菌的侵蚀。

近年来，关于真菌与真菌昆虫载体关系的研究引起越来越多的关注，成为洞窟文物保护重要的研究方向之一（Jurado et al.，2008，2009）。一些穴居昆虫，如石蚕蛾，经常在洞窟中夏眠。这些昆虫在进入洞窟时会将外界环境中的真菌带入洞穴。在阿尔塔米拉洞穴深处的走廊里发现了 Stenophylax fissus 的尸体，这是一种在西班牙洞窟中十分常见的石蚕蛾，其尸体表面覆盖着一层黄僵菌（Isaria arinosa）菌丝束。同时，还发现感染了 Trichotecium asperum 的甲虫。在洞窟环境中，细菌、真菌和节肢动物之间保持一种极为脆弱的平衡关系，这种平衡会被大量游客的介入而打乱。外界的一些有机物或无机物，通过各种方式进入洞窟，导致整个洞窟内生态食物链的失衡甚至崩溃。

5.5.4 小结与讨论

阿尔塔米拉洞穴中，微生物分布受到诸多环境因素的影响，特别是洞窟内部的微环境，其中水分和营养物质是影响微生物生长最关键的环境因素（Sanchez-Moral et al.，1999）。阿尔塔米拉洞穴内部环境相对稳定，与外界环境的能量交换很少，全年温度和相对湿度都比较稳定。洞窟入口处受洞窟外气候影响较大，空气温度在 $13.15\sim17.85℃$ 范围内波动。而洞窟内部的空气温度变化较小（$13.25\sim14.85℃$），并且这种轻微的温度变化也主要是受到游客参观活动的影响。研究表明，在游客进入洞窟后，洞窟内部温度会在短时间内上升至少 $0.25℃$，同时，洞窟内 CO_2 浓度至少上升 500 ppm。在 $6\sim9$ 月，洞窟内外环境温差较大，外界温湿空气进入洞窟，使洞窟内空气更加潮湿，进而形成微小水珠，遇冷后在洞窟岩壁表面凝结成露。这种空气交换不仅带入大量水分，还会带来一些有机物。普遍来说，每升材料中总有机碳（TOC）含量少于 2 mg 的环境称为寡营养环境（Barton and Jurado，2007），地下洞穴大多属于寡营养环境，而在阿尔塔米拉洞窟中营养并非限制性因素。在洞窟顶部表层土中有大量植物残体，许多微生物参与了植物残体降解，随着地表降水入渗，这些降解产物逐渐累积到洞穴顶部。这些降解产物主要包括脂肪酸和木质素等，可为真菌、放线菌和一些异养细菌提供营养（Saiz-Jimenez and Hermosin，1999）。在阿尔塔米拉洞穴，游客参观引起洞窟内温度和 CO_2 浓度升高，并会引入外界的微生物，这对洞窟内的岩画产生极大影响。岩画损害是多因素协同作用导致的，只有将洞窟内生物和非生物因素结合起来，才能全面了解洞窟内微生态，借此制定科学可行的保护方案。

5.6 柬埔寨吴哥古迹微生物

5.6.1 文物价值及历史沿革

（1）文物价值

吴哥古迹现存 600 多处，分布在面积 45 km² 的热带雨林里。大吴哥和小吴哥是它的主要组成部分，其中有许多精美的佛塔以及众多的石刻浮雕，蔚为壮观。这些佛塔全部用巨大的石块垒砌而成，有些石块重达 8 t 以上。佛塔刻有各种形态的雕像，有的高达数米，生动逼真。吴哥遗迹中重要的古迹有吴哥城（Angkor Thom）、吴哥窟（吴哥寺，

Angkor Wat)、巴肯山（Phnom Bakheng）、巴戎寺（Bayon Temple）、巴普昂寺（Baphuon Temple）、罗洛士遗址群（Roluos Group）、空中宫殿（Phimeanakas）、女王宫（Banteay Srei）、十二生肖塔（Prasat Sour Prat）、龙蟠水池（Neak Pean）、茶胶寺（Ta Keo）和周萨神庙（Chau Say Tevoda）等。其中，吴哥寺中的 5 座莲花蓓蕾似的佛塔高耸入云，是高棉民族引以为傲的精湛建筑。除大吴哥、小吴哥及三个王都中心外，女王宫和空中宫殿也是吴哥古迹中著名的景点。空中宫殿是一座全石结构建筑，建于 11 世纪。宫殿建在一座高 12 m 的高台上，呈金字塔形，分三层。台中心建有一塔，塔上涂金，光芒四射。高台四周有石砌回廊环绕。由于台高，给人一种悬在空中的感觉，因而得名。

目前，吴哥大部分建筑已倒塌成废墟，但吴哥古迹规模之宏伟壮观，建筑艺术之璀璨夺目，依然令人惊叹。考古学家把它与中国长城、埃及金字塔和印度尼西亚婆罗浮屠并称为"东方四大奇迹"。作为柬埔寨早期建筑风格代表，1992 年，联合国教科文组织（UNESCO）将整个吴哥古迹列入《世界遗产名录》。

（2）历史沿革

吴哥古迹是世界闻名的旅游和考古圣地，位于柬埔寨暹粒市（Siem Reap）北约 5.5 km，北纬 13°24′45″，东经 103°52′0″，被称作柬埔寨国宝。吴哥始建于公元 802 年，完成于 1201 年，前后历时 400 年。在几百年的建造过程中，吴哥三易中心。第一次王都中心建在巴肯寺（Bakheng Temple）（耶输跋摩一世），第二次王都中心是在巴戎寺（Bayon Temple）（罗因陀罗跋摩二世），第三次王都中心又定在巴普昂寺（Baphuon Temple）（乌答牙提耶跋摩二世）。吴哥曾先后两次遭到洗劫和破坏。第一次是 1177 年占婆王国入侵柬埔寨，吴哥遭受了劫掠；第二次是 1431 年暹罗军队入侵并攻陷了吴哥，吴哥遭到严重破坏，王朝被迫迁都金边。此后，吴哥被遗弃，逐渐淹没在丛林莽野之中，除了元代官员周达观的记录，甚至连柬埔寨人都不知道其存在。直到 19 世纪 60 年代，吴哥才被法国博物学家亨利·穆奥重新发现。

5.6.2 吴哥古迹石质文物微生物多样性

吴哥城、巴戎寺、吴哥窟和周边国家的寺庙都是用砂岩（sandstone）建造的，加之处于热带雨林地区，降雨充沛，砂岩表面不同微生物活跃生长引起的生物退化严重威胁着石质文物的保存（图 5-21）。近年来科研人员对吴哥遗迹砂岩表面的微生物多样性、群落组成和生物膜（biofilm）形成机制进行了研讨。

Lan 等（2010）利用基于 16S 和 18S rRNA 基因序列分析的方法，对发生生物侵蚀的巴戎寺浅浮雕壁面的新、旧生物膜的微生物进行了对比分析，共鉴定出 11 个细菌门、11 个真核生物门和 2 个古菌门。通过对新旧生物膜微生物群落的比较，发现老旧生物膜的细菌群落组成与新鲜生物膜非常相似，但真核生物群落却有明显不同（表 5-6）。

Kusumi 等（2013）利用 PCR-DGGE 技术对巴戎寺浮雕表面不同颜色生物膜（图 5-22）中的微生物群落进行了对比分析。结果表明，各生物膜中细菌群落组成与空气细菌群落组成存在明显差异。橙红色（salmon pink）生物膜中的优势细菌为红色杆菌属（*Rubrobacter*），铬绿色（chrome green）生物膜中的优势细菌为蓝细菌门（Cyanobacteria），信号紫色

图 5-21　吴哥遗迹许多石质文物表面附生着生物膜（biofilm）（Liu *et al.*，2020）

表 5-6　新鲜和老旧生物膜克隆文库中的克隆数量

界（Kingdom）	分类（Division）	老旧生物膜（Old biofilm）	新鲜生物膜（Fresh biofilm）
古菌（Archaea）	泉古菌门（Crenarchaeota）	14	18
	广古菌门（Euryarchaeota）	16	2
细菌（Bacteria）	变形菌门（Proteobacteria）	104	64
	蓝细菌门（Cyanobacteria）	36	67
	拟杆菌门（Bacteroidetes）	14	39
	酸杆菌门（Acidobacteria）	9	28
	放线菌门（Actinobacteria）	14	8
	绿弯菌门（Chloroflexi）	4	11
	芽单胞菌门（Gemmatimonadetes）	0	3
	Deinococcus-Thermus	0	3
真核微生物（Eukaryotes）	囊泡虫门（Alveolata）	12	28
	绿色植物（Viridiplantae）	102	80
	真菌（Fungi）	26	84
	后生动物（Metazoa）	2	6
	不等鞭毛生物（Stramenopiles）	9	2

（signal violet）生物膜中的优势细菌为蓝细菌门，黑灰色（black-gray）生物膜中的优势细菌为绿弯菌门（Chloroflexi），蓝绿色（blue-green）生物膜中的优势细菌为蓝细菌门、异常球菌-栖热菌门（Deinococcus-Thermus）和红色杆菌属（图 5-23）。随后，利用胶黏片对一层较厚蓝绿色生物膜进行连续揭取采样，发现蓝绿色生物膜周围有严重侵蚀，其结构存在明显分层：生物膜表层以蓝细菌门为优势菌门，底层则以绿弯菌门为优势菌门。此外，蓝绿色生物膜中硝酸盐（nitrate）离子浓度较高。

图 5-22 巴戎寺内画廊的砂岩壁面附生有不同颜色的有色生物膜（Kusumi *et al.*，2013）

A. 北侧朝北墙面上的橙红色（salmon pink，P）、黑灰色（black-gray，B）、信号紫色（signal violet，V）生物膜；B. 南侧朝东墙面蓝绿色（blue-green，BG）生物膜；C. 东侧朝南墙面铬绿色（chrome green，G）生物膜

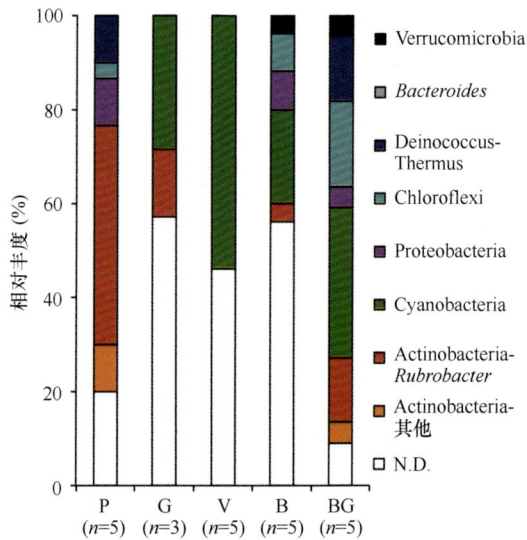

图 5-23 巴戎寺砂岩壁上不同有色生物膜的细菌群落组成分析（门水平）（Kusumi *et al.*，2013）

P. 橙红色（salmon pink）生物膜；B. 黑灰色（black-gray）生物膜；V. 信号紫色（signal violet）生物膜；BG. 蓝绿色（blue-green）生物膜；G. 铬绿色（chrome green）生物膜。*n*. 样品数量，N.D. 未确定的细菌

Meng 等（2020）对柏威夏寺（Preah Vihear Temple）受侵蚀建筑物表面的微生物分别进行 DNA 和 RNA 提取，基于 Illumina HiSeq 2000 PE250 二代高通量测序平台进行测序，构建了细菌群落图谱。基于细菌 16S rRNA 基因测序结果表明，酸杆菌门（Acidobacteria）、放线菌门（Actinobacteria）、绿弯菌门（Chloroflexi）、拟杆菌门

（Bacteroidetes）、厚壁菌门（Firmicutes）和变形菌门（Proteobacteria）为优势细菌门。与 DNA 测序结果相比较，变形菌门（Proteobacteria）的物种丰度只在 RNA 测序结果中占绝对优势（图 5-24）。其中，α-变形菌纲的根瘤菌目（Rhizobiales）和红螺旋菌目（Rhodospirillales）、β-变形菌纲的草杆菌科（Oxalobacteriaceae）和 δ-变形菌纲的黏球菌目（Myxococcales）的相对丰度在 DNA 测序结果中均下降，而 γ-变形菌纲中的肠杆菌目的相对丰度在 DNA 测序结果中则急剧上升。综合 DNA 和 RNA 的测序结果，γ-变形菌纲中的柠檬酸杆菌属（Citrobacter）是柏威夏寺砂岩表面的优势菌属。吴哥窟柏威夏寺砂岩表面细菌多样性非常丰富，但基于高通量测序分析的 DNA 和 RNA 结果存在显著差异，为了明确微生物群落中的活跃成员，应当基于 RNA 而非 DNA 进行微生物群落分析，从而为石质文物的长期保存和保护提供更准确的依据。

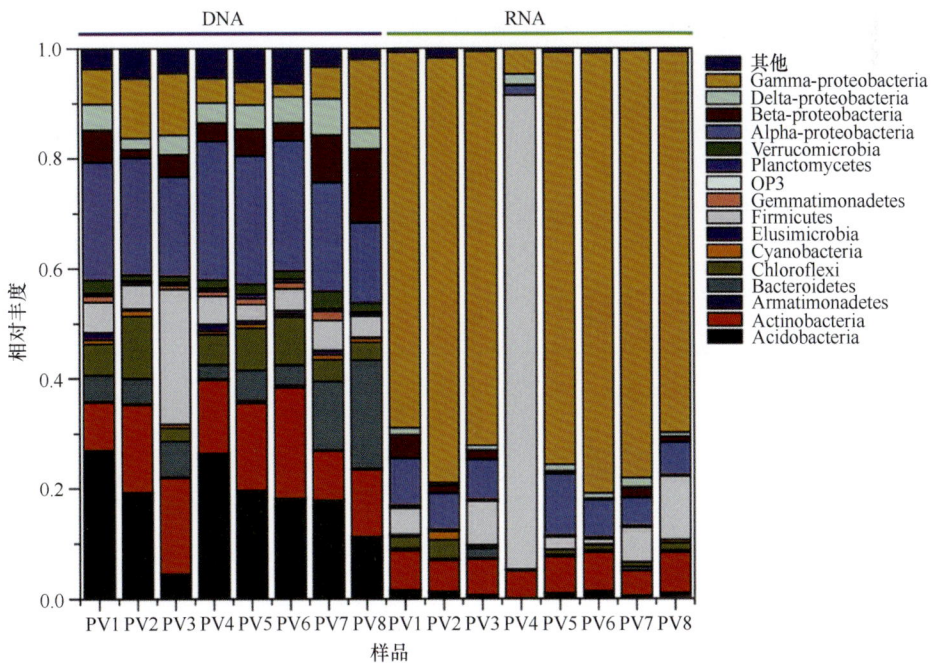

图 5-24　16S rRNA 基因在 DNA 和 RNA 水平上的细菌群落结构（门/纲）（Meng et al.，2020）

5.6.3　吴哥古迹石质文物微生物腐蚀机理研究

微生物在岩石中的定殖取决于环境因素，如水的有效性、pH、气候、营养来源以及岩石学参数（如矿物组成、材料的孔隙度和渗透率等）。吴哥窟和周围的庙宇由砂岩组成，砂岩较大的孔隙度和周边潮湿的环境特别容易遭受微生物定殖。自养微生物（autotrophic microorganism）是建筑表面的先锋物种，包括光合自养微生物（photoautotroph microorganism）和化能自养微生物（chemoautotroph microorganism）（May et al.，2000）。经鉴定，蓝细菌门（Cyanobacteria）和绿色微藻（green microalgae）等光合自养微生物广泛分布于吴哥城及寺庙的屋顶和墙壁上，且其在历史建筑上出现的频率较高（Crispim et al.，2003）。蓝细菌具有耐干燥和水分胁迫、有效利用弱光、耐高盐和耐高温等特点，蓝细菌和藻类定殖会改善岩石表面水分条件，并通过光合作用固定碳，进而为真菌和大型生物的定殖创造有利条件（Gaylarde and Gaylarde，2000）。砂岩表面的生物膜对基质材料的结构完整性有很大破坏性，真菌往往会在自养和异养微生物定殖的区域形成广泛的生物膜，其分泌的色素会导致石材表面变暗。2008 年，Hu 等（2013）对吴哥城巴戎寺砂岩表面的微生物生物膜进行调查和取样，分离出一种具有降解生物膜能力的真菌，经鉴定为阿拉哈巴迪曲霉（*Aspergillus allahabadii*）。在将该菌孵育 3 d 后对其分泌的酶进行蛋白质谱分析，发现 β-半乳糖苷酶（β-galactosidase）的产量在 7 种酶中最高（表 5-7），该蛋白酶可能参与了生物膜的降解。这一发现为石材表面微生物生物膜的清除提供了新思路。

表 5-7　被测物种孵育 3 d 后的酶产量［nmol/（mL·min）］

酶	黑曲霉（A. niger）	米曲霉（A. oryzae）	A. allahabadii	A. aculeatinus	Phaenerochaete chrysosporium
β-葡萄糖苷酶（β-glucosidase）	3.27	3.97	3.16	1.76	2.87
外切葡聚糖酶（cellobiohydrolase）	3.61	4.79	2.48	1.84	2.29
β-木糖苷酶（β-xylosidase）	61.97	6.58	5.75	1.94	4.21
α-阿拉伯呋喃糖苷酶（α-arabinofuranosidase）	3.26	3.77	3.28	1.74	2.25
β-半乳糖苷酶（β-galactosidase）	23.28	20.06	14.34	11.33	2.00
葡萄糖淀粉酶（glucoamylase）	2.10	3.83	1.55	1.49	1.58
α-葡萄糖苷酶（α-glucosidase）	2.77	2.36	2.41	1.46	2.13

5.6.4　小结与讨论

对以柬埔寨吴哥古迹为代表的热带地区的石质文化遗产而言，高温、多雨的自然条件和文物基质材料（砂岩）本身较强的生物感受性使各类微生物特别容易在文物中定殖，其中光能自养微生物（蓝细菌、绿色微藻）和化能自养微生物等自养微生物是定殖于建筑表面的先锋物种。吴哥古迹许多区域广泛分布着蓝细菌和绿色微藻等光能自养微生物。蓝细菌具有耐干燥和水分胁迫、有效利用弱光、耐高盐和耐高温等特点，蓝细菌和藻类定殖会改善岩石表面水分条件，并通过光合作用固定碳，为真菌和大型生物的定殖创造有利条件，并对基质材料的结构完整性造成破坏。真菌往往会在自养和异养微生物定殖的区域形成广泛的生物膜，对文物造成美学损害。

生物膜具有一定的黏结作用，使得空气中的颗粒物、有机物、矿物质更容易聚集到文物表面，加重文物污染。这些沉积物也会为其他微生物的生长提供营养。砂岩表面的生物膜形成会对岩石的物理性能产生不利影响：微生物生长过程中对水分的吸收与释放，将导致岩石局部出现反复的干湿循环，使岩石不断膨胀、收缩；生物膜与岩石的导热能力存在差异，光照以及微生物生长代谢所释放的热量均会导致岩石内部热传递的不均。以上过程都会破坏岩石的空间结构，对文物安全造成威胁。

5.7　本　章　总　结

大多数石质文物直接暴露于自然环境并参与到生物圈的组成体系中，这为各种微生物提供了生长繁殖的场所。风吹日晒、降水、酸雨、粉尘沉降等自然现象导致岩石风化的同时，也将微生物和营养物质引入岩石中。加之微生物丰富多样的营养类型和极强的生态适应性，微生物能够在石质文物中生长繁殖，并形成由多种微生物构成的生物膜。

水的有效性、pH、气候、营养来源等环境因素和孔隙率、渗透性、矿物组成等岩石特性是影响微生物生长的主要因素，它们能够让不同种类的微生物在文物中选择性生长，从而导致不同石质文物中的微生物群落具有各自的独特性。不同种类微生物的生长会给石质文物造成不同类型的腐蚀破坏，但归根结底，它们对文物的破坏类型主要分为以下三类。

1）微生物生长繁殖会对石质文化遗产造成物理破坏。虽然微生物体积微小，但它们却能堵塞岩石基质的气孔，阻碍岩石内部与环境之间的水分交换。此外，丝状真菌在生长过程中菌丝会像植物的根系一样，向岩石内部生长，对岩石表面产生挤压，甚至穿透岩石，从而引起岩石的破坏。同时，对于藻类、苔藓等体型较大的微生物而言，可通过根劈作用对石质文物造成破坏。当微生物位于岩石裂隙中时，生长繁殖导致的体积增大会对裂隙两侧的岩石结构施加物理应力，从而造成岩石裂隙增大，甚至断裂的结果。

2）微生物分泌的酸性物质是导致石质文物发生化学腐蚀的主要因素之一。石质文物的主要成分多为碳酸钙。酸性物质能够与碳酸钙发生酸解反应将其溶解，致使岩石局部表面出现圆柱形空洞，甚至产生大面积脱落。微生物产生的酸性物质可以分为两种，无机酸和有机酸。无机酸主要包括硫酸、亚硫酸、硝酸、亚硝酸以及碳酸等，这些无机酸大多是空气中含硫、含氮化合物参与到微生物代谢过程中产生的。相比于无机酸，微生物分泌的有机酸种类更多，对石质文物的腐蚀能力也更强，有机酸被认为是导致石质文物腐蚀的一个主要原因。微生物代谢产生的有机酸包括草酸、柠檬酸、乙酸、葡萄糖酸、苹果酸、琥珀酸以及地衣酸等，其中草酸最常见，对石质文物的威胁也最大。微生物对石质文物的化学腐蚀不仅仅是依靠其分泌的酸性物质，碱性环境的营造对文物的安全也有着不可忽视的影响。光合微生物可以通过光合作用固定空气中的 CO_2，使得环境pH 升高。一般来说，pH 大于 9 时，岩石中有机硅化合物的溶解度将大大增加，从而引发岩石的溶蚀。

3）生物矿化也是导致石质文化遗产发生破坏的重要原因。生物矿化是指由生物体参与并通过细胞、生命大分子调控，在特定部位将溶液中的离子转变为矿物结晶的过程，是生物与周围环境相互作用引起的。其中，由微生物介导的生物矿化过程被称为微生物矿化，微生物矿化生成的矿物主要为草酸钙和碳酸钙。草酸钙是通过微生物代谢分泌的草酸与钙盐发生反应产生的。碳酸钙的形成较为复杂，沉淀所需的钙离子通过矿物溶解或微生物腐蚀从岩石基质中游离出来，碳酸根则是通过微生物的呼吸、代谢活动产生和富集，钙离子和碳酸根反应生成碳酸钙，在达到一定浓度后结晶沉淀。草酸钙与碳酸钙在微生物的作用下可以发生转化：微生物分泌的草酸可将碳酸钙转变为草酸钙；而草酸又可以被微生物氧化代谢成碳酸钙。目前研究表明，能够诱导碳酸钙沉淀的微生物主要是细菌，真菌与碳酸钙形成关系的报道寥寥无几。

　　微生物已经成为石质文物保存和保护中的一个重要威胁，亟须采取相应的措施对文物中的微生物进行防控和治理。微生物对石质文物的腐蚀是微生物与微生物之间、微生物与岩石基质、周边环境之间相互作用的复杂过程，基于引发微生物病害的因素特征和来源，微生物病害的防治可以通过环境控制、污染管理以及化学干预等方式进行。有机抗菌剂的使用是目前微生物病害治理最常见的一种方式，但大多数的石质文物露天存放，降雨等环境因素会降低抗菌剂的抗菌时效，使微生物在抗菌处理后的短时间内重新在文物中定殖。因此在今后的微生物防治研究中需要考虑如何长期有效地抑制微生物在石质文物中的生长。

参 考 文 献

陈学萍, 白法妍, 余娟, 等. 2023. 四川乐山大佛地衣与苔藓群落中的微生物多样性[J]. 上海大学学报(自然科学版), 29(1): 166-174.

樊维, 陈洪凯. 2015. 裂隙岩体植物根劈机理研究[J]. 科技创新导报, 12(35): 46-47.

李海, 胡小兰, 舒开倩, 等. 2016. 乐山大佛风化程度研究[J]. 乐山师范学院学报, 31(8): 29-37.

李强. 2018. 西湖文化景观遗产不可移动石质文物典型微生物腐蚀机制研究[D]. 杭州: 浙江大学博士学位论文.

李天晓. 2019. 飞来峰造像典型微生物病害认知与防治研究[D]. 杭州: 浙江大学博士学位论文.

素问. 2002. 中国 28 处世界遗产简介[J]. 寻根, (1): 65-75.

王伯荪. 1987. 植物群落学[M]. 北京: 高等教育出版社.

王丽雅. 2016. 杭州飞来峰摩崖石刻造像群保护综述[J]. 东方博物, (2): 58-63.

王蔓菲. 2020. 乐山大佛佛体区域生物病害调查与保护对策研究[D]. 雅安: 四川农业大学硕士学位论文.

魏忠武, 陈建强, 屈江涛, 等. 2019. 不可移动石质文物病害勘测和影响因素分析: 以杭州飞来峰青林洞石窟造像为例[J]. 石材, (1): 24-32.

吴福佳, 孙博, 陈旭黎, 等. 2020. 乐山大佛佛体表面植被空间异质性[J]. 应用与环境生物学报, 26(4): 979-984.

颜菲, 葛琴雅, 李强, 等. 2012. 云冈石窟石质文物表面及周边岩石样品中微生物群落分析[J]. 微生物学报, 52(5): 629-636.

苑静虎, 丰晓军. 2004. 云冈石窟风化研究[J]. 文物世界, (5): 74-76, 81.

张秉坚, 周环, 贺筱蓉. 2001. 石质文物微生物腐蚀机理研究[J]. 文物保护与考古科学, 13(2): 15-20.

张金风. 2008. 石质文物病害机理研究[J]. 文物保护与考古科学, 20(2): 60-67.

张克燮, 李树一, 韦胜利, 等. 2015. 飞来峰摩崖造像地质病害分析及保护对策研究[J]. 科技通报, 31(3): 136-140.

赵淑清, 田春杰, 何兴元. 2000. 固氮植物的菌根研究[J]. 应用生态学报, 11(2): 306-310.

赵雅辞. 2020. 飞来峰造像研究[D]. 南京: 南京师范大学博士学位论文.

Albanese M. 2006. Angkor: Splendors of the Khmer Civilization[M]. Vercelli: Whiye Star: 296.

Allemand L, Bahn P G. 2005. Best way to protect rock art is to leave it alone[J]. Nature, 433(7028): 800.

Bai F Y, Chen X P, Huang J Z, et al. 2021. Microbial biofilms on a giant monolithic statue of Buddha: the symbiosis of microorganisms and mosses and implications for bioweathering[J]. International Biodeterioration & Biodegradation, 156: 105106.

Barton H A, Jurado V. 2007. What's up down there? Microbial diversity in caves[J]. Microbe, 2(3): 132-138.

Baskar S, Baskar R, Lee N, et al. 2009. Speleothems from Mawsmai and Krem Phyllut caves, Meghalaya, India: some evidences on biogenic activities[J]. Environmental Geology, 57(5): 1169-1186.

Baskar S, Baskar R, Mauclaire L, et al. 2006. Microbially induced calcite precipitation by culture experiments: Possible origin for stalactites in Sahastradhara caves, Dehradun, India[J]. Current Science, 90(1): 58-64.

Bastian F, Alabouvette C. 2009. Lights and shadows on the conservation of a rock art cave: The case of Lascaux Cave[J]. International Journal of Speleology, 38(1): 55-60.

Bastian F, Alabouvette C, Jurado V, et al. 2009a. Impact of biocide treatments on the bacterial communities of the Lascaux Cave[J]. Naturwissenschaften, 96(7): 863-868.

Bastian F, Alabouvette C, Saiz-Jimenez C. 2009b. The impact of arthropods on fungal community structure in Lascaux Cave[J]. Journal of Applied Microbiology, 106(5): 1456-1462.

Bastian F, Jurado V, Nováková A, et al. 2010. The microbiology of Lascaux Cave[J]. Microbiology, 156(3): 644-652.

Boddy L. 2016. Interactions between fungi and other microbes[M]//Watkinson S C, Boddy L, Money N P. The Fungi. 3rd ed. Amsterdam: Elsevier: 337-360.

Chen X L, Wang M F, Wu F J, et al. 2021. Soil bacteria and fungi respond differently to organisms covering on Leshan Giant Buddha Body[J]. Sustainability, 13(7): 3897.

Chomnunti P, Schoch C L, Aguirre-Hudson B, et al. 2011. Capnodiaceae[J]. Fungal Diversity, 51(1): 103-134.

Crispim C A, Gaylarde C C, Gaylarde P M, et al. 2003. Molecular biology for investigation of cyanobacterial populations on historic buildings in Brazil[M]//Saiz-Jimenez C. Molecular Biology and Cultural Heritage. London: Routledge: 141-144.

Cuezva S, Fernandez-Cortes A, Porca E, et al. 2012. The biogeochemical role of Actinobacteria in Altamira cave, Spain[J]. FEMS Microbiology Ecology, 81(1): 281-290.

De Leo F, Iero A, Zammit G, et al. 2012. Chemoorganotrophic bacteria isolated from biodeteriorated surfaces in cave and catacombs[J]. International Journal of Speleology, 41(2): 125-136.

Dhami N K, Reddy M S, Mukherjee A. 2014. Application of calcifying bacteria for remediation of stones and cultural heritages[J]. Frontiers in Microbiology, 5: 304.

Domínguez-Moñino I, Jurado V, Hermosin B, et al. 2012. Aerobiología de cuevas andaluzas[M]//Durán J J, Robledo P A. Las Cuevas Turísticas como Activos Económicos: Conservación e Innovación. Madrid: ACTE: 299-308.

Dupont J, Jacquet C, Dennetière B, et al. 2007. Invasion of the French paleolithic painted cave of Lascaux by members of the *Fusarium solani* species complex[J]. Mycologia, 99(4): 526-533.

Gaylarde P M, Gaylarde C C. 2000. Algae and cyanobacteria on painted buildings in Latin America[J]. International Biodeterioration & Biodegradation, 46(2): 93-97.

Godoy G, Rodríguez-Kábana R, Morgan-Jones G. 1982. Parasitism of eggs of *Heterodera glycines* and *Meloidogyne arenaria* by fungi isolated from cysts of *H. glycines*[J]. Nematropica, 12: 111-119.

Gómez-Alarcón G, Muñoz M, Ariño X, et al. 1995. Microbial communities in weathered sandstones: the case of Carrascosa del Campo church, Spain[J]. Science of the Total Environment, 167(1/2/3): 249-254.

Gonzalez J M, Portillo M C, Saiz-Jimenez C. 2006. Metabolically active crenarchaeota in Altamira cave[J]. Naturwissenschaften, 93(1): 42-45.

Hu H L, Ding S P, Katayama Y, et al. 2013. Occurrence of *Aspergillus allahabadii* on sandstone at Bayon temple, Angkor Thom, Cambodia[J]. International Biodeterioration & Biodegradation, 76: 112-117.

Jurado V, Fernandez-Cortes A, Cuezva S, et al. 2009. The fungal colonisation of rock-art caves: experimental evidence[J]. Naturwissenschaften, 96(9): 1027-1034.

Jurado V, Sanchez-Moral S, Saiz-Jimenez C. 2008. Entomogenous fungi and the conservation of the cultural heritage: a review[J]. International Biodeterioration & Biodegradation, 62(4): 325-330.

Kämpfer P, Schäfer J, Lodders N, et al. 2012. *Microbacterium murale* sp. nov., isolated from an indoor wall[J]. International Journal of Systematic and Evolutionary Microbiology, 62: 2669-2673.

Koilraj A, Marimuthu G, Natarajan K, et al. 1999. Fungal diversity inside caves of southern India[J]. Current Science, 77: 1081-1084.

Kusumi A, Li X S, Osuga Y, et al. 2013. Bacterial communities in pigmented biofilms formed on the sandstone bas-relief walls of the Bayon Temple, Angkor Thom, Cambodia[J]. Microbes and Environments, 28(4): 422-431.

Laiz L, Groth I, Gonzalez I, et al. 1999. Microbiological study of the dripping waters in Altamira cave (Santillana del Mar, Spain)[J]. Journal of Microbiological Methods, 36(1/2): 129-138.

Laiz L, Groth I, Schumann P, et al. 2000a. Microbiology of the stalactites from grotta Dei cervi, Porto badisco, Italy[J]. International Microbiology: the Official Journal of the Spanish Society for Microbiology, 3(1): 25-30.

Laiz L, Hermosin B, Caballero B, et al. 2000b. Bacteria isolated from the rocks supporting prehistoric paintings in two shelters from Sierra de Cazorla, Jaen, Spain[J]. Aerobiologia, 16(1): 119-124.

Lalucat J, Bennasar A, Bosch R, et al. 2006. Biology of *Pseudomonas stutzeri*[J]. Microbiology and Molecular Biology Reviews: MMBR, 70(2): 510-547.

Lan W S, Li H, Wang W D, et al. 2010. Microbial community analysis of fresh and old microbial biofilms on Bayon Temple Sandstone of Angkor Thom, Cambodia[J]. Microbial Ecology, 60(1): 105-115.

Lefèvre M. 1974. La 'maladie verte' de Lascaux[J]. Studies in Conservation, 19(3): 126-156.

Li Q, Zhang B J, Ge Q Y, et al. 2018b. Calcium carbonate precipitation induced by calcifying bacteria in culture experiments: influence of the medium on morphology and mineralogy[J]. International Biodeterioration & Biodegradation, 134: 83-92.

Li Q, Zhang B J, Wang L Y, et al. 2017. Distribution and diversity of bacteria and fungi colonizing ancient Buddhist statues analyzed by high-throughput sequencing[J]. International Biodeterioration & Biodegradation, 117: 245-254.

Li Q, Zhang B J, Yang X R, et al. 2018a. Deterioration-associated microbiome of stone monuments: structure, variation, and assembly[J]. Applied and Environmental Microbiology, 84(7): e02680-e02617.

Li T X, Hu Y L, Zhang B J, et al. 2018c. Role of fungi in the formation of patinas on Feilaifeng limestone, China[J]. Microbial Ecology, 76(2): 352-361.

Li T X, Hu Y L, Zhang B J. 2018d. Biomineralization induced by *Colletotrichum acutatum*: a potential strategy for cultural relic bioprotection[J]. Frontiers in Microbiology, 9: 1884.

Li T X, Hu Y L, Zhang B J. 2020. Evaluation of efficiency of six biocides against microorganisms commonly found on Feilaifeng Limestone, China[J]. Journal of Cultural Heritage, 43: 45-50.

Liu X B, Koestler R J, Warscheid T, et al. 2020. Microbial deterioration and sustainable conservation of stone monuments and buildings[J]. Nature Sustainability, 3(12): 991-1004.

Martin-Sanchez P M, Bastian F, Alabouvette C, et al. 2013. Real-time PCR detection of *Ochroconis lascauxensis* involved in the formation of black stains in the Lascaux Cave, France[J]. Science of the Total Environment, 443: 478-484.

Martin-Sanchez P M, Nováková A, Bastian F, et al. 2012. Two new species of the genus *Ochroconis*, *O. lascauxensis* and *O. anomala* isolated from black stains in Lascaux Cave, France[J]. Fungal Biology, 116(5): 574-589.

Martin-Sanchez P, Jurado V, Porca E, et al. 2014. Airborne microorganisms in Lascaux Cave (France)[J]. International Journal of Speleology, 43(3): 295-303.

May E, Papida S, Abdulla H, et al. 2000. Comparative studies of microbial communities on stone monuments in temperate and semi-arid climates[M]//Ciferri O, Tiano P, Mastromei G. Of Microbes and Art: The Role of Microbial Communities in the Degradation and Protection of Cultural Heritage. Boston: Springer: 49-62.

Meng H, Zhang X F, Katayama Y, et al. 2020. Microbial diversity and composition of the Preah Vihear temple in Cambodia by high-throughput sequencing based on genomic DNA and RNA[J]. International Biodeterioration & Biodegradation, 149: 104936.

Mulet M, David Z, Nogales B, et al. 2011. *Pseudomonas* diversity in crude-oil-contaminated intertidal sand samples obtained after the Prestige oil spill[J]. Applied and Environmental Microbiology, 77(3): 1076-1085.

Nagai K, Suzuki K, Okada G. 1998. Studies on the distribution of alkalophilic and alkali-tolerant soil fungi II:

Fungal flora in two limestone caves in Japan[J]. Mycoscience, 39(3): 293-298.

Nováková A. 2009. Microscopic fungi isolated from the Domica Cave system (Slovak Karst National Park, Slovakia). A review[J]. International Journal of Speleology, 38(1): 71-82.

Orial G, Bousta F, François A, et al. 2009. Managing biological activities in Lascaux: identification of microorganisms, monitoring and treatments[M]//Noël C. Lascaux et la conservation en milieu souterrain. Paris: Éditions de la Maison des sciences de l'homme: 220-251.

Porca E, Jurado V, Martin-Sanchez P M, et al. 2011. Aerobiology: an ecological indicator for early detection and control of fungal outbreaks in caves[J]. Ecological Indicators, 11(6): 1594-1598.

Portillo M C, Gonzalez J M, Saiz-Jimenez C. 2008. Metabolically active microbial communities of yellow and grey colonizations on the walls of Altamira Cave, Spain[J]. Journal of Applied Microbiology, 104(3): 681-691.

Portillo M C, Gonzalez J M. 2009. Comparing bacterial community fingerprints from white colonizations in Altamira Cave (Spain)[J]. World Journal of Microbiology and Biotechnology, 25(8): 1347-1352.

Portillo M C, Saiz-Jimenez C, Gonzalez J M. 2009. Molecular characterization of total and metabolically active bacterial communities of "white colonizations" in the Altamira Cave, Spain[J]. Research in Microbiology, 160(1): 41-47.

Saiz-Jimenez C, Hermosin B. 1999. Thermally assisted hydrolysis and methylation of dissolved organic matter in dripping waters from the Altamira Cave[J]. Journal of Analytical and Applied Pyrolysis, 49(1): 337-347.

Saiz-Jimenez C, Miller A Z, Martin-Sanchez P M, et al. 2012. Uncovering the origin of the black stains in Lascaux Cave in France[J]. Environmental Microbiology, 14(12): 3220-3231.

Sánchez-Moral S, Soler V, Cañaveras J C, et al. 1999. Inorganic deterioration affecting the Altamira Cave, N Spain: quantitative approach to wall-corrosion (solutional etching) processes induced by visitors[J]. Science of the Total Environment, 243/244: 67-84.

Saravanan V S, Madhaiyan M, Osborne J, et al. 2008. Ecological occurrence of *Gluconacetobacter diazotrophicus* and nitrogen-fixing *Acetobacteraceae* members: their possible role in plant growth promotion[J]. Microbial Ecology, 55(1): 130-140.

Savković Ž, Unković N, Stupar M, et al. 2016. Diversity and biodeteriorative potential of fungal dwellers on ancient stone stela[J]. International Biodeterioration & Biodegradation, 115: 212-223.

Schabereiter-Gurtner C, Saiz-Jimenez C, Piñar G, et al. 2002. Altamira cave Paleolithic paintings harbor partly unknown bacterial communities[J]. FEMS Microbiology Letters, 211(1): 7-11.

Schleper C, Jurgens G, Jonuscheit M. 2005. Genomic studies of uncultivated archaea[J]. Nature Reviews Microbiology, 3(6): 479-488.

Spang A, Poehlein A, Offre P, et al. 2012. The genome of the ammonia-oxidizing *Candidatus* Nitrososphaera gargensis: insights into metabolic versatility and environmental adaptations[J]. Environmental Microbiology, 14(12): 3122-3145.

Starr M P, Stephens W L. 1964. Pigmentation and taxonomy of the genus *Xanthomonas*[J]. Journal of Bacteriology, 87(2): 293-302.

Valladas H, Cachier H, Maurice P, et al. 1992. Direct radiocarbon dates for prehistoric paintings at the Altamira, El Castillo and Niaux caves[J]. Nature, 357(6373): 68-70.

Vaughan M, Maier R, Pryor B. 2011. Fungal communities on speleothem surfaces in Kartchner Caverns, Arizona, USA[J]. International Journal of Speleology, 40(1): 65-77.

第 6 章　古墓葬微生物

　　古墓葬是古人安葬逝者形成的相关物质遗存。考古资料显示，中国在旧石器时代晚期已有墓葬，经新石器时代以至夏、商、周、秦、汉及以后各历史时代，墓葬制度随着社会生产力、生产关系和上层建筑的发展而不断演变，显示出一定的规律性。古墓葬包括地上建筑、墓室（墓穴）、葬具及附属物等，主要有帝王陵寝、名人或贵族墓、普通墓葬等；也可以分为史前时期古墓葬和历史时期古墓葬（Schabereiter-Gurtner *et al.*，2004）。

　　微生物广泛分布于所有类型的墓葬环境中，由于墓葬特殊的微环境，相对湿度较大，温度较低，光照有限，这使得此类环境中的微生物大量定殖，此外，墓葬环境中的岩石、矿物、重金属和土壤等均会支持微生物的生长，不同种类的矿物质或有机质作为微生物生长所需的营养物质，导致了多种类型微生物的繁衍（Saiz-Jimenez，2012），形成了墓葬微生物这一特殊群体。

　　墓葬微生物在文化遗址环境中的定殖十分普遍，是一个自然的过程。在各类墓葬文化遗址中，研究者发现了很高的微生物多样性。微生物多样性受到多种因素的影响，如环境因子变化、游客干扰以及人为保护措施的采用等。而近年来随着社会各界对于文化遗址保护工作的日益了解及重视，加之在文化遗址中采样的特殊性，就更加需要使用基于培养和分子技术相结合的方法来探究微生物多样性（Sanchez-Moral *et al.*，1999；Vasanthakumar *et al.*，2013）。其中，微生物对于墓葬环境自然或人工材料物质的降解及生物淤积作用尤为突出。生物降解主要作用于为微生物生长提供碳源和能源的有机质基质，并加剧基质材料的生物风化过程，使其丢失原本的自然或建筑特性信息，当微生物生长于基质表面并不断累积形成生物膜，则会导致基质材料生物淤积致使其发生色变等美学损害（Diaz-Herraiz *et al.*，2014）。而在墓葬环境中，微生物与各类生物及非生物因素相互作用，受到包括有机物质、无机物质、环境因子（温度、湿度、降雨及阳光等）与化学处理（杀菌剂和表面活性剂等混合物）的共同影响，引起文物材料物理、化学或美学性质的变化，而这种改变会导致文物的不可逆性破坏。

6.1　北齐徐显秀墓微生物

6.1.1　环境背景与文物价值

　　（1）环境特征

　　北齐徐显秀墓所在区域属于太原东山山前的黄土台塬区，地形呈东北高、西南低的特点，具体位于太原市迎泽区郝庄镇王家峰村东梨园内，地理坐标为东经 112°36′42.2″、北纬 37°50′11.8″，海拔 895 m，西距王家峰村约 500 m，东距马庄约 800 m，南侧 500 m

有双塔变电站，北侧 150 m 南内环引道高速路正在修建。西南距晋阳古城遗址约 16 km。根据 1954～1994 年太原市气象站温湿度统计数据，多年来月平均温度为−5～25℃，相对湿度的月平均值为 50%～75%。1995～2004 年太原市气象资料显示，年平均降雨量 363.95 mm，最大年降雨量为 646.6 mm（2002 年），最小年降雨量为 141.8 mm（1999 年）。一年中降雨量分布很不平均，主要集中在 7～9 月。太原市处于中纬度大陆性季风气候区域，属暖温带半干旱大陆性季风气候。总的特点是四季分明，春季多风较干燥，夏季多雨无酷暑，秋季温和天晴朗，冬季少雪不严寒。

（2）文物价值及保护历程

北齐徐显秀墓所在的太原市东山是晋阳古城的重要墓葬区，该区域被认为是中华文明发源地之一，具有极其深厚的文化和历史沉积。而北齐又是该地历史上极为辉煌的时期，当时的晋阳城古称"别都"，是北方政治和文化中心。徐显秀墓是该处目前所发现同时期墓葬中保存最为完好的大型壁画墓，该墓的发现为研究墓葬制度以及墓葬壁画艺术的发展提供了宝贵资料，具有极其重要的历史文化价值。徐显秀墓被列入"2002 年度全国十大考古新发现"，该墓葬于 2000 年 12 月被盗后，文物保护工作者在 2002 年 10 月对其开展了抢救性挖掘工作，并使用塑料顶棚对墓葬主体结构进行围护。

墓志记载墓主为北齐太尉，武安王徐显秀，墓葬建于武平二年（571 年），墓内壁画总面积 330 m^2，为大型人物壁画，其中墓道壁画为出行仪仗图，壁画以白灰水为地仗层，然后直接于白灰层上作画，画中人物形色各异，手执三旒旗，举鼓吹长号，执缰牵马，威风凛凛。墓室内壁画同样以白灰水为地仗，上层壁画绘有天象图，下层壁画是墓主人生前的生活场景描绘。其中北壁为墓主夫妇宴饮图，西壁绘有墓主出行图，东壁为墓主夫人出行图，南壁则为墓道壁画的延伸内容。画作笔法简练，色彩鲜艳，线条流畅自然，具有极高的美学价值。该墓葬壁画内容连贯完整，尤其墓门两侧和甬道的仪卫形象为研究北齐的丧礼制度提供了珍贵资料，而墓道北部过洞券门上方所绘门楼形象在该时期墓葬中首次发现，为研究当时的建筑形制提供了重要参考，壁画和出土文物中的外来文化信息，也是当时社会与外部交流的重要凭证。总体而言，北齐徐显秀墓中壁画的价值主要是：第一，对证明晋阳在北齐社会中的历史价值具有重要意义；第二，对研究中国古代墓葬制度和北齐的墓葬形制具有重要参考价值；第三，壁画中具有中亚西域特色的人物形象是研究北齐社会"胡化"的重要佐证；第四，精湛的绘画技艺对研究北齐"简易标美"画风及当时审美观念具有珍贵价值；第五，壁画中蕴含的多元宗教因素为研究北齐宗教状况提供了重要依据（盖广慧，2011；王博，2016）。目前墓道壁画酥碱、空鼓等病害严重，墓室内四壁酥碱、塌毁严重，文物环境亟待修复。

6.1.2　徐显秀墓壁画微生物研究

敦煌研究院和兰州大学以徐显秀墓壁画表面微生物和墓室内外空气作为研究对象（武发思等，2021，2016；Tian *et al*.，2017），通过可培养法、分子生物学和电子显微镜观察相结合的方法，调查了微生物数量、多样性与群落组成，及其在墓葬不同位点和不同颜色壁画颜料中的分布规律。同时，自壁画表面筛选出一株对壁画含铅颜料具有潜在色变能力的细菌新种。

（1）徐显秀墓壁画真菌多样性和群落组成

2013 年 8 月，对徐显秀墓壁画病害现状进行调查时，研究人员首次发现墓道西壁壁画表面（图 6-1A）出现疑似白色絮状霉变污染物（图 6-1B），面积约 2 m²，霉变区无绘画内容。同年 10 月，项目组利用无菌解剖刀分别采集了白色霉变与无明显霉变区域壁画样品，并置于无菌 Eppendorf 管中，带回实验室后其中一部分样品用于扫描电子显微镜分析（图 6-2），另一部分样品用于基因组总 DNA 提取。

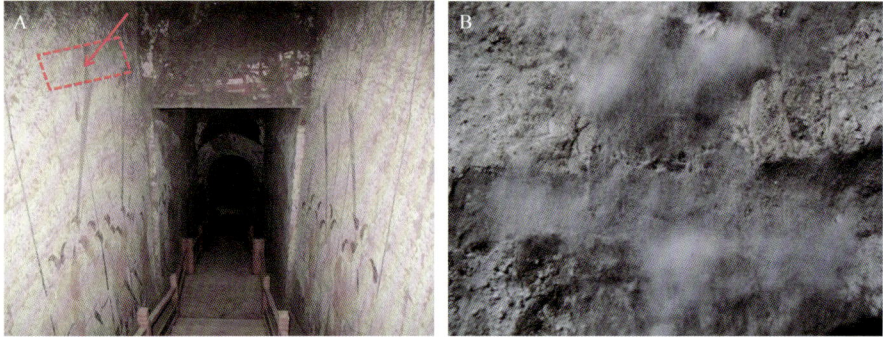

图 6-1　墓道西壁主要霉变区域（A，箭头所指位置）及壁画表面白色霉变物（B）（武发思等，2016）

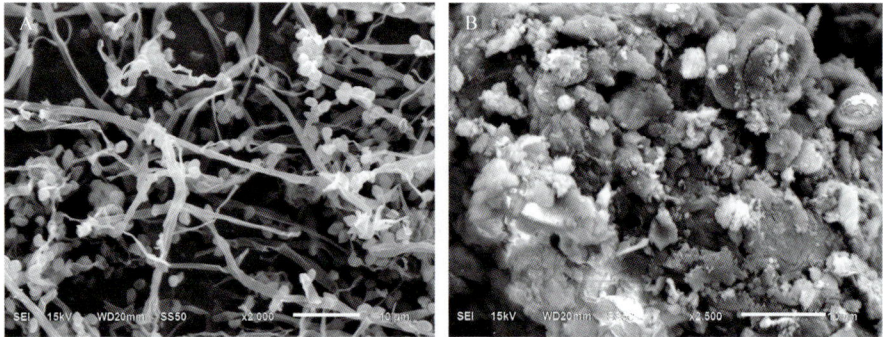

图 6-2　墓道西壁白色霉变壁画（A）与无明显霉变壁画样品（B）扫描电镜图（武发思等，2016）

通过对墓道西壁白色霉变样品与无明显霉变样品的扫描电镜分析（图 6-2），确定了霉变壁画样品中存在大量菌丝体，菌丝体分枝形成分生孢子梗，分生孢子呈倒洋梨形，长 1.5～2.0 μm，宽 1.0～1.5 μm。无明显霉变样品中菌丝体结构不可见，具有微生物特征的结构体也很少，多数为壁画地仗层中土壤颗粒物。

经测序后，霉变壁画克隆文库共得到片段大小合适的序列 103 条（提交至 NCBI 数据库序列号：KP063332～KP063434），无明显霉变壁画克隆文库共得到序列 106 条（序列号：KP063435～KP063540）；通过 BLAST 比对，确定了本研究中典型序列与 NCBI 数据库中相似度最高序列的科、属、种和分离源等信息（表 6-1）。结果显示，白色霉变壁画克隆文库序列主要与白色侧齿霉菌（*Engyodontium album*）和支顶孢菌（*Acremonium* sp.）具有较高的相似度，二者分别隶属于虫草菌科（Cordycipitaceae）和肉座菌科（Hypocreaceae）；对比相似序列的分离源信息发现，这些序列主要分离自潮湿墙壁和海洋藻类等样品中。无明显霉变壁画克隆文库序列主要与无绒毛青霉菌（*Penicillium laeve*）、球毛壳菌（*Chaetomium globosum*）等具有较高的相似度，分别隶属于曲霉科（Aspergillaceae）、毛壳菌科（Chaetomiaceae）和虫草菌科等 5 个科，曲霉科占据优势，相似序列主要分离自海砂、墙壁和根际土等样品中。

表 6-1　壁画病害真菌 ITS 区克隆文库典型序列比对分析

克隆（序列号）	科	种	来源	同源性（%）	序列号
xh1（KP063332）	Cordycipitaceae	*Engyodontium album*	岩壁	99	KC311469
xh55（KP063386）	Hypocreaceae	*Acremonium* sp.	海水藻类	99	HQ914906
xnh40（KP063474）	Chaetomiaceae	*Chaetomium globosum*	植物	97	JX981455
xnh78（KP063512）	Aspergillaceae	*Aspergillus versicolor*	泥炭	99	AJ937754
xnh61（KP063495）	Aspergillaceae	*Aspergillus penicillioides*	海砂	99	HQ914939
xnh1（KP063435）	Aspergillaceae	*Penicillium griseofulvum*	根际土	99	GU566212
xnh19（KP063453）	Cordycipitaceae	*Engyodontium album*	墙壁	99	KC311469
xnh55（KP063489）	Aspergillaceae	*Penicillium laeve*	基因组 DNA	96	KF667369
xnh39（KP063473）	Debaryomycetaceae	*Candida parapsilosis*	饲料	99	GQ395610
xnh43（KP063477）	Pleosporineae	*Alternaria chlamydosporigena*	基因组 DNA	99	KC466540

选择两个文库中典型序列及与之相似程度最高的 NCBI 数据库中参照序列，构建徐显秀墓霉变壁画与无明显霉变壁画样品中真菌 ITS 区克隆文库中典型序列及其相似序列间分类学系统进化树，所有序列均属于子囊菌门（Ascomycota）。

霉变及无明显霉变样品克隆文库中真菌主要属及其所占百分比如图 6-3 所示。霉变壁画克隆文库序列包括 2 个属，分别为白色侧齿霉属（*Engyodontium*）、支顶孢属（*Acremonium*），其中白色侧齿霉属为优势属，占文库中序列总数的 98.1%；无明显霉变壁画样品克隆文库序列包括 6 个属，青霉属（*Penicillium*）、曲霉属（*Aspergillus*）、链格孢属（*Alternaria*）、假丝酵母菌属（*Candida*）、毛壳菌属（*Chaetomium*）和白色侧齿霉属，其中青霉属为优势属，占文库中序列总数的 77.4%。由此可见，霉变壁画及无明显霉变壁画中真菌群落组成具有较大差异，优势类群各不相同。

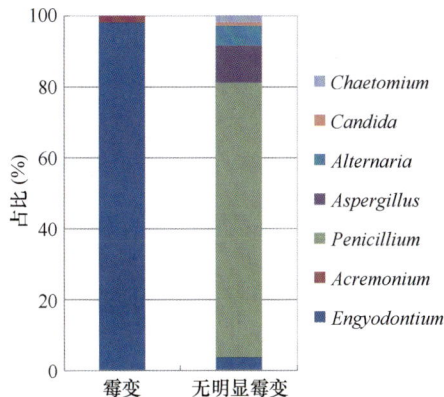

图 6-3　墓道西壁壁画真菌群落组成及真菌主要属所占百分比（武发思等，2016）

　　真菌的生长需要适宜的环境条件，其中温度和相对湿度起到关键作用。霉菌生长的温度范围很广，霉菌繁殖最佳生长温度为 25～30℃，相对湿度达到 75%以上即可生长增殖，相对湿度在 95%以上生长更为旺盛。研究人员于 2012 年 8 月至 2013 年 8 月对墓道下部环境温度和相对湿度进行连续监测（图 6-4）。结果表明，墓道下部监测位置温度具有明显的季节性变化特征，最低温出现在 1 月，为−0.3℃；最高温出现在 8 月，为 17.6℃；相对湿度长期维持在 80%以上，5 月至 8 月甚至经常性地达到 100%。由此可见，监测点周围局部微环境具有常年阴凉潮湿的特点。7～9 月温度和相对湿度均处于霉菌生长的适宜范围。

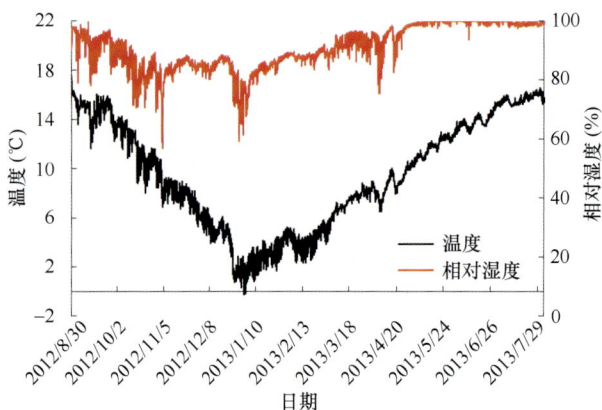

图 6-4　墓道下部温度与相对湿度变化（武发思等，2016）

（2）徐显秀墓壁画细菌多样性和群落组成

　　与真菌病害仅发生在徐显秀墓室局部区域不同，研究人员随后对墓室内东（E）、西（W）、南（S）、北（N）四面壁画，以及墓道和甬道的壁画样品进行采样后，分别进行基于依赖培养和不依赖培养的方法，对徐显秀墓壁画细菌多样性和群落组成进行了研究。

　　依赖培养的方法：壁画样品中分离出的细菌菌株均采用 NA 平板进行纯化，并使用酚-氯仿抽提法提取菌株的基因组 DNA。近乎全长的 16S rDNA 片段使用细菌通用引物27F/1492R 扩增，将 PCR 产物进行双酶切（*Csp6*/*Hinf* I）后根据 RFLP 谱型聚类，最终选取66 条不同谱型的序列进行测序。这些序列共划分为 48 个种，分属厚壁菌门（Firmicutes）的芽孢杆菌属（*Bacillus*）、葡萄球菌属（*Staphylococcus*）、德库菌属（*Desemzia*）、微杆菌属（*Exiguobacterium*）、类芽孢杆菌属（*Paenibacillus*），放线菌门（Actinobacteria）的节杆菌属（*Arthrobacter*）、考克氏菌属（*Kocuria*）、链霉菌属（*Streptomyces*）、纤维菌属（*Cellulosimicrobium*）、短杆菌属（*Brevibacterium*）、微球菌属（*Micrococcus*）、*Naumannella*、黄球菌属（*Luteococcus*）、小单孢菌属（*Micromonospora*）、迪茨氏菌属（*Dietzia*）、棒状杆菌属（*Corynebacterium*）、微杆菌属（*Microbacterium*），以及变形菌门（Proteobacteria）的短波单胞菌属（*Brevundimonas*）、假单胞菌属（*Pseudomonas*）、不动杆菌属（*Acinetobacter*）、马赛菌属（*Massilia*）和鞘氨醇单胞菌属（*Sphingomonas*）。其中，分离自主墓室（CH）壁画的一株 *Naumannella* 属细菌已通过生理生化和分子鉴定确认为新的物种。

壁画可培养细菌中,厚壁菌门占绝对优势,其比例高达 81.5%,放线菌门次之 (18.1%),而变形菌门最低,仅为 0.4%(图 6-5)。在属分类水平上,*Bacillus* 在壁画样品中分布最为广泛,是绝对优势类群,其占到所有细菌群落的 81.4%。此外,*Microbacterium* 和 *Arthrobacter* 同样在壁画表面有较多分布,所占比例分别为 14.2% 和 3.6%。

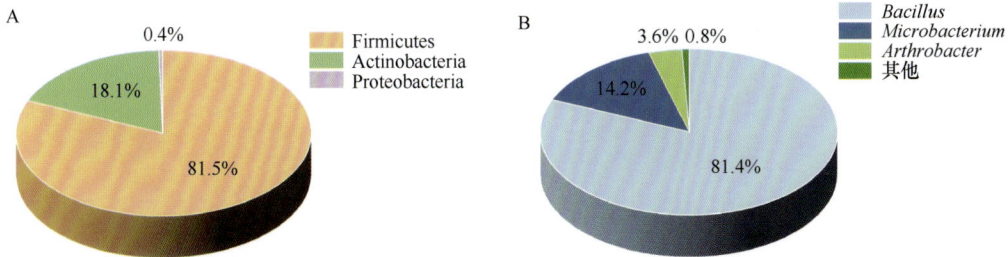

图 6-5　徐显秀墓壁画可培养细菌在门(A)和属(B)水平的群落组成

主墓室壁画表面可培养细菌隶属于 19 个属,其中 *Bacillus* 在主墓室四壁均有分布,其丰度比例分别为东壁(E)21.66%、西壁(W)64.3%、南壁(S)30.6%、北壁(N)5.5%。*Brevundimonas* 则主要分布于西壁(W)、南壁(S)以及北壁(N),其丰度比例分别为 24.4%、52.9% 和 83.3%;而在东壁(E)上 *Brevundimonas* 仅占 0.2%。相反,*Microbacterium* 和 *Arthrobacter* 均在东壁(E)有较高分布(分别为 32.9% 和 41.9%)。此外,*Streptomyces*、*Staphylococcus*、*Kocuria*、*Sphingomonas*、*Naumannella*、*Dietzia*、*Cellulosimicrobium*、*Brevibacterium*、*Corynebacterium*、*Massilia*、*Desemzia*、*Pseudomonas*、*Paenibacillus*、*Exiguobacterium* 和 *Acinetobacter* 同样存在于主墓室壁画表面。

墓道甬道壁画样品中分离得到 11 个细菌属。优势类群 *Bacillus* 在 I(甬道)和 T(墓道)位点的丰度比例差异明显:I 位点 *Bacillus* 占有绝对优势(87.4%),且该处壁画表面仅发现 *Bacillus* 和 *Microbacterium*(12.5%)两个属;T 位点中 *Bacillus* 仅占 11.1%,该处优势类群为 *Arthrobacter*(60.7%),此外 *Kocuria* 在该处也有分布(12.1%)。在墓道甬道中同样发现 *Luteococcus*、*Streptomyces*、*Cellulosimicrobium*、*Micrococcus*、*Staphylococcus*、*Micromonospora* 和 *Acinetobacter* 有不同程度分布。

墓葬不同位点壁画样品中的细菌数量普遍较高。主墓室壁画样品中,北壁(N)、西壁(W)、东壁(E)和南壁(S)可培养细菌数量分别为(6.66±0.39)lg CFU/g、(8.90±0.28)lg CFU/g、(9.72±0.22)lg CFU/g 和(7.12±0.39)lg CFU/g。墓道甬道中,位点 I 的细菌数量为(10.95±0.08)lg CFU/g,而位点 T 为(5.35±0.20)lg CFU/g。One-Way ANOVA 结果显示,墓室内东(E)、西(W)两壁壁画细菌数量显著高于北壁(N)和南壁(S),但东(E)、西(W)两壁间并无差异。此外,南(S)、北(N)两壁间细菌数量差异也不显著。墓道甬道内 I 位点细菌数量显著高于 T 位点,且二者与墓室内其他位点的细菌数量间均有显著差异(F=62.367,$P<0.001$)。

墓葬不同位点壁画样品中可培养细菌群落的 PCA 结果表明:第一主成分(PC1)解释了物种分布的 52.47%,第二主成分(PC2)对物种分布的解释量为 42.86%。根据群落组成相似性,不同位点的壁画样品聚为明显的 3 簇,分别为 T 和 E、S 和 N 以及 I 和

W。造成这种差异的主要原因是 T 和 E 位点中 *Arthrobacter* 分布较为广泛，而 S 和 N 位点中 *Brevundimonas* 为优势类群，但在 I 和 W 位点中 *Bacillus* 则占更大比例（图 6-6）。

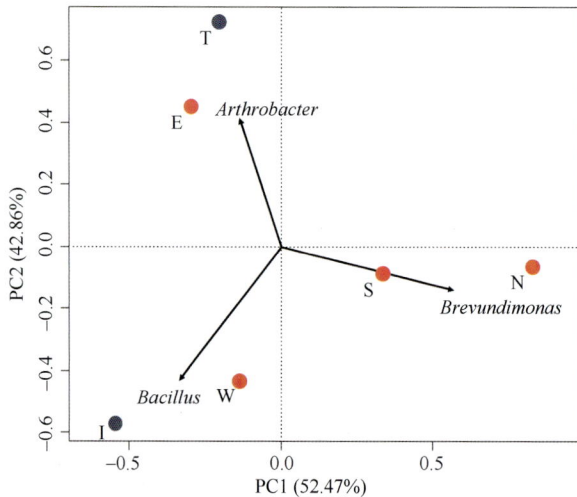

图 6-6　徐显秀墓葬不同位点壁画可培养细菌群落的主成分分析（PCA）

箭头表明了高相对丰度的细菌类群。红色圆点表示取自主墓室壁画的样品；蓝色圆点表示取自墓道甬道的壁画样品

不依赖培养的方法：基于 Illumina 高通量测序技术，研究表明徐显秀墓室内部不同部位壁画细菌群落组成有所不同。

在门水平上，墓室内东（E）、西（W）、南（S）、北（N）四面壁画样品中分布有 40 个细菌的门，而在墓道和甬道的壁画样品中检测到了 41 个。门水平的优势类群在不同位点的分布存在差异。Actinobacteria 在墓室内 4 个位点的相对丰度均达 60% 以上；其中，西壁（W）壁画细菌群落中 Actinobacteria 的相对丰度高达 73.6%，在东壁（E）、北壁（N）和南壁（S）则分别为 67.8%、64.2% 和 67.3%。Actinobacteria 的相对丰度在墓道甬道 I 和 T 位点的壁画中相对较低；I 位点中 Actinobacteria 仅占 28.1%，而 T 位点略高，为 49.0%。然而，Proteobacteria 的分布情况刚好相反：在墓室内，Proteobacteria 的相对丰度均在 16% 以下，西壁（W）中更低至 9.9%；而在墓道甬道中 Proteobacteria 均为优势类群，分别占到 31.3%（I）和 31.8%（T）。此外，Acidobacteria、Chlorobi、Chloroflexi、Firmicutes、Nitrospirae 以及 Verrucomicrobia 在墓室内和墓道甬道壁画中也有分布。

在属分类水平上，墓室内和墓道甬道壁画样品中 *Streptomyces* 均为最优势的属，其相对丰度在东壁（E）、北壁（N）、西壁（W）和南壁（S）分别为 32.0%、25.8%、50.2% 和 22.3%。然而，在 I 和 T 中，虽然 *Streptomyces* 同样为该位点最丰富的类群，但其相对丰度远低于墓室内位点，分别为 6.6% 和 11.8%。作为第二大优势菌属，*Actinokineospora* 在墓室内壁画样品中的相对丰度也明显高于墓道甬道，其在南壁（S）占到 12.8%，高于东壁（E）（7.9%）、北壁（N）（1.5%）和西壁（W）（5.9%）。此外，在墓道甬道的两个位点中，*Actinokineospora* 的相对丰度分别仅为 1.2%（I）和 1.6%（T）。

对不同位点壁画样品中相对丰度最高的前 50 个细菌属进行热图（Heatmap）聚类分

析，结果显示不同位点壁画样品间的细菌群落结构不尽相同。如图 6-7 所示，取自墓道甬道壁画上的 B8 和 B9 样品单独聚为一支，而取自墓室内壁画上的其余 7 份样品则单独聚为另一大支且相互之间存在较大差异。

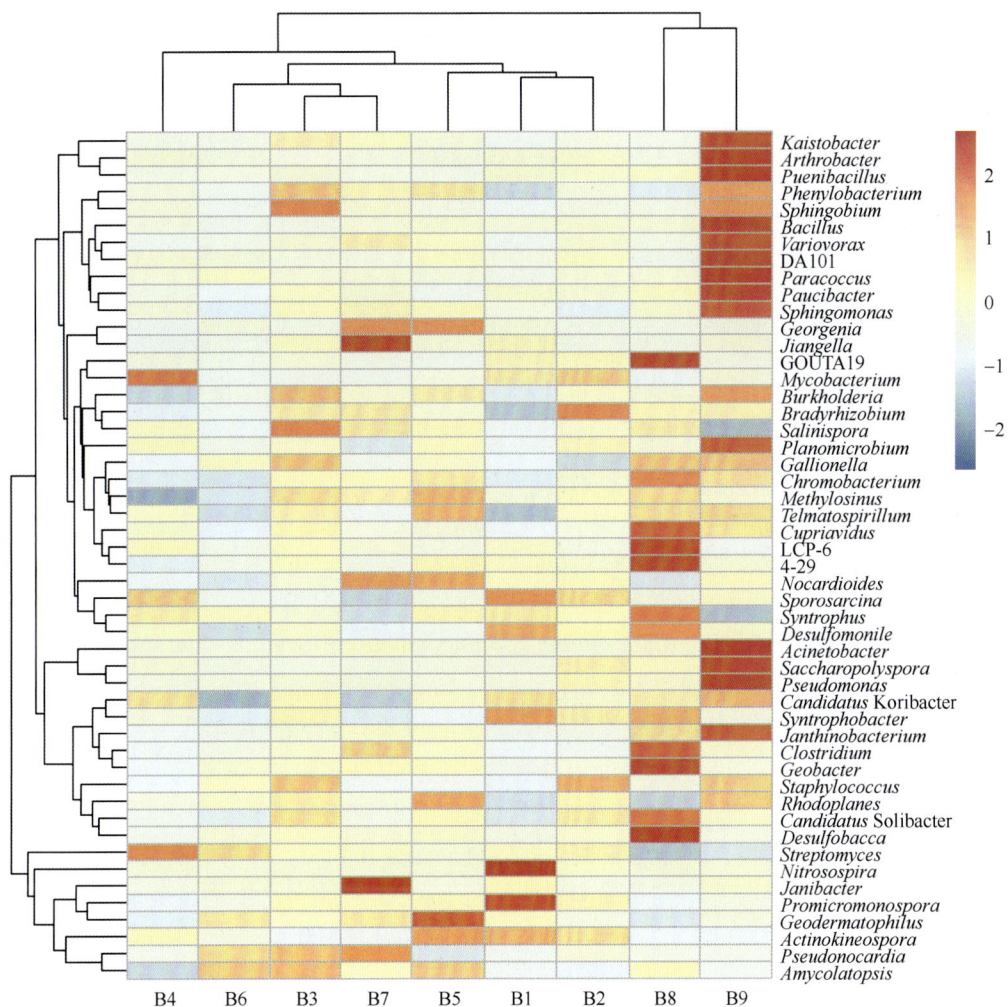

图 6-7　墓葬壁画相对丰度最高的前 50 个细菌属的热图聚类分析

（3）壁画不同颜色颜料中细菌多样性和群落组成

徐显秀墓壁画颜料，按颜色可分为红色（RB）、白色（WB）和黑色（BB），不同颜色壁画颜料中细菌群落组成有所不同。

依赖培养的方法：在三种颜色颜料样品中，*Bacillus* 均为优势属。在红色颜料样品中其丰度比例为 58.5%；在白色颜料中与红色相似，占 62.9%；而在黑色颜料样品中，仅分离得到 *Bacillus frigoritolerans* 一种细菌。此外，红色颜料中 *Microbacterium* 和 *Arthrobacter* 分别占细菌总丰度的 22.1% 和 17.7%；白色颜料中 *Brevundimonas* 为第二大类群，占 25.6%，而 *Microbacterium* 的丰度比例仅为 6.2%（图 6-8）。

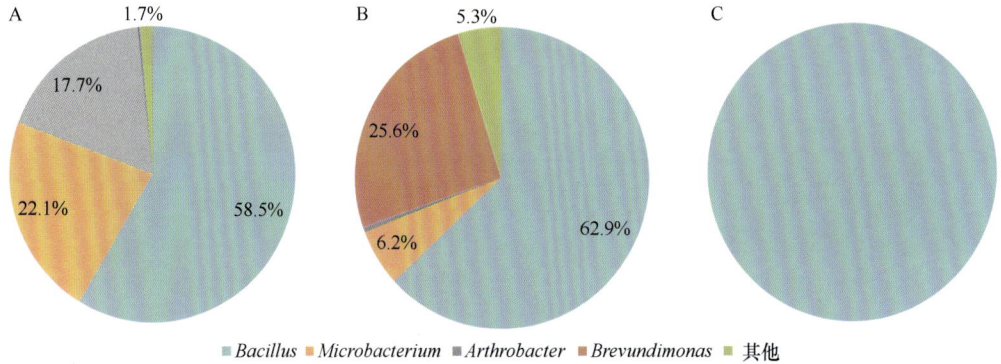

图 6-8　徐显秀墓葬不同颜色壁画颜料中可培养细菌群落组成
A. 红色颜料；B. 白色颜料；C. 黑色颜料

　　单因素方差分析结果显示，不同颜色壁画颜料中可培养细菌的数量存在显著差异（$F = 5.704$，$P = 0.005$）。红色颜料样品中细菌数量为（7.13±0.31）lg CFU/g；白色颜料中的数量与之相近，为（7.38±0.27）lg CFU/g；而黑色颜料的细菌数量高达（9.56±0.16）lg CFU/g，显著高于其他两种颜料类型。

　　此外，红色颜料中独有的属为 *Micromonospora*、*Desemzia*、*Pseudomonas*、*Corynebacterium*、*Paenibacillus*、*Micrococcus*、*Luteococcus*、*Acinetobacter*、*Massilia*、*Kocuria*。而 *Naumannella*、*Exiguobacterium*、*Dietzia* 则仅存在于白色颜料中。红色和白色颜料的共有属有 9 个，分别为 *Cellulosimicrobium*、*Sphingomonas*、*Brevibacterium*、*Streptomyces*、*Brevundimonas*、*Staphylococcus*、*Arthrobacter*、*Microbacterium*、*Bacillus*。黑色颜料中则仅有 *Bacillus* 一个属，且该属也是唯一存在于三种颜料中的细菌类群。

　　不依赖培养的方法：红色、黑色和白色三种颜色壁画颜料中，Actinobacteria 均为优势类群。在门水平上，白色颜料中 Actinobacteria 的相对丰度最高（67.2%），其次为黑色和红色颜料，分别为 65.0% 和 54.7%。Proteobacteria 作为第二大类群在红色（RB）颜料中占 21.5%；在黑色颜料中相对丰度略低，为 16.0%；在白色颜料样品中仅占 14.1%。同样，Acidobacteria 在三种颜料类型中均有分布，其相对丰度在红色、黑色以及白色颜料中分别为 6.3%、5.9% 和 6.6%。此外，Chloroflexi、Verrucomicrobia、Firmicutes 和 Nitrospirae 也同时存在于三种颜料中。

　　在属水平上，不同颜色颜料中细菌分布同样存在较大差异。其中，*Streptomyces* 在白色颜料中分布最为广泛，相对丰度为 32.9%，在黑色颜料中次之（31.0%），红色颜料中最少（21.8%）。*Pseudonocardia* 的分布则恰好相反，在红色颜料中 *Pseudonocardia* 的相对丰度高达 7.1%，而在黑色和白色颜料中分别占 5.8% 和 6.4%。*Amycolatopsis* 为白色颜料中的第二大优势属，相对丰度达到 7.2%，其在黑色和红色颜料中则分别为 3.1% 和 6.0%。此外，*Actinokineospora* 仅在黑色颜料样品中有较高分布（9.1%），而在其余两种颜料中相对丰度较低（RB：3.9%；WB：6.7%）。同时存在于三种颜料类型中且相对丰度 ≥1% 的类群还包括 *Saccharopolyspora*、*Promicromonospora*、*Janibacter*、*Pseudomonas*、*Geodermatophilus* 和 *Nitrosospira*。

　　三种颜色壁画颜料样品中共有的 OTU 为 934 个。红色和白色颜料样品的共有 OTU

最多，为 1505 个；红色和黑色样品的共有 OTU 次之，为 1056 个；白色和黑色样品之间共有的 OTU 最少，仅为 994 个。此外，共有 33 个门同时存在于三种颜色颜料样品中。在黑色颜料中出现的门水平的类群均在红色和白色颜料中发现，并且黑色颜料样品中仅有 2 个属为该颜料中的特有类群。红色和黑色颜料的共有属为 116 个；白色和黑色颜料共有的属为 108 个；一共有 107 个属同时存在于这三种颜料样品中。

（4）徐显秀墓壁画微生物病害防治

针对徐显秀墓室壁画表面白色絮状霉变污染物，研究人员首先确定了其是由白色侧齿霉菌（*Engyodontium album*）大量增殖引起的（图 6-9）。研究人员选用乙醇、甲醛、戊二醛、霉敌、苯扎氯铵、双氯酚和苯并咪唑等 7 种文化遗产微生物病害防治中常用的化学灭菌剂，接菌于固体培养基培养一周后，通过测量抑菌圈大小（表 6-2），发现双氯酚复配型杀菌效果最好，戊二醛次之，甲醛、霉敌、苯扎氯铵、乙醇和苯并咪唑均对优势病害菌抑菌效果不明显。

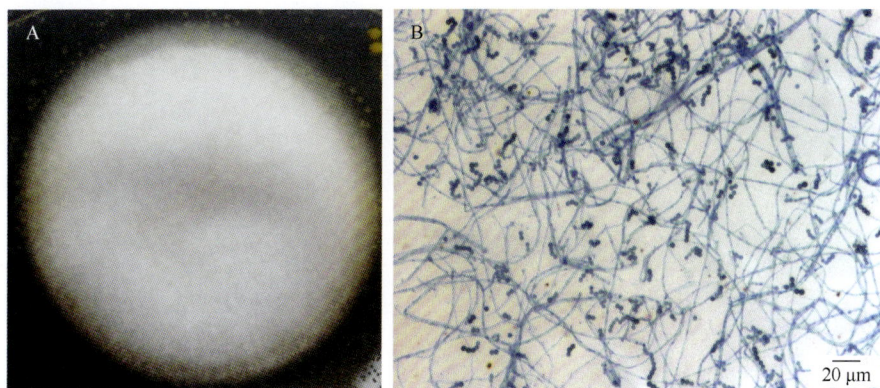

图 6-9　白色侧齿霉菌菌落形态
A. 宏观形态；B. 微观形态（武发思等，2021）

表 6-2　微生物复配杀灭剂处理后平板抑菌圈大小

杀灭剂	抑菌圈大小（mm）
乙醇	9.00±0.33ab
甲醛	7.11±0.20b
戊二醛	10.72±0.22ab
霉敌	8.44±0.29b
苯扎氯铵	6.88±0.20b
双氯酚	16.55±0.63a
苯并咪唑	7.44±0.42b
对照	0.00

注：同列数据后有相同字母者表示差异不显著（$P<0.05$）

随后，研究人员将乙醇、甲醛、戊二醛、霉敌、苯扎氯铵、双氯酚和苯并咪唑分别喷施在墓葬墓道白色霉变病害处进行原位试验（图 6-10），通过比较各类杀灭剂处理区域可培养微生物浓度（表 6-3），可确定杀灭剂的时效性差异。2017 年与 2013 年相比，在发生霉变部位的对照区域，使用 PDA 培养基中可培养微生物（真菌）浓度有明显下降，R_2A 和牛肉膏（BE）蛋白胨培养基中可培养微生物浓度均没有明显变化。对比 R_2A 平板上可培养微生物浓度，除乙醇处理区域浓度减小外，其他区域均有一定增加，其中戊二醛/乙醇处理和苯扎氯铵/乙醇处理升高幅度最大，霉敌和双氯酚/乙醇增长幅度均相对较小。对比 PDA 平板上可培养微生物浓度，乙醇处理区域有所下降，双氯酚/乙醇、霉敌/乙醇处理区域与 2013 年相同，其他杀灭剂处理区域均有不同程度增加。对比使用 BE 培养基可培养微生物浓度，7 个区域均有所增加。戊二醛处理区域增长幅度最小，霉敌/乙醇处理区域次之。综合 3 类培养基上 2013 年与 2017 年数据，双氯酚/乙醇复配型、霉敌/乙醇复配型抑菌剂对病害菌杀灭的中长期效果最好。

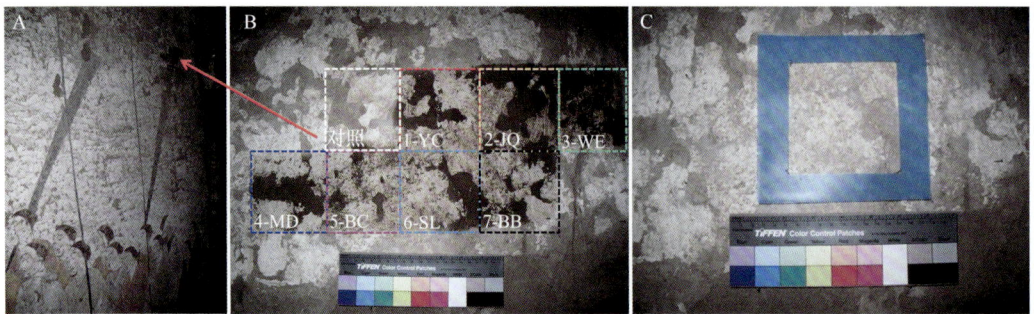

图 6-10　徐显秀墓葬墓道白色霉变病害处试验

表 6-3　2013 年与 2017 年杀灭剂试验区域可培养微生物浓度

编号	R_2A 培养基（CFU/g）		PDA 培养基（CFU/g）		BE 培养基（CFU/g）	
	2013	2017	2013	2017	2013	2017
对照	2 700 000±250 000	6 800 000±2 100 000	83 000 000±6 400 000	1 300 000±330 000	1 500 000±29 000	1 700 000±170 000
YC	18 767±726a	7 283±1 157ab	1 117±268a	50±0b	483±60a	5 650±1 543ab
JQ	2 033±406b	9 217±404a	0±0c	6 683±3 592a	0±0c	9 017±1 364a
WE	0±0c	4 917±2 323b	33±10bc	1 367±3 09b	183±60b	2 233±925b
MD	50±29c	3 117±742b	17±7bc	17±9b	0±0c	2 067±758b
BC	0±0c	6 083±1 270ab	117±17bc	2 317±617ab	50±50c	5 583±2 235ab
SL	33±17c	2 583±661b	0±0c	0±0b	17±9c	4 267±2 210b
BB	133±60c	5 500±257b	333±93b	2 733±2 683ab	0±0c	2 683±142b

注：YC、JQ、WE、MD、BC、SL、BB 分别表示乙醇、甲醛、戊二醛、霉敌、苯扎氯铵、双氯酚和苯并咪唑实验区域；同列数据后有相同字母者表示差异不显著（$P<0.05$）

　　通过在 2017 年采集并检测墓道霉变位置不同杀灭剂处理样品中的微生物 ATP 荧光，可知经杀灭剂处理 4 年后，与霉变对照区域相比，其他处理区域微生物活性均有明显降低。其中双氯酚/乙醇复配型的荧光值最低，其抑菌时效最长，苯扎氯铵/乙醇和乙醇处理次之。截至 2020 年 12 月，在连续 7 年的监测期内，双氯酚/乙醇处理区域没有出现肉眼可见的微生物病害复发迹象。

6.1.3　徐显秀墓空气微生物研究

通过对徐显秀墓室内外空气微生物种群及数量的时空变化及对区域环境相互作用的分析，从环境生物学角度为徐显秀墓有效保护和合理利用提供科学依据和技术支撑。

（1）徐显秀墓空气主要细菌类群及其多样性

空气样品中分离出的细菌菌株均采用 NA 固体培养基进行纯化，并使用细菌通用引物 27F/1492R 对菌株基因组 DNA 进行扩增。所得的 16S rDNA 片段使用限制性内切酶 *Csp6/Hinf*I 进行双酶切，根据 RFLP 谱型聚类后，选取 25 条独特的序列进行测序。这些序列最终可划分为 17 个种，分属厚壁菌门（Firmicutes）、放线菌门（Actinobacteria）和变形菌门（Proteobacteria）的 13 个属：芽孢杆菌属（*Bacillus*）、葡萄球菌属（*Staphylococcus*）、动性杆菌属（*Planomicrobium*）、短芽孢杆菌属（*Brevibacillus*）、类芽孢杆菌属（*Paenibacillus*）、微杆菌属（*Exiguobacterium*）、微球菌属（*Micrococcus*）、微杆菌属（*Microbacterium*）、鞘氨醇单胞菌属（*Sphingomonas*）、短波单胞菌属（*Brevundimonas*）、水居菌属（*Aquincola*）、假单胞菌属（*Pseudomonas*）以及溶杆菌属（*Lysobacter*）。

空气细菌群落中，Firmicutes 的浓度所占比例最高（55.3%），Proteobacteria 次之（25.1%），Actinobacteria 则最低（19.6%）。在属水平上，*Lysobacter*、*Bacillus*、*Brevibacillus* 以及 *Microbacterium* 为优势菌属，所占比例分别为 23.7%、23.5%、22.0% 和 19.4%。此外，*Paenibacillus*（4.4%）、*Staphylococcus*（4.2%）和 *Aquincola*（1.0%）同样广泛存在于墓葬空气环境中（图 6-11）。

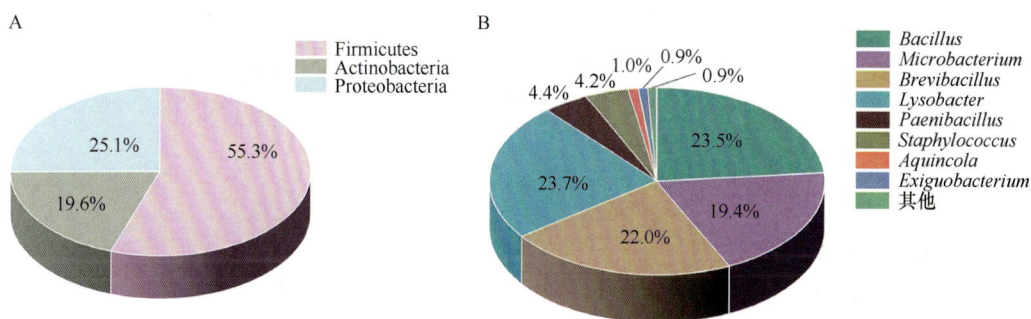

图 6-11　徐显秀墓葬内外空气可培养细菌在门（A）和属（B）水平的群落组成

（2）徐显秀墓空气细菌浓度及群落组成

墓葬内外不同采样位点中空气可培养细菌的群落结构也不尽相同。在主墓室（CH）的空气样品中分离得到的细菌隶属于 10 个属；而在墓道和甬道（DR），空气细菌属于 8 个属；此外，外环境（OD）中的细菌同样包含 8 个属。其中，*Bacillus*、*Microbacterium*、*Brevibacillus* 和 *Lysobacter* 在各位点均有分布，且为浓度比例较高的类群。相比于墓室内（CH 和 DR），墓室外空气中的细菌群落组成存在明显差异。例如，广布属 *Bacillus*、*Microbacterium* 和 *Lysobacter* 在墓室内均有很高的分布：其在主墓室（CH）中分别占到 25.5%、16.4% 和 26.6%；在墓道和甬道中（DR）中分别占到 23.8%、28.5% 和 21.0%。然而，在室外空气中，这三个属所占比例均明显低于室内，分别为 9.0%、12.3% 以及

15.6%。此外，*Brevibacillus* 在室外空气中所占比例最高，为 41.8%，而其在墓室（CH）以及墓道和甬道（DR）中仅为 19.4% 和 20.7%。

墓葬内外不同位点气溶胶样品中的可培养细菌浓度分别为：主墓室（CH）（3.28 ± 0.53）$\times 10^2$ CFU/m³；墓道及甬道（DR）（2.30 ± 0.36）$\times 10^2$ CFU/m³；墓葬外环境（OD）（2.71 ± 1.16）$\times 10^2$ CFU/m³。单因素方差分析结果表明，三个位点间空气细菌浓度无显著差异（$F = 0.858$，$P = 0.437$）。墓葬内外不同位点空气样品中可培养细菌群落的多样性用 Shannon-Wiener 多样性指数（H'）表示。One-Way ANOVA 结果显示，不同位点间的 H' 存在显著差异（$F = 3.97$，$P = 0.03$）。墓室（CH）和墓道及甬道（DR）的空气细菌 H' 分别为 0.67 ± 0.10 和 0.71 ± 0.16，二者均显著低于墓葬外环境（OD，1.37 ± 0.02）。

最后，墓葬内外不同位点空气样品中可培养细菌群落的 PCA 结果表明：第一主成分（PC1）解释了物种分布的 24.47%，第二主成分（PC2）对物种分布的解释量为 14.63%。主墓室（CH）与墓道和甬道（DR）的样品分布较为集中且部分重合，这说明室内位点间空气细菌群落组成差异较小。然而，墓葬外环境（OD）样品的分布距离主墓室（CH）及墓道和甬道（DR）较远且并无重合现象，表明了室内外空气细菌群落组成存在较大差异（图 6-12）。

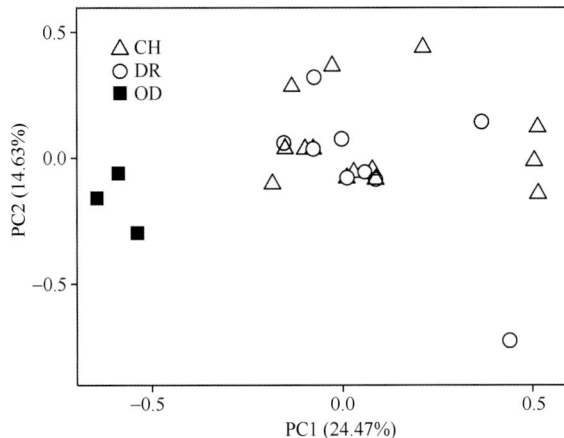

图 6-12　徐显秀墓葬主墓室（CH）、墓道和甬道（DR）及外环境（OD）中空气细菌群落的主成分分析（PCA）

6.1.4　徐显秀墓新种菌株 AFT2^T 与 *Naumannella* 属菌株

（1）AFT2^T 菌株的生物学分类

AFT2^T 分离自墓葬主墓室东壁壁画表面样品。将其 16S rRNA 基因序列在 GenBank（http://blast.ncbi.nlm.nih.gov/Blast.cgi）和 EzTaxon-e 数据库中进行比对发现，该菌株与已鉴定菌种序列相似性低于 97%，因此我们对该菌株进行进一步鉴定。

AFT2^T 隶属于放线菌门（Actinobacteria），丙酸杆菌科（Propionibacteriaceae），诺曼菌属（*Naumannella*）。*Naumannella* 是在 2012 年由 Rieser 等（2012）首次确立的新属，与该属亲缘关系较近的菌株分别隶属于 *Propionicicella*、*Propionicimonas*、*Micropruina*

和 *Microlunatus*。截至 AFT2^T 发现时，该属仅存 *Naumannella halotolerans* 一个物种（Rieser et al., 2012）。*Naumannella* 为革兰氏阳性（Gram-positive）、好氧（aerobic）、不产芽孢（non-spore-forming）且不具运动性（non-motile）的球菌（cocci）。

使用 MEGA5.0 软件中的最大似然法（maximum-likelihood）、邻接法（neighbour-joining）和最大简约法（maximum-parsimony）对 AFT2^T 的 16S rRNA 基因序列进行了系统发育分析，以期能够更加准确地反映该菌株的系统发育地位。如图 6-13～图 6-15

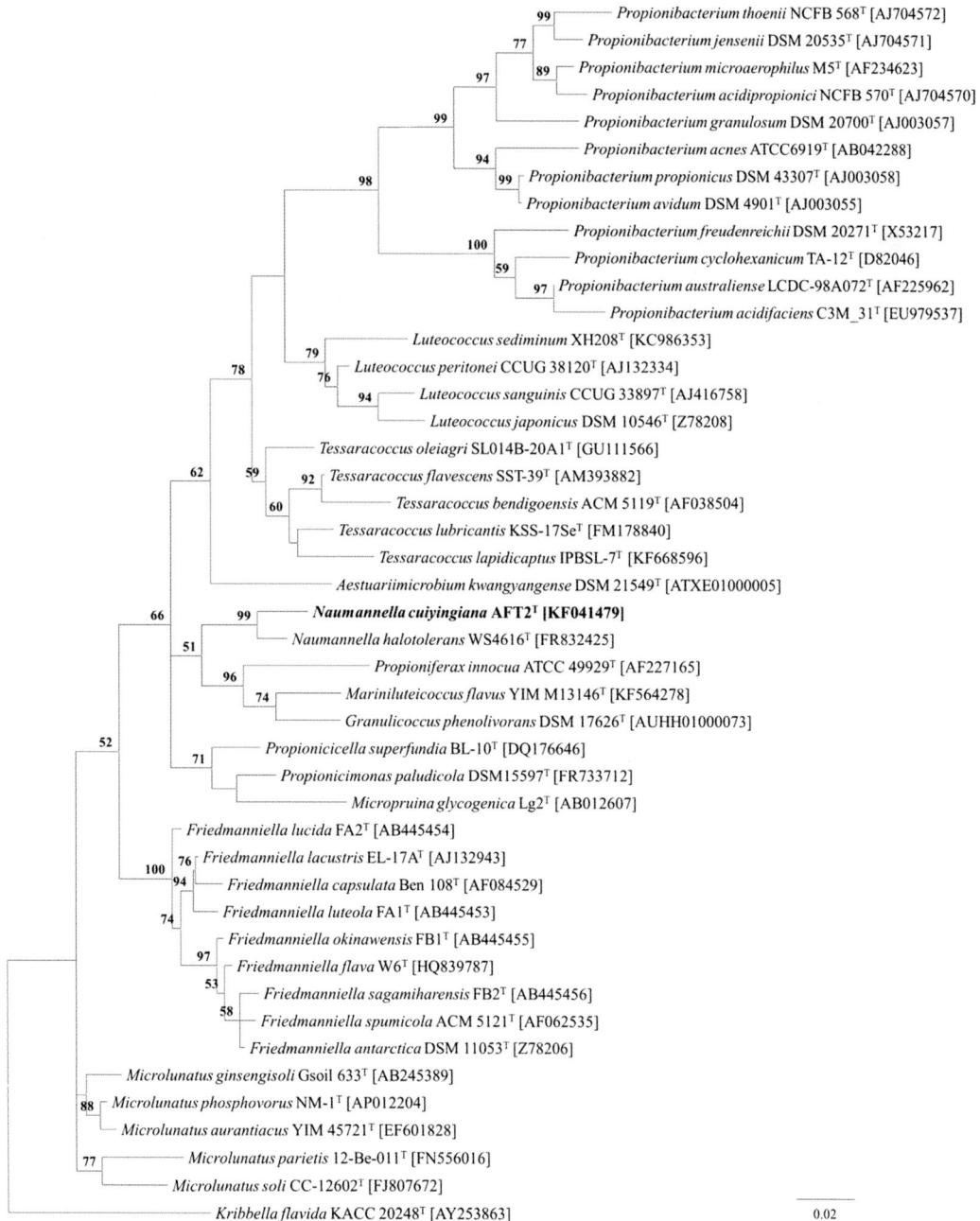

图 6-13　AFT2^T 及其亲缘物种 16S rRNA 基因序列的最大似然树

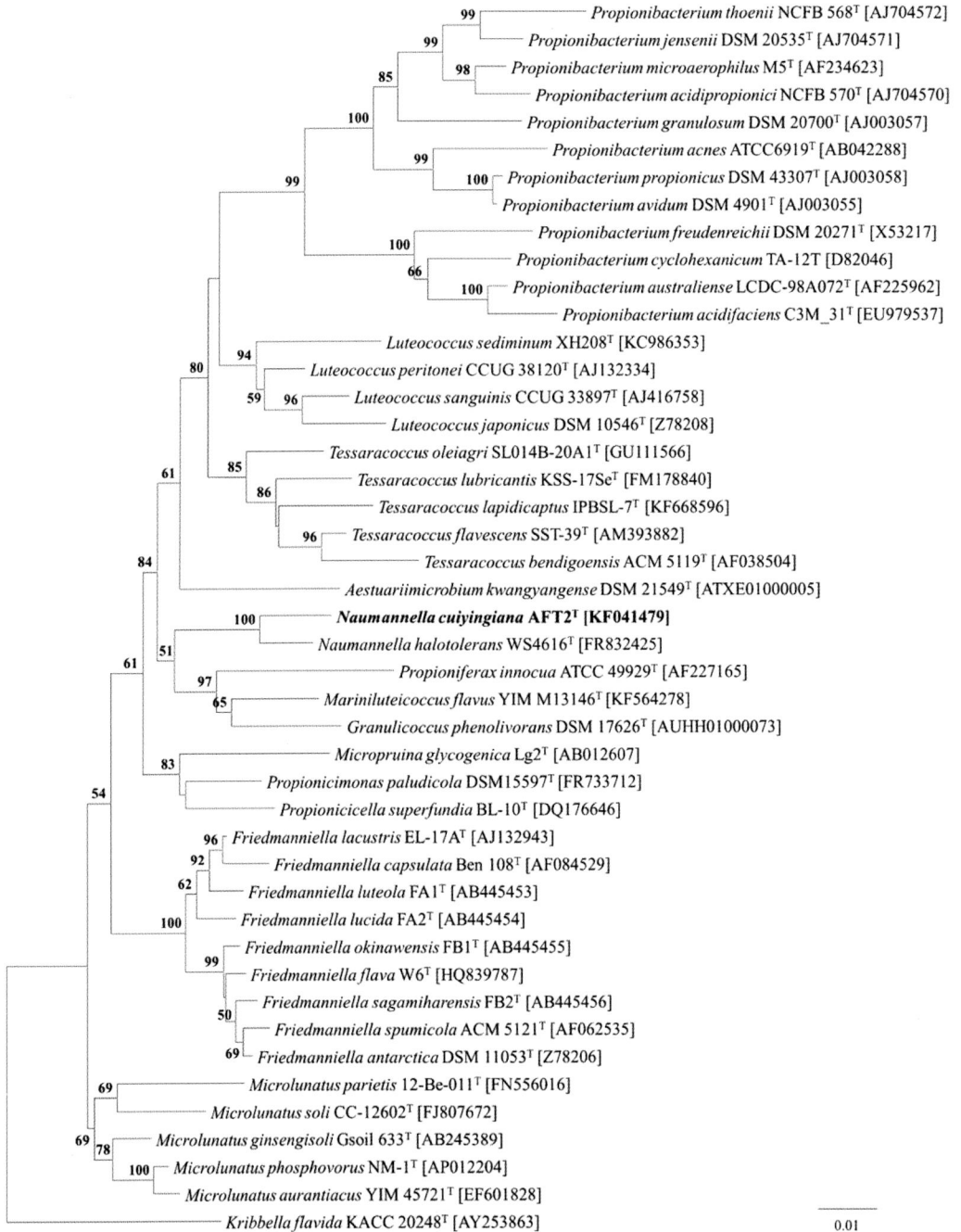

图 6-14 AFT2^T 及其亲缘物种 16S rRNA 基因序列的邻接树

所示，三种不同方法构建的系统发育树均显示 AFT2^T 与 *Naumannella halotolerans* WS4616^T 形成了单一来源的分支，并且二者之间具有极高的引导（bootstrap）置信值（99%～100%）。AFT2^T 与 *N. halotolerans* WS4616^T 的序列相似性为 97.01%；与其他属物种的系统发育关系则较远，例如，与 *Microlunatus panaciterrae* Gsoil 954^T 和 *Microlunatus parietis* 12-Be-011^T 的序列相似性分别为 94.91% 和 94.73%。

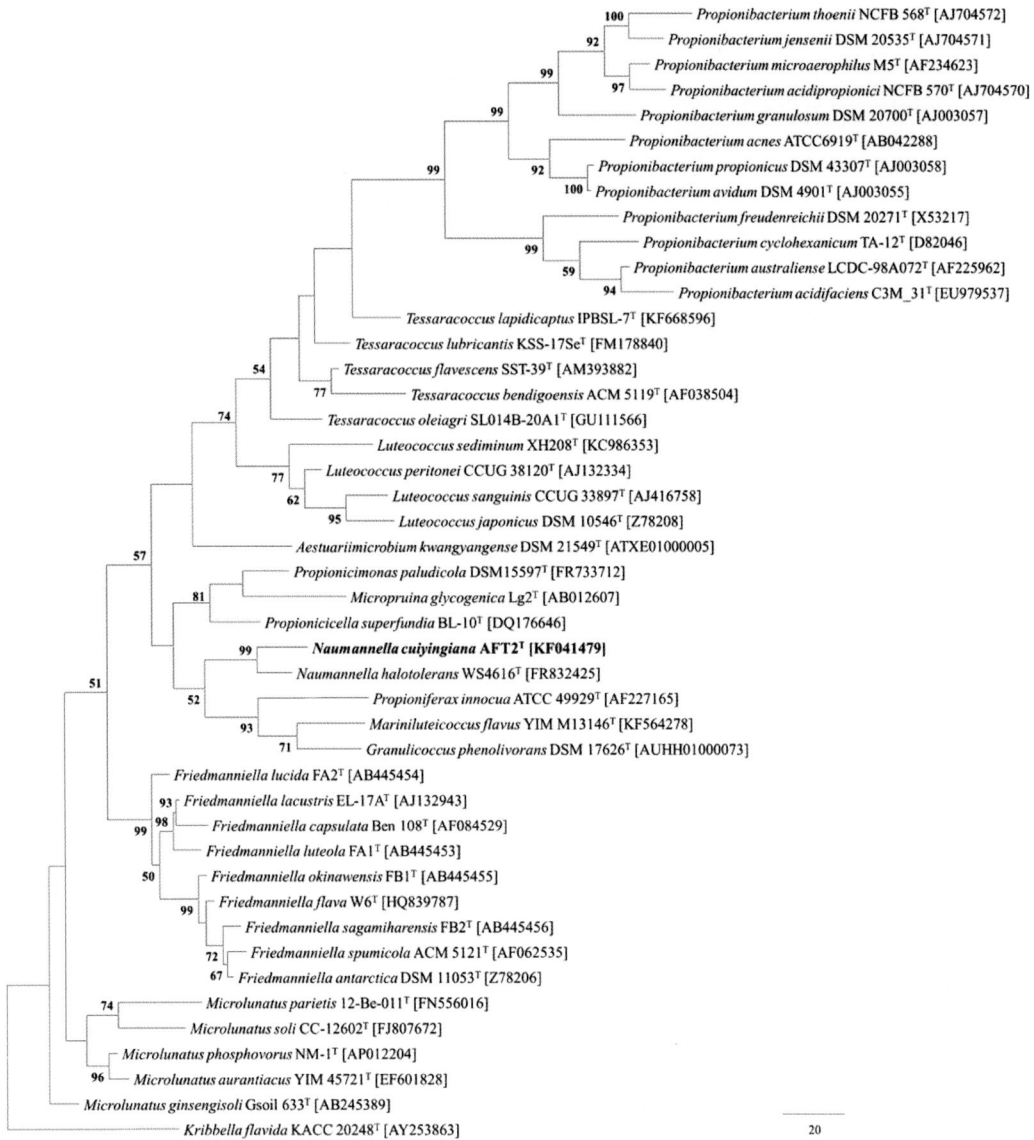

图 6-15 AFT2^T 及其亲缘物种 16S rRNA 基因序列的最大简约树

（2）AFT2^T 形态学特征及生长特性

AFT2^T 在 NA、LB、R$_2$A、M9、TSA 等细菌培养基上均能很好地生长，尤其在 TSA 上长势最佳。因此，本研究中 AFT2^T 的所有形态学观察均使用 37℃在 TSA 上恒温培养 72 h 后的菌体。在 TSA 固体培养基表面，该菌株单菌落直径约为 2 mm，菌落为乳白色圆形，表面光滑不透明，质地黏稠。通过染色观察，AFT2^T 为不产芽孢（non-spore-forming）的革兰氏阳性细菌（Gram-stain-positive），且不具有运动性（non-motile）。细胞呈椭球状至短杆状，大小为 0.3～0.7 μm × 0.6～1.0 μm（图 6-16）。

AFT2^T 为中度耐盐菌，在 0～12%（W/V）的 NaCl 浓度下均能正常生长。此外，该菌株的 pH 生长范围为 6～10，且在 pH 为 7 时生长状况最佳。AFT2^T 的生长温度范围为

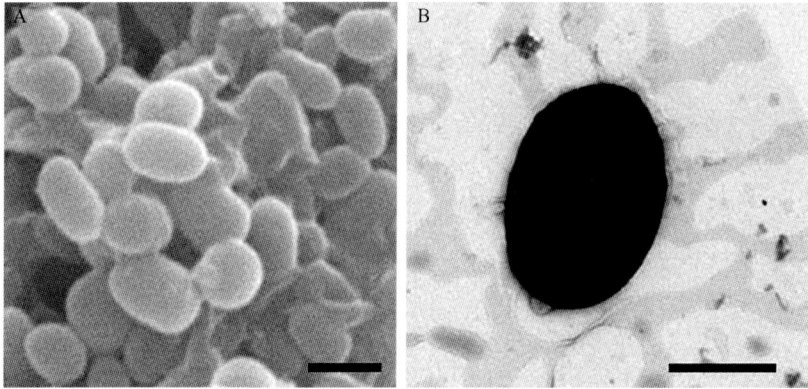

图 6-16　菌株 AFT2[T] 细胞形态电镜照片

A. 扫描电子显微镜照片；B. 透射电子显微镜照片。比例尺为 0.5 μm

20～37℃。AFT2[T] 可以水解明胶（gelatin）、淀粉（starch）和七叶苷（aesculin）。AFT2[T] 的氧化酶测试和酪素水解反应均为阴性。AFT2[T] 在过氧化氢中可产生大量气泡，表明该菌株能够产生过氧化氢酶。AFT2[T] 与模式菌株 N. halotolerans WS4616[T] 的形态及生理特性差异详见表 6-4。

表 6-4　AFT2[T] 与模式菌株 *Naumannella halotolerans* WS4616[T] 形态及生理特性差异

特征	AFT2[T]	N. halotolerans WS4616[T]
形态	椭球状至短杆状	球形
颜色（TSA）	白色	浅黄色
NaCl 耐受性（%，*W/V*）	0～12	0～10
生长 pH 范围	6～10	6～8
生长温度范围（℃）	20～37	15～37
呼吸醌	MK-9（H4）	MK-8（H4），MK-9（H4）
极性脂质	DPG，PG，PL1，PL2，GL1，GL2，GL3，GL4，GL5	DPG，PG，PL1，GL1a，GL2，GL3，GL4
水解性		
明胶	+	−
七叶苷	+	−
氧化酶活性	−	+
吸收性		
N-乙酰葡糖胺	+	−
苹果酸	+	−
葡糖酸盐	w	+
己二酸酯	−	+
与 AFT2[T] 16S rRNA 序列相似性（%）	100	97.01
来源	墓葬壁画	食物和洁净间

注：+表示阳性；−表示阴性；w 表示弱阳性

（3）AFT2[T] 细胞成分分析

AFT2[T] 细胞壁肽聚糖类型为 A3γ（LL-DAP-Gly），包括 LL-二氨基庚二酸（LLdiaminopimelic acid，DAP）、丙氨酸（alanine，Ala）、甘氨酸（glycine，Gly）以及谷氨酸（glutamate，Glu）。此外，细胞壁糖类成分有核糖（ribose）、甘露糖（mannose）和半乳糖（galactose）（图 6-17）。

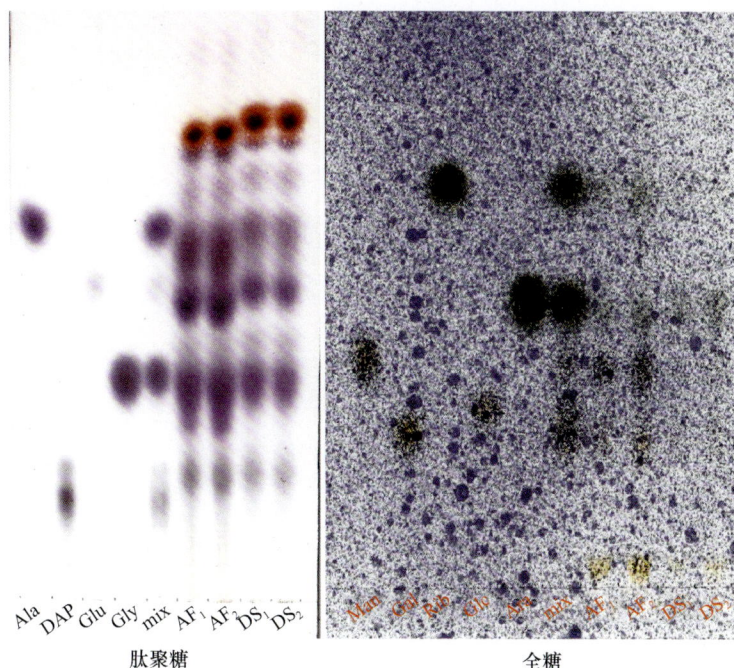

图 6-17　AFT2^T 细胞壁肽聚糖和全糖分析

mix. 糖类混合标准物；AF1 和 AF2. AFT2T 细胞壁提取物；DS1 和 DS2. *N. halotolerans* 模式菌细胞壁提取物；Man. 甘露糖；Gal. 半乳糖；Rib. 核糖；Glc. 葡萄糖；Ara. 阿拉伯糖

AFT2^T 最主要的极性脂为双磷脂酰甘油（diphosphatidylglycerol，DPG）和磷脂酰甘油（phosphatidylglycerol，PG），此外还包含两种未知的磷脂（phospholipid，PL）和 5 种未知糖脂（glycolipid，GL）（图 6-18）。

AFT2^T 仅含 MK-9（H4）一种醌类。另外，其主要的脂肪酸类型为 anteiso-C$_{15:0}$。AFT2^T 与模式菌株 *N. halotolerans* WS4616^T 的脂肪酸类型比较详见表 6-5。

（4）*N. cuiyingiana* AFT2^T 的基因组特征

AFT2^T 的基因组由两条序列组成，分别为 3.49 Mb 和 25 Kb，总长 3 519 040 bp，GC 含量为 70.95%。3.49 Mb 的序列无法单独成环；由于 AFT2^T 所在的属缺乏近缘物种的参考基因组，因此 25 kb 的序列有可能属于 AFT2^T 的质粒，或者该种的基因组可能由多条 DNA 组成。此外，AFT2^T 的基因组包含 3270 个编码序列（CDS）、47 个 tRNA 基因、9 个 rRNA 基因、15 个其他的非编码 RNA（ncRNA）基因，以及 5 条重复区长度大于等于 100 bp 的长片段重复区。

（5）AFT2^T 新种菌株的命名及性状特征

新种菌株 AFT2^T 被命名为萃英诺曼菌（*Naumannella cuiyingiana*）。AFT2^T 为革兰氏阳性好氧菌，菌体无运动性且不产芽孢。在 TSA 培养基上，菌落呈乳白色光滑黏稠圆

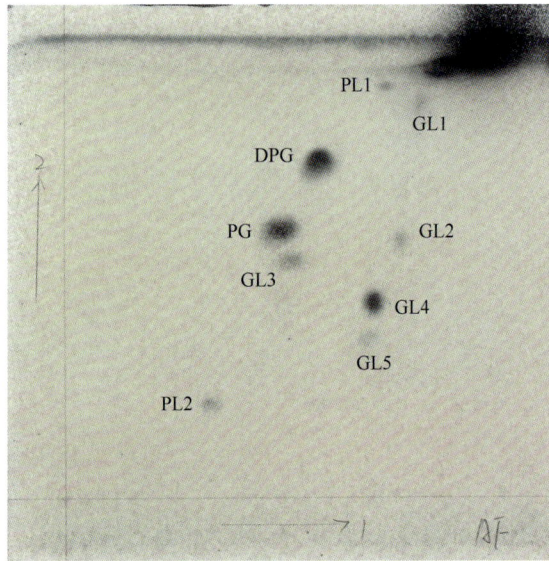

图 6-18　AFT2^T 极性脂分析

PL. 磷脂；GL. 糖脂；DPG. 双磷脂酰甘油；PG. 磷脂酰甘油

表 6-5　AFT2^T 与模式菌株 *Naumannella halotolerans* WS4616^T 脂肪酸类型差异对比

脂肪酸（%）	AFT2^T	*N. halotolerans* WS4616^T
iso-C$_{14:0}$	tr	1.03
iso-C$_{15:0}$	6.55	7.95
anteiso-C$_{15:0}$	55.32	70.34
C$_{16:0}$	4.37	2.7
iso-C$_{16:0}$	5.12	5.26
C$_{17:0}$	1.6	tr
iso-C$_{17:0}$	1.27	1.66
anteiso-C$_{17:0}$	9.33	6.76
iso-C$_{17:0}$ 3-OH	1.03	–
C$_{18:0}$	2.04	1.43
C$_{18:1}$ ω9c	3.18	tr
Summed Feature 3*	3.22	–
Summed Feature 8*	1.29	tr

注：tr 表示微量（<1.0%）；–表示未检测到含量，*表示未能分离的多类脂肪酸混合物

形（直径 2 mm）。显微观察下的菌株细胞为椭球状至短杆状（0.3～0.7 μm × 0.6～1.0 μm）。菌株具有耐盐［0～12%（*W/V*）NaCl］及耐碱（pH 6～10）特性，生长温度范围为 20～37℃。AFT2^T 可水解淀粉（starch）、明胶（gelatin）和七叶苷（aesculin）。菌株过氧化氢酶（catalase）、β-半乳糖苷酶（β-galactosidase）、酯酶 C4（esterase C4）、缬氨酸芳基酰胺酶（valine arylamidase）、碱性磷酸酶（alkaline phosphatase）、类脂酯酶 C8（esterase lipase C8）、亮氨酸芳基酰胺酶（leucine arylamidase）、萘酚-AS-BI-磷酸水解酶（naphthol-AS- BI-phosphohydrolase）、α-葡萄糖苷酶（α-glucosidase）、半胱氨酸芳基酰胺

酶（cysteine arylacylamidase）、α-甘露糖苷酶（α-mannosidase）、α-半乳糖苷酶（α-galactosidase）反应呈阳性，硝酸盐还原（nitrate reduction）、吲哚产生（production of indole）、脲酶（urease）、精氨酸双水解酶（arginine dihydrolase）、水解酪蛋白（hydrolysis of casein）、脂肪酶 C14（lipase C14）、胰蛋白酶（trypsin）、胰凝乳蛋白酶（chymotrypsin）、N-乙酰基-β-氨基葡萄糖苷酶（N-acetyl-β-glucosaminidase）、吲哚（indole）、β-岩藻糖苷酶（β-fucosidase）、β-葡萄糖醛酸酶（β-glucuronidase）反应为阴性，酸性磷酸酶（acid phosphatase）为弱阳性反应。

API 50 CH 测试，结果显示 AFT2^T 可利用 D-阿拉伯糖（D-arabinose）、L-鼠李糖（L-rhamnose）以及七叶苷（aesculin）产酸，而不能用以产酸的碳源为丙三醇（glycerol）、D-甘露糖（D-mannose）、赤藓糖醇（erythritol）、D-核糖（D-ribose）、D-葡萄糖（D-glucose）、D-木糖（D-xylose）、D-果糖（D-fructose）、肌醇（inositol）、L-木糖（L-xylose）、半乳糖醇（dulcitol）、核糖醇（adonitol）、D-甘露醇（D-mannitol）、β-甲基-D-木糖苷（β-methy-D-xyloside）、α-甲基-D-吡喃葡萄糖苷（α-methyl-D-glucopyranoside）、D-半乳糖（D-galactose）、L-阿拉伯糖（L-arabinose）、山梨糖（sorbose）、D-山梨醇（D-sorbitol）、α-甲基-D-吡喃甘露糖苷（α-methy-D-mannopyranoside）、N-乙酰葡糖胺（N-acetylglucosamine）、苦杏仁苷（amygdalin）、熊果苷（arbutin）、纤维二糖（cellobiose）、麦芽糖（maltose）、乳糖（lactose）、蜜二糖（melibiose）、菊糖（inulin）、棉子糖（raffinose）、淀粉（starch）、糖原（glycogen）、木糖醇（xylitol）、松二糖（turanose）、海藻糖（trehalose）、水杨苷（salicin）、D-塔格糖（D-tagatose）、D-阿拉伯糖醇（D-arabitol）、L-阿拉伯糖醇（L-arabitol）、松三糖（melezitose）、蔗糖（sucrose）、葡萄糖酸盐（gluconate）、2-酮基-葡萄糖酸盐（2-keto-gluconate）、D-来苏糖（D-lyxose）以及 5-酮基-葡萄糖酸盐（5-keto-gluconate）。

API 20NE 测试，结果表明 AFT2^T 可以同化的碳源包括 N-乙酰葡糖胺（N-acetyl-glucosamine）、葡萄糖（glucose）、麦芽糖（maltose）、甘露糖（mannose）、甘露醇（mannitol）、苹果酸盐（malate），而癸酸盐（caprate）、阿拉伯糖（arabinose）、柠檬酸盐（citrate）、己二酸酯（adipate）及苯乙酸盐（phenylacetate）不能被同化。

Biolog GP2 MicroPlates 测定的碳源利用特性显示，菌株可以利用的碳源为 β-环糊精（β-cyclodextrin）、N-乙酰葡糖胺（N-acetylglucosamine）、菊糖（inulin）、吐温 40（Tween 40）、L-阿拉伯糖（L-arabinose）、吐温 80（Tween 80）、熊果苷（arbutin）、D-阿拉伯糖（D-arabinose）、海藻糖（trehalose）、D-果糖（D-fructose）、D-半乳糖醛酸（D-galacturonic acid）、D-半乳糖（D-galactose）、龙胆二糖（gentiobiose）、D-葡萄糖酸盐（D-gluconate）、乳糖（lactose）、D-葡萄糖（D-glucose）、D-甘露醇（D-mannitol）、乳果糖（lactulose）、麦芽三糖（maltotriose）、α-甲基-D-吡喃葡萄糖苷（α-methyl-D-glucopyranoside）、D-甘露糖（D-mannose）、松三糖（melezitose）、β-甲基-D-半乳糖苷（β-methyl-D-galactoside）、6-O-D-半乳糖（6-O-D-galactose）、蜜二糖（melibiose）、麦芽糖（maltose）、L-鼠李糖（L-rhamnose）、棉子糖（raffinose）、α-甲基-D-半乳糖苷（α-methyl-D-galactoside）、3-甲基-葡萄糖（3-methyl-glucose）、α-甲基-D-吡喃甘露糖苷（α-methy-D-mannopyranoside）、D-阿洛酮糖（D-psicose）、D-核糖（D-ribose）、水杨苷（salicin）、水苏糖（stachyose）、

D-丙氨酸（D-alanine）、D-山梨醇（D-sorbitol）、L-天冬氨酸（L-aspartic acid）、甘氨酰-L-谷氨酸（glycyl-L-glutamic acid）、L-丝氨酸（L-serine）、丁二胺（butanediamine）、L-谷氨酸（L-glutamic acid）、2′-脱氧腺苷（2′-deoxyadenosine）、5′-单磷酸尿苷（5′-uridine monophosphate）、D-果糖-6-二磷酸（D-fructose-6-dihydrogenphosphate）及 D-葡萄糖-6-磷酸（D-glucose-6-phosphate），不能利用的碳源包括 α-环糊精（α-cyclodextrin）、糖原（glycogen）、蔗糖（sucrose）、甘露聚糖（mannan）、L-丙氨酸（L-alanine）、苦杏仁苷（amygdalin）、α-酮戊二酸（α-ketoglutaric acid）、肌糖（inositol）、2,3-丁二醇（2,3-butanediol）、糊精（dextrin）、丙酮酸盐（pyruvate）、β-D-吡喃葡萄糖苷（β-D-glucopyranoside）、α-戊酮酸（α-oxopentanoic acid）、乳酰胺（lactamide）、胸苷（thymidine）、丙三醇（glycerol）、N-乙酰-L-谷氨酸（N-acetyl-L-glutamic acid）、L-丙氨酰甘氨酸（L-alanyl glycine）、L-焦谷氨酸（L-pyroglutamic acid）、腺苷（adenosine）、5′-胸苷单磷酸（5′-thymidine monophosphate）、肌苷（inosine）、尿苷（uridine）、5′-单磷酸腺苷（5′-adenosine monophosphate）、α-D-葡萄糖-1-磷酸（α-D-glucose-1-phosphate）以及 DL-α-甘油磷酸（DL-α-glycerophosphoric acid）。

6.1.5 小结与讨论

（1）徐显秀墓壁画中可培养细菌类群主要为 Firmicutes、Actinobacteria 以及 Proteobacteria。基于 Illumina 高通量测序的壁画细菌共隶属于 42 个门，其中 Actinobacteria 具有最高的相对丰度，Proteobacteria 次之，此外，Acidobacteria、Chloroflexi、Firmicutes、Nitrospirae 以及 Verrucomicrobia 均为相对丰度较高的细菌类群。在可培养细菌群落中最具优势的 Firmicutes 细菌，在高通量测序结果中展现了较低的相对丰度，这与壁画样品总 DNA 提取过程中的不充分破壁有很大关系。而在本研究中，壁画表面 Firmicutes 的大量存在，与 Pangallo 等（2014）在一尊塑像表面分离得到的细菌类群相似，通过培养方法该团队也发现了占有绝对优势的 Firmicutes。在蝙蝠洞（Cave of Bats）中 Firmicutes 同样为最优势类群，研究者将其归因为洞窟中较高的相对湿度（56%~95%）以及常年稳定的低温（8~14℃）（Urzì et al.，2010）。而徐显秀墓葬墓室内微环境也相对稳定，相对湿度可达 60%~100%，墓道以及甬道平均温度为 0~15℃，墓室内温度较高，为 0~25℃，高湿度、低温度的环境，不仅有利于 Firmicutes 类群的生长，同时也制约了其他类群的大范围定殖，使得 Firmicutes 具有较高的相对丰度。Actinobacteria 的大量聚集说明其对地下墓室的稳定环境十分适应（Groth et al.，1999）。早前有研究表明，很多地下环境甚至生物腐蚀壁画中的细菌类群均由 Actinobacteria 主导。而本研究中与放线菌同时存在的 Proteobacteria 也经常出现在壁画环境中（Jones et al.，2012）。Proteobacteria 的入侵与人为扰动以及自外而内的物质流通密切相关，例如，法国拉斯科洞窟中，杀菌剂的不当使用以及洞窟内通风系统的作用导致了该洞窟微环境的巨大变革，随之而来的就是 Betaproteobacteria 和 Gammaproteobacteria 的大范围定殖（Bastian et al.，2009）。

徐显秀墓壁画表面可培养细菌属水平最优势类群为 Bacillus（81.4%），该类群在 2012

年同样被发现富集于壁画表面，通过培养分离，其所占比例高达 67%（Pangallo *et al.*，2012）。有研究者指出，通过传统的培养方法分离得到的较高相对丰度的 *Bacillus* 与其独特的产孢能力有很大关系，该种特性能够支持其在培养基中快速生长（Gurtner *et al.*，2000）。而在徐显秀墓壁画中分离得到的细菌均为文化遗址环境中的常见类群。例如，分布广泛的 *Bacillus* 可以还原赤铁矿中的高价铁离子（Gonzalez *et al.*，1999），而徐显秀墓葬中壁画表面也存在大面积含赤铁矿红色颜料，这意味着该类群的广泛定殖对该类型壁画颜料具有极大的潜在生物威胁。此外，一些产色素的细菌类群也大量出现于徐显秀墓壁画内，例如，*Kocuria* 和 *Arthrobacter* 中的许多菌株自身可以产生红色色素，*Staphylococcus*、*Micrococcus* 以及 *Pseudomonas* 类群往往在培养过程中会产生不同颜色的色素，这些菌群一旦在壁画表面大量聚集，会带来严重的壁画色彩改变，对壁画造成不可逆的美学危害（Piñar *et al.*，2013）。徐显秀墓壁画中还分离得到一株在其他壁画表面出现的细菌菌株 *Arthrobacter pigmenti*，该菌株于 2005 年分离自圣济芳地下墓室壁画表面，墓葬环境与本研究相似，但该处的壁画已经发生生物腐蚀现象，而本研究中该株细菌的出现也对徐显秀墓壁画存在生物腐蚀威胁（Heyrman *et al.*，2005）。除了自身颜色的危害，部分细菌类群还可通过参与生物矿化过程与壁画材料中的矿物质相互作用，改变矿质成分物理化学性状，从而使壁画材料发生色彩和结构的复杂变化。基于 Illumina 高通量测序的壁画细菌群落中最优势的类群为隶属于 Actinobacteria 的 *Streptomyces*，该属在壁画细菌中总共占有 26.5% 的相对丰度，本研究中的 *Streptomyces*，同时也被发现大量分布于埃及一处墓葬内壁画表面，该类群已被证实具有生物矿化潜力，对该处壁画产生了严重威胁（Abdel-Haliem *et al.*，2013）。

（2）徐显秀墓葬空气中 Firmicutes（55.3%）的浓度所占比例最高，Proteobacteria（25.1%）和 Actinobacteria（19.6%）次之，属水平中 *Lysobacter*（23.7%）、*Bacillus*（23.5%）、*Brevibacillus*（22.0%）以及 *Microbacterium*（19.4%）为优势属类群。*Lysobacter soli* 为本研究 *Lysobacter* 中唯一的类群，该种最初分离自植物种植土壤中（Srinivasan *et al.*，2010），而本研究样点墓葬地上部分为多年梨树果园，相似的土壤类型中有可能存在相同有机质组分，营养物质常年积累并挥发至地下墓室空气中，从而选择性地生长相同的优势类群。而 *Bacillus* 一直是文化遗址环境中的常见类群之一，广泛分布于世界各地，这也得益于其产孢特性使其能够更大程度适应极端环境（Chu *et al.*，2008）。

徐显秀墓葬内外环境中可培养细菌浓度为 66.7～500 CFU/m^3，室内与室外空气细菌浓度并无显著差异，相较其他建筑物，徐显秀墓葬空气细菌浓度较低。例如，Lou 等（2012）在一所大学探测到室内空气细菌浓度可达 700～2000 CFU/m^3，并且认为如此高细菌浓度的出现与人口聚集程度相关联。而在秦始皇兵马俑博物馆内，游览高峰期时馆内细菌浓度一度达到 30 000～40 000 CFU/m^3，这足以说明人类活动对于封闭环境中空气微生物的影响十分重要（Chen *et al.*，2010）。而完全封闭的环境同样会滋生大量空气微生物，通过监测莫高窟内封闭洞窟、半封闭洞窟和对游客完全开放洞窟的空气细菌群落，作者发现封闭和完全开放的洞窟空气中均含有高浓度的细菌，而半封闭洞窟内空气中细菌浓度最低，约为 500 CFU/m^3（Wang *et al.*，2012），与本研究中徐显秀墓葬空气细菌浓度相近，这可能是由于徐显秀墓葬中近几年有少数文物保护工作人员不断进出，使得其空气流通程度强于完全封闭时的状态，但是工作人员数量有限，且除去少数工作时间外墓葬仍恢复封闭状态，与莫高窟半封闭洞窟的人为干扰程度相似，也导致了相似的空气细菌浓度结果。而人为干扰对地下环境的影响早有报道，一般来说地下环境如地下墓室中，有机营养物质十分匮乏，人为带入的有机物质会改变该种极端环境下的固有生物链，造成部分类群的爆发式生长（Chelius *et al.*，2012）。

6.2 嘉峪关魏晋墓和敦煌汉晋墓微生物

6.2.1 环境背景与文物价值

（1）环境特征

嘉峪关市位于甘肃省西北部，河西走廊中部，距省会兰州 776 km。中心位置为东经 98°17′，北纬 39°47′，全市海拔在 1412～2722 m，绿洲分布于海拔 1450～1700 m，城区平均海拔 1600 m。境内地势平坦，土地类型多样。城市的中西部多为戈壁，是市区和工业企业所在地；东南、东北为绿洲，是农业区，绿洲随地貌被戈壁分割为点、块、条、带状，占总土地面积的 1.9%。嘉峪关市属温带大陆性荒漠气候，年均气温在 6.7～7.7℃，年日照 3077.9 h。自然降水量年平均 81.5 mm，蒸发量 2042.0 mm。全年无霜期 134 d 左右。讨赖河横穿本市境内，年均径流量 6.58 亿 m^3，地下水年净储量 7.32 亿 m^3，年补给量 1.64 亿 m^3。嘉峪关魏晋砖壁画墓位于甘肃省嘉峪关市东北 20 km 的新城戈壁滩上，古墓群分布长达 20 多公里。五号墓整体搬迁至甘肃省博物馆进行异地复原保护。六号墓和七号墓相距约 500 m，发掘于 1972～1973 年。目前六号墓对外开放参观，七号墓暂未开放参观。病害调查显示，两座墓均存在构造砖受压裂缝、破损和脱落，局部颜料层产生起甲、酥碱，甚至脱落，部分砖壁画表面存在微生物菌斑。

敦煌汉晋墓包括敦煌佛爷庙湾西晋画像砖墓（简称西晋墓）和敦煌汉墓，位于敦煌市东 6 km 的戈壁之中。敦煌市位于甘肃省河西走廊最西端（东经 92°42′～95°30′、北纬 39°38′～41°34′），地处库姆塔格沙漠边缘，东邻瓜州县，西以星星峡为界与新疆维吾尔自治区相连，南部以三危山隆起带与阿克塞哈萨克族自治县相隔，北部边缘是戈壁和石质低山丘陵。敦煌市属典型的暖温带干旱性气候，平均海拔 1139m，年平均降水量 42.2 mm，蒸发量 2505 mm，年平均气温 9.9℃，最高气温 41.7℃，最低气温–30.5℃。

（2）文物价值

敦煌，作为我国古代特定历史时期里东方文化和异域文化的交汇点，产生了众多灿烂辉煌的敦煌古代文明和独具特色的民俗文化，其中墓葬文化也是其中研究古代文明的重要组成部分，西晋墓及汉墓则是敦煌墓葬文化中的研究经典。

敦煌西晋墓为西晋时期的墓穴，这座墓是夫妻合葬的甲字形墓，盗墓者于 1983 年发现该墓并盗取大量文物，之后该墓室则得以开掘发现。墓穴高度 17.5 m，墓道宽约 1.2 m，长度约 10 m。墓穴之中有相当数量的砖壁画且均为砖刻画，室内墓砖上面分别刻画着四大神兽，以及西王母、伏羲、飞将军李广骑射、女娲补天、神农氏等神话形象，除此之外，画砖还绘制着百姓观粮、撒粮，以及悠闲纳凉等生活场景，反映了当时人民生活生产的情景以及神话崇拜，为我们研究西晋时期当地的一系列生产生活以及民俗风情提供了重要证据。敦煌汉墓位于敦煌西晋墓西侧，为东汉晚期的双氏单葬墓，于 1997 年发掘。敦煌西晋墓和汉墓所在的佛爷庙墓群是一处汉、晋、唐三代墓葬集聚的大型墓群区，是甘肃省最大的古墓群区，墓葬时代序列清楚且连续，对甘肃汉唐考古、汉唐史研究和美术史研究及其与莫高窟的关系等问题的研究有重要价值。

魏晋南北朝时内乱迭起，外患堪忧，但也促进了各民族文化、艺术相融合。这一时期佛学东入，玄学兴盛，从这一时期的绘画中就可以看出宗教文化对社会意识具有很深的影响。由于连年交战，导致经济落后、民不聊生，这一时期的绘画作品遗存极少，但是嘉峪关魏晋墓的壁画弥补了这方面的遗憾，这些遗留下来的墓室壁画可以帮助我们了解这一时期人们的生产、生活，是宝贵的历史资料。嘉峪关魏晋墓在明代长城的西端，位于茫茫戈壁滩上，此地共发现 8 座古墓，其中 6 座中有 600 余幅壁画，基本保存完好，色彩亮丽，有很高的文化价值和艺术价值。

嘉峪关魏晋墓墓葬建筑形制独特，形式多为一砖一画、半砖一画或几块砖组成的连环画。这些砖壁画色彩鲜艳但用色单一，几乎所有壁画仅用红、白、黑三种颜色表现，内容大多取材于当时的现实生活，如反映农耕、宴居、出行、军事操练等内容，是对当时社会生活的忠实记录，是研究魏晋时期西北地区政治、经济、文化、军事、民族、民俗及气候等的宝贵资料。魏晋墓壁画的绘画风格具有十分鲜明的时代特征，这些墓室壁画的绘制与墓室建筑风格有直接的相关性。大多壁画绘制于砖砌墙上，因此画面中有砖砌的凹凸效果，砖块还有分割画面的作用。这种墓室壁画的叙事方式和艺术风格是嘉峪关及整个河西地区魏晋墓壁画的突出特征，这对于研究当时的社会现实生活以及文化现象具有重要的价值。同时嘉峪关墓室壁画也有着巨大的艺术价值，它是承前启后的，是中国水墨画的写意性先声，对研究中国绘画语言具有很大的价值（周卫华，2019；左中玥，2012）。

6.2.2　三座墓室微生物对比研究

嘉峪关魏晋墓、敦煌汉墓、敦煌西晋墓三座墓室微生物研究已进行数年，主要针对该类墓室极具特色的砖壁画，分析壁画及赋存环境中的空气微生物类群特征，以及部分产酸菌对壁画材料的腐蚀潜力，为壁画保护提出合理建议（武发思等，2013，2011；俄军等，2013；马文霞等，2018；Ma et al.，2020）。

（1）三座墓室壁画微生物形态学特征

目前，三座墓室墓内温度较高、湿度极低，砖壁画表面盐分较高，导致壁画表面大量酥碱、脱落，并且在壁画表面出现肉眼可见的黑色斑点，相关研究工作已刻不容缓，并在持续进行中（图 6-19）。

电镜观察结果（图 6-20）显示，无酥碱部位样品中有大量结晶状物质（图 6-20A～C）；酥碱样品内有较多菌丝状物质，其中在嘉峪关五号墓酥碱样品中成团出现（图 6-20D），在敦煌汉墓酥碱中发现长约 10.0 μm、宽约 0.2 μm 的单独菌丝状物质，且表面有绒状突起（图 6-20E），敦煌西晋墓酥碱样品中也有成团菌丝状物质，并有毛刺状的形态（图 6-20F）。

图 6-19　三座墓室砖壁画及其酥碱病害（武发思等，2013）

A、D. 嘉峪关五号墓完整砖壁画和酥碱病害砖壁画；B、E. 敦煌西晋墓完整砖壁画和酥碱病害砖壁画；C、F. 敦煌汉墓完整砖壁画和酥碱病害砖壁画

　　SEM-EDS 分析同时确定了有菌丝与无菌丝部位基质成分的元素组成相差较大。嘉峪关五号墓酥碱样品中菌丝状物质（图 6-20G）含量最多的元素为 C 和 O 元素，而无明显菌丝状物质部位（图 6-20H）的 C 元素含量很低，O 和 Ca 元素含量高。西晋墓酥碱样品中（图 6-20F），菌丝状物质（图 6-20I）部分所含 C 元素高，而在非菌丝状物质部位（图 6-20J）并未检测到 C 元素。这说明视野中可见的菌丝状物质确为有机生命体，即为菌丝体，这一结果证明了壁画酥碱样品内确有微生物体存在。

　　敦煌西晋墓和敦煌汉墓黑斑样品内微生物生长情况由扫描电镜分析可得，可见单个真菌菌丝（约 10.0 μm 长和 0.2 μm 宽度；图 6-21A，B）和带有分生孢子的菌丝（图 6-21C）。

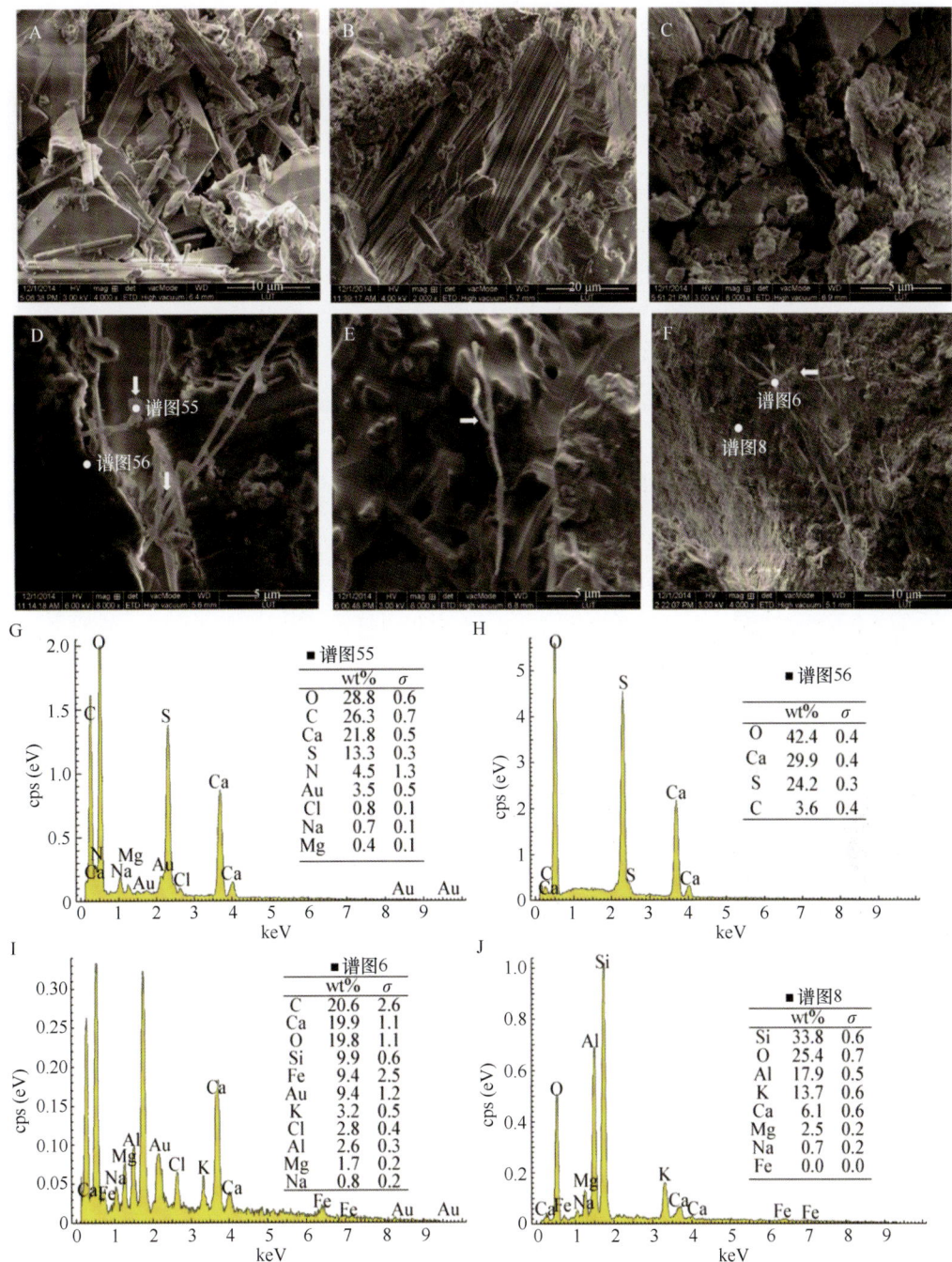

图 6-20　不同类型样品 SEM-EDS 分析图

A～C 分别为嘉峪关五号墓、敦煌汉墓及西晋墓没有酥碱病害的正常壁画样品；D～F 分别为嘉峪关五号墓、敦煌汉墓及西晋墓酥碱样品；G、H 为 D 图中所示菌丝及非菌丝部位元素组成；I、J 分别为 F 图中所示菌丝及非菌丝部位元素组成。cps(eV). 每电子伏特每秒电子计数率；keV. 每千电子伏特

这些证据表明，在这些样品中存在具有代谢活性的真菌类群。同时，存在长方体（图 6-21D）、菱形（图 6-21E）、多孔结构（图 6-21H）等各种形态的晶体结构。为了确定晶体和多孔

结构的化学性质，使用 EDS 和 XRD 相结合的方法，确认了该晶体组成为石膏（$CaSO_4 \cdot 2H_2O$；图 6-21F，G）、威德尔石（$CaC_2O_4 \cdot 2H_2O$，图 6-21F，G）、石英（SiO_2，图 6-21I，J）和/或方解石（$CaCO_3$，图 6-21F，G）。没有发现与多孔结构有关的确切证据（图 6-21F，G）。

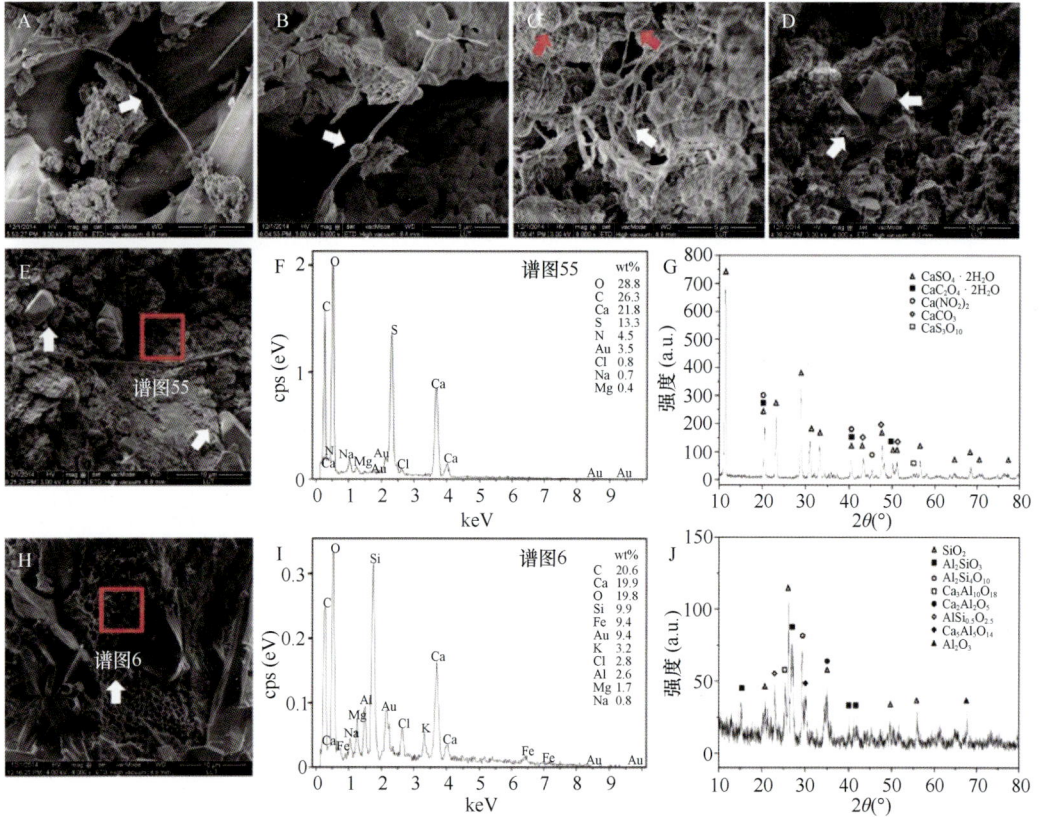

图 6-21 敦煌晋汉墓葬黑色斑点分析图

A、B、H. 敦煌西晋墓葬样本 SEM 图（箭头表示菌丝）；C～E. 敦煌汉墓标本（白色箭头为菌丝和晶体，红色箭头为分生孢子）SEM 图；F、I. 对应区域的 EDS 结果；G、J. 晶体和多孔结构的 XRD 结果

SEM 分析发现，敦煌汉墓酥碱样品中（图 6-22A）有大量长条柱状晶体结构。EDS 能谱分析显示（图 6-22B）其主要元素为 Cl（55.3%）和 Na（38.5%），结合 XRD 确定其为 NaCl 晶体（图 6-22C）。这说明酥碱样品内属于一个高盐环境，由此推测酥碱样品中分离出的真菌菌株应具有一定的耐盐性。

（2）三座墓室酥碱砖壁画及墓室空气真菌区系特征

嘉峪关五号墓、敦煌汉墓和敦煌西晋墓墓室内空气真菌浓度分别为（686.67±9.76）CFU/m³、（35.56±1.96）CFU/m³ 和（18.75±0.38）CFU/m³。嘉峪关五号墓酥碱壁画真菌浓度为（16 262.98±3552.74）CFU/g，敦煌汉墓和敦煌西晋墓酥碱壁画可培养真菌浓度分别为（1671.01±150.64）CFU/g 和（675.00±98.83）CFU/g。

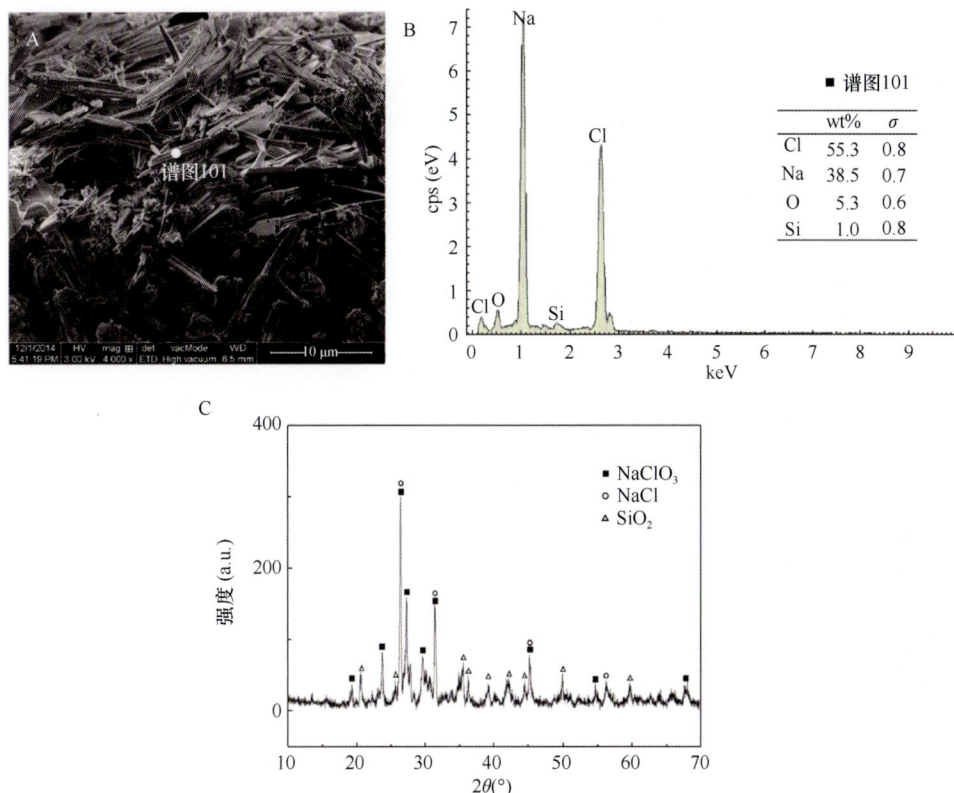

图 6-22　敦煌汉墓砖壁画酥碱样品形貌及成分分析图
A. 样品 SEM 图；B. EDS 图；C. XRD 分析图

提取砖壁画真菌菌株基因组 DNA，扩增其 ITS 区段，将扩增产物纯化后进行测序，在线完成嵌合体检测后提交至 NCBI 数据库（序列号 KY944985～KY945044），之后选择经 BLAST 比对后的代表性序列与 NCBI 数据库中相似程度最高的序列，比对分析并构建系统发育树。三座墓室分离得到的可培养真菌属于子囊菌门（Ascomycota）和担子菌门（Basidiomycota）中的 12 个属（图 6-23）。

经鉴定本次分离纯化所得的 106 株真菌菌株分属于 35 个种（图 6-24）。其中，敦煌汉墓酥碱样品中分离得到 12 种，奥桑青霉菌（*Penicillium olsonii*）相对丰度最高（42.08%）；墓室内空气样品中分离得到 7 种，其中产黄青霉（*Penicillium chrysogenum*）和极细枝孢霉（*Cladosporium tenuissimum*）丰度较高，均为 26.30%。敦煌西晋墓酥碱样品中分离得到 11 种，其中多产酵母菌（*Pseudozyma prolifica*）相对丰度高达 29.08%；墓室内空气中可培养真菌种类较少，此次采样仅分离得到 2 种。位于敦煌的两座墓室地理位置毗邻，两座墓葬外空气样品分离得到 3 种真菌，其中瓜枝孢霉（*Cladosporium cucumerinum*）相对丰度最高，为 66.67%。嘉峪关五号墓酥碱样品中分离得到 13 种真菌，其中花斑曲霉（*Aspergillus versicolor*）相对丰度为 27.21%；室内空气样品中分离得到真菌 12 种，产黄青霉占 20.39%；外环境空气中共分离到 9 种真菌，产黄青霉占 26.59%。对比敦煌汉墓、敦煌西晋墓及嘉峪关五号墓酥碱样品中真菌可知，花斑曲霉、黄灰青霉（*Penicillium aurantiogriseum*）和烟曲霉菌（*Aspergillus fumigatus*）为共有类群。

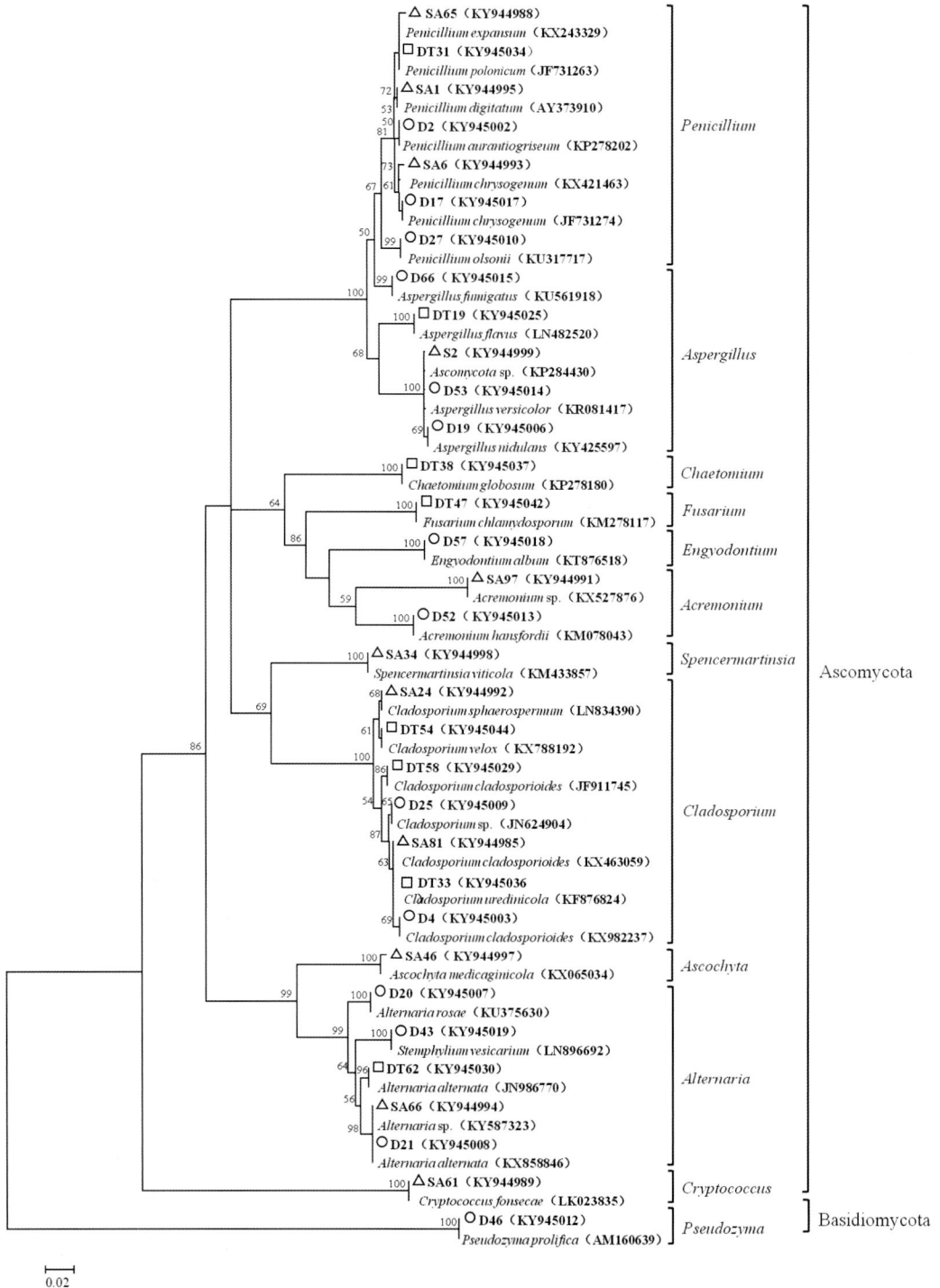

图 6-23　砖壁画内分离真菌系统发育树

△代表菌株来源于嘉峪关五号墓样品；□代表菌株来源于敦煌西晋墓样品；○代表菌株来源于敦煌汉墓样品；邻接系统发育
树是基于所获菌株的 ITS 序列及其相似的已鉴定参考序列构建。分支上的数字代表 1000 次重复后自展值；本研究所获序
列为括号内粗体显示，它们在基因库的序列号为 KY944985～KY945044

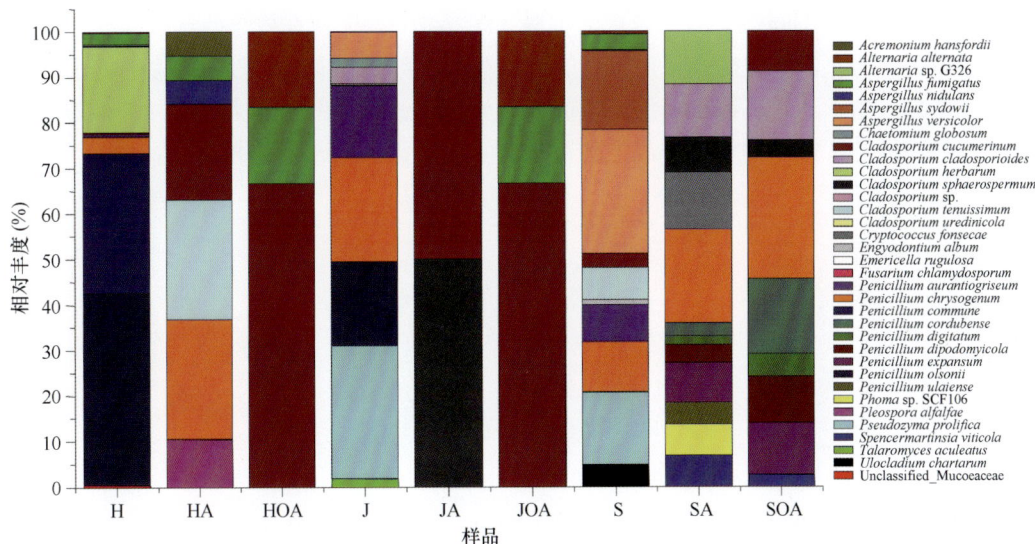

图 6-24 三座墓室内酥碱病害及内外环境空气中真菌群落组成百分比

H、HA、HOA 分别代表敦煌汉墓酥碱壁画样品、墓室内及外环境空气样品；J、JA、JOA 分别代表敦煌西晋墓酥碱壁画样品和墓室内、墓室外空气样品；S、SA、SOA 分别代表嘉峪关五号墓酥碱壁画和墓室内、墓室外空气样品

随后，对比同一墓室不同层面的可培养真菌类群，敦煌西晋墓中（图 6-25A）空气样品与砖壁画表面样品中有一种相同的真菌，而砖壁画表面与砖壁画墙体有两种相同的真菌。嘉峪关五号墓（图 6-25C）空气样品中可培养真菌有一种与砖壁画表面样品培养出的真菌相同，砖壁画表面又与砖壁画墙体有一种相同的真菌。敦煌汉墓（图 6-25B）空气中真菌类群与砖壁画表面真菌类群有交集，而砖壁画墙体中可培养真菌与空气和砖壁画表面并无交集。我们推测壁画墙体一些含有碳源的物质，如颜料中有机成分和制造或修复壁画使用的黏合剂中的有机材料都会为微生物提供良好的生存环境。某些种类的微生物依赖于这种有机材料更加丰富的环境，故在壁画墙体处生长的微生物多样性更加丰富，且在壁画表面和空气中均未发现同样的真菌类群。

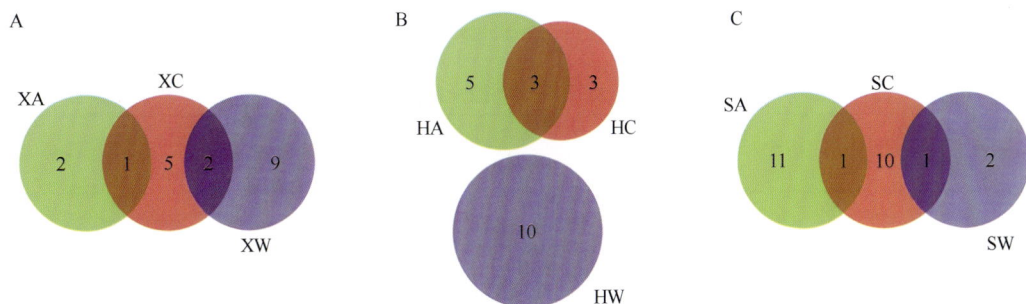

图 6-25 A. 敦煌西晋墓空气样品（XA）、砖壁画表面样品（XC）以及砖壁画墙体样品（XW）中可培养真菌类群对比分析；B. 敦煌汉墓空气样品（HA）、砖壁画表面样品（HC）以及砖壁画墙体样品（HW）中可培养真菌类群对比分析；C. 嘉峪关五号墓空气样品（SA）、砖壁画表面样品（SC）以及砖壁画墙体样品（SW）中可培养真菌类群对比分析

对比同一墓葬不同病害可培养真菌类群（图 6-26），无论在敦煌西晋墓、敦煌汉墓还是嘉峪关五号墓，不同病害处可培养的真菌类群之间均具有关联性。这说明处于相同的大环境内，由于适于真菌生长的环境因素（如温度、湿度、空气流通性、游客访问量等）都是相同的，故不同类型样品上的可培养真菌类群具有一定的相似性。

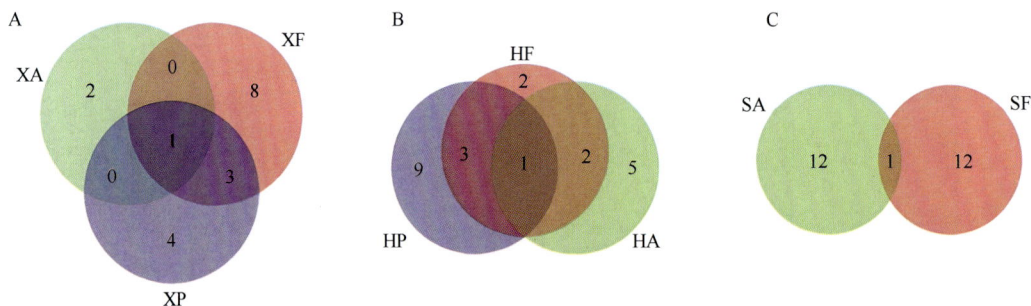

图 6-26　A. 敦煌西晋墓空气样品（XA）、酥碱样品（XF）以及黑色斑点样品（XP）中可培养真菌类群对比分析；B. 敦煌汉墓空气样品（HA）、酥碱样品（HF）以及黑色斑点样品（HP）中可培养真菌类群对比分析；C. 嘉峪关五号墓空气样品（SA）和酥碱样品（SF）中可培养真菌类群对比分析

（3）三座墓室优势真菌壁画腐蚀潜势研究

选择相对丰度高于 5% 的 15 株真菌在不同浓度 NaCl 下培养，大多数在 NaCl 浓度为 5%、10% 条件下生长状况良好（表 6-6）。随着 NaCl 浓度升高，菌株的生长增殖受到影响，但多数菌株在 15% 的浓度下仍可生长，而 Acremonium hansfordii 在此浓度下不再生长，说明其耐盐性较差。在 NaCl 浓度为 20% 的情况下，仍有一半以上的菌株可生长，但是真菌生物量有明显下降，说明生长趋势相比低浓度时降低。当 NaCl 浓度为 25% 时，分离自敦煌西晋墓酥碱样品中的构巢曲霉（Aspergillus nidulans）、产黄青霉、变色曲霉（A. versicolor），分离自敦煌汉墓样品中的团青霉（Penicillium commune）、蜡叶芽枝孢霉（Cladosporium herbarum），以及分离自嘉峪关五号墓的互隔交链孢霉（Alternaria alternata）仍有继续生长的能力，说明这些菌株均具有较强的耐盐性。当 NaCl 浓度上升至 30% 时，仅有产黄青霉可生长，该浓度的 NaCl 溶液已基本达到饱和状态（30℃时 NaCl 的饱和浓度为 36%），说明分离自酥碱壁画中的产黄青霉菌株有极强的耐盐性。

表 6-6　可培养真菌在不同盐环境下的生长趋势

菌株	NaCl 浓度（%）							
	0	5	10	15	20	25	30	35
Acremonium hansfordii	***	*	*	—	—	—	—	—
Alternaria alternata	*****	****	***	**	**	*	—	—
Aspergillus fumigatus	****	***	**	*	—	—	—	—
A. nidulans	****	****	****	***	**	*	—	—
A. sydowii	***	**	**	*	—	—	—	—
A. versicolor	****	***	**	***	**	*	—	—
Cladosporium cucumerinum	****	****	****	**	*	—	—	—
C. herbarum	*****	****	***	**	*	*	—	—
C. sphaerospermum	****	****	***	**	*	—	—	—

续表

菌株	NaCl 浓度（%）							
	0	5	10	15	20	25	30	35
C. tenuissimum	****	***	**	**	*	—	—	—
Engyodontium album	****	**	**	*	—	—	—	—
Fusarium chlamydosporum	****	****	***	***	*	—	—	—
Penicillium aurantiogriseum	****	***	***	**	*	—	—	—
P. chrysogenum	*****	*****	****	***	**	*	*	—
P. commune	****	****	***	***	**	*	—	—

注：表中给出了可培养真菌的干重范围（m 表示干重）：–表示无明显的菌体（$m<50$ mg）；*表示 50 mg$\leqslant m<100$ mg；**表示 100 mg$\leqslant m<200$ mg；***表示 200 mg$\leqslant m<300$ mg；****表示 300 mg$\leqslant m<400$ mg；*****表示 $m\geqslant400$ mg

　　随后，用所有从砖壁画表面和墙体样品中分离得到的可培养真菌菌株，做碳酸钙水解的模拟实验。通过肉眼观察，其中共计有 11 株菌在碳酸钙（20% CaCO₃）水解的模拟实验中，菌落生长过程中周边出现不同程度的透明水解圈。培养不同菌株的碳酸钙水解圈也有一定差异，这 11 株菌的菌种名称、来源及水解圈颜色和半径如表 6-7 所示。

表 6-7　菌株产酸能力分析

菌株编号	菌种	来源	水解圈颜色	水解圈半径（cm）
D17	*Penicillium chrysogenum*	敦煌西晋砖壁画酥碱	黄色	0.78±0.076
D2	*Penicillium aurantiogriseum*	省博物馆嘉峪关五号墓壁画酥碱	浅褐色	1.45±0.123
DT31	*Penicillium polonicum*	敦煌汉墓砖壁画黑色斑点	无色	0.82±0.239
D70	*Cladosporium sphaerospermum*	省博物馆嘉峪关五号墓壁画酥碱	黄色	0.77±0.032
DT44	*Penicillium commune*	敦煌汉墓砖壁画黑色斑点	无色	1.26±0.072
DT59	*Actinomucor elegans*	省博物馆嘉峪关五号墓壁画酥碱	黄色	0.95±0.107
D19	*Aspergillus nidulans*	敦煌西晋砖壁画酥碱	无色	0.36±0.033
DT1	*Aspergillus versicolor*	敦煌西晋砖壁画酥碱	乳白色	0.27±0.084
D25	*Cladosporium tenuissimum*	敦煌汉墓砖壁画黑色斑点	黄色	0.25±0.044
DT50	*Cladosporium cladosporioides*	敦煌西晋砖壁画墓黑色斑点	乳白色	0.16±0.077
DT62	*Alternaria alternata*	敦煌汉墓砖壁画酥碱	无色	0.23±0.038

　　在这 11 株菌中水解圈最明显的有 6 株，这 6 株菌在乳白色碳酸钙培养基上生长导致了乳白色的培养基颜色水解接近无色透明。这 6 株菌分别为 D17（产黄青霉 *P. chrysogenum*）、D2（黄灰青霉 *P. aurantiogriseum*），DT31（青霉 *P. polonicum*）、DT44（团青霉 *P. commune*）、D70（球孢枝孢 *C. sphaerospermum*）以及 DT59（雅致放射毛霉 *A. elegans*），它们分别接种在含有碳酸钙的 PDA 培养基 14 d 后形成的水解圈如图 6-27 所示。这些水解圈的出现间接说明真菌菌株可能通过产酸导致碳酸钙水解，也可能正是因为如此，由于菌株生长过程中分泌物（有机酸）的产生，砖壁画样品中的碳酸钙成分会受到一定程度的损伤（图 6-27）。

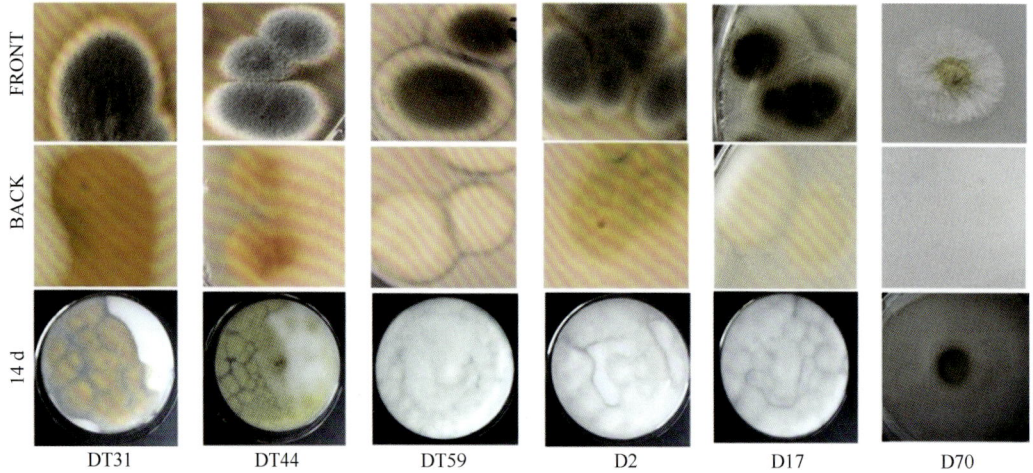

图 6-27 碳酸钙模拟实验的水解现象

FRONT. 培养皿正面；BACK. 培养皿背面

在实验甲酯化的过程中，只有含羧基的有机酸类物质可以被甲酯化，故甲酯化后的干重即是样品中有机酸的重量，如表 6-8 所示。经过分析，这 6 株菌普遍有较强的产酸能力，其中产酸量最大的是 DT44（团青霉 *P. commune*），产酸比例高达 44.77%。

表 6-8　菌株产酸比例

样品编号	菌株名称	样品干重（g）	产酸干重（mg）	产酸比例（%）
D17	*Penicillium chrysogenum*	0.2170	70.6	32.53
D2	*Penicillium aurantiogriseum*	0.1758	74.7	42.49
DT31	*Penicillium polonicum*	0.2106	34.6	16.43
DT44	*Penicillium commune*	0.1912	85.6	44.77
D70	*Cladosporium sphaerospermum*	0.2030	41.7	20.54
DT59	*Actinomucor elegans*	0.2368	63.7	26.90

GC/MS 结果表明，6 株菌中丰度最高的均是二羟基丁二酸，其峰值出现在 8.1 min 左右。D17（产黄青霉 *P. chrysogenum*）除了二羟基丁二酸含量高达 77.058% 以外，十六烷酸（含量百分比 6.327%）和 2,10-二甲基十八烷酸（含量百分比 5.670%）均有较高含量。D2（黄灰青霉 *P. aurantiogriseum*）所产的有机酸中二羟基丁二酸含量最高（87.965%），其余酸含量均在 5% 以下，说明该菌产酸种类主要以丁二酸为主。DT31（青霉 *P. polonicum*）所产酸中二羟基丁二酸含量为 58.866%，其他酸中十六烷酸（含量百分比 17.319%）和十八烷酸（含量百分比 12.162%）均有较高含量。DT44（团青霉 *P. commune*）产酸中丁二酸含量为 54.177%，另有 4-氧代戊酸含量也较高，为 25.393%。D70（球孢枝孢 *C. sphaerospermum*）含量最高的酸为二羟基丁二酸，为 80.270%，其他酸还有 4-氧代戊酸（含量百分比 6.807%）和 4-羟基-3-戊烯酸内酯（含量百分比 6.398%）。相比于其他菌种，从 DT59（雅致放射毛霉 *A. elegans*）总离子流图中可以看出其酸种类最多，除了有明显优势的二羟基丁二酸（含量百分比 74.774%），含量较高的是柠檬酸（含量百分比 10.669%），此外其他种类的酸含量都在 3% 以下。

6.2.3　嘉峪关魏晋墓微生物研究

除对上述的嘉峪关魏晋五号墓进行微生物学调查外，研究人员还对嘉峪关魏晋六、七号墓砖壁画表面微生物和墓室内外空气微生物进行了系统调查。

1. 嘉峪关魏晋六、七号墓砖壁画微生物研究

通过构建克隆文库，嘉峪关魏晋六、七号墓腐蚀砖壁画上分别得到细菌 16S rRNA 序列 178、182 条；利用 MEGA 4.0 对所得序列进行系统发生关系推演，筛选出典型序列。六号墓腐蚀砖壁画样品中共得到典型细菌序列 10 类，七号墓腐蚀砖壁画样品中共得到典型细菌序列 21 类。在 NCBI 数据库中分别进行比对，所得信息如表 6-9 所示。

表 6-9　嘉峪关魏晋六、七号墓砖壁画上 16S rRNA 典型序列及其在 NCBI 数据库中比对信息

序列编号	克隆数	百分比	相似种属	序列号	覆盖度	最大相似度	序列来源
B6-1	115	64.61%	不可培养细菌	AB257641	99%	98%	石内生微生物
			假诺卡氏菌属	HQ674850	100%	96%	风化长石矿
B6-2	5	2.81%	放线菌	GU574002	99%	98%	霉菌污染建筑材料
			假诺卡氏菌属	HQ674852	100%	96%	风化长石矿
B6-3	3	1.69%	假诺卡氏菌属	GU318372	92%	98%	蚂蚁共生菌
			假诺卡氏菌属	HQ674852	100%	96%	风化长石矿
B6-4	16	8.99%	酸菌属	NR_025231	96%	99%	人体致病菌
			酸菌属	HQ674857	100%	94%	风化长石矿
B6-5	6	3.37%	不可培养细菌	HM830297	90%	99%	人体病原菌
			不可培养细菌	HQ538689	99%	94%	碱性岩石
B6-6	4	2.25%	芽孢杆菌属	FJ937916	99%	95%	海水
			芽孢杆菌属	FJ613618	100%	95%	深海沉积岩
B6-7	8	4.49%	不可培养细菌	JF428923	100%	94%	钾矿
			固氮螺菌属	HQ717395	100%	91%	祁连冰川空气
B6-8	6	3.37%	不可培养细菌	FJ152869	97%	99%	高盐碱土
			不可培养细菌	JF429062	100%	98%	钾矿
B6-9	6	3.37%	不动杆菌属	GU566361	96%	99%	饮用水
			不动杆菌属	HM030746	99%	97%	油箱
B6-10	9	5.06%	不可培养细菌	JF417865	99%	94%	煤层
			鞘脂杆菌属	HQ674872	100%	92%	风化矿石
B7-1	26	14.29%	假诺卡氏菌属	GU318372	92%	98%	蚂蚁共生菌
			假诺卡氏菌属	HQ674852	100%	96%	风化长石矿
B7-2	3	1.65%	不可培养细菌	GU574002	99%	98%	霉菌污染建筑材料
			假诺卡氏菌属	HQ674853	99%	96%	风化长石矿
B7-3	7	3.85%	假诺卡氏菌属	EU274329	92%	98%	湖底沉积物
			假诺卡氏菌属	EU722524	99%	98%	基因组 DNA
B7-4	5	2.75%	假诺卡氏菌属	FR749916	99%	96%	基因组 DNA
			假诺卡氏菌属	NR029008	99%	94%	基因组 DNA

序列编号	克隆数	百分比	相似种属	序列号	覆盖度	最大相似度	序列来源
B7-5	5	2.75%	链孢菌属	NR028758	99%	95%	洞穴金矿石
			小单孢菌属	HQ132468	100%	93%	重金属污染沉积岩
B7-6	9	4.95%	不可培养菌	GU594676	96%	98%	霉菌污染建筑材料
			糖单孢菌属	DQ367416	100%	93%	高盐土壤
B7-7	3	1.65%	不可培养细菌	GU594676	96%	95%	霉菌污染建筑材料
			糖单孢菌属	FJ968730	99%	93%	沙漠高盐土
B7-8	12	6.59%	不可培养细菌	AB257641	99%	98%	白云灰岩
			假诺卡氏菌属	HQ674850	100%	96%	风化长石矿
B7-9	8	4.40%	游鱼孢菌属	NR_024727	98%	95%	基因组 DNA
			不可培养细菌	JF429110	100%	92%	富钾矿石
B7-10	14	7.69%	酸菌属	AM913972	94%	99%	海水
			糖单孢菌属	DQ367416	100%	93%	高盐土壤
B7-11	9	4.95%	不可培养细菌	GU574008	99%	99%	建筑材料
			酸菌属	HQ674857	100%	95%	风化长石矿
B7-12	5	2.75%	克里贝拉属	EU080973	99%	99%	马铃薯内生菌
			克里贝拉属	HQ674858	100%	8%	分化长石矿
B7-13	16	8.79%	克里贝拉属	AY082062	98%	98%	土壤
			克里贝拉属	JF703618	99%	92%	富铅植物与铅-锌矿
B7-14	12	6.59%	不可培养细菌	HQ910322	99%	99%	沙漠土壤
			不可培养细菌	HQ538689	99%	94%	碱性岩石
B7-15	6	3.30%	红色杆菌亚纲	FM209078	92%	99%	脂肪烃污染土壤
			不可培养细菌	EU223949	99%	93%	高原土壤
B7-16	11	6.04%	芽孢杆菌属	NR_024690	98%	96%	基因组 DNA
			芽孢杆菌属	FJ613618	100%	95%	深海沉积岩
B7-17	7	3.85%	不可培养细菌	JF428923	100%	94%	富钾矿石
			固氮螺菌属	HQ717395	100%	91%	祁连冰川空气
B7-18	5	2.75%	不可培养细菌	FM872971	98%	98%	地板灰尘
			不可培养细菌	JF429062	100%	97%	富钾矿石
B7-19	9	4.95%	不可培养细菌	AJ252685	65%	98%	根际土
			不可培养细菌	HQ864225	100%	92%	疏勒河永久冻土
B7-20	7	3.85%	酸杆菌属	GQ302566	98%	99%	冷泉沉积岩
			不可培养细菌	HQ190566	100%	93%	油田土
B7-21	3	1.65%	不可培养细菌	EU035791	69%	98%	农田土
			不可培养细菌	GU437584	99%	82%	沉积岩

注：B6、B7 分别表示六号墓和七号墓砖壁画上 16S rRNA 克隆文库所得细菌的代表性序列；克隆数为所得序列的克隆数量；百分比为该代表序列在构建克隆文库中所占百分比。序列号为在 NCBI 数据库内比对得到序列号；覆盖度为所得序列与数据库序列的重合度；最大相似度为所得序列与数据库序列的相似程度；序列来源表示参考序列的分离来源

通过对砖壁画样品克隆文库中典型序列进行 NCBI 比对，六号墓内所获得细菌序列隶属于假诺卡氏菌属、酸菌属、鞘脂杆菌属、固氮螺菌属、不动杆菌属、芽孢杆菌属和未鉴定不可培养细菌。其中假诺卡氏菌属和酸菌属是优势属，克隆数分别占总克隆数的74%和10%（图 6-28）。

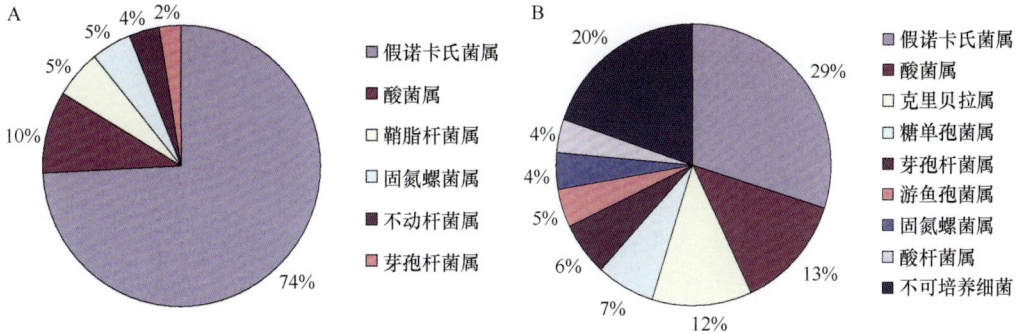

图 6-28　魏晋六号墓（A）与七号墓（B）腐蚀砖壁画细菌优势属所占百分比

七号墓内所获得细菌序列隶属于假诺卡氏菌属、酸菌属、克里贝拉属、糖单孢菌属、芽孢杆菌属、游鱼孢菌属、固氮螺菌属、酸杆菌属和未鉴定不可培养细菌。其中假诺卡氏菌和酸菌属为优势属，克隆数分别占总克隆数的 29% 和 13%。

2. 嘉峪关魏晋五号墓空气微生物区系特征

（1）墓室内外可培养微生物数量分析

通过计算和统计分析，可以确定采样时五号墓墓室内外空气可培养细菌浓度分别为 (1091 ± 99) CFU/m³、(868 ± 14) CFU/m³。墓室内空气细菌孢子浓度高于外部环境大气中。但配对 T 检验分析后发现，二者间差异并不显著（$P>0.05$）。

魏晋五号墓墓室内外环境空气中可培养空气真菌浓度分别为 (675 ± 39) CFU/m³、(448 ± 27) CFU/m³ 空气。墓室内空气中真菌孢子浓度明显高于外部大气环境中浓度。配对 T 检验分析显示，二者间差异极显著（$P<0.01$）。

（2）墓室内外可培养微生物粒径分布

墓室内外环境空气中可培养细菌在各级采样器上所占的比例存在较大差异（图 6-29）。采样器第六级（孔径 0.65～1.1 μm）所占浓度百分比很低（<5%），表明该采样器可以实现对空气中细菌微粒的最大限度捕获。墓室空气中的细菌微粒主要分布在第三级（3.5～4.7 μm）、四级（2.0～3.5 μm）和五级（1.0～2.0 μm），相当于总检测浓度的 74.8%；其中第四级捕获到的微粒最高，达到总浓度的 35.9%，与其他各级间存在极显著差异（$P<0.01$）；而在墓室外，细菌微粒主要分布在第一级（>7 μm）、三级和四级，相当于总检测浓度的 80.4%，其中第一级占到了总检测浓度的 35.7%；并且，墓室内四级与墓室外一级间存在显著差异（$P<0.05$）。

墓室内外可培养真菌在采样器各级上所占的比例不同（图 6-30）。墓室空气中的真菌微粒主要分布在第三级、四级和五级，相当于总检测浓度的 83.2%；其中第四级捕获的微粒最多，达到总浓度的 50.6%，与其他各级间存在极显著的差异（$P<0.01$）。而墓室外环境空气中的真菌微粒主要分布在第二级（4.7～7 μm）、三级和四级，相当于总检测浓度的 76.2%，其中最高值出现在第四级，占到了总检测浓度的 35.1%，与其他各级间差异显著（$P<0.05$）。

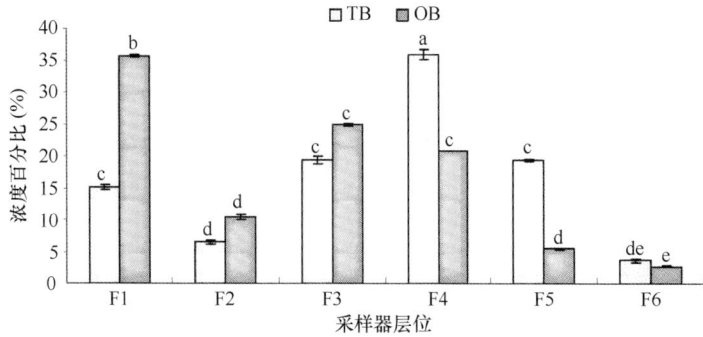

图 6-29　魏晋五号墓墓室内外空气中可培养细菌在各级采样器（F1～F6）所占百分比

TB、OB 分别表示墓室内细菌（tomb bacteria）、墓室外细菌（outside bacteria），柱形图上不同字母表示差异显著（ANOVA，$P<0.05$）

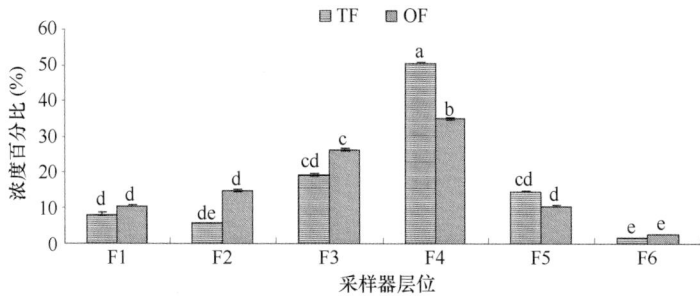

图 6-30　魏晋五号墓墓室内外空气中可培养真菌在各级采样器（F1～F6）所占百分比

TF. 墓室内真菌（tomb fungi）；OF. 墓室外真菌（outside fungi）。柱形图上不同字母表示差异显著（ANOVA，$P<0.05$）

（3）可培养微生物系统发生分析

墓室内外空气中共分离纯化得到细菌菌株 20 个，分子鉴定显示，其隶属于 3 门 9 属；其中放线菌门（Actinobacteria）菌株数量最多，厚壁菌门（Firmicutes）次之，变形菌门（Proteobacteria）最少（图 6-31）。BM-G6 为墓室内空气中特有菌株，其隶属于动性球菌属（*Planococcus*）。棒形杆菌属（*Clavibacter*）、短小杆菌属（*Curtobacterium*）、壤球菌属（*Agrococcus*）、节杆菌属（*Arthrobacter*）、链霉菌属（*Streptomyces*）、肉食杆菌属（*Carnobacterium*）、动性杆菌属（*Planomicrobium*）、假单胞菌属（*Pseudomonas*）在墓室内外均同时出现，表明两个采样点间细菌群落组成相似（图 6-31）。

墓室内外空气中共分离纯化得到真菌菌株 20 个，分子鉴定显示，其隶属于 2 门 9 属。其中子囊菌门（Ascomycota）菌株数量最多（15 株），担子菌门（Basidiomycota）次之。墓室内外空气中真菌群落组成具有较大差异。FM-G1、FM-E1、FM-H4 为墓室空气中特有菌株，其主要隶属于链格孢属（*Alternaria*）和青霉属（*Penicillium*）。FA-8H、FA-L5、FA-8J 为墓室外空气中特有菌株，其主要属于锁掷酵母属（*Sporidiobolus*）、茎点霉属（*Phoma*）和匍柄霉属（*Stemphylium*）。*Davidiella*、枝孢霉属（*Cladosporium*）和隐球菌属（*Cryptococcus*）为共有属，其中枝孢霉属为共有优势属（图 6-32）。

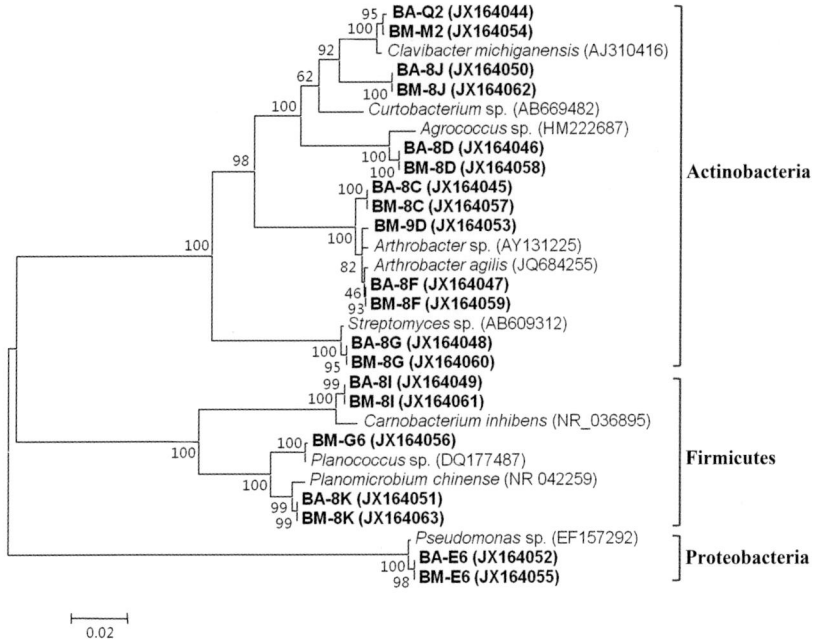

图 6-31　基于菌株 16S rRNA 与参考序列的系统发生分析

本研究中所得序列在 GenBank 数据库中编号为 JX164044～JX164063。BA、BM 分别表示墓室外与墓室内空气中细菌菌株编号

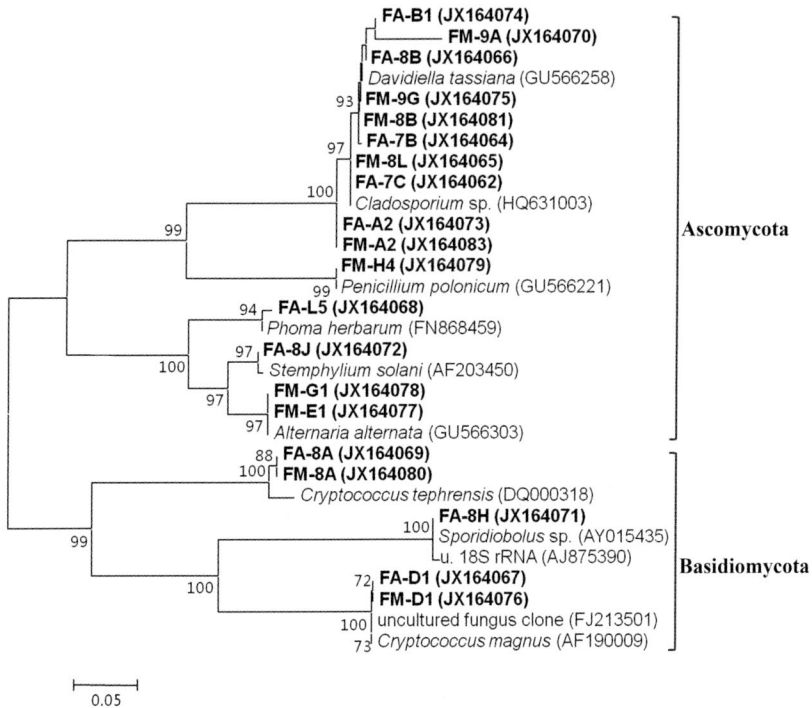

图 6-32　基于菌株 ITS rRNA 与参考序列的系统发生分析

本研究中所得序列在 GenBank 数据库中编号为 JX164064～JX164083。FA、FM 分别表示墓室外与墓室内空气中真菌菌株编号

6.2.4 小结与讨论

1）近年来，微生物对墓室壁画的侵蚀问题一直受到文物保护工作者的高度关注，对于初步判断微生物病害的形态特征通常使用显微观察技术。本研究通过扫描电镜分析发现，酥碱病害样品中有大量菌丝体，无明显病害壁画样品中未发现明显菌丝体结构，这说明墓室砖壁画受到了微生物的侵蚀和破坏，酥碱的形成可能也有真菌参与。扫描电镜结合 EDS 分析表明，菌丝体处 C 元素含量明显高于无菌丝处，说明菌丝体确为有机物，这为酥碱砖壁画真菌的分子鉴定提供了佐证。

2）通过对样品的晶体成分分析发现，壁画中有大量的氯化钠晶体，说明酥碱中的真菌处于高盐环境中，这就使得对于该类环境中真菌菌株的耐盐性进行分析十分必要。长期以来，对于文化遗产病害真菌菌株分离通常使用不同培养基联合培养的方法（Jurado et al.，2012），本研究选用 4 种偏好性不同的培养基以得到较为丰富的真菌类群。基于传统培养手段，青霉属和曲霉属真菌在壁画上广泛存在（Feng et al.，1998）。通过培养鉴定，青霉属、曲霉属、枝孢霉属在 3 个不同地理位点的砖壁画墓室的空气中、砖壁画酥碱样品中均有发现且丰度较高，是较为明显的优势菌属；镰刀菌属（*Fusarium*）、毛壳菌属（*Chaetomium*）和枝孢霉属（*Cladosporium*）等也有出现。在关于日本高松冢古坟与龟虎古坟壁画病害真菌研究中，青霉属是引起古坟壁画污染的主要病害菌（An et al.，2009）。对比敦煌汉墓、敦煌西晋墓及嘉峪关五号墓酥碱样品中真菌类群，我们推测在地下环境中，相似砖壁画病害由共同的核心真菌参与作用。酥碱病害的发生和加重可能与这些共有的真菌（花斑曲霉、黄灰曲霉以及烟曲霉菌）有一定关系。

3）真菌的基本特质之一是营养繁殖，靠孢子进行生殖。对真菌而言，相对湿度、温度和风况等都会对孢子释放产生影响（Simeray et al.，1993）。根据样地温度、相对湿度监测数据［敦煌西晋墓采样月平均温度（10.79±1.27）℃、平均相对湿度（42.03±1.13）%，敦煌汉墓采样月平均温度（10.08±1.64）℃、平均相对湿度为（47.97±2.15）%，嘉峪关五号墓采样月平均温度（17.32±1.33）℃、平均相对湿度为（72.84±1.49）%］分析，敦煌西晋墓和敦煌汉墓温湿度相近，而位于兰州市的嘉峪关五号墓温湿度均明显高于位于敦煌市的两座墓室。已有研究指出，嘉峪关五号墓前室西壁存在地下渗水现象，墓室内相对湿度大于 70% 的时间占全年的一半以上，高湿度环境为病害真菌体活动提供了必要的条件（Wu et al.，2012）。综合三座墓室内可培养真菌浓度来看，嘉峪关五号墓墓室内空气样品与酥碱砖壁画样品真菌浓度和多样性均显著高于敦煌西晋墓及敦煌汉墓，并且真菌类群分布均匀；这可能是由于嘉峪关五号墓搬迁后所在的甘肃省博物馆位于兰州市内，城市空气污染相对严重，墓室所处的环境湿度较高，而这种高湿度的保存环境更有利于真菌的增殖和累积（Liu et al.，2009）。三座墓葬的环境空气中与墓室砖壁画酥碱中均分别存在相同的可培养真菌类群，这与墓葬内外空气交换、空气微生物沉降在壁画表面并滋生相关（Montacutelli et al.，2000）。空气真菌受外环境的影响较大，通过对空气真菌的监测可确定气溶胶中的污染源，对于墓葬壁画保护有重要的作用（Jones and Harrison，2004）。

4）在砖壁画内水分运移过程中有充足的水分，渗水过程中携带支撑体或土体内有机质，可为真菌生长提供营养源（Lepinay et al., 2017）。三座墓室内的酥碱病害处均发现花斑曲霉、黄灰青霉和烟曲霉，它们可能与砖壁画酥碱病害的发生和加剧间有一定关联。曲霉与青霉都是气生菌丝，菌丝体极易伸进壁画内部，促进壁画结构性损伤。另外，黄灰青霉可分泌纤维溶解酶，这种酶会降解壁画地仗层内的纤维类成分，降低其强度，加剧酥碱病害。

石质文物分析发现，酥碱由于其特殊的构造特点，经常作为耐盐菌良好的生长场所（Ettenauer et al., 2010），而文物表面的生物化学腐蚀通常是由微生物在文物基质中的代谢活动所直接造成的（Gorbushina, 2007）。古遗址建筑在富盐环境中，会筛选出具有耐盐嗜盐能力的菌株，这些菌株在其生长过程中常产生蔷薇色、紫色甚至黑色的色素（Ettenauer et al., 2014），必然会对壁画的美学价值造成危害。由于壁画酥碱不断发生，壁画内真菌群落为了适应高盐环境也可能随之发生变化。本研究发现，部分酥碱样品中存在 NaCl 结晶，多数丰度较高的菌株在高盐浓度培养基中也能较好生长。研究表明，大多数曲霉属和青霉属真菌有较强的耐盐性（Frisvad, 2005），它们在本次分离菌株中占绝对优势并具有较强的耐盐性，曲霉属中丰度最高的花斑曲霉在盐浓度25%时还可生长，青霉属中丰度最高的产黄青霉甚至在盐浓度为30%时仍可生长。酥碱中高盐环境对适应其微生境的真菌可能会具有一定的选择作用，这些耐盐的青霉属和曲霉属菌株随着生长将逐渐产生色素、有机酸等代谢产物，进而对壁画产生不可逆转的退化作用。针对本研究中三座墓室内酥碱砖壁画样品中真菌类群及其特性的研究，在今后壁画墓保护方面的建议如下：①在酥碱壁画保护修复过程中，有针对性地选择适宜杀灭剂对共有、高丰度、耐盐性强的真菌进行杀灭；②长期监测墓室内外环境特征；③对嘉峪关五号墓进行防水、排湿干燥和定期通风处理，以降低真菌侵蚀的风险。

6.3　高句丽王城、王陵及贵族墓葬微生物

6.3.1　环境背景与文物价值

（1）环境特征

集安市位于吉林省东南部，有汉、朝鲜、满、回等25个民族，是世界文化遗产地、中国历史文化名城、国家级生态示范区、中国优秀旅游城市、国家园林城市和中国十大边疆重镇之一。集安市整体属北温带大陆性气候，四季分明，春风早度，秋霜晚至。境内老岭山脉自东北向西南横贯全市，形成一道天然屏障，抵御北来寒风，使温暖湿润的海洋气流沿鸭绿江溯源而来，造就了集安市岭南、岭北两个小气候区（岭南属半大陆海洋性季风气候，岭北属北温带大陆性季风气候），气候条件在全省有"四最"，即平均降雨量最多（年降雨量 800～1000 mm）、积温最高（年积温 3650℃）、无霜期最长（150 d 左右）、风速最低（年平均风速为 1.6 m/s）。

（2）文物价值

高句丽（公元前 37 年～公元 668 年），是西汉到隋唐时期中国东北地区出现的具有

重要影响的边疆政权。公元前 37 年,夫余人朱蒙在玄菟郡高句丽县辖区内建立政权,鼎盛时期其势力范围包括吉林东南部、辽河以东和朝鲜半岛北部。直至公元 668 年,高句丽被唐王朝联合朝鲜半岛东南部的新罗所灭。至此,高句丽在历史上持续存在了 705 年之久。

高句丽王城、王陵及贵族墓葬文化遗址位于中国吉林省集安市,墓葬群包括国内城、丸都山城、王陵(14 座)及贵族墓葬(26 座)。该遗址于 2004 年被世界遗产委员会正式列入《世界遗产名录》,高句丽王城、王陵及贵族墓葬共计 42 项遗产以组合的形式共同申遗成功。高句丽时代墓葬群分布在高句丽王城外,墓室壁画虽然距今已有千余年,但仍然色彩鲜艳,反映了高句丽时代的历史进程,也是高句丽留给人类弥足珍贵的文化和艺术瑰宝,是高句丽建筑技艺、艺术成就的一个缩影(王萌萌,2017)。

从高句丽文化遗产中的墓葬、壁画、文字资料中,可以汲取很多关于高句丽的有价值的文化信息与价值,了解高句丽王朝的文化发展程度、文明成就、社会习俗等文化信息与价值,如婚丧嫁娶习俗、祭祀习俗、尚武思想等社会生活文化,这些信息对于完善我国古代民族历史文化资料有举足轻重的意义。

其中,高句丽遗址壁画被誉为"东北亚艺术宝库",是中国古代东北少数民族文化的灿烂瑰宝。古墓中的壁画以形象、生动的形式向我们展现了一千多年前高句丽人的社会生活,题材主要为以下三类:一是社会生活题材,以家居、宴饮、出游、狩猎为主;二是神灵崇拜题材,以四神为描绘对象;三是装饰图案题材,以具有美好寓意的纹饰为主。此外,从壁画中还可以看到高句丽的婚姻习俗,祭祀国祖神、隧穴神,饮酒歌舞庆祝习俗,好战尚武风俗等,为史学家们研究当时的社会生活提供了大量的一手资料,也可以从中吸取有益于今天艺术形式发展的营养(隋瑞轩和孙国军,2015;付韫阁和李伟麒,2020)。

6.3.2 墓室壁画微生物多样性和群落组成

经分离、培养、纯化 30 个空气样品及 24 个壁画样品中的微生物,共鉴定出 36 属 50 种的细菌 88 株,21 属 28 种的真菌 69 株,部分微生物显微形态见图 6-33。其中,三室墓,细菌 9 属、13 种,真菌 7 属、8 种;五盔坟 4 号墓,细菌 16 属、17 种,真菌 7 属、9 种;五盔坟 5 号墓,细菌 28 属、36 种,真菌 18 属(3 个未知属)、24 种。

基于五盔坟 4 号墓样品和五盔坟 5 号墓样品建立了真核生物克隆文库,五盔坟 4 号墓确定真菌 3 属;五盔坟 5 号墓确定真菌 4 属,原生动物 1 种(表 6-10)。基于五盔坟 4 号墓样品、五盔坟 5 号墓样品建立了原核生物克隆文库,一共挑取 203 个克隆,五盔坟 4 号墓白斑样品(JYM2104-45)确定到属的细菌 5 种,非白斑样品确定到属的细菌 16 种;五盔坟 5 号墓白斑样品确定到属的细菌 9 种。

两个墓室能确定属的序列中,五盔坟 4 号墓球囊菌最多(19%);五盔坟 5 号墓爪哇拟青霉最多(23%)。但不论将每个墓室的样品单独分析,还是将两个墓室的样品综合分析,优势种群各不相同;并且一份样品的优势种群在其他样品中含量极少,甚至不见踪影。因此,这些样品中的优势真菌比例不能推及整个墓室。综上,导致两个墓室壁画表面白斑的主要种群并非真菌。

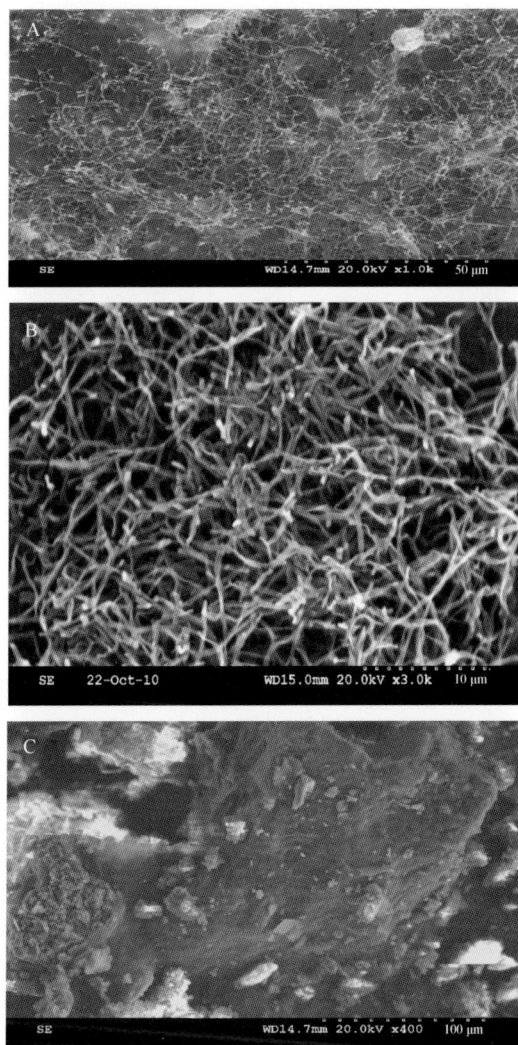

图 6-33　五盔坟 5 号墓壁画表面微生物 SEM 照片
A、B. 白色生物膜；C. 绿色生物膜

表 6-10　五盔坟 4 号、5 号墓主要微生物种群

墓室	总克隆数	主要种群	克隆数
五盔坟 4 号	32	球囊菌属（*Glomus*）	6
		隐球菌属（*Cryptococcus*）	1
		青霉属（*Penicillium*）	5
		属于 Leotiomycetes 纲的真菌	7
		未知菌（unknown）	13
五盔坟 5 号	46	爪哇拟青霉（*Paecilomyces javanicus*）	11
		与 *Cyphellophora* 相似度为 91% 的真菌	4
		蜡蚧菌属（*Lecanicillium*）	1
		毡状地丝霉（*Geomyces pannorum*）	6
		瓦氏变形虫（*Vahlkampfia*）	7

墓室	总克隆数	主要种群	克隆数
		产紫青霉（*Penicillium urpurogenum*）	1
五盔坟 5 号	46	属于 Leotiomycetes 纲的真菌	4
		未知菌（unknown）	12

　　基于样品建立原核生物克隆文库。在取自壁画表面白斑的样品中，分析可知在两个墓室中，假诺卡氏菌都为优势菌（4 号墓 68%，5 号墓 69%）。在五盔坟 4 号墓非壁画表面白斑样品中，假诺卡氏菌的比例为 13%。在五盔坟 5 号墓"灯花"样品中，假诺卡氏菌没有出现，取而代之的是瘦鞘丝藻（65%）。由此可知，导致五盔坟 4 号、5 号墓壁画表面白斑的主要菌群为放线菌门的假诺卡氏菌；这与在电镜下观察到的菌体呈丝状、宽度不足 2 μm 相吻合。

　　五盔坟 4 号、5 号墓的样品中真菌数量远低于原核生物，这可能是墓室环境恶劣，能够提供的有机营养太少造成的。而在原核生物群落中，当有某个种群处于优势地位的时候，种群类型就偏少。两个墓室的白斑样品所含原核生物种群趋同，集中在 3 个科：假诺卡氏菌科、慢生根瘤菌科（Bradyrhizobiaceae）和噬几丁质科（Chitinophagaceae）。不属于这 3 个科的甲基杆菌（*Methylobacterium* sp.）与慢生根瘤菌科同属于根瘤菌目（Rhizobiales）；*Kaistobacter* 与嗜几丁质科同属于鞘脂单胞菌目（Sphingomonadales）。这种亲缘关系很可能是由菌群之间，尤其是优势菌假诺卡氏菌的竞争和筛选造成的，因为只有那些与优势菌相处融洽或互助互利的种群才得以留存。

　　五盔坟 4 号墓、5 号墓壁画白斑主要生长在颜料上（图 6-34 和图 6-35），这使人首先怀疑其产生原因是壁画材料中的有机物。但这两座墓的壁画均无地仗层，壁画直接绘制在构建墓室的石块表面，很难想象经过上千年，颜料中稀少的胶结材料等有机物还能够维持微生物如此繁盛的生长状态。

图 6-34　五盔坟 4 号墓女娲图（一部分黄色颜料也被白色菌斑覆盖）

图 6-35　五盔坟 5 号墓东梁枋（黄色菱形上也零星染有白色菌斑）

从采样图可以看到（图 6-35），五盔坟 5 号墓东梁枋龙身平行均分成 3 种颜色，由上至下分别为黄色、绿色和红色，绿色与红色都被白斑覆盖，但黄色基本未染。类似现象在其他采样图中也能见到。取黄色、绿色和红色三种颜料进行分析，其主要成分分别为铁黄（α-FeOOH）、石绿［$CuCO_3 \cdot Cu(OH)_2$］和朱砂（HgS）。朱砂因为含汞，一向被认为对生物具有毒性，但有一些微生物可将不溶性的硫化矿转变为可溶性的矿石浸出液，可见朱砂并不能完全抗微生物。但目前尚无关于铁黄抑菌的报道，关于假诺卡氏菌等微生物是否会受铁黄成分影响尚待研究，但依据图 6-34 可知，女娲蛇身的前半部分的所有颜料均被菌斑覆盖，后半部才显露出黄色；图 6-35 中，黄色菱形图案也零星染上了菌斑；说明即使铁黄有抑菌作用，也具局限性。另外，五盔坟 5 号墓南梁枋的朱雀尾羽被一道深色线断开，左侧完全被白斑侵染，右侧却安然无恙，说明微生物生长状况可能与后期保护材料相关。

水溶解生命必需的矿物成分。夏季，五盔坟 4 号、5 号墓室的菌斑表面悬挂许多水珠，一部分来自环境，一部分来自微生物代谢（图 6-36）。检测结果显示，4 号墓经微生物代谢后，水中的 Na^+、Mg^{2+}、Ca^{2+}、NO_3^-、SO_4^{2-} 等离子浓度都出现了较大的变化（表 6-11），这些离子所含元素（氮、氧、钠、镁、硫、氯、钾、钙等）都是生命必需的元素。另外，如果存在渗水，墓室外土壤中的腐殖质也会被挟带进来。

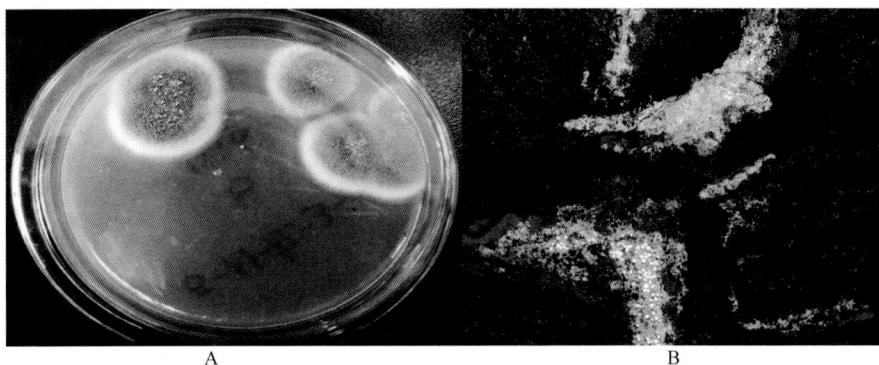

图 6-36　菌斑表面悬挂水珠

A. 培养基内真菌表面水珠；B. 高句丽墓白斑表面水珠

表 6-11　五盔坟 4 号墓水样无机成分分析（离子浓度，单位：mg/L）

样品	Na$^+$	K$^+$	Mg^{2+}	Ca^{2+}	Cl$^-$	NO$_3^-$	SO$_4^{2-}$	pH
104-30	11.32	2.80	8.89	40.68	0.64	30.28	79.63	7.59
104-31	1.68	1.15	0.74	13.83	0.36	8.69	2.60	7.57
104-35	24.90	11.79	16.81	62.89	0.83	47.44	152.57	7.50

注：104-30 采自无颜料和无白斑处，104-31 采自白斑表面，104-35 是原始岩石下水样

游客的呼吸、汗水、头发、脚底泥、指甲等都为墓室中微生物带去了丰盛的食物。游客同时也是微生物的传播者。在本研究工作中，最有力的证据是把各墓室检测出的微生物进行比较，发现五盔坟 5 号墓空气中的独有菌远大于环境与之相似的五盔坟 4 号墓，而前者对游客开放。在使用传统技术培养出来的 52 个属中，有 26 个存在于 2 个及 2 个墓室以上。26 个只存在于 1 个墓室，其中，三室墓 1 个，来自壁画样品；五盔坟 4 号墓 4 个，2 个来自空气样品，2 个来自壁画样品；五盔坟 5 号 18 个，2 个来自壁画样品，16 个来自空气样品（表 6-12）。那些空气中的微生物之所以未从各个墓室的壁画样品中发现，一个重要因素应是壁画表面的微生物已经形成了较为稳定的群落，除非新菌有极强的竞争能力，或者外界环境突然发生改变，有利于新菌竞争，否则即使被带进墓室也难以在壁画上生根。

表 6-12　传统培养技术获取的微生物来源比较

属	种	来源
Advenella/Tetrathiobacter	sp.	3B、5B
Alcaligenes	*faecalis*	3B、4B、5B
Brevibacterium	sp.	3B、5B
Flavobacterium	*mizutaii*	3B、4B
Microbacterium	*Oxydans*、sp.	3B、4B、5KB
Ochrobactrum	*Grignonense*、sp.	3B、5B（疑似）
Sphingobacterium	*multivorum*、sp.	3B、4B（疑似）、5B
Stenotrophomonas	*maltophilia*、sp.	3B、4B、5B
Tsukamurella	*tyrosinosolvens*	3B、5B
Aspergillus	*oryzae*、*versicolor*、*tamarii*	3B、4B、5K
Gibberella	*moniliformis*	3B、4B、5B
Penicillium	sp.、*purpurogenum*、*citrinum*、*griseofulvum*、*expansum*、*meleagrinum*、*solitum*	3BD、4BD、5KBD
Rhizopus	sp.	3B
Pichia	*guilliermondii*	3B、4B
Glomus	*irregulare*	3B、4D
Arthrobacter	sp.	4K、5DK
Bacillus	*cereus*、sp.、*gibsonii*	4BD、5K
Brachybacterium	*sacelli*	4B

续表

属	种	来源
Kocuria	*rosea*	4K、5K
Leucobacter	sp.	4B、5B
Ornithinibacillus	sp.	4B
Paracoccus	sp.	4B
Pseudochrobactrum	sp.	4B、5B（疑似）
Pseudomonas	sp.	4B、5DK
Psychrobacter	sp.	4K
Cladosporium	*cladosporioides*	4K、5B
Epicoccum	*nigrum*	4K
Fusarium	sp.	4K、5K、3D
Agrococcus	*jenensis*	5B
Brevundimonas	*nasdae*	5K
Curtobacterium	*flaccumfaciens*、sp.	5K
Dietzia	*maris*	5B
Exiguobacterium	sp.	5K
Jeotgalicoccus	sp.	5K
Kytococcus	*sedentarius*	5K
Lysobacter	sp.	5K
Micrococcus	*luteus*、sp.	5K
Planococcus/Planomicrobium	sp.	5BK
Planomicrobium	sp.	5K
Rahnella	sp.	5K
Rhodococcus	sp.	5B、3D
Sphingomonas	sp.	5BD、4D、5D
Staphylococcus	*equorum*	5K
Streptomyces	*cyaneofuscatus*、sp.	5BD、4D、5D
Acremonium	*strictum*	5K
Actinomucor	*elegans*	5K
Alternaria	*alternata*、*tenuissima*	5K
Geomyces/Onygenales	sp.	5K（疑似）、5D、3D
Hypocrea	*lixii*	5K
Stachybotrys	sp.	5K
Trichoderma	*atroviride*	5B
Volutella	*ciliata*	5K

注：3、4、5 分别代表三室墓、4 号墓、5 号墓；B、K 分别代表壁画、空气；D 表示独有菌株

　　五盔坟 5 号墓的弹尾纲虫，幼虫长约 600 μm，成虫长约 1 mm，成虫善于跳跃。弹尾纲虫常生活于洞穴、石缝等潮湿隐蔽的地方，以腐烂物质、植物及菌类为食，繁殖迅速，一年至少 4 代，并有孤雌生殖现象；生长发育为较原始的表变态方式——幼虫和成虫除大小不同外，外观无太大差别，但仍需不断蜕皮以适应体型的生长；喜集群活动，在岩石等表面时肉眼观察像烟灰；体表有蜡质层，不怕水溶物质渗透。

　　除了具有强几丁质降解能力的细菌外，五盔坟 5 号墓壁画样品真核生物克隆文库检测出的真菌超过半数都为虫生，如爪哇拟青霉、与 *Cyphellophora* 相似度较高的真菌、蜡蚧轮枝菌、毡状地丝霉等，见表 6-10。弹尾纲虫在五盔坟 4 号墓也零星有发现，而五盔坟 4 号墓的真菌克隆文库检测结果中，没有明显的虫生真菌。

　　除了弹尾纲虫外，高句丽墓室里还可见其他一些动物或其尸体，这些动物不论是定居于墓室还是偶然闯进，都会是微生物的携带者。细菌与真菌孢子可能粘在这些动物身上，也可能在其排泄物中，进而随着动物移动传播到各处。

6.3.3　墓室壁画微生物侵蚀机制研究

1. 病害菌对不同颜料偏好性

　　五盔坟 5 号墓壁画菌斑与颜料呈现出一定关系，绿色颜料基本全部被菌斑覆盖；红色颜料在较严重区域被覆盖，较轻区域未被覆盖；黄色颜料基本无菌斑覆盖现象。绿色颜料为石绿［$CuCO_3·Cu(OH)_2$］，红色颜料为朱砂（HgS），黄色颜料为铁黄（$α\text{-FeOOH}$）。

　　菌害主要致病种群为假诺卡氏菌，将该菌株命名为 DGB5-1-9，提交 16S rDNA 序列，得到 GenBank 登录号 JX416705。将其与 GenBank 中的亲缘菌序列进行 BLAST（Basic Local Alignment Search Tool）比对，并使用 MEGA5.0 软件以邻接法（neighbor-joining method）构建系统发育树，绘制结果如图 6-37 所示。

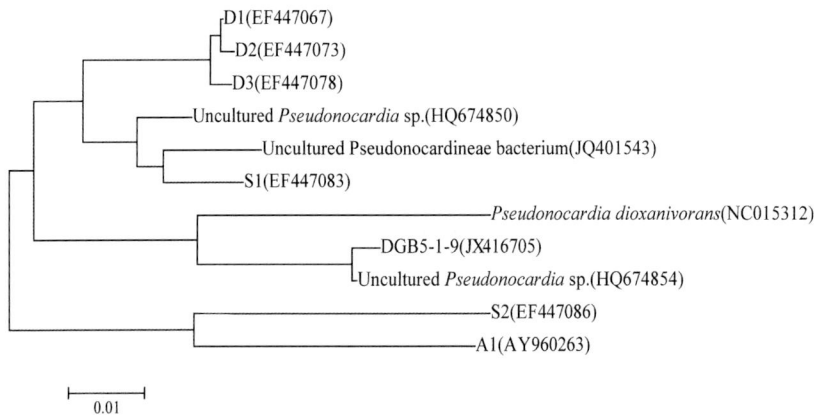

图 6-37　DGB5-1-9 在假诺卡氏菌属内的 16S rDNA 系统发育树

序列的 GenBank 登录号列于括号中，标尺长度为 1% 核苷酸置换率。图中 D1、D2 和 D3 检测自多纳特立尼达（Doña Trinidad）洞穴；S1 和 S2 检测自桑蒂玛米涅（Santimamiñe）洞穴；A1 检测自阿尔塔米拉洞穴由系统发育树可知，DGB5-1-9 与赵飞在南京龙山风化岩石中鉴定出的假诺卡氏菌 HQ674854 亲缘关系最近，二者的 16S rDNA 序列相似性高达 99%。南京龙山富含铜矿（图 6-38），结合五盔坟 5 号墓石绿颜料上菌斑严重的事实，可能说明此类假诺卡氏菌喜好 Cu^{2+}。

图 6-38　假诺卡氏菌 HQ674854 生长环境富含铜矿（南京城郊龙山废弃矿区，长满了铜矿指示植物——海州香薷）

Cu^{2+} 是细胞电子转运、光合作用和呼吸作用等许多重要反应的辅因子，但与其他重金属离子一样，其在高浓度时会对细胞造成致死效应。由于壁画的矿物质颜料区域对于微生物属于高盐环境，它们要在此区域生长，细胞内需有能泵出多余重金属离子的系统。为了进一步揭示五盔坟 5 号墓菌群特性，研究组开展了初步的宏基因组检测研究。从五盔坟 5 号墓及五盔坟 4 号墓采集的 4 份菌斑样品中检测出若干重金属抗性相关基因（图 6-39～图 6-42）。其中，*cusA*、*cusB*、*cusC*、*cusS* 和 *cusR* 等，可能组成如 Cu（I）/Ag（I）外排系统还原/氧化、转运铜离子的系统。另外，还有较大量的汞抗性基因；这正是菌群能在壁画石绿及朱砂区域良好生长的原因。但是，从五盔坟 5 号墓室东梁枋东北角（红色被污染）与西梁枋西南角（红色未被污染）取得样品做成分检测显示：两处颜料均为朱砂。这说明颜料颗粒可能并非菌斑生长的唯一原因。

2. 保护材料为微生物活动提供场所和营养源

五盔坟 5 号墓本次感染的微生物生长缓慢，2011 年仍可分辨出 2010 年取样的位置（图 6-43）。

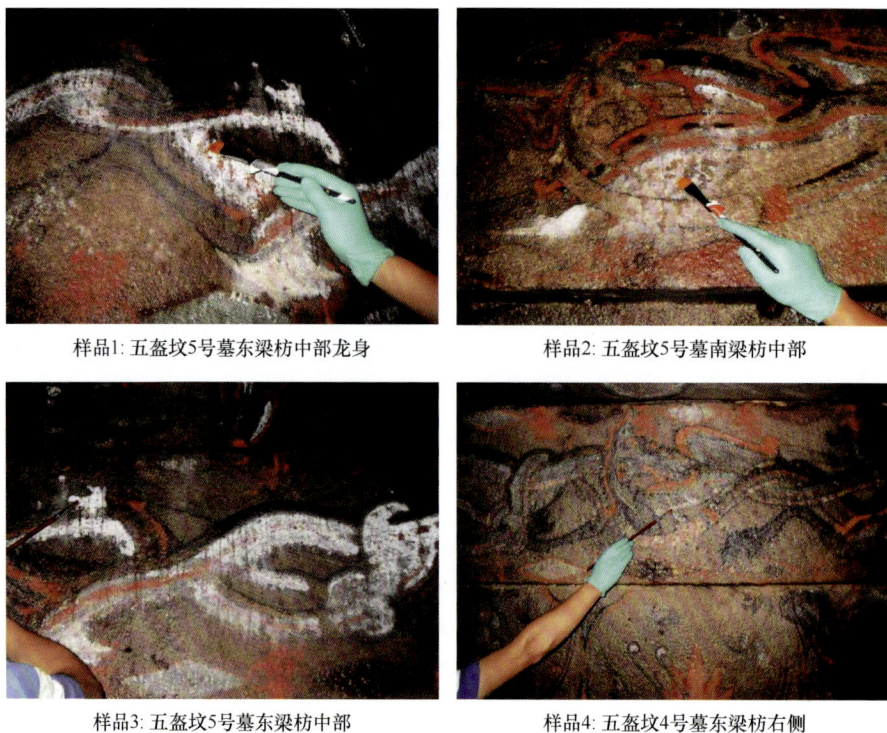

样品1: 五盔坟5号墓东梁枋中部龙身   样品2: 五盔坟5号墓南梁枋中部

样品3: 五盔坟5号墓东梁枋中部   样品4: 五盔坟4号墓东梁枋右侧

图 6-39　宏基因组分析取样

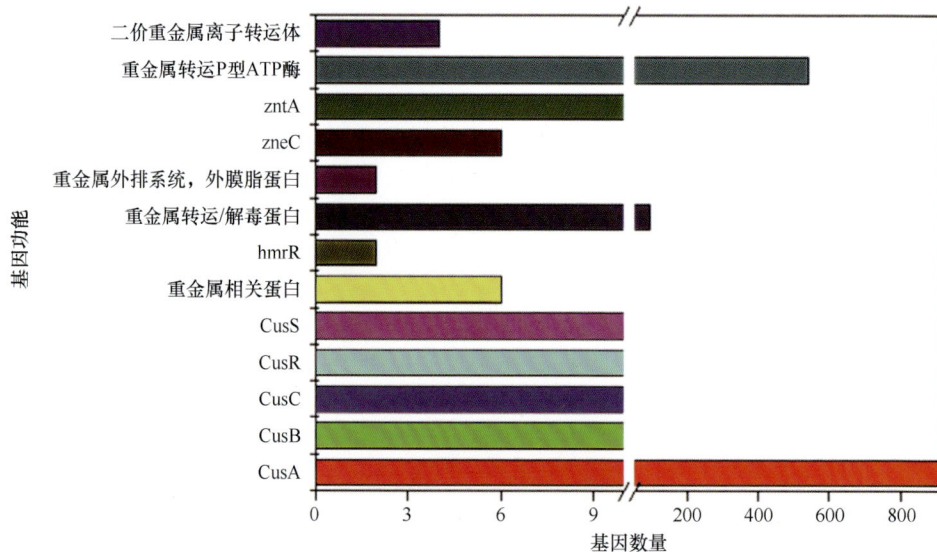

图 6-40　五盔坟 5 号墓菌斑宏基因组中重金属相关基因分布

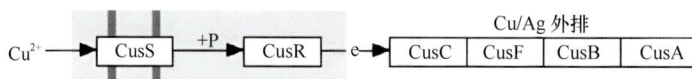

图 6-41　Cu（I）/Ag（I）外排系统

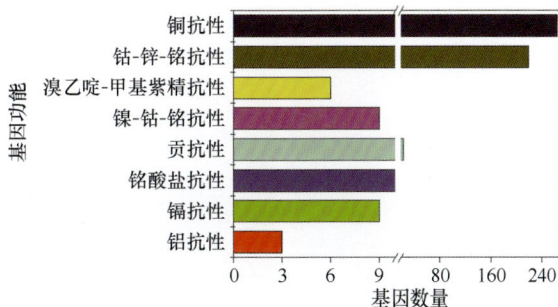

图 6-42　重金属抗性相关基因

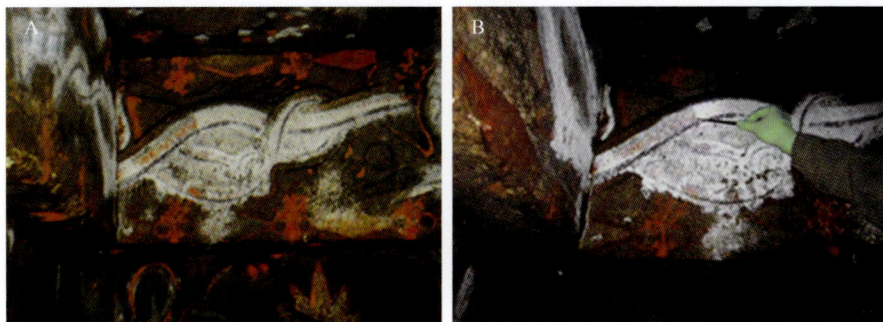

图 6-43　五盔坟 5 号墓室壁画菌斑 1 年间变化

A. 2010 年 5 月采样后照片；B. 2011 年 6 月采样前照片

根据集安文物管理部门的档案记录，在 20 世纪 70 年代保护人员曾经使用丙烯酸树脂 B01-6 加固封护五盔坟 5 号墓壁画；该墓壁面每到夏天都会淌过大量水珠，如果保护材料仍然有效，其疏水性以及光滑的表面会使微生物难以附着生长；但是保护材料老化以后，出现裂痕或者残破，就给微生物的附着提供了场所，同时富集在这些凹槽里的水也提供给微生物生长的源泉。这大概就是墓室中菌斑集中生长在颜色较深的区域的原因——颜色较浅的部分受水冲刷较多，其上残留的保护材料较少；受水冲刷较少的区域，保护材料残余较多（图 6-44A，B）。而在擦除菌斑的时候，可以看到许多菌斑并非直接生长于颜料，而是生长在保护材料上方（图 6-44C，D）。

因市面已经没有 B01-6 供应，为进一步了解保护材料与微生物的关系，在实验室开展了同为丙烯酸树脂类保护材料的三甲树脂的抗菌测试。实验菌株均分离自高句丽墓室，分别为细菌：*Streptomyces cyaneofuscatus*、*Paracoccus* sp.、*Leucobacter* sp.、*Brevibacterium* sp.、*Glomus irregular*、*Arthrobacter* sp.、*Flavobacterium mizutaii*、*Stenotrophomonas maltophilia*、*Ochrobactrum grignonense*、*Sphingobacterium multivorum*；真菌：*Geomycess* sp.、*Aspergillus oryzae*、*Gibberella moniliformis*、*Penicillium* sp.、*Cladosporium* sp.。实验结果表明，4 d 后，真菌长满平板（图 6-45），三甲树脂本身成分不具抗菌能力；三甲树脂斥水，故菌悬液滴注后停留在表面并不吸收。培养 2 d 后，菌悬液出现红色，并随着培养时间的增加而更加明显，说明三甲树脂能被部分微生物利用。五盔坟 5 号墓室中的菌群实际情况远比本研究采用的 15 株菌更为复杂，因此，不能排除 B01-6 被微生物分解利用的可能。

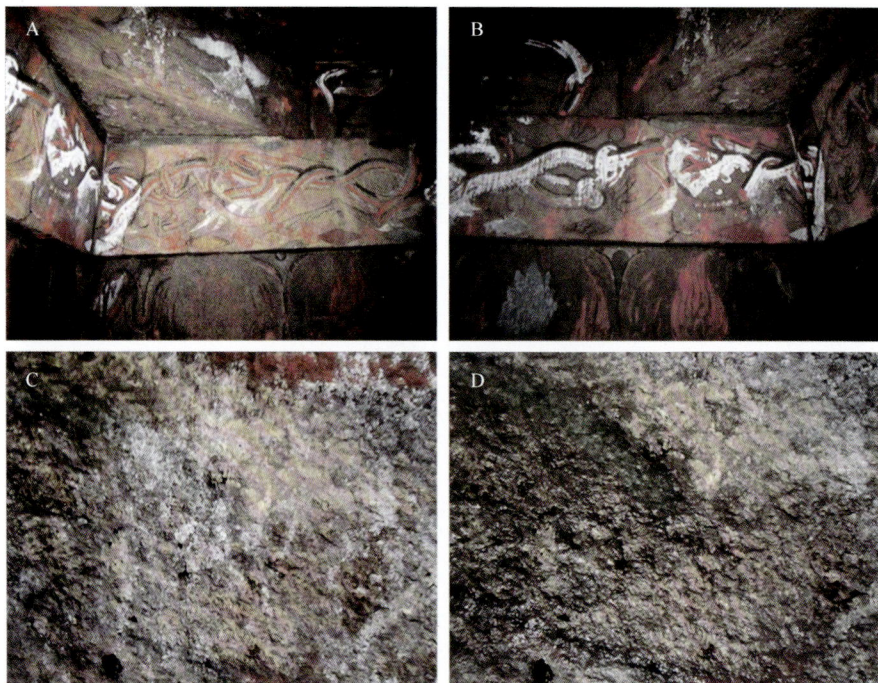

图 6-44　菌斑与保护材料的关系

A. 五盔坟 5 号墓南梁枋，菌斑生长在保护材料残余较多的区域（深色）；B. 五盔坟 5 号墓东梁枋，菌斑生长在保护材料残余较多的区域（深色）；C. 五盔坟 5 号墓西梁枋菌斑清洗前；D. 五盔坟 5 号墓西梁枋菌斑清洗后露出的保护材料

图 6-45　三甲树脂抗菌测试

6.3.4　墓室壁画微生物病害防治研究

（1）针对 *Pseudonocardia zijingensis* 的抑菌实验

Preventol®系列 4 种药剂针对 *P. zijingensis* 的抑菌实验表明，RI80 最强，BIT 20N、

D7 和 P91 相当（表 6-13）。经 BIT 20N、D7 和 P91 作用后，余菌 ATP 值高于用药前原始值，说明虽然用碾钵尽量使菌体散开，但菌悬液中仍然存在许多微小团块，只有当外部菌体死亡分解后，这些团块才逐渐解散，暴露出中部的菌丝来。考虑到现场贴壁的化妆棉会因水分蒸发而变干脱落，抑菌实验使用的药剂处理细菌的时间为 2 h，由于 RI80 的作用较强，团块分散较快，故而在 2 h 检测时，团块对其效力造成的影响不明显。

表 6-13　药剂作用 *P. zijingensis* 的 ATP 值

药剂	用药前（RLU）	用药后（RLU）		
		未裂解	裂解	余菌
P91	150 820	2 780	297 248	294 468
D7	156 692	6 440	277 616	271 176
BIT 20N	171 030	2 218	276 744	274 526
RI80	180 016	1 812	14 272	12 460

注：未裂解，菌悬液中游离 ATP；裂解，使用裂解液后检测到的 ATP；余菌，受药后的活菌 ATP，裂解 ATP 减去未裂解 ATP

（2）针对现场菌悬液的抑菌实验

药剂作用现场菌悬液的两组数据显示：Preventol® RI80 的效力约在 2 h 后趋于稳定；BIT 20N 和 P91 的效力则在 2 h 后逐渐明显，随着时间延长，BIT 20N 效力愈加显著，接近 RI80；菌悬液样品若不在低温保存，微生物会明显增殖，增殖时间取决于样品所含活菌数及营养物质浓度，在耗尽营养物质后微生物数目开始下降；D7 于 2 h 内表现出抑菌作用，但受其作用的菌液随后出现增殖，并且类似于菌悬液，在耗尽营养物质后进入衰退期。这可能说明菌悬液中存在对 D7 具有抗性甚至分解利用 D7 的种群。将 100 μL 菌悬液加入 1 mL 0.5‰ 药剂反应，不确知加入药剂的菌悬液浓度；又因为使用 Promega 试剂盒，游离 ATP 量未知。但从各种药剂的折线斜率可以大致判断 2 h 内药剂效力：RI80>D7>P91>BIT 20N。

由于现场菌悬液的菌丝成团现象不严重，BIT 20N、D7、P91 与 RI80 的差异不明显，但因为含壁面杂质，且微生物种群复杂，亦可能影响药剂效力。作用 2 h 时，Preventol® 系列 4 种药剂对现场菌悬液的杀灭效力为 RI80 最强，D7 和 P91 相当，BIT 20N 最弱。除了 RI80，其他药剂作用后的残余活菌均超过了 1/3。由前可知，这是药剂杀抑与微生物增殖共同作用的结果。

（3）壁画微生物清除现场模拟实验

对 Preventol® 系列药剂现场贴壁实验持续两个月的检测结果显示：灭菌水+排笔清洗微生物效果显著，未用药区与用药区清洗效果相似；药剂不易从壁面清除，2 d 后，RI80 和 BIT 20N 残余药剂抑菌效果仍然明显；30 d 后，BIT 20N 区菌落恢复，但 RI80 的抑菌效果依然明显；60 d 后，所有区域菌落恢复，BIT 20N 值偏高。

6.3.5　小结与讨论

1）研究人员在高句丽墓葬壁画微生物群落分析中发现，假诺卡氏菌的优势非常明显，而 Abdulla 等（2008）指出，在完好的石块上没有发现假诺卡氏菌，而只在破损的石块上检测出该菌。另外，假诺卡氏菌属生长的温度空间较广，在日本的温带 Rishiri 岛和亚热带 Iriomote 岛的土壤中都有发现（Masayuki *et al.*，2010）。五盔坟 5 号墓室灯花所含主要种群为蓝细菌门（Cyanobacteria）中的瘦鞘丝藻。蓝细菌的环境适应能力很强，在较广的光波波长及强度范围内，以及大理石、砖块、泉华、灰泥、石膏等物质上都有生长，尤其常出现于古遗址照明灯周围（Albertano *et al.*，2000）。瘦鞘丝藻见于国内外很多报道，既有马耳他古基督徒（Zammit *et al.*，2008）和罗马圣卡利斯图斯（St. Callistus）及圣多米蒂拉（St. Domitilla）（Saarela *et al.*，2004）的地下墓室、意大利 Boboli 花园大理石雕像（Lamenti *et al.*，2000）、墨西哥玛雅石质文物（McNamara *et al.*，2006）、西班牙塞维利亚（Seville）大教堂、葡萄牙圣克拉拉（Santa Clara-a-Velha）修道院石灰石建筑（Miller *et al.*，2009）等遗址或文物，也有中国福建水田（Song *et al.*，2005）、（南极）海洋（Premanandh *et al.*，2009；Komárek，2007）等自然环境；被认为是石质建筑表面光合群落里最常见的蓝细菌之一（Tomaselli *et al.*，2000），菌体呈丝状，内有大量类囊体（发生光合作用的场所）（Albertano *et al.*，2005），因此能够在极少的光照下，甚至可能在光子通量低到光合作用补偿点（光合作用与呼吸作用交界点）之下时生存（Mulec and Kosi，2009；Asencio and Aboal，2001）。Albertano 等（2000）指出，光合作用会促使藻类周遭环境的 pH 增加，从而导致矿物质沉淀；他们观察的瘦鞘丝藻的细胞外覆盖有大量的 $CaCO_3$，从而使菌体包埋在矿物内部。这种包埋现象在本研究中同样可见。

五盔坟 4 号、5 号墓的白斑样品原核生物慢生根瘤菌具固氮能力（将空气中的分子氮转化为氨），可以是群落中氮源的生产者与提供者；红假单胞菌是一种光能自养菌，能固定 CO_2，可以为群落提供碳源。对阿菲波菌的研究不多，但其可能具有类似能力（吕红等，2003）。*Flavosolibacter* sp.和噬几丁质菌（*Chitinophaga* sp.）属于噬几丁质科，关于前者的研究也不多，但已知发现于韩国，为需氧、不运动、短棒状细菌（Yoon and Im，2007）。因为噬几丁质菌是几丁质的强降解者（Sangkhobol and Skerman，1981），*Flavosolibacter* sp.可能也具类似能力，而这种能力对于五盔坟 5 号墓的微生物，是获取营养的极重要途径，由于在这个墓室里生活着弹尾纲（原属昆虫纲弹尾目）虫，一生可进行数十次蜕皮，提供了丰富的几丁质。甲基杆菌能生长在多种碳源的培养基上，可有效降解甲醛并将其作为碳源，有的甲基杆菌可利用甲烷作为唯一碳源、能源（Ryoji *et al.*，2005）。对 *Kaistobacter* 研究也不多，与它同属于鞘氨醇单胞菌科（Sphingomonadaceae）的鞘氨醇单胞菌属（*Sphingomonas*）常产生带负电的多聚糖胶，有助于群落附着于物体表面（Azeredo and Oliveira，2000）。绿曲挠菌是一种光能细菌，利用其他细菌产生的有机物；也有一些种可以通过固定 CO_2 而自养，以氢或硫为给电子体（Sprague *et al.*，1981）；有耐热种，可在 50～60℃环境生长，与蓝细菌共生的时候较多，此时通常生长在蓝细菌构建的生物膜底层。链霉菌是最高等的放线菌，广泛分布于土壤中，有较强的淀粉和蛋白质（尤其是角蛋白）水解能力，是放线菌类抗生素的主要生产者，这或许也是该群落种群较少的原因。链霉菌的一些种属同时具有利用硫及硫化物自养生活和利用有机物进行异养的能力（栾兴社，2001），有的具有氨氧化能力（胡宝兰等，2005）。

综上，在营养有限的环境里，为了独占资源，微生物通过分泌一些不利于其他种群生长的代谢产物来取得竞争优势，已有研究显示，假诺卡氏菌属的许多种会产生抗生素（Carr *et al.*，2012；Cuesta *et al.*，2013；Kaewkla and Franco，2010），这无疑会对许多微生物起到抑制作用。在五盔坟 4 号、5 号墓中，一些细菌菌群与优势菌群（假诺卡氏菌）有较近的亲缘关系，可能正是因为假诺卡氏菌的代谢产物对它们的影响不大，故被假诺卡氏菌筛选出来，能在一起共同生活。而这些具有一定亲缘关系的细菌，同时有着自养固氮、固碳，以及分解几丁质、甲醛等特殊代谢能力，可能互助互利，使彼此摆脱壁画本体材料的营养限制，并通过对一些有害物质的分解加强了彼此对抗不利因素的能力。

2）原址壁画的保存是公认的难题，而一旦染上微生物病害就存在反复发作的可能，难以一劳永逸；尤其是对游客开放的遗产地，与外界环境交流频繁，随时有游客带进的各种难测因素的威胁，更难保证病害的根除。目前已是五盔坟 5 号墓遭遇的有记录的第二次大规模菌害，每一次菌斑的擦除，无论如何谨慎小心，都必会对壁画造成伤害，因此，须在将来尽量防范；而要保持壁画的"健康"，在"治病"外更重要的是长期不懈地"体检"，通过监控及日常护理，防微杜渐。

6.4　日本高松冢古坟微生物

6.4.1　环境背景与文物价值

（1）环境特征

高松冢古坟位于日本奈良县奈良盆地南部的高市郡明日香村（国营飞鸟历史公园内），该地区地处纪伊半岛中央、近畿地区中南部，区内多山，属温带季风性气候。1970年 9 月因在此地修筑道路，奈良考古研究所开展紧急文物调查时发现了古坟（Li，2015；Sugiyama *et al.*，2009）。古坟呈馒头形，底部直径约 18 m，高约 5 m，系版筑夯土。古坟自发现便开展了一系列研究和原址保护工作，遗憾的是最终被解体搬迁异地保护（图 6-46）。

图 6-46　高松冢古坟解体前（A）、后（B）坟丘部全貌（武发思等，2019）

（2）文物价值

日本古代，没有固定的都城，皇室的居处也常常迁移。到 6 世纪末期，开始经常在

"飞鸟"地方建立宫室，8世纪初又迁到奈良而定都。因此，从6世纪末期到8世纪初期的一百余年，称为"飞鸟时代"。这个时期，由于政治中心和文化中心在"飞鸟"地方，因此明日香村及其周围地区古迹甚多。许多古坟分布在这里，有的被认定是天皇的墓，如钦明陵、天武•持统陵、文武陵等。高松冢古坟即在文武陵的近侧，两者相距约200 m。江户时代曾将高松冢古坟当作文武天皇的墓。从墓葬的形制和所在地、壁画的内容和风格等各方面看来，高松冢古坟的年代应属7世纪后半期到8世纪初期，即"飞鸟时代"的后期，相当于我国的盛唐时期。由于没有发现墓志和墓碑等，不能明确断定高松冢古坟所葬为谁。但是，从古坟的所在地、墓葬的规模和壁画的内容看来，日本考古学界多认为墓主人应系当时日本的大贵族（王仲殊，2009）。

高松冢古坟壁画，被认为是第二次世界大战后日本考古学界最大的发现。石室内壁画绘制于灰泥层上，数厘米厚，其艺术风格与陪葬于乾陵的永泰公主墓壁画相似，画面由飞鸟美人图、星宿图以及四神图等内容组成。壁画色彩富丽，线条精致，与之前在日本熊本、大分、福冈等地发现的粗犷简约的壁画不同，为研究唐代中日文化交流提供了重要资料（三浦定俊和后德俊，1986）。石室开启后，日本政府即成立了"高松冢古坟应急保护对策委员会"，对其进行科学调查和学术研讨。1973年4月，高松冢古坟被认定为日本特别史迹，1974年被日本文化厅认定为国宝。高松冢古坟的壁画内容，与以往日本装饰古坟的绘画内容截然不同，有四神、太阳、月亮、星宿以及男女人物群像图（图6-47）。壁画显示了墓主人的威仪，反映他生前的荣光。总之，壁画的内容比较丰富，色彩相当富丽，描绘也颇精致。高松冢古坟壁画颜料的使用，不仅与唐壁画墓的相同，而且开创了日本绘画史上朱色、绿青、群青这几种颜料使用的先河。从奈良时代起，这些颜料在日本绘画中广泛应用，都应归功于高松冢古坟壁画颜料使用的首创之举。从而也说明日本壁画颜料使用直接受中国影响。

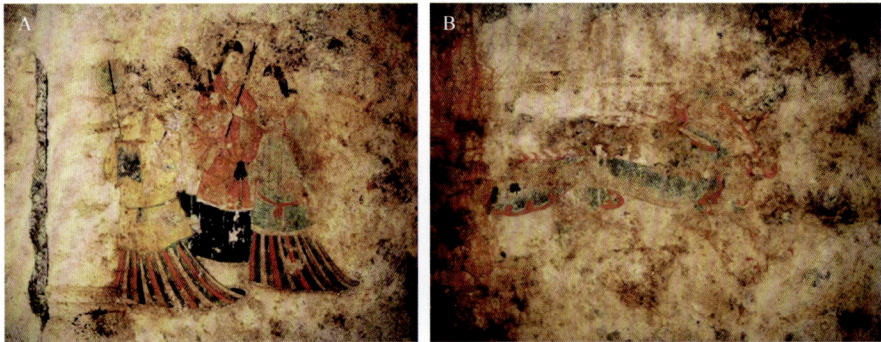

图6-47　高松冢古坟内壁画飞鸟美人图（A）与青龙图（B）

（3）保护历程

微生物病害是影响高松冢古坟壁画保存最主要的原因之一，自发掘至解体搬迁的30多年间，针对石室壁画保护、生态环境治理及恢复等方面进行了一系列研究和工程实践，积累了宝贵经验，也汲取了惨痛教训。本节以高松冢古坟微生物病害调查和防治研究为例，综述古坟壁画微生物群落组成、演替以及防治措施实施效果，以期为墓葬壁画的原址保护提供参考和借鉴。

1972 年 3 月 21 日开启石室后发现珍贵壁画。发掘初至 20 世纪 90 年代，石室壁画虽出现过微生物问题，但最终得以控制；墓室微环境相对稳定，壁画保存较好。2000年后，由于接合部顶部的加固施工、控制温湿度的设备老化及施工事故等，石室微生态平衡发生不可逆的破坏，霉菌大量增殖、暴发，最终不得不放弃原址保护，并于 2005年 6 月决定解体搬迁（Sugiyama *et al.*，2009；日本文化厅，2005）。

高松冢古坟曾在公元 12 或 13 世纪遭盗掘。考古人员 1972 年从原盗洞向里挖掘发现壁画后，日本文化厅随即邀请法国和意大利的专家对古坟的保护方案和修复方法进行了探讨研究，最终决定原址保护。维持石室内温度、湿度相对稳定成为重点工作，在古坟石室前相继建立了 A 室、B 室、准备室和机械室，并将盗洞口作为石室的出入口（图 6-48）。为恢复和维持石室考古发掘前的原始环境条件，1974～1976 年在石室南侧增设了温度、湿度控制设备。

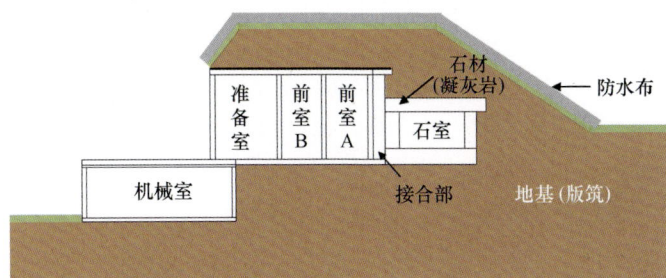

图 6-48　设置保存设施后的高松冢古坟结构图

高松冢古坟的微生物病害历经多个阶段（表 6-14）。20 世纪 80 年代初，石室内暴发了霉菌病害，经杀菌剂处理和环境干预措施后，至 21 世纪石室内微环境基本稳定，霉菌蔓延得到控制，高松冢古坟成为该时期墓葬壁画原址保护的国际典范。然而，2001年接合部土体崩落，随即使用树脂实施加固工程，而树脂是一种极易受微生物侵蚀的高分子材料，此次修复成为霉菌再次暴发的重要原因之一；2005 年日本文化厅决定放弃原址保护，实施冷却措施将石室降至恒温 10℃，为石室解体搬迁作准备；2007 年 7 月用于控制古坟温度的隔热覆屋完成，同年 8 月 21 日石室壁画解体搬迁完毕，进行异地保护修复至今（Sugiyama *et al.*，2009；石崎武志等，2005；木川りか等，2003，2005）。

表 6-14　高松冢古坟生物病害档案记录（胡宝兰等，2005；Dupont *et al.*，2007）

时间	重大事件
1972	石室开启，发现菌斑
1975	微生物群落本底调查
1976	石室壁画抢救性修复
1976～1980	定期修复
1980～1982	霉菌暴发，1982 年得到控制，微生态再次平衡
1985～2000	杀灭剂处理抑制霉菌
2001	接合部土体崩落，实施树脂加固工程；霉菌暴发

续表

时间	重大事件
2002	石室内发现蜈蚣、蚂蚁等
2004	壁画和地板上发现生物膜
2005	优势病害菌群落演替；安装冷却装置
2006.2	壁画飞鸟美人图上出现黑色菌斑
2006.5～12	石室内黑色菌斑大面积出现
2007～2008	石室解体、搬迁

6.4.2 高松冢古坟壁画微生物群落特征及侵蚀机理研究

针对高松冢古坟真菌病害开展了大量研究。古坟石室开启后，石室内温度、湿度及含氧量等发生改变，原有的微环境平衡被打破，出现了黑色和绿色的菌斑，其中黑色菌斑以真菌为主，包括链格孢属（*Alternaria*）、枝孢霉属（*Cladosporium*）和黑孢霉属（*Nigrospora*）；绿色菌斑为绿色木霉（*Tricoderma viride*）。

1975 年，基于灭菌棉签采集样品经培养鉴定的真菌分属于矛束霉属（*Doratomyces*）、镰刀菌属（*Fusarium*）、枝孢霉属、毛霉属（*Mucor*）、木霉属（*Trichoderma*）、青霉属（*Penicillium*）等（韩钊，1999）。

1976 年，在古坟前室分离到镰刀菌属、木霉属、轮枝菌属（*Vertillium*）、青霉属和枝孢霉属菌株；同年温湿度控制设施建设完成，开始石室壁画修复，人为干预改变了石室内微环境。

1980 年，在加固壁画时，使用了丙烯酸乳液及防止颜料层剥落的薄纸后，出现大量白色和灰色菌斑，矛束霉属激增。1981 年，石室壁画彩色画面外长满了白色颗粒状菌落。1982 年后，因使用杀菌剂并实施石室内环境控制，菌落减少。1985 年至 21 世纪初，霉菌活动不明显，形成新的微环境平衡。其中，1986 年研究发现石室壁画上原有的优势菌种 *Dratomyces* sp.消失（日本文化厅，2005；木川りか等，2003；Kigawa *et al.*，2009）。

1994～2000 年，石室内无明显菌落，但入口处塑料盖板上每年都会出现直径为数毫米的白色霉斑，经鉴定为青霉属、曲霉属（*Aspergillus*）、镰刀菌属和木霉属，成为石室内优势菌。这一时期石室内生态环境保持了最理想的"平衡状态"。

2001 年后，这种平衡被再次打破。受封土堆上植物根系影响，雨水渗入接合部，土体开始崩落，工程人员紧急开展加固修复工作。加固接合部崩塌土体时使用了环氧树脂（AER-2400）、硅酸盐树脂（OH100，Site SX）等有机材料，加固部位随后出现了青霉属、曲霉属和镰刀菌属等微生物，并波及壁画。

2001 年 12 月，在接合部出现青霉属、曲霉属、木霉属和柱孢属（暗色）等真菌；石室壁画表面发现柱孢属（暗色系）、青霉属、曲霉属（暗色）、支顶孢属（*Acremonium*）、镰刀菌属（褐色）和木霉属，在此之前并没有检测到支顶孢属或其他不明真菌。修复中发现，褐色霉菌表面的绵状菌丝去除后，壁面上还是会有色素沉积，黑色霉菌的假根侵入壁画，难以物理清除。

2004 年，调查中首次发现凝胶状生物膜（日本文化厅，2005；木川りか等，2003；Kigawa *et al*.，2009），同年在壁画上采集的黑色斑点样本于 2011 年被确定为主要由支顶孢属中 *Acremonium masseei* 和 *Acremonium murorum* 组成（Kiyuna *et al*.，2011）。2005 年，基于 28S rRNA 序列的系统发生关系分析，鉴定出来源于古坟的多种真菌，分属于镰刀菌属、木霉属和青霉属；其中镰刀菌 24 种，多为腐皮镰刀菌（*Fusarium solani*），少部分为尖孢镰刀菌（*F. oxysporum*）或燕麦镰刀菌（*F. avenaceum*）和三线镰刀菌（*F. tricinctum*）复合体（Tomohiko *et al*.，2008）。2006 年确定生物膜为真菌和细菌混生体，同年 5 月在壁画表面发现暗色系的支顶孢属菌株，其最适生长温度为 25℃，在 10℃仍可生长并产生孢子（木川りか等，2005）。

2007 年，石室解体前使用了封固壁画颜料层的羟丙基纤维素（HPC）和甲基纤维素（MC），抗菌性研究发现甲基纤维素抗菌性较弱（木川りか等，2009a；喜友名朝彦等，2010）。2009 年，基于 18S rDNA 序列的 DGGE 和克隆文库分析，从石室石材接缝和坟丘样品中鉴定出子囊菌门、担子菌门、接合菌门和壶菌门真菌。子囊菌门的散囊菌目（Eurotiales）、肉座菌目（Hypocreales）、刺盾炱目（Chaetothyriales）、柔膜菌目（Helotiales）和酵母目（Saccharomycetales）占很高比例，与分离培养法得到的结果一致（安光得等，2008）。散囊菌目和肉座菌目在高松冢古坟其他位置样品中亦有较高比例，刺盾炱目只在石室内及附近发现，酵母目在石室内比例高。

2010 年，从 2004 年 5 月至 2009 年 2 月石室内及周边的约 300 个样品中分离出真菌1400 余株。鉴定出青霉属菌株 *Penicillium paneum* 为石室内优势病害菌之一；从 2005年坟丘部冷却以来，随着石室内温度下降，优势菌木霉属和镰刀菌属被支顶孢属所代替。2004～2010 年，源自高松冢的 426 个菌株，经鉴定主要为无性型真菌(anamorphic fungi)、青霉属、木霉属和镰刀菌属，石室西壁飞鸟美人图附近黑色污染为暗色系支顶孢属菌种（*Acremonium* sect. *Gliomastix* sp.）；生物膜内主要为假丝酵母菌属（*Candida*）和毕赤酵母属（*Pichia*）酵母（安光得等，2008；石崎武志等，2003）。

2012 年，从石室壁画表面生物膜、植物根系及结合部土壤和石材间隙中分离出 8株鬃毛状的真菌，其被鉴定为 *Kendrickiella phycomyce*，石室灰泥层和石材成为这类真菌的培养基。利用葡萄糖酵母提取物碳酸钙（GYC）琼脂培养基研究该菌种的理化特性发现，该菌种可溶解褐色颜料和碳酸钙，造成生物侵蚀（Kiyuna *et al*.，2012）。最新研究发现了另一种造成石室灰泥层生物侵蚀的真菌，经鉴定为 *Sagenomella striatispora*（Kiyuna *et al*.，2017）。另外，从石室土壤和白色菌落中分离出两种无叶绿素微藻，经鉴定为非光合作用的原壁菌属 *Prototheca tumulicola* sp. nov.，为微藻类新种（Nagatsuka *et al*.，2017）。

高松冢古坟发现的主要细菌有放线菌属（*Actinomyces*）、链霉菌属（*Streptomyces*）、芽孢杆菌属（*Bacillus*）、苍白杆菌属（*Ochrobactrum*）和窄食单胞菌属（*Stenotrophomonas*），其中，嗜麦芽窄食单胞菌是壁画上黑色斑点和生物膜内主要菌种之一（Handa *et al*.，2016；Kigawa *et al*.，2009）。近年来又发现了一些新菌种，如在古坟搬迁时采集的样本中发现了葡糖醋杆菌属（*Gluconacetobacter*），在壁画表面发现了 *Bordetella muralis*，其可能普遍存在于土壤或水中（Nishijima *et al*.，2013；Tazato *et al*.，2015）；在白虎画面上采集的样品中分离出一种革兰氏阴性的厌氧菌，经分子鉴定为原小单孢菌科（Promicromonosporaceae）的 *Krasilnikoviella muralis* gen. nov., sp. nov.（Nishijima *et al.*, 2017）；以及从石室分离出的放线菌门微杆菌属菌种 *Microbacterium tumbae* sp. nov.（Nishijima *et al.*, 2017）。研究表明，古坟内细菌丰度较低，不是造成微生物病害的主要因素。

2002 年 10 月，在石室内发现大量蜈蚣和蚂蚁等节肢动物，坟丘上的枯树及雨水下渗可能是其出现原因之一（木川りか等，2003）。木川等研究了真菌与石室内发现的壁虱（节肢动物）之间的关系，对取样于石室的壁虱进行培养后发现，壁虱会以霉菌为食获取营养后大量繁殖，壁虱活动的地方有孢子散落（日本文化厅，2005），节肢动物的活动加大了微生物病害暴发的风险。

6.4.3 高松冢古坟壁画微生物病害防治研究

1. 抑菌剂筛选及应用

针对高松冢古坟不断改变的病害菌，曾使用了多种抑菌剂（表 6-15）。1977 年，首次在石室中放置多聚甲醛进行气化杀菌。1978 年，使用甲醛：乙醇（1：9）混合液处理霉菌，但石室内的多聚甲醛由于凝结水作用出现溶化和不完全气化状况，此阶段灭菌效果不明显，菌斑呈增长趋势（Dupont *et al.*, 2007）。1980 年试用甲醛溶液、乙醇、噻苯唑（TBZ）和三氯乙烯去除霉菌，其中噻苯唑无灭菌效果。1986 年发现放线菌在甲醛熏蒸时表现出抗性（木川りか等，2003）。

针对壁画霉菌，2001 年使用了甲醛熏蒸法和乙醇（70%）喷洒杀灭。在接合部试用杀菌剂 Coatside123 进行杀菌。同年 3 月，接合部霉菌大肆暴发，又试用了 Coatside159-乙醇制剂杀菌，9 月开始监测接合部和古坟周围空气微生物，在确认其浓度足够低之后，再进行石室内微生物调查，利用 Coatside123 和 Coatside159-乙醇制剂灭菌，其中 Coatside123 与树脂（B-72）混合后使用。2001 年，对多聚甲醛熏蒸法处理霉菌时气化后实际进入石室内浓度进行了定量分析，并对该方法进行重新讨论（木川りか等，2003，2005，2009a；佐野千絵等，2003）。2004 年对凝胶状生物膜进行多聚甲醛熏蒸和乙醇杀菌。2005 年使用异丙基酚（isopropylphenol）代替乙醇（70%）处理石室内生物膜（木川りか等，2005；Kigawa *et al.*, 2009）。

针对暗色系支顶孢属真菌，2006 年使用高浓度（99.5%）乙醇和 3%的甲醛，在对环境控制设备进行消毒时使用了苯扎氯铵，并使用异丙基酚、乙醇和甲醛（3%）处理了黑色的生物膜（木川りか等，2007a）。在对杀菌剂效果的评价中，发现乙醇比较有效，浓度在 3%以上甲醛有效；针对石室中优势青霉菌，乙醇比异丙醇有效，甲醛仅在高浓度时有效。针对支顶孢属真菌，3 种抑菌剂均有效（An *et al.*, 2009）。考虑到操作安全性，乙醇是最有效的灭菌剂。在解体搬迁前用 5%氯化二烷基二甲基铵（DDAC）对所用的木材进行了约 30 周的处理，以减少污染石室壁画的微生物来源（木川りか等，2007b）。

在异地保存后，高松冢生物病害防治研究还在继续。在 2010 年筛选针对石室周边、霉菌的杀灭剂时发现，乙醇不会驯化任何霉菌而产生抗药性，异丙基酚 IPA 也没有驯化作用，多聚甲醛（PFA）的效果很不稳定，对一部分霉菌有驯化倾向，噻苯唑长期使用有驯化作用（高鸟浩介等，2010），表明乙醇和异丙基酚有助于控制石室内微生物滋生。

表 6-15　高松冢古坟的病害微生物防治情况（Li, 2015；Sugiyama *et al.*, 2009；韩钊, 1999）

年代	优势微生物类群	防治措施	抑菌剂
20 世纪 70 年代	链格孢属 枝孢霉属 黑孢霉属（*Nigrospora*） 矛束霉属（*Doratomyces*） 镰刀菌属 毛霉菌属 木霉属 青霉属	设计并建设前室 A、B 以及准备室保存设施； 在前室和准备室设有保持温度、排除 CO_2 气体及循环无菌清洁空气的设备； 局部杀菌处理； 一年一次检测	多聚甲醛 甲醛：乙醇（1：9）； 噻苯唑（TBZ）； 三氯乙烯
20 世纪 80 年代	孢矛束霉属 曲霉属 木霉属 链霉菌属（*Streptomyces*） 放线菌	多聚甲醛熏蒸； 定期微生物检测	多聚甲醛 噻苯唑（TBZ）（无效）； 浓度<3%甲醛溶液（无效）
20 世纪 90 年代	青霉属 曲霉属 镰刀菌属 木霉属 放线菌	定期微生物检测（每年 3 月）	—
21 世纪头十年	青霉属 曲霉属 木霉属 柱孢属（*Cylindrocarpon*） 支顶孢属（*Acremonium*） 镰刀菌属 芽孢杆菌属 苍白杆菌属 嗜麦芽窄食单胞菌 枝孢霉属 镰刀菌 24 种、木霉和青霉属	多聚甲醛熏蒸和使用乙醇（70%、90%），壁画杀菌、清除； 接合部微生物调查、空气检测； 接合部，霉菌处理，杀菌剂 Coatside123、Coatside159-乙醇制剂； 2005 年 9 月实施紧急冷却对策，石室温度控制在 10℃左右； 异丙基酚代替乙醇处理生物膜	多聚甲醛 乙醇（70%）； 乙醇（90%）； Coatside123+B-72 混合涂布； Coatside159； 异丙基酚； 甲醛（3%）； 高浓度（99.5%）乙醇； 苯扎氯铵等铵盐

注：—表示未使用抑菌剂处理

2. 环境控制

微生物的生长繁殖通常会受到周围环境因素的影响。古坟发掘前石室内温度为（13.4±0.9）℃，年内浮动小。发掘后温度为（14.7±7.4）℃，年平均值上升了约 1℃，年内波动变大。相对湿度在发掘前维持在近 100%，发掘后 8 月、9 月会下降至 96.6%，5 月、12 月上升至 99.3%。1979～2004 年，室外平均气温上升了约 1.2℃，石室内温度升高了 2.9℃。影响石室温度上升的原因有全球气候变暖、机械室空调废热的排放及夏天高温期与室外的换气、每次进入石室检测期间的人为扰动等（小椋大辅等，2010，2009）。为此，在石室开启后不久，就设计并建设前室 A、B 以及准备室等缓冲设施（佐野千绘等，2003）。在前室和准备室安装有温湿度控制、排除 CO_2 气体以及循环无菌清洁空气的设备（木川りか等，2003）。在一定时期内，这些设备在石室环境控制中发挥了重要作用。但后期出现的设备故障也成为微生物暴发的重要原因之一。

关于 2000 年后石室壁画霉菌大暴发的原因，有专家认为是坟丘上方附生植被改变造成的，建议铲除坟丘上的竹林和榉树林。2003 年 9~10 月，清除了坟丘上部植被，并铺设防水布，这一举措虽然有效控制了坟丘部的浸水问题，但造成了石室内温度的上升（佐野千絵等，2003）。2004 年 9 月，清除了坟丘下方植被，并撤去防水布，架设覆屋（图 6-49A）。在覆屋替换防水布后，石室温度逐渐下降，证明覆屋有遮蔽阳光和降低温度的效果（佐野千絵等，2003；小椋大輔等，2008）。

图 6-49　高松冢古坟封土堆外覆屋（A）及冷却管（B）

在未安装冷却管之前，石室温度曾达 20℃，造成霉菌大量繁殖。2005 年 9 月古坟的冷却管安装完毕并实施紧急冷却对策，石室温度控制在 10℃，有效防止了壁画表面的干燥和结露，为之后石室解体工作做准备（石崎武志等，2003；小椋大輔等，2008）（图 6-49B）。冷却管安装后一段时间，霉菌生长得到了抑制。2006 年 2 月，石室霉菌再次暴发（木川りか等，2007c），表明目前人为介入的手段很难控制石室内微环境。

3. 其他干预措施

针对石室壁画上病害菌丝体，使用灭菌棉签和手术刀等工具进行机械清除。在石室解体搬迁后，将壁画保存于温度为 21℃和相对湿度为 55%的馆藏环境中，其中修复作业室位于周围有类似保温瓶构造的可调节温度、湿度的两层墙内，照明中使用了无紫外线的荧光灯（犬塚将英等，2009）。因保存修复设施建于相对自然的环境中，从 2008 年 3 月开始定期对修复室空气微生物进行监测，并调查蜈蚣等动物入侵路线，严格实施温度、湿度管理，使用胶带封住修复作业室墙体和地板间接缝，以减少病害昆虫的入侵和伤害壁画（木川りか等，2009b）。

6.4.4　小结与讨论

（1）高松冢古坟墓室壁画的灰泥层与支撑岩石间的黏结性较差，容易剥落；石室东南侧被石头缝隙中流出的含铁化合物的水污染成了褐色。石室开启后受到诸多外界因素影响，石室原有温湿度发生了剧烈变化，石室内微生态环境失衡。另外，地震活动导致结合部土体坍塌，加速了微生物污染。管理的不当和每次取样调查等人为扰动改变了石室内光照和营养贫乏的微生境，为微生物生长创造了适宜条件；有机保护材料和部分杀菌剂成为微生物新的营养源，微生物侵蚀成为古坟壁画安全保存的最大威胁。因原址保护能最大程度地保留古坟历史信息，相关研究人员为此不懈努力，古坟保护也曾成为国际上墓葬壁画原址保护的典范，但最终因持续恶化的微生物问题而不得不进行解体搬迁保护，留下了遗憾和对于文物保护的重新思考。

(2) 多年来高松冢古坟保护过程非常严格，但仍出现了诸多不可预料和不可逆转的问题，如全球气候变化、水分活动等因素的影响。截至目前，微生物病害防治仍是国际性难题。因此还需开展更为深入的研究，在进行人为干预时应更为严谨，如在杀菌剂的选择和使用上，要进行更多预实验，并从整个生态环境安全和平衡角度考虑干预措施是否得当。改进微生物监测方法（如使用无菌机器人进入墓室采样），以减少人类在墓室内活动。并充分研究微生物群落动态演替和功能代谢特征，全面了解墓室及古墓葬周边生态环境，为制定可行的保护方案提供科学依据。文化遗产的退化问题普遍存在，人为介入的保护措施时效性通常有限，结合数字化技术的保护手段在今后文物历史及艺术信息的保存和展示中将发挥重要作用。

6.5 本 章 总 结

本章总结了包括位于中国的北齐徐显秀墓、嘉峪关魏晋墓、敦煌汉晋墓、高句丽王城王陵及贵族墓葬，以及日本高松冢古坟的空气和壁画微生物多样性及群落结构特征，发现不同墓葬内外环境中微生物群落组成不尽相同，而同一墓葬内壁画微生物在不同位点的分布也存在较大差异，同时，微生物的存在，对于墓葬文化遗址保护已经构成巨大的威胁。文化遗址的保护是一项长期而系统的工作，现有的研究已经在数年的工作基础上具有了厚实的累积，今后对于该类文化遗址壁画以及其他文物的生物学病害还有很多内容需要研究。

我们需要在今后的保护工作中对墓葬外环境和墓葬内部实行连续性空气微生物以及环境数据监测，确定空气微生物在每一时段的变化规律，结合环境数据推导最不利于微生物扩散的环境条件，以制定相关环境管控机制。而目前对于空气中微生物的研究大多使用传统的采样培养方法，这种方法不仅可以分级获得空气中不同粒径的生物颗粒，还可以培养得到空气中微生物纯培养物，今后的空气生物学研究中，可以引入不同空气颗粒采样方式，以提取空气中微生物群落总 DNA，并使用分子技术，如 16S/18S rDNA 测序、宏基因组测序，以更加全面的视角解读空气微生物群落结构，有利于文化遗址环境中空气质量的全面评估。壁画微生物的大量富集对壁画存在潜在生物病害威胁，以菌斑以及色变等为代表的病害类型一旦暴发，将对壁画产生不可逆的严重伤害。然而，壁画原位环境中温湿度与培养条件有较大差异，营养成分以及矿物质组成均较培养时更加复杂，这就需要在未来的研究中加入模拟色板实验。将一种或几种菌株的混合类群接种于色板并置于与墓葬相似的环境条件下进行模拟培养，就可以尽可能更真实地还原菌株在壁画中的生长状态，同时，模拟色板也可以有助于观察菌株长期的生物腐蚀过程，更加直观地研究微生物与壁画间的相互作用，对壁画的微生物防治具有不可替代的指导意义。现有研究发现，动物蛋白类营养物质是引发菌株色变的最重要因素之一，建议应在今后的文物保护工作中尽量减少使用富含动物性蛋白的修复材料。在今后的研究中，可以将菌株接种于不同成分的常见修复材料，以观察实际运用过程中菌株与不同修复材料间的生物腐蚀作用，为文物保护工作中具体材料的挑选提供最准确的科学建议。目前的大部分研究主要集中在墓葬中微生物群落的定殖特征，但是对于实际文物环境来说，对壁画产生威胁的生物因素不止微生物一类，地上植物根系侵入、小型昆虫排泄物以及啮齿动物的地下活动等均会造成壁画文物的不同伤害，这就需要在今后的文物保护工作中加大文化遗址地的管控力度，分时段检测地上植物根系生长状况，预防昆虫在室内环境中大范围传播，监管周边动物对地下文化遗址环境的过度扰动，将所有可能出现的生物威胁因素均纳入文物保护管理范畴。上述措施对文化遗址环境的稳定保持具有积极意义，可为该类墓葬壁画保护工作提供更加全面的生物学参考数据。

参 考 文 献

俄军, 武发思, 汪万福, 等. 2013. 魏晋五号壁画墓保存环境中空气微生物监测研究[J]. 敦煌研究, (6): 109-116.

冯清平, 马晓军, 张晓君, 等. 1998. 敦煌壁画色变中微生物因素的研究: I.色变壁画的微生物类群及优势菌的检测[J]. 微生物学报, 38(1): 52-56.

付韫阁, 李伟麒. 2020. 通化地区高句丽文化遗产价值探析[J]. 文物鉴定与鉴赏, (17): 42-45.

盖广慧. 2011. 浅析太原北齐徐显秀墓壁画[J]. 美与时代: 美术学刊(中), (12): 42-43.

韩钊. 1999. 中国唐壁画墓和日本古代壁画墓的比较研究[J]. 考古与文物, (6): 72-92.

胡宝兰, 郑平, 武小鹰, 等. 2005. 一株氨氧化链霉菌的分类鉴定及其氨氧化特性的研究[J]. 微生物学报, 45(3): 321-324.

李永辉. 2015. 从原址保护到转移保护　日本高松冢古墓壁画的保护之路[J]. 世界遗产, (1): 260-263.

刘文碧, 刘迎云, 廖颉, 等. 2009. 空调系统中温湿度与真菌污染关系的研究[J]. 环境科技, 22(3): 22-25.

栾兴社. 2001. 曲酒发酵池中兼性自养型链霉菌的分离与特征研究[J]. 食品与发酵工业, 27(11): 17-20.

吕红, 周集体, 王竞, 等. 2003. 红假单胞菌 *Rhodopseudomonas rutila* 自养固定CO_2特性研究[J]. 大连理工大学学报, 43(5): 599-603.

马文霞, 武发思, 田恬, 等. 2018. 墓室酥碱砖壁画及其环境的真菌多样性分析[J]. 微生物学通报, 45(10): 2091-2104.

隋瑞轩, 孙国军. 2015. 高句丽世界文化遗产价值探析[J]. 黔南民族师范学院学报, 35(3): 29-32, 44.

王博. 2016. 民族融合语境下的北齐徐显秀墓室壁画风格浅析[J]. 艺术科技, 29(4): 227.

王萌萌. 2017. 沉睡的文明: 高句丽遗址[J]. 新长征, (8): 64.

王仲殊. 1981. 关于日本高松塚古坟的年代问题[J]. 考古, (3): 277-278, 276.

王仲殊. 2009. 再论日本高松冢古坟的年代及所葬何人的问题[J]. 考古, (3): 73-80.

吴依茜, 张健全, 俄军. 2012. 甘肃省博物馆馆藏嘉峪关新城魏晋壁画墓环境分析研究[J]. 丝绸之路, (10): 23-25.

武发思, 马文霞, 贺东鹏, 等. 2021. 太原北齐徐显秀墓壁画可培养真菌多样性及危害防治[J]. 微生物学通报, 48(8): 2548-2560.

武发思, 汪万福, 贺东鹏, 等. 2011. 嘉峪关魏晋墓腐蚀壁画细菌类群的分子生物学检测[J]. 敦煌研究, (6): 51-58.

武发思, 汪万福, 贺东鹏, 等. 2013. 嘉峪关魏晋墓腐蚀壁画真菌群落组成分析[J]. 敦煌研究, (1): 60-66.

武发思, 武光文, 刘岩, 等. 2016. 太原北齐徐显秀墓壁画真菌群落组成与菌害成因[J]. 微生物学通报, 43(3): 479-487.

武发思, 朱非清, 汪万福, 等. 2019. 日本高松冢古坟微生物病害及其防治研究概述[J]. 文物保护与考古科学, 31(3): 26-35.

中国文化遗产研究院, 吉林省文物局, 集安市文物局. 2014. 文物保护科技专辑-III-高句丽墓葬壁画原址保护前期调查与研究[M]. 北京: 文物出版社.

周卫华. 2019. 论嘉峪关魏晋壁画的叙事方式与艺术风格[D]. 西安: 西安美术学院博士学位论文.

左中玥. 2012. 浅析嘉峪关魏晋墓室壁画艺术价值[J]. 美术教育研究, (18): 28.

安光得, 喜友名朝彦, 富田順子, 等. 2008. 高松塚古墳石室および石室解体作業中に採取された試料における菌類群集解析(群集構造解析, 研究発表)[C]. 日本微生物生態学会講演要旨集, (24): 104.

高鳥浩介, 久米田裕子, 木川りか, 等. 2010. 高松塚古墳石室内および周辺部由来カビの薬剤に対する馴化[J]. 保存科学, (49): 239-242.

木川りか, 高鳥浩介, 久米田裕子. 2009b. 高松塚古墳壁画修理施設における生物対策について[J]. 保存科学, (49): 221-230.

木川りか, 間渕創, 高妻洋成, 等. 2007b. 高松塚古墳発掘/石室解体作業に伴う取合部・断熱覆屋使用木材等の防カビ対策: DDAC の検討と施工[J]. 保存科学, (47): 21-26.

木川りか, 杉山純多, 高鳥浩介, 等. 2007c. 高松塚古墳発掘・解体作業に伴う生物調査の概要について[J]. 保存科学, (47): 121-128.

木川りか, 佐野千絵, 高鳥浩介, 等. 2009a. 高松塚古墳石室内・取合部および養生等で使用された樹脂等材料のかび抵抗性試験[J]. 保存科学, (49): 61-71.

木川りか, 佐野千絵, 三浦定俊. 2003. 高松塚古墳の微生物調査の歴史と方法[J]. 保存科学, (43): 79-85.

木川りか, 佐野千絵, 石崎武志, 等. 2005. 高松塚古墳の微生物対策の経緯と現状[J]. 保存科学, (45): 33-58.

木川りか, 佐野千絵, 石崎武志, 等. 2007a. 高松塚古墳における菌類等微生物調査報告(平成 18 年)[J]. 保存科学, (47): 209-219.

木川りか. 2008. 高松塚古墳壁画の劣化の経緯と生物的要因について[C].高松塚古墳壁画劣化原因調査検討会(第 3 回).

犬塚将英, 佐野千絵, 木川りか, 等. 2009. 国宝高松塚古墳壁画修理作業室の一般公開時における環境測定[J]. 保存科学, (49): 153-158.

日本文化庁. 2005. 国宝高松塚古墳壁画の保存に関する現状について[C]. 奈良: 第 5 回国宝高松塚古墳壁画恒久保存対策検討会.

三浦定俊, 后德俊. 1986. 拉斯科岩洞壁画的保存现状: 兼谈高松冢古墓壁画的保存[J]. 文博, (3): 70-73.

石崎武志, 三浦定俊, 犬塚将英, 等. 2005. 高松塚古墳墳丘部の生物対策としての冷却方法の検討[J]. 保存科学, (45): 59-68.

石崎武志, 佐野千絵, 三浦定俊. 2003. 高松塚古墳石室内の温湿度および墳丘部の水分分布調査[J]. 保存科学, (43): 87-94.

喜友名朝彦, 安光得, 木川りか, 等. 2010.高松塚古墳石室内およびの周辺環境における菌類相と壁画の生物劣化との関わり[C]. 日本菌学会.

小椋大輔, 鉾井修一, 李永輝, 等. 2008. 過去の高松塚古墳石室内の温湿度変動解析: 保存施設稼動時の気象条件の影響と, 発掘直後の仮保護施設の影響[J]. 保存科学, (48): 1-11.

小椋大輔, 鉾井修一, 李永輝, 等. 2009. 過去の高松塚古墳石室内の温湿度変動解析(2): 墳丘部表面

の植生等の変化が石室内温度変動に与える影響[J]. 保存科学, (49): 73-85.

小椋大輔, 鉾井修一, 李永輝, 等. 2010. 高松塚古墳と石室の温湿度環境(高松塚古墳壁画の保存対策)[J]. 地盤工学会誌, (58): 41-48.

佐野千絵, 間渕創, 三浦定俊. 2003. 国宝・高松塚古墳壁画保存のための微生物対策に関わる基礎資料--パラホルムアルデヒドの実空間濃度と浮遊菌・付着菌から見た微生物制御[J]. 保存科学, (43): 95-105.

Abdel-Haliem M E F, Sakr A A, Ali M F, et al. 2013. Characterization of *Streptomyces* isolates causing colour changes of mural paintings in ancient Egyptian tombs[J]. Microbiological Research, 168(7): 428-437.

Abdulla H, May E, Bahgat M, et al. 2008. Characterisation of actinomycetes isolated from ancient stone and their potential for deterioration[J]. Polish Journal of Microbiology, 57(3): 213-220.

Albertano P, Bruno L, Bellezza S. 2005. New strategies for the monitoring and control of cyanobacterial films on valuable lithic faces[J]. Plant Biosystems, 139(3): 311-322.

Albertano P, Bruno L, D'Ottavi D, et al. 2000. Effect of photosynthesis on pH variation in cyanobacterial biofilms from Roman catacombs[J]. Journal of Applied Phycology, 12(3): 379-384.

Albertano P. 1997. Elemental mapping as a tool in the understanding of microorganisms-substrate interactions[J]. Journal of Computer-Assisted Microscopy, 9: 81-84.

An K D, Kiyuna T, Kigawa R, et al. 2009. The identity of *Penicillium* sp. 1, a major contaminant of the stone chambers in the Takamatsuzuka and Kitora Tumuli in Japan, is *Penicillium paneum*[J]. Antonie Van Leeuwenhoek, 96(4): 579-592.

Asencio A D, Aboal M. 2001. Biodeterioration of wall paintings in caves of *Murcia* (SE Spain) by epilithic and chasmoendolithic micro algae[J]. Archiv Für Hydrobiologie, Supplement Volumes, 103: 131-142.

Azeredo J, Oliveira R. 2000. The role of exopolymers in the attachment of *Sphingomonas paucimobilis*[J]. Biofouling, 16(1): 59-67.

Bastian F, Alabouvette C, Saiz-Jimenez C. 2009. Bacteria and free-living amoeba in the Lascaux cave[J]. Research in Microbiology, 160(1): 38-40.

Carr G, Derbyshire E R, Caldera E, et al. 2012. Antibiotic and antimalarial quinones from fungus-growing ant-associated *Pseudonocardia* sp.[J]. Journal of Natural Products, 75(10): 1806-1809.

Chelius M, Beresford G, Horton H, et al. 2009. Impacts of alterations of organic inputs on the bacterial community within the sediments of Wind Cave, South Dakota, USA[J]. International Journal of Speleology, 38(1): 1-10.

Chen Y P, Cui Y, Dong J G. 2010. Variation of airborne bacteria and fungi at Emperor Qin's *Terra-Cotta* Museum, Xi'an, China, during the "Oct. 1" Gold Week Period of 2006[J]. Environmental Science and Pollution Research, 17(2): 478-485.

Chu C C, Fang G C, Chen J C, et al. 2008. Dry deposition study by using dry deposition plate and water surface sampler in Shalu, central Taiwan[J]. Environmental Monitoring and Assessment, 146(1): 441-451.

Cuesta G, Soler A, Alonso J L, et al. 2013. *Pseudonocardia hispaniensis* sp. nov., a novel actinomycete isolated from industrial wastewater activated sludge[J]. Antonie Van Leeuwenhoek, 103(1): 135-142.

Diaz-Herraiz M, Jurado V, Cuezva S, et al. 2013. The actinobacterial colonization of Etruscan paintings[J]. Scientific Reports, 3: 1440.

Dupont J, Jacquet C, Dennetière B, et al. 2007. Invasion of the French paleolithic painted cave of Lascaux by members of the *Fusarium solani* species complex[J]. Mycologia, 99(4): 526-533.

Ettenauer J D, Jurado V, Piñar G, et al. 2014. Halophilic microorganisms are responsible for the rosy discolouration of saline environments in three historical buildings with mural paintings[J]. PLOS ONE, 9(8): e103844.

Ettenauer J D, Sterflinger K, Piñar G. 2010. Cultivation and molecular monitoring of halophilic microorganisms inhabiting an extreme environment presented by a salt-attacked monument[J]. International Journal of Astrobiology, 9(1): 59-72.

Frisvad J C. 2005. Halotolerant and halophilic fungi and their extrolite production[A]//Gunde-Cimerman N,

Oren A, Plemenitaš A. Adaptation to Life at High Salt Concentrations in Archaea, Bacteria, and Eukarya[M]. Dordrecht: Springer: 425-439.

Gonzalez I, Laiz L, Hermosin B, et al. 1999. Bacteria isolated from rock art paintings: the case of Atlanterra shelter (south Spain)[J]. Journal of Microbiological Methods, 36(1/2): 123-127.

Gorbushina A A. 2007. Life on the rocks[J]. Environmental Microbiology, 9(7): 1613-1631.

Groth I, Vettermann R, Schuetze B, et al. 1999. Actinomycetes in Karstic caves of northern Spain (Altamira and Tito Bustillo)[J]. Journal of Microbiological Methods, 36(1/2): 115-122.

Gurtner C, Heyrman J, Piñar G, et al. 2000. Comparative analyses of the bacterial diversity on two different biodeteriorated wall paintings by DGGE and 16S rDNA sequence analysis[J]. International Biodeterioration & Biodegradation, 46(3): 229-239.

Handa Y, Tazato N, Nagatsuka Y, et al. 2016. *Stenotrophomonas tumulicola* sp. nov., a major contaminant of the stone chamber interior in the Takamatsuzuka *Tumulus*[J]. International Journal of Systematic and Evolutionary Microbiology, 66(3): 1119-1124.

Hayakawa M, Yamamura H, Sakuraki Y, et al. 2010. Diversity analysis of actinomycetes assemblages isolated from soils in cool-temperate and subtropical areas of Japan[J]. Actinomycetologica, 24(1): 1-11.

Heyrman J, Verbeeren J, Schumann P, et al. 2005. Six novel *Arthrobacter* species isolated from deteriorated mural paintings[J]. International Journal of Systematic and Evolutionary Microbiology, 55(Pt 4): 1457-1464.

Jones A M, Harrison R M. 2004. The effects of meteorological factors on atmospheric bioaerosol concentrations—a review[J]. Science of the Total Environment, 326(1/2/3): 151-180.

Jones D S, Albrecht H L, Dawson K S, et al. 2012. Community genomic analysis of an extremely acidophilic sulfur-oxidizing biofilm[J]. The ISME Journal, 6(1): 158-170.

Jurado V, Miller A Z, Alias-Villegas C, et al. 2012. *Rubrobacter bracarensis* sp. nov., a novel member of the genus *Rubrobacter* isolated from a biodeteriorated monument[J]. Systematic and Applied Microbiology, 35(5): 306-309.

Jurado V, Miller A Z, Cuezva S, et al. 2014. Recolonization of mortars by endolithic organisms on the walls of San Roque church in Campeche (Mexico): a case of tertiary bioreceptivity[J]. Construction and Building Materials, 53: 348-359.

Jurado V, Sanchez-Moral S, Saiz-Jimenez C. 2008. Entomogenous fungi and the conservation of the cultural heritage: a review[J]. International Biodeterioration & Biodegradation, 62(4): 325-330.

Kaewkla O, Franco C M M. 2010. *Pseudonocardia adelaidensis* sp. nov., an endophytic actinobacterium isolated from the surface-sterilized stem of a grey box tree (*Eucalyptus microcarpa*)[J]. International Journal of Systematic and Evolutionary Microbiology, 60(Pt 12): 2818-2822.

Kigawa R, Sano C, Ishizaki T, et al. 2009. Biological issues in the conservation of mural paintings of Takamatsuzuka and Kitora tumuli in Japan[C]//Sano C. Study of Environmental Conditions Surrounding Cultural Properties and Their Protective Measures, Proceedings of the 31st International Symposium on the Conservation and Restoration of Cultural Property, held on 5–7 February, 2008. Tokyo: National Research Institute for Cultural Properties: 43-50.

Kiyuna T, An K D, Kigawa R, et al. 2008. Mycobiota of the Takamatsuzuka and Kitora Tumuli in Japan, focusing on the molecular phylogenetic diversity of *Fusarium* and *Trichoderma*[J]. Mycoscience, 49(5): 298-311.

Kiyuna T, An K D, Kigawa R, et al. 2011. Molecular assessment of fungi in "black spots" that deface murals in the Takamatsuzuka and Kitora Tumuli in Japan: *Acremonium* sect. *Gliomastix* including *Acremonium tumulicola* sp. nov. and *Acremonium felinum* comb. nov[J]. Mycoscience, 52(1): 1-17.

Kiyuna T, An K D, Kigawa R, et al. 2012. Bristle-like fungal colonizers on the stone walls of the Kitora and Takamatsuzuka Tumuli are identified as *Kendrickiella phycomyces*[J]. Mycoscience, 53(6): 446-459.

Kiyuna T, An K D, Kigawa R, et al. 2017. Noteworthy anamorphic fungi, *Cephalotrichum verrucisporum*, *Sagenomella striatispora*, and *Sagenomella griseoviridis*, isolated from biodeteriorated samples in the Takamatsuzuka and Kitora Tumuli, Nara, Japan[J]. Mycoscience, 58(5): 320-327.

Komárek J. 2007. Phenotype diversity of the cyanobacterial genus *Leptolyngbya* in the maritime Antarctic[J].

Polish Polar Research, 28(3): 211-231.

Lamenti G, Tiano P, Tomaselli L. 2000. Biodeterioration of ornamental marble statues in the Boboli Gardens (Florence, Italy)[J]. Journal of Applied Phycology, 12(3): 427-433.

Lepinay C, Mihajlovski A, Seyer D, et al. 2017. Biofilm communities survey at the areas of salt crystallization on the walls of a decorated shelter listed at UNESCO World cultural Heritage[J]. International Biodeterioration & Biodegradation, 122: 116-127.

Lou X Q, Fang Z G, Gong C J. 2012. Assessment of culturable airborne fungi in a university campus in Hangzhou, southeast China[J]. African Journal of Microbiology Research, 6(6): 1197-1205.

Ma W X, Wu F S, Tian T, et al. 2020. Fungal diversity and its contribution to the biodeterioration of mural paintings in two 1700-year-old tombs of China[J]. International Biodeterioration & Biodegradation, 152: 104972.

McNamara C J, Bearce K A, et al. 2006. Epilithic and endolithic bacterial communities in limestone from a Maya archaeological site[J]. Microbial Ecology, 51(1): 51-64.

Miller A Z, Laiz L, Dionísio A, et al. 2009. Growth of phototrophic biofilms from limestone monuments under laboratory conditions[J]. International Biodeterioration & Biodegradation, 63(7): 860-867.

Mitsui R, Omori M, Kitazawa H, et al. 2005. Formaldehyde-limited cultivation of a newly isolated methylotrophic bacterium, *Methylobacterium* sp. MF1: enzymatic analysis related to C_1 metabolism[J]. Journal of Bioscience and Bioengineering, 99(1): 18-22.

Montacutelli R, Maggi O, Tarsitani G, et al. 2000. Aerobiological monitoring of the "Sistine Chapel": airborne bacteria and microfungi trends[J]. Aerobiologia, 16(3): 441-448.

Mulec J, Kosi G. 2009. Lampenflora algae and methods of growth control[J]. Journal of Cave & Karst Studies, 71: 109-115.

Nagatsuka Y, Kiyuna T, Kigawa R, et al. 2017. *Prototheca tumulicola* sp. nov., a novel achlorophyllous, yeast-like microalga isolated from the stone chamber interior of the Takamatsuzuka Tumulus[J]. Mycoscience, 58(1): 53-59.

Nishijima M, Tazato N, Handa Y, et al. 2013. *Gluconacetobacter tumulisoli* sp. nov., *Gluconacetobacter takamatsuzukensis* sp. nov. and *Gluconacetobacter aggeris* sp. nov., isolated from Takamatsuzuka *Tumulus* samples before and during the dismantling work in 2007[J]. International Journal of Systematic and Evolutionary Microbiology, 63(Pt 11): 3981-3988.

Nishijima M, Tazato N, Handa Y, et al. 2017. *Krasilnikoviella muralis* gen. nov., sp. nov., a member of the family Promicromonosporaceae, isolated from the Takamatsuzuka *Tumulus* stone chamber interior and reclassification of *Promicromonospora flava* as *Krasilnikoviella flava* comb. nov. [J]. International Journal of Systematic and Evolutionary Microbiology, 67(2): 294-300.

Nishijima M, Tazato N, Handa Y, et al. 2017. *Microbacterium tumbae* sp. nov., an actinobacterium isolated from the stone chamber of ancient tumulus[J]. International Journal of Systematic and Evolutionary Microbiology, 67(6): 1777-1783.

Nugari M P, Pietrini A M, Caneva G, et al. 2009. Biodeterioration of mural paintings in a rocky habitat: the Crypt of the Original Sin (Matera, Italy)[J]. International Biodeterioration & Biodegradation, 63(6): 705-711.

Orial G, Bousta F, François A, et al. 2009. Managing biological activities in Lascaux: identification of microorganisms, monitoring and treatments[M]//Coye Noël, France. Ministère de la culture et de la communication, Institut national du patrimoine. Lascaux et la conservation en milieu souterrain. Paris: Éditions de la Maison des sciences de l'homme: 220-251.

Pangallo D, Bučková M, Kraková L, et al. 2015. Biodeterioration of epoxy resin: a microbial survey through culture-independent and culture-dependent approaches[J]. Environmental Microbiology, 17(2): 462-479.

Pangallo D, Kraková L, Chovanová K, et al. 2012. Analysis and comparison of the microflora isolated from fresco surface and from surrounding air environment through molecular and biodegradative assays[J]. World Journal of Microbiology and Biotechnology, 28(5): 2015-2027.

Piñar G, Piombino-Mascali D, Maixner F, et al. 2013. Microbial survey of the mummies from the Capuchin Catacombs of Palermo, Italy: biodeterioration risk and contamination of the indoor air[J]. FEMS

Microbiology Ecology, 86(2): 341-356.

Portillo M C, Alloza R, Gonzalez J M. 2009. Three different phototrophic microbial communities colonizing a single natural shelter containing prehistoric paintings[J]. Science of the Total Environment, 407(17): 4876-4881.

Premanandh J, Priya B, Prabaharan D, et al. 2009. Genetic heterogeneity of the marine cyanobacterium *Leptolyngbya valderiana* (Pseudanabaenaceae) evidenced by RAPD molecular markers and 16S rDNA sequence data[J]. Journal of Plankton Research, 31(10): 1141-1150.

Rieser G, Scherer S, Wenning M. 2012. *Naumannella* halotolerans gen. nov., sp nov., a Gram-positive coccus of the family Propionibacteriaceae isolated from a pharmaceutical clean room and from food[J]. International Journal of Systematic and Evolutionary Microbiology, 62: 3042-3048.

Saarela M, Alakomi H L, Suihko M L, et al. 2004. Heterotrophic microorganisms in air and biofilm samples from Roman catacombs, with special emphasis on Actinobacteria and fungi[J]. International Biodeterioration & Biodegradation, 54(1): 27-37.

Saiz-Jimenez C, Gonzalez J M. 2007. Aerobiology and cultural heritage: some reflections and future challenges[J]. Aerobiologia, 23(2): 89-90.

Saiz-Jimenez C. 2012. Microbiological and environmental issues in show caves[J]. World Journal of Microbiology & Biotechnology, 28(7): 2453-2464.

Sánchez-Moral S, Soler V, Cañaveras J C, et al. 1999. Inorganic deterioration affecting the Altamira Cave, N Spain: quantitative approach to wall-corrosion (solutional etching) processes induced by visitors[J]. Science of the Total Environment, 243/244: 67-84.

Sangkhobol V, Skerman V B D. 1981. *Chitinophaga*, a new genus of chitinolytic myxobacteria[J]. International Journal of Systematic Bacteriology, 31(3): 285-293.

Schabereiter-Gurtner C, Saiz-Jimenez C, Piñar G, et al. 2002. Altamira cave Paleolithic paintings harbor partly unknown bacterial communities[J]. FEMS Microbiology Letters, 211(1): 7-11.

Schabereiter-Gurtner C, Saiz-Jimenez C, Piñar G, et al. 2004. Phylogenetic diversity of bacteria associated with Paleolithic paintings and surrounding rock walls in two Spanish caves (Llonín and La Garma)[J]. FEMS Microbiology Ecology, 47(2): 235-247.

Simeray J, Chaumont J P, Léger D. 1993. Seasonal variations in the airborne fungal spore population of the east of France (Franche - Comté). Comparison between urban and rural environment during two years[J]. Aerobiologia, 9(2): 201-206.

Song T Y, Mårtensson L, Eriksson T, et al. 2005. Biodiversity and seasonal variation of the cyanobacterial assemblage in a rice paddy field in Fujian, China[J]. FEMS Microbiology Ecology, 54(1): 131-140.

Sprague S G, Staehelin L A, DiBartolomeis M J, et al. 1981. Isolation and development of chlorosomes in the green bacterium *Chloroflexus aurantiacus*[J]. Journal of Bacteriology, 147(3): 1021-1031.

Srinivasan S, Kim M K, Sathiyaraj G, et al. 2010. *Lysobacter* soli sp. nov., isolated from soil of a ginseng field[J]. International Journal of Systematic and Evolutionary Microbiology, 60(7): 1543-1547.

Sugiyama J, Kiyuna T, An K D, et al. 2009. Microbiological survey of the stone chambers of Takamatsuzuka and Kitora tumuli, Nara Prefecture, Japan: a milestone in elucidating the cause of biodeterioration of mural paintings[C]//Sano C. International symposium on the conservation and restoration of cultural property - study of environmental conditions surrounding cultural properties and their protective measures. Tokyo: National Research Institute for Cultural Properties: 51-53.

Tazato N, Handa Y, Nishijima M, et al. 2015. Novel environmental species isolated from the plaster wall surface of mural paintings in the Takamatsuzuka Tumulus: *Bordetella muralis* sp. nov., *Bordetella tumulicola* sp. nov. and *Bordetella tumbae* sp. nov[J]. International Journal of Systematic and Evolutionary Microbiology, 65(12): 4830-4838.

Tian T, Wu F S, Ma Y T, et al. 2017. Description of *Naumannella cuiyingiana* sp. nov., isolated from a *ca.* 1500-year-old mural painting, and emended description of the genus *Naumannella*[J]. International Journal of Systematic and Evolutionary Microbiology, 67(8): 2609-2614.

Tomaselli L, Tiano P, Lamenti G. 2000. Occurrence and fluctuation in photosynthetic biocoenoses dwelling on stone monuments[M]//Ciferri O, Tiano P, Mastromei G. Of Microbes and Art. Boston, MA: Springer,

2000: 63-76.

Urzì C, De Leo F, Bruno L, et al. 2010. Microbial diversity in paleolithic caves: a study case on the phototrophic biofilms of the Cave of Bats (Zuheros, Spain)[J]. Microbial Ecology, 60(1): 116-129.

Vasanthakumar A, DeAraujo A, Mazurek J, et al. 2013. Microbiological survey for analysis of the brown spots on the walls of the tomb of King Tutankhamun[J]. International Biodeterioration & Biodegradation, 79: 56-63.

Wang W F, Ma Y T, Ma X, et al. 2012. Diversity and seasonal dynamics of airborne bacteria in the Mogao Grottoes, Dunhuang, China[J]. Aerobiologia, 28(1): 27-38.

Yoon M H, Im W T. 2007. *Flavisolibacter ginsengiterrae* gen. nov., sp. nov. and *Flavisolibacter ginsengisoli* sp. nov., isolated from ginseng cultivating soil[J]. International Journal of Systematic and Evolutionary Microbiology, 57(Pt 8): 1834-1839.

Zammit G, Psaila P, Albertano P, et al. 2008. An investigation into biodeterioration caused by microbial communities colonising artworks in three Maltese palaeo-christian catacombs[C]. 9th International Conference on NDT of Art, Jerusalem, Israel: 25-30.

第7章 遗址及考古现场微生物

遗址是从历史、审美、人种学或人类学角度看，具有突出普遍价值的人类工程或自然与人工联合工程以及考古地址等。我国文物资源丰富，考古遗址分布广泛。其中土遗址作为一类特殊的遗址保存体，其不仅包含着历史上人类居住、生产生活、宗教军事等活动信息，也储存着大量的微生物资源。然而，受土体物质组成、结构特征以及其他物理化学性质的影响，土遗址本身就比较脆弱，其在潮湿环境下则更加难以保存。影响考古遗址文物保护的因素很多，包括温度、湿度、光照、空气中的氧气、污染物以及生物因素（王蕙贞，2009）。考古发掘现场文物出土后，首先面临的是文物本体含水率的剧变，造成文物在温度和湿度剧变下的膨胀或收缩；其次，文物还需要面对生物因素的影响，地下埋藏环境土壤中本身也存在大量的微生物（Bull *et al.*，1992），它们可对埋藏文物进行缓慢腐蚀或降解（旦辉等，2009；Kim and Singh，2000）；从地下相对低氧环境到出土后的高氧环境，需氧的好氧型微生物可在这一过程中快速增殖。另外，由于环境空气中本身飘浮有大量的微生物孢子，一旦环境条件适宜，它们也会在出土文物表面滋生蔓延，给文物带来极大的破坏和伤害（Sorlini，1993）。当外界温度、湿度适宜时，土遗址本体在发掘初期也会被微生物污染。

7.1 长沙铜官窑谭家坡遗迹微生物

7.1.1 环境背景与文物价值

（1）地理环境

长沙铜官窑遗址位于望城区铜官街道彩陶源村，是初唐至五代时期制瓷遗址，距长沙市约 20 km。主要窑区在兰岸嘴、瓦渣坪、兰家坡一带，现存窑包 13 处，遗址文化堆积厚至 1.0～3.2 m。该遗址位于东经 113°26′、北纬 28°34′，整体海拔不超过 50 m，本区域属亚热带季风潮湿气候区，四季分明，春秋两季短，气温适宜，年平均气温在 17℃左右，雨水充沛，年平均降水量 1400 mm 左右，年平均日照 1610 h。该地区植物种类多，覆盖面积较广。铜官窑所在区域原始地貌为丘陵，地层主要由第四系覆盖组成，主要地层自上而下依次为杂填土、耕土、残积粉质黏土。

（2）历史沿革及文物价值

该窑史书中未见记载。根据史料记载，在"安史之乱"及其过后的数十年里，部分丧失生产资料的陶瓷工匠远走江南，促成了长沙铜官窑的发展，带来了铜官陶瓷的兴起与发达。铜官窑兴起于公元 8 世纪中后期的唐代时期，衰于公元 10 世纪五代时期。鼎盛时期，铜官窑瓷器遍布亚洲各地、远至非洲，出口 29 个国家和地区，通过水运，从湘江入长江，经扬州、宁波、广州口岸，开辟了一条通往南亚到北非的"海上陶瓷之路"，距今有 1000 多年的历史。

1956 年，湖南省文物管理委员会在文物普查工作中发现此遗址。1957 年，故宫博物院陶瓷专家冯先铭、李辉柄曾对长沙铜官窑遗址进行了调查，确认其是唐至五代时期重要窑址。该遗址先后经历了 1964 年、1978 年、1983 年、1999 年、2010～2020 年共 5 次比较大型的考古发掘，基本厘清了遗址分布总面积约 0.68 km²，发现了石渚湖南面窑区的存在，框定了石渚湖的大致范围，确定了 76 处窑址、24 处采泥洞。探明了龙窑遗址、采泥矿遗址、文化堆积层、码头遗址、货藏区及同时期的墓葬区等文化遗址均保存较好，文化遗存面积达 53 hm²，涉及 7 个村民小组。

铜官窑谭家坡 1 号龙窑是世界上保存最为完好的唐代龙窑，窑址正南北方向，总长 41 m，最宽处 3.5 m，最窄处 2.8 m，坡度陡处 23°，平缓处 9°，揭露谭家坡 1 号龙窑考古发掘区域窑场制瓷有关遗迹 28 处，出土可修复文物上万件，体现了长沙铜官窑的窑炉构造特征以及相应区域窑址的产品特征，并发现了与窑业生产有关的重要建筑遗迹。

铜官窑以首创釉下多彩瓷和铜红釉瓷而闻名，开创了中国瓷器装饰艺术上的先河，打破了当时只有青瓷和白瓷的格局，被称为"汉文化向外扩张的里程碑"，在世界陶瓷发展史上具有划时代意义。其烧制于陶器上的诗词歌赋对研究唐代的诗词文化有极为重要的价值并填补了我国全唐诗的空白。铜官窑是研究中国古代陶瓷艺术、湖湘文化和对外交流等不可多得的实物资料，具有极高的历史文化价值、科学价值和艺术价值。

（3）保护历程

为有效保护这一宝贵的民族文化遗产，1988 年，长沙铜官窑遗址被国务院公布为第三批全国重点文物保护单位，2006 年被纳入全国 100 个重要大遗址保护项目。2010 年，长沙铜官窑考古遗址公园获国家文物局第一批国家考古遗址公园立项，2011 年长沙铜官窑陶瓷烧制技艺入选第三批国家级非物质文化遗产名录，2013 年被国家文物局授予"国家考古遗址公园"称号，2015 年荣获"湖南十年重要考古发现"称号。2021 年长沙铜官窑国家考古遗址公园被确定为国家 4A 级旅游景区。

长沙铜官窑遗址保护范围包括两个区域：①北至觉华山脚，南至原有水陆分界线，西至宝塔洲东岸，东沿长坡和邱家嘴村自然道路为界，面积约为 65 hm²；②北至金家坡山脚；南至土地坡边界；西至金家坡小路；东沿郭家岭小路，面积约为 3hm²。《长沙铜官窑遗址保护总体规划》由陕西省文化遗产规划设计研究院编制设计，规划范围包括长沙铜官窑遗址已探明的文物区，以及可能埋藏有文物的地区及其相关环境。长沙铜官窑遗址现今管理机构为长沙铜官窑遗址管理处。"四有"档案建设已基本完成，后续档案的详尽完备工作需继续开展（刘梦，2018）。

铜官窑核心保护区是谭家坡大窑包的南坡。为保护这一核心遗址，于 2012 年 5 月建成了外围玻璃幕墙保护建筑，保护展示设施总建筑面积为 2417.05 m²，称为"谭家坡遗迹馆"（图 7-1，图 7-2）。2011 年 8 月至 2012 年 6 月，由湖南省文博设计研究院有限公司、湖南省文物保护利用中心牵头，联合中南大学、长沙铜官窑遗址管理处等多家单位，承担了长沙铜官窑遗址已建馆保护的谭家坡及准备建馆保护的陈家坪两处遗址的保护文本编制工作。2013 年，由湖南省文保古建工程施工有限责任公司承担湖南长沙铜官窑谭家坡 1 号龙窑保护工程，展开本体保护修复工作，至 2014 年 11 月完工。完成了铜官窑 1370 m²、1000 件（组）文物的清理修复、裂隙修补、遗址区植物及根系清理、微生物杀灭、龙窑窑壁高危部加固、遗址本体加固试验、遗址本体和周边环境监测，以及遗址表面防风化补强处理工作。

图 7-1　铜官窑谭家坡遗迹馆外景　　图 7-2　铜官窑谭家坡遗迹馆内景及 1 号龙窑位置

7.1.2　遗址表面微生物组成与分布

（1）样品采集

2012 年，项目组对遗迹馆内白色污染物进行了全面调查，划定了病害发生的范围（图 7-3A）及严重危害区域（图 7-3B）。并采集重点病害区的白色菌丝体（样品 A，图 7-3C）、树干残留处黄绿色菌斑（样品 B，图 7-3D）和大型真菌子实体周围地面上白色菌丝体（样品 C，图 7-3E）样品，带回实验室分析。

图 7-3　遗迹馆内主要病害区域现状及研究样品的采集

A. 遗迹馆内景，虚线框所示为真菌病害发生范围，箭头所示为主要病害区；B. 遗址文化层剖面白色真菌的大肆扩散；C. 菌丝体样品采集；D. 树干残留处的黄绿色真菌采集；E. 大型真菌子实体周围白色菌丝体采集

2017 年 5 月，长沙地区受到特大暴雨影响，雨水倒灌入谭家坡遗迹馆内，雨水浸泡区域在退水之后出现藻类、苔藓等生物病害（图 7-4、图 7-5），导致遗迹馆无法对外开放参观。为了防止遗迹馆内生物病害继续扩大蔓延，本项目组于 2019 年再次对其进行病害现状调查分析和样品采集，采样信息见表 7-1。

图 7-4　2019 年房 1 藻类、苔藓　　　　图 7-5　2019 年窑门灰坑藻类及苔藓、蕨类

"房 1"为遗址现场标注名称，即考古发掘后的位置命名

表 7-1　2019 年采样信息表

样品编号	取样位置	样品特征	备注
F1-1	房 1 室内地面踩踏面瓦片附近	表层生物膜演替区域	周边可见小型苔藓、高等植物
F1-2	房 1 室内地面柱洞东南角	表层生物膜	
F1-3	房 1 室内地面踩踏面东北角	表层生物膜	
F1-4	房 1 室内地面踩踏面中央	表层生物膜下部土壤	刮掉表层 2～3 mm 生物膜后土壤
T2-1	探方 2 地面	表层生物膜	
T2-2	探方 2 地面	表层生物膜下部土壤	刮掉 2～3 mm 生物膜后土壤
Y1-1	窑门外坑内	表层生物膜	疑似混杂有苔藓、地衣
Y1-2	窑门外坑内	表层生物膜	疑似地衣
Y1-3	窑门外坑内	无可见生物膜土壤	
B1-1	房 1 北侧土壤剖面	表层黑色变化土壤	历史加固区域

（2）发掘初期病害微生物类群特点

克隆文库所获序列已提交至 NCBI 数据库（序列号：KC866386～KC866447）。通过 BLAST 序列比对，发现样品 A 文库中所获序列均与 NCBI 数据库中尖孢镰刀菌（*Fusarium oxysporum*）具有高度的相似性；样品 B 文库中所获序列均与 NCBI 数据库中白腐菌（*Phlebia brevispora*）具有高度相似性；而样品 C 文库中所获序列均与 NCBI 数据库中荷叶离褶伞（*Lyophyllum decastes*）具有极高的相似度（表 7-2）。由此可以判断，所采集样品本身为生长在遗址表面较为纯净的菌丝体或菌斑，分别得到了单一的序列类型，充分表明样品中已暴发形成的微生物群落组成较为单一，所得序列可代表主要病害区域当前暴发的优势病害菌。通过对比相似序列的分离来源信息后发现，这些序列的相似序列主要分离自根际土壤和腐根等样品中（武发思等，2014a）。

表 7-2 谭家坡遗迹馆内优势病害真菌 ITS 区克隆文库中典型序列 BLAST 比对分析

样品	序列数量	典型克隆（序列号）	隶属科	相近种	分离源	覆盖度	相似度	参考序列号
A	21	KC866407	Nectriaceae	*Fusarium oxysporum*	根际土	100%	100%	GU566205
B	21	KC866428	Corticiaceae	*Phlebia brevispora*	柏树腐根	90%	99%	AB084616
C	20	KC866386	Lyophyllaceae	*Lyophyllum decastes*	松林地衣	100%	99%	HM572544

子囊菌门的尖孢镰刀菌代表了全球土壤微生物区系中最为丰富和广泛存在的微生物（Gordon and Martyn，1997）。它们具有极高的环境适应性，在索诺兰沙漠、温热带森林、草原和冻原土壤中均有分布（Stoner，1981）。其在土壤中通常扮演腐生菌的角色，并可以完成木质素（Christakopoulos *et al.*，1995）以及土壤颗粒胶结物中复合碳水化合物的降解（Gordon *et al.*，1989）；尖孢镰刀菌还是非常普遍的植物内生菌，可以侵染植物根系（Gordon *et al.*，1989）。通过追溯已经发表的文献可知，镰刀菌也是造成其他遗址地微生物病害的关键真菌。在 2001 年，法国拉斯科洞穴史前壁画曾遭到了一种白色霉菌入侵，后经分子鉴定确定为腐皮镰刀菌（Dupont *et al.*，2007）。而在日本高松冢古坟和 Kitora 古坟内也分离得到了大量的镰刀菌菌株，它们主要为腐皮镰刀菌、尖孢镰刀菌、燕麦镰刀菌（*Fusarium avenaceum*）和三线镰刀菌（*Fusarium tricinctum*）等形成的种复合体（Kiyuna *et al.*，2008）。由此可知，镰刀菌分布广泛，已成为多处遗址地所面临的主要病害菌。

另一种病害真菌为白腐菌，其主要出现在考古发掘后残留的树根切面上。白腐菌隶属于担子菌门，地理分布广泛，常见有 50 多个种，参与针叶林及阔叶林木材的微生物降解。已有研究者在腐烂的柏树根中分离得到了大量的白腐菌（Kiyuna *et al.*，2008），其在木材的腐烂过程中发挥着非常关键的作用，而谭家坡遗迹馆考古发掘现场树干残留表面白腐菌的出现，与考古残留树根的微生物降解有关，这些木腐菌在适合条件下参与了土体内有机质的分解。

分析表明，荷叶离褶伞也是谭家坡遗迹馆内的病害真菌之一，其在世界范围内被大量驯化栽培，属于优良食用菌。遗迹馆内荷叶离褶伞的成熟子实体产生了大量孢子，这些孢子迅速扩散，并不断萌发形成新的菌丝体，造成考古遗迹大面积污染。食用菌的栽培过程中需要木屑等有机质作为基质，遗址表面出现此类微生物是因为土体内本身有其孢子资源库，其在潮湿的地表和残根等有机物存在的条件下，迅速萌发并形成子实体等可见的结构。

研究者构建了长沙铜官窑谭家坡遗迹馆内病害真菌 rDNA 序列及其相似序列间系统发生关系树（图 7-6）。BLAST 比对显示，样品 A 文库中所获序列均隶属于真菌界（Fungi）子囊菌门（Ascomycota）盘菌亚门（Pezizomycotina）粪壳菌纲（Sordariomycetes）肉座菌目（Hypocreales）丛赤壳科（Nectriaceae）镰刀菌属（*Fusarium*）。样品 B 文库中所获序列均隶属于真菌界（Fungi）担子菌门（Basidiomycota）伞菌纲（Agaricomycetes）伏革菌目（Corticiales）伏革菌科（Corticiaceae）白腐菌属（*Phlebia*）。而样品 C 文库中所获序列均隶属于真菌界（Fungi）担子菌门（Basidiomycota）伞菌纲（Agaricomycetes）伞菌目（Agaricales）离褶伞科（Lyophyllaceae）离褶伞属（*Lyophyllum*）。

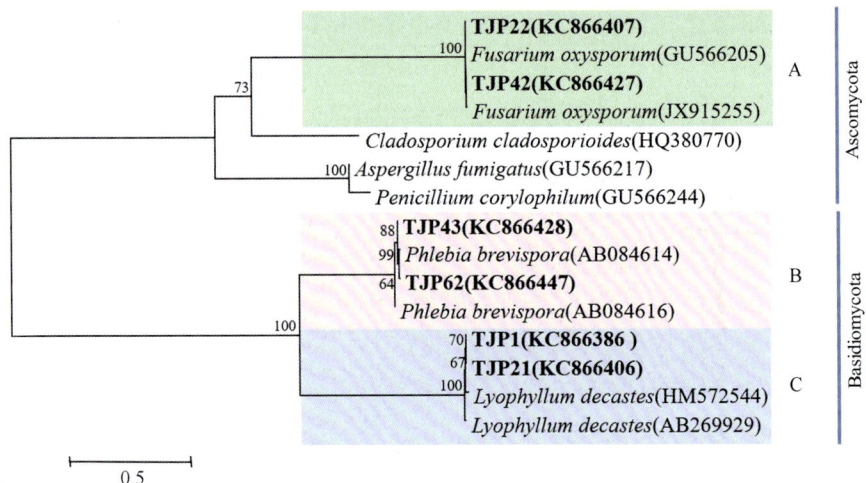

图 7-6　遗迹馆内病害真菌系统发生关系分析

（3）2017 年暴发病害微生物群落特征

高通量数据分析可知，在门的分类学水平上（图 7-7），放线菌门（Actinobacteria）为优势门，尤其在生物膜形成不太明显的样品中，如样品 B1-1、F1-3、F1-4。而肉眼可见绿色生物膜的样品中，蓝细菌门（Cyanobacteria）、变形菌门（Proteobacteria）、酸杆菌门（Acidobacteria）均有较高丰度，在窑门外坑内存在一定丰度的 Saccharibacteria。不同样品间微生物群落组成差别较大，这与样品表观差异，以及生物膜中细菌群落演替密切相关，也间接反映了病害程度。放线菌是一类土壤常见菌，在潮湿土体中具有较高丰度。

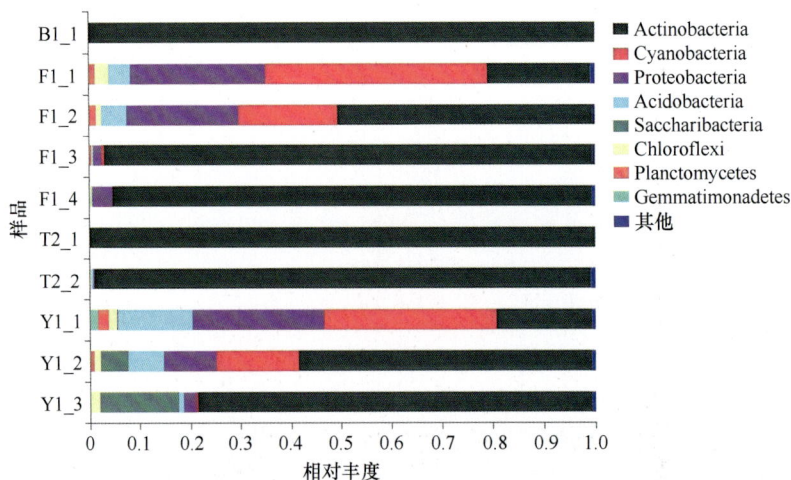

图 7-7　细菌在门水平上群落组成特征

在细菌属的水平上（图 7-8），丰度最高的是假诺卡氏菌属（Pseudonocardia）以及未鉴定的假诺卡氏菌科成员（unclassified_f_Pseudonocardiaceae）。在 Y1-2、F1-2、F1-1、Y1-1 样品中，未确定分类地位的蓝藻门成员（norank_c_Cynobacteria）丰度极高，与这些样品来自生物膜样品，对遗址区形成了绿色生物膜覆盖污染密切相关。假诺卡氏菌属微生物在墓葬壁画表面多次被检测到，它们被认为是一类先锋种群，铜官窑遗址区的侵染可能主要是由它们首先开始的，之后其他类群微生物再逐渐演替。

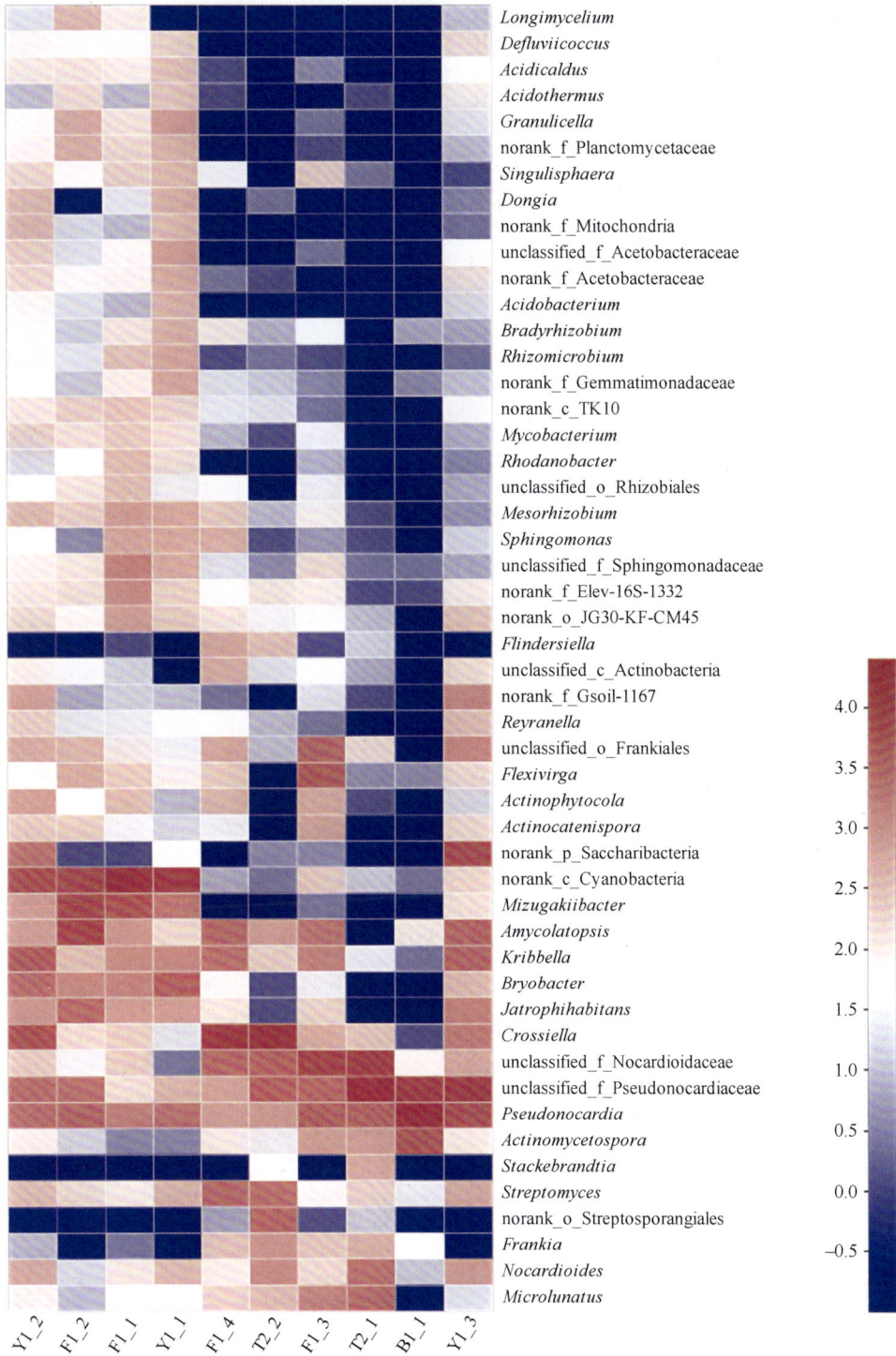

图 7-8　细菌在属水平上群落组成热图

　　不同样品间真菌 OTU 在科的分类水平上，群落组成和结构特征差异较大。虫草菌科（Cordycipitaceae）成员在 F1-1、Y1-1 和 Y1-2 中均有较高丰度。而未鉴定的煤炱目（unclassified_o_Capnodiales）真菌在多数样品中均有较高丰度。煤炱目起源于煤炱科（Capnodiaceae），是一种外貌很像泥煤的褐色真菌，会在叶面上形成黑块，通常与食用该植物的昆虫相关。这些微生物的出现会影响到遗址表面颜色变化。在真菌科的水平上（图 7-9），优势属主要隶属于未鉴定的煤炱目（unclassified_o_Capnodiales）真菌成员，由于当前数据库及微生物研究领域知识所限，这些微生物还无法确定到属或种的水平。在绿色生物膜下层土壤对照样品 F1-4、T2-2 中，镰刀菌属（*Fusarium*）真菌占据相当高的优势，这类真菌在潮湿土体和文物表面经常被分离到，是典型文物致病菌。在历史修复区域呈现黑色的土体中有大量青霉属（*Penicillium*）和德福里斯孢属（*Devriesia*）成员序列，土体变黑是否是由特殊微生物对于前期有机保护材料的退化或降解作用引起，尚待进一步分析研究。

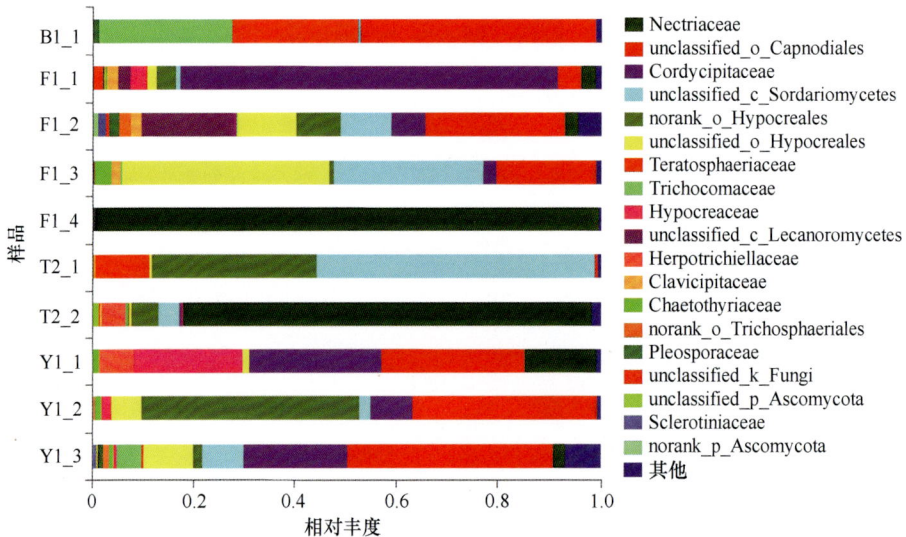

图 7-9　真菌在科水平上群落组成特征

　　藻类是一类光合自养型生物，由于铜官窑谭家坡遗迹馆的生物病害问题主要表现为绿色生物体对遗址表面的污染，因此选择分析这一特殊类群非常重要。本次分析在门的水平上所获 OTU 多数属于不可鉴定类群，在 F1-1、F1-2、F1-3 样品中，存在大量的不可鉴定真核生物（unclassified_d_Eukaryote）。在 Y1-1、Y1-2 样品中存在大量的链形植物（Streptophyta），链形植物是植物中的一大类群，包括轮藻门（广义上的轮藻）和有胚植物（现存的陆生植物：苔藓维管植物）两大类。这与肉眼可见的窑门外坑内表面生长有疑似混杂有苔藓密切相关。T2-1 样品中绿藻门（Chlorophyta）占据很大比例。由此可见，我们选定的三处取样区域，虽然表面颜色均为浅绿色或深绿色，但是内部藻类或低等植物组成差异很大。

　　在藻类属的水平上，优势属是不可鉴定类群和不可鉴定真核生物成员。除了 B1-1、F1-4 样品外，其余样品中均存在一定比例的凤尾藓属（*Fissidens*），这一重要发现为后期保护防治提供了重要信息。Y1-2 样品中包括丰度较大的凤尾蕨属（*Pteris*）。可以肯定，铜官窑谭家坡遗迹馆内可见绿色生物体包括苔藓类群和蕨类植物类群。凤尾藓属是藓纲凤尾藓科的代表属。植物体具典型两列扁平形排列的叶片，色泽翠绿或暗绿色，高 0.5～10 cm。叶卵披针形或阔刀形，具背翅及前翅，抱茎；蒴柄细弱。孢蒴卵形或长椭圆形。蒴齿单层，齿片 16 个，2 瓣状深裂，红棕色，具粗条纹及密横脊。蒴盖圆锥形，喙细长。蒴帽兜形。本属约 900 种，分布于世界各地。中国有 50 余种。其植物体和蒴齿形式为藓类植物中较原始的类型。按凤尾藓属植物的体形大小、茎中轴与叶边分化与否，以及叶细胞形式等特征，可将凤尾藓属分为亚属或组。生态习性多着生温热地区阴暗滴水岩壁、溪边流水石面、洞穴、土壁及树干基部。凤尾蕨属（学名 *Pteris* L.），为凤尾蕨科多年生常绿草本，性喜温暖潮湿及半阴的环境，但必须有足够的散射光。生长适温为 15～25℃，冬季温度不低于 5℃；空气相对湿度为 60%。其生长要求腐殖质含量丰富、排水良好的土壤。孢子发芽温度 25℃。这两类生物的生态习性与谭家坡遗迹馆条件较为相符。

（4）遗址赋存环境监测

通过对铜官窑谭家坡遗迹馆内窑上坡、中坡、下坡微环境监测发现，在窑下坡、中坡、上坡空气温度呈递增趋势，空气相对湿度和土壤含水率呈递减趋势，其中土壤含水率分别平均为 8.89%、7.67%、6.23%（图 7-10）。遗迹馆内环境容易受到外界大环境的影响；伏旱时，遗址表面和内部水分快速蒸发，使本土表面因干燥而出现龟裂或裂隙。降水时，湿气会快速进入馆内，不但造成馆内湿度升高，同时也使遗址土壤表面的湿气加重。受降水、地下水或地表水影响，馆内环境保持在高湿状态。遗迹馆内土壤含水率和土体持水能力的上述特点，导致遗迹表面出现与水相关的病害，如微生物暴发、裂隙、龟裂等（侯文芳等，2018）。

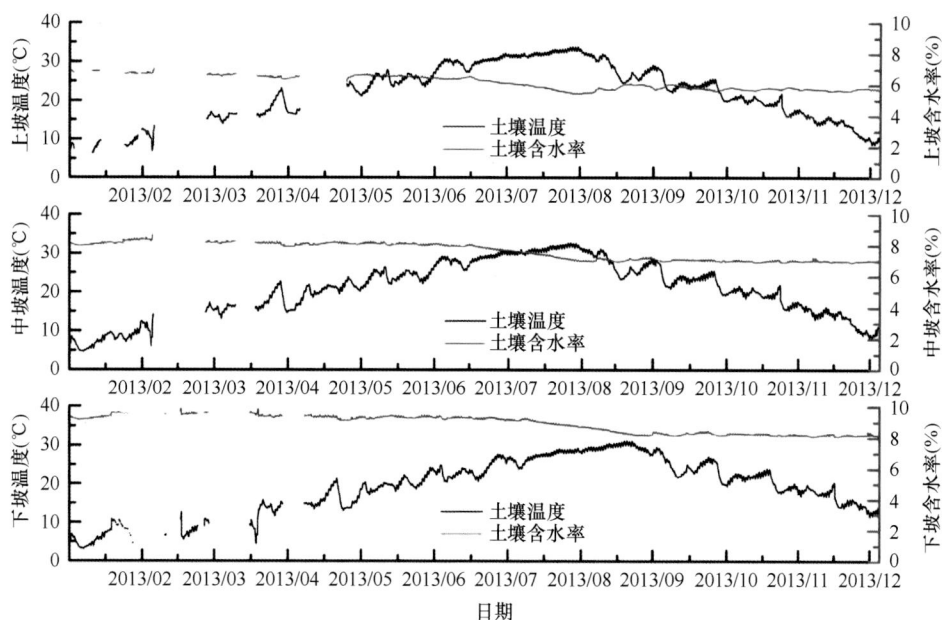

图 7-10　谭家坡遗迹馆内窑下坡、中坡、上坡监测点位土壤温度与含水率的年际变化图

选择遗迹表面具有代表性的生物病害区域房 1、探方 2、窑门灰坑及无可见生物病害对照区域挖泥坑，同步监测遗迹地面空气温度、相对湿度，地表面 1.5 cm 下土壤温度、相对湿度以及地表面光强度，以明确遗址内不同高度和区域微环境的差异。通过图 7-11 可以看出：4 个监测位置中地表面空气温度、相对湿度以及土壤内部温度变幅较大，与馆外环境数据比较可发现，其变化与外环境变化趋势一致，土壤表面空气温度最高为 13.9℃，最低为 7.3℃，相对湿度最高 99.6%，最低 83.4%。3 处生物病害区域土壤内部相对湿度均维持在 100%的饱和状态，而无生物病害的挖泥坑附近土壤内部相对湿度日间降低，夜间升高，与相同时间段内土壤表面空气中相对湿度变化趋势一致。馆内光强受外环境影响，3 月 2 日至 8 日最大光强依次为 215 lx、16 533 lx、14 466 lx、296 lx、452 lx、1098 lx。

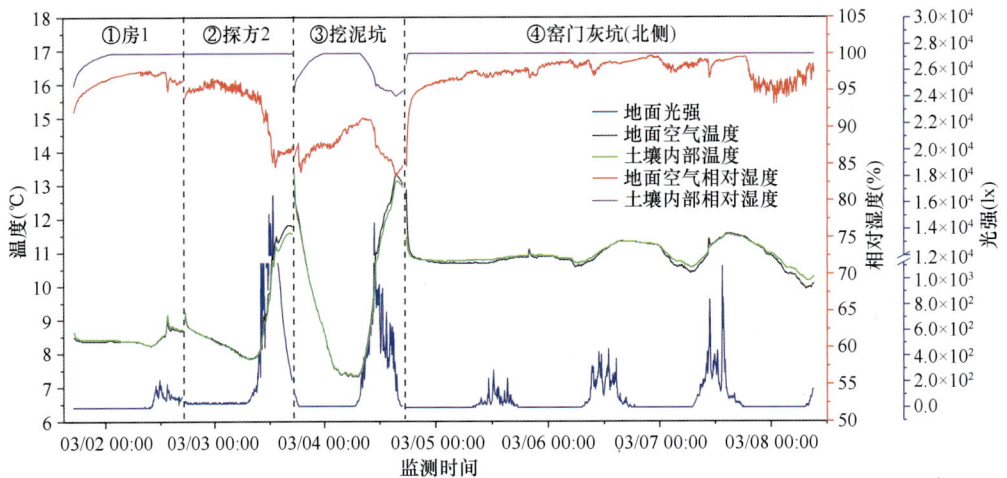

图 7-11　谭家坡遗迹馆内微环境监测

7.1.3　病害真菌暴发成因及控制

谭家坡遗迹馆内早期出现白色污染物主要是遗址部分区域"霉变"所致，经现场显微镜镜检确定了该白色污染物为真菌菌丝体。丝状真菌在土体遗迹表面生长增殖形成肉眼可见的绒毛状、絮状或蛛网状的菌落。另外，在遗迹馆内多处考古遗迹表面还出现了大型真菌（如蘑菇类）的生长及其孢子扩散污染，它们突破表层土壤形成了肉质的子实体，真菌孢子成熟后向子实体四周扩散，并萌发形成新的菌丝体，造成考古遗迹大面积污染（武发思等，2014a）。

由于真菌本身具有很宽的生态幅，其对环境因子的适应范围非常大。一旦有适宜的条件，这些无处不在的微生物就会萌发和扩散，成为威胁文物保存的重要因子。通过对长沙铜官窑谭家坡遗迹馆短期内（6 月 21 日至 30 日）的环境监测发现，遗迹馆一直维持着较高的温度（$T>25℃$）和相对湿度（$RH>95\%$），而这正是最适合于真菌生长的环境条件。高温度和高湿度成为诱导真菌病害迅速蔓延的重要环境因子。现场调查发现，在遗迹馆内遗迹表面真菌病害区域残留有大量的树木和草本植物根系，很显然，这些根系在考古发掘过程中没有被完全清理掉。尤其在当地梅雨季节高温和高湿的环境条件下，土壤中的有机残留物极易被一些腐生微生物降解利用。分析发现的尖孢镰刀菌、白腐菌和荷叶离褶伞都具有一定的腐生性，大量的根系残留为它们的生长和繁殖提供了绝佳的营养源，从而形成了我们所能看到的白色菌丝体侵蚀污染病害（武发思等，2014a）。现场病害调查发现，遗迹馆内一些具有营养生殖特征的残存植物根系重新发芽，并大肆蔓延，馆内照明和光学展示设施的长期使用无疑为光合自养生物的生长提供了有利条件，一旦环境温湿度和光照条件适宜，藻类、苔藓与其他高等植物病害可能会成为未来遗迹馆保护中所面临的又一挑战。

在遗迹馆微生物病害被动防治过程中，首先应针对当前的优势病害菌开展在文化遗产领域应用比较成熟的杀灭剂的抑菌能力筛选实验，同时定期监测遗迹馆内优势病害菌类群的可能更替变化。通过已有的防治报道可以判断，当前人工清除措施依然是病害菌防治的最佳选择，保护工作人员可以穿戴无菌的防护服和消毒靴等，在不破坏考古遗址遗迹原貌的情况下清除微生物病害区表层土壤及污染物，同时深入清理根系残留及腐烂物等，这样就可以从根本上切断病害真菌的营养物来源。对于遗址馆内的环境控制也是当前病害菌主动干预防治中基本可行的措施，保持遗迹馆的干燥和通风透气可有效降低病害菌的活动。同时有必要结合遗迹馆内的环境监测和生物病害特点，制定出一套合理的开放对策，以期实现对于遗产地的科学利用和有效管理。

在谭家坡遗迹馆内部分遗址受到洪水倒灌和该地区长期降雨后，细菌中的放线菌假诺卡氏菌属成员、真菌中的煤炱目和镰刀菌属成员、藻类中的蓝藻成员、苔藓植物中的凤尾藓属成员、蕨类植物中的凤尾蕨属成员等都造成了部分区域生物病害的发生。表观颜色和侵染程度的不同其本质是由于不同采样区域生物演替程度不同，造成了微生物和植物类群组成不同。总体而言，光合生物占据绝大部分比例。通过分析不同位置、不同时间、不同光源的环境数据，可以明确光强为影响该类生物病害产生、发展的关键因素。因此病害生物防治过程要从抑制和杀灭这些光合生物的角度考虑，同时减少遗迹馆内水分的活动。建议采取物理防治和化学杀灭相结合的手段，并辅以适当的光过滤、光强度等环境条件控制。如采取措施降低日间馆内光强度，减少或取消夜间照明，或选择低瓦数/功率应急灯照明，以保证馆内光强低于藻类等光合生物生长所需最低光强，降低光合生物暴发和发展风险。这样才可以保证在较长的一段时间不会再次出现该类生物的危害。遗址博物馆内诸多生物问题的出现理应引起我们对于考古发掘土遗址保护和展示的思考，尤其是在保护规划的编写与建设方案的制定阶段更需要多学科人员的共同参与，同时也有必要借鉴国内外已有的成功或失败经验，以确保遗址保护利用的科学性和合理性。

7.1.4　小结与讨论

通过对谭家坡遗迹馆内真菌病害的现状调查和分子鉴定，可知尖孢镰刀菌、白腐菌和荷叶离褶伞的生长及扩散造成了谭家坡遗迹馆内土遗迹大面积的污染。大量地下根系残留为病害菌提供了重要的营养物来源。当地气候特点所具有的高温度和高相对湿度是促进病害菌生长扩散的主要环境条件。建议对遗迹馆内病害菌和地表植物根系采取人工机械清除措施，并实施一定的环境控制。虽然在第一次调查阶段谭家坡遗迹馆内主要病害菌为尖孢镰刀菌、白腐菌和荷叶离褶伞,但是我们无法确定是否会有其他病害菌相继出现,这是由于病害微生物群落在时间和空间尺度上都会不断发生演替和变化。另外,现场病害调查发现,遗迹馆内一些具有营养生殖特征的残存植物根系重新发芽,并大肆蔓延,馆内照明和光学展示设施的长期使用无疑为光合自养生物的生长提供了有利条件,一旦环境温湿度和光照条件适宜,藻类、苔藓与其他高等植物病害可能会成为未来遗迹馆保护中所面临的又一挑战。

在第二次微生物病害暴发后的调查中,高通量分析为判断谭家坡遗迹馆内遗址地面的绿色生物体污染提供了大量的科学数据。可以明确的是,细菌中的放线菌假诺卡氏菌属成员、真菌中的煤炱目和镰刀菌属成员、藻类中的蓝藻成员、苔藓植物中的凤尾藓属成员、蕨类植物中的凤尾蕨属成员等都是造成本次该遗址区域生物病害的优势生物体。建议采取物理防治和化学杀灭相结合的手段,并辅以适当的光过滤、光强度等环境条件控制。这样才可以保证在较长的一段时间不会再次出现该类生物的危害。

7.2 山西翼城考古发掘现场遗址微生物

7.2.1 环境背景与文物价值

(1)地理环境

大河口西周墓地位于翼城县城东约 6 km 的隆化镇大河口村北,墓地坐落于两条河流交汇的三角台地上,北倚二峰山,南面浍河支流,西北为浍河干流,东为一条大冲沟。墓地四周除了西北部与西侧台地相接外,皆为沟壑地貌,地势为北高南低的向阳缓坡,呈阶梯状(图 7-12)。其北部为太岳山余脉和尚公德山(又名二峰山),东南为太行山余脉翔山,西部为凸起的丘陵山地,西南为冲积平原。在墓地周围发现了几处不同时期的遗址,其中新石器时代遗址位于墓地西南方的浍河东岸台地上,西周遗址位于墓地西南约 500 m 处,东周和汉代遗址分布于墓地东北、东侧和西南台地上;墓地范围内也包含数十座东周窖穴遗存。通过勘探发掘得知墓地面积为 4 万余平方米,其中包含西周墓葬 1500 余座(谢尧亭等,2011)。

翼城县位于山西省南部,地处黄河流域汾河和浍河之间。地理坐标为北纬 35°23′~35°52′、东经 111°34′~112°03′。翼城县中西部地势平坦,在山地与平川过渡地区广布黄土丘陵。大部分地区海拔 500~1500 m。翼城属暖温带大陆性气候,日照丰富,季风强盛,四季分明。年平均气温 10~12℃,年平均日照时数为 2400 h,降雨量 550 mm 左右,无霜期约 190 d。

(2)历史沿革及文物价值

2007 年 5 月,大河口西周墓地因被盗而被发现,山西省考古研究所报请国家文物局批准,于 2007 年 9 月至 2008 年 5 月进行了考古勘探和试掘,共试掘了 6 座墓葬;2008 年 9 月至 12 月进行了全面普探。2009 年 5 月开始进行大规模抢救性发掘,揭露面积 15 000 余平方米,发现墓葬 615 座,车马坑 24 座。发现 50 多座东周时期的灰坑窖穴和 1 座房址遗迹,以及 4 座晚期古代墓葬;墓葬内出土的青铜器种类有食器、酒器、水器、兵器、工具、车马器、乐器等；陶器组合主要有鬲、鬲罐、罐、鬲盆罐等。玉、石、骨、蚌器、贝和串饰较多，部分墓葬随葬锡器或漆器。

大河口西周墓地是一处西周封国墓地，发掘出的众多青铜器铭文显示，墓主的国族名为"霸"，墓葬时代横贯西周，晚期进入春秋初年，其墓主人群应为狄人系统的一支。墓葬内不仅首次发现了漆木俑、原始瓷器等国宝，而且首次发现西周时期三足铜盂、三足鼎式簋等珍稀青铜器，个别墓葬甚至发现有金器，约三千年前的这些宝器为研究古代封国的历史提供了重要史料。2017 年 6 月 7 日，山西省考古研究所宣布，经过考古工作者 3 年再发掘，翼城大河口西周"霸国"墓地已全部发掘完成。10 年间，共发掘墓葬2200 余座，出土器物 2.5 万余件组。

（3）保护历程

2011 年 6 月 9 日，山西翼城县"大河口西周墓地"入选 2010 年中国十大考古新发现。为了保证遗址发掘科学顺利，工作人员进行了全面部署。以勘探结果为依据，选择重点区域，确定发掘面积，设立坐标基点，统一分区布方。墓葬填土采取半剖面或多剖面结合的发掘方法，按照逆埋葬顺序逐层发掘，并及时做好资料记录、取样和现场文物保护工作，加强多学科合作。此次大规模发掘发现并抢救了一大批珍贵的文物，考古工作取得了阶段性的重要成果。鉴于发掘现场原址保护的困难性，发掘完毕后，对墓葬墓坑采取了回填式保护的措施。未来如有展示的需要，翔实的资料可以确保整体去除回填土，进行展示利用。

7.2.2　遗址环境微生物组成与分布

2011 年，本课题组开展了山西翼城考古发掘现场遗址土体表面病害菌（图 7-13）的快速检测和鉴定探索性研究，旨在为遗址和出土文物保护提供参考依据。

图 7-12　大河口西周墓地发掘现场　　图 7-13　墓葬遗址土体表面真菌菌丝体及子囊果

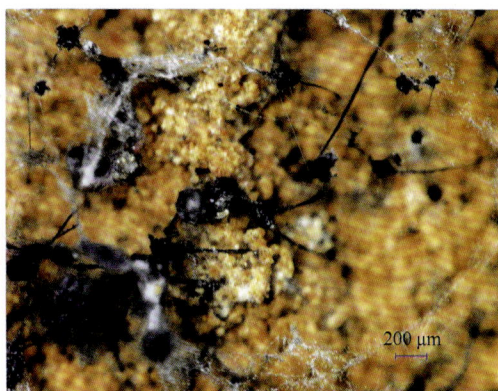

（1）遗址表面真菌菌丝体形态

采取 3M 胶带粘取墓葬遗址土体表面样品，光学显微镜下可以见到菌丝体及孢子的形态结构，并能确定多数微生物体为子囊菌门链格孢属分生孢子（图 7-14），其形态差异较大，从倒棒状到类似梭形变化，孢子具横、纵或斜的真隔膜，呈砖格状分隔（武发思等，2012）。部分菌丝体具有根霉属的典型特征，菌丝无隔膜、分枝状，有匍匐菌丝和假根，在假根的上方长出一至数根孢囊梗，顶端连接长球形孢子囊，囊的基部有囊托，中间有球形或近球形囊轴，囊内有大量孢囊孢子，成熟后孢囊壁消解或破裂，释放球形或卵形等孢囊孢子（图 7-15）。

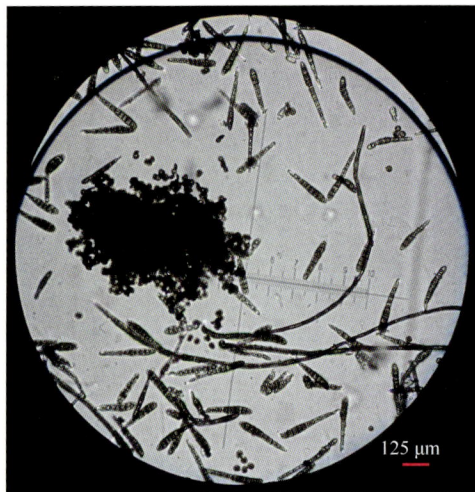

图 7-14　链格孢属真菌分生孢子镜检图　　　图 7-15　根霉属真菌孢子及假根镜检图

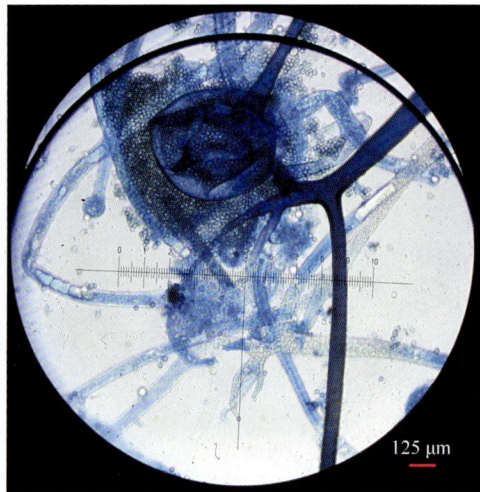

（2）发掘土遗址表面微生物类群组成

通过对遗址表面真菌 ITS 基因克隆文库测定序列进行 NCBI 比对，可以确定其相似种属、最大相似度及序列来源信息（表 7-3）。山西翼城 M1017 号墓内土遗址真菌可看到菌丝体污染表面的真菌序列主要隶属于假散囊菌属、链格孢属、小不整球壳属、支顶孢属、柱孢属，部分未鉴定到属的子囊菌门真菌、Thelebolaceae 科真菌，以及未能鉴定的真菌；其中假散囊菌属、链格孢属、小不整球壳属为优势属，克隆子数分别占总克隆总数的 23%、21% 和 18%（图 7-16），为优势种属（武发思等，2012）。根据已有文献报道，其他遗址地如西安唐皇城墙含光门土遗址，通过分离培养鉴定发现，表面霉菌主要有曲霉属（*Aspergillus*）和青霉属（黄四平等，2010），而秦始皇兵马俑博物馆展馆内秦俑表面落尘及土壤中霉菌以青霉属、曲霉属、木霉属、根霉属、毛霉属和交链孢霉属为主，占总分离菌株的 82%（张兴群等，1999）。青霉、曲霉等均属于易培养获得的真菌，考虑到培养基选择性，其被分离获得的频率也就更高。

表 7-3　山西翼城大河口西周墓地出土现场遗址表面真菌典型序列及在 NCBI 数据库中比对信息

序列编号	克隆数	总百分比（%）	相似种属	序列号	覆盖度（%）	最大相似度（%）	序列来源
F-1	3	2.80	Thelebolaceae 科不可培养真菌	EU516962	62	99	积雪土壤
			Thelebolaceae 科不可培养真菌	FM178231	100	86	污泥
F-2	20	18.69	小不整球壳属	FJ430715	96	96	盐碱土壤
			不可培养真菌	HM037659	100	94	土壤

续表

序列编号	克隆数	总百分比（%）	相似种属	序列号	覆盖度（%）	最大相似度（%）	序列来源
F-3	5	4.67	地丝霉属	JF439475	100	100	地下土壤
			地丝霉属	HQ211834	100	99	北极苔原
F-4	7	6.54	链格孢属	FJ904919	100	100	银桦种子
			子囊菌门	HM162206	100	100	地下土壤
F-5	5	4.67	Neonectria 属	FJ430732	86	99	盐碱土壤
			柱孢属	GU934599	100	98	白蜡树烂根
F-6	8	7.48	拟青霉属	FJ861375	83	100	土壤
			支顶孢属	EF577237	100	97	土壤
F-7	25	23.36	内生真菌	DQ979512	82	99	植物内生菌
			假散囊菌属	GU934582	100	93	白蜡树烂根
F-8	3	2.80	不可培养真菌	EF595998	66	96	历史建筑
			支顶孢属	EF577237	100	81	土壤
F-9	16	14.95	链格孢属	JF495186	63	100	山毛榉烂叶
			不可培养真菌	HM037652	100	87	土壤
F-10	10	9.35	未鉴定菌株	FJ235986	88	88	古迹木结构中
			Thelebolaceae 科不可培养真菌	FM178231	100	99	污泥
F-11	5	4.67	不可培养真菌	FN667943	83	95	叶片内生菌
			未鉴定真菌	GU566292	100	93	根际土

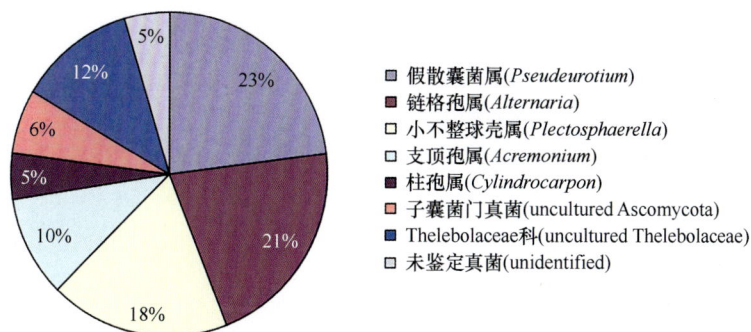

图 7-16　山西翼城大河口西周墓地土遗址表面腐蚀真菌优势类群及所占百分比

（3）M1017 号墓土壤与空气微生物的垂直分布特征

分析大河口西周墓地 M1017 号竖直墓道剖面不同深度土壤内可培养微生物数量的变化，并利用 Anderson FA-I 型空气微生物采样器和基于培养的手段对比分析墓道底部与外环境中空气微生物浓度和粒径分布的差异。结果表明：除墓道底层外（8～9 m 深处），土壤内可培养细菌数量随采样深度的增加而递减，最大值和最小值分别为 4.38×10^7 CFU/g 土样和 3.5×10^5 CFU/g 土样，土壤中可培养真菌数量则随采样深度的增加而递增，最大值和最小值分别为 5.5×10^5 CFU/g 土样和 1.99×10^4 CFU/g 土样；处于最底部，即出土文物所在层位的土壤内可培养细菌和真菌数量均最高，与其他层位间存在极显著差异（$P<0.01$）

（图 7-17）。墓道底部与外环境空气中可培养细菌数量分别为 18 440 CFU/m³ 和 954 CFU/m³，二者数量相差近 20 倍；可培养真菌数量分别为 26 591 CFU/m³ 和 555 CFU/m³，二者数量相差近 50 倍。单因素方差分析（one-way ANOVA）显示，墓道底部空气中可培养微生物数量显著高于外部环境（$P<0.01$）（图 7-18）。相对于外环境空气样品，采样器第五级（1.0～2.0 μm）在墓道底部空气中捕获到了更多的细菌微粒，而在采样器第二级（4.7～7.0 μm）捕获到了更多的真菌微粒；据此分析，也可以判断出墓道底部细菌和真菌的粒径范围。

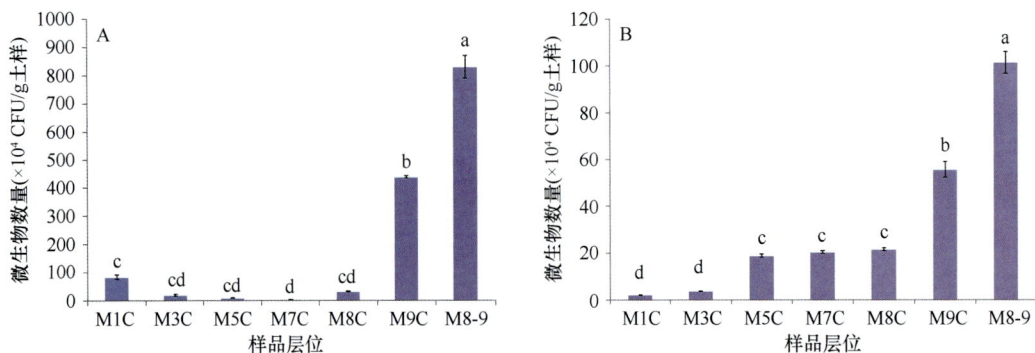

图 7-17　山西翼城大河口西周墓地 M1017 号竖直墓道剖面不同深度土壤内可培养微生物数量

A. 细菌数量；B. 真菌数量。其中 M1C、M3C、M5C、M7C、M8C、M9C 分别表示纵向深度为 1 m、3 m、5 m、7 m、8 m、9 m 横向深度 20～30cm 处土壤，M8-9 表示深度 8～9 m 处表层 2 mm 土壤样品；CFU 表示培养基上的菌落形成单位；柱形图上不同字母表示差异显著（ANOVA，$P<0.05$）

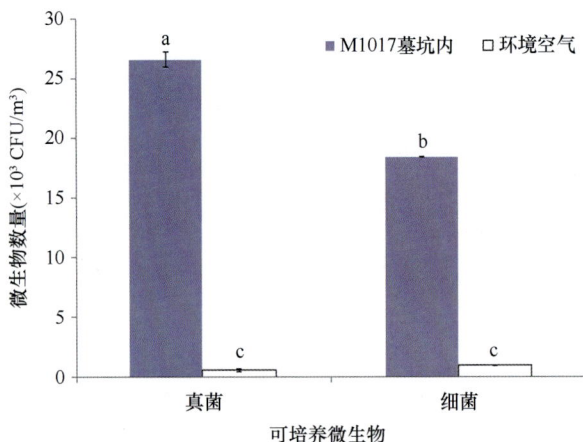

图 7-18　大河口墓地墓穴及外环境空气微生物数量差异

柱形图上不同字母表示差异显著（ANOVA，$P<0.05$）

7.2.3　病害微生物暴发成因分析

富含有机质的土壤本身就是微生物及其孢子体的"储存库"，每克土壤中微生物数量可以达到 100 亿个（Bull *et al.*，1992），这成了微生物暴发的充分条件，即有大量的微生物细胞存在于土体中。当地雨量充沛（每年>500 mm），在调查采样期间，利用微环境监测设备（HOBO）监测发现，多数发掘墓道内温度在 20～25℃变化，相对湿度长期维持在 85%以上。墓道内高温、高湿的环境特点为病害微生物的滋生和蔓延提供了非常有利的生长条件。另外，出土棺椁以及人为引入的有机质（如支顶墓道结构的竹板及木板等）成为病害微生物的主要营养源；竖直墓道造成的低空气交换速率促使空气微生物孢子在墓道底部大量积累；同时，墓道顶部防护帐篷的搭建使得考古发掘的墓道内外空气更难流通（图 7-19），坑道内空气中微生物孢子急剧累积。此外，当考古发掘人员长期在这种微生物孢子浓度较高的大气环境中工作时，也极容易受到一些生物致病菌和致病孢子体的危害，这对出土文物安全和考古工作人员健康极为不利。发掘遗址表面的真菌菌丝已经深入到土壤颗粒中，并与土壤颗粒交联、缠绕，它们已在局部小生境中占据了优势。

图 7-19　考古发掘现场墓道顶部防护帐篷

7.2.4　小结与讨论

综上所述，假散囊菌属、链格孢属和小不整球壳属成员是造成考古发掘现场微生物腐蚀的主要真菌。竖直墓道环境内的高湿度、高温度以及低空气交换速率是出土现场微生物大面积污染的主要环境因子。除墓道底层外，不同层位土壤内可培养细菌数量随采样深度的增加而递减，真菌反之；墓道底层出土文物所在土壤内可培养细菌和真菌数量均最高，与其他层位间存在极显著差异（$P<0.01$）；墓道底部空气中可培养微生物数量也显著高于外部环境（$P<0.01$），因此出土文物面临微生物侵蚀的风险更高。本研究通过传统形态学和现代分子生物学鉴定技术的结合，为快速、准确提取出土现场土壤及环境空气中微生物信息提供了技术支持，为后期病害微生物的防治提供了理论依据。监测并阐释考古发掘环境中微生物的数量分布、主要来源及其影响因素，对于田野考古和文物保护工作规程的完善具有重要的借鉴意义。

7.3　浙江良渚考古土遗址微生物

7.3.1　环境背景与文物价值

（1）地理环境

良渚遗址主要位于浙江省杭州市余杭区瓶窑镇、良渚街道境内，极小部分位于湖州市德清县三合乡；地理坐标为东经 119°56′40″～120°03′228″，北纬 30°22′36″～30°26′17″。良渚文化分布的空间范围非常广阔，包括长江下游太湖流域 36 500 km² 的区域面积。通过科学测定，良渚文化的年代为距今 5300～4300 年，持续发展约 1000 年，属于新石器时代晚期的考古学文化。杭州市余杭区位于杭嘉湖平原南端，西依天目山，南濒钱塘江，是长江三角洲的圆心地。东西长约 63 km，南北宽约 30 km，总面积 1228.41 km²。良渚遗址所在地处于中国长江下游环太湖流域，属亚热带北缘季风气候。冬夏长、春秋短，温暖湿润，四季分明，光照充足，雨量充沛。年平均气温 15.3～16.2℃，年平均降水量 1150～1550 mm。根据潮湿状态土遗址分类及定量化参数指标，该遗址属于典型的湿润区潮湿环境潮湿状态土遗址（张虎元等，2011）。遗址分布区地形地貌为丘陵山地与平原过渡地带的山间河网冲积平原。

（2）历史沿革及文物价值

1936 年，浙江省立西湖博物馆的施昕更先生首先在良渚镇一带发现并发掘了多处史前遗址。1959 年，以良渚遗址为命名地的良渚文化被确认。1970 年以来，随着江苏、上海和浙江取得一系列重大考古新发现，良渚文化在生业支撑、物质生活、聚落形态、组织结构、等级分化、精神信仰、礼仪制度和文明化进程等方面的内容大大丰富，从而使其成为公元前 3300～前 2300 年中国境内最重要的史前考古学文化之一。良渚和瓶窑一带，更是独领风骚，反山、瑶山、莫角山、塘山、文家山、卞家山等 100 多处遗址点也相继发现。2007 年，良渚古城发现，随着古城的考古发掘和研究不断深入，其空间格局、功能分区以及各类遗存的文化内涵日渐清晰。2010 年，古城的外城得到初步确认。良渚古城是目前所发现的同时代中国规模最大、水平最高的古城址，堪称"中华第一城"。2015 年，发现和确认古城外围大型水利系统。良渚古城遗址的考古发掘和研究工作当前仍在按规划推进。

良渚古城遗址是良渚文明的都邑性遗址，是实证中华五千多年文明史的圣地，是规模庞大的世界级城址（刘斌等，2019）。良渚古城遗址作为良渚文化的权力与信仰中心，以建造于距今 5300～4300 年的规模宏大的古城、功能复杂的水利系统、分等级墓地（含祭坛）等一系列相关遗址，以及具有信仰与制度象征的系列玉器，揭示了中国新石器时代晚期在长江下游环太湖地区曾经存在过一个以稻作农业为经济支撑，出现明显社会分化和具有统一信仰的区域性国家。同时良渚古城遗址在空间形制上展现出的向心式三重结构——宫殿区、内城与外城，成为中国古代城市规划中进行社会等级的"秩序"建设，凸显权力中心象征意义的典型手法（陈同滨，2019）。

中国良渚古城遗址于 2019 年列入《世界遗产名录》。世界遗产委员会表示：良渚古城遗址展现了一个存在于中国新石器时代晚期以稻作农业为经济支撑，并存在社会分化和统一信仰体系的早期区域性国家形态，印证了长江流域对中国文明起源的杰出贡献。遗址真实地展现了新石器时代长江下游稻作文明的发展程度，揭示了良渚古城遗址作为新石器时代早期区域城市文明的全景，符合世界遗产的真实性和完整性要求。

（3）保护历程

良渚古城遗址为良渚文化的研究提供了新的视野，为中国文明起源的研究提供了新的重要资料，被列入"2007 年度全国十大考古新发现""2011 年至 2012 年世界年度十大田野考古发现"，2019 年列入《世界遗产名录》。良渚古城遗址的文物保护也随着考古工作的开展而推进。2012 年以来，良渚古城遗址申遗工作正式启动，良渚博物院展陈也完成了更新换代，良渚国家考古公园建设也已大致成型。

　　历年来，中国政府非常重视良渚古城遗址的保护管理，依据相关国内、国际遗产保护公约、法律、法规要求，制定了一系列保护措施，执行遗产的有效管理。在遗产的保护管理中，根据《保护世界文化和自然遗产公约》及其《操作指南》等阐述的世界文化遗产的保护管理要求开展工作。通过设立杭州良渚遗址管理区管理委员会（浙江省良渚遗址管理局）等保护管理机构、建立有效保护管理的体制机制，编制执行《杭州市良渚遗址保护管理条例》等专项政策法规，编制执行《良渚遗址保护总体规划》、《良渚古城遗址管理规划》等遗产保护及相关专项规划，落实作为国家重点文物保护单位的保护措施，加强专业知识与保护管理技术的培训，加强遗产展示与宣传，加强遗产保护管理监测等手段，执行保护管理，使遗产得到有效保护。近年来，多项针对良渚遗址古城墙土遗址防风化、地下水治理、保护棚建设等的项目仍然在开展中，有力地确保了良渚遗址的保护和展示利用。

7.3.2　良渚遗址表面微生物群落特征研究

（1）表观形态

　　以良渚古城遗址北墙 TG2 为例，其是在北墙中段保存较好的地段，有 4 m×30 m 的南北向考古发掘探沟 1 条，考古发掘面积 120 m^2（图 7-20A）。探沟东壁地层堆积可分为耕土层、近代层、灰褐色斑块土和黄褐色粉沙土等共 12 层之多。现场调查发现，遗址主要存在水的侵蚀、裂隙、根部掏蚀、生物损害等多种类型的病害，保存难度非常大，当前已采用搭建防雨棚、挖设排水渠和排水井、定期抽水等措施对土遗址进行了初步的预防性保护。本课题组在 2012 年的现场调查发现，藻类、苔藓等光合生物已造成土遗址大面积污染，考古文化层甚至难以分辨。根据病害生物对考古土遗址造成污损颜色的差异，选择了 3 个采样位点（图 7-20B），其中 L1 位点大致位于探沟底部深褐色土

图 7-20　良渚古城遗址北墙 TG2 段（A）及样品采集位点分布（B）

层，病害生物呈深铜绿色不规则圆形或斑块状分布；L2 位点污染面积最大，呈浅黄绿色粉末状，其覆盖了多个考古文化层；L3 位点大致位于黄褐色土层，主要表现为绿色生物膜状污染和损害（武发思等，2014b）。

而南开大学研究团队近期调查中，选择了老虎岭和南城墙位点进行微生物群落特征分析研究。老虎岭采样点位于余杭区瓶窑镇彭公村的老虎岭大坝遗址，南城墙遗址位于余杭区瓶窑镇良渚古城遗址公园内。通过扫描电子显微镜观察以分析遗址表面上存在的微生物。观察到的老虎岭样品（LHL）的扫描电镜结果见图 7-21。样品中存在典型的真菌菌丝和藻类细胞（图 7-21C，D），部分样品的电子显微照片显示其表面上有大量的菌丝（图 7-21A，B），细胞结构类似于藻类（Sun *et al.*，2020）。

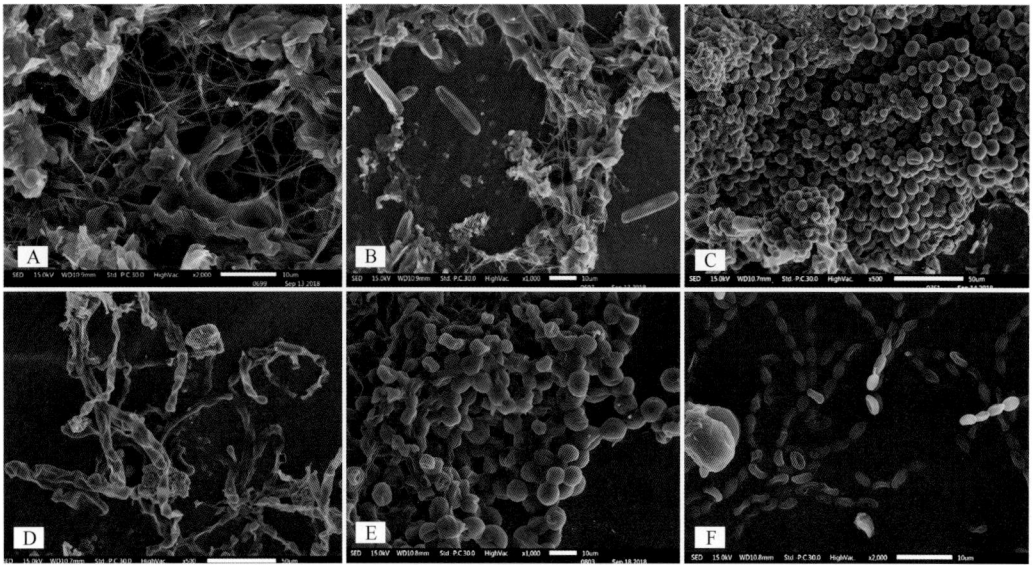

图 7-21　良渚遗址老虎岭遗址表面菌丝体和细胞结构的扫描电镜图
A、B、E、F 比例尺为 10 μm，C、D 比例尺为 50 μm

（2）系统发生关系分析

本课题组通过克隆文库构建与测序，构建了 CYA106F 和 CYA781R 引物对的扩增产物 16S rDNA 及其相似序列系统发生树（图 7-22），以及引物 p23SrV_f1 和 p23SnewR 扩增产物 23S rDNA 及其相似序列系统发生树（图 7-23）。

经比对发现，所选的两对引物的扩增产物中均包含了大量的非藻类序列，如 L2 及 L3 位点样品中就有一些苔藓序列，这种非特异性扩增产物的出现不利于样品中藻类群落结构特征的研究，但总体来看，并不影响对于遗产地病害藻类的初步鉴定（武发思等，2014b）。苔藓植物门叶绿体中 16S rRNA 也具有 CYA106F 和 CYA781R 的靶向扩增位点，主要可能是因为藻类与陆生植物叶绿体的 16S rRNA 序列具有较高的同源性（潘卫东等，2004）。然而，所选的引物对还无法解决苔藓植物科、属、种间进化的问题，在今后的研究工作中，有必要引入叶绿体 23S rRNA、*rbcL*、*trnL*、*trnF* 以及细胞核基因 ITS、18S 和 26S rRNA 等基因区段，开展各种苔藓植物间及内部系统发育关系研究（李晶和沙伟，2004）。

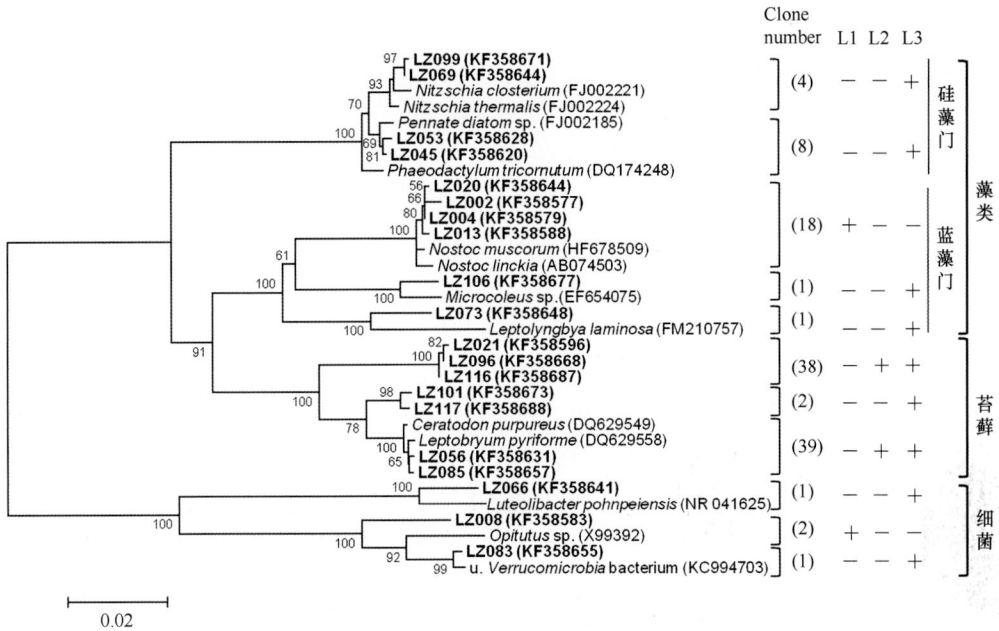

图 7-22 基于引物 CYA106F 和 CYA781R 扩增产物克隆文库群落组成的系统发生关系分析

Clone number 表示该簇序列在不同文库中出现的总数，"＋""－"表示该序列是否在文库中出现，"u." 为未经培养（uncultured）

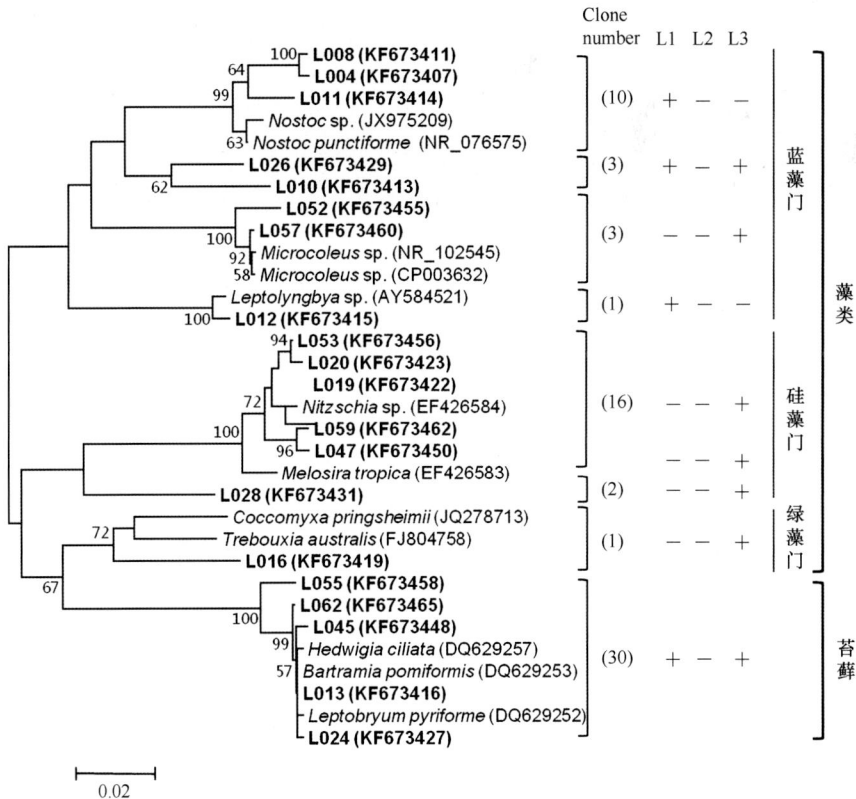

图 7-23 基于引物 p23SrV_f1 和 p23SnewR 扩增产物克隆文库群落组成的系统发生关系分析

Clone number 表示该簇序列在不同文库中出现的总数，"＋""－"号表示该序列是否在文库中出现

（3）遗址表面微生物群落组成与结构特征

通过序列比对，确定 L1 位点样品经 CYA106F 和 CYA781R 引物对扩增后所得的藻类序列主要隶属于念珠藻属（*Nostoc*），占据了绝对优势；经 p23SrV_f1 和 p23SnewR 引物对扩增形成的藻类序列主要也隶属于蓝藻门（Cyanophyta）念珠藻属，说明该类群为绝对优势类群。L2 位点样品经 CYA106F 和 CYA781R 引物扩增所得序列全部为非藻类序列，为非微生物的非特异扩增，序列比对后发现其主要与苔藓植物门（Bryophyta）藓纲（Hepatopsida）薄囊藓属（*Leptobryum*）类群相近；p23SrV_f1 和 p23SnewR 引物对未得到 L2 位点样品扩增产物。L3 位点样品经 CYA106F 和 CYA781R 引物扩增所得序列所属门类较多，其中苔藓植物门薄囊藓属为优势类群，硅藻门（Bacillariophyta）菱形藻属（*Nitzschia*）与褐指藻属（*Phaeodactylum*）次之，蓝藻门壳藻属（*Microcoleus*）及未鉴定细菌类群最少；p23SrV_f1 和 p23SnewR 引物扩增产物序列主要为藓纲薄囊藓属，其次为硅藻门菱形藻属，蓝藻门壳藻属、念珠藻属及绿藻门（Chlorophyta）未鉴定属所占比例相对较少（武发思等，2014b）。

念珠藻为原核生物，没有以核膜为界限的细胞核，藻体为多细胞的丝状体，单一或多数藻丝在公共的胶质被中。多数念珠藻可作食用，如发菜、葛仙米、螺旋藻等，有一些种类是引起水体水华的关键种类，其具有重要的生态意义。念珠藻陆生种主要生长在潮湿土表、岩体上，或混杂于藓类植物的茎叶间，有的可在表土下生活，它们也是造成考古遗址污损的主要类群。在印度阿旃陀石窟内外湿壁画上、比斯赫努普尔（Bishnupur）寺庙的陶器上，以及其他考古遗址表面，研究者发现造成遗址结痂的藻类主要有 16 种，分属于粘杆藻属（*Gloeothece*）、粘囊藻属（*Myxosarcina*）、念珠藻属（*Nostoc*）、眉藻属（*Calothrix*）等 8 个属（Pattanaik and Adhikary，2002）。保存于潮湿环境下的良渚考古土遗址，其自然环境条件与土体表面微生态环境都非常适宜于念珠藻的生长，造成了我们肉眼可见的土遗址的生物污损和侵蚀破坏。

近年来，基于 18S rDNA 高通量测序及分析的其他研究显示，老虎岭三个样品中存在 10 个真菌门（图 7-24）。在不同的样品中，相关的真菌门的丰富度有很大的差异（Sun *et al.*，2020）。在老虎岭的样品中，Basidiomycota 被认为是丰富度最高的门类。表 7-4 显示了真菌群落在属水平上的相关丰富度，样品中真菌的属种不同。在 10 个最丰富的真菌类群中，莲叶衣属（*Lepidostroma*）、青霉属（*Penicillium*）、曲霉属（*Aspergillus*）、镰刀菌属（*Fusarium*）存在于所有样品中，而莲叶衣属是老虎岭样本中丰度最大的属，占老虎岭样本的 1.47%～97.66%，平均丰度为 33.85%。莲叶衣属成员 *Lepidostroma asianum* 和草酸青霉（*Penicillium oxalicum*）是丰度最高的物种（Sun *et al.*，2020）。在南城墙样本中，子囊菌门占据了门类的主导地位，占每个样本序列读数的 10.93%～68.77%，相关平均丰度达到 47.50%。在不同的样品中，基因水平的相对丰度有明显不同。青霉菌是南城墙样本中丰度最高的属，在老虎岭样本中占 0.42%～25.88%，平均丰度为 9.09%。从物种的角度来看，*Acrostalagmus luteoalbus*、草酸青霉属成员是最丰富的物种。

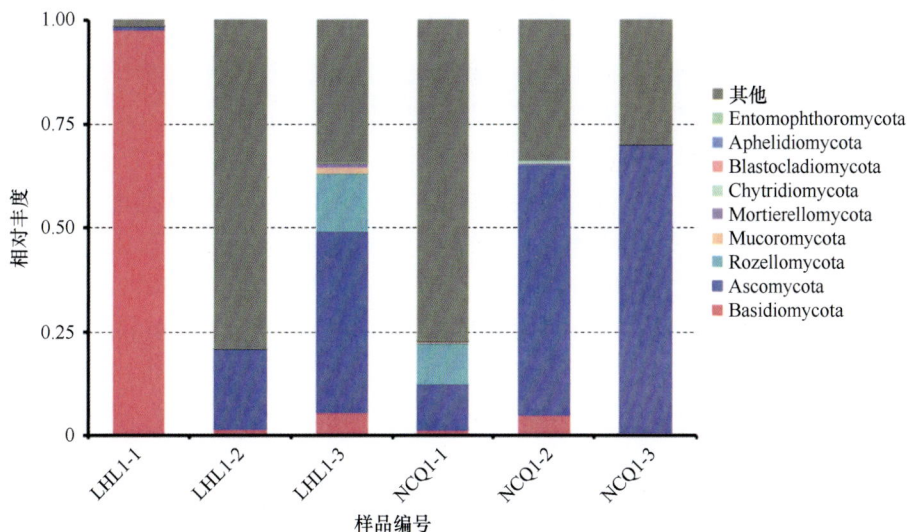

图 7-24　良渚老虎岭（LHL）和南城墙（NCQ）样品表面真菌在门水平上相对丰度

表 7-4　老虎岭和南城墙样品中主要优势真菌在属水平上相对丰度

优势属	LHL1-1（%）	LHL1-2（%）	LHL1-3（%）	NCQ1-1（%）	NCQ1-2（%）	NCQ1-3（%）
Lepidostroma	97.78	1.50	2.83	0.69	0.37	0.03
Acrostalagmus	0.00	0.00	0.00	0.01	46.05	0.01
Penicillium	0.02	2.63	2.16	0.44	1.28	28.63
Archaeorhizomyces	0.00	0.00	28.44	7.69	0.06	0.01
Simplicillium	0.15	3.63	0.03	0.02	0.04	1.45
Fusarium	0.03	0.71	0.67	0.15	0.77	3.51
Cryptococcus	0.00	0.00	0.00	0.00	2.83	0.03
Cladosporium	0.14	0.79	0.15	0.03	2.10	1.23
Aspergillus	0.02	0.05	0.08	0.03	1.66	0.22
Gibellulopsis	0.00	0.01	0.04	0.03	0.15	1.53

　　从良渚遗址土壤中的真菌分析结果发现，尽管各个样本中的真菌群落结构因采样位置或地理位置不同而有所差异，但主要的优势菌属均是莲叶衣属（*Lepidostroma*），其次是青霉菌、白黄笋顶孢霉（*Acrostalagmus*）和 *Archaeorhizomyces*。这些真菌对遗址土体表面造成的损害程度今后还需要进一步分析。在最初的生态系统中，蓝藻、微藻类、真菌、地衣和苔藓是第一批在基质上定居的生物，这些生物代表了与土壤形成有关的群体；它们可能产生有机酸等其他物质，破坏文物本体和文物保护修复材料。此外，它们可能在考古发掘土遗址表面形成壳状生物膜，从而保护土壤，防止水土流失（Csotonyi *et al.*，2010；王蕊等，2010；Seitz *et al.*，2014）。

7.3.3　病害光合生物暴发成因分析

　　良渚遗址所在地属亚热带北缘季风气候，冬温夏热、四季分明，年平均气温 16℃；

降水丰沛，季节分配比较均匀，年平均降水量可达 1258 mm；由此可见，遗址所处的气候环境非常适宜于光合生物体的生存。根据现有认知，苔藓植物也多生长于阴湿的环境里，常见于石面、泥土表面、树干或枝条上。调查发现，位于印度锡布萨格尔市的阿洪王国考古遗址面临极其严重的苔藓植物入侵问题，7 种主要苔藓对遗址的覆盖度达 15%，成为影响遗址保存的主要威胁因素（Verma *et al.*，2014）。我国学者通过对潮湿环境土遗址病害分类研究发现，杭州良渚遗址和南京大报恩寺遗址均存在苔藓生长覆盖造成的病害，其一方面影响土遗址的原貌和外观特征，另一方面形成结皮层增大了遗址土的渗透性和储水性，不利于土遗址的长久保存与保护展示（张虎元等，2011）。

此次调查分析中各位点群落组成差异主要是由其所处位置土体内的水分含量所决定的。在良渚北城墙考古土遗址保存现场调查过程中，我们可以发现：L1 位点位于考古发掘探沟底部，受渗水影响，土体含水量最高，接近饱和；L3 位点位于底部和发掘剖面的交界地带，土体潮湿；而 L2 位点在考古发掘竖直剖面上，位置稍高，土体含水量最低。众所周知，在植物界的演替进化过程中，苔藓植物本身代表着从水生植物逐渐过渡到陆生植物的类型。本研究进一步确定了造成良渚土遗址植物损害的主要苔藓类群，同时发现原核藻类，如蓝藻，以及其他小型真核藻类，如硅藻和绿藻，均是造成调查期间考古发掘土遗址污损的重要类群，水分、光照和气候条件也有利于这些类群的增殖扩散。最新高通量测序分析显示，良渚遗址老虎岭和南城墙表面土体中主要的优势菌属是莲叶衣属，其次是青霉属；其中莲叶衣属成员 *Lepidostroma asianum* 和草酸青霉（*Penicillium oxalicum*）成员丰度最高。各采样位点的地理空间位置与土体含水量差异成为病害菌、光合藻类与苔藓类群组成差异的决定因素。

7.3.4　小结与讨论

基于 CYA106F/CYA781R 和 p23SrV_f1/p23SnewR 引物对的克隆文库分子生物学技术实现了对多数病害藻类的检测及优势类群的快速鉴定。良渚北城墙考古遗址表面病害生物主要为蓝藻门念珠藻属类群和苔藓植物门薄囊藓属类群，硅藻门菱形藻属与褐指藻属类群次之，蓝藻门壳藻属与绿藻门未鉴定属所占比例较低。最新高通量测序分析显示，良渚遗址老虎岭和南城墙表面土体中主要的优势菌属是莲叶衣属，其次是青霉属；其中莲叶衣属成员 *Lepidostroma asianum* 和草酸青霉（*Penicillium oxalicum*）成员丰度最高。各采样位点的地理空间位置与土体含水量差异成为病害菌、光合藻类与苔藓类群组成差异的决定因素。因此在今后的保护工作中，还应考虑地下水渗水治理和遗址保护棚内光强控制等，从而抑制此类光合微生物和光合植物生长和蔓延的危害。

7.4　秦始皇陵兵马俑土遗址微生物

遗址博物馆是建立在秦始皇陵兵马俑土遗址（以下简称秦俑遗址）之上或遗址区范围内的以保护遗址、研究遗址和展示遗址为主要任务的博物馆。在遗址上修建博物馆，已是国内较常采用的遗址保护展示方法。例如，秦始皇兵马俑博物馆、西安半坡博物馆、汉阳陵博物馆、四川金沙遗址博物馆，以及安阳殷墟遗址博物馆等。在中国的考古发掘遗址保护工程中，场馆展示是其中的一种形式（陶亮，2008）。国内的遗址类博物馆多数采取原址展示形式。根据 2010 年统计，我国土遗址类型的博物馆已达 83 个，其中车马坑类土遗址博物馆 12 个，建筑类土遗址博物馆 37 个，墓葬类土遗址博物馆 40 个，窑址类土遗址博物馆 10 个，古桥遗址博物馆 2 个（部分博物馆为多类型并存的复合遗址博物馆）。按地域区分，此类博物馆主要分布在陕西、河南、江苏、北京、山西、四川、山东、浙江等地。其中秦始皇兵马俑博物馆是最具有代表性的遗址博物馆之一。

7.4.1　环境背景与文物价值

（1）地理环境

秦始皇陵及其兵马俑陪葬坑位于陕西省西安市临潼区内，其南依骊山，北临渭河。地处东经 109°16′、北纬 34°23′。秦始皇陵是中国历史上第一位皇帝嬴政（公元前 259～前 210 年）的陵寝，建于秦王政元年（前 246 年）至秦二世二年（前 208 年），历时 39 年，是中国历史上第一座规模庞大、设计完善的帝王陵寝。有内外两重夯土城垣，象征着帝都咸阳的皇城和宫城。陵冢位于内城南部，呈覆斗形，现高 51 m，底边周长约 1700 m。司马迁《史记·秦始皇本纪》对秦始皇陵有这样的记载："始皇初即位，穿治骊山，及并天下，天下徒送诣七十余万人，穿三泉，下铜而致椁，宫观百官，奇器珍怪徙臧满之。令匠作机弩矢，有所穿近者辄射之。以水银为百川江河大海，机相灌输，上具天文，下具地理……"，由此可知，当年修建秦始皇陵动用人员之多，建造规模和工程量之大是其他历朝历代都难以企及的，在这之中包含有大量的土遗址类遗迹遗存，其中最具代表性的当属秦兵马俑陪葬坑和秦始皇陵封土。

遗址所在区域属于暖温带半湿润半干旱大陆性气候，年内温湿度变化显著，年平均气温 13.5℃，无霜期约 219 d，年降雨量平均为 591.8 mm。在秦始皇兵马俑博物馆中，以一号坑遗址环境为例，一号坑东西长 230 m，南北宽 62 m，面积约为 14 260 m^2，冬季温度 2.8～13.6℃，相对湿度 20.0%～57.6%，夏季温度 23.2～37.5℃，相对湿度 43.0%～78.5%，并表现出明显的日间波动和剧烈的季节波动。夏季兵马俑一号坑 PM$_{2.5}$ 质量浓度日均值变化范围为：31.0～100.0 μg/m^3，平均值（65.7±17.0）μg/m^3，遗址区与馆外的 I/O（室内 PM$_{2.5}$ 质量浓度/室外 PM$_{2.5}$ 质量浓度）值为 0.82～1.45，俑坑略低于室外；冬季兵马俑一号坑 PM$_{2.5}$ 质量浓度日均值为：38.6～207.2 μg/m^3，平均值（98.6±58.5）μg/m^3，遗址区与馆外的 I/O 值为 0.88～1.59（李华等，2019）。

（2）历史沿革及文物价值

据《史记》记载：秦始皇陵由丞相李斯依惯例开始主持规划设计，大将章邯监工，修筑时间长达 39 年之久，兵马俑是修筑秦陵的同时制作并埋入随葬坑内。1961 年，秦始皇陵被国务院列为第一批全国重点文物保护单位；1974 年 3 月，临潼县骊山镇西杨村农民，在陵东 1.5 km 的地方打井时，发现几个破碎的用泥土烧制的与真人一样大小的陶俑，经陕西省考古队勘探和试掘，兵马俑重见天日。1974 年 7 月，考古工作者开始对秦始皇陵东侧的秦代兵马俑坑进行发掘工作，先后发现了秦兵马俑一、二、三号陪葬坑（吴永琪，2009）。1987 年 12 月，秦始皇陵及兵马俑被列入《世界遗产名录》，并被誉为"世界第八大奇迹"。2009 年 6 月 13 日，秦始皇陵兵马俑一号坑（图 7-25）开始第三次大规模发掘，目前已发现与秦始皇陵相关的遗迹和陪葬坑等埋藏区域约 45.69 km²。

图 7-25　秦始皇陵兵马俑一号坑

秦始皇陵是世界上规模最大、结构最奇特、内涵最丰富的帝王陵墓之一，充分表现了 2000 多年前中国古代劳动人民的艺术才能，是中华民族的骄傲和宝贵财富。秦始皇陵兵马俑之所以震撼世人，首先是因为其卓越的艺术成就，同时秦始皇陵出土的文物改写了人们对秦代的科技水平的认识，以大量的实证材料形象地展现了秦代生产力的发展水平。历史本身赋予了秦始皇陵兵马俑多种历史文化价值；秦俑所折射的历史层面多而广，在建筑史、服饰史、制度史尤其是王陵制度史等方面，均具有独特的价值。

（3）保护历程

作为全国重点文物保护单位和世界文化遗产，自秦陵秦俑发掘以来，关于秦陵秦俑的大遗址保护、秦陵陪葬坑出土文物保护、秦俑坑遗址，以及文物库房的大气监测、温湿度监测、防霉保护等逐步探索出有效保护方法，并付诸实施。秦俑的彩绘、铜车马的彩绘、秦陵出土百戏俑、水禽坑出土乐舞俑的彩绘，都需要科学保护。发掘、保护及展示利用相结合是秦兵马俑考古工作的特点。1990 年以来，秦俑博物馆与德国巴伐利亚州文物局合作，成立"秦俑彩绘文物保护科研课题组"。在 1999 年、2009 年、2013 年，中德联合召开三次"秦俑及彩绘文物保护与研究国际学术研讨会"，分别就古代彩绘文物的科学研究、陶俑的粘接工艺、遗址类博物馆文物本体病害的调查与预防性保护等展开讨论。

2006 年以来，秦始皇兵马俑博物馆（现属于秦始皇帝陵博物院）与伦敦大学考古学院合作，对陶俑和青铜兵器等秦陵出土文物进行多学科综合研究，并组织召开两次学术研讨会。在科技考古方面，物探遥感方法应用于秦陵勘探、调查工作。秦始皇帝陵博物院与德国巴伐利亚州文物局、比利时杨森制药公司、伦敦大学、牛津大学等开展合作研究，建立文物修复保护实验室及微生物实验室。在文物保护、修复、土遗址加固、遗迹防霉、小气候环境研究等方面，利用秦陵文物资源，借助先进的文保技术，开展了大量卓有成效的工作，为文物遗址的科学保护提供了有力的保障（田静，2017）。

7.4.2　秦俑遗址微生物病害研究

（1）病害菌类群

在发掘秦兵马俑坑之初，俑坑内环境潮湿，其中二号坑于 1994 年 3 月开始发掘，随后以"边发掘边展示"的形式与世人见面。考古资料显示，二号坑只有分散的几处木结构部分曾被焚烧，大部分俑坑土木结构和遗迹被较为完整地保存了下来；由于秦俑坑属于半地下式土木坑道建筑，因此二号坑中未被焚烧的木质结构所遗留的痕迹也被保存得较为完整，这些痕迹中有机质含量较高，加之二号坑处于一号坑的北侧，坑底离地面深度略深于一号坑，坑内湿度较大。在适宜的温度与高湿的环境中，更容易使微生物病害发生。由于发掘设施较为简陋，也缺乏科学的现场微生物病害防治经验，二号坑在发掘之初，便出现了大面积的微生物病害（图 7-26），经鉴定主要为霉菌病害，俑坑内土遗址表面出现了大量白色菌丝和霉斑等，给发掘工作带来了很大影响。

图 7-26　兵马俑坑内曾出现的部分微生物病害

针对秦兵马俑微生物的研究主要研究范围包括：秦俑表面微生物病害、秦俑坑及其土遗址微生物病害、秦陵兵马俑展厅内环境微生物和秦陵地区土壤霉菌生长的含水率等方面（严苏梅等，2011；张兴群等，1999；杨丽娟等，1997；严淑梅等，2014），且大部分微生物病害研究集中在霉菌病害方面，而细菌对秦俑土遗址影响方面的研究还未开展。通过对秦俑坑遗址微生物（主要为霉菌）的调查分析，共分离鉴定出 48 种霉菌，统计表明：青霉属（*Penicillium*）、曲霉属（*Aspergillus*）、根霉属（*Rhizopus*）、木霉属（*Trichoderma*）、头孢霉属（*Cephalosporium*）占整个分离菌种类的 70% 以上，判断这些是俑坑内的主要可培养霉菌种群（图 7-27）。同时，在对展厅内空气中霉菌进行分时段研究发现，秦俑坑展厅空气中的微生物含量随着季节及游人多少的变化有着明显的改变，且坑内大气中飘浮的微生物孢子主要由游人带入，其与游客数量存在密切相关性（严苏梅等，2008）。

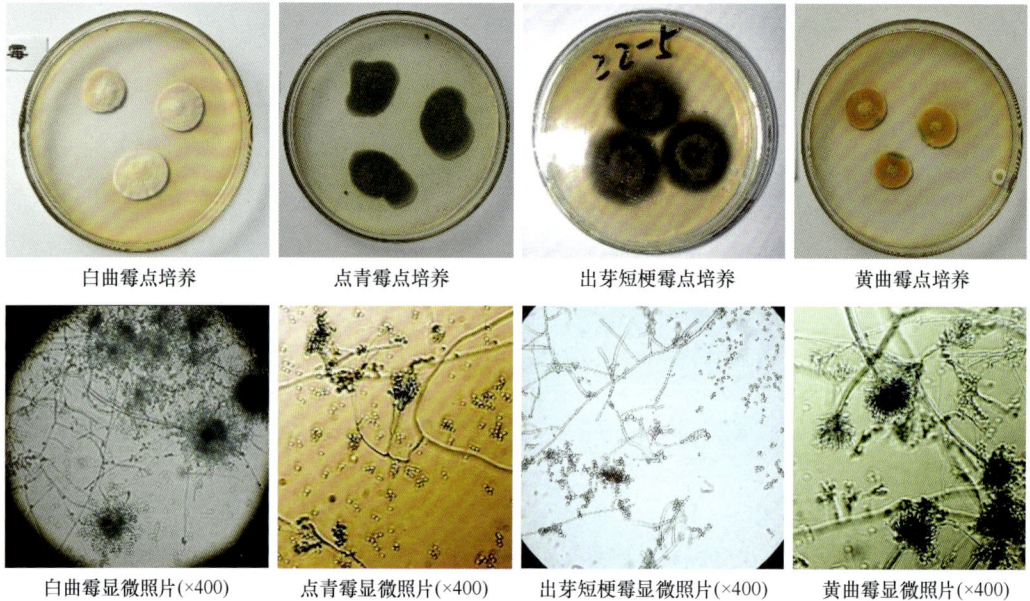

| 白曲霉点培养 | 点青霉点培养 | 出芽短梗霉点培养 | 黄曲霉点培养 |

| 白曲霉显微照片(×400) | 点青霉显微照片(×400) | 出芽短梗霉显微照片(×400) | 黄曲霉显微照片(×400) |

图 7-27　秦俑坑遗址分离获得的主要真菌及其显微照片

　　随后，秦始皇兵马俑博物馆（现属于秦始皇帝陵博物院）迅速采取措施，及时改变发掘方案，并与比利时杨森制药公司开展土遗址防霉合作研究，建立了微生物实验室，随后陆续开展了秦俑坑内病害微生物的相关研究与治理工作（图7-28）。此后相继开展了霉菌病害的针对性抑菌实验，筛选出了诸如 LAg002 和 LAg003 等高效防霉药剂，并在秦俑坑土遗址表面霉菌病害治理中应用，效果显著。当前针对遗址表面微生物病害的研究分别是遗址表面经过分离、培养和鉴定后的可培养微生物病害研究，以及通过分子生物学方法，进行全部微生物鉴定与分析的免培养研究。

图 7-28　病害真菌情况采样与分析（A）及采样工作现场（B）

（2）考古遗址霉变成因分析

众所周知，水分是影响微生物生长活动的关键因素，为了确定秦陵区域土壤上发生霉菌病害的最适含水量，以便综合控制环境尤其是土壤的含水量，从而更好地预防霉菌病害的发生，选取秦俑一号坑、秦陵区 K9901 百戏俑坑和秦陵内城西北角考古探方区的土壤样品。实验室配置 40%～70%的不同梯度含水率，接种分离自秦俑坑的匍枝根霉、杂色曲霉、产黄青霉等 30 余种真菌的混合孢子悬液。经培养观察后发现：霉菌生长与否主要取决于土壤的含水率，当土壤的有机质含量足够，温度适合（22～28℃），秦陵区土样霉菌在相对含水率为 40%～50%范围内且加入一定营养液后即出现明显菌落，当相对含水率为 42%～50%时，土壤就能快速长霉（严淑梅等，2014）。

事实上，影响霉菌生长的因素很多，然而温度和相对湿度是决定霉菌生长的主要因素。在 1969 年，有研究通过琼脂实验分析了温度和相对湿度对不同种类的霉菌孢子萌发及菌丝体生长的影响，根据其结果得出不同温度、相对湿度条件下霉菌生长速率的等值曲线图（李炳华，2011）；通过研究秦俑陶片含水率与菌类生长的关系，发现当其含水率低于 6.6%时，微生物会停止生长（蒙世杰等，1996），这充分说明湿度尤其是含水率对于霉菌生长的重要性。高湿度是微生物霉菌产生的必要条件，在高湿度条件下，有机材料文物就能成为霉菌的良好营养源，从而间接导致文物材料的退化和降解。由于不同霉菌所适宜的湿度不同，不同的湿度条件下暴发的霉菌类型也可能不同。同时，针对具体微生物病害的基础理论成因及可能导致的潜在危害方面的研究，目前也较为缺乏，值得作为今后重点研究方向。

秦陵兵马俑坑属于半地下坑道式土木结构建筑，经过 2000 多年，棚木已基本腐朽并与土壤融为一体，而其中富含有机质的土壤是微生物生长的天然温床，且半地下式结构的俑坑内较为潮湿，更为霉菌生长提供了极佳的环境条件。霉菌病害作为多种文物和遗址常见的主要微生物病害，也是损毁这些文物及遗址的主要因素之一。秦始皇陵及兵马俑坑在早期发掘过程中，由于遗址常年埋藏于地下，湿度较高，在已发掘的秦俑一、二、三号坑内均曾出现过不同程度的霉菌病害，尤其在二号坑发掘过程中正值夏季，土遗址表面就曾出现大量霉菌和部分蕈菌等微生物病害。

7.4.3　秦俑遗址防霉研究

秦始皇兵马俑博物馆（现属于秦始皇帝陵博物院）于 1995 年成立了秦俑遗址防霉害课题组，针对考古发掘初期遗址本体的微生物病害申报了"秦俑土遗址及相关文物防霉保护研究"，被列为 1998 年度国家文物局科研课题。在秦俑微生物防治研究方法和技术方面，可分为三个阶段。第一阶段主要对土遗址本体、文物及博物馆内空气中霉菌进行采集、分离、培养和鉴定；第二阶段为与比利时杨森制药公司合作，共同筛选可用于文物及遗址本体方面的防霉试剂；第三阶段为对遗址及文物本体监测的预防性保护研究，主要采用分子生物学方法进行遗址及文物本体的潜在微生物病害分析，并加以环境调控和干预处理。

在第一阶段中，对秦俑遗址、相关文物和展厅内空气中的微生物现状、霉害形成原因、菌种主要来源进行了全面、细致的调查研究。

在第二阶段中，与比利时杨森制药公司合作筛选出具有高效、广谱和高安全性的防霉剂 LAg002 和 LAg003，其针对文物及遗址表面的微生物病害治理效果明显。在三号坑苔藓地衣类病害治理过程中，采用了相关防霉剂的对比和筛选，结果如表 7-5 所示。对治理效果进行对比后最终选定方案为：先喷洒乙醇，待其挥发完后，分别用 LAg003、EC/IP-1、TBZ+MD+S90 三种复配药剂喷洒，最终治理效果较好（严淑梅等，2002）。

表 7-5　秦俑遗址防霉剂及其效果评价

防霉剂	防霉剂总浓度（ppm）	喷洒量（mL/cm²）	喷洒后效果	喷药后十天效果
LAg002	1000	0.5	+-	+-
LAg003	1000	0.5	-	-
EC/IP-1	1000	0.5	-	-
TBZ+MD+S90	3000	0.5		
TBZ+MD+W800	3000	0.5	+-	+-
医用乙醇	95%	0.5	--	只有霉菌生长

注：+-表示地衣的藻层和菌丝层被部分溶解或部分变性死亡；-表示地衣的藻层和菌丝层被完全溶解或变性死亡；--表示绿色藻层被完全溶解，肉眼观察不到绿绒叶层

在第三阶段中，课题组主要聚焦于微生物病害的预防性保护研究。首先是对于俑坑内环境（包括空间环境和遗址本体环境）展开实时细致监测，针对已明确发生过微生物病害的区域，采取实时监测与人工巡查相结合的措施，以达到人防、技防联用。其次是采用分子生物学方法，对遗址本体及其表面进行微生物组多样性检测分析，用于评估可能发生大面积微生物病害的高风险区域，并做出重点预防和治理区域的评估。

针对遗址中霉菌的主要类群，开展了防霉剂的对比实验研究工作，从大量防霉药剂中筛选出了适用于文物和遗址表面的两种单组分防霉剂及三组复配防霉剂（图 7-29）。并对秦俑遗址进行了防霉综合治理，有效地控制了秦俑坑遗址的微生物病害蔓延。2003年 11 月，"秦俑土遗址及相关文物防霉保护研究"项目通过国家文物局科技专家组结项验收。2005 年 11 月，该课题获得了国家文物局文物保护科学和技术创新奖二等奖。

秦陵兵马俑遗址防霉成果推广应用还包括：秦陵 0006 陪葬坑、秦陵 0007 陪葬坑（青铜水禽陪葬坑）、西安唐大明宫窑址、陕西乾陵章怀太子墓、永泰公主墓、石家庄毗卢寺壁画和大同煤矿"万人坑"等（图 7-30），效果明显。

目前，秦始皇帝陵博物院在土遗址微生物病害的预防性保护方面，主要采取监测和巡查相结合的措施。并对一号坑表面絮状物和土壤进行了基因组多样性检测分析，数据和方法仍在进一步分析与建立中，更深入的研究尚处于探索阶段。

7.4.4　小结与讨论

综上所述，针对秦始皇陵兵马俑土遗址本体霉变及保存环境中的微生物，利用基于培养的方法已经开展了较多的基础研究工作；同时就环境影响因素，如土体含水量等也进行了模拟分析实验。通过和国际国内合作，筛选出了有效的复配杀灭剂，并形成了

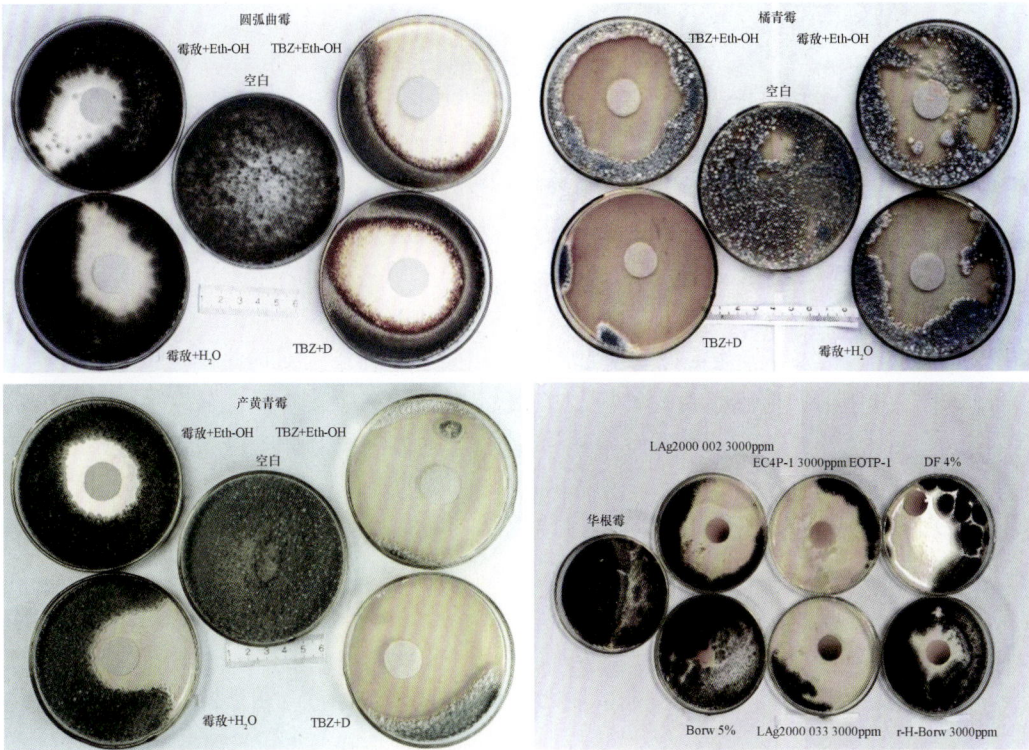

图 7-29 课题组筛选防霉药剂并进行抑菌实验

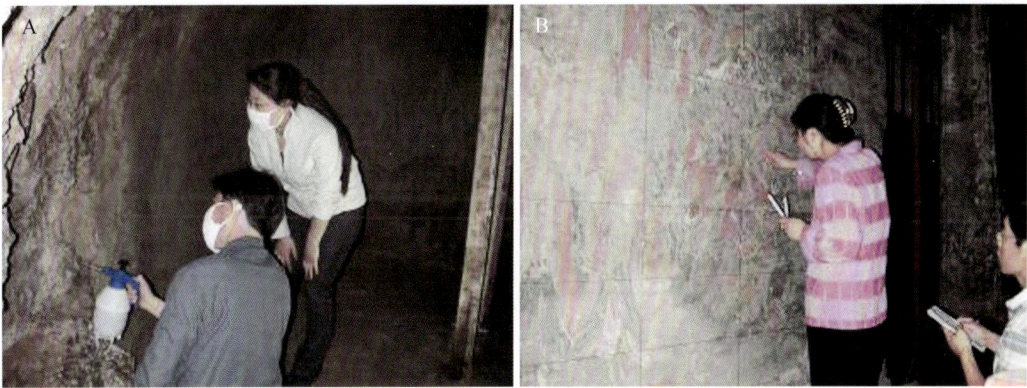

图 7-30 采样（A）及霉害治理现场（B）

考古发掘现场霉菌危害的防治方法，在很大程度上解决了文物出土现场的霉害治理问题，相关技术也在多处考古遗址推广应用。然而，需要明确的是，相关方法主要是为了实现出土现场文物或考古遗址霉变的抢救性防治，鉴于化学杀灭剂本身存在环境污染、抗性微生物适应、对操作人员健康危害等不足，因此，今后还需考虑土体含水量、出土文物赋存环境控制等综合措施，并就相关问题开展进一步深入研究，以期为秦始皇帝陵兵马俑及土遗址的保护提供科技支撑，并对其他同类考古遗址的保护及展示形成示范。

7.5 本 章 总 结

截至目前，我国文物保护领域对于考古现场和遗址表面微生物病害问题的关注还比较少，使用新型的分子生物学手段开展威胁遗址保存的微生物研究的相关报道也还不多。敦煌研究院微生物病害研究课题组近年来利用直接显微镜镜检技术和构建分子克隆文库等手段，经分子鉴定发现引起山西翼城大河口西周墓地考古发掘遗址表面污染的真菌为假散囊菌属和链格孢属成员，由于竖穴式墓道内高温、高湿和低空气交换速率等环境条件，其成为病害菌发生蔓延的关键因素，相关研究为后续文物保护和遗址微生物防治提供了参考依据和借鉴（武发思等，2012）。通过对湖南长沙铜官窑谭家坡遗迹馆内考古遗迹表面暴发的白色微生物进行分析发现，主要病害菌为尖孢镰刀菌（*Fusarium oxysporum*）、白腐菌（*Phlebia brevispora*）、荷叶离褶伞（*Lyophyllum decastes*），它们分别隶属于丛赤壳科（Nectriaceae）、伏革菌科（Corticiaceae）和离褶伞科（Lyophyllaceae），都是营腐生的真菌，与土壤中木质材料和有机质的降解密切相关；而谭家坡遗迹馆考古现场大量的根系残留为此类病害菌的大肆繁殖提供了重要的营养源，位于南方地区的该遗址赋存环境相对较高的温度和长期较高的相对湿度是促进这些病害菌快速生长并在遗址区扩散的主要环境因素（武发思等，2014a）。同时，通过分析浙江杭州良渚遗址北城墙段考古土遗址表面绿色生物膜状样品发现，引起北城墙土遗址生物污损的包括藻类、苔藓等光合自养型生物，其中藻类共 3 门 5 属，主要为蓝藻门（Cyanophyta）中念珠藻属（*Nostoc*）类群，硅藻门（Bacillariophyta）中菱形藻属（*Nitzschia*）与褐指藻属（*Phaeodactylum*）类群次之，蓝藻门中壳藻属（*Microcoleus*）与绿藻门（Chlorophyta）的未鉴定属最少；苔藓植物门（Bryophyta）真藓纲（Bryopsida），与薄囊藓（*Leptobryum*）相近的类群在部分样品中占有绝对优势；光合藻类与苔藓类群组成的不同主要受到各采样位点的空间位置和土体含水量的差异影响（武发思等，2014b）。相关工作推进了考古发掘现场和遗址病害微生物的快速鉴定，并为菌害成因判断和微生物病害防控提供了科学依据。

从生态环境的角度来看，微生物生长活动与环境因子间密切相关。土遗址表面的微生物体一旦遇到合适的营养源和适宜的环境生长条件（尤其 RH＞75%时），便会大肆滋生蔓延。研究发现，就藻类而言，其生长和增殖在很大程度上受制于温度、湿度、光照等环境因子，其对于建筑物的生物退化作用在温带气候潮湿环境下尤为明显。已有研究表明，潮湿环境下建筑材料的变绿程度与其表面温度变化呈负相关，另外，湿度水平和营养供应对于藻类的生长、增殖也发挥着重要作用（Cutler *et al.*，2013）。

然而，考虑到考古遗址和出土文物防护的紧迫性，新型绿色环保抑菌剂筛选一直以来仍然是遗址微生物治理的重要工作。针对跨湖桥遗址丝状真菌的生物酶技术防治试验发现，不同的丝状真菌对生物酶的感应性或耐受性有很大不同，单一的几丁质酶对丝状真菌的生长发育有抑制作用，但几丁质酶和葡聚糖酶的复合协同作用更能有效地抑制丝状真菌的生长发育（吴健和楼卫，2016）。关于酶制剂，其发挥作用必然是需要一定的环境条件，如适合的温度、pH 条件以及离子浓度，土体内复杂的成分可能影响到酶活性及其功能发挥，因此利用酶来防治遗址表面微生物的方法当前还不常用，尚处于试验阶段。对上海志丹苑元代水闸遗址霉菌及防霉剂抑菌效果评估发现，潮湿环境条件下的木构件经碘代丙炔基氨基甲酸酯（iodopropy-nyl butyl carbamate，IPBC）处理 8 年后，通过再次取样分析，发现可从遗址木构件中分离到 8 类高丰度霉菌，种类与之前调查发现的有明显的不同，现阶段在遗址上广泛分布着的一种盘菌科下未分类的真菌及绿色木霉在之前该遗址调查中未曾分离培养到，由基于滤纸片抑菌圈法的 IPBC 抑菌试验可知，文物霉菌的防治药物有待升级（丁佳荣等，2018）。从这一研究案例我们得到的启示是：杀灭剂会随着时间而失效，杀灭剂的应用会造成遗址或文物表面微生物群落组成发生演替变化，尤其是那些对杀灭剂适应能力较强的菌株会逐渐占据优势，抗性微生物的出现成为菌害防治新的难题。毋庸置疑，遗址微生物病害治理当前依然没有所谓的"万灵药"，也无法做到一劳永逸。借助于新型纳米材料，诸如纳米 Ag、TiO_2、ZnO 等新材料新技术的研发与应用，以及环境控制技术的发展，遗址微生物的防控难题在一定程度上有望得以解决（Kakakhel et al.，2019）。

回顾遗址及考古现场微生物病害研究已有进展，可以明确的是该领域基础研究以及应用技术研究工作当前依然非常有限，以往的研究工作多数还停留在判断有哪些微生物及杀灭剂并筛选应用的层面，对于微生物作用下文物的生物退化机理和综合防控技术的探索明显不足。这就提示我们今后的研究工作需要聚焦于以下方面：首先有必要应用包括多组学（multi-omics）技术在内的新型分子生物学技术掌握病害微生物群落组成并预测其潜在的生物退化及生物降解功能，同时应结合传统培养方法明确优势病害菌或多菌群的生理活性和代谢特征；其次，根据本土微生物类群或群落，筛选有针对性的杀灭剂，重点发展新型无机纳米抑菌剂，避免有机类杀灭剂本身成为能被病害菌利用的营养物，反而加重病害程度或引起文物产生新的次生病害；同时进一步明确病害微生物活动与遗址性质、环境因子间相互关系，提出综合性防护和治理措施。从而为考古遗址和文物病害微生物防控提供科学依据和技术支撑。

参 考 文 献

陈同滨. 2019. 世界文化遗产"良渚古城遗址"突出普遍价值研究[J]. 中国文化遗产, (4): 55-72.

旦辉, 汪灵, 王冲, 等. 2009. 成都金沙出土古象牙文物的微生物特征及其防治方法探讨[J]. 考古与文物, (5): 100-102.

丁佳荣, 张岚, 郭红樱, 等. 2018. 志丹苑元代水闸遗址霉菌及防霉剂抑菌效果的再调查与评估[J]. 文物保护与考古科学, 30(4): 99-103.

侯文芳, 苏伯民, 顾海滨, 等. 2018. 长沙铜官窑谭家坡遗迹馆微环境调查研究[J]. 文物保护与考古科学, 30(2): 101-109.

黄四平, 李玉虎, 肖娅萍, 等. 2010. 生物病害对唐皇城含光门土遗址的危害及防治措施研究[J]. 文物保护与考古科学, 22(2): 6-11.

李炳华. 2011. 多层组合墙体内部热湿环境对霉菌生长的影响分析[D]. 长沙: 湖南大学硕士学位论文.

李华, 胡塔峰, 杜维莎. 2019. 秦兵马俑和汉阳陵遗址保存环境之比较[J]. 文物保护与考古科学, 31(2): 53-60.

李晶, 沙伟. 2004. 苔藓植物分子系统学研究概况[J]. 植物学通报, 39(2): 172-179.

刘斌, 王宁远, 陈明辉. 2019. 从考古遗址到世界文化遗产: 良渚古城的价值认定与保护利用[J]. 东南文化, (1): 6-13.

刘梦. 2018. 湖南省大遗址保护现状调查报告[D]. 长沙: 湖南大学硕士学位论文.

刘舜康, 徐象平, 宋德铭. 1996. 跨世纪科学论坛[M]. 西安: 西北大学出版社: 51-53.

楼卫, 吴健, 李东风. 2014. 跨湖桥独木舟遗址微生物种类及区域分布状况研究[J]. 文物, (7): 88-93.

潘卫东, 张娟, 张贵星, 等. 2004. 藻类及陆生高等植物叶绿体16S rRNA基因进化谱系及同源性分析[J]. 郑州大学学报(医学版), 39(1): 15-20.

陶亮. 2008. 土遗址展示方式的初步探索[D]. 西安: 西北大学硕士学位论文: 15.

田静. 2017. 秦陵秦俑研究三十年回顾[N]. 中国社会科学网-中国社会科学报, 2017-06-13.

王惠贞. 2009. 文物保护学[M]. 北京: 文物出版社.

王蕊, 朱清科, 卜楠, 等. 2010. 黄土丘陵沟壑区生物土壤结皮理化性质[J]. 干旱区研究, 27(3): 401-408.

吴健, 楼卫. 2016. 生物酶对跨湖桥遗址丝状真菌抑菌作用的研究[J]. 文物保护与考古科学, 28(3): 25-29.

吴永琪. 2009. 秦始皇帝陵[M]. 北京: 文物出版社.

武发思, 苏伯民, 贺东鹏, 等. 2012. 山西翼城考古发掘现场遗址表面腐蚀真菌的群落组成分析[J]. 文物保护与考古科学, 24(3): 77-83.

武发思, 苏伯民, 贺东鹏, 等. 2014a. 长沙铜官窑谭家坡遗迹馆内优势病害真菌的分子鉴定[J]. 文物保护与考古科学, 26(4): 47-53.

武发思, 汪万福, 贺东鹏, 等. 2014b. 良渚北城墙考古土遗址表面藻类的分析研究[J]. 敦煌研究, (4): 114-120.

夏寅, 李蔓, 张尚欣, 等. 2013. 遗址博物馆内土遗址本体可溶盐和霉菌危害预防与治理的进展[J]. 文物保护与考古科学, 25(4): 114-119.

谢亭尧, 王金平, 杨及耘, 等. 2011. 山西翼城县大河口西周墓地[J]. 考古, (7): 9-18, 113, 99.

严淑梅, 黄建华, 夏寅, 等. 2014. 秦陵地区土壤霉菌生长的含水率实验研究[J]. 秦始皇帝陵博物院: 367-373.

严淑梅, 李华, 周铁. 2002. 秦俑三号坑地衣的初步治理与探讨[J]. 文博, (3): 59-63.

严淑梅, 周铁, 黄建华, 等. 2010. 馆藏唐代壁画画面霉斑清洗剂的筛选实验研究[J]. 文物保护与考古科学, 22(2): 53-59.

严苏梅, 容波, 王春燕, 等. 2011. 秦俑一号坑第三次发掘现场防霉保护研究[J]. 秦始皇帝陵博物院: 408-413.

严苏梅, 周铁, 毛小芬, 等. 2008. 秦始皇兵马俑博物馆一、二、三号坑室内空气微生物检测结果统计报告[C]. 全国第十届考古与文物保护化学学术研讨会论文集: 324-329.

杨丽娟, 唐天斗, 魏学东, 等. 1997. 秦兵马俑博物馆一号馆空气中微生物的分布[J]. 陕西环境, (1): 3-7.

张虎元, 李敏, 王旭东, 等. 2011. 潮湿土遗址界定及病害分类研究[J]. 敦煌研究, (6): 70-75, 128.

张兴群, 张志军, 张孝绒. 1999. 秦俑霉菌区系调查及其危害[J]. 文博, (1): 76-80.

Bull A T, Goodfellow M, Slater J H. 1992. Biodiversity as a source of innovation in biotechnology[J]. Annual Review of Microbiology, 46: 219-252.

Christakopoulos P, Kekos D, Macris B J, et al. 1995. Purification and mode of action of a low molecular mass endo-1,4-β-d-glucanase from *Fusarium oxysporum*[J]. Journal of Biotechnology, 39(1): 85-93.

Csotonyi J T, Swiderski J, Stackebrandt E, et al. 2010. A new environment for aerobic anoxygenic phototrophic bacteria: biological soil crusts[J]. Environmental Microbiology Reports, 2(5): 651-656.

Cutler N A, Viles H A, Ahmad S, et al. 2013. Algal 'greening' and the conservation of stone heritage structures[J]. Science of the Total Environment, 442: 152-164.

Dupont J, Jacquet C, Dennetière B, et al. 2007. Invasion of the French paleolithic painted cave of Lascaux by members of the *Fusarium solani* species complex[J]. Mycologia, 99(4): 526-533.

Gordon T R, Martyn R D. 1997. The evolutionary biology of *Fusarium oxysporum*[J]. Annual Review of

Phytopathology, 35: 111-128.

Gordon T R. 1989. Colonization of muskmelon and nonsusceptible crops by *Fusarium oxysporum* f. sp. *Melonis* and other species of *Fusarium*[J]. Phytopathology, 79(10): 1095.

Kakakhel M A, Wu F S, Gu J D, et al. 2019. Controlling biodeterioration of cultural heritage objects with biocides: a review[J]. International Biodeterioration & Biodegradation, 143: 104721.

Kim Y S, Singh A P. 2000. Micromorphological characteristics of wood biodegradation in wet environments: a review[J]. IAWA Journal, 21(2): 135-155.

Kiyuna T, An K D, Kigawa R, et al. 2008. Mycobiota of the Takamatsuzuka and Kitora Tumuli in Japan, focusing on the molecular phylogenetic diversity of *Fusarium* and *Trichoderma*[J]. Mycoscience, 49(5): 298-311.

Pattanaik B, Adhikary S P. 2002. Blue-green algal flora at some archaeological sites and monuments of India[J]. Feddes Repertorium, 113(3/4): 289-300.

Rui W, Zhu Q K, Bu N, et al. 2010. Study on physicochemical properties of biological soil crusts in hilly-gully regions of Loess Plateau[J]. Arid Zone Research, 27: 401-407.

Seitz S, Goebes P, Kühn P, et al. 2014. Biological soil crusts in subtropical China and their influence on initial soil erosion[C]. Vienna: Europe Geoscience Union General Assembly: 3391.

Sorlini C. 1993. Aerobiology: general and applied aspects in the conservation of art works[J]. Aerobiologia, 9(2): 109-115.

Stoner M F. 1981. Ecology of *Fusarium* in noncultivated soils[A]//Nelson P E, Toussoun T A, Cook R J. *Fusarium*: Diseases, Biology, and Taxonomy. Park: The Pennsylvania State University Press, University Park: 276-286.

Sun M L, Zhang F Y, Huang X D, et al. 2020. Analysis of microbial community in the archaeological Ruins of Liangzhu city and study on protective materials[J]. Frontiers in Microbiology, 11: 684.

Verma P K, Kumar V, Kaushik P K, et al. 2014. Bryophyte invasion on famous archaeological site of Ahom Dynasty 'Talatal Ghar' of Sibsagar, Assam (India)[J]. Proceedings of the National Academy of Sciences, India Section B: Biological Sciences, 84(1): 71-74.

第8章　海洋出水文物微生物

　　水下文化遗产是人类文化遗产的重要组成部分，也是人类历史进程的一个重要侧面。部分或全部位于水下的具有文化、历史或考古价值的人类遗存都可以称为水下文化遗产，如沉没的废墟遗址、被淹没的聚落或港口、神庙或宗教场所、沉船等，其中海洋中的沉船遗址是目前最常见、研究最深入的水下文化遗产（唐纳·汉密尔顿等，2020）。全世界范围内已经有大量的海洋沉船遗址得到考古发掘，出水了陶瓷器、石质文物、金属制文物以及木质船体等不同种类的丰富文物。

　　沉入海底的船体和遗物时刻遭受着海洋环境的侵蚀，其中微生物是导致文物腐蚀破坏的一个重要因素。海洋中的微生物包括细菌、真菌和微型藻类，它们广泛分布于海水和海底沉积物中，具有嗜盐、嗜冷、嗜压、低营养等生物特性。此外对于深海和海底淤泥中的微生物来说，也具有厌氧或兼性厌氧的特性。

8.1　海洋出水文物微生物研究现状

8.1.1　微生物与海洋出水文物

　　水下文化遗产类型丰富、材质多样，包括陶瓷器、石质、金属质等无机质文物，木质、皮革、纺织品等有机质文物以及复合材质文物。不同材质的文物在水下埋藏过程中会遭受不同种类微生物的侵蚀和破坏，并由此产生不同类型的病害。

　　木质文物是海洋出水文物中最常见的一类文物，古代船只、船上的木箱、木桌等生活用品以及武器等大多是由木材制作。纤维素、半纤维素和木质素等有机物是木材的主要成分，细菌分泌的纤维素酶可以将纤维素分解为葡萄糖、二氧化碳、有机酸等物质，而木质素则主要通过真菌的解聚、氧化作用分解为乙酸和琥珀酸（张晓珑，2014）。海洋环境中具有上述功能的微生物广泛存在，因此海洋中的木质文物会遭受到严重的微生物侵蚀。

　　随着水深的增加，海洋中的氧含量逐渐减少，直至在海底沉积物的深层形成一个厌氧环境。因此微生物的特性也会随着水深的增加从好氧向兼性厌氧和厌氧转变。研究表明，海洋钻孔生物、隧道细菌（tunnelling bacteria）、腐蚀细菌（erosion bacteria）和软腐真菌（soft rot fungi）是海洋木材的主要降解者，它们的侵蚀方式都是从木材表面向内部缓慢行进（Björdal，2012）。一般来说，海洋钻孔生物、隧道细菌和软腐真菌等好氧生物主要侵蚀的是位于海水和海底沉积物表层等氧气含量较高环境中的木材，而腐蚀细菌则是近乎厌氧条件下最常见的木材降解者（Björdal and Nilsson，2008）。

　　海洋中的木材降解细菌主要分为三类：隧道细菌、腐蚀细菌和空化细菌（cavitation bacteria），其中最常见的为隧道细菌和腐蚀细菌。这些细菌都具有降解纤维素、半纤维素的生物活性，但在降解木质素方面，发挥主要作用的则是隧道细菌（Björdal，2012）。

　　隧道细菌在水生和陆生环境中广泛分布，属于好氧菌，这使得它们对木材的侵蚀限制在海水氧含量较高的区域。隧道细菌在形态学分类中属于革兰氏阴性棒状杆菌，它们的代谢过程目前还不清晰，但有研究表明隧道细菌能够分泌有效降解纤维素、半纤维素和木质素的多种生物酶（Björdal，2012）。隧道细菌对木材的侵蚀模式是从木材表面开始，沿着木射线和纹孔向内移动，但它们对木材纤维单个细胞的破坏方向是从内向外的：隧道细菌首先穿透细胞壁进入细胞腔，随后头部变尖，开始在次生细胞壁内不规则移动和生长，使次生壁出现长短不一的隧道，破坏细胞壁的结构稳定性，在形态上通常表现为月牙形的凸出带。最后细菌穿过胞间层进入相邻的细胞（姜笑梅，1990）。这些由隧道细菌导致的隧道在纤维细胞壁中会保持一段时间，随后坍塌形成空隙和空洞（图 8-1），造成木材腐烂。

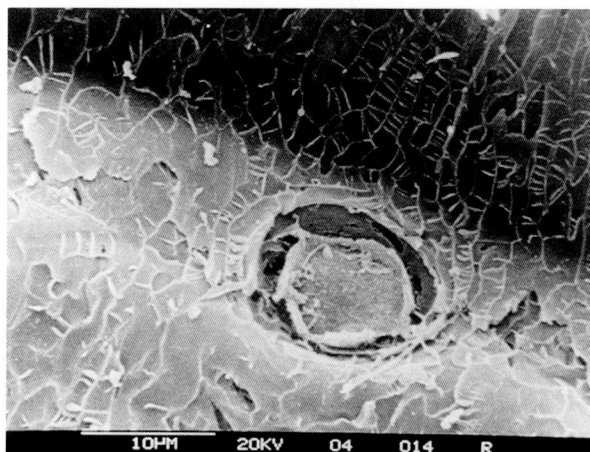

图 8-1　隧道细菌的典型侵蚀痕迹（木材纵切面）（Björdal，2012）

　　腐蚀细菌因其厌氧的特性，是饱水环境等厌氧条件下最常见的木材降解者。和隧道细菌类似，它们也属于革兰氏阴性棒状杆菌。有研究表明大部分的腐蚀细菌属于噬纤维菌科-黄杆菌属（Cytophagaceae-*Flavobacterium*）群组，但是目前对它们的鉴定还未达到种的水平（Landy *et al.*，2008）。与隧道细菌有所不同的是，腐蚀细菌主要降解的是纤维素和半纤维素，它们对木质素的降解能力十分有限。因此，腐蚀细菌主要侵蚀的是木材细胞壁富含纤维素的 S2 层。它们在细胞壁内缓慢移动，留下条纹状的外观和颗粒状的残留物（图 8-2），这些残留物为其他能够腐蚀木材的细菌提供了碳源，促使木材二次降解。当细胞内所有富含纤维素的区域都被利用后，腐蚀细菌就开始向相邻细胞侵蚀。由于腐蚀细菌的木质素降解能力较弱，富含木质素的细胞骨架得以保留，这使得经腐蚀细菌侵蚀后的木材仍能够保持外观和结构的完整性。

　　海洋中的木材降解真菌包括子囊菌（ascomycetes）、半知菌（fungi imperfecti）和担子菌（basidiomycetes）三类，其中子囊菌的种类最为丰富，半知菌次之（Björdal，2012）。这些真菌主要通过两种不同的方式降解木材，使木材呈现特定的表型。一般来说，子囊菌和半知菌会导致木材软腐（木材表层材质变软发黑，干燥后呈细龟裂状），因此它们

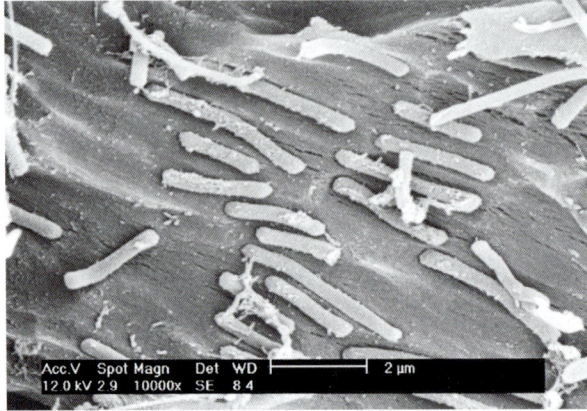

图 8-2　软木内的腐蚀细菌（木材纵切面）（Björdal，2012）

也被称为软腐真菌；而担子菌会导致木材白腐（木材呈白色、浅黄白色或浅红褐色，露出纤维状结构），也被称为白腐真菌。由于目前发现的经真菌侵蚀后的海洋木质文物都表现为软腐，因此子囊菌和半知菌是海洋木质文物最主要的降解真菌。

　　与细菌类似，软腐真菌也是通过分解木材中的纤维素、半纤维素和木质素等有机质从而引起木材的腐蚀破坏。此外，这些真菌属于丝状真菌，它们还可以通过菌丝穿透木质纤维的细胞壁，对木材产生额外的物理破坏。遭受软腐真菌腐蚀的木材，通常能够在次生壁上发现圆形或椭圆形的孔洞，这些孔洞呈链状排列分布于细胞壁中（图 8-3）。最后软腐真菌几乎可以将次生壁完全分解，仅残留部分薄片状的复合物，导致木材腐朽缺失。

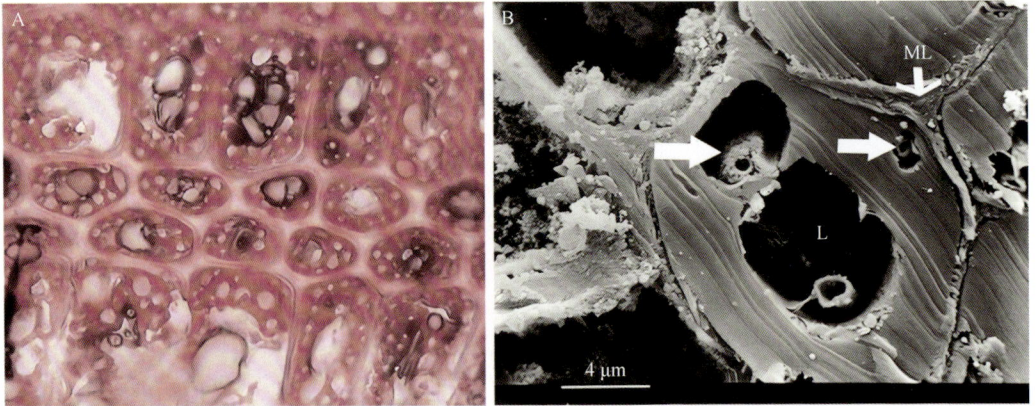

图 8-3　软腐真菌对木材的侵蚀痕迹（木材横切面）（Björdal，2012）

A. 光学显微镜下软腐菌丝穿透木材纤维细胞壁，并形成孔洞，红色反映了细胞壁的破损；B. 扫描电镜下软腐真菌对木材纤维细胞壁的降解，ML. 胞间层，L. 细胞腔，箭头所指为软腐真菌菌丝

　　在海底沉积物中，除了腐蚀细菌外还存在丰富的硫酸盐还原菌（sulfate reducing bacteria），它们可以将海水中富含的硫酸盐作为电子受体产生酸性的硫化氢，导致文物所处微环境酸化从而加速文物腐蚀。木纤维细胞内的纤维素被大量降解后，新产生的硫化氢会渗透进木材并与木质素反应生成硫醇（图 8-4）（Fors et al.，2008）。这种硫化氢也可以与某些矿物和有机物反应形成硫铁化合物，填充到木材纤维的细胞结构中，加速

木材的腐蚀。对金属文物特别是铁器而言，硫酸盐还原菌产生的硫化氢会与其发生反应，生成硫铁化合物等锈蚀产物。此外，硫酸盐还原菌还具有诱导碳酸钙生成的能力（Dhami et al., 2014），出水的石质、瓷器等文物表面通常存在较厚的钙质结壳，这些结壳会将不同的文物黏结起来，并掩盖文物表面的信息。

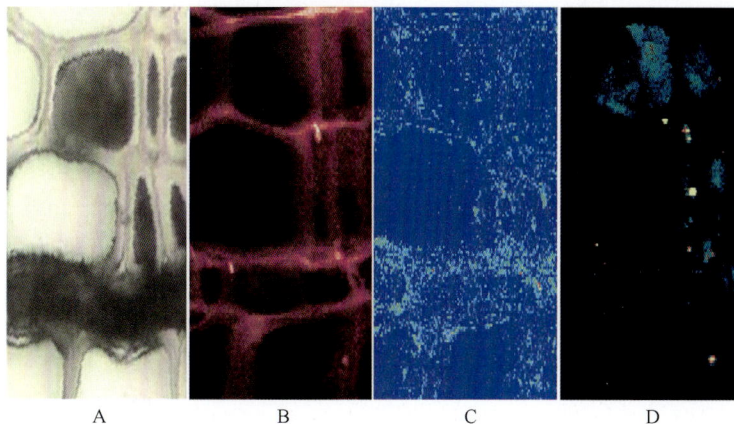

图 8-4　腐蚀细菌和硫酸盐还原菌侵蚀后的木材（Fors et al., 2008）
A. 灰色区域为腐蚀细菌对木材纤维细胞壁的破坏；B. 红色区域为硫酸盐还原菌在细胞壁中诱导累积的硫；C. 显色区域为磷元素，表示细菌在木材细胞内的分布；D. 显色区域是硅元素，表明有小颗粒硅酸盐的存在

　　基于水下文化遗产发掘和保护的流程，水下文物在出水后将经历从海水到淡水、从低温到室温、从缺氧到富氧等环境的转变。这些环境变化一方面改变了文物原有微生物群落的多样性和物种丰度，另一方面也导致新的环境微生物的入侵和污染。虽然微生物引发的文物破坏过程是缓慢的，但是微生物群落组成的变化会引起部分微生物爆发式生长，这一过程所导致的活跃代谢过程将会加速出水文物的腐蚀进程。因此，对海洋出水文物的保护需要加强对出水文物本身及周围环境的微生物的认识，并采取相应的措施控制微生物的生长繁殖。

8.1.2　海洋出水文物微生物病害治理

　　为了避免微生物对海洋出水文物的进一步侵蚀，需要采取恰当措施抑制微生物生长。环境控制、物理清理和化学清除等方式是目前治理微生物病害的主要方式。

　　温度、湿度和氧含量是影响微生物生长的几个重要因素。低温、低湿和缺氧环境可以有效抑制大部分微生物的生长。但是由于海洋出水物体积大小不一、需要长期浸泡脱盐或保湿处理，控温是抑制微生物在出水文物上生长的最简易有效的环境控制方式。小件文物可以储存于 4℃ 的冰箱中，并以去离子水作为储存液；对于大型的木制构件，则可以通过控制喷淋系统的水温来达到低温储存的目的。例如，英国的 Mary Rose 号的船体喷淋系统就将水温控制在 5℃ 左右（Liu et al., 2018）。

　　微生物的物理清理方法包括机械清除、热力清理（干热、湿热、激光）和辐射照射（电离辐射、γ 射线、紫外线、超声波、微波等）等方式。传统简易的机械清理方法（如手术刀、棉签刮除、水冲等）并不能有效地去除大部分的微生物，激光清理常用于出水文物表面凝结物的清理，γ射线可以有效地去除文物表面的微生物，但其使用成本和操作难度均较高（哈鸿飞，1986）。因此，虽然物理清除是文物表面微生物清理的一种有效手段，但面对复杂繁多的海洋出水文物，其适用性还有待探讨。

化学清除是目前微生物病害治理应用最广泛的一种方式，具有抗菌效力的化学试剂十分丰富，但目前在海洋出水文物中使用的抗菌剂仅有乙醇、硼砂、邻苯基苯酚以及部分商业抗菌剂（主要有效成分为异噻唑啉酮）。这些抗菌剂在文物上的使用存在以下几个问题：①单一抗菌剂的抗菌谱系有限，仅使用一种抗菌剂并不会完全抑制所有微生物在文物上的生长；②抗菌剂的抗菌效力具有一定的时效性，为此频繁的使用会导致耐药菌株的出现或者改变现存的微生物群落结构，促使新优势菌群的产生和暴发，给文物带来更大的危害；③抗菌剂的使用是否会对文物本身产生副作用还有待验证（Sterflinger and Piñar，2013）。因此，使用抗菌剂控制海洋出水文物中的微生物需要进行详细的前期研究和论证。

8.1.3 小结与讨论

水下特别是海洋中掩埋着数量众多的文物，在漫长的埋藏岁月里，这些文物经受了十分严重的腐蚀破坏，微生物是其中一个主要的因素。随着文物的打捞出水，文物本身的微生物将会和环境入侵的新微生物一起在文物中形成新的稳定群落，这一过程会加剧微生物的生长代谢活动。此外，相比于海底环境，文物打捞出水后所处的低盐、高氧、高温的环境更适宜大部分微生物的生长。环境改变导致的微生物爆发式生长将促使文物在出水后遭受进一步的腐蚀和破坏。

在海洋出水的文物中，木质文物是遭受微生物侵蚀最严重的一类。在海洋埋藏环境下，具有纤维素、半纤维素和木质素降解活性的隧道细菌、腐蚀细菌和软腐真菌是木质文物最主要的病害微生物。这三类微生物中，腐蚀细菌大多厌氧或兼性厌氧，而其余两类则普遍好氧。因此，即便木质文物被打捞出水，驻留在文物中的这些微生物仍然能够存活下去，甚至可能会因为出水后所处的环境更适宜微生物生长，加速微生物对文物的腐蚀破坏过程。此外，硫酸盐还原菌也是导致水下文物腐蚀的主要微生物之一。它们通过对硫酸盐的还原过程，将文物所处的微环境逐渐转变为酸性，从而加速文物的降解或锈蚀。此外，硫酸盐还原菌也具有诱导碳酸钙生成的能力，钙质结壳是导致多个出水文物胶结在一起的主要原因，它的形成过程也有硫酸盐还原菌的参与。

环境控制、物理清理和化学清除是治理文物微生物病害的主要手段，对海洋出水的文物而言，环境控制和抗菌剂的使用是目前最常用的方法。低温保存是目前出水文物保护的一种常见方法，它能有效抑制微生物在文物中的生长，但考虑到存储空间和成本，该方法仅适用于小件文物。对于大型文物，尤其是木质沉船，抗菌剂的应用则更加便捷有效。但值得注意的是，目前抗菌剂的种类繁多，它们对不同微生物的防治效果存在差异，在使用过程中是否会对文物造成负面影响尚未可知，因此需要在实际使用前开展科学合理的研究进行筛选和验证。

8.2　南海 I 号沉船微生物

南海 I 号沉船是南宋初期一艘木质古沉船，它是沿海上丝绸之路进行对外贸易时失事沉没的。该沉船于 1987 年在广东阳江海域发现，初步确定是一艘长 30.4 m、宽 9.8 m、船体高 4 m 的尖头船，建造于 800 多年前。该船被认为是迄今为止世界上发现的年代最早、船体最大、保存最完整的远洋贸易商船，为研究中国古代造船技术和航海技术提供了典型样本。同时，船上装载的大量货物（如陶瓷器、金属器、漆器、玉石器，甚至植物种子等）也为还原海上丝绸之路的历史提供了极为罕见的物质资料。南海 I 号的发现对研究我国乃至整个东亚、东南亚的古代造船史、陶瓷史、航运史、贸易史等有着重要意义。

8.2.1　出水海域及保存环境

南海 I 号沉船发现于广东阳江市东平港以南约 20 海里处，该海域属亚热带气候，海水年平均水温为 21.3℃，最高水温 27.5℃，最低为 18.2℃。该海域水产资源丰富，鱼、虾、蟹、贝、藻类一应俱全。船身主体埋没于浅灰色的海底含沙淤泥中，这些淤泥相互胶结具有一定的强度，南海 I 号被它们覆盖于海床下 0.5～2 m 内（国家文物局水下文化遗产保护中心等，2017）。

南海 I 号于 2007 年 12 月 22 日从沉没位置（北纬 21°30′38″、东经 112°22′09″）打捞出来，并保存在海上丝绸之路博物馆的"水晶宫"内（图 8-5）。2011 年"水晶宫"的环境评估显示，该馆内含有 CO_2、CO、SO_2 和 H_2S 等大气污染物。储存南海 I 号的水体呈弱酸性，与该地近海海水相比，水质较差，并且具有很高的溶解氧，导致水中微生物增加；水体中总氮、总磷含量上升了 10 倍，铜上升了 1 倍，锌上升了 2 倍，锰上升了 5～10 倍。南海 I 号于 2013 年开始全面发掘，发掘期间，室内空气温度随气温在 13.3～31.9℃波动，相对湿度范围为 61.4%～97.8%。发掘面的土体温度为 18.4～30℃，相对湿度为 47.4%～87%。适宜的温湿度促进了微生物的生长，在未喷淋防腐液时船体表面出现了大量明显的菌斑（李乃盛等，2017）。

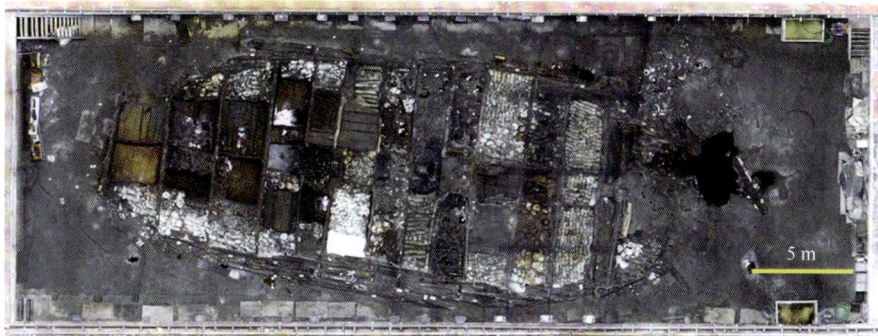

图 8-5　"水晶宫"内的南海 I 号（Gao *et al.*，2018）

8.2.2 文物价值及保护历程

（1）文物价值

南海 I 号的发现是南宋海上丝绸之路历史的重要实物佐证。瓷器是中国古代海上丝绸之路最主要的出口货物，南海 I 号的船货中瓷器数量最多，并且汇集了德化窑、磁灶窑、景德镇、龙泉窑等宋代著名窑口的多种瓷器精品，充分表明南海 I 号是一艘以中国瓷器为主要货物的海外贸易商船。从艺术风格来看，这些瓷器中既有浓厚"中国风"韵味的流行款式，也有丰富的南亚、西亚风格的特别定制款式，而且船中出水的大量金、银器同样表现出浓郁的海外风格，这些货物反映了中国与海外地区频繁的人文交流和贸易往来。南海 I 号是海上丝绸之路贸易的重要实物资料和珍贵文化遗产，它的发现和发掘为中国海外贸易史、造船史、陶瓷史和航海技术研究提供了难得的实物证据。

南海 I 号沉船证明了宋代造船业规模庞大和制作技术发达。据测算，南海 I 号沉船长 30.4 m、宽 9.8 m、船体（不含桅杆）高 4 m，通过 14 道舱壁分隔成 15 舱，如此巨大的船只展现了南宋高超的造船技艺。

南海 I 号沉船整体打捞的成功是世界水下考古事业发展的一个重要里程碑。它创新了水下沉船的打捞工艺和技术，为今后水下文物的打捞提供了新的方法和途径，对中国乃至世界水下考古发展具有深远而重大的意义。

（2）保护历程

南海 I 号沉船于 2007 年 12 月被完整地包裹在钢质沉箱内整体打捞出水，并存放于海上丝绸博物馆的"水晶宫"内。李乃盛等（2017）对南海 I 号沉船的保护过程进行了详细的描述。

2009 年和 2011 年分别开展了两次试掘工作，并对出水文物的现状进行了评估："水晶宫"内的大气环境含有丰富的硫元素，馆内长期处于高温高湿的环境，沉船所在的水环境富含溶解氧和微生物；沉箱锈蚀产生的铁离子出现向沉船遗址中渗透的趋势；出水木材发生了严重降解，陶瓷器、金属器大部分胶结成块。

2013 年 11 月～2014 年 5 月对船体遗址开展了第一阶段的发掘，暴露出的船木由宣纸包覆，并按照每天人工喷淋两次海水、每周喷淋一次防腐液（加入硼酸、硼砂的海水）的方式对整个发掘现场进行保湿防霉。发掘暂停期间采用自行设计的喷淋装置对船体遗址进行保湿处理。

2014 年 10 月～2015 年 5 月的第二阶段发掘期间，对暴露的船木加大了喷淋量，从最初的每日三次逐渐增加至每日四次。同时喷淋液也添加了低分子量的聚乙二醇（PEG）来增强保湿效果。此外，研究人员通过实验室实验和现场试验相结合的方式对比了 5%硼酸、硼砂，0.02%霉敌，0.5%异噻唑啉酮，0.2%达克宁，0.2%双乙酸钠，500 mg/L 二癸基二甲基氯化铵等试剂的杀菌防霉效果，最终确定异噻唑啉酮作为现场船木的防霉剂，并将其添加到喷淋液中。发掘暂停期间采用自行设计的船木滴渗保湿防腐装置处理船体遗址。

2015 年 10 月～2016 年 3 月第三阶段发掘期间，采用自动喷淋装置每天对船木进行多次喷淋。发掘暂停期间采用自动喷淋为主、人工喷淋为辅的方式对船体遗址进行保湿。

最终考古发掘提取出的大量文物在清理完表面污垢后，放入脱盐池进行浸泡脱盐。

8.2.3 南海 I 号沉船微生物病害研究

南海 I 号沉船的微生物病害研究主要集中在出水的木质文物，包括船体木材和提取出的小型漆器，涉及细菌、真菌等不同种类的微生物。通过微生物多样性分析，微生物腐蚀木材机理和侵蚀程度研究，以及抗菌剂筛选等多种形式的研究，为南海 I 号出水木质文物的保护提供合理的科学依据和参考。这些研究主要由中山大学生命科学学院的徐润林教授和南开大学生命科学学院的潘皎副教授等两个团队完成。

用于微生物多样性分析的样品来源丰富，包括南海 I 号船体的船木、出水漆器、船体附着的海泥和浸泡文物的水样等。自 2013 年南海 I 号沉船的室内发掘开始至今，几乎每年都会对南海 I 号样品中的微生物进行采样分析，通过非培养法（高通量测序）、培养法相结合的方式对文物中现存的微生物进行鉴定，但基于研究目的的不同，不同的研究通常只关注细菌或真菌中的一种。

李秋霞等（2018）于 2013 年对南海 I 号船体木材内的细菌群落进行了鉴定，发现多数细菌属于变形菌门（Proteobacteria），其群落丰度高达一半以上，其次为拟杆菌门（Bacteroidetes），约占 22.1%。此外，绿弯菌门（Chloroflexi）、放线菌门（Actinobacteria）、厚壁菌门（Firmicutes）、酸杆菌门（Acidobacteria）、浮霉菌门（Planctomycetes）和螺旋体门（Spirochaetes）等细菌在群落中的丰度也较高（图 8-6）。在属水平上，丰度最高的细菌为德沃氏菌属（*Devosia*），其次为甲基娇养杆菌属（*Methylotenera*）和鼠尾菌属（*Muricauda*）。

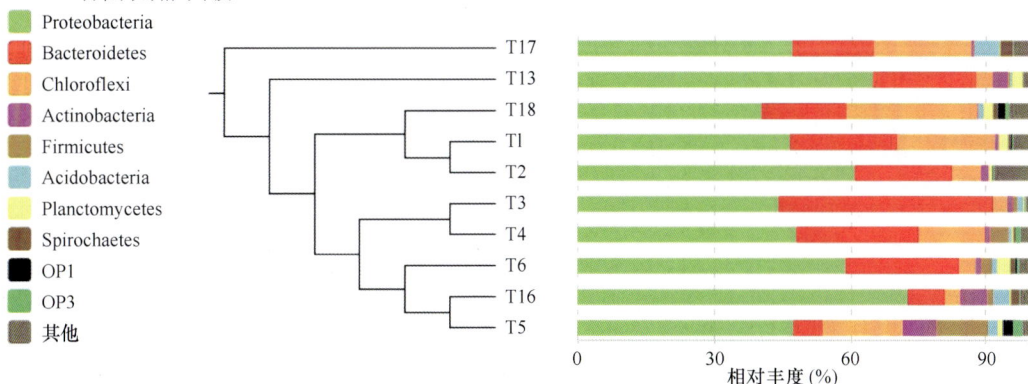

图 8-6　南海 I 号部分木质文物样品中的细菌群落（李秋霞等，2018）

但是 Liu 等（2018）于 2015 年的调查研究表明，厚壁菌门已经成为沉船船体的主要细菌，其次为变形菌门和拟杆菌门（图 8-7），此外，放线菌门、绿弯菌门和酸杆菌门在此次调查的所有样品中也都被发现。

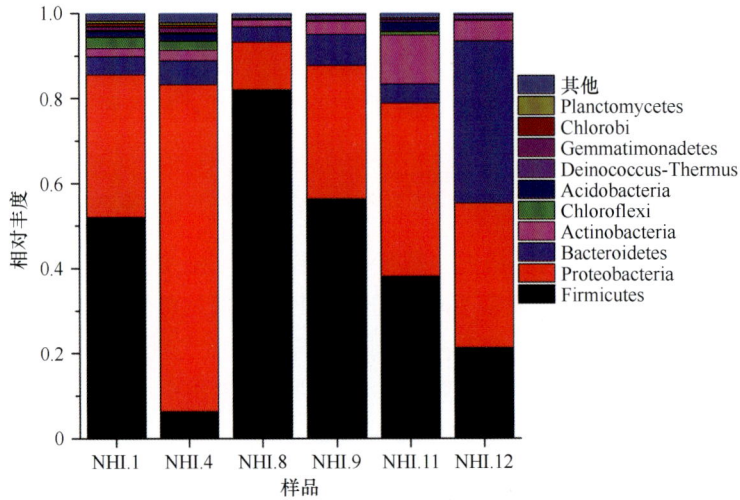

图 8-7 南海 I 号船体船木内的细菌群落（Liu *et al.*，2018）

Yin 等（2019）对存放漆器的水溶液进行了分析，比较了不同时间下溶液中的细菌群落变化。初次检测发现黄色杆菌属（*Xanthobacter*）的相对丰度最大，其次为根瘤菌属（*Rhizobium*）和不动杆菌属（*Acinetobacter*）。此外，贪噬菌属（*Variovorax*）和黄杆菌属（*Flavobacterium*）在所有样品中的含量也较为丰富（图 8-8A）。但是在 6 个月后，水样中的优势菌种转变为黄杆菌属、假单胞菌属（*Pseudomonas*）和新鞘氨醇杆菌属（*Novosphingobium*）（图 8-8B）。

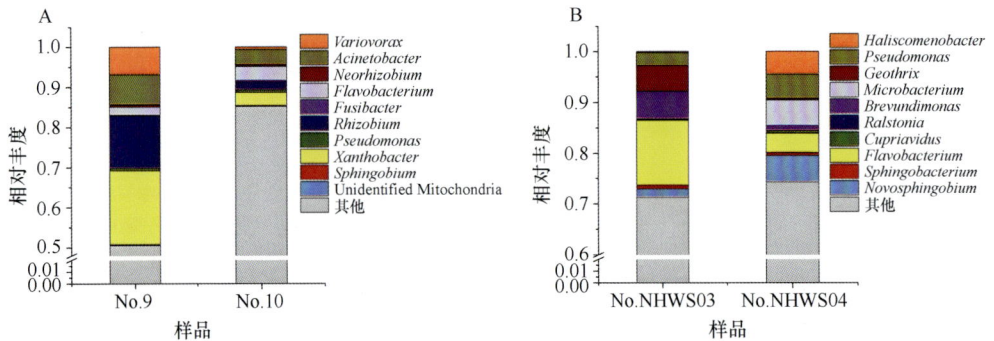

图 8-8 南海 I 号漆器水样中的细菌群落（Yin *et al.*，2019）
A. 6 月采集样品；B. 12 月采集样品

综合上述结果可以发现，在船体遗址和出水木质文物中，细菌群落的多样性和丰度发生了明显的改变。这可能是由于不同存放环境为微生物生长提供的条件有所差别，促使原本群落中的优势菌在新环境中的繁殖速率下降；此外，不同环境下的微生物入侵也是导致这一差异出现的可能原因。对处于同一个环境中的文物而言，随着时间的推移，文物内的细菌群落虽然相似，但优势菌群却发生明显改变。这提示随着季节的变化，微生物群落中的不同菌种进行竞争性生长，它们旺盛的繁殖代谢将会加速对文物的腐蚀，需要采取必要的措施进行控制。

南海 I 号高氧高湿的储存环境促使真菌迅速生长，在文物表面出现肉眼可见的霉斑。Liu 等（2018）2015 年进行的调查发现，船体船木上的真菌以子囊菌门（Ascomycota）为主，平均丰度为 99.7%，此外也发现了少量担子菌门（Basidiomycota）、壶菌门（Chytridiomycota）和接合菌门（Zygomycota）的真菌（图 8-9）。从属水平看，镰刀菌属（*Fusarium*）是船木内的优势菌群，经培养法鉴定出的优势菌种 *F. solani* 和 *F. oxysporum* 也验证了这一发现。

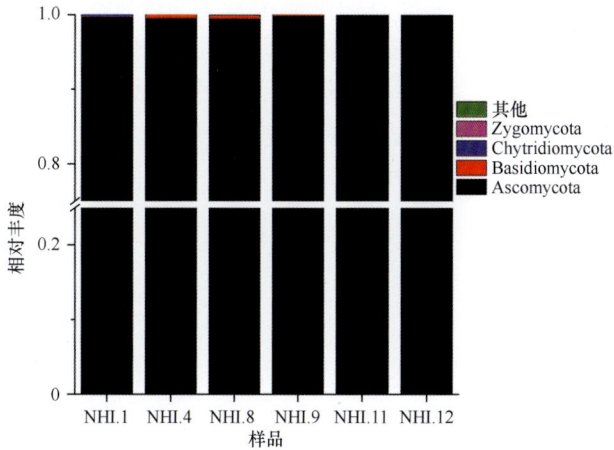

图 8-9　南海 I 号船体船木内的真菌群落（Liu *et al.*，2018）

Han 等（2021）于 2019 年对船体船木的真菌鉴定再一次验证了子囊菌门在船木中占据绝对优势（平均丰度为 97.76%）。但是在属水平上，真菌的群落结构发生了明显的变化，镰刀菌属仅在部分样品中属于优势菌种，周刺座霉属（*Volutella*）、赛多孢霉属（*Scedosporium*）和假阿利什霉属（*Pseudallescheria*）在个别样品中的丰度要超过镰刀菌属（图 8-10）。此外，培养法的结果显示，船木上的镰刀菌属大多属于 *F. solani*，与 Liu 等（2018）的结果一致。

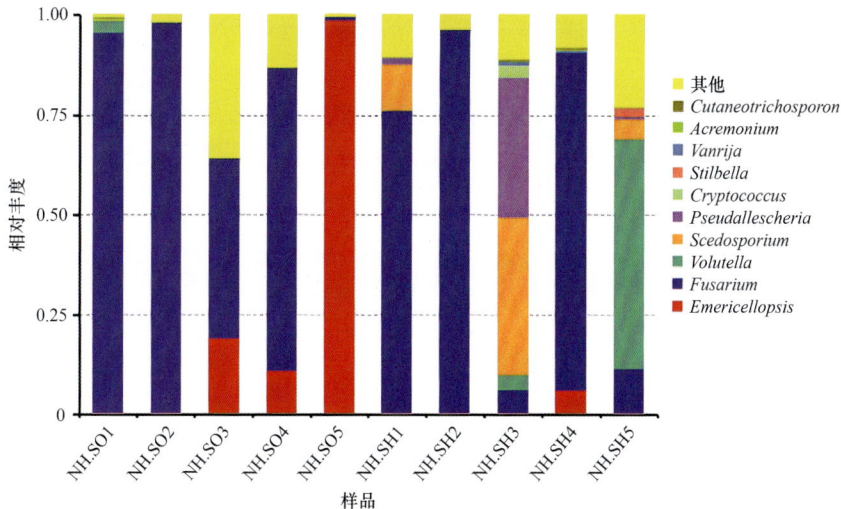

图 8-10　南海 I 号船体船木和海泥中的真菌群落（属水平）（Han *et al.*，2021）

在浸泡于去离子水中的文物（漆器、船木）中（Jia *et al.*，2020；Han *et al.*，2021），大多数的真菌也都属于子囊菌门（相对丰度超过 95%）。但是在属水平上，水样中的群落组成与船体船木存在明显差别，而且不同种类文物的浸泡水样也表现出不同的群落结构。在木材的存储水样中（图 8-11A），赛多孢霉属是最主要的真菌，其次为假阿利什霉属、曲霉属（*Aspergillus*）、链格孢属（*Alternaria*），镰刀菌属虽然在所有样品中都能检测到，但其平均相对丰度仅为 0.62%。但在漆器存储的水样中（图 8-11B），镰刀菌属是绝对的优势菌属，其平均相对丰度可达 21%，其次为淡领瓶霉属（*Cadophora*）。"其他（other）"（相对丰度较小的菌种）是该样品中群落丰度占比最高的类群，表明真菌在该文物内具有较高的群落多样性。来自不同文物水样中的微生物也存在相似性，根霉属（*Rhizopus*）、拟盘多毛孢属（*Pestalotiopsis*）、隐球菌属（*Cryptococcus*）、链格孢属、曲霉属、篮状菌属（*Talaromyces*）和外瓶霉属（*Exophiala*）等真菌在所取的水样中均有发现。

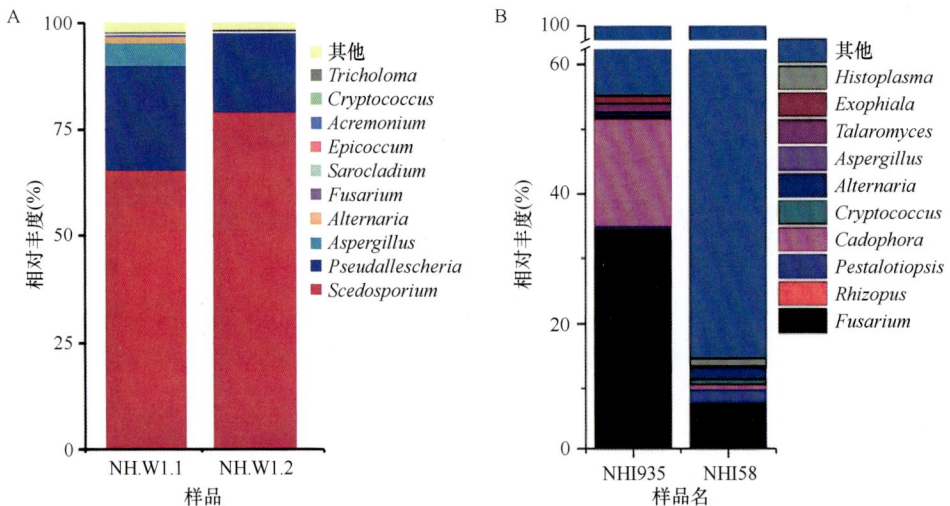

图 8-11　南海 I 号样品中的真菌群落（属水平）（Jia *et al.*，2020；Han *et al.*，2021）

A. 船木水样；B. 漆器水样

此外，Han 等（2021）也检测了船体遗址内的空气真菌，发现空气中的可培养真菌以青霉属（*Penicillium*）和枝孢霉属（*Cladosporium*）为主（图 8-12）。

综合南海 I 号出水木质文物的真菌调查可以看出，子囊菌门是文物上的主要真菌。船体遗址上的真菌群落多样性较低，在属水平上通常是由一种或几种真菌占据绝对优势，镰刀菌属是最主要的优势菌种，但随着时间的推移，其群落优势在逐渐降低。在提取出的文物中，存储环境的改变和防霉处理的施加，使得菌落中的优势菌群得到一定抑制，群落多样性逐渐增加。从空气微生物的鉴定结果来看，空气中的真菌入侵对文物本体上的微生物群落影响不大。

虽然大量的微生物种属被鉴定出来，但并不意味着所有的菌种都会对文物造成破坏，还需要通过实验分析来确定南海 I 号出水文物上真正的病害微生物，并判断其对文物安全的威胁程度。

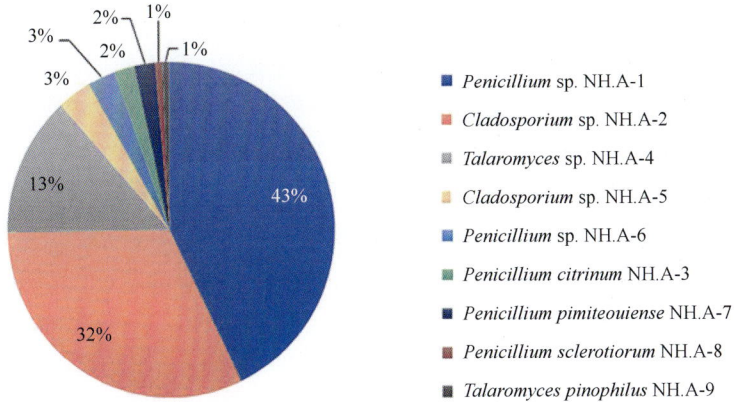

图 8-12 南海 I 号船体空气中的真菌群落。NH.A-1～NH.A-9 为分离出的菌株编号（Han *et al.*，2021）

Gao 等（2018）对提取出的船板构件进行了观察，发现了木材纤维细胞壁的破坏，也观察到细菌侵蚀过后遗留的残留颗粒状物质，这表明隧道细菌和腐蚀细菌存在于出水文物内（图 8-13）。

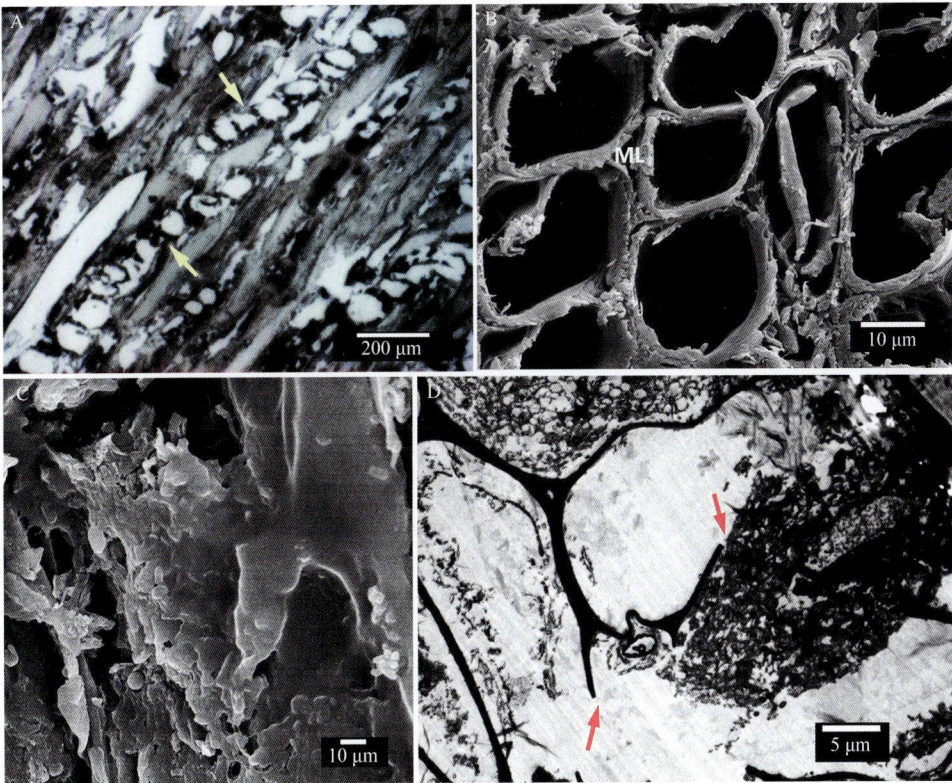

图 8-13 细菌侵蚀后的南海 I 号船木细胞结构（Gao *et al.*，2018）

A. 光镜下的木材弦切面，射线细胞的细胞壁模糊不清，仅存箭头所指的胞间层；B. 扫描电镜下样品中胞间层的脆弱骨架，ML 为胞间层；C. 扫描电镜下变形的细胞及其充满细菌的细胞腔；D. 透射电镜下变形和破裂的细胞，箭头处可见残留物从细胞中流出虽然腐蚀细菌和隧道细菌明确的种属尚未确定，但根据细菌的生理代谢特性，具有纤维素降解能力的噬胞菌-黄杆菌群组具有很大的可能性，它们所属的拟杆菌门在南海 I 号船木中的分布十分广泛。此外，在鉴定出的细菌中，梭菌纲和疣微菌门多为厌氧菌，且具有纤维素降解能力，在海底沉积物构建的无氧环境中，这些细菌可能参与了南海 I 号木质文物的腐蚀过程（李秋霞等，2018）。Yin 等（2019）将漆器储存水样中的细菌涂覆到含有羧甲基纤维素的培养基中，经过细菌培养验证了分离出的芽孢杆菌（*Bacillus tequilensis* 和 *Bacillus velezensis*）具有很强的纤维素降解能力。此外窄食单胞菌（*Stenotrophomonas* sp.）、枯草芽孢杆菌（*Bacillus subtilis*）、假单胞菌（*Pseudomonas* sp.）和芽孢杆菌（*Bacillus* sp.）也显示出了纤维素降解的能力（图 8-14）。不过在漫长的埋藏过程中，这些细菌对木材的腐蚀进程十分缓慢，它们对船体木质构件的侵蚀大多数处于弱或中等腐蚀的程度。

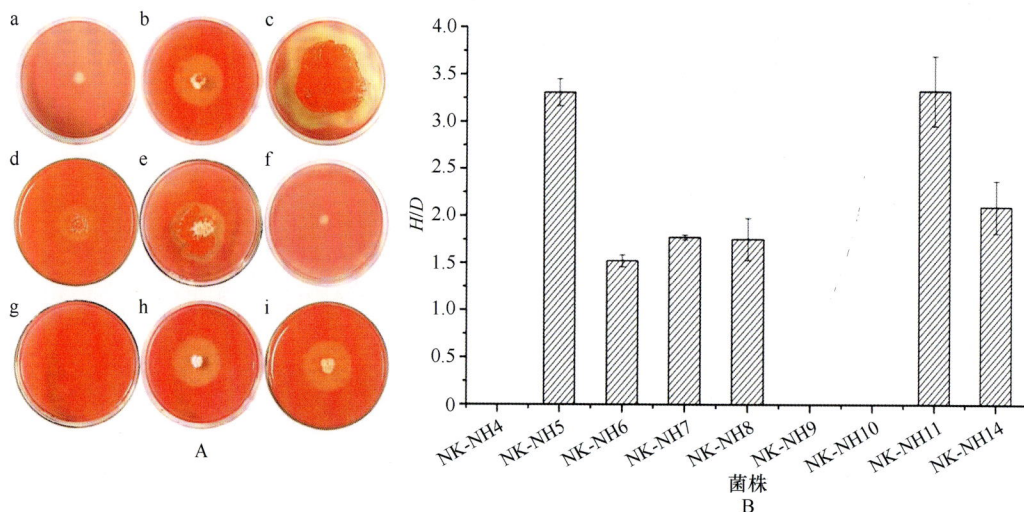

图 8-14　细菌纤维素酶活性检测（Yin *et al.*，2019）

A. 羧甲基纤维素培养基中的 9 种菌株：a. *Microbacterium* sp. NK-NH4，b. *Bacillus tequilensis* NK-NH5，c. *Bacillus subtilis* NK-NH6，d. *Pseudomonas* sp. NK-NH7，e. *Bacillus* sp. NK-NH8，f. *Ochrobactrum* sp. NK-NH9，g. *Bacillus megaterium* NK-NH10，h. *Bacillus velezensis* NK-NH11；i. *Stenotrophomonas* sp. NK-NH14；B. 各菌株的纤维素酶活性，*H*/*D*. 菌落直径和水解圈直径的比值

此外，有研究表明，微杆菌属（*Microbacterium*）具有降解木质素的能力（Gontang *et al.*，2007）。但从高通量测序结果来看，它们在细菌群落中的相对丰度较低，目前对出水的漆器影响不大，这一发现将提醒文物保护工作者采取相应的措施提前预防细菌对文物的侵蚀。

除细菌外，软腐真菌也会对木质文物造成腐蚀破坏。大部分的软腐真菌是好氧的，出水后的南海 I 号沉船暴露于富氧的环境中，这为软腐真菌的生长提供了良好的条件。软腐真菌大多为子囊菌门，船体船木中最为丰富的镰刀菌属就属于子囊菌门。Han 等（2021）分别通过愈创木酚法（图 8-15A，B）和羧甲基纤维素法（图 8-15C，D）对镰刀菌进行了木质素和纤维素降解实验，结果显示南海 I 号船木表面以及漆器存储水样中分离出的镰刀菌均具有纤维素降解能力，但只有部分该属真菌能够分解木质素。此外，赛多孢霉属真菌 *Scedosporium apiospermum* 和青霉属真菌 *P. chrysogenum* 分别是出水木材和漆器存储水样中的优势菌种，它们也被检测出纤维素降解能力（Jia *et al.*，2020；Han *et al.*，2021）。以上研究结果表明，南海 I 号出水木质文物中的优势真菌均对木材中的纤维素具有较强的降解能力，它们在文物中的广泛分布和繁殖正严重威胁着文物的安全，亟须采取相应的措施控制这些真菌在文物中的生长，使文物得以长期保存。

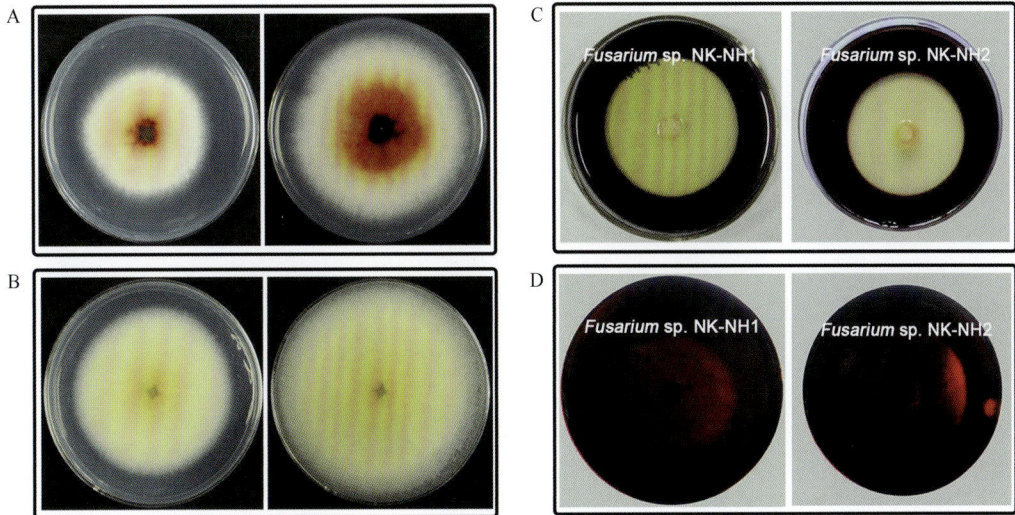

图 8-15　真菌对木质素和纤维素的降解能力（Han *et al.*，2021）

A. *Fusarium* sp. NK-NH1 在愈创木酚培养基中生长 6 d（左）和 12 d（右），红棕色表示木质素的降解；B. *Fusarium* sp. NK-NH2 在愈创木酚培养基中生长 6 d（左）和 12 d（右）；C. 两种真菌在羧甲基纤维素内培养 4 d，黄色表示纤维素的降解；D. 两种真菌在羧甲基纤维素内培养 4 d，浅色圆环表示纤维素的降解

　　抗菌剂是治理微生物病害的常用方法，但具有抗菌能力的试剂多种多样，而且并非所有抗菌剂都能在文物上使用。目前以异噻唑啉酮为有效成分的商业抗菌剂因其抗菌谱系广、抗菌时效较长、对文物副作用较小等优势被广泛用于文物微生物病害的治理。在对南海 I 号优势病害微生物的抗菌研究中，主要选取了 4 种以异噻唑啉酮为有效成分的商业抗菌剂（Preventol® D7、Preventol® BIT 20N、Preventol® P91 和 Euxyl® K100）作为候选材料。Liu 等（2018）在上述 4 种抗菌剂的基础上，又添加了南海 I 号最初使用的抗菌剂——硼酸。通过对比它们对 2 种优势镰刀菌（*Fusarium* sp.）的抗菌效力，发现硼酸的浓度即便提高到 1% 仍不能抑制真菌的生长。但是其他 4 种抗菌剂都表现出良好的抗菌效果，它们的抗菌能力为：Preventol® D7 > Preventol® BIT 20N > Preventol® P91 > Euxyl® K100（图 8-16）。

　　Jia 等（2020）同样选取上述这 4 种异噻唑啉酮类抗菌剂对出水漆器中的优势真菌进行了抗菌实验，得出了与 Liu 等（2018）一致的结论。并且通过对比抗菌剂在不同浓度下的抗菌效果，认为浓度为 0.5% 的抗菌剂的抗菌效果更佳（图 8-17），因而 0.5% 也随后成为这几种抗菌剂在南海 I 号微生物抗菌实验中的使用浓度。

310 | 文化遗产微生物

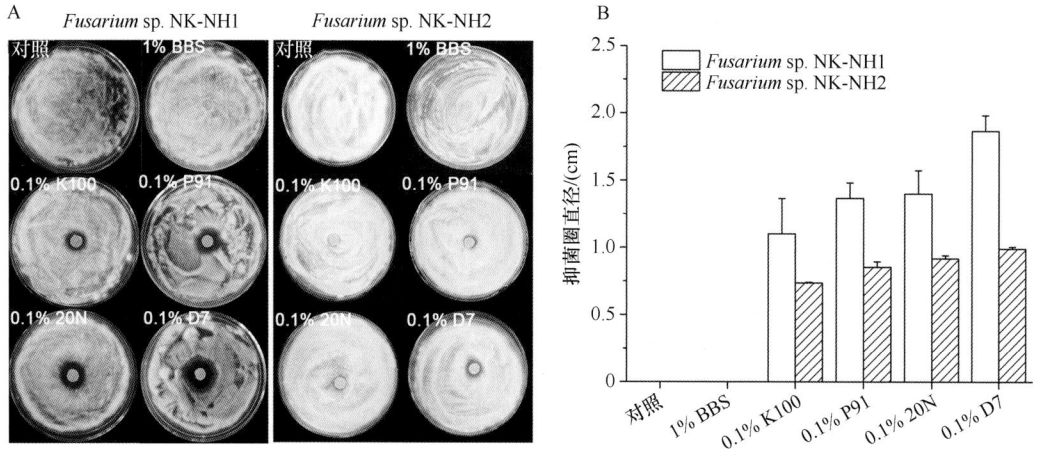

图 8-16　5 种抗菌剂对真菌生长的抑制作用（Liu *et al.*，2018）

A. 抗菌剂对真菌产生的抑菌圈；B. 抗菌剂对真菌的抗菌效力；BBS：硼酸盐缓冲液；K100：Euxyl® K100；P91：Preventol® P91；20N：Preventol® BIT 20N；D7：Preventol® D7

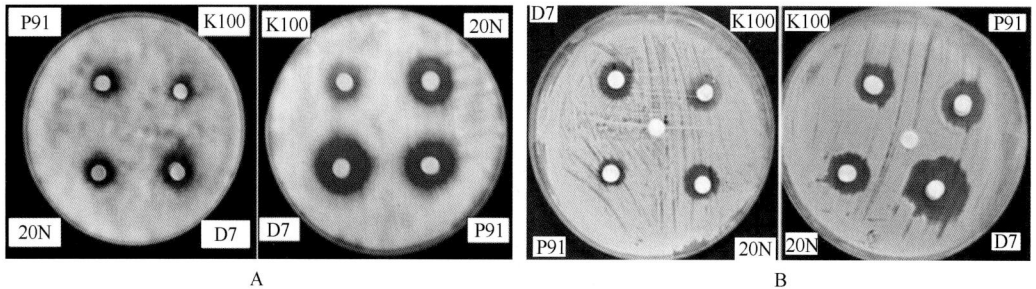

图 8-17　4 种抗菌剂对真菌生长的抑制作用（Jia *et al.*，2020）

A. *F. solani* NK-NH1 在浓度为 0.1%（左）和 0.5%（右）抗菌剂下的生长情况；B. *P. chrysogenum* NK-NH3 在浓度为 0.1%（左）和 0.5%（右）抗菌剂下的生长情况；P91：Preventol® P91；K100：Euxyl® K100；20N：Preventol® BIT 20N；D7：Preventol® D7

　　当抗菌实验的优势菌种数量增加时，这 4 种抗菌剂的抗菌性能发生了改变，其中 Preventol® D7 和 Preventol® BIT 20N 对大部分的优势细菌和真菌都具有较强的抗菌性能，不过二者的抗菌性能在不同的菌种间互有优劣，而 Euxyl® K100 的抗菌性能较差，仅对部分微生物具有较弱的抗菌能力（图 8-18）。

　　异噻唑啉酮是上述几种商业抗菌剂的主要有效成分，但商品名的不同，也意味着它们含有不一样的添加剂。一般来说，不同微生物对同一种抗菌剂的敏感性不同，不同抗菌剂对同一种微生物的抗菌效力也存在差异。可见这些商业抗菌剂中的添加剂会影响其对南海 I 号不同优势菌群的抗菌性能。赛多孢霉属真菌 *Scedosporium apiospermum* 是南海 I 号提取木材中的优势真菌，其较强的纤维素降解能力使其成为威胁文物安全的一个主要微生物。但遗憾的是，异噻唑啉酮类抗菌剂并不能有效地抑制这种真菌的生长。Han 等（2021）尝试使用了其他类型的抗菌剂才有效抑制了赛多孢霉属真菌的生长。这提示我们，单一抗菌剂的抗菌谱系有限，并不能对所有的微生物都产生良好的抗菌能力，可以通过多种抗菌剂联合使用的方式增强对微生物病害的治理效果。

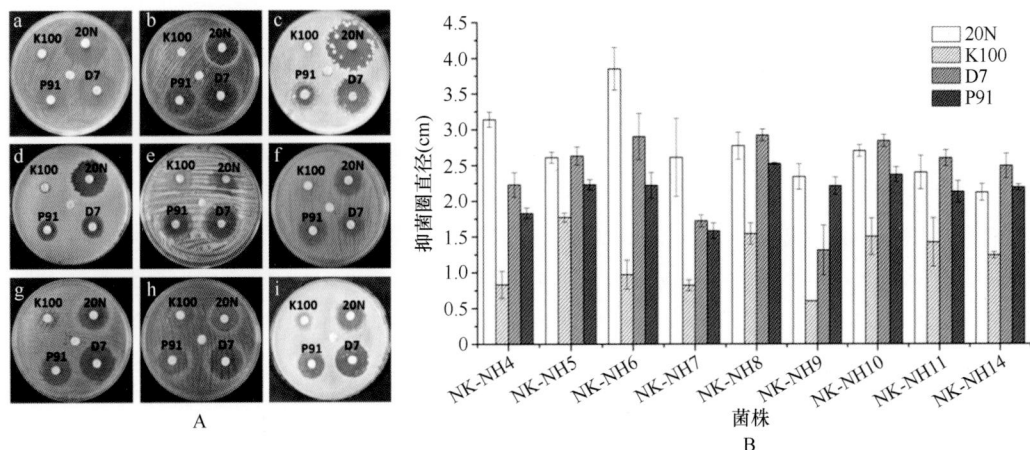

图 8-18　4 种抗菌剂对多种真菌生长的抑制作用（Yin *et al.*，2019）

A. 真菌在不同抗菌剂影响下的生长情况，a. *Microbacterium* sp. NK-NH4，b. *Bacillus tequilensis* NK-NH5，c. *Bacillus subtilis* NK-NH6，d. *Pseudomonas* sp. NK-NH7，e. *Bacillus* sp. NK-NH8，f. *Ochrobactrum* sp. NK-NH9，g. *Bacillus megaterium* NK-NH10，h. *Bacillus velezensis* NK-NH11，i. *Stenotrophomonas* sp. NK-NH14；B. 抗菌剂对真菌的抗菌效力；P91: Preventol® P91；K100: Euxyl® K100；20N: Preventol® BIT 20N；D7: Preventol® D7

8.2.4　小结与讨论

南海 I 号沉船是中国海上丝绸之路历史的重要实证，对研究中国海外贸易史、造船史、陶瓷史和航海技术史等方面具有重要意义。南海 I 号沉船创新性的整体打捞成功展示了我国水下考古的雄厚实力，对世界水下考古的发展具有深远而重大的意义。

南海 I 号沉船出水后的考古发掘是一个漫长的过程，大量的文物长期处于高温高湿的环境下，即便在发掘过程中使用硼酸、硼砂、异噻唑啉酮等抗菌剂进行抗菌防霉处理，微生物仍然能够在这些文物上持续生长，并出现肉眼可见的霉斑。目前南海 I 号沉船的微生物病害研究主要集中在沉船船体和出水漆器等木质文物中。由于二者储存环境和基底材质的不同，它们之中的微生物群落也存在明显差异。例如，德沃氏菌属和镰刀菌属是沉船船体的主要微生物，而漆器中最显著的则为黄杆菌属和赛多孢霉属。此外，随着时间的推移，文物上的微生物群落多样性也发生着变化。沉船船体的优势细菌由变形菌门逐渐转变为厚壁菌门，镰刀菌属真菌在群落中的优势也逐渐降低；对出水漆器而言，细菌群落中的根瘤菌属和不动杆菌属的相对丰度也随时间推移出现明显的下降。

在鉴定出的这些细菌和真菌中，芽孢杆菌属、镰刀菌属、青霉属等优势微生物均被证明具有纤维素降解能力，它们在南海 I 号出水木质文物上的生长繁殖会进一步导致文物的腐蚀破坏。为了避免微生物对南海 I 号木质文物的影响，许多研究测试了多种抗菌剂（尤其是异噻唑啉酮类抗菌剂）对南海 I 号优势菌群的抗菌效力。但令人遗憾的是，单独使用任何一种抗菌剂都不能有效抑制南海 I 号出水文物中所有病害微生物的生长，这提示在南海 I 号出水木质文物的防治过程中应采用多种抗菌剂联用的方式增强对微生物病害的治理效果。

8.3 英国 Mary Rose 号沉船微生物

Mary Rose 号是都铎王朝第二任国王亨利八世在位期间建造的一艘克拉克（Carrack）帆船，它建造于 1509～1511 年，是世界上第一批具有舷侧火炮发射孔的战舰之一。1545 年 7 月 19 日，Mary Rose 号在与来犯的法国舰队交战时，沉没于怀特岛和朴次茅斯市之间的索伦特海峡。1972 年 Mary Rose 号被重新发现，直至 1982 年在 6000 多万人的共同见证下，这艘沉没了 400 多年的沉船被打捞出来，超过 26 000 件出水文物和船体一起被安放于朴次茅斯市的 Mary Rose 博物馆中。

8.3.1 出水海域及保存环境

1545 年，Mary Rose 号沉没于索伦特海峡（西经 06°26.59′、北纬 49°52.26′）。该地区属温带海洋性气候，夏季平均气温 20℃，冬季约 12℃。索伦特海峡为强潮地区，由于怀特岛的阻隔，通过该海峡的海水流速加快，在春季高峰期，其流速可高达 2.25 m/s。掩埋沉船的海底沉积物是黏土和沙子的混合体，在海水的高速冲刷下，这些海泥大多是松散的（Quinn et al., 1997）。在最初沉没期间，Mary Rose 号陷入距退潮时海平面仅有 36 英尺（1 英尺=30.48 cm）的海床中，但随着频繁的潮汐变化，沉船主体逐渐被完全掩盖，船体的残骸碎片则随着高速水流的冲刷散落在附近的冲刷坑。直到 17 世纪末至 18 世纪初，Mary Rose 号才在海底环境中稳定下来。

1982 年，Mary Rose 号船体打捞出水后，被存放于英国朴次茅斯的 Mary Rose 博物馆中，至此，沉船船体和出水的文物就始终保存在一个低温高湿的环境中。其中小件文物浸泡在水中，而船体则通过喷淋装置不断喷淋补水，以避免文物进一步劣化。此外，喷淋溶液的温度被设置在 5℃，在很大程度上延缓了微生物在文物表面的滋生（Liu et al., 2018）。

8.3.2 文物价值及保护历程

（1）文物价值

Mary Rose 号是目前世界现存的唯一一艘 16 世纪都铎王朝战舰，它的发现为英国造船史、军事史、社会生活史，以及欧洲近代医疗技术史、疾病史的研究提供了丰富的实证。

大炮、枪、弓等武器的发现一方面可以帮助我们了解近代欧洲兵器制作工艺，体会当时英国先进的兵器制造技术；另一方面，大量的武器装备也体现了英法之间战争的残酷。Mary Rose 号出水的大量衣物、碗筷、珠宝、香烟、乐器等个人用品，有助于重现英格兰海军的军旅生活情境，并为都铎王朝时期社会生活史的研究提供丰富的材料。此外，药品、手术器材等物品的发现以及船员遗骸的发掘，为了解近代欧洲医疗技术和船员疾病提供了实证，骨骼材料也为船员的种族起源分析提供了材料，这对揭示近代欧洲医学史、疾病史和种族史都具有深远而重大的意义。

（2）保护历程

自 1982 年 Mary Rose 号被打捞出水开始至 2016 年，船体船木就一直处于保湿、脱盐和干燥的长期保护过程中。通过循环水泵定期喷洒低温去离子水来防止船体干燥收缩和微生物滋生，并通过水流带走船木中的可溶盐和硫铁化合物氧化产生的硫酸。Mary Rose 号船体周围每隔 1 m 放置一个喷头，共设置了 380 个，确保船身每个部分都能被喷淋到。1994 年脱盐结束后，循环喷洒的液体由去离子水换成聚乙二醇（PEG）（图 8-19）。1994～2006 年，使用的是低分子量的 PEG 200 水溶液，使 PEG 能够渗透到船体整个木材结构中。2006 年，喷洒的 PEG 改为高分子量的 PEG 2000，以便填补木材内退化和弱化的细胞空隙及腔隙，加强船体结构。2013 年 4 月停止 PEG 喷洒，并开始对船体进行控制性干燥，以便使其更好地被展示（Joanne et al.，2014）。

图 8-19　正喷洒 PEG 的 Mary Rose 号（Schofield et al.，2015）

从沉船中提取的文物均采用被动存储的方式保存，以防文物出水后进一步恶化。小件物品被简单地密封在聚乙烯袋中并保持其水分，而提取出的木材则储存在未密封的水箱中。为了避免微生物对文物造成腐蚀破坏，所有的文物都在低温环境下存放，甚至还会使用对木材没有影响的蜗牛来抑制木材降解生物的生长。提取出的金属器文物通常是浸泡在钠盐溶液中以防止金属氧化。在主动保护阶段，使用纳米碳酸锶处理含有硫铁化合物的出水木质文物，纳米碳酸锶可以中和硫铁化合物产生的酸，并将还原态的硫铁化合物转换成稳定的化合物，从而防止木材的进一步酸化（Schofield et al.，2011）。

8.3.3　Mary Rose 号沉船微生物病害研究

Mary Rose 号在未打捞出水前，考古学家就已经意识到微生物对沉船的影响，因此通过环境控制的手段对出水的船体和其他文物进行低温保存，以延缓微生物在文物中的生长。在这些文物几十年的存储过程中，研究人员对船体船木上的微生物进行了详细的研究，包括微生物群落鉴定、微生物与硫铁化合物形成的关系以及防治方法等。

真菌是导致木材腐蚀的一个重要因素。大多数真菌是好氧菌，但 Mary Rose 号沉没时陷入在 1～3 m 深的海底沉积物中，缺氧的环境并不适合真菌生长。沉船打捞出水且包裹的海底沉积物被清除后，船体环境的氧含量提高，使得真菌在文物中开始生长。

此外随着出水木材的被动存储,高湿度的环境也将促进这些真菌的生长。Jones 和 Jones (1993)在 Mary Rose 号出水木材中观察到多种真菌,包括 *Cirrenalia macrocephala*、*Corollospora maritima*、*Dicfyosporium Toruloides*、*Monodicfys pelagica*、*Nia vibrissa*、*Nereiospora cristata*、*Trichocladium achrasporum*。其中 *Nia vibrissa* 是一种海洋白腐真菌,在长达 10 年的持续监测中,该真菌在 Mary Rose 号出水木材中广泛分布,即便是在循环喷洒冷水的木材中也发现了该真菌的生长痕迹。该发现表明了 *Nia vibrissa* 对温度和盐分的广谱耐受性,这为今后确定该处文物的保存、保护方法提供了科学参考。

出水木材通常含有丰富的硫铁化合物,这些化合物氧化产酸是威胁文物安全的主要因素之一,而细菌广泛参与了这一过程。Preston 等(2012)对 2005 年出水的带有铁质螺栓孔的木质文物进行了分析,通过培养法和直接测序法相结合的方式鉴定了文物中的细菌。培养鉴定出两个属的细菌,分别为脂环酸芽孢杆菌属(*Alicyclobacillus*)和嗜酸菌属(*Acidiphilium*),其中脂环酸芽孢杆菌属的相对丰度较高。嗜酸菌属大都与自然界铁、硫元素的循环相关,它们可以在无氧或厌氧条件下还原铁,也能在有机物的存在下氧化硫,这些过程都会产生酸,说明该菌种对出水文物具有一定的腐蚀作用。此外,直接测序法鉴定出大量属于噬胞菌-黄杆菌-拟杆菌群组的细菌,它们具有多种产酸的代谢途径,此外也参与了纤维素的降解。这说明该文物中的微生物除了参与木材中硫铁化合物的氧化产酸,间接对文物造成腐蚀之外,也可以通过纤维素降解的方式直接促进文物结构的破坏。

为了获取更多硫铁化合物的生物氧化证据,Joanne 等(2014)又对船体出现的 1～4 cm 厚的铁锈色生物膜进行了分析,他们认为这种生物膜是在沉船船体长期喷淋 PEG 的过程中出现的,具体鉴定结果见表 8-1。在不同 pH 培养条件下共发现 5 种细菌,其中寡养单胞菌属的 *S. rhizophila* 是优势菌种。短波单胞菌属(*Brevundimonas*)的 *Brevundimonas* sp. OS16 在酸性较低(pH=1.7)的培养基中被检出,而当培养基的 pH 增加到 3 时,脂环酸芽孢杆菌属(*Alicyclobacillus*)的 *Alicyclobacillus* sp. MRT18 则会取代短波单胞菌属的存在。进一步的研究发现,硫铁化合物转变为硫酸盐的氧化过程可以在细菌的参与下发生。此外在低 pH 的环境条件下,二价铁向三价铁的氧化过程也存在细菌的作用。在这些过程中,PEG 的存在为上述的嗜酸菌提供了碳源,促使这些铁氧化细

表 8-1 Mary Rose 号生物膜内的细菌分布

菌株(GenBank 登录号)	丰度(%)	鉴定菌种(GenBank 登录号)	相似度(%)	门/纲
BF4-PEG 培养基-pH 3				
BF4-PEG 01E(KC249982)	80	*Stenotrophomonas rhizophila*(JQ890538)	99	γ-变形菌纲
BF4-PEG 03A(KC249983)	3	*Stenotrophomonas rhizophila*(JQ890538)	98	γ-变形菌纲
BF4-PEG 10G(KC249984)	17	*Alicyclobacillus* sp. MRT18(JX840943)	99	Bacilli
BF4 培养基-pH 1.7				
BF4 06F(KC249986)	1	*Brevundimonas* sp. OS16(EF491966)	98	α-变形菌纲
BF4 03C(KC249987)	1	*Brevundimonas* sp. OS16(EF491966)	98	α-变形菌纲
BF4 10H(KC249993)	11	*Brevundimonas* sp. OS16(EF491966)	99	α-变形菌纲
BF4 01A(KC249988)	5	*Stenotrophomonas rhizophila*(JQ890538)	98	γ-变形菌纲
BF4 08D(KC249992)	12	*Stenotrophomonas rhizophila*(JQ890538)	99	γ-变形菌纲
BF4 05HX(KC249994)	70	*Stenotrophomonas rhizophila*(JQ890538)	99	γ-变形菌纲

菌在文物上生长繁殖。这一发现提示我们在使用 PEG 作为出水木质文物的长期保护材料前，需要采取有效的措施去除文物中的微生物或者还原态硫铁化合物。

此外，细菌也参与了出水木质文物的腐蚀破坏过程。Wetherall 等（2008）对 2008 年新打捞出水的木质文物进行了钻孔取样，以便检测文物在海洋保存过程中的微生物腐蚀状态。结果显示，木材纤维的细胞内存在胱氨酸和半胱氨酸等细菌侵蚀后的副产物，并且细菌侵入木材的厚度至少为 100 mm，表明了文物在海洋漫长的储存岁月中遭受到细菌较为严重的侵蚀（图 8-20）。

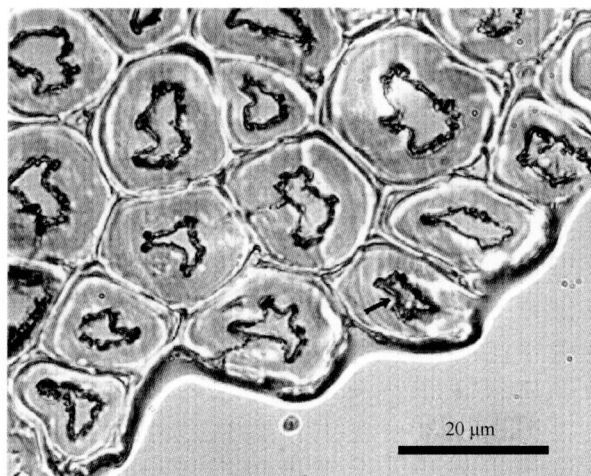

图 8-20　细菌对木材表面下 100 mm 处的侵蚀痕迹（横切面）（Wetherall *et al.*，2008）
箭头所指为细菌侵蚀木材所留痕迹

Mouzouras 等（1990）观测了 Mary Rose 号被动存储期间船体和木质文物的显微结构，同样发现了腐蚀细菌和隧道细菌的侵蚀痕迹，也观察到了由软腐真菌引起的腐蚀病变。但是被动保存的文物虽然出现了微生物生长，但它们对木材的腐蚀仅局限在文物表层，对文物的腐蚀程度也较低。可以说被动存储有效延缓了细菌和真菌对 Mary Rose 号出水木质文物的腐蚀及破坏。

Mary Rose 号打捞出水后良好的环境控制有效地抑制了微生物在文物表面的生长，因此对微生物病害的防治研究相对较少。Pointing 等（1996）发现，虽然环境控制和化学抗菌剂的使用有效地减缓了微生物在 Mary Rose 号出水文物上的繁殖，但对文物有腐蚀破坏作用的微生物特别是软腐真菌仍能够在文物表面观察到。为此，他们探索了用 γ 射线照射清除文物表面微生物的方法。首先从出水的木质文物中分离出 12 种海洋真菌（*Ceriosporopsis halima*、*Cirrenalia macrocephala*、*Corollospora maritima*、*Dictyosporium toruloides*、*Digitatispora marina*、*Trichocladium alopallonellum*、*Lulworthia* sp.、*Monodictys pelagica*、*Nereiospora cristata*、*Nia vibrissa*、*Trichocladium achrasporum*、*Zalerion maritimum*）和 5 种陆生真菌（*Chaetomium globosum*、*Gliomastix murorum*、*Penicillium* sp.、*Stachybotrys chartarum*、*Trichoderma viride*），并据此进行不同程度的辐照实验。结果显示，不同菌种对 γ 射线的耐受性基本一致，在 3～15 kGy 的辐照度下即可被灭活。这一研究表明，γ 射线辐照可以作为一种有效手段，清理定殖在 Mary Rose 号出水木质文物中的微生物。

8.3.4 小结与讨论

Mary Rose 号沉船作为目前世界上现存的唯一一艘 16 世纪英国都铎王朝战舰,它的打捞出水为研究英国造船史、战争史、社会生活史,以及欧洲近代医疗技术史、种族史提供了丰富的实证。同时,Mary Rose 号沉船出水后科学有效的长期保护方案也为之后海洋出水文物的保护和修复提供了良好的范例。

自 Mary Rose 号沉船打捞出水起,环境控制就始终贯穿于其出水文物的发掘和保护过程。小型出水文物的低温保存和大型船体定期低温喷淋的措施有效抑制了微生物在 Mary Rose 号出水文物中的滋生。但是在长期稳定的储存过程中,出水文物中的微生物逐渐适应了相对寒冷的环境,耐受菌株开始出现并在文物中生长繁殖。具有纤维素降解能力的噬胞菌-黄杆菌-拟杆菌群组以及白腐真菌被广泛鉴定出来,而出水木质文物中的硫铁化合物以及船体的铁质支撑结构也促进了脂环酸芽孢杆菌属、嗜酸菌属和寡养单胞菌属等使硫铁化合物氧化产酸的细菌大量繁殖,从而对出水文物的安全造成威胁。

8.4 其他海洋出水文物微生物

随着水下考古事业的蓬勃发展和水下考古技术的革新,越来越多的海底沉船被发现,那些遗落在海洋中的丰富文物也得以重新展现在世人面前。但在文物出水后,保存环境的改变很容易给文物造成不可逆的破坏,其中微生物作为威胁文物安全的一个重要因素,在出水文物的保护研究中得到了广泛的关注。

8.4.1 船体遗址微生物研究

南澳Ⅰ号是一艘明代万历年间的古代商贸沉船,2007 年在汕头南澳县东南三点金海域被发现。为了探究沉船船木在海底的保存状况,王亚丽(2013)对沉船的木质隔舱板进行了观察,发现分布在木材表层的软腐菌几乎将木材纤维的细胞壁完全降解,使木材纤维的内部出现较大的孔洞(图 8-21)。腐蚀细菌同样存在于南澳一号船体内,但由于细菌对木质素的降解能力有限,木材内部结构能够保持完整性。这些发现表明南澳一号在埋藏期间,遭受了海洋微生物长期持续的腐蚀破坏,但受限于各种因素,这些微生物对文物的腐蚀过程十分缓慢。

Björdal 等(1999)调查比较了瑞典 2 处海洋遗址(Pilhagen 和 Kraveln)及 5 处陆地遗址中饱水木质文物的保存状态,发现这些木材主要遭受了腐蚀细菌的攻击和破坏。此外,来自 Kraveln 遗址的木材样品由于浸泡在海水之中而非被海底沉积物掩埋,海水中的富氧环境使得软腐真菌也对这些样品产生了长期的腐蚀破坏。随后,Björdal 和 Nilsson(2008)又利用瑞典 Fredericus 号沉船遗址进一步研究了海洋微生物对木质文物的降解速率。他们将木材样品垂直插入到沉船遗址附近,并使其分别位于 3 个不同的深度(图 8-22):海床上 5 cm、海床下 10 cm 和海床下 42 cm,并分别于放置后的 6 个月、12 个月、24 个月、36 个月对这些样品进行取样观察。

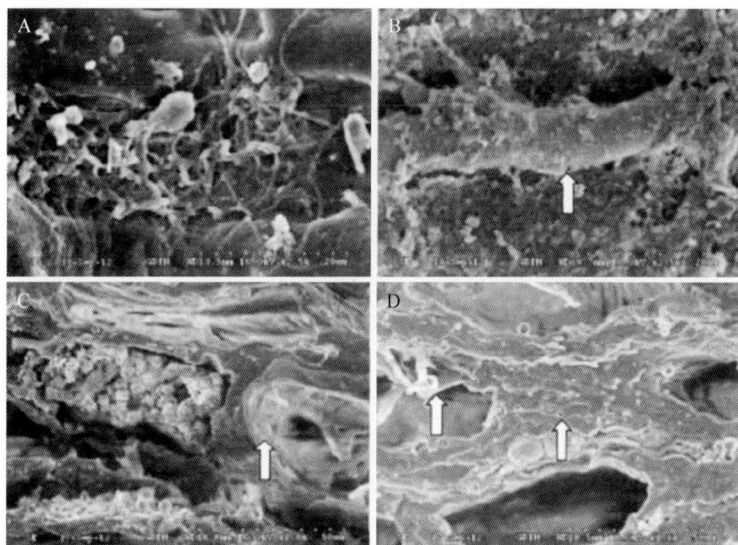

图 8-21　软腐菌降解出水古木材的电镜图（王亚丽，2013）

A. 附着在 N13 样品细胞壁上的软腐菌；B. 软腐菌丝的放大图；C. N13 样品细胞腔中的软腐菌丝体；D. N13 样品细胞壁中软腐菌丝及形成的孔洞

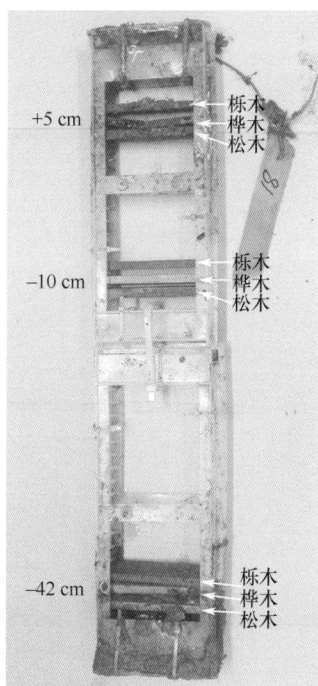

图 8-22　木材腐蚀实验装置（Björdal 和 Nilsson，2008）

　　结果显示，暴露于海床之上的木材在 3 年内就会完全降解消失，而随着埋藏深度的加深，木材的腐蚀程度也逐渐降低。这可能是由于深度增加使海水中的溶解氧含量减低，使得大部分可以腐蚀破坏木材的好氧微生物减少。这一发现表明将沉船遗址进行原位深埋可能是对其长期保护的一种简单有效的方式。Huisman 等（2008）的研究同样验证了这一点，他们对荷兰 9 个木质文物的埋藏环境（包括 2 个沉船遗址）进行了分析，发现厌氧的埋藏环境可以有效减缓细菌对木材的腐蚀速度。此外水的流速被认为是影响腐蚀细菌破坏文物的一个因素，可以通过减缓木材埋藏环境周围水的流速来达到减轻细菌腐蚀的目的。在沉船遗址中，温度也是影响微生物腐蚀的一个重要因素。Pournou 等（2001）比较了希腊扎金索斯岛遗址（Zakynthos site）和英国朗斯通港口（Langstone Harbour）遗址内海洋生物对木材的腐蚀程度，相比于 Langstone Harbour 遗址，希腊海域的水温更高，海洋生物，特别是能够引起木材腐蚀的甲壳类动物和软体动物的丰度更高，活性也更大，这使得位于希腊扎金索斯岛遗址的木材被海洋生物腐蚀得更为严重。

除了木质沉船，在近现代金属沉船的水下考古遗址中，微生物与文物的关系也得到了广泛研究。Cullimore 和 Johnston（2008）对包括泰坦尼克号在内的 10 艘金属沉船上的微生物进行了群落鉴定，发现硫酸盐还原菌、铁氧化菌和异养细菌在所有的沉船中广泛分布，其中异养细菌最为活跃。这些细菌的活跃促进了金属沉船中各种锈蚀物的产生，给沉船的结构造成破坏。与陷入海底沉积物内的沉船相比，浅水沉船由于直接暴露在大气和海水环境中，更容易受到微生物因素的影响而加速降解。Price 等（2020）以 Pappy Lane 沉船为例研究了浅水沉船相关的微生物群落（图 8-23），发现对金属具有腐蚀作用的铁氧化细菌（尤其是 Zetaproteobacteria）在群落中广泛分布。

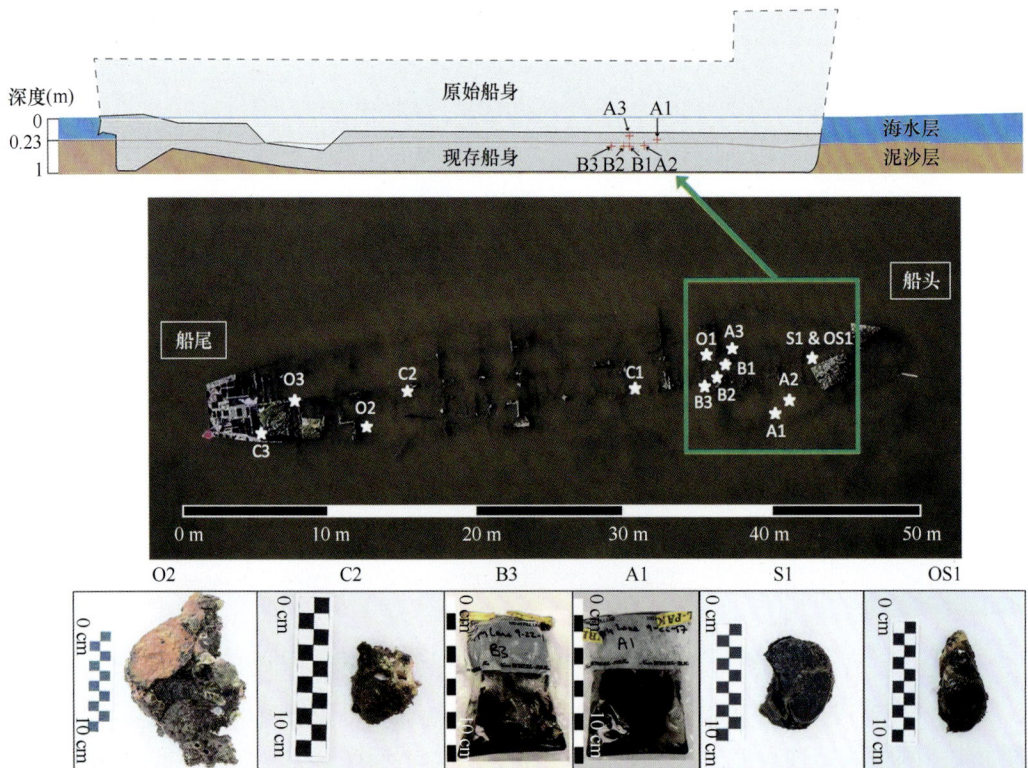

图 8-23 Pappy Lane 沉船示意图和采样点（Price *et al.*，2020）

墨西哥湾的海底存在 2000 多艘历史悠久的沉船，在 500 多年的历史中，这些海底沉船已经形成了一个相对稳定的生态系统。2010 年的深水地平线漏油事件使大量原油流入该海域，Hamdan 等（2018）分别于 2014 年 3 月和 7 月对该区域沉船附近的微生物群落进行分析，发现在原油泄漏的影响下，沉船区域微生物多样性降低，但 Piscirickettsiaceae 科细菌增加，微生物群落的改变将会对这些历史沉船的保存带来负面影响。Mugge 等（2019）对该海域 U-166 潜艇的微生物群落研究也验证了这一结果，他们发现在潜艇上的微生物群落发生变化的同时，金属构件的腐蚀速度开始加快。这提示我们在保护沉船遗址时还需要注意人为海洋污染对文物的影响。

8.4.2　出水文物微生物研究

高梦鸽等（2017）对打捞出水的小白礁 I 号船木进行了显微观察，发现明显的腐蚀细菌和隧道细菌腐蚀木材的痕迹。不过不同材质的木材受到细菌腐蚀的程度存在差异，其中榄仁木制成的文物受到细菌侵蚀的程度最小，而五瓣子楝木则最高（表 8-2）。

表 8-2　小白礁 I 号沉船部分木质文物微生物病害观察与损伤评估

受检样品编号	文物编号	材质种类	损伤程度
2014XBJ：SW1	垫板 3	榄仁木（*Terminalia* sp.）	轻度
2014XBJ：SW2	垫板 7	榄仁木（*Terminalia* sp.）	轻度
2014XBJ：S31	肋东 22	龙脑香木（*Dipterocarpus* sp.）	中度
2014XBJ：S75	壳西 12/13 下-2	纤细龙脑香（*Dipterocarpus gracilis*）	中度
2014XBJ：70	壳东 3 下-2/2	纤细龙脑香（*Dipterocarpus gracilis*）	中度
2014XBJ：S72	壳东 5 下-1/4	纤细龙脑香（*Dipterocarpus gracilis*）	中度
2014XBJ：S77	壳西 14 下-2/3	纤细龙脑香（*Dipterocarpus gracilis*）	中度
2014XBJ：S22	肋东补 14	龙脑香木（*Dipterocarpus* sp.）	中度
2014XBJ：S41	壳西 2-1/2	五瓣子楝（*Decaspermum parviflorum*）	重度
2014XBJ：S45	壳西 3-3/5	五瓣子楝（*Decaspermum parviflorum*）	重度
2014XBJ：S64	壳西 10-3/4	五瓣子楝（*Decaspermum parviflorum*）	重度
2014XBJ：S28	肋东 19	五瓣子楝（*Decaspermum parviflorum*）	完全受损
2014XBJ：S40	壳西 1-1/2	五瓣子楝（*Decaspermum parviflorum*）	完全受损

Li 等（2018）对小白礁 I 号出水木材文物内的微生物群落进行了高通量测序分析，发现好氧菌和厌氧菌共存于木材中，这些细菌大部分属于变形菌门（Proteobacteria），其次为拟杆菌门（Bacteroidetes）（图 8-24）。

马岛一号是一艘 1208 年沉没于现今韩国马岛附近的沉船，该船载有数量丰富的竹简。Cha 等（2014）对这些浸泡于海水中 800 多年的竹简进行了显微观察，在竹纤维细胞壁中发现了腐蚀细菌的破坏痕迹，这些细菌使竹纤维的次生细胞壁遭到不同程度的腐蚀破坏，但以木质素为主的胞间层并未受到明显影响，因此竹简纤维的细胞结构仍然完整（图 8-25）。

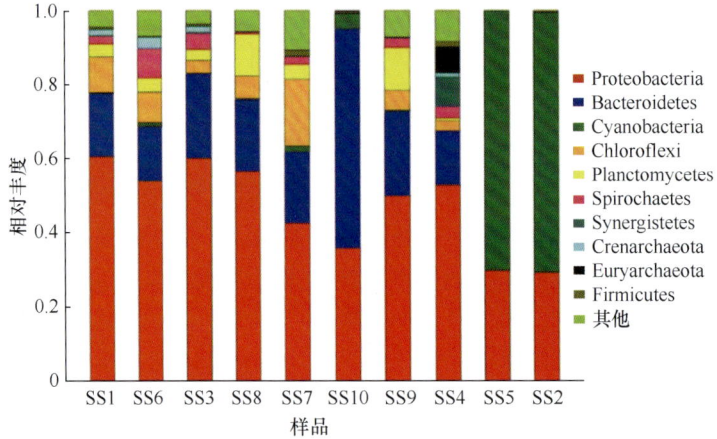

图 8-24　小白礁 I 号木材样品中的细菌群落（Li *et al.*，2018）

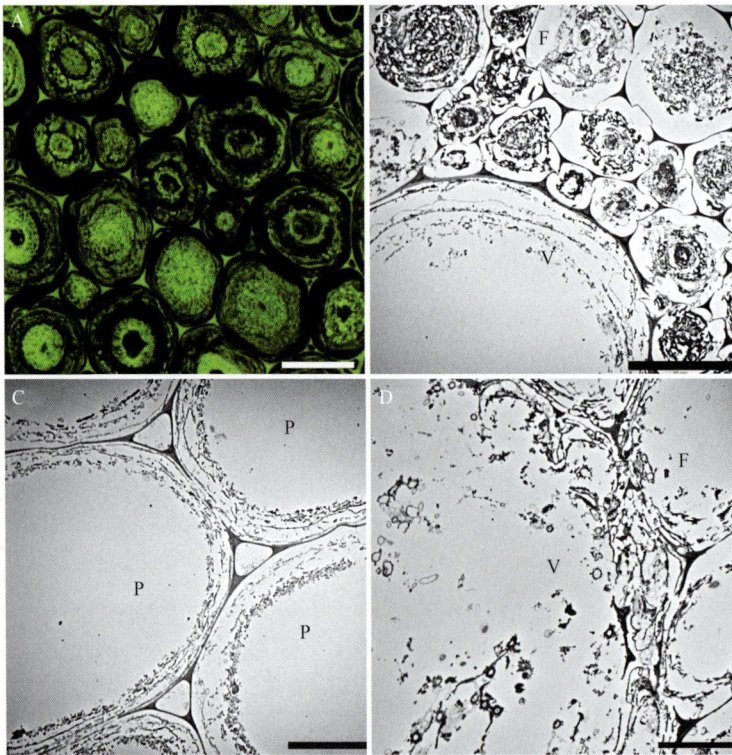

图 8-25　竹简纤维细胞的降解（Cha *et al.*，2014）
A. 竹简纤维；B. 纤维导管；C. 薄壁细胞；D. 纤维细胞壁；V. 导管；P. 薄壁细胞；F. 纤维

　　Palla 等（2013）对意大利墨西拿 Acqualadroni 海域出水的木船遗骸进行了分析，该文物被认为来自公元前 36 年的 Sextus Pompey 舰队。基于显微观察、分离培养和分子生物学相结合的综合分析方法，发现假单胞菌、鞘氨醇单胞菌（*Sphingomonas* sp.）、黄色单胞菌（*Xanthomonas* sp.）、海杆菌（*Marinobacter* sp.）和 *Desulforudis audaxviator* 等具有纤维素降解能力的细菌在木材内定殖生长（表 8-3）。

表 8-3　Acqualadroni 海域出水木船中的细菌

样品	分离培养出的细菌	高通量测序确定的细菌	
	ITS-PCR	ITS-PCR	16S-PCR
AR1	*Pseudomonas* sp. *Cellulomonas* sp.	*Desulforudis audaxviator*	*Pseudomonas* sp. *Cellulomonas* sp.
AR2	*Pseudomonas* sp. *Cellulomonas* sp.	*Sphingomonas* sp.	*Pseudomonas* sp. *Cellulomonas* sp.
AR3	*Pseudomonas* sp. *Xanthomonas* sp.	*Marinobacter* sp.	*Pseudomonas* sp.

　　在对意大利两处水下考古遗址［那不勒斯古港口（Ancient port of Neapolis）和圣罗索雷考古遗址（Archaeological site of San Rossore）］出水的木质文物研究中，Antonelli 等（2020a）通过高通量测序的方法鉴定了文物内的细菌群落（图 8-26）。结果显示，出水海域的不同使两处文物中的微生物群落存在差异，拟杆菌门细菌和子囊菌门仅存在于 Naples 遗址出水的文物中，而绿弯菌门和担子菌门则是 San Rossore 遗址出水文物所特有的。但是两处遗址出水文物中的微生物群落又具有一定的相似性，变形菌门在所有样品中都广泛分布，并且这些鉴定出的细菌和真菌大部分具有降解纤维素和木质素的能力，可以对文物造成腐蚀破坏。

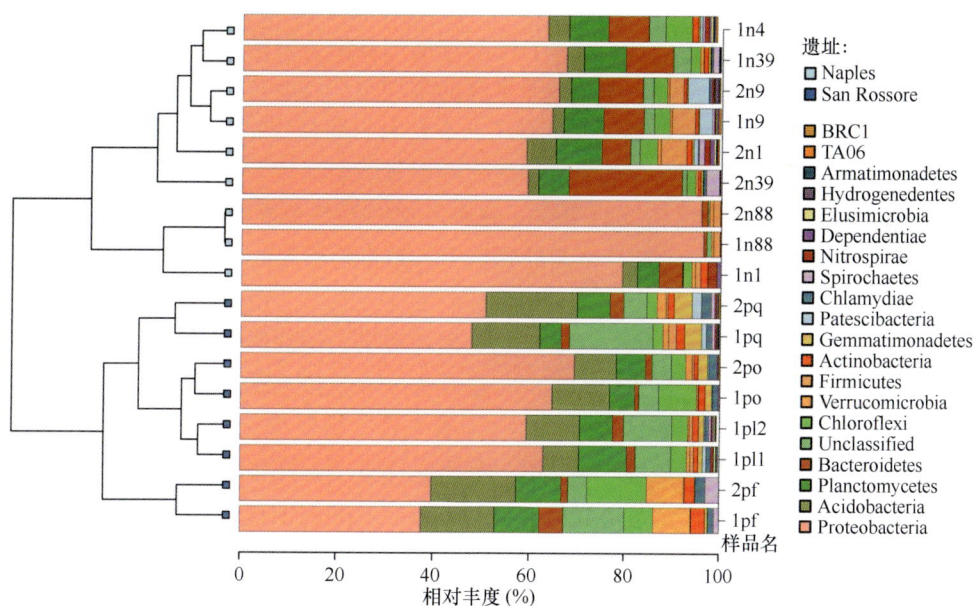

图 8-26　Naples 和 San Rossore 考古遗址出水木材中的细菌群落（Antonelli *et al.*，2020a）

　　除了微生物鉴定，出水文物的保护更受到人们的关注。相比于传统商业化学抗菌剂，天然抗菌剂（天然动植物的提取物）被认为安全性更高，与环境和文物的兼容性更佳，在文物微生物病害的治理中受到越来越多的重视。

　　Antonelli 等（2020b）以 Ancient port of Neapolis 遗址中出水的木质文物作为实验对象，比较了传统商业抗菌剂 Preventol® RI80（异噻唑啉酮类）和三种植物精油（肉桂、野生百里香和普通百里香）的抗菌性能。发现肉桂精油在三种植物精油中的抗菌效果最好，但其抗菌能力要稍弱于 Preventol® RI80，这表明肉桂精油替代商业抗菌剂治理出水文物微生物病害的潜力。

硫铁化合物是海洋出水木质文物中常见的一种化合物，它们暴露于空气后发生的氧化反应会导致木材酸化，并严重破坏文物结构。Magdalena 等（2019）探索出一种利用细菌脱除文物中硫铁化合物的新方式，即利用脱氮硫杆菌（*Thiobacillus denitrificans*）独特的硫代谢能力，将文物中的硫铁化合物转化为易脱除的硫酸盐。这为今后海洋出水木质文物内硫铁化合物的脱除提供了一种新的思路。

8.4.3 小结与讨论

水下探测技术的革新和水下考古事业的发展使得越来越多的沉船遗址得以发现。但由于海洋复杂的埋藏环境，这些文物遭受到严重的腐蚀破坏，通常都比较脆弱。因此在打捞出水前需要进行系统分析，了解海洋环境中文物的现状，从而确保文物能够安全地出水和保存。

在海洋木质沉船中，海洋中丰富的腐蚀细菌、隧道细菌和软腐真菌对文物的结构造成了显著的破坏。海水流速和温度被认为是影响这些微生物活性的重要因素，水流流速的增加和海水温度的升高促进了腐蚀细菌及海洋生物的生长，导致木质文物遭受的生物腐蚀更加严重。但由于温度、氧含量具有随水深增加逐渐下降的特点，微生物的种类、数量以及它们对木质文物的破坏能力随着水深的增加也在逐渐降低。因此对目前尚无法打捞的海洋木质沉船遗址，就地深埋的方式也不失为一种有效的保护方法。

除了木质沉船，海洋中也存在大量近现代的金属沉船遗址。硫酸盐还原菌、铁氧化菌和异养细菌通常在这些金属沉船中广泛分布，它们的生长繁殖导致金属文物出现锈蚀。此外，在人为污染特别是原油泄漏的影响下，微生物引起的金属腐蚀也会对文物的保存造成影响。

在出水文物的微生物研究中，木质文物仍然是最受关注的文物类型。不同海域出水木质文物中的微生物群落存在明显的差异，但具有纤维素和木质素降解能力的微生物在各自的群落中都占据优势，并且它们对这些出水木质文物也都造成了一定的腐蚀破坏。为了防止微生物对木质文物的进一步破坏，有研究探索了天然抗菌剂对出水木质文物微生物病害的防治能力。相比于传统有机抗菌剂，虽然天然抗菌剂的抗菌效力还较弱，但它们良好的环境相容性表明了其在出水文物保护中的应用潜力。此外，利用微生物对文物进行保护也是目前文物保护领域的一种探索性尝试。出水木质文物中通常含有丰富的硫铁化合物，文物出水后的富氧环境使它们氧化产酸，加速了文物的腐蚀破坏。而利用细菌独特的硫代谢能力可以将其转化为易脱除的硫酸盐，为海洋出水木质文物的保护提供了一种新的思路。

8.5 本 章 总 结

海洋中蕴藏着丰富的文化遗产，随着水下考古事业的发展，越来越多的遗址和遗物得以发现，其中以沉船遗址及其装载的种类丰富、数量繁多的文物最为常见。海洋复杂的环境信息和丰富的生物资源使得这些沉没于海洋中的文化遗产时刻遭受着侵蚀和破坏，海洋中存在的细菌、真菌和微型藻类等微生物就是导致文物腐蚀的一个重要因素。

以沉船为代表的木质文物是遭受海洋微生物侵蚀最严重的一类文物。海水以及海底淤泥中丰富的隧道细菌、腐蚀细菌和软腐真菌是这类文物的主要降解者，它们通过分解细胞壁中的纤维素、半纤维素、木质素等物质引起木质文物的降解。此外，海洋中的硫酸盐还原菌也是导致文物腐蚀的一类主要病害微生物，木质文物中累积的硫铁化合物以及金属文物的锈蚀都和这类微生物有着密切的关系。

海洋中的文物被打捞出水后，贮存于文物内的微生物将随文物一起出水。此外，由于文物出水后通常会通过浸泡或喷淋的方式进行脱盐处理，环境中的微生物也会侵入到出水的文物中。这就导致出水后的木质文物除了继续遭受隧道细菌、腐蚀细菌和软腐真菌等海洋微生物的侵蚀，也会受到同样具有纤维素降解能力的芽孢杆菌、镰刀菌、青霉菌等微生物的破坏。为了避免微生物对海洋出水文物的进一步破坏，环境控制、物理清理和化学清除等多种方式被用于出水文物的保护。从目前的结果来看，低温保存是一种抑制微生物生长的有效措施，但是该方法主要适用于小型的出水文物。虽然对于大型文物比如沉船船体也可以通过定期冷水喷淋的方式达到低温保存的目的，但该方法使用时所需的高额成本以及后续耐候微生物的出现都表明该方法并不具备普适性。化学抗菌剂在出水文物中的应用也得到了大量的探索性研究，异噻唑啉酮类抗菌剂应该是目前治理出水文物病害微生物的最佳抗菌剂，但是其也存在着抗菌谱系窄、容易导致耐药菌株出现等缺点。

水下考古事业目前尚处于起步阶段，中国的水下考古历史也仅有 30 多年，目前出水文物微生物病害的研究还存在着诸多可以完善之处。大量的研究分析了海洋微生物对文物的腐蚀机理，但大多仅限于海洋埋藏环境，文物出水后微生物群落的变化以及随后它们对出水文物的腐蚀过程尚未明确；虽然海洋出水的木质文物最易受到微生物的侵袭，但其他类型文物出水后的进一步腐蚀过程也存在微生物的影响；文物出水后首先进行的脱盐处理决定了出水文物长期处于高湿的环境，为了控制微生物在出水文物中的生长，环境控制方法的改进以及与化学治理方式的联用还需进一步的探索；与环境相容性更佳的天然抗菌剂在文物微生物病害的防治研究中得到越来越多的关注，部分天然抗菌剂也被尝试应用于出水木质文物的保护中，这为出水文物微生物病害的治理提供了新的选择；此外，采用微生物去除出水文物中积累的有害化合物的生物保护方法也值得后续研究的持续探索。相信随着水下考古研究的持续发展，出水文物的微生物防治领域也终会取得丰硕的成果。

参 考 文 献

高梦鸽, 张勤奋, 金涛, 等. 2017. "小白礁 I 号"沉船部分木质文物微生物病害观察与损伤评估[J]. 文物保护与考古科学, 29(6): 102-111.

国家文物局水下文化遗产保护中心, 中国国家博物馆, 广东省文物考古研究所. 2017. 南海 I 号沉船考古报告之一: 1989～2004 年调查[M]. 北京: 文物出版社.

哈鸿飞. 1986. 辐射技术在文物保护中的应用[J]. 核技术, 9(4): 1-4, 62.

姜笑梅. 1990. 对防腐处理前后遭细菌侵蚀的木材超微构造研究[J]. 林业科学, 26(5): 443-447.

李乃胜, 陈岳, 沈大娲. 2017. "南海Ⅰ号"沉船发掘现场保护研究(2014~2016)[M]. 北京: 科学出版社.

李秋霞, 曹理想, 谭红铭, 等. 2018. 宋代海底沉船"南海Ⅰ号"出水木质文物中细菌类群[J]. 微生物学报, 58(8): 1439-1452.

唐纳·汉密尔顿. 2020. 水下遗址出水文物保护方法[M]. 赵荦, 金涛译. 上海: 上海交通大学出版社.

王亚丽. 2013. 利用扫描电镜研究"南澳Ⅰ号"出水古木材的降解[J]. 中南林业科技大学学报, 33(6): 48-54.

张晓珑. 2014. 简析微生物对海洋出水文物的影响及治理办法[C]. 宜昌: 中国文物保护技术协会第八次学术年会论文集.

Albelda Berenguer M, Monachon M, Jacquet C, et al. 2019. Biological oxidation of sulfur compounds in artificially degraded wood[J]. International Biodeterioration & Biodegradation, 141: 62-70.

Antonelli F, Bartolini M, Plissonnier M L, et al. 2020b. Essential oils as alternative biocides for the preservation of waterlogged archaeological wood[J]. Microorganisms, 8(12): 2015.

Antonelli F, Esposito A, Galotta G, et al. 2020a. Microbiota in waterlogged archaeological wood: use of next-generation sequencing to evaluate the risk of biodegradation[J]. Applied Sciences, 10(13): 4636.

Björdal C G, Nilsson T. 2008. Reburial of shipwrecks in marine sediments: a long-term study on wood degradation[J]. Journal of Archaeological Science, 35(4): 862-872.

Björdal C G. 2012. Evaluation of microbial degradation of shipwrecks in the Baltic Sea[J]. International Biodeterioration & Biodegradation, 70: 126-140.

Björdal C G, Nilsson T, Daniel G. 1999. Microbial decay of waterlogged archaeological wood found in Sweden Applicable to archaeology and conservation[J]. International Biodeterioration & Biodegradation, 43(1/2): 63-73.

Cha M Y, Lee K H, Kim Y S. 2014. Micromorphological and chemical aspects of archaeological bamboos under long-term waterlogged condition[J]. International Biodeterioration & Biodegradation, 86: 115-121.

Cullimore D R, Johnston L A. 2008. Microbiology of concretions, sediments and mechanisms influencing the preservation of submerged archaeological artifacts[J]. International Journal of Historical Archaeology, 12(2): 120-132.

Dhami N K, Reddy M S, Mukherjee A. 2014. Application of calcifying bacteria for remediation of stones and cultural heritages[J]. Frontiers in Microbiology, 5: 304.

Fors Y, Nilsson T, Risberg E D, et al. 2008. Sulfur accumulation in pinewood (*Pinus sylvestris*) induced by bacteria in a simulated seabed environment: implications for marine archaeological wood and fossil fuels[J]. International Biodeterioration & Biodegradation, 62(4): 336-347.

Gao M, Zhang Q, Feng X, et al. 2018. Microbial erosion assessment on waterlogged archaeological woods (WAWs) from a Chinese ancient shipwreck, Nanhai No. 1[J]. Heritage Science, 6 (1): 53.

Gontang E A, Fenical W, Jensen P R. 2007. Phylogenetic diversity of gram-positive bacteria cultured from marine sediments[J]. Applied and Environmental Microbiology, 73(10): 3272-3282.

Hamdan L J, Salerno J L, Reed A, et al. 2018. The impact of the Deepwater Horizon blowout on historic shipwreck-associated sediment microbiomes in the northern Gulf of *Mexico*[J]. Scientific Reports, 8: 9057.

Han Y Q, Huang X D, Wang Y, et al. 2021. Fungal community and biodeterioration analysis of hull wood and its storage environment of the Nanhai No. 1 shipwreck[J]. Frontiers in Microbiology, 11: 609475.

Huisman D J, Manders M R, Kretschmar E I, et al. 2008. Burial conditions and wood degradation at archaeological sites in the Netherlands[J]. International Biodeterioration & Biodegradation, 61(1): 33-44.

Jia Y, Yin L Y, Zhang F Y, et al. 2020. Fungal community analysis and biodeterioration of waterlogged wooden lacquerware from the Nanhai No. 1 shipwreck[J]. Applied Sciences, 10(11): 3797.

Joanne P, Smith A D, Schofield E J, et al. 2014. The effects of Mary Rose conservation treatment on iron oxidation processes and microbial communities contributing to acid production in marine archaeological timbers. PLOS ONE, 9(2): 1-8.

Jones A M, Jones E B G. 1993. Observations on the marine gasteromycete *Nia vibrissa*[J]. Mycological Research, 97(1): 1-6.

Landy E T, Mitchell J I, Hotchkiss S, et al. 2008. Bacterial diversity associated with archaeological waterlogged wood: Ribosomal RNA clone libraries and denaturing gradient gel electrophoresis (DGGE)[J]. International Biodeterioration & Biodegradation, 61(1): 106-116.

Li Q X, Cao L X, Wang W F, et al. 2018. Analysis of the bacterial communities in the waterlogged wooden cultural relics of the Xiaobaijiao No. 1 shipwreck via high-throughput sequencing technology[J]. Holzforschung, 72(7): 609-619.

Liu Z J, Fu T T, Hu C T, et al. 2018. Microbial community analysis and biodeterioration of waterlogged archaeological wood from the Nanhai No. 1 shipwreck during storage[J]. Scientific Reports, 8: 7170.

Mouzouras R, Jones AM, Jones E, et al. 1990. Non-destructive evaluation of hull and stored timbers from the Tudor ship Mary Rose[J]. Studies in Conservation, 35(4): 173-188.

Mugge R L, Brock M L, Salerno J L, et al. 2019. Deep-sea biofilms, historic shipwreck preservation and the deepwater horizon spill[J]. Frontiers in Marine Science, 6: 48.

Palla F, Mancuso F P, Billeci N. 2013. Multiple approaches to identify bacteria in archaeological waterlogged wood[J]. Journal of Cultural Heritage, 14(3): 61-64.

Pointing S, Jones E, Jones M. 1996. Radiosensitivity of fungi isolated from waterlogged archaeological wood[J]. Mycoscience, 37(4): 455-458.

Pournou A, Jones A M, Moss S T. 2001. Biodeterioration dynamics of marine wreck-sites determine the need for their *in situ* protection[J]. The International Journal of Nautical Archaeology, 30(2): 299-305.

Preston J, Watts J E M, Jones M. 2012. Novel bacterial community associated with 500-year-old unpreserved archaeological wood from King Henry VIII's Tudor Warship the Mary Rose[J]. Applied and Environmental Microbiology, 78(24): 8822-8828.

Price K A, Garrison C E, Richards N, et al. 2020. A shallow water ferrous-hulled shipwreck reveals a distinct microbial community[J]. Frontiers in Microbiology, 11: 1897.

Quinn R, Bull JM, Dix JK, et al. 1997. The Mary Rose site-geophysical evidence for palaeo-scour marks[J]. The International Journal of Nautical Archaeology, 26(1): 3-16.

Schofield E J, Delaveris C, Sarangi R. 2015. Alkaline earth carbonates for the treatment of problematic sulfur associated with marine archeological wood[J]. Journal of Archaeological Science: Reports, 4: 427-433.

Schofield E J, Sarangi R, Mehta A, et al. 2011. Nanoparticle de-acidification of the Mary rose[J]. Materials Today, 14(7/8): 354-358.

Sterflinger K, Piñar G. 2013. Microbial deterioration of cultural heritage and works of art—tilting at windmills?[J]. Applied Microbiology and Biotechnology, 97(22): 9637-9646.

Wetherall K M, Moss R M, Jones A M, et al. 2008. Sulfur and iron speciation in recently recovered timbers of the Mary Rose revealed via X-ray absorption spectroscopy[J]. Journal of Archaeological Science, 35(5): 1317-1328.

Yin L Y, Jia Y, Wang M, et al. 2019. Bacterial and biodeterioration analysis of the waterlogged wooden lacquer plates from the Nanhai No. 1 shipwreck[J]. Applied Sciences, 9(4): 653.

第9章　馆藏文物微生物

　　馆藏文物是由文物收藏单位正式入藏并登记入账的文物，根据国家文物局 2013 年发布的《馆藏文物登录规范》，我国馆藏文物主要分为 35 个类别，从质地看，主要涵盖金属、陶瓷、纺织品、纸质、骨角质、石质文物等（WW/T 0017—2013）。

　　通常情况下，有机质文物更容易遭受微生物病害的侵袭，以纸质文物为例，其主要成分是植物纤维，物质基础是葡萄糖，本身就是微生物繁殖的有利营养来源，加之造纸过程、装裱过程中添加其他有机成分，如浆糊等胶料，其中所含蛋白质更是为微生物生长提供了良好的基质，因此，在环境条件适宜的情况下，有机质文物极易发生微生物病害。以霉菌（丝状真菌）为代表的文物病原菌，通过菌丝生长蔓延、分泌代谢产物破坏文物的物理结构，加速文物老化，降低其牢固度；通过分泌色素污染文物表面，形成难以祛除的各种有色霉斑。另一类主要的文物病原菌是木腐菌，顾名思义，木腐菌具有极强的分解木材纤维素、半纤维素和木质素的能力，可快速造成木质文物的糟朽。

　　虽然微生物病害多见于有机质文物，但由于受到出土环境、修复材料和保存过程不当操作等的影响，少量无机质文物也存在霉变现象。霉菌的生长及代谢产物的分泌同样会对无机质文物造成严重危害，不仅影响其美观，还会对文物结构稳定性产生破坏。因此，研究馆藏文物微生物，明确其种类、生长与分布规律，对实施馆藏文物微生物控制、制定相应文物保护措施具有重要意义。

9.1　纸质文物微生物

9.1.1　纸质文物霉斑

　　（1）研究对象

　　纸质文物是由其载体（纸张）与附加材料（颜料、墨、胶料等）复合组成的，此类型文物主要包括字画、古籍及文献档案资料等。纸质文物包含纤维素、半纤维素、木质素、动物胶或植物胶、淀粉等多种成分，可以成为微生物生长的营养源，因此，在保存环境不当的条件下，纸质文物常常受到霉菌的危害，进而在文物表面形成多种颜色的顽固霉斑，造成纸张粘连，促使纸张酸化腐烂等。

　　带有霉斑的纸质书画文物由三峡库区某博物馆提供，书画表面霉斑颜色呈黑色、黄色、棕褐色等（图 9-1，图 9-2）。

　　（2）分离培养结果

　　8 个菌株经纯培养后观察发现，在培养基上呈现不同的菌落颜色及形态特征，菌落颜色包括灰、绿、黄等，菌落形态有平展型和绒毛状，有些菌株菌丝高度发达，有些则未见菌丝明显生长。

图 9-1　书画表面霉斑

图 9-2　书画表面霉斑

菌株 1 菌落生长较快，在 SDA 培养基上 25℃培养 3 d，直径 8.2 cm，致密，菌落边缘整齐平展，白色，中间暗黄绿色，气生菌丝较发达，白色，绒状，略呈放射状，初生菌丝无色，生长 3 d 后呈灰绿色（图 9-3-A）；分生孢子梗无色，光滑，分生孢子头呈放射状，顶囊近球形（图 9-3-B），分生孢子圆形且平滑（图 9-3-C）。符合米曲霉鉴定特征。

菌株 2 和菌株 5 菌落及显微形态特征表现一致，即菌落生长较快，在 SDA 培养基上于 25℃培养 3 d 后直径为 6.6~6.9 cm，菌落半毛绒状，颜色为黄绿色，随着培养时间的延长，可分泌棕色小液滴（图 9-3-D、图 9-3-E）；分生孢子头辐射状，顶囊近球形，小梗双层，呈放射状排列，黄色，孢子链状排列（图 9-3-F）。符合黄曲霉特征。

菌株 3 和菌株 7 菌落及显微形态特征一致，即在 SDA 培养基上于 25℃培养 3 d 后直径为 7.6~7.8 cm，菌落边缘整齐，深黑褐色，粉末状，表面有大量放射状沟回（图 9-3-G、图 9-3-H）。产孢能力旺盛，分生孢子头辐射状，分生孢子梗直立；圆形顶囊，顶囊着生双层小梗，第一层较第二层明显粗壮，分生孢子梗亦呈放射状向四周发散，孢子圆形，黑褐色（图 9-3-I）。符合黑曲霉特征。

菌株 4 菌落生长极为迅速，培养 3 d 后即可完全铺满平板表面。菌落颜色黄绿色至绿色，菌落平坦且边缘规则，气生菌丝不明显（图 9-3-J）。分生孢子梗主轴粗，侧向有多级分枝，分枝轮生且不规则，部分分枝基部膨大呈长瓶形（图 9-3-K），分生孢子光滑，椭圆形（图 9-3-L）。符合木霉属特征。

菌株 6 和菌株 8 菌落生长极为迅速，菌落颜色呈灰褐色或白色，菌丝丰富，蔓延至整个培养皿（图 9-3-M、图 9-3-N）；菌丝无隔膜，有分枝，有假根和匍匐枝，孢子囊表面平滑近球形，内有大量椭圆形孢囊孢子（图 9-3-O）。符合根霉属典型特征。

（3）分子生物学鉴定结果

将分离获得的 8 株真菌的 ITS 序列上传至 GenBank，获得登录号 KF908784~KF908791。对 8 株真菌的 ITS 序列与 GenBank 数据库中的已知 ITS 序列进行同源性比对，结果表明，提交的 8 个序列与数据库中参照序列的同源性大于或等于 99%（表 9-1），分别对应曲霉属中的黑曲霉 2 株（菌株 3 和 7），黄曲霉 2 株（菌株 2 和 5），米曲霉（菌株 1）；根霉属中的米根霉 2 株（菌株 6 和 8）；木霉属中的长梗木霉（菌株 4）。

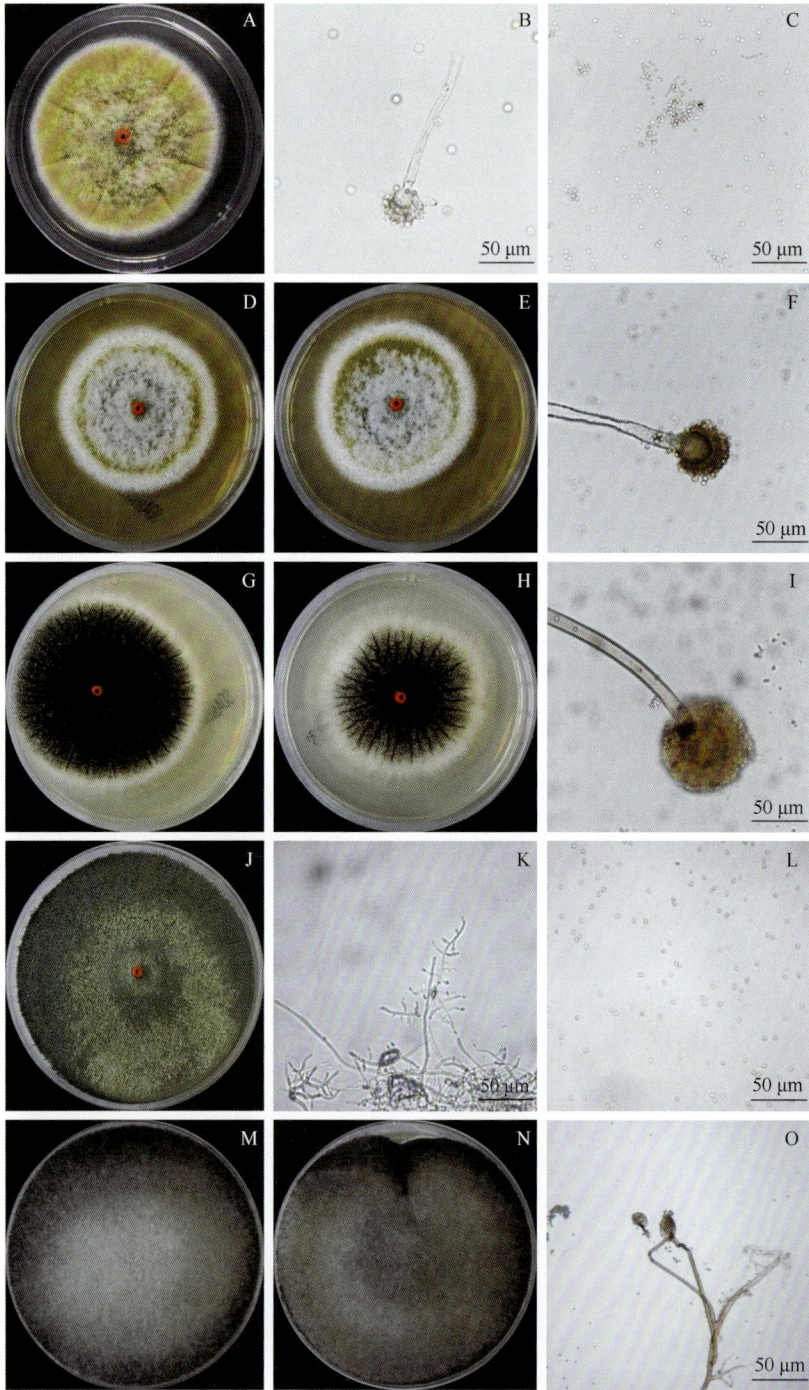

图 9-3 书画表面霉斑分离获得的真菌在 SDA 培养基上的菌落及形态特征

表 9-1 真菌序列同源性比对结果

菌株编号	长度（bp）	同源菌株	GenBank 登录号	相似性（%）
1	599	*Aspergillus oryzae* PW2961	KF908784	99

续表

菌株编号	长度（bp）	同源菌株	GenBank 登录号	相似性（%）
2	583	*Aspergillus flavus*	KF908785	99
3	574	*Aspergillus niger* WA0000019042	KF908786	99
4	555	*Trichoderma longibrachiatum* CEN506	KF908787	99
5	556	*Aspergillus flavus* SV/09-06	KF908788	99
6	578	*Rhizopus oryzae*	KF908789	99
7	561	*Aspergillus niger* SS10	KF908790	99
8	575	*Rhizopus oryzae* CBS 146.90	KF908791	99

9.1.2　纸质文物狐斑

（1）研究对象

狐斑在载体上的表现形式为散在、不规则、大小不一的黄色、棕褐色、铁锈色斑点，其在纸质文物上的发生、分布与发展目前尚未发现明确的规律，但已有多项研究表明，微生物污染是狐斑形成的重要原因（Szulc *et al.*，2018；Corte *et al.*，2003）。本研究案例采用不同地区纸质文物的狐斑样品和对应文物未发生狐斑现象的空白样品为研究材料，进行二者所含微生物群落组成的高通量测序分析，实验组和对照组的样品信息如图 9-4、图 9-5 和表 9-2 所示，研究材料由不同地区博物馆书画修复室提供。

图 9-4　镶料上的狐斑

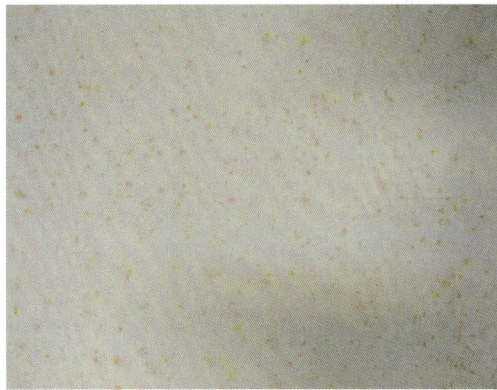

图 9-5　宣纸上的狐斑

表 9-2　狐斑样品编号及采样文物类型

分组	样品编号	文物类型
A	FOXCX1 FOXCX2	狐斑（重庆-宣纸）
B	FOXCL1 FOXCL2	狐斑（重庆-旧画镶料）

续表

分组	样品编号	文物类型
C	CONCX1	对照（重庆-宣纸）
	CONCX2	
	CONBX1	对照（北京-宣纸）
	CONBX2	
	CONCL1	对照（重庆-旧画镶料）
	CONCL2	
D	FOXBX1	狐斑（北京-宣纸）
	FOXBX2	

注：A 组为狐斑组（重庆宣纸样品）；B 组为狐斑组（重庆旧画镶料）；C 组为未见狐斑的空白对照组；D 组为狐斑组（北京宣纸样品）。数字 1 和 2 为样品重复

（2）测序数据统计及有效性分析

不同样品的狐斑和对照组高通量扩增子测序得到的数据统计及质控信息如表 9-3（细菌）和表 9-4（真菌）所示。细菌测定结果显示，4 个分组的 12 个测序样本经拼接和嵌合体过滤后最终得到 1 172 645 条有效高质量序列，平均每个样本 97 720 序列（Max=115 315；Min=82 185），每条序列的平均碱基长度为 418 bp（与 16S rRNA V3-V4 区序列基本一致）。真菌测定结果显示，4 个分组的 12 个测序样本经拼接和嵌合体过滤后最终得到 619 092 条有效高质量序列，平均每个样本 51 591 条序列（Max=99 396；Min=30 213），每条序列的平均碱基长度为 311 bp（与 ITS2 区域的长度基本一致），以上分析结果表明，本次所有待测样本中的细菌和真菌测序数据量及有效性均达到正常值，测序数据可以用于后续物种注释及多样性分析。

表 9-3　各样本细菌测序有效序列数据统计

样品名称	靶向编码	测序数量	碱基数量	平均长度（bp）	最小长度（bp）	最大长度（bp）
FOXCX1	TTGTAG	82 185	34 645 361	421.55	383	434
FOXCX2	AACTAT	114 913	48 595 929	422.89	382	438
FOXBX1	ACTGCG	83 769	35 219 939	420.44	358	437
FOXBX2	TTAATT	91 997	36 055 723	391.92	355	438
FOXCL1	GTATCT	106 853	45 031 432	421.43	387	436
FOXCL2	AGGCGG	93 679	39 424 088	420.84	369	440
CONCX1	TCTATT	99 367	41 743 940	420.1	362	438
CONCX2	CTGACG	109 015	45 932 080	421.34	384	439
CONBX1	ATTGTG	115 315	48 483 742	420.45	383	436
CONBX2	CGCCAT	89 863	37 824 644	420.91	377	435
CONCL1	GAGGTT	97 962	41 032 590	418.86	360	440
CONCL2	GCCGCT	87 727	36 952 241	421.22	350	439

表 9-4　各样本真菌测序有效序列数据统计

样品名称	靶向编码	测序数量	碱基数量	平均长度（bp）	最小长度（bp）	最大长度（bp）
FOXCX1	TGATACG	99 396	32 602 436	328.01	120	348

续表

样品名称	靶向编码	测序数量	碱基数量	平均长度（bp）	最小长度（bp）	最大长度（bp）
FOXCX2	TACTGAG	70 586	23 362 067	330.97	136	351
FOXBX1	TCACGTG	62 806	20 830 735	331.67	160	352
FOXBX2	TGCATCT	58 575	19 442 353	331.92	106	352
FOXCL1	TAGCACA	37 672	10 662 399	283.03	111	351
FOXCL2	TCGTCGA	34 587	10 595 276	306.34	111	352
CONCX1	TGTACTG	30 213	9 172 424	303.59	104	352
CONCX2	TCAGTAC	55 663	17 450 876	313.51	101	352
CONBX1	TATAGCA	39 751	12 018 130	302.34	106	351
CONBX2	TGCTATG	56 810	17 217 348	303.07	107	352
CONCL1	TCTAGTC	37 508	11 262 048	300.26	139	352
CONCL2	TACGACA	35 525	10 968 028	308.74	102	352

（3）样本中细菌类群的测序结果

为研究各样本的物种组成，对所有测序样本获得的有效片段（effective tags），以 0.97 的一致性（identity）进行 OTUs 聚类，然后对 OTUs 的序列进行物种注释（Ondov *et al.*, 2011）。对测序样品中 OTUs 分析及物种注释结果进行统计分析，结果显示，本次高通量测序细菌平均每个样本含有 OTUs 为 1220 个，在不同物种分类水平上注释到的 OTUs 种类为：门 33，纲 74，目 119，科 215，属 396。

根据每个 OTU 的细菌序列生成不同的细菌类群信息，所有样品所含主要细菌类群，在门分类水平上，变形菌门（Proteobacteria）为主要优势门类，占所有样品门类的 66.70%，分布在所有样品中，其在 A 组样品 FOXCX（81.08%）中所占比例最高，B 组样品 FOXCL（76.97%）和 C 组样品 CON（77.05%）次之，在 D 组样品 FOXBX（31.69%）中所占比例最低；其次为拟杆菌门（Bacteroidetes）（10.85%），分布在所有样品中，其在 B 组样品 FOXCL（13.60%）所占比例最高，A 组样品 FOXCX（11.67%）和 C 组样品 CON（11.43%）次之，在 D 组样品 FOXBX（6.71%）中所占比例最低。同时，厚壁菌门（Firmicutes）（5.98%）的细菌也均分布在所有样品中，其在 D 组样品 FOXBX（8.23%）中所占比例最高，B 组样品 FOXCL（5.93%）和 C 组样品 CON（5.99%）次之，在 A 组样品 FOXCX（3.78%）中所占比例最低。此外还有蓝细菌门（Cyanobacteria_Chloroplast）（2.05%）、梭杆菌门（Fusobacteria）（1.15%）、酸杆菌门（Acidobacteria）（0.72%）、绿弯菌门（Chloroflexi）（0.26%）、未分类（unclassfied）（0.55%）及其他稀有门类（图 9-6）。

在属的分类水平上，4 个分组的 12 个样品中共检测到细菌 397 个属，所有样本在属水平的物种注释及丰度信息表明，丰度排名前 10（top 10）的主要优势属细菌是伯克氏菌属（*Burkholderia*）、噬几丁质属（*Chitinophaga*）、短根瘤菌属（*Bradyrhizobium*）、代尔夫特属（*Delftia*）、梭形杆菌属（*Fusobacterium*）、草螺菌属（*Herbaspirillum*）、苯基杆菌属（*Phenylobacterium*）、潜水杆菌属（*Phreatobacter*）、鞘氨醇单胞菌属（*Sphingomonas*）和罗尔斯通氏菌属（*Ralstonia*）。其中伯克氏菌属（*Burkholderia*）为主要优势属，占所有样品属类的 26.41%，其在 A 组样品 FOXCX（36.11%）中所占比例最

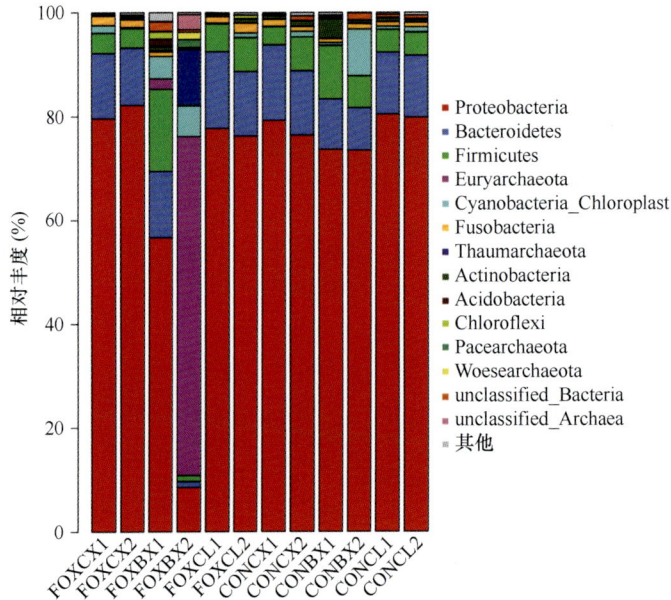

图 9-6　不同分组样品的细菌群落在门水平上的物种相对丰度柱形图

高，C 组样品 CON（29.56%）、B 组样品 FOXCL（27.88%）次之，在 D 组样品 FOXBX（12.15%）中所占比例最低；其次为苯基杆菌属（*Phenylobacterium*）（11.71%），分布在所有样品中，其在 A 组样品 FOXCX（14.26%）和 C 组样品 CON（14.07%）中所占比例最高，B 组样品 FOXCL（12.98%）次之，在 D 组样品 FOXBX（5.53%）中所占比例最低。此外，噬几丁质属（*Chitinophaga*）（6.27%）、鞘氨醇单胞菌属（*Sphingomonas*）（4.60%）、罗尔斯通氏菌属（*Ralstonia*）（3.45%）、梭形杆菌属（*Fusobacterium*）（1.12%）和潜水杆菌属（*Phreatobacter*）（1.82%）均匀分布在所有样品中，其在 4 个分组的样品中的丰度含量没有显著性差异。除此之外，D 组样品的部分优势属和其他 3 个组的样品还存在一定的差异，其中未被鉴定的拟杆菌科（unclassified_Bacteroidales）（1.54%）、氨氧化古菌属（*Nitrosopumilus*）（5.16%）、甲烷菌属（*Methanoregula*）（4.57%）、甲烷丝菌属（*Methanothrix*）（9.53%）等菌属仅存在于 D 组的 FOXBX 中（图 9-7）。基于已有的研究报道，我们推测这一现象可能是由 D 组与 A、B 组的狐斑样品来自两个差异较大的地理存储环境所造成的。

　　以上 OTUs 注释及相对丰度分析结果表明，无论是在门还是属的水平上狐斑样品与空白样品中的细菌微生物组的主要优势微生物类群均没有显著性差异，而仅仅在许多稀有类群上具有一定的差异。同时，不同存储地点的文物上的狐斑细菌群落的组成可能还存在一定差异性。因此，细菌类群微生物可能并不是造成纸质文物形成狐斑的主要原因。

　　α 多样性（alpha diversity）用于分析样本内的微生物群落多样性，通过单样本的多样性分析（α 多样性）可以反映样本内的微生物群落的丰富度和多样性。对不同分组的样本细菌测序结果在 97% 一致性阈值下的 α 多样性分析指数（包括 Shannon 指数、Shannon_even 指数、Simpson 指数、Chao1 指数和 ACE 指数）进行统计，结果如表 9-5

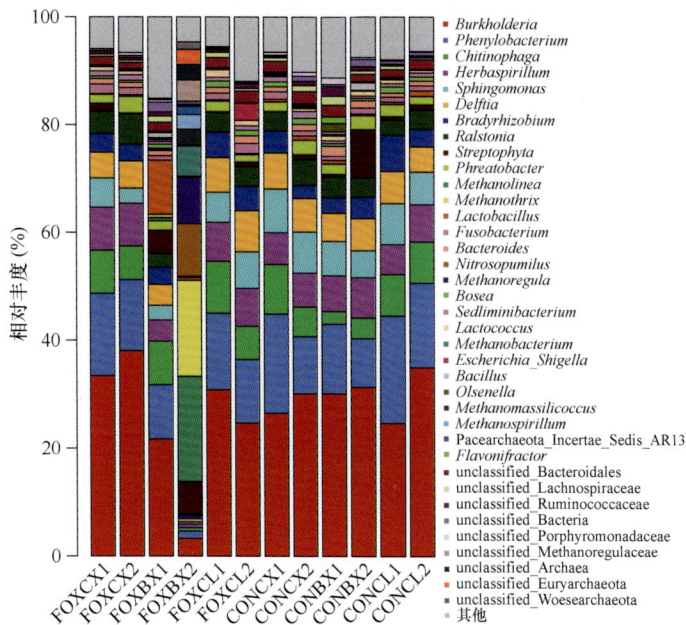

图 9-7 不同分组样品的细菌群落在属水平上的物种相对丰度柱形图

表 9-5 不同分组样品的细菌群落的 α 多样性指数统计分析表

样品名称	碱基数量	OTUs	Shannon 指数	Chao1 指数	ACE 指数	Simpson 指数	Shannon_even 指数	覆盖度
CONCX1	83 505	169	2.729 423	169.25	170.378 3	0.130 971	0.532 062	0.999 976
CONCX2	104 080	197	3.076 84	197.25	198.024 7	0.123 252	0.582 381	0.999 981
CONBX1	95 093	291	3.253 645	298	295.244 6	0.122 831	0.573 499	0.999 926
CONBX2	78 166	181	2.900 11	187	182.761 1	0.131 464	0.557 875	0.999 949
CONCL1	85 965	207	2.817 529	207.75	208.096 2	0.124 899	0.528 348	0.999 965
CONCL2	74 904	212	2.626 396	213.666 7	214.036 3	0.166 874	0.490 312	0.999 933
FOXCX1	71 197	158	2.617 203	167.333 3	164.731 9	0.157 17	0.516 969	0.999 888
FOXCX2	97 454	172	2.569 3	172.6	173.746 9	0.181 407	0.499 136	0.999 969
FOXBX1	68 278	462	3.770 814	465.111 1	464.555	0.076 143	0.614 583	0.999 883
FOXBX2	73 753	395	3.445 744	399.25	399.671 3	0.068 599	0.576 319	0.999 77
FOXCL1	90 494	149	2.672 362	150.5	151.293	0.141 779	0.534 051	0.999 956
FOXCL2	86 326	184	3.141 206	186.5	187.897	0.099 66	0.602 348	0.999 942

所示。细菌的多样性指数显著性分析结果表明，狐斑样品组（A、B 和 D 组）与空白样品组（C 组）的 α 多样性整体相比没有较大差异，不同样品组之间均富含物种丰富的细菌类群。在三组不同的狐斑样品组中，来自北京的纸质狐斑样品 FOXBX1、FOXBX2 在多个多样性指数数值上显著性地高于其他两个样品组，表明该组样品的细菌多样性更为丰富。

β 多样性（beta diversity）是对不同样本的微生物群落构成进行比较分析。其中，主坐标分析（principal co-ordinates analysis，PCoA）（李玉鑑和徐立业，2007）是通过一系列的特征值和特征向量排序，从多维数据中提取出最主要的元素和结构。本研究基于非加权距离来进行主坐标分析，并选取贡献率最大的主坐标组合进行作图。其中样本距离越接近，表示物种组成结构越相似，因此群落结构相似度高的样本倾向于聚集在一起，群落差异很大的样本则会远远分开。对所有样品高通量测序 OTUs 进行物种分类地位聚类分析，结果显示，D 组样品 FOXBX1、FOXBX2 与其他 3 个组样品之间的矩阵距离均较远，表明 D 组样品与其他 3 组样品之间的细菌群落结构组成差别较大；而 A、B 和 C 组样品 FOXCX、FOXCL、CON 之间矩阵距离较近并高度聚集，说明这三个样品之间的细菌群落组成较为接近，这一结果与上述 OTUs 丰度检测分析结果高度契合（图 9-8）。

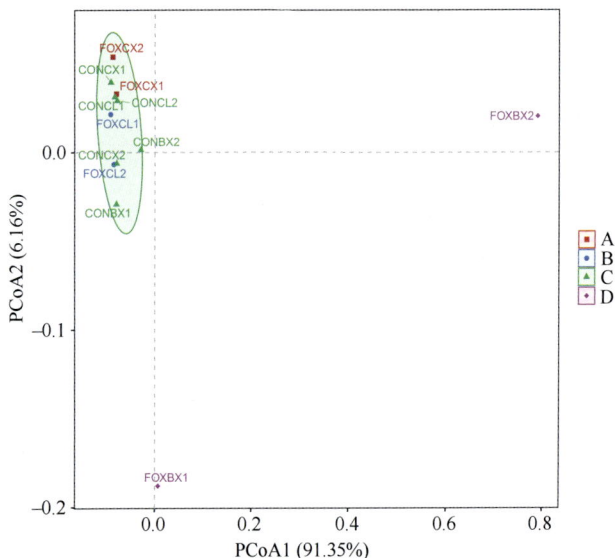

图 9-8　不同分组样品的细菌群落主坐标分析

（4）样本中真菌类群的测序结果

为研究各样本的物种组成，对所有测序样本获得的有效片段（effective tags），以 0.97 的一致性（identity）进行 OTUs 聚类，然后对 OTUs 的序列进行物种注释（Ondov et al., 2011）。测序样品中 OTUs 分析及物种注释结果统计分析显示，本次高通量测序真菌平均每个样本含有 OTUs 种类为 207 个，在不同物种分类水平上注释到的 OTUs 种类为：门 6，纲 16，目 34，科 75，属 98。

根据每个 OTU 的真菌序列生成不同的真菌类群信息，所有样品中所含有的主要真菌类群在门的分类水平上，子囊菌门（Ascomycota）为主要的优势门类，占所有样品门类的 85.11%，分布于所有样品中，其中在 A 组样品 FOXCX（99.24%）和 D 组样品 FOXBX（98.49%）中所占比例最高，C 组样品 CON（83.17%）次之，在 B 组样品 FOXCL（59.43%）中所占比例最低；其次为担子菌门（Basidiomycota）（0.71%），分布于所有样品中，其在 B 组样品 FOXCL（2.05%）中所占比例最高，A 组样品 FOXCX（0.11%）和 C 组样品 CON（0.58%）次之，在 D 组样品 FOXBX（0.09%）中所占比例最低；还有球囊菌门（Glomeromycota）（0.007%）仅仅在 C 组样品中有极少的分布，毛霉门（Mucoromycota）（0.21%）仅仅在 B 组样品中有少量分布。此外，4 组样品中均包含一些目前测序结束未能够鉴定的真菌类群（图 9-9）。

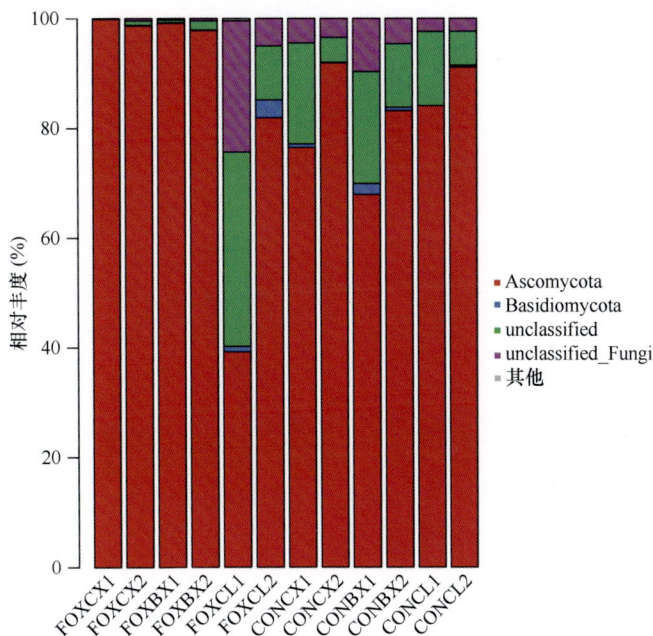

图 9-9　不同分组样品的真菌群落在门水平上的物种相对丰度柱形图

在属的分类水平上 A 组、D 组样品与 B 组、C 组具有显著性差异。其中，A 组和 D 组样品的优势菌属为曲霉属（*Aspergillus*），其在 A 组样品 FOXCX 和 D 组样品 FOXBX 所占比例高达 98.59%和 96.76%，几乎占据了该样品真菌群落的全部生态位，然而曲霉属在 B 组、C 组中所占比例仅仅为 3.75%和 19.27%。对 B 组和 C 组样品而言，其优势的丰度排名前 10（top 10）的主要优势属真菌是 *Plectosphaerella*、*Aspergillus*、*Candida*、*Fusarium*、*Ilyonectria*、*Cylindrocarpon*、*Penicillium*、*Dactylonectria*、*Pyrenochaeta* 和 *Nigrospora* 等。其中，小不整球壳属（*Plectosphaerella*）为主要优势属类，其在 C 组样品 CONCL2（20.73%）中所占比例最高，B 组样品 FOXCL2（16.67%）次之，在样品 A 组和 D 组中所占比例极低，分别为 0.02%和 0.01%。同时，B 组和 C 组其他的多个优势属真菌在 A 和 D 组中含量极低，它们分别是为枝孢霉属（*Cladosporium*）（B：6.26%；C：12.43%）、镰刀菌属（*Fusarium*）（B：6.38%；C：8.64%）、假丝酵母菌属（*Candida*）（B：6.67%；C：4.0%）、土赤壳属（*Ilyonectria*）、（B：2.97%；C：2.86%）和柱孢霉属（*Cylindrocarpon*）（B：1.72%；C：1.73%）等。此外还有一些未分类（unclassfied）的类群（图 9-10）。

以上 OTUs 注释及相对丰度分析结果表明，在门的分类水平上，4 个分组的真菌的组成类群上没有显著性差异。然而，在属的分类水平上，A、B 和 D 组的狐斑组样品的优势微生物组成的丰度及种类均与对照组的 C 组没有狐斑的空白样品具有极显著差异。因此，真菌类群尤其是曲霉属的微生物很有可能是造成纸质文物狐斑形成的一个重要的生物因素。

对不同分组的样本真菌测序结果在 97%一致性阈值下的 α 多样性分析指数（包括 Shannon 指数、Shannon_even 指数、Simpson 指数、Chao1 指数和 ACE 指数）进行统计，

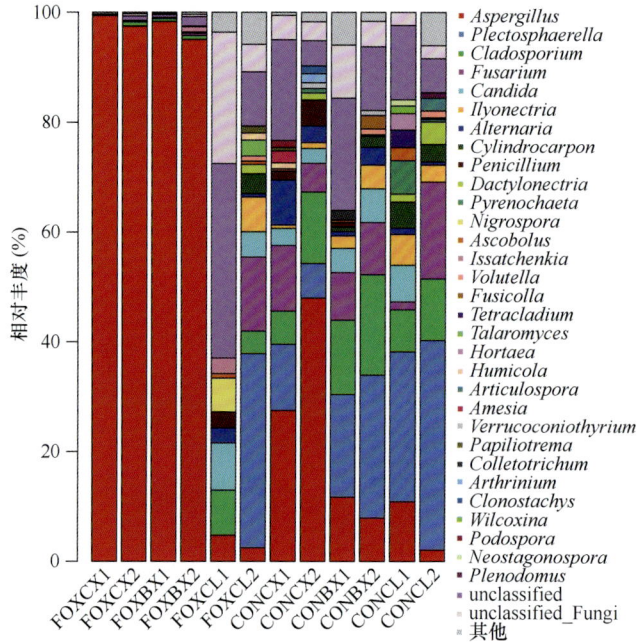

图 9-10　不同分组样品的真菌群落在属水平上的物种相对丰度柱形图

结果如表 9-6 所示。真菌的多样性指数显著性分析结果表明，空白样品组（C 组）的 α 多样性指数显著性高于狐斑样品组（A 和 D 组），但与 B 组样品没有显著性差异，说明空白样品 C 组和狐斑样品 B 组中真菌类群更为丰富。在三组不同的狐斑样品组中，来自重庆旧画镶料的纸质狐斑样品 FOXCL1、FOXCL2 则在多个多样性指数数值上显著性地高于其他两个样品组，表明该组样品的真菌多样性更为丰富。

表 9-6　不同分组样品的真菌群落的 α 多样性指数统计分析表

样品名称	碱基数量	OTUs	Shannon 指数	Chao1 指数	ACE 指数	Simpson 指数	Shannon_even 指数	覆盖度
CONBX1	38 713	50	3.003 699	53	54.071 01	0.080 74	0.767 812	0.999 897
CONBX2	55 357	41	2.644 554	42	48.141 43	0.117 546	0.712 132	0.999 946
CONCL1	36 023	37	2.723 645	40	40.958 86	0.102 053	0.754 281	0.999 889
CONCL2	33 861	73	2.456 421	76	75.414 37	0.192 369	0.572 531	0.999 882
CONCX1	29 135	45	2.889 596	52.5	72.628 03	0.079 193	0.759 089	0.999 794
CONCX2	54 137	30	2.769 245	31	0	0.081 664	0.814 197	0.999 963
FOXBX1	60 685	30	0.977 564	37.5	79.677 52	0.482 308	0.287 418	0.999 901
FOXBX2	56 334	40	1.136 57	41	40.941 32	0.470 247	0.308 107	0.999 964
FOXCL1	36 797	47	2.793 522	65	123.921 9	0.101 268	0.725 562	0.999 755
FOXCL2	32 936	60	2.662 177	82.5	95.142 86	0.154 849	0.650 208	0.999 696
FOXCX1	93 269	32	0.933 089	33	34.468 47	0.483 216	0.269 233	0.999 968
FOXCX2	67 871	46	0.921 616	46.5	48.612 25	0.466 92	0.240 716	0.999 971

对所有样品高通量测序 OTUs 进行物种分类地位聚类（横向聚类）及样品聚类（纵向聚类），以考察各样品物种的聚集情况（图 9-11），并根据非加权距离对所有样品进行

主坐标分析（principal co-ordinates analysis，PCoA），结果显示，C 组空白样品与 A、B 和 D 组的狐斑样品分开，并未发生高度聚集，说明该组样品的真菌组成群落与其他 3 个狐斑组样品差异较大。同时，B 组的个别样品存在与 C 组样品的重合，而与 A、D 组样品远远分开，说明不同狐斑样品中真菌群落也有可能会存在一定的差异，这可能还需要在后续更多样品分析中进一步探究。

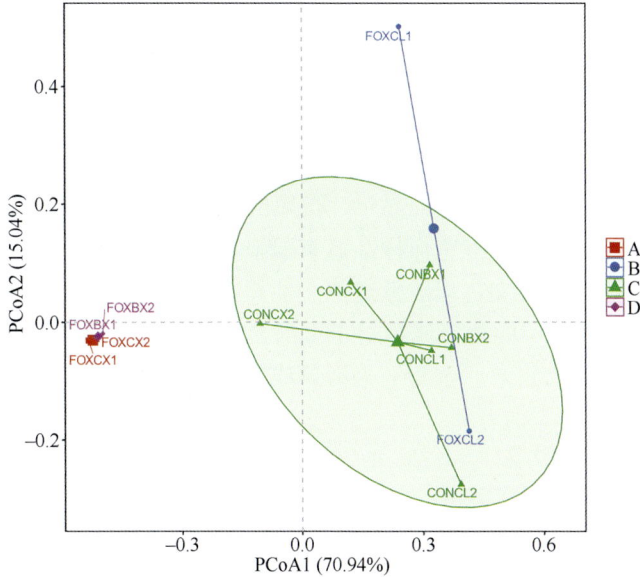

图 9-11　不同分组样品的真菌群落主坐标分析

9.1.3　小结与讨论

1）霉变是馆藏纸质书画文物的主要病害之一。案例 1 利用经典的微生物分离培养法从馆藏的纸质书画文物表面分离获得 8 株霉菌，经形态学检测及真菌 ITS 区 rRNA 基因序列比对分析，将书画污染霉菌种类鉴定为黑曲霉、黄曲霉、米曲霉、根霉和木霉。本研究所分离得到的侵袭书画的霉菌菌株通过传统形态观察和分子生物学鉴定方法均可以对其进行分类鉴定，但 ITS 序列比对结果可将霉菌快速直接鉴定到种的水平，较形态学鉴定更高效。传统的真菌分类主要是依靠形态结构观察，但是形态学鉴定往往耗时较长，需要长时间对菌落的生长速度、颜色变化、孢子成熟过程和菌丝的结构特点进行检测，同时部分真菌的形态特征复杂，且随着培养条件和环境的改变而变化，因此会造成真菌鉴定结果不一致（Balajee *et al.*，2007）。与传统形态学观察相比，利用分子生物学方法对真菌进行种属鉴定具有灵敏快速、准确性高等优点，一般来说，提交序列与数据库中参照序列的同源性大于或等于 99%，则可视二者为同一种（Landeweert *et al.*，2003），因此，序列分析技术在微生物分类、鉴定的研究中备受青睐，并在我国文物保护工作中也得到应用。馆藏文物微生物病害研究中，首都博物馆闫丽等（2011）利用 ITS 区 rRNA 基因序列分析技术鉴定了从书画上分离出来的 22 株真菌，经形态分析鉴定分属于烟曲霉、棒曲霉、黑曲霉及意大利青霉，其中，烟曲霉和棒曲霉为优势种。上海博物馆陈元生和解玉林（2002）的研究显示，侵蚀纸质书画而形成色素沉积的真菌以曲霉属、青霉属为主，包括灰绿曲霉群、局限曲霉群、青霉状曲霉、蜡叶散囊菌等。本研究结果显示，从三峡库区某博物馆采集的书画污染霉菌也包括曲霉属，如黑曲霉、黄曲霉和米曲霉，还有部分根霉和木霉。从形态观察的结果中可以发现，曲霉属的真菌产孢能力旺盛，根霉假根发达，木霉生长极其迅速，这些特点便于其附着于书画表面并在适宜条件下快速生长。

2）狐斑的成因是纸张病害研究的一个长期研究方向。本研究案例 2 采用多种不同纸质文物的狐斑样品和对应没有狐斑的空白样品为对照研究材料，进行二者所含微生物群落组成的高通量测序分析，结果表明，无论是在门还是属的水平上狐斑样品与空白样品中的细菌微生物组的主要优势微生物类群没有显著性差异，而仅仅在许多稀有类群上具有一定的差异。但针对真菌的研究显示，在属的分类水平上，狐斑组样品的优势微生物组成的丰度和种类均与对照组空白样品具有极显著差异。据此，我们推测细菌类群微生物可能并不是造成纸质类文物形成狐斑的主要原因，而真菌类微生物群落的多样性失衡，单一类群，如本研究中的曲霉属相对丰度的显著提升，很有可能是造成纸质文物狐斑形成的一个重要的生物因素。本案例为狐斑成因的有机说提供了支撑。

9.2 纺织品文物表面微生物

9.2.1 新疆文物考古研究所藏纺织品残片霉变样品分析

（1）研究对象

纺织品文物是由纤维加工而成，其中丝、毛由动物纤维组成，棉、麻由植物纤维组成。纺织品文物也是有机质文物，极易受到微生物侵害。考古出土的纺织品往往被埋藏环境中的地下水浸泡，土壤中大量的微生物会随水附着在其表面或渗入其内部，因此，在其修复、展览或保存过程中，一旦温湿度控制不当，就会发生霉变。出现霉变的纺织品文物残片由新疆文物考古研究所提供，霉变的纺织品表面呈现成片的褐色及白色污染物（图 9-12、图 9-13）。

图 9-12 部分霉变的纺织品文物残片

图 9-13 部分霉变的纺织品文物残片

（2）形态观察及分离培养结果

在超景深三维显微镜下，可见纺织品残片表面白色片状污染物包括呈絮状堆集的真菌菌丝和颗粒感较强的结晶盐，褐色污染物为大量散落、吸附于纺织品纤维中的圆形结构，部分带有黑褐色的、粗壮的菌丝样结构，初步判断为毛壳菌属子囊果和附属丝（图 9-14）。

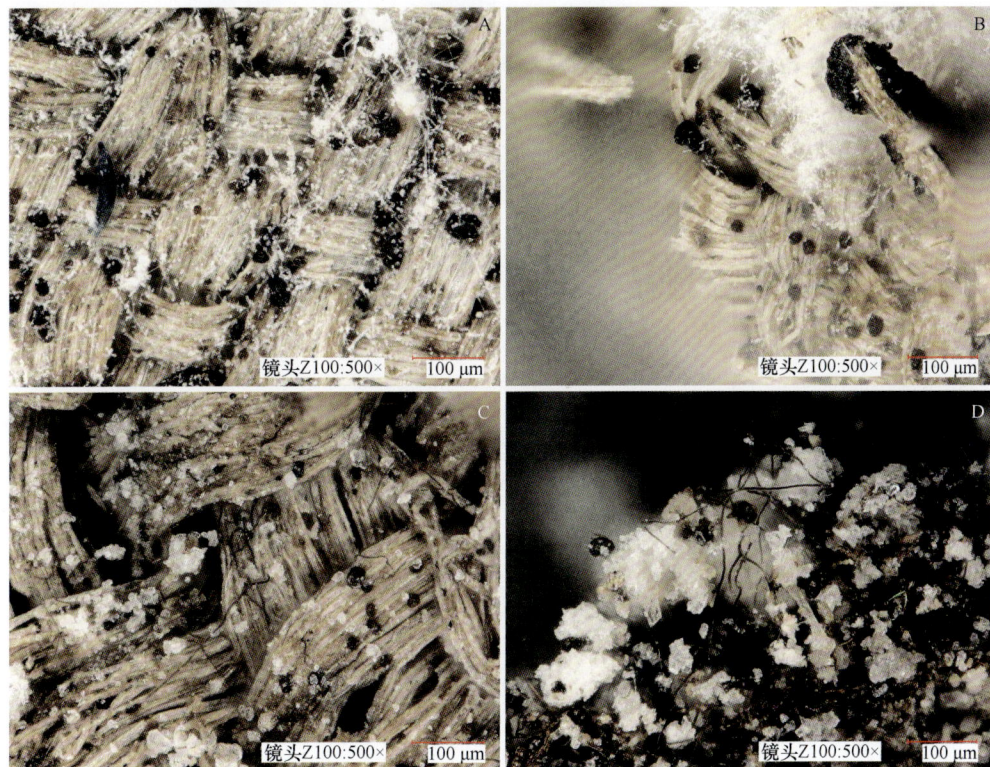

图 9-14　超景深三维显微镜下的霉变纺织品表面形貌
A、B. 图 9-12 样品放大图；C、D. 图 9-13 样品放大图

通过分离纯化，从该批霉变纺织品残片表面获得 7 株霉菌。肉眼观察，菌株 1 的质地呈轻微絮状，中央灰绿色，边缘白色，有较多灰绿色分生孢子头，背面颜色同正面菌株；菌株 2 的菌落呈黄绿色，质地绒状；菌株 3 培养时产生金黄色闭囊壳子囊果，菌落质地为羊毛状，紧凑，黄色至橘黄色；菌株 4 致密绒毛状，有皱褶，呈灰绿色；菌株 5 在 SDA 培养基上最初产生稀疏的白色气生菌丝，后期在菌落表面形成灰褐色至暗灰色子囊果。菌株 6 初期为白色绒毛状或絮状，后变成灰绿色，边缘白色；菌株 7 菌落白色，气生菌丝白色，基内菌丝褐色（图 9-15）。

生物显微镜下检测可见，7 株菌有三种典型形态。菌株 1、3、6、7 分生孢子顶端膨大，呈烧瓶状，着生成串的球形分生孢子，疑似曲霉属；菌株 2、4 顶端不形成膨大的顶囊，分生孢子梗光滑，经过多次分枝产生 3～4 个轮生略散开的梗基，形如扫帚，疑似青霉属；菌株 5 子囊果表生，灰褐色至橄榄褐色，卵形或近球形，侧生附属丝丝状，直或稍弯曲，疑似毛壳菌属（图 9-16）。

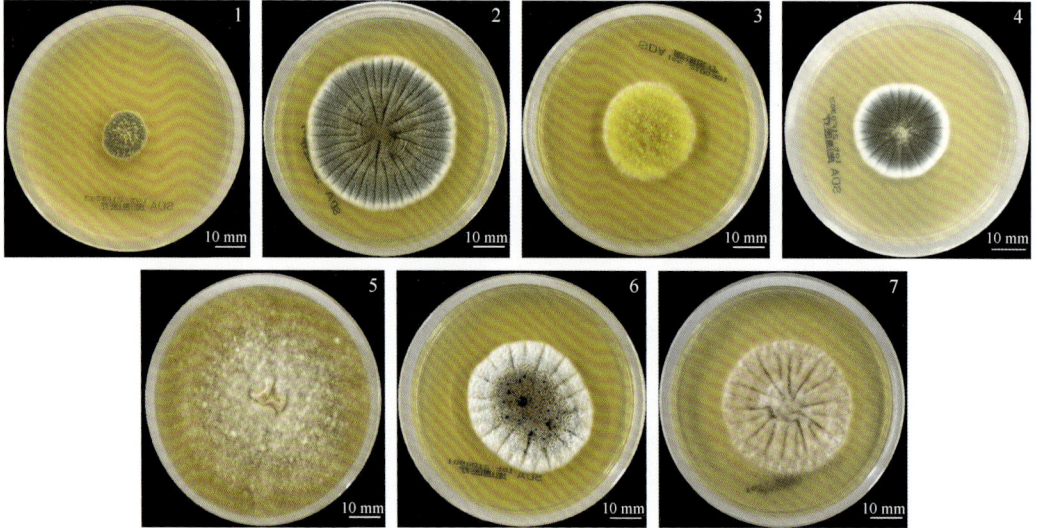

图 9-15 纯化后霉菌在 SDA 培养基上的培养形态（培养 3 d）

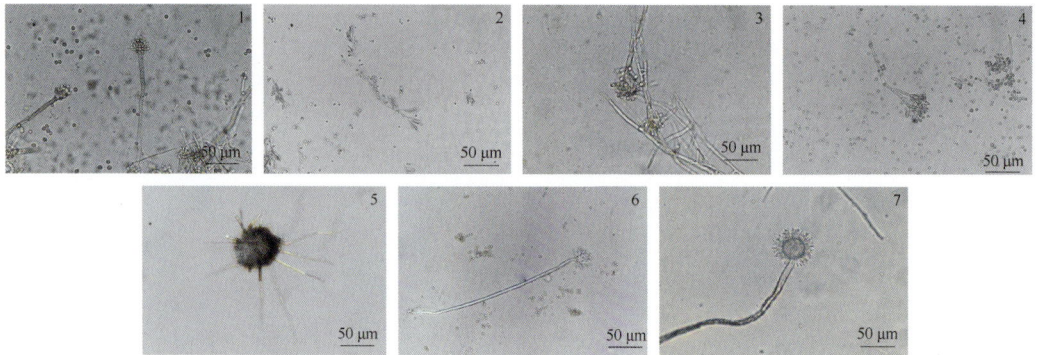

图 9-16 分离霉菌的典型形态特征（40×）

（3）分子生物学鉴定结果

对 7 株真菌的 ITS 序列与 GenBank 数据库中已知的序列进行同源性比对，7 株菌株分别对应曲霉属中的谢瓦氏曲霉（菌株 1）、假灰绿曲霉（菌株 3）、杂色曲霉（菌株 6）、赭曲霉（菌株 7）；青霉属中的红青霉（菌株 2）和未鉴定到种的青霉属 Penicillium sp.（菌株 4）；毛壳菌属的球毛壳（菌株 5）。每个菌株的比对结果如表 9-7 所示。

表 9-7 真菌序列同源性比对结果

菌株编号	长度（bp）	同源菌株	相似性（%）
1	530	*Aspergillus chevalieri* KU20018.17	100
2	563	*Penicillium rubens* EF5	100
3	530	*Aspergillus pseudoglaucus* DTO 401-B6	100
4	558	*Penicillium goetzii* isolate 2010F20	100
5	548	*Chaetomium globosum* clone 4.30m	100
6	543	*Aspergillus versicolor* VN17M	100
7	565	*Aspergillus ochraceus* 2018A0762M07	100

在田金英和王春蕾（2006）的研究中，从清代丝织品的霉斑上分离到 6 株霉菌，优势菌也主要是曲霉属和青霉属，本研究结果与其具有一致性。曲霉属和青霉属是两类分布广泛的霉菌，绝大多数属于好氧微生物，在生长过程中会分泌大量的纤维素酶和蛋白酶，而纺织品文物能为其提供良好的营养，使织物出现破洞等破损。除了附着生长之外，曲霉属、青霉属容易造成染料的变色、脱色等颜色改变（田金英和王春蕾，2006；杨玲等，1999）。菌株 1 和菌株 3 均为灰绿曲霉群，大量的文献报道两株菌株广泛分布于茶叶中，是茶叶后发酵的优势菌，能够在高温下存活并能产生各种胞外酶（仓道平和温琼英，1981；王磊等，2015），虽然这两种菌株在污染文物霉菌的文章中鲜有报道，但其优秀的发酵特性能使纺织品文物加快劣变速度，其中菌株 3 能产生酸性蛋白酶和大量黄色色素，纺织品文物表面偏酸性的污染物会增大霉害发生的概率，而色素沉着也会对织物造成进一步污染。菌株 5 所属的毛壳菌属，也是大量存在于自然界中各种含纤维素的基质上，极易造成含纤维素材料的生物降解（Ljaljevic-Grbic et al.，2013）。

9.2.2　傩戏冠扎表面霉菌的分离与鉴定

（1）研究对象

傩戏是在民间祭祀仪式基础上，与当地的歌舞、戏剧相结合而形成的一种戏曲形式，其表演道具主要有面具和冠扎，面具原料为木质，冠扎原料主要是棉麻纤维等纺织品（图 9-17），均为适合霉菌生长的有机质材料。出现霉变的傩戏冠扎由重庆某博物馆提供（图 9-18）。

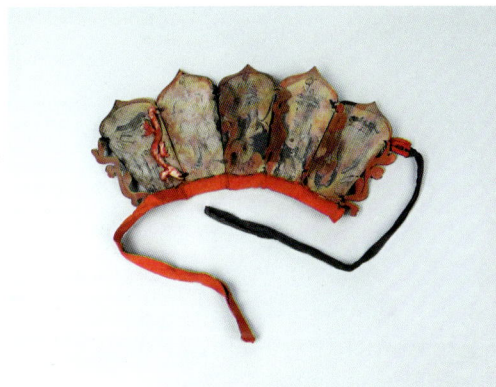

图 9-17　傩戏冠扎

图 9-18　傩戏冠扎表面霉斑

（2）分离培养及形态鉴定结果

通过表面擦拭采样法和经典的微生物分离纯化培养，从该批霉变纺织品表面分离获得 2 株霉菌，菌株在 SDA 培养基上纯培养后呈现不同的菌落颜色和形态特征，如图 9-19 所示，菌株 1 霉菌菌落毛绒状，呈黄绿色，边缘有白色菌丝深入基质中（图 9-19-A）；菌株 2 菌丝生长呈致密绒状，艾绿色，边缘白色（图 9-19-B）。

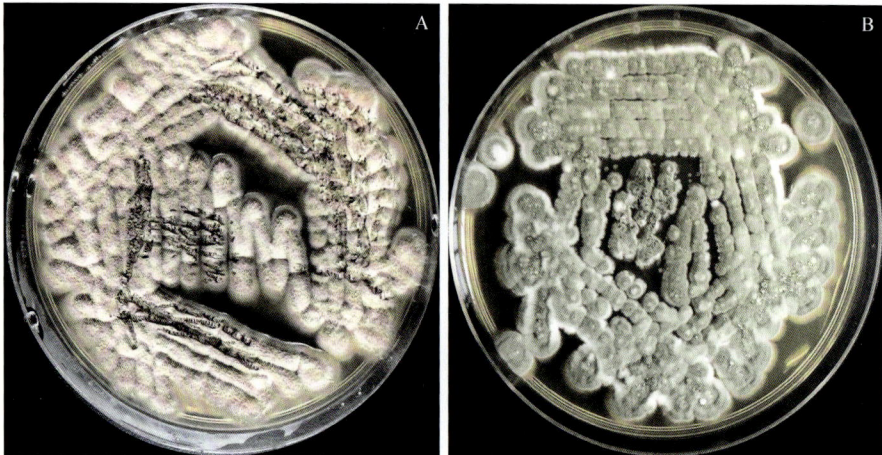

图 9-19　纯化后霉菌在 SDA 培养基上的培养形态（培养 3 d）

在光学显微镜下观察菌丝体、孢子的显微形态特征可知，菌株 1 分生孢子顶端膨大，呈烧瓶状，上半部分或三分之二处产生孢子，为典型的曲霉属特征（图 9-20-A）。菌株 2 分生孢子梗光滑，整体呈帚状枝，由 3～4 个轮生略散开的梗基构成，为典型的青霉属特征（图 9-20-B）。

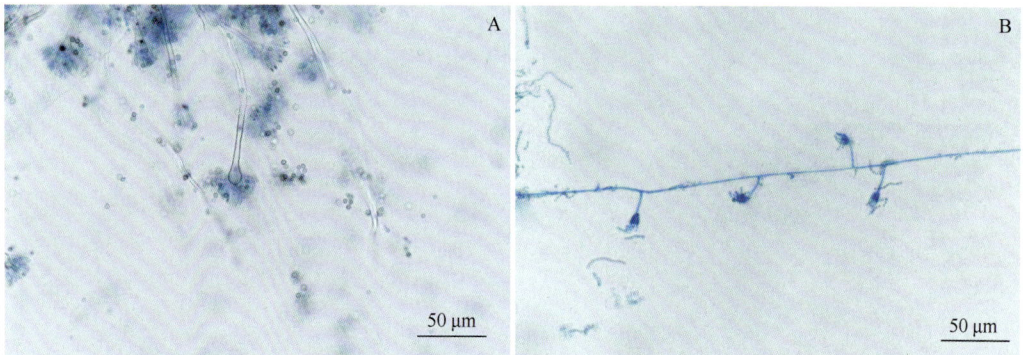

图 9-20　分离霉菌的典型形态特征（40×）

（3）分子生物学鉴定结果

采用 DNA 抽提试剂盒提取真菌总 DNA。经检验合格后送至上海生工生物公司进行纯化测序。将测序所得的序列结果在 NCBI 中进行 BLAST 比对，采用以下标准：$s \geqslant 99\%$ 为同种，$95\% < s < 99\%$ 为同属（Landeweert *et al.*，2003），以此判断待测微生物的种属（s 表示待测序列与数据库中序列的相似度）。对 2 株真菌的 ITS 序列与 GenBank 数据库中已知的序列进行同源性比对，依据比对结果将目标菌株 1 和 2 分别鉴定为杂色曲霉（*Aspergillus versicolor*）和咖啡青霉（*Penicillium coffeae*）（表 9-8）。

表 9-8　真菌序列同源性比对结果

菌株编号	长度（bp）	同源菌株	GenBank 登录号	相似性（%）
1	530	*Aspergillus versicolor*	MT102847	100
2	563	*Penicillium coffeae*	NR121312	100

9.2.3　小结与讨论

1）出土纺织品文物在修复、展陈过程中均易发生霉变。案例 1 结合传统微生物分离培养、显微形态观察和分子生物学分析等技术手段，对霉斑上的真菌进行分离和种类鉴定，共计分离获得 7 株霉菌，其种类被鉴定为青霉属、曲霉属和毛壳菌属。其中，谢瓦氏曲霉和假灰绿曲霉均为灰绿曲霉群，两株菌株能够在高温下存活并能产生各种胞外酶，加快纺织品文物劣变速度，同时假灰绿曲霉还能产生酸性蛋白酶和大量黄色色素，造成文物色素污染（仓道平和温琼英，1981；王磊等，2015）。球毛壳所属的毛壳菌属，具有纤维素酶合成和纤维素降解能力，极易对纺织品、纸质文物等造成生物降解破坏（Ljaljevic-Grbic et al., 2013）。本研究案例解析了影响该纺织品表面霉变的真菌种属及其菌种特性，为今后出土纺织品文物霉菌的预防治理和保藏方法提供了重要的参考依据。同时值得指出的是，出土纺织品表面的白色污染物不能单纯判断为微生物污染，如本案例采用超景深三维显微镜观察可见，白色附着物还可能是析出的结晶盐。

2）博物馆馆藏纺织品通常已经过修复，难以获取残片进行多种分析，利用原位检测方式对霉变部位进行检测分析更为适用。案例 2 中纺织品文物整体保存完好，因此利用经典的微生物分离培养法从其表面进行原位采样，分离获得 2 株霉菌，经形态学检测及真菌 ITS 区 rRNA 基因序列比对分析，将污染霉菌种类分别鉴定为杂色曲霉和咖啡青霉。曲霉属和青霉属是两类分布广泛的霉菌，绝大多数属于好氧微生物，在生长过程中会分泌大量的纤维素酶和蛋白酶，而纺织品文物能为其提供良好的营养，使织物出现破洞等破损。除了附着生长之外，曲霉属、青霉属容易造成染料的变色、脱色等颜色改变（杨玲等，1999）。田金英和王春蕾（2006）等从清代丝织品的霉斑上分离到 6 株霉菌，优势菌也主要是曲霉属和青霉属，与本研究结果具有一致性（田金英和王春蕾，2006）。因此，青霉属和曲霉属作为自然环境中最常见的真菌类群，对馆藏纺织品文物以及出土的纺织品文物均具有一定的生物劣化风险，需重点防治。本研究案例明确了霉变文物的污染菌种类，为该批文物霉变开展有针对性的防治工作提供了基础依据。

9.3　木质文物微生物

9.3.1　泉州湾宋代海船微生物检测分析

（1）研究对象

泉州湾宋代海船于 1974 年发掘出水，是我国发掘的第一艘体量大、年代早的远洋贸易木帆船，也是研究我国古代海外交通史、对外贸易史、造船史等不可多得的实物资料，属于国家一级珍贵文物，具有重要的保护价值（费利华和李国清，2015）。泉州湾宋代海船的保护是国内乃至亚洲大型海洋出水木质文物保护的先例，出水后在当时有限的条件下采取先安装复原再缓慢自然阴干脱水的特有保护方式保存了船体，但未脱盐、复原安装时使用了大量的铁钉且长期处于一个相对开放的环境中展示（费利华，2014；费利华和李国清，2015；费利华等，2016，2019），是泉州湾宋代海船特殊的保存状况。目前，船体结构基本稳定，但船体局部存在糟朽、表面降解等多种形式的病害。根据对泉州湾宋代海船保存现状的调查研究，船木中含有的盐分在开放式保存环境中产生的物理、化学作用是船体木材劣化的主要因素，但是否同时存在微生物作用值得探究，因此，极有必要对船木中存在的微生物类群开展研究。全面了解古船微生态现状，不仅有助于深入分析揭示船木劣化机理，同时有助于发现现存的微生物隐患问题，为后续微生物的预防性保护工作打下基础。研究样品来源于泉州湾宋代海船的生物降解部位（采集样品编号及所在古沉船部位见表 9-9、图 9-21 和图 9-22）。

表 9-9　采样位点

样品编号	采样位置	木材种属
B1、B2、B3、B4、B5、B6	隔板舱中部表层	杉木
B7	隔板舱中部木材内部	杉木
B8、B10	龙骨上	松木
B9、B11	隔板舱底部表层	杉木
B12	隔板舱中上部表层	杉木
B13、B14	头桅座	樟木
B15	底板	松木
B16	肋骨	后补马尾松
B17	横木	未鉴定
B18	底部	杉木
B19	隔舱顶部	杉木
B20	舷侧板	杉木
B21	台阶木	未鉴定
B22、B23	两侧	樟木
B24	中部	樟木
B25	尾部	樟木

图 9-21　古沉船降解采样部位 1

图 9-22　古沉船降解采样部位 2

（2）样本中细菌类群测序结果

原始片段（raw tags）过滤后得到 3 004 779 条平均长度为 468 bp 的细菌序列，在 97%相似水平上将其归类得到 2 500 948 个 OTUs。其中 B19 样品包含的细菌丰度最高，而 B13 样本包含的细菌丰度最低，各样品中细菌 OTUs 分布如图 9-23 所示。

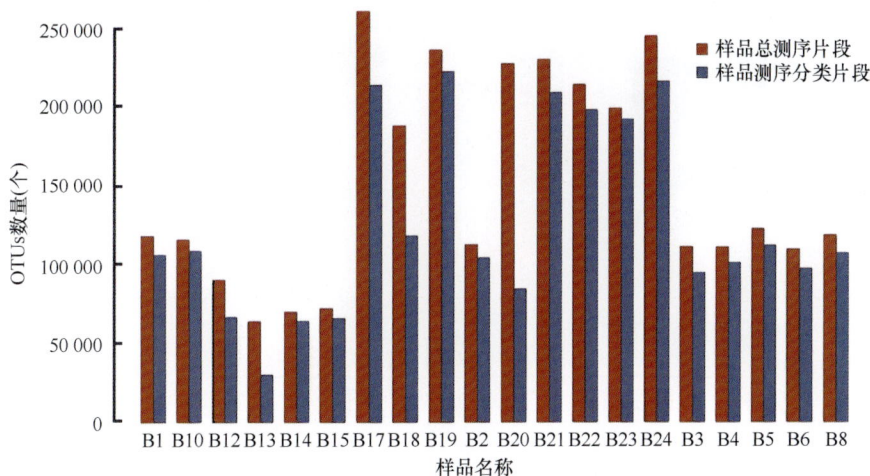

图 9-23　古沉船样品中细菌 OTUs 分布图

根据每个 OTU 的细菌序列生成不同的细菌类群信息，所有样品所含主要细菌类群，在门分类水平上，变形菌门（Proteobacteria）为主要优势门类，占所有样品门类的 78.08%，分布在所有样品中，其在样品 B8 中所占比例最高（96.12%），样品 B4（93.99%）、B2（93.21%）次之，在样品 B21 中所占比例最低（4.00%）；其次为厚壁菌门（Firmicutes）（13.23%），分布在所有样品中，其在样品 B21 中所占比例最高（95.64%），样品 B5（36.39%）、B17（25.40%）次之，在样品 B8 中所占比例最低（0.42%）；其他分布在所有样品中的优势门类还包括放线菌门（Actinobacteria）（5.72%）、拟杆菌门（Bacteroidetes）（1.06%）。此外还有检出蓝细菌门（Cyanobacteria）（0.20%）、酸杆菌门（Acidobacteria）（0.07%）、浮霉菌门（Planctomycetes）（0.07%）、绿弯菌门（Chloroflexi）（0.05%）、疣微菌门（Verrucomicrobia）（0.02%）、未分类（Unclassfied）（0.23%）及其他门类（图 9-24）。

所有样品所含主要细菌类群在属分类水平上，最优势菌归类到变形菌门（Proteobacteria）-γ-变形菌纲（Gammaproteobacteria）-肠杆菌目（Enterobacteriales）-肠杆菌科（Enterobacteriaceae）中未分类属（Unclassfied）（27.18%）；其次是分布于所有样品中的不动杆菌属（Acinetobacter）（13.65%）、芽孢杆菌属（Bacillus）（6.88%）、假单胞菌属（Pseudomonas）（3.95%）、马赛菌属（Massilia）（3.69%）、短波单胞菌属（Brevundimonas）（3.61%）、副球菌属（Paracoccus）（2.50%）、甲基营养菌属（Methyloversatilis）（2.40%）、鞘氨醇单胞菌属（Sphingomonas）（2.36%）、志贺氏菌属（Shigella）（1.92%）、链霉菌属（Streptomyces）（1.76%）、弧菌属（Vibrio）（1.05%）、甲基杆菌属（Methylobacterium）（1.07%）、耶尔森氏菌属（Yersinia）（1.01%）。还有厚壁菌门（Firmicutes）-杆菌纲

（Bacilli）-芽孢杆菌目（Bacillales）-芽孢杆菌科（Bacillaceae）中未分类属（Unclassfied）（2.12%）、未分类属（Unclassfied）（1.23%）及其他菌属（图9-25）。

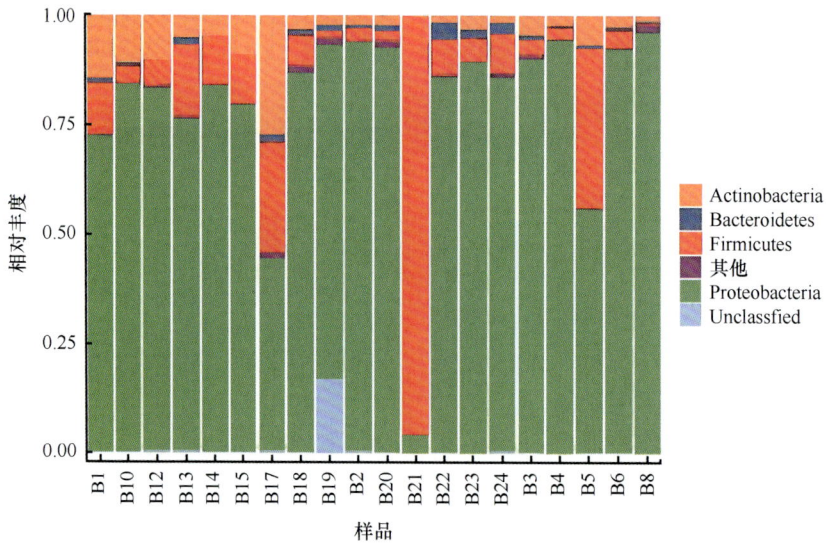

图 9-24　古沉船木制品细菌门水平类群丰度

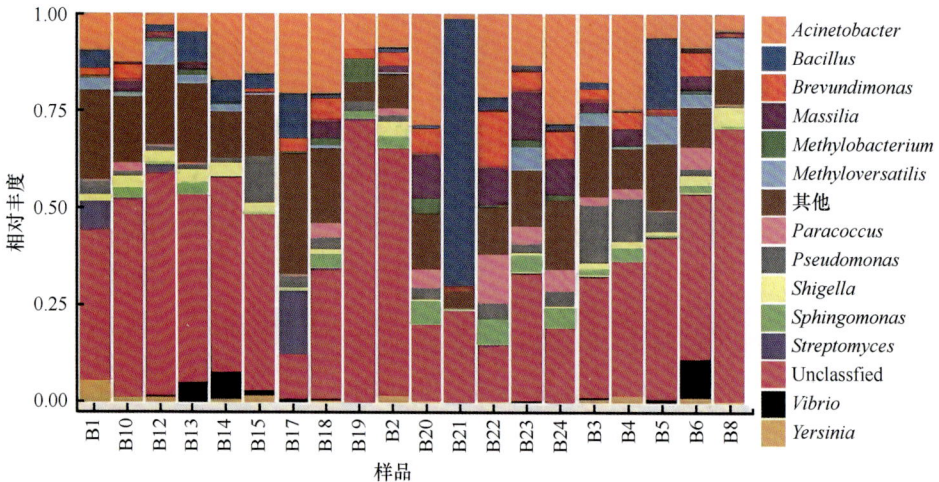

图 9-25　古沉船木制品细菌属水平类群丰度

对所有样品高通量测序 OTUs 进行物种分类地位聚类（横向聚类）及样品聚类（纵向聚类），以考察各样品物种的聚集情况（图9-26），并根据非加权距离对所有样品进行主坐标分析（principal coordinates analysis，PCoA）（图9-27），结果显示样品 B21 与其他样品之间的矩阵距离均较远，表明样品 B21 与其他样品之间的细菌群落结构组成差别较大；样品 B1、B13、B14 和 B15 之间矩阵距离较近，说明这 4 个样品之间的细菌群落组成较为接近；同样，样品 B20、B22 和 B24，样品 B18 和 B23，样品 B3 和 B4 之间的细菌群落结构也较为接近。

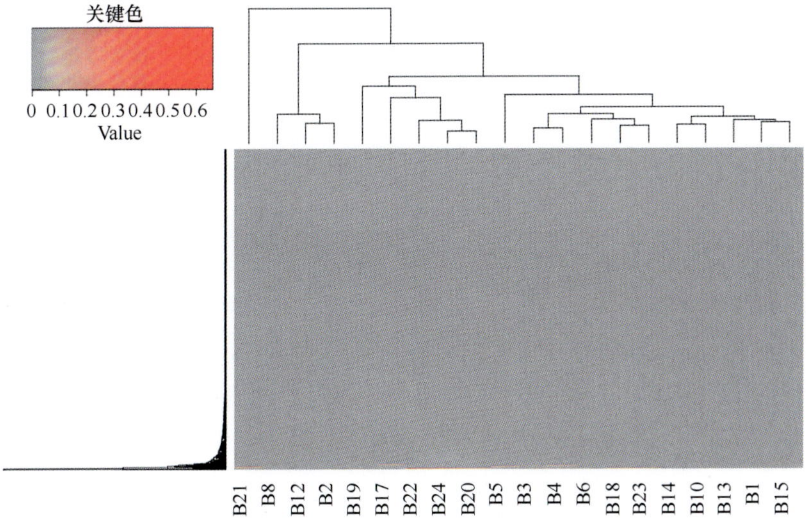

图 9-26 古沉船木制品所有样品的细菌类群物种丰度聚类图

Value. 不同关键色对应的数值

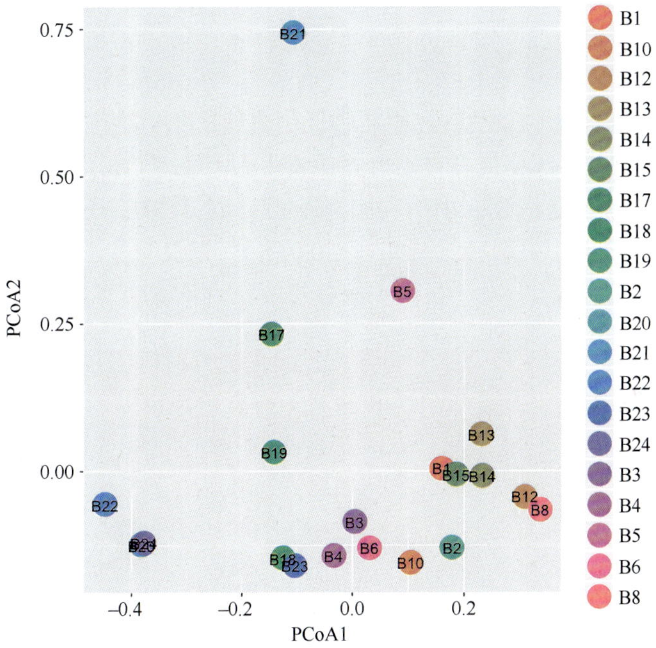

图 9-27 古沉船木制品所有样品的细菌类群 PCoA 图

（3）样本中真菌类群测序结果

原始片段（raw tags）过滤后得到 3 979 377 条平均长度为 303 bp 的真菌序列，在 97% 相似水平上将其归类得到 3 894 302 个 OTUs。其中 B8 样品包含的真菌丰度最高，而 B23 样品包含的真菌丰度最低，各样品中真菌 OTUs 分布如图 9-28 所示。

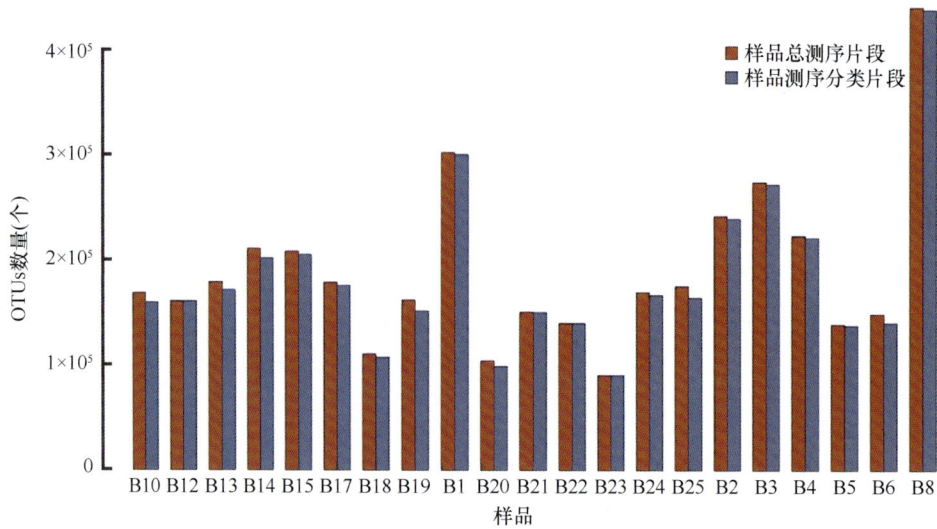

图 9-28　古沉船样品中真菌 OTUs 分布图

根据每个 OTU 的真菌序列生成不同的真菌类群信息，所有样品所含主要真菌类群，在门分类水平上，子囊菌门（Ascomycota）为主要优势门类，占所有样品门类的 93.68%，分布于所有样品中，其在样品 B23 中所占比例最高（99.86%），样品 B8（99.67%）、B2（98.04%）次之，在样品 B1（86.35%）中所占比例最低；其次为担子菌门（Basidiomycota）（4.19%），分布在所有样品中，其在样品 B12 中所占比例最高（13.12%），样品 B4（9.07%）、B19（6.03%）次之，在样品 B23 中所占比例最低（<0.01%）；还有球囊菌门（Glomeromycota）仅在样品 B25 中有极少量分布（<0.01%），以及一些未分类（Unclassfied）门类（2.13%）（图 9-29）。

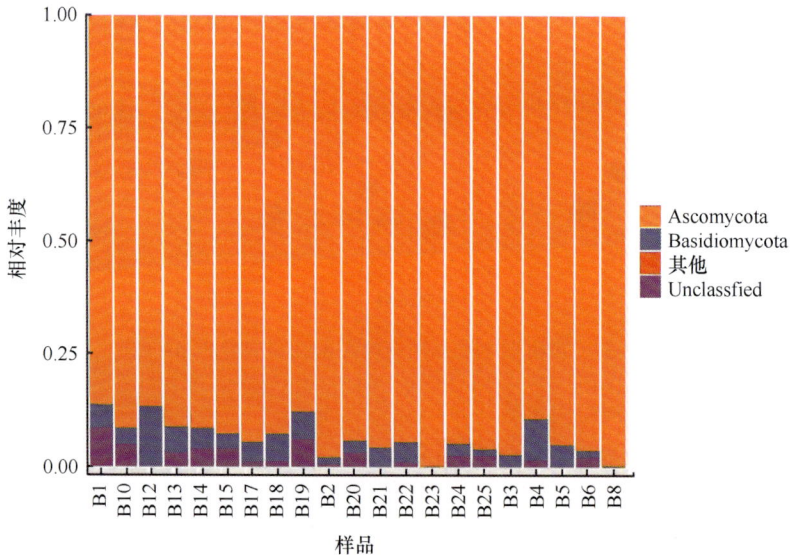

图 9-29　古沉船木制品真菌门水平类群丰度

　　所有样品所含主要真菌类群在属分类水平上，枝孢霉属（*Cladosporium*）为主要优势属类，占所有样品属类的 12.26%，其次为假丝酵母菌属（*Candida*）（5.93%）、扁孔腔菌属（*Lophiostoma*）（5.66%）、外瓶霉属（*Hortaea*）（3.15%），其他有毛壳菌属（*Chaetomium*）（2.66%）、曲霉属（*Aspergillus*）（1.64%）、枝氯霉属（*Ramichloridium*）（1.41%）、假尾孢菌属（*Pseudocercospora*）（1.05%）、德巴利氏酵母属（*Debaryomyces*）（0.68%）、小光壳属（*Leptosphaerulina*）（0.61%）、帚霉属（*Scopulariopsis*）（0.46%）、节担菌属（*Wallemia*）（0.40%）、隔孢伏革菌属（*Peniophora*）（0.30%）、原毛平革菌属（*Phanerochaete*）（0.24%）、毛孢耳属（*Trichosporon*）（0.19%）、尾孢菌属（*Cercospora*）（0.16%）、孢子丝菌属（*Sporothrix*）（0.13%）、伪暗球壳菌属（*Paraphaeosphaeria*）（0.13%）、弯孢菌属（*Curvularia*）（0.11%）；此外还有一些未分类（Unclassfied）类群（2.13%）（图 9-30）。

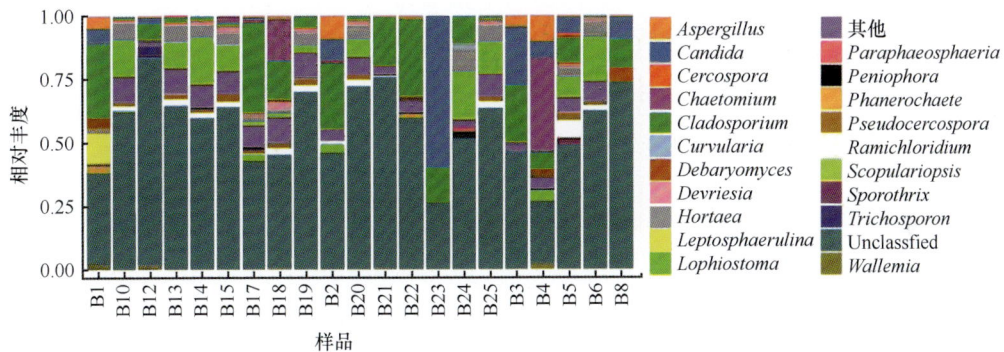

图 9-30　古沉船木制品真菌属水平类群丰度

　　对所有样品真菌类群高通量测序 OTUs 进行物种分类地位聚类（横向聚类）及样品聚类（纵向聚类），以考察各样品物种的聚集情况（图 9-31），并根据非加权 unifrac 距离对所有样品真菌类群进行主坐标分析（principal coordinates analysis，PCoA）（图 9-32），结果显示，样品 B18、B24 和 B5 之间的微生物群落组成较为接近，样品 B21、B3 和 B23 之间的微生物群落组成较为接近，样品 B14、B15、B13、B10 和 B25 之间的微生物群落组成较为接近，其余样品之间的微生物群落组成均在不同程度上接近。

9.3.2　天星观泡水保存木漆器文物微生物

（1）研究对象

　　饱水木漆器出土后往往无法及时脱水干燥、定型修复，为了防止可能因水分的蒸发、干燥而引起的应力收缩、开裂、起翘、扭曲变形以致残损、断裂，造成不可挽回的损失，多地博物馆均暂时将木器漆浸泡在装满水的容器中。由于这些木漆器长期处于潮湿或水线以下的土层中，本身就已受到微生物的侵蚀，在挖掘、清理、搬运和贮藏的过程中也可能受到微生物的污染，加重出土木漆器的腐朽。为调查出土木漆器在饱水状态下微生物的种类与数量，本研究案例选择湖北江陵天星观一号楚墓进行微生物的分离培养及数量测定。

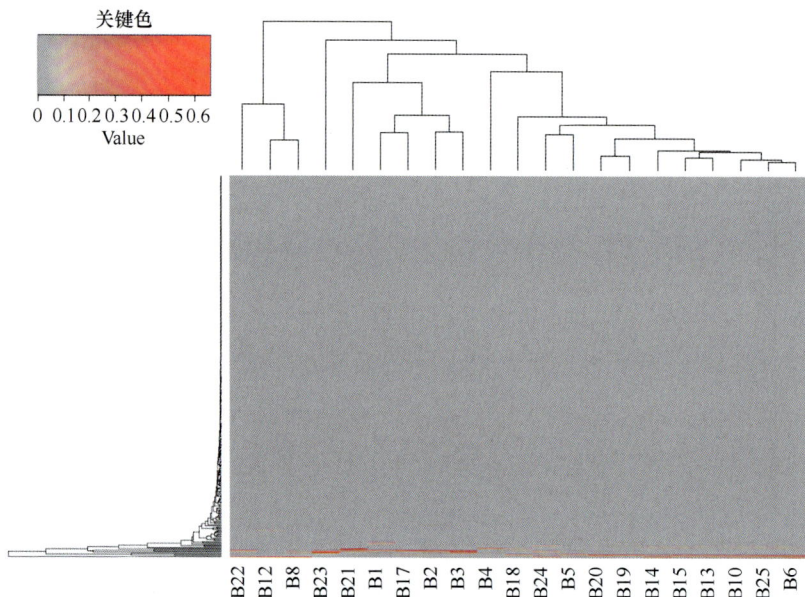

图 9-31　古沉船木制品所有样品的真菌类群物种丰度聚类图

Value. 不同关键色对应的数值

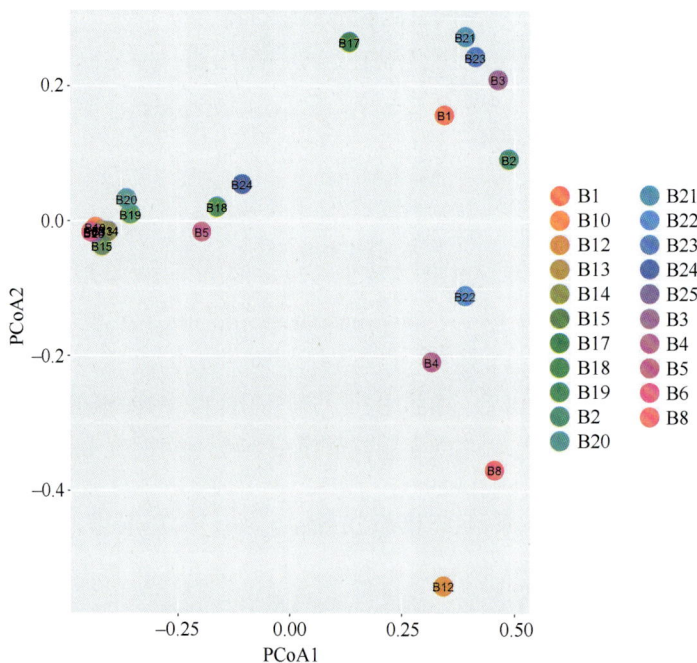

图 9-32　古沉船木制品所有样品的真菌类群 PCoA 图

　　F446 为彩绘木胎漆几，已分解成方块，样品取其残块木胎（图 9-33，图 9-34）。胎体树种经鉴定为枫杨（*Pterocarya stenoptera* C. DC），结晶度为 8.44%，F455 为彩绘漆禁，残缺不全，样品取其残损胎体。胎体树种经鉴定为枫杨（*Pterocarya stenoptera* C. DC），结晶度为 6.23%，两个样品均来自湖北江陵天星观一号楚墓，自 1978 年被发掘出土后一直保存在荆州博物馆地下室水池中，定期向水池内注入自来水，是泡水保存较为典型的文物样品。

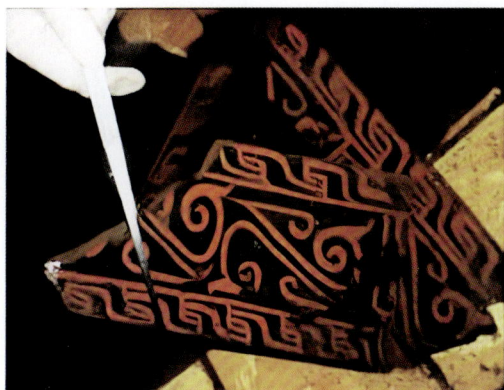

图 9-33　样品 F446 采集及泡水保存状况

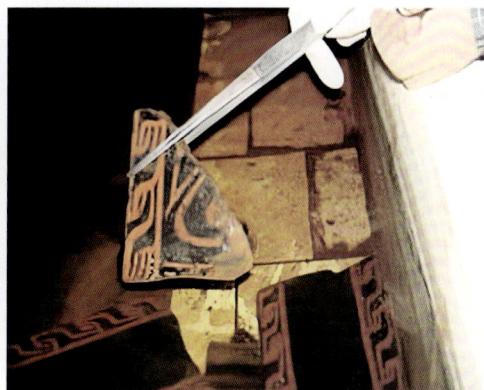

图 9-34　样品 F446 采集及泡水保存状况

（2）分离培养结果

样品经过处理后，采用选择培养基以稀释涂布平板法进行分离培养，观察菌落生长情况并计数。F446 文物样品中微生物为 1360 CFU/g，其中细菌 1250 CFU/g，真菌和放线菌分别为 90 CFU/g 和 20 CFU/g。F455 中微生物为 590 CFU/g，全部为细菌，没有分离到真菌和放线菌（表 9-10）。从微生物分离培养的结果来看，饱水木器泡水保存状态下的微生物，以细菌为主。这与长期泡水保存状态下，木器内部氧含量低有关，低氧和无氧状态下，厌氧或兼性厌氧细菌能够生长，但该环境可抑制真菌和放线菌生长。

表 9-10　文物样品中微生物分离培养结果（CFU/g）

样品编号	细菌	真菌	放线菌	合计
F446	1250	90	20	1360
F455	590	0	0	590

（3）16S rRNA 基因分子鉴定结果

从木漆器 F455 中分离出 32 株细菌，编号为 F455-1～F455-32；F446 中分离出 26 株细菌，编号为 F446-1～F446-26；将 F455、F446 木漆器胎体和水样中 85 株细菌所测得的序列通过比对后，进行同源性分析，根据相似性指数来初步判断细菌为何属。部分典型菌 16S rRNA 基因序列分析结果如表 9-11 所示。

表 9-11　F446 和 F455 文物样品中细菌 16S rRNA 基因序列相似性分析

代表菌株	数量	最相近菌株	属名	相似性指数（%）
F455-1	2	*Bacillus thioparans*（DQ371431）	芽孢杆菌属（*Bacillus*）	99.88
F455-2	3	*Bacillus idriensis*（AY904033）	芽孢杆菌属（*Bacillus*）	99.52
F455-3	1	*Bacillus halmapalus*（X76447）	芽孢杆菌属（*Bacillus*）	98.58
F455-4	22	*Bacillus cereus*（AE016877）	芽孢杆菌属（*Bacillus*）	100
F455-5	1	*Bacillus toyonensis*（CP006863）	芽孢杆菌属（*Bacillus*）	99.88

续表

代表菌株	数量	最相近菌株	属名	相似性指数（%）
F455-6	1	*Brevibacterium epidermidis*（X76565）	短杆菌属（*Brevibacterium*）	99.52
F455-7	1	*Brevundimonas diminuta*（GL883089）	短波单胞菌属（*Brevundimonas*）	99.86
F455-8	1	*Alcaligenes faecalis* sp.（AUBT01000026）	产碱杆菌属（*Alcaligenes*）	99.88
F446-3	18	*Bacillus cereus*（KY880974.1）	芽孢杆菌属（*Bacillus*）	100
F446-4	1	*Bacillus idriensis*（LN774270.1）	芽孢杆菌属（*Bacillus*）	100
F446-6	2	*Brevibacterium* sp.（KF317832.1）	短杆菌属（*Brevibacterium*）	100
F446-7	1	*Pseudochrobactrum saccharolyticum*（KX977558.1）	假苍白杆菌属（*Pseudochrobactrum*）	100
F446-8	1	*Lysinibacillus fusiformis*（KY744661.1）	赖氨酸芽孢杆菌属（*Lysinibacillus*）	100
F446-21	2	*Alcaligenes faecalis*（LC213619.1）	产碱杆菌属（*Alcaligenes*）	100
F446-25	1	*Bacillus thuringiensis*（KY606938.1）	芽孢杆菌属（*Bacillus*）	100

从 F455 木质样分离出的 32 株细菌中，有 29 株为芽孢杆菌属（*Bacillus*），占该样品所有细菌总量的 90.6%，为优势菌属；另外 3 株菌分别为短杆菌属（*Brevibacterium*）、产碱杆菌属（*Alcaligenes*）、短波单胞菌属（*Brevundimonas*），各占总量的 3.13%。从 F446 木质样分离的 26 株细菌中，有 20 株为芽孢杆菌属，占细菌总量的 76.9%，为优势菌属，此外还分离到 2 株短杆菌属和 2 株产碱杆菌属，各占总量的 7.7%；假苍白杆菌属（*Pseudochrobactrum*）和赖氨酸芽孢杆菌属（*Lysinibacillus*）各 1 株，各占总量的 3.85%。F455 和 F446 木质样中细菌分布比较相似，优势菌同为芽孢杆菌，F446 木质样中细菌种类较 F455 略为丰富。汤显春等（2003）对曾侯乙墓穴内微生物种群及其分布进行了研究，从木椁内分离到的 16 株细菌，大部分为芽孢杆菌属，此外还有较少的微杆菌属和少量黄色杆菌属，认为潮湿的木椁穴内很适合芽孢杆菌的生长繁殖。Tiano 等（2000）也发现与文物腐蚀有关的细菌中，最常见的细菌有芽孢杆菌和黄杆菌等。以上研究结果说明芽孢杆菌是饱水木漆器中的主要微生物。

9.3.3 小结与讨论

1）微生物降解是造成木材糟朽的重要原因之一。案例 1 对参与泉州湾宋代海船降解的微生物的研究结果显示，船体不同保存区域中存在的优势细菌为不动杆菌属（*Acinetobacter*）、芽孢杆菌属（*Bacillus*）和假单胞菌属（*Pseudomonas*），真菌以枝孢霉属（*Cladosporium*）、假丝酵母菌属（*Candida*）和扁孔腔菌属（*Lophiostoma*）为优势类群。而芽孢杆菌属、链球菌属、枝孢霉属和曲霉属等类群的微生物均具有较强的降解木材纤维素的能力，可能会在一定条件下对该船体的长期保存形成潜在隐患。值得关注的是，本次在船体中发现的一些细菌和真菌具有能够耐受高盐环境的特性，例如，细菌中的优势菌属假单胞菌属、芽孢杆菌属，真菌中的枝孢霉属、曲霉属均可在高盐环境中生长，这些耐盐微生物类群的存在可能与宋船前期修复保护未进行脱盐处理有关，船体长期处于一定盐浓度状态下，进而影响了其船体微生物类群组成的特异性。此外，对于泉州湾宋代海船这类开放性展陈的有机质文物，加强对船体微生物的定期检测、实施有效的预防性保护调控是延缓此类文物发生生物降解的重要措施。

2）微生物损害是木漆器文物常见的一种活动性病害。案例 2 调查了湖北江陵天星观一号楚墓出土饱水木漆器文物中微生物污染的情况，分析结果表明：饱水保存的木漆器文物中微生物以细菌为主，真菌和放线菌相对较少，芽孢杆菌属（*Bacillus*）为其优势菌属。在饱水木质类文物泡水保存过程中发生微生物病害时，应采取相应的措施控制微生物的生长，特别是芽孢杆菌属细菌的生长，减少微生物对饱水木质胎体的破坏，延长泡水保存时间。刘亮等（2014）提出控制水活度、控制氧气量、毒化微生物赖以生存的养料三种措施来防止或延缓木质文物的腐朽，以等待将来更好的脱水定型方法出现。该项工作的开展为进一步研究出土饱水木漆器文物中微生物对木材的腐蚀作用、筛选有效的抑菌防腐剂奠定了基础。

9.4　馆藏陶瓷微生物

9.4.1　重庆地区某博物馆馆藏一件瓷器霉变样品分析

（1）研究对象

第一次全国可移动文物普查数据公报显示，依据文物类别统计，数量最多的 5 个文物类别中，陶器和瓷器分列第四、第五位，可见，陶瓷器在我国文物中具有重要的地位。值得特别指出的是，虽然在《可移动文物病害评估技术规程　瓷器类文物》（WW/T 0057—2014）和《可移动文物病害评估技术规程　陶质文物》（WW/T 0056—2014）中均含有对陶瓷器微生物损害或生物损害的描述，但基于陶瓷器无机质文物的属性，其微生物病害发生案例较少，对其研究仅有散在零星报道，陶瓷器的霉变现象易被忽视。

瓷器的瓷胎和釉彩均以无机物为主，瓷胎原料（如高岭土）中的有机物成分在瓷器烧制（1200～1500℃）过程中已完全氧化，因此，瓷器从组成成分上看，不具备被微生物直接分解利用的营养源，加之瓷器内部结构紧致，又受到釉层保护，可隔绝水分与环境微生物的侵扰，并不适合微生物生长，不易发生微生物病害。但由于瓷器在保存过程中不断发生劣化，加之保存条件不适宜，仍然会发生严重的霉变现象。

发生微生物病害的瓷器由重庆地区某博物馆提供。肉眼可见，文物表面遍布绒毛状微生物（图 9-35），部分区域形成肉眼可见的圆形菌斑（图 9-36）。

图 9-35　霉变瓷器全貌

图 9-36　霉变瓷器局部

（2）形态观察及分离培养结果

在超景深三维显微镜下，霉变瓷器表面覆盖大量淡黄色污染物，经过放大观察，瓷器表面遍布散落的孢子，丝状真菌从瓷器开片缝隙中由内至外生长茂盛，200倍视野下，霉菌的独立分生孢子头和气生菌丝清晰可见。通过超景深三维显微镜的观察，可确定该瓷器表面确实存在严重的微生物污染（图9-37）。

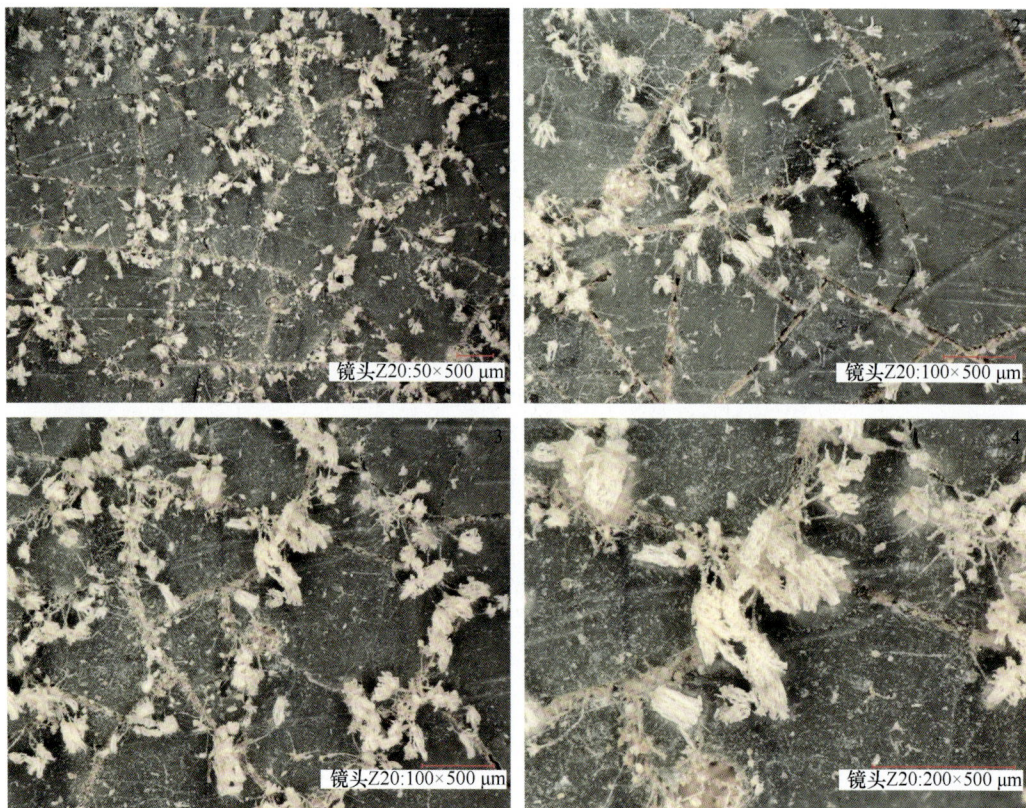

图9-37　超景深三维显微镜下的霉变瓷器表面

菌株在SDA培养基上纯培养后，不同的菌株在培养基上呈现不同的菌落颜色和形态特征。菌株1菌落生长快，表面黑色，粉末状（图9-38-1）；菌株2具放射状沟纹，边缘窄，菌丝体为灰绿色至灰黄色（图9-38-2）；菌株3质地棉状，菌落颜色初为白色，后变成黄色及黄绿色（图9-38-3）；菌株4中等速度生长，质地绒毛状或絮状，表面呈橙粉色（图9-38-4）；菌株5质地丝绒状，颜色为黄绿色（图9-38-5）。

光学显微镜下检测可见，菌株1顶囊球形，小梗双层，分生孢子为球形，呈黑褐色（图9-39-1）；菌株2扫帚状显著单轮生，分生孢子近球形、椭圆形，壁光滑，分生孢子链呈圆柱状（图9-39-2）；菌株3顶囊球形，小梗双层或单层，松散辐射状排列，覆盖整个顶囊，向各个方向伸出（图9-39-3）；菌株4分生孢子头较小，初为球形，后呈辐射形，顶囊半球形（图9-39-4）；菌株5顶囊较小，近棒形，分生孢子球形，壁光滑（图9-39-5）。

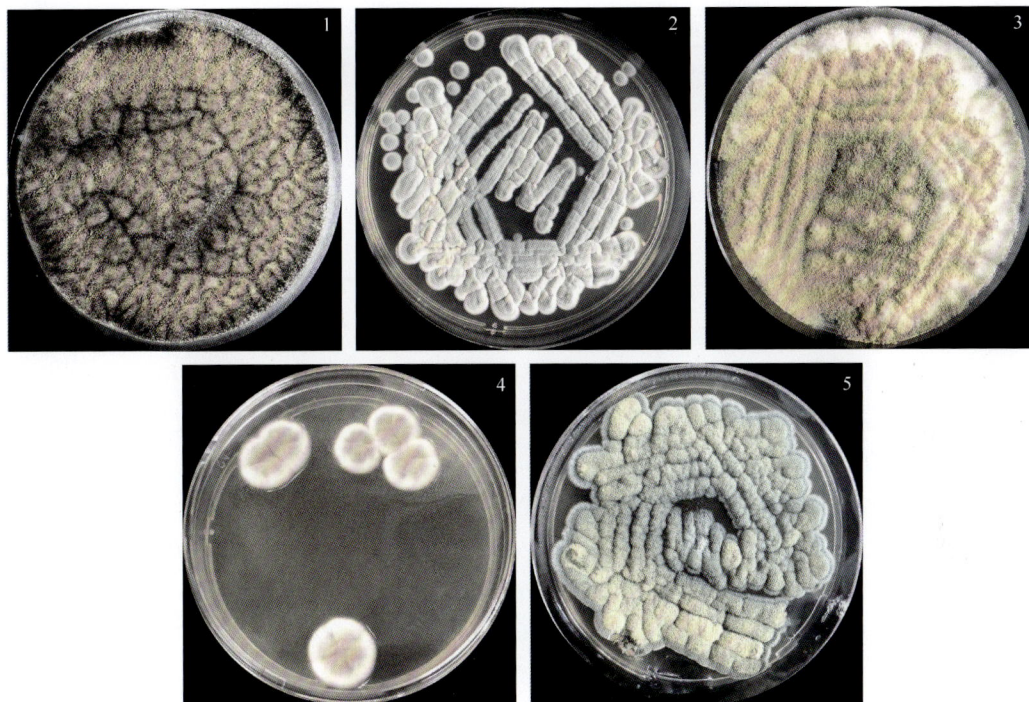

图 9-38　纯化后霉菌在 SDA 培养基上的培养形态

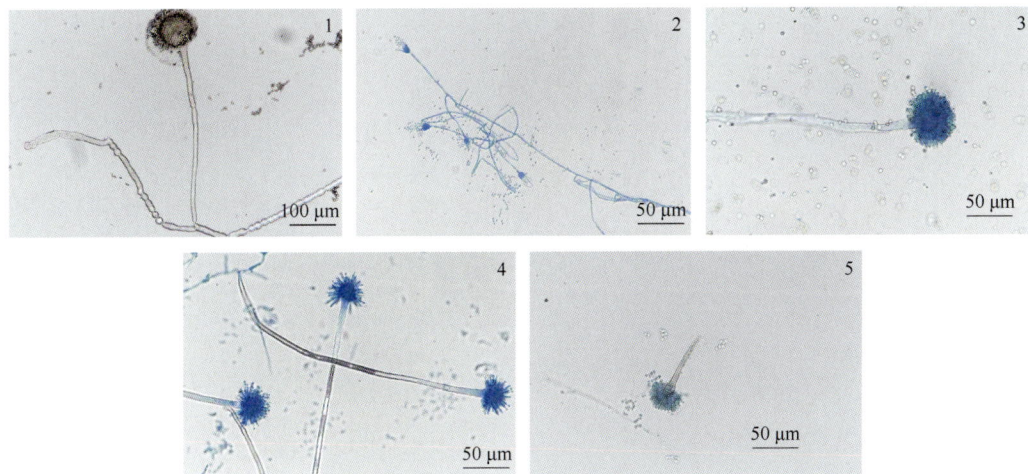

图 9-39　纯化后霉菌的显微形态（40×）

（3）分子生物学鉴定结果

将 5 株真菌的 ITS 序列与 GenBank 数据库中已知的序列进行同源性比对，5 株菌株分属于曲霉属（*Aspergillus*）和青霉属（*Penicillium*），其中分别对应曲霉属中的黑曲霉（菌株 1）、黄曲霉（菌株 3）、杂色曲霉（菌株 4）、詹森曲霉（菌株 5），青霉属中的鲜红青霉（菌株 2）。具体比对结果如表 9-12 所示。

表 9-12　真菌序列同源性比对结果

菌株编号	种属	长度（bp）	同源菌株	序列编号	相似性（%）
1	曲霉属	578	*Aspergillus niger*	MT620753	100
2	青霉属	558	*Penicillium chermesinum*	MT309662	100
3	曲霉属	572	*Aspergillus flavus*	MT645322	100
4	曲霉属	478	*Aspergillus versicolor*	MG845255	100
5	曲霉属	544	*Aspergillus jensenii*	MT582748	100

（4）高通量扩增子测序鉴定结果

样本中细菌类群的测序结果显示，门水平上，本样品中的优势菌门（相对丰度>1%）只有 1 个，为厚壁菌门（Firmicutes）（99.99%）。属水平上也仅有一个优势属，为芽孢杆菌属（*Bacillus*）（99.98%）。样本中真菌类群的测序结果显示（图 9-40），门分类水平上，子囊菌门（Ascomycota）为绝对主要优势门类，占比达到 97.90%。在属的分类水平上，共检测出 7 个属，分别是曲霉属（*Aspergillus*）（81.72%）、耐干霉菌（*Xeromyces*）（1.37%）、其他属（6.12%）、黑孢霉属（*Nigrospora*）（1.37%）、假丝酵母菌属（*Candida*）（4.61%）、未分类格孢腔菌（unclassified_Pleosporales）（2.19%）、青霉属（*Penicillium*）（2.62%）。高通量测序结果与分离培养鉴定结果具有一致性，即曲霉属是导致该件瓷器发生微生物污染的主要优势菌。

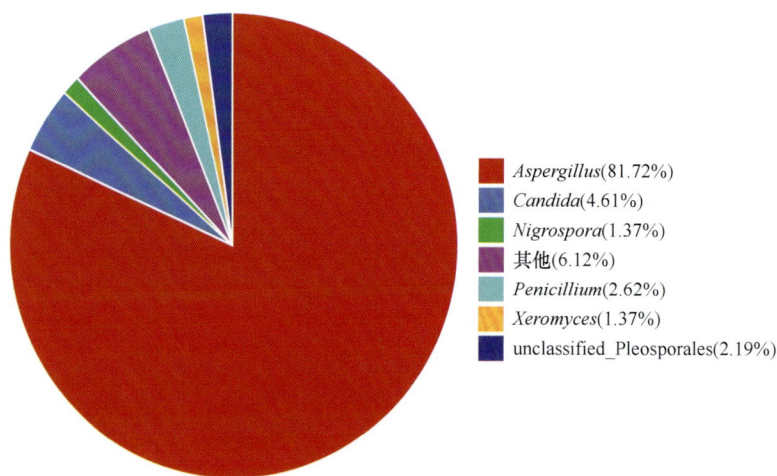

图 9-40　霉变瓷器真菌属水平类群丰度

9.4.2　重庆地区某博物馆馆藏一件陶器霉变样品分析

（1）研究对象

陶器烧制温度较瓷器低，多在 800～1000℃，结构较为疏松，孔隙度大，吸水率高，在长期埋藏条件下，土壤中的水分、可溶盐、微生物等均可渗入陶器内部。未经充分脱盐、清洁等处理的出土陶器，在馆藏环境条件出现波动时，不仅会发生盐析现象，也会滋生微生物病害。

发生微生物病害的陶器由重庆地区某博物馆提供。肉眼可见，文物表面有少许白色絮状微生物（图 9-41），陶牛四肢断裂处有大面积黑色团状菌斑（图 9-42）。

图 9-41　霉变陶器全貌

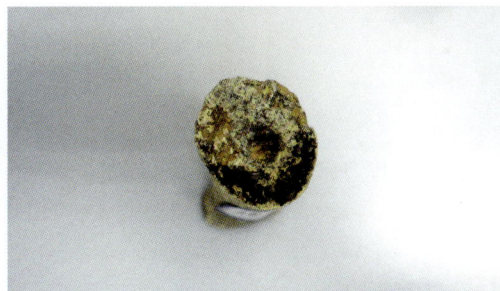

图 9-42　霉变陶器局部

（2）分离培养结果

通过分离培养，从陶器文物表面分离纯化到 14 株真菌，通过菌落形态观察发现其生长情况有较大差异。菌株 1 的基表菌丝为灰白色，气生菌丝较白（图 9-43-A）；菌株 2 质地絮状，边缘窄而完整，菌落颜色灰绿色（图 9-43-B）；菌株 3 分生孢子面呈现典型的蓝绿色，有放射状沟纹，产生大量淡黄色的渗出液（图 9-43-C）；菌株 4 在 SDA 培养基上菌落白色，生长繁茂，中间有橘黄色晕圈（图 9-43-D）；菌株 5 绒毛状，致密，背面黑色，菌落呈水牛灰色（图 9-43-E）；菌株 6 质地绒状，菌落生长较慢，白色絮状（图 9-43-F）；菌株 7 产生稀疏的白色气生菌丝，后期有淡黄色团状物形成（图 9-43-G）；菌株 8 菌落呈松散絮状，颜色灰黑色，有颗粒物产生（图 9-43-H）；菌株 9 菌落初为白色，后变成极淡的褐红色（图 9-43-I）；菌株 10 气生菌丝致密，卷绵毛状，菌落边缘整齐（图 9-43-J）；菌株 11 质地丝绒状，有辐射状沟纹，菌落初为白色，后呈灰绿色，边缘白色（图 9-43-K）；菌株 12 菌落呈白色絮状，表面有黄色油滴状物质，背面琥珀褐色，无轮纹（图 9-43-L）；菌株 13 菌落平坦，后呈粉状，由白色逐渐变到乳白色（图 9-43-M）；菌株 14 基丝弱，菌落颜色深褐色，可溶性色素同基丝色（图 9-43-N）。

生物显微镜下检测可见，菌株 1 菌丝细长且茂盛（图 9-44-A）；菌株 2 扫帚状显著单轮生，分生孢子近球形、椭圆形，分生孢子链呈圆柱状（图 9-44-B）；菌株 3 帚状枝通常由 3～5 个不同程度叉开的梗基组成，充分成熟的梗基顶端膨大成囊状，分生孢子呈现球形或近球形且小（图 9-44-C）；菌株 4 分生孢子细纺锤形，直或稍弯曲，芽管菌丝状，分隔不明显（图 9-44-D）；菌株 5 分生孢子梗侧生在菌丝上，形成分枝的孢子链，圆柱形或柠檬形，平滑，大多无隔膜（图 9-44-E）；菌株 6 菌丝不着色，有隔（图 9-44-F）；菌株 7 分生孢子 5 细胞，长梭形，直立或稍弯曲，顶端附属丝 2～3 根（图 9-44-G）；菌株 8 菌丝呈辐射状排列，丛生（图 9-44-H）；菌株 9 孢子在显微镜下无色或亚无色，圆筒形、长蕉形，偶呈菱形或长圆形（图 9-44-I）；菌株 10 菌丝成束生长，分枝，分生孢子梗细长，分生孢子常于产孢瓶体端部聚集成黏质的孢子球，遇水孢子球分散（图 9-44-J）；菌株 11 分生孢子头初为球形，后呈辐射形，顶囊稍长形或稍呈椭圆形，产孢结构双层，分生孢子球（图 9-44-K）；菌株 12 分生孢子 5 细胞，纺锤形，顶孢圆柱形，尾孢三角

图 9-43 纯化后霉菌在 SDA 培养基上的培养形态

形，附属丝顶端匙状膨大（图 9-44-L）；菌株 13 分生孢子梗生长在营养菌丝上，在分生孢子梗或菌丝上聚成较密实孢子头，孢子球状至卵状（图 9-44-M）；菌株 14 菌丝浅褐色，呈锁状联合，分生孢子多细胞（图 9-44-N）。

（3）分子生物学鉴定结果

将 14 株真菌的 ITS 序列与 GenBank 数据库中已知的序列进行同源性比对，具体比对结果见表 9-13。14 株菌株分属于鬼伞属（*Coprinellus*）、青霉属（*Penicillium*）、拟盘多毛孢属（*Pestalotiopsis*）、枝孢霉属（*Cladosporium*）、弯孢聚壳属（*Eutypella*）、烟管菌属（*Bjerkandera*）、支顶孢属（*Acremonium*）、曲霉属（*Aspergillus*）、白僵菌属（*Beauveria*）、假拟盘多毛孢属（*Pseudopestalotiopsis*）、*Nigrograna* 和 *Montagnula* 12 个属。

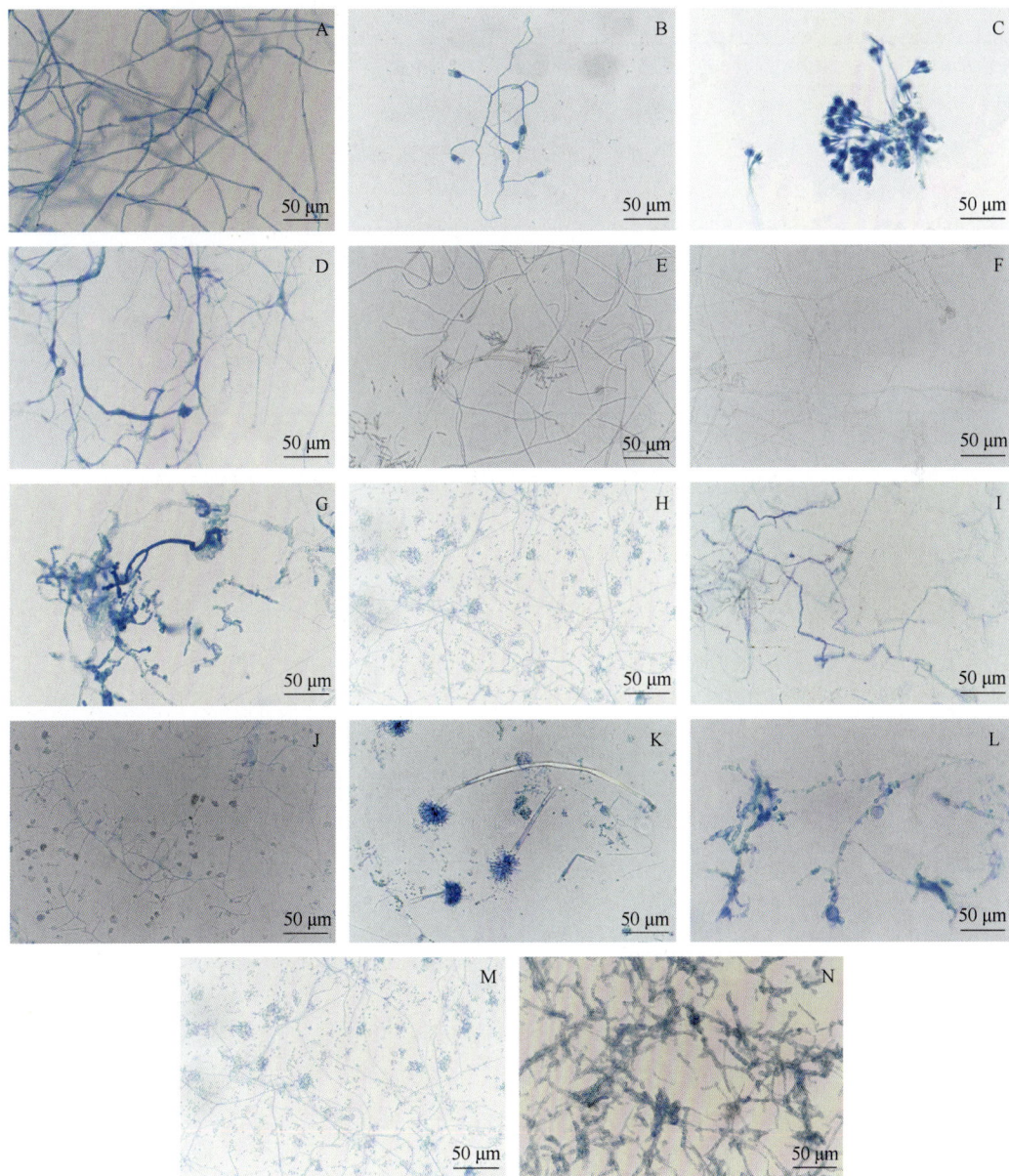

图 9-44　分离霉菌的典型形态特征（40×）

表 9-13　真菌序列同源性比对结果

菌株编号	种属	长度（bp）	同源菌株	序列编号	相似性（%）
1	鬼伞属	575	*Coprinellus* sp.	MK714936	99.65
2	青霉属	523	*Penicillium chermesinum*	MT309662	100
3	青霉属	479	*Penicillium citrinum*	MT529451	100
4	拟盘多毛孢属	583	*Pestalotiopsis microspora*	LC412112	100
5	枝孢霉属	527	*Cladosporium cladosporioides*	MT573533	100
6	*Nigrograna*	541	*Nigrograna* sp.	MK762709	99.27

菌株编号	种属	长度（bp）	同源菌株	序列编号	相似性（%）
7	拟盘多毛孢属	495	*Pestalotiopsis kenyana*	MT509798	100
8	弯孢聚壳属	554	*Eutypella* sp.	MK120857	100
9	烟管菌属	606	*Bjerkandera adusta*	MN640911	100
10	支顶孢属	564	*Acremonium charticola*	MK304178	99.62
11	曲霉属	544	*Aspergillus versicolor*	MN735436	100
12	假拟盘多毛孢属	580	*Pseudopestalotiopsis theae*	MT252050	100
13	白僵菌属	544	*Beauveria bassiana*	MT529274	100
14	*Montagnula*	530	*Montagnula* sp.	MT214349	99.08

9.4.3　小结与讨论

1）随着陶瓷器文物的不断劣化，微生物污染的风险亦将不断加大。由案例 1 可见，该瓷器表面釉层开裂，形成大量缝隙，较为严重的区域出现釉面脱落，可见釉层与胎体之间形成空腔，大量污染物填充其中，霉菌则能充分利用污染物中的营养物质，由裂隙、空腔处自内向外生长。微生物污染的持续加重和蔓延，虽然不会对釉层表面形成划痕、污渍等直接损伤，却可以加速文物釉层的脱落。结合显微形态观察、培养、测序结果，发现本例瓷器表面霉变由馆藏文物微生物污染中最常见的曲霉属和青霉属真菌导致。广西民族博物馆从局部霉变的坭兴陶表面白色霉斑中分离得到的主要污染菌为青霉属、枝孢霉属和支顶孢属真菌，并认为坭兴陶表面污染的霉菌来源于展柜空气（田双娥等，2017）。本例污染菌生长极其活跃旺盛，遍布整个瓷器表面，说明无论是营养来源还是文物保存环境状态均为这两种霉菌的生长提供了适宜条件。因此，对于高湿度地区无机质文物保存环境的温湿度控制应予以充分重视。

2）文物补配材料的选择应充分考虑其防霉性能。案例 2 陶器修复记录显示该陶牛四肢及身体均经过粘接处理，两只牛角、尾部、粘接缝均采用石膏进行补配。与微生物鉴定同步进行的材料分析检测也发现，陶器的霉变部位存在胶黏剂的残留物。该处分离培养得到菌株 14 株，分别归属于 12 个属，除了青霉属、枝孢霉属、曲霉属等空气常见微生物外，还有 2 株植物内生真菌拟盘多毛孢属真菌、木腐菌鬼伞属、烟管菌属、植物腐生菌 *Montagnula* sp.等，具有复杂的多样性。由于大片黑色霉斑均较为集中地生长在存在补配材料的部位，因此补配材料中很可能具有宜被霉菌生长利用的营养元素。以石膏为例，研究表明，石膏中的磷含量较高时，耐盐枝孢（*Cladosporium halotolerans*）和产红青霉（*Penicillium rubens*）均可在石膏表面生长（Segers *et al.*，2017）。此外，很多石膏中会加入柠檬酸、胶蛋白等用作缓凝剂（冯启彪，2006），这些成分无疑为霉菌的生长提供了有利条件。因此，文物补配材料如果使用不当，将成为微生物优良的培养基质，进一步造成文物霉变。

9.5　馆藏文物保存环境空气微生物研究

　　馆藏文物保存环境，是指博物馆、纪念馆等文物收藏单位对各类可移动文物进行贮藏的相对独立空间环境，主要包括以囊匣、展柜为代表的微环境，以展厅、库房为代表的小环境，以整个博物馆建筑空间为代表的大环境，以及博物馆外部环境。文物保存于博物馆的各种空间内，时刻受到保存环境中的物理、化学与生物因子的影响，除了常见的温湿度、光照、污染气体等环境因素之外，微生物、昆虫等生物因素亦是博物馆环境研究的重要内容之一。其中，馆藏文物保存环境空气中的微生物，是文物发生生物降解的重要原因，因此，随着文物预防性保护理念的日益深入，检测、研究文物展陈环境中的空气微生物组成，控制博物馆小微环境中的微生物污染，已成为近年来国内外文物预防性保护研究的一个新方向。

9.5.1　博物馆展厅空气微生物

（1）研究对象

　　本案例研究的对象为重庆中国三峡博物馆壮丽三峡展厅内的空气微生物类群（图 9-45、图 9-46）。选取人流量最大、日常监测空气微生物污染较为严重的展厅作为研究对象。根据展厅大小和具体布局，设置对应采样点。本例采样展厅为该博物馆参观人流量最大的展厅。本研究在该展厅设置了 4 个采样点，分别编号为 ZL1、ZL2、ZL3、ZL4，采样点在展厅中的位置如图 9-47 所示。ZL1 采样点靠近展厅入口处，该处为开放式陈列，空间宽敞，存放动植物标本等有机质藏品；ZL2 采样点位于展厅内侧，展示刺绣等有机质文物，同时是该展厅全年平均湿度最大的检测位点；ZL3 号采样点位于展厅中央，空气流动性较差，展示有纺织品、皮革制品等文物；ZL4 号采样点位于展厅出口附近，展示竹木制品、刺绣等民族文物。本研究于夏季（6 月、7 月、8 月）和冬季（11 月、12 月及次年 1 月）连续对该展厅进行了空气微生物样品的采集。

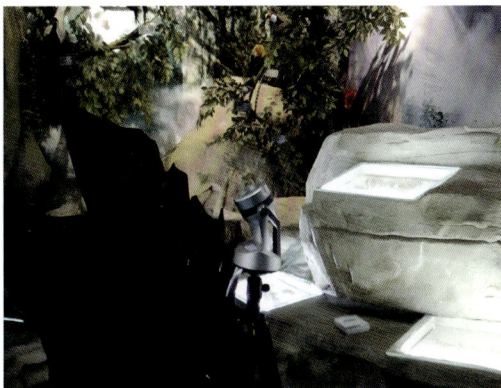

图 9-45　壮丽三峡展厅 ZL1 采样点　　　　图 9-46　壮丽三峡展厅 ZL2 采样点

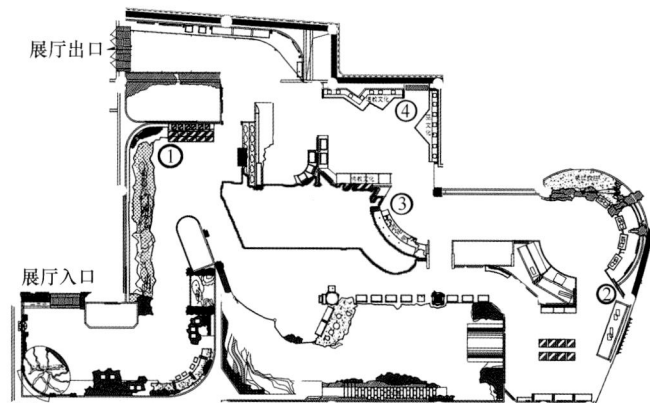

图 9-47　采样点位置布局图
①ZL1；②ZL2；③ZL3；④ZL4

（2）冬夏两季博物馆展厅空气微生物数量的比较

该展厅冬夏两季的温湿度和菌落总数检测结果经整理统计后，如图 9-48 所示。整个展厅的平均温度为 20.95℃，冬夏两季之间的温度差异极为显著（$P<0.01$），平均相对湿度为 62.00%，冬季与夏季相比，湿度没有明显变化（$P>0.05$），平均菌落总数为 144.63 CFU/m^3，夏季展厅内空气微生物数量显著高于冬季（$P<0.05$）。

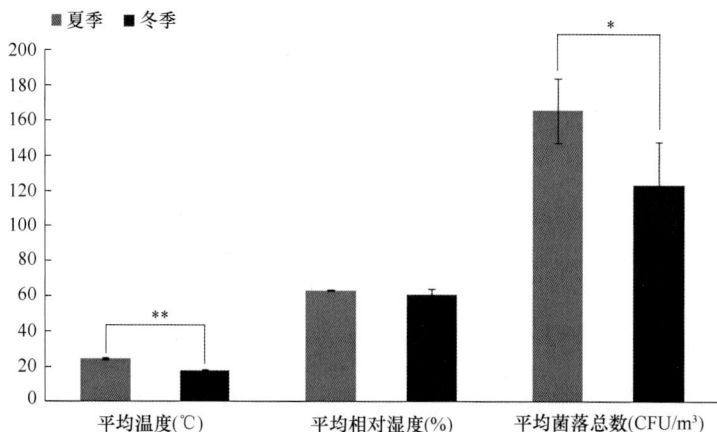

图 9-48　展厅冬夏两季的温湿度和菌落总数检测结果

表 9-14 是对于该展厅内 4 个不同的采样点进行的数据分析。结果显示，虽然博物馆大环境受中央空调的调控，但 4 个采样点夏季的温度仍然极显著高于冬季（$P<0.01$），湿度在不同的采样位置中未见明显变化（$P>0.05$）。在检测数据中，最高温度 25.5℃，最低温度 14.1℃，最大相对湿度 74%，均出现于 ZL1 采样点；最低相对湿度为 50%，出现于 ZL4 采样点。此外，所有采样点的相对湿度几乎均在 60%以上，这与重庆市本身年均湿度超过 70%有关。空气微生物总数最高的采样点为 ZL3 号采样点，其次为 ZL2 采样点。这两个采样点均位于展厅中部，展厅蜿蜒的设计使其空气流动性较差，因此容易滋生微生物。此外，这两个采样点的菌落总数也表现出了季节性差异（$P<0.01$），即在这两个地点，夏季空气中的微生物总量极显著地高于冬季。

表 9-14　4 个采样点冬夏两季的温湿度和菌落总数检测结果

检测指标	ZL1 夏季	ZL1 冬季	ZL2 夏季	ZL2 冬季	ZL3 夏季	ZL3 冬季	ZL4 夏季	ZL4 冬季
温度（℃）	24.77±0.41	16.07±1.02[**]	24.43±0.58	17.60±1.28[**]	24.47±0.74	18.07±1.03[**]	23.80±0.35	18.37±1.62[**]
相对湿度（%）	62.67±0.33	65.33±3.24	63.33±5.77	60.67±9.29	63.33±5.77	59.67±9.29	63.33±3.21	57.67±8.62
菌落总数（CFU/m³）	169.67±18.42	129.33±24.38	176.67±37.69	95.33±19.08[**]	178.00±45.04	114.67±50.00[**]	138.67±20.74	128.67±31.43

（3）冬夏两季博物馆小环境空气微生物多样性的比较

从图 9-49A 的微生物纯培养结果可直观看出，夏季（6～8 月）采样平板上菌落密布，数量明显多于冬季（11 月～次年 1 月）的采样平板。如果对如此之多的菌落分别单独进行种属鉴定，不仅工作量庞大，而且可能存在大量相同结果，因此，使用 DGGE 的方法对细菌种类进行分析就显得尤为方便高效了。

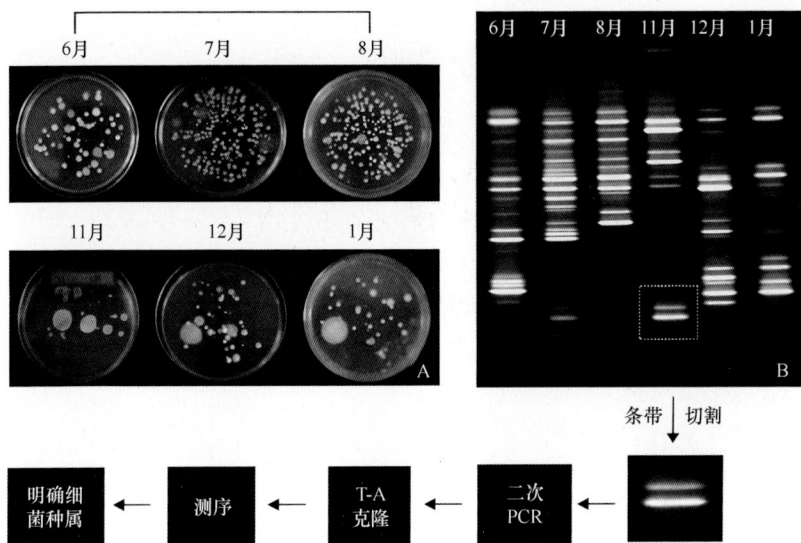

图 9-49　利用 PCR-DGGE 对采集的空气微生物样品进行种属鉴定

利用 PCR-DGGE 技术对采集的空气微生物样品种属进行鉴定的过程如图 9-49 所示：将不同平板上的所有细菌菌落混合冲洗下来，作为独立的总 DNA 进行提取，接下来对这个总 DNA 样本进行 PCR 扩增并进一步实施变性梯度电泳后，一个平板上所有细菌的信息就转化到图 9-49B 中每一个单独的泳道内。根据 DGGE 的原理，泳道内的每一个条带理论上分别对应了一种细菌，而不同泳道间同一水平位置的条带代表相同种类的细菌。条带越粗越亮，则代表该样品中，这个条带对应的某种细菌数量越多。为了了解不同条带究竟是哪一种细菌，需要对目的条带进行切胶回收以收集其 DNA，通过二次 PCR 后，进一步测序比对而明确细菌种属。

首先，从本实验获得的 DGGE 谱图（图 9-50）上可以明显看到，在 4 个采样点夏季与冬季的 24 个空气微生物样品中，大部分样品泳道中具有共同的条带 C、D、E、H、J 和 K，经过对条带回收并测序后发现，对应的微生物分别为 *Acinetobacter lwoffii*（相似性

99%)、*Staphylococcus hominis*（相似性 99%）、*Advenella* sp.（相似性 100%）、*Staphylococcus* sp.（相似性 100%）、*Pseudomonas* sp.（相似性 100%）和 *Staphylococcus warneri*（相似性 100%）（表 9-15），由此可见，在壮丽三峡展厅这个博物馆小环境中，全年空气微生物的主要群落为不动杆菌属、链球菌属、铜绿假单胞菌和 *Advenella* 属，其中又以链球菌属最占优势。虽然 C 和 D 条带分别对应的 *Acinetobacter lwoffii* 和 *Staphylococcus hominis* 几乎贯穿了 24 个泳道，即 24 个样品中都有检出，但从条带的亮度可见，代表夏季月份的泳道 1～3 中，这两个条带的亮度基本都比代表冬季的 4～6 号泳道亮度高，从侧面说明这两种菌的数量在夏季比在冬季数量多。

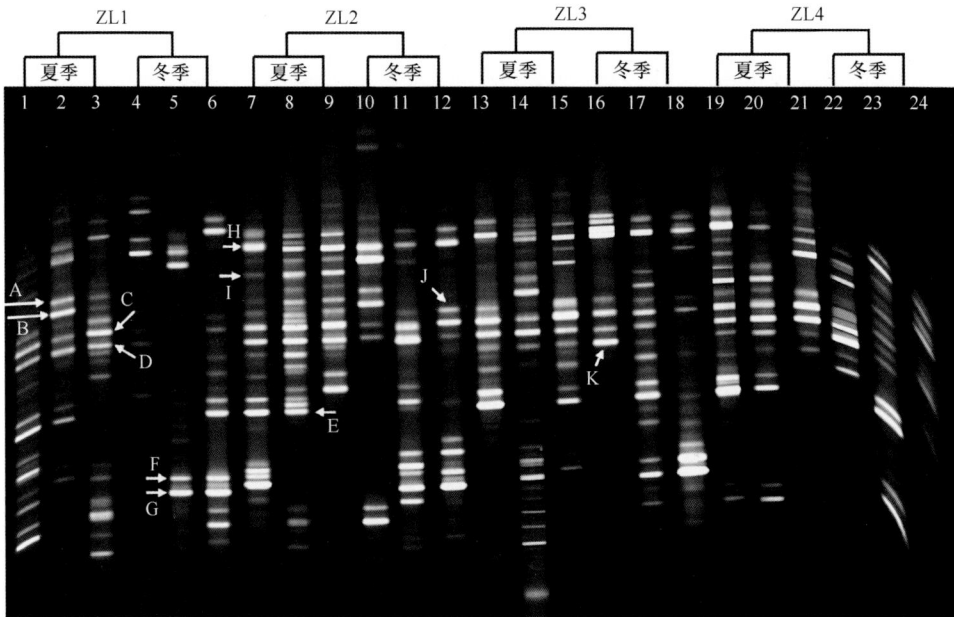

图 9-50　4 个采样点冬夏季空气微生物的 PCR-DGGE 谱图

表 9-15　DGGE 条带测序比对结果

条带编号	长度（bp）	比对结果	相似性（%）
A	193	*Acinetobacter baumannii*	99
B	199	*Acinetobacter baumannii*	100
C	198	*Acinetobacter lwoffii*	99
D	198	*Staphylococcus hominis*	99
E	198	*Advenella* sp.	100
F	198	*Bacillus thuringiensis*	99
G	199	*Bacillus thuringiensis*	100
H	198	*Staphylococcus* sp.	100
I	178	*Micrococcus* sp.	100
J	197	*Pseudomonas* sp.	100
K	195	*Staphylococcus warneri*	100

与上述条带不同的是，A、B 和 I 条带较多地出现在夏季空气微生物的样品中，而在冬季样品中很少出现，经过比对发现，它们分别为 *Acinetobacter baumannii*（相似性 99%）、*Acinetobacter baumannii*（相似性 100%）和 *Micrococcus* sp.（相似性 100%）；条带 F 和 G 则在 ZL1、ZL2、ZL3 号采样点的冬季样品中出现，夏季样品中条带极其微弱或未检出，它们经测序发现均为 *Bacillus thuringiensis*（相似性分别为 99% 和 100%）。这些结果表明：在该展厅的空气微生物组成中，除了拥有共同的优势菌群之外，冬夏两个季节各自具有不同的典型菌种：夏季的特征菌属为不动杆菌属和微球菌属，而冬季芽孢杆菌属更为活跃。特征条带的测序结果见表 9-15。

此外，DGGE 电泳图中还可以直观看出夏季样品条带的数量多于冬季样品，说明夏季空气微生物的种类要多于冬季，对 24 个泳道的条带数量和亮度进行分析后发现，夏季样品的微生物丰富度显著高于冬季样品（$P<0.05$）（图 9-51），且夏季空气微生物多样性指数极显著地高于冬季（$P<0.01$）（图 9-52）。对 4 个采样点进行详细分析可以看出，丰富度和多样性指数最高的采样点为 ZL2 号采样点，且其与 3 号采样点差异不显著，该结果与微生物数量统计结果类似。同时，1、2、3 号采样点的微生物丰富度和多样性指数在冬夏两季均高于 4 号采样点（$P<0.01$）（表 9-16）。

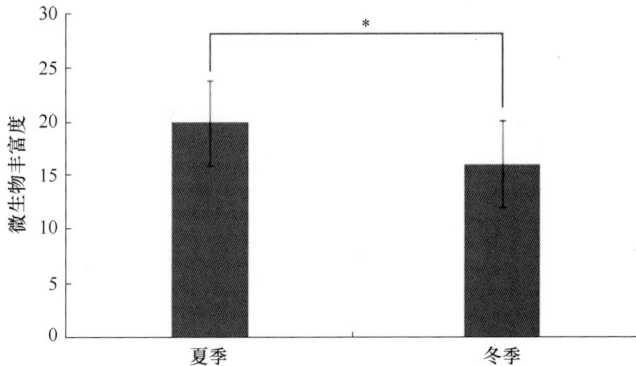

图 9-51　冬夏两季空气微生物丰富度的比较

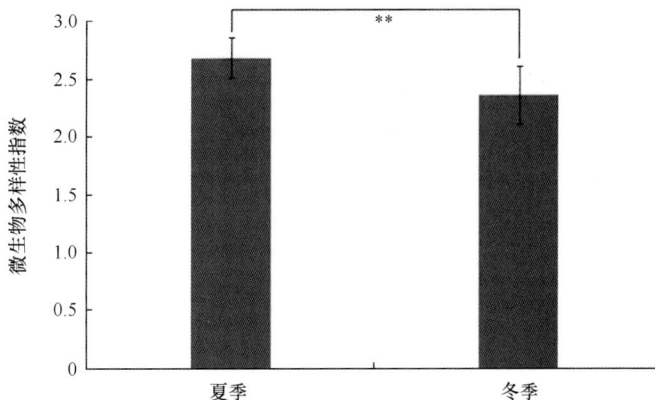

图 9-52　冬夏两季空气微生物多样性指数的比较

表9-16　4个采样点冬夏两季空气微生物丰富度和多样性指数比较

指标	ZL1 夏季	ZL1 冬季	ZL2 夏季	ZL2 冬季	ZL3 夏季	ZL3 冬季	ZL4 夏季	ZL4 冬季
丰富度	21.00±2.65	18.67±3.51	21.33±4.16	17.33±2.53	21.67±3.79	17.33±6.03	15.67±3.06**	13.00±2.65**
多样性指数	2.66±0.11	2.43±0.17	2.80±0.14	2.51±0.07	2.74±0.18	2.53±0.46	2.53±0.21**	2.22±0.08**

注：*表示 $P<0.05$；**表示 $P<0.01$

从非加权组平均法（UPGMA）聚类分析的结果可以看出（图9-53），每个采样点的数据基本能够较好地聚为一簇，表明各个采样点在可培养空气微生物的组成上分别具有较大的相似性。在3号采样点，6月、7月、8月三个夏季月份空气微生物在组成上的相似程度为61%，说明整个夏季该采样位置的空气微生物种类较为稳定。4号采样点在11月、12月及1月三个冬季月份中，空气微生物的种类相似性达到70%，说明整个冬季该采样点的空气中，微生物种类未发生明显波动。

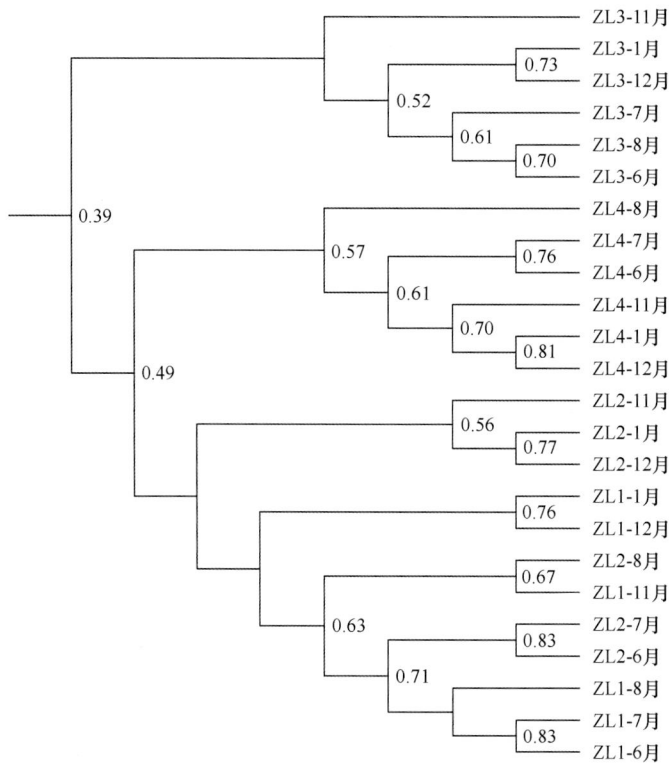

图9-53　DGGE 图谱 UPGMA 聚类分析结果

在组成上，对于博物馆小环境中空气微生物种类的研究中，武望婷等（2012）曾报道首都博物馆内空气微生物细菌组成以微球菌为主，还包括芽孢杆菌、考克氏菌和假单胞菌；Gaüzère 等（2014）对于卢浮宫内的空气微生物进行了连续6个月的监测，高通量测序显示，其空气微生物的优势菌属分别为副球菌属、不动杆菌属、铜绿假单胞菌、栖水菌属、鞘氨醇单胞菌属、链球菌属和葡萄球菌属等。本研究通过对 DGGE 条带的割胶测序发现，展厅内样品可培养的空气微生物主要优势菌群为不动杆菌属、铜绿假单胞菌、葡萄球菌属及 *Advenella* sp., 与 Gaüzère 等（2014）的研究基本相吻合。高通量测序虽然获得了更丰富的多样性数据，但对于微生物组成的季节性演替和组成特征却不如 DGGE 图谱直观，如本研究的图谱分析可见，夏季空气的特征菌属为 *Acinetobacter* sp. 和 *Micrococcus* sp.，冬季典型菌种为 *Bacillus* sp.。另外，关于类似博物馆这一密闭空间中空气真菌的研究，马燕天等（2011）对莫高窟洞窟空气微生物的研究发现，在 9 月窟外真菌检出数量在 24～32 CFU/m^3，在密闭的洞窟内，真菌数量比窟外更少；唐欢等（2014b）也曾对重庆中国三峡博物馆的临时展厅中空气微生物真菌进行计数，发现可培养的真菌数量较少，5～8 月真菌平均数量低于 15 CFU/m^3。在本研究案例中部分采样位点甚至未检出，因此本研究案例并未对真菌进行数量统计和多样性分析。

在空气微生物的稳定性上，Tringe 等（2008）的研究结果表明，与户外环境不同，影响密闭的室内环境中空气微生物组成的主要原因可能是小环境空气中的选择性抗力，氧化损伤及干燥过程、铁限制等，也可能与人流活动有关。而本研究案例中 DGGE 图谱 UPGMA 聚类分析结果显示，ZL3 采样点冬季空气微生物的种类相似程度最高达到 73%，ZL1 和 ZL2 号采样点的夏季空气微生物组成相似性最高甚至达到 83%。类似的研究结果还见于马燕天等（2011）对莫高窟窟内环境微生物的调查，其结果表明游客人数只对窟外环境有影响，而对封闭的洞窟内的微生物无影响。可见，在参观人员不断发生改变的情况下，微生物组成并未发生较大变化，因此，影响博物馆内空气微生物多样性的主要原因还是小环境本身，季节的变化和参观者的扰动对于封闭环境的稳态影响不大。

综合展厅这一博物馆小环境的空气微生物数量及种类分析结果，湿度的稳定对于微生物组成可能具有一定影响，而温度则可能影响其数量，因此对于小环境内的温湿度控制仍然是控制室内微生物的重要措施（王丽娜等，2013）。此外，博物馆中央空调系统的湿润器、滤网等组件上往往是微生物积存和繁殖的场所，可通过管网向通风下游散播，因此也不能忽视博物馆小环境中的空调送风系统对空气微生物的影响，需定期进行空调系统的维护。

9.5.2　文物库房空气微生物

（1）研究对象

本案例研究的对象为重庆中国三峡博物馆书画库房内空气中的微生物（图 9-54、图 9-55）。

（2）库房空气微生物数量

从表 9-17 的数据可以看出，位于三个不同楼层的 9 个库房的空气中，每个库房的微生物总数（细菌数量与真菌数量之和）在 46～184 CFU/m^3，单个采样点细菌最高检出数为 180 CFU/m^3，最低检出数为 38 CFU/m^3，均位于负一楼；真菌的检出数量均较少，在 0～10 CFU/m^3。楼层之间相比较，二楼库房内的温度极显著地高于负一楼和一楼的温度（$P<0.01$），相对湿度则显著低于另外两个楼层（$P<0.05$）（图 9-56），在微生物总数上，三个楼层库房之间无显著性差异（$P>0.05$）（图 9-57）。

图 9-54　采样书画库房 1

图 9-55　采样书画库房 2

表 9-17　各采样点空气微生物数量及温湿度统计表

采样点	温度（℃）	相对湿度（%）	细菌数（CFU/m³）	真菌数（CFU/m³）
负一楼库 1	19.0	62.0	38	8
负一楼库 2	18.7	61.0	180	4
负一楼库 3	18.6	61.0	50	6
一楼库 1	18.6	65.0	84	6
一楼库 2	19.6	59.0	74	0
一楼库 3	19.3	61.0	100	10
二楼库 1	22.1	52.0	150	2
二楼库 2	20.5	57.0	100	6
二楼库 3	21.0	58.0	66	2

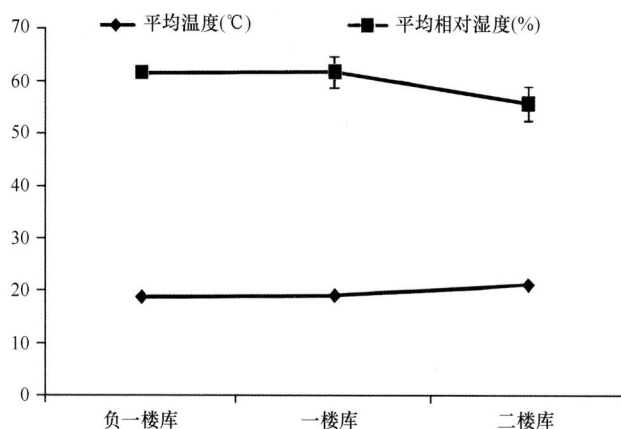

图 9-56　不同楼层库房内温湿度情况

（3）库房空气微生物中细菌的种类

表 9-18 显示的是 29 株库房空气内的细菌经 16S rDNA 序列基因片段扩增后比对的结果。从图 9-58 中可以看出，这些细菌主要为微球菌属（54%）、假单胞菌属（32%），还包括葡萄球菌属（7%）和少量的其他种类细菌。

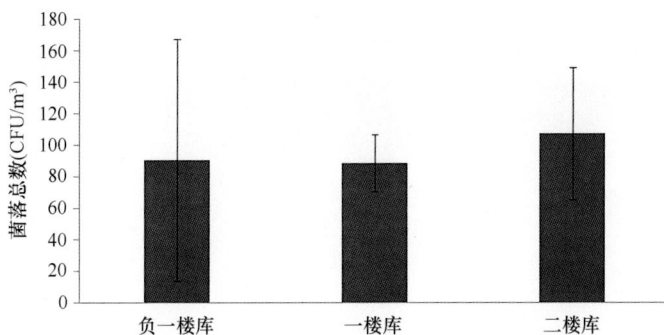

图 9-57　不同楼层库房内微生物总数情况

表 9-18　库房内空气微生物主要细菌鉴定结果（29 株）

菌株编号	长度（bp）	同源菌株	种属	相似性（%）
1	1400	*Pseudomonas* sp.；JPL-1	假单胞菌属	99
2	1422	*Pseudomonas* sp.；JPL-1	假单胞菌属	99
3	1427	*Pseudomonas stutzeri*；ATCC 17589	施氏假单胞菌	100
4	1467	*Pseudomonas* sp.；NUST03	假单胞菌属	99
5	1428	*Pseudomonas putida*	恶臭假单胞菌	99
6	1428	*Staphylococcus epidermidis*	表皮葡萄球菌	99
7	1423	*Pseudomonas stutzeri*；ATCC 17588	假单胞菌属	100
8	1423	*Pseudomonas* sp.；NUST03	假单胞菌属	98
9	1406	*Kytococcus sedentarius*；DSM	坐皮肤球菌	98
10	1443	*Pseudomonas stutzeri*；Gr17	施氏假单胞菌	99
11	1402	*Kytococcus aerolatus*	气生皮肤球菌	98
12	1458	*Micrococcus luteus*；CV39	藤黄微球菌	99
13	1417	*Micrococcus luteus*；FR2_81con	藤黄微球菌	99
14	1413	*Pseudomonas* sp.；MFY72	假单胞菌属	100
15	1464	*Kocuria rosea*；2P03AA	玫瑰色库克菌	100
16	1448	*Dietzia maris*；3536BRRJ	海地茨开菌	100
17	1429	*Micrococcus luteus*；KSC_TOT7B	藤黄微球菌	98
18	1455	*Micrococcus luteus*；NSM12	藤黄微球菌	100
19	1423	*Micrococcus* sp.；TPR14	微球菌属	99
20	1435	*Kytococcus* sp.；9X-22	皮肤球菌属	98
21	1419	*Micrococcus* sp.；Pc172	微球菌属	99
22	1463	*Staphylococcus saprophyticus*；YSY1-6	腐生葡萄球菌	99
23	1421	*Micrococcus luteus*；KSC_TOT7B	藤黄微球菌	99
24	1459	*Micrococcus* sp.；DUT_AHX	微球菌属	99
25	1443	*Micrococcus luteus*；CV39	藤黄微球菌	100
26	1422	*Micrococcus luteus*；KCL-1	藤黄微球菌	99
27	1414	*Kytococcus* sp.；9X-22	皮肤球菌属	98
28	1427	*Micrococcus lylae*；1RN-5B	莱拉微球菌	99
29	1418	*Micrococcus* sp.；8-3	微球菌属	100

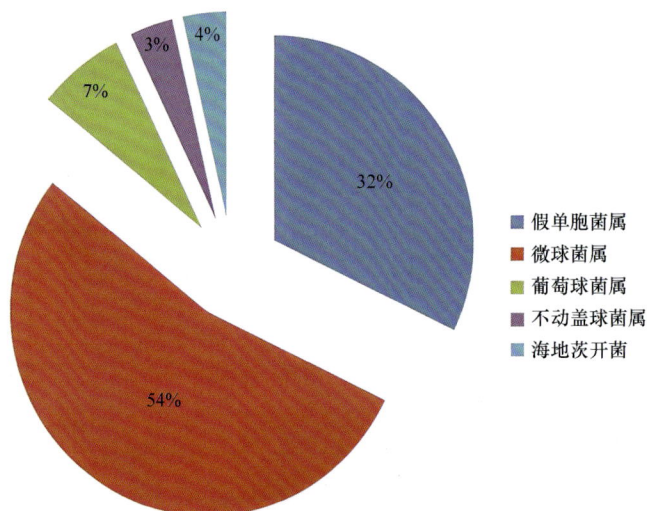

图 9-58　库房内空气微生物主要细菌种类

（4）库房空气微生物中真菌的种类

由于库房内真菌的检出数较少，我们对分离得到的 22 株真菌全部进行了 ITS 序列基因片段扩增，然后进行了比对，结果见表 9-19。对真菌的种属进行总结，从图 9-59 中可以发现，曲霉属是文物库房空气中的主要优势真菌，达到总数的 70%，其次是青霉属，所占比例为 13%。其中，曲霉属包括烟曲霉、黑曲霉、黄曲霉、土曲霉、米曲霉等多个种。

表 9-19　库房内空气微生物主要真菌鉴定结果（22 株）

菌株编号	长度（bp）	同源菌株	种属	相似性（%）
1	598	*Aspergillus fumigatus*；K16/2	烟曲霉	99
2	599	*Aspergillus niger*；91718	黑曲霉	100
3	594	*Aspergillus flavus*；A2S4_12	黄曲霉	100
4	598	*Aspergillus tamarii*；ATL GRD119	溜曲霉	100
5	597	*Aspergillus fumigatus*；K16/2	烟曲霉	100
6	549	*Chaetomium globosum*；LYS2008-001	球毛壳霉	99
7	584	*Sympodiomyces* sp.；FN8L03	合轴酵母	99
8	567	*Aspergillus terreus*	土曲霉	100
9	540	*Aspergillus oryzae*；SCIM2	米曲霉	99
10	537	*Aspergillus flavus*；CEF-136	黄曲霉	99
11	545	*Penicillium* sp.；SF58	青霉属	99
12	536	*Aspergillus oryzae*；M1	米曲霉	99
13	524	*Emericella* sp.；HZ-17	构巢曲霉	99
14	537	*Aspergillus flavus*；FKCB-046	黄曲霉	99
15	573	*Aspergillus niger*；YMCHA 71	黑曲霉	96
16	549	*Aspergillus oryzae*；South-west0089	米曲霉	99
17	538	*Merimbla ingelheimensis*；NRRL 29056	密梅丽霉	99

菌株编号	长度（bp）	同源菌株	种属	相似性（%）
18	559	*Aspergillus flavus*；36	黄曲霉	99
19	599	*Trichoderma citrinoviride*；EGE-K-128	桔绿木霉	99
20	568	*Aspergillus terreus*；SHPP01	土曲霉	99
21	549	*Penicillium oxalicum*；B3-11（2）	草酸青霉	100
22	551	*Aspergillus fumigatus*；SGE57	烟曲霉	99

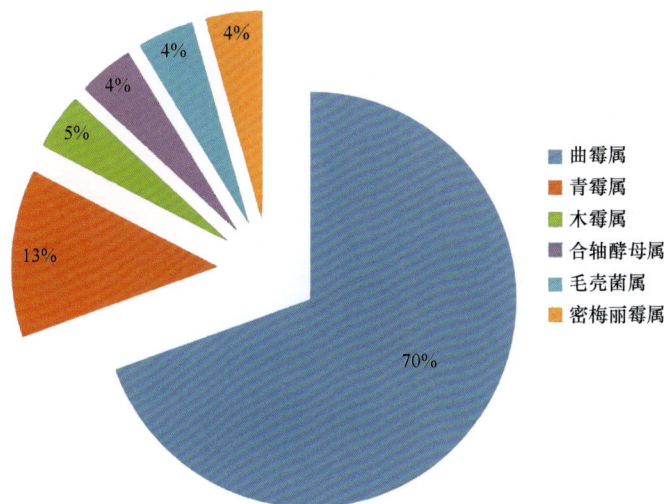

图 9-59　库房内空气微生物主要真菌种类

　　本研究案例共对位于三个不同楼层的 9 个库房内部进行了空气微生物样品的采集。首先，在空气微生物的数量调查中，库房最高细菌检出数量为 180 CFU/m³，每个库房内的微生物数量均符合我国《室内空气质量标准》（GB/T 18883—2022）中室内空气细菌总数不得高于 1500 CFU/m³ 的规定。9 个检测库房内的空气真菌数量最高检出值为 10 CFU/m³，虽然我国尚未对室内空气微生物中真菌孢子数量实施限定标准，但参照世界卫生组织 2009 年发布的关于提高室内空气质量的指导中，霉菌对健康影响的风险评估"1～499 CFU/m³（低），500～999 CFU/m³（中），≥1000 CFU/m³（高）"（WHO，2009），以及加拿大的标准"＞50 CFU/m³（低），＞200 CFU/m³（中），＞500 CFU/m³（高）"（燕勇等，2010），进行结果比对，可见受检库房内的真菌数量对工作人员健康造成威胁的风险为低风险。

　　此外，在空气微生物种类上，研究发现，空气微生物中包括一百余种细菌和真菌，还有少量病毒，三者大多附着在灰尘颗粒上，以气溶胶的形式存在于空气中。其中细菌的主要组成为革兰氏阳性菌中的球菌属和杆菌属（Górny and Dutkiewicz，2002），本研究案例中分离得到的博物馆库房内的细菌种类包括微球菌属（54%）、假单胞菌属（32%）、葡萄球菌属（7%）和少量的其他种类细菌，与上述报道结果较为吻合。以微球菌属中的藤黄微球菌为例，藤黄微球菌是空气微生物的常见种类，经常可由正常人体皮肤表面和多种乳制品中检出，但是临床也有多则藤黄微球菌感染病例的报道，如可导致肾盂肾炎（谭东云和刘志军，2011）、颅内感染（王贵花和王荣霞，2011）等，因此属于条件致病菌。真菌调查中，空气中真菌的优势种属为枝孢霉属、青霉属、曲霉属等（Górny and Dutkiewicz，2002），本研究对库房内分离得到的 22 株真菌进行 ITS 测序后可见，文物库房空气中真菌的主要优势种是曲霉属和青霉属。其中，曲霉属检出了烟曲霉、黑曲霉、黄曲霉、土曲霉、米曲霉等多个种，这些结果均与前人研究结果基本相符。因此，建议在文物入库以前，对库房环境进行熏蒸消杀处理，不仅有助于文物的防虫防霉，对于文物保管人员的健康也具有重要意义。

9.5.3　博物馆文物展柜内空气微生物分析检测

（1）研究对象

本案例研究的对象为重庆中国三峡博物馆文物展柜内空气中微生物（图 9-60、图 9-61）。

图 9-60　展柜全貌　　　　　　　图 9-61　空气浮游菌采样

（2）空气微生物筛选分离纯化结果

通过 2～3 次的平板划线分离，从傩戏展柜的空气中共分离得到 7 株真菌。菌株在 SDA 培养基上纯培养后，发现不同的菌株在培养基上呈现不同的菌落颜色和形态特征。菌株 1 霉菌菌落毛绒状，呈黄绿色，有白色菌丝深入基质中（图 9-62-1）；菌株 2 菌丝生长致密绒状，呈艾绿色，边缘白色（图 9-62-2）；菌株 3 菌落毛绒状，呈青灰色（图 9-62-3）；菌株 4 白色，初期菌落较薄，菌丝向上生长，刮取时，容易成片刮下（图 9-62-4）；菌株 5 质地丝绒状，菌落初为浅黄橘青色，后期逐渐变褐（图 9-62-5）；菌株 6 初为白色菌落，渐渐变成红色，边缘白色，菌丝不蓬松（图 9-62-6）；菌株 7 毛绒状且致密，初期为白色，随着菌株生长，逐渐变为黄色、浅灰色（图 9-62-7）。

（3）空气微生物分子生物学鉴定结果

把菌株测序获得的序列在 GenBank 中进行 BLAST 比对，所有序列对应 GenBank 中已知的参考序列的同源性＞99%，具体比对结果见表 9-20。7 株菌株分属于曲霉属（*Aspergillus*）、青霉属（*Penicillium*）、烟管菌属（*Bjerkandera*）、篮状菌属（*Talaromyces*）和色串孢属（*Torula*）。

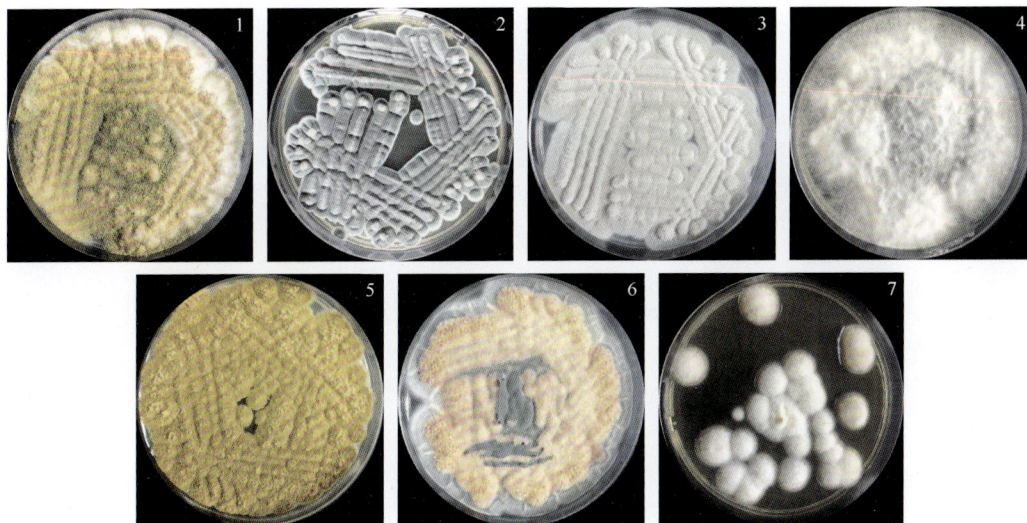

图 9-62 空气微生物菌株在 SDA 培养基上的培养形态

表 9-20 空气微生物菌株分子生物学鉴定结果

菌株编号	种属	同源菌株	序列编号	相似性（%）
1	曲霉属	*Aspergillus oryzae*	MT230540	100
2	青霉属	*Penicillium citrinum*	MT279452	100
3	青霉属	*Penicillium chermesinum*	MK450679	100
4	烟管菌属	*Bjerkandera adusta*	MK788323	99.83
5	曲霉属	*Aspergillus tamarii*	MN339986	100
6	篮状菌属	*Talaromyces ruber*	JX315667	99.82
7	色串孢属	*Torula caligans*	JQ246356	100

在李其久等（2018）的研究中，从晚清书画裱件菌斑分离到一株霉菌，为篮状菌属。申艾君等（2011）也从馆藏竹木漆类的文物霉变斑点采样分离到篮状菌属。据研究报道，篮状菌广泛分布在空气、土壤和植物中，是一类适应性极强的腐生真菌，不仅能够产生高效率的木质纤维素酶，还能产生各种颜色鲜艳的色素（孙剑秋等，2021）；而高活性木质纤维素酶和色素的产生都极易对文物造成腐朽、色素沉着等不可逆破坏。在对馆藏文物微生物病害的研究中，田双娥（2016）指出，在广西民族博物馆空气微生物中占优势的主要有青霉属，枝孢霉属和曲霉属次之。这些研究也说明了本研究所分离鉴定的大部分菌株在环境和馆藏文物上都曾出现过，即为馆藏环境微生物常见菌株。

9.5.4 馆藏文物保存环境空气微生物净化

（1）研究对象和方法

本案例的研究对象为重庆中国三峡博物馆拟投入使用的新的独立展柜内空气微生物。净化对象选择两个规格完全一致的全新的独立展柜，新展柜放入展厅后，对其进行柜内空气微生物采样（图 9-63）。需要特别说明的是，利用植物源空气净化剂对展柜实施气相熏蒸的具体方法是将香茅醛滴加在直径为 9 cm 的玻璃平皿中，置于展柜中央，迅速封闭展柜柜门，进行自主挥发熏蒸，48 h 后进行展柜内的空气微生物采样。

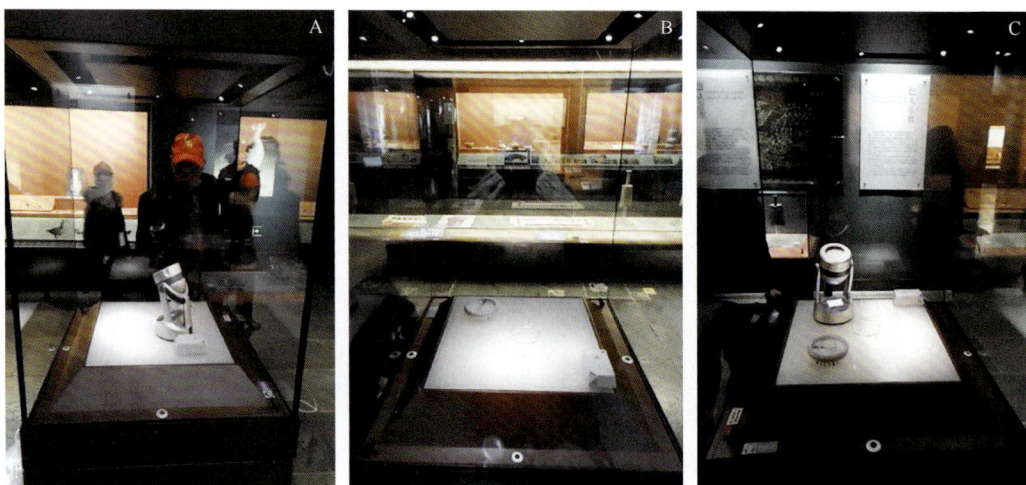

图 9-63　利用空气采样器对展柜进行空气微生物采样检测
A. 熏蒸前采样；B. 精油熏蒸；C. 熏蒸后采样

（2）香茅醛熏蒸前后独立展柜内空气微生物的数量变化

新制作展柜的空气微生物采样结果显示，柜内细菌数量较少，但真菌数量非常多，尤其是 B 独立展柜内的真菌数量超过 200 CFU/m³。经过香茅醛熏蒸 48 h 后，真菌数量下降至 0，提示经过熏蒸，柜内的真菌均被杀灭。同时，A 独立展柜内的真菌也由熏蒸前的 111 CFU/m³ 下降到 1 CFU/m³（表 9-21）。上述结果提示，香茅醛对于展柜内空气微生物中真菌的杀灭率极高。同时，从结果也可以看出，香茅醛的熏蒸对于细菌的净化效果也十分显著。表 9-22 中，熏蒸前后培养图片可直观显示香茅醛对于细菌和真菌的抑制效果。其中 B 独立展柜内，用于细菌培养的 NA 培养基上出现 10 CFU 的米黄色真菌。NA 琼脂培养基即营养琼脂，其组成成分包括蛋白胨、牛肉粉、氯化钠和琼脂，不含糖，pH 7.3±0.1，呈中性；而 SDA 琼脂培养基即沙氏培养基，主要组分为蛋白胨、琼脂和葡萄糖，pH 5.6±0.2，呈弱酸性。推测是由于柜内环境中真菌数量过高，且该种属真菌对于营养成分中葡萄糖需求并不迫切，充足的氮源已经可以供其生长，因此在营养琼脂上也可生长。

（3）香茅醛熏蒸前后独立展柜内空气微生物的种类变化

经过多次分离纯化，对菌落特征类似的真菌和细菌分别进行显微镜镜检，对显微特征存在差异的菌株分别外送测序。最后外送测序的真菌菌株数量为 10 株，细菌菌株数量为 18 株。真菌的 ITS 序列和细菌的 16S rDNA 序列上传至 GenBank，与 GenBank 数据库中的已知序列进行同源性比对，结果表明，提交的 28 个序列与数据库中参照序列的同源性大于或等于 99%（表 9-23）。其中，编号 1～10 为真菌比对结果，11～28 为细菌比对结果。

表 9-21　香茅醛熏蒸前后展柜内细菌、真菌总数统计

	独立展柜 A		独立展柜 B	
	细菌总数（CFU/m³）	真菌总数（CFU/m³）	细菌总数（CFU/m³）	真菌总数（CFU/m³）
熏蒸前	10	111	9	215
熏蒸后	1	1	1	0

表 9-22　香茅醛熏蒸前后展柜内细菌、真菌培养图片

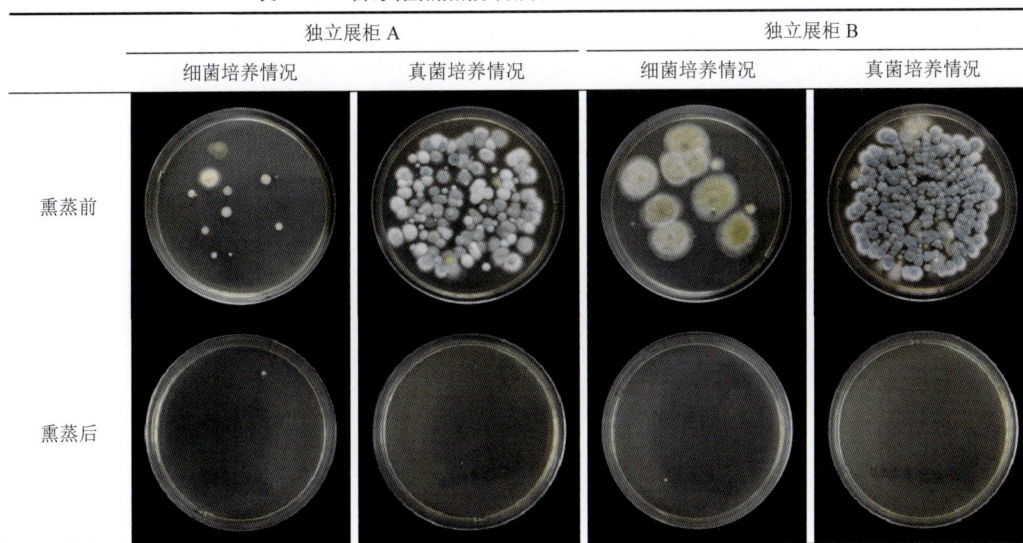

表 9-23　微生物序列同源性比对结果

菌株编号	长度（bp）	同源菌株	相似性（%）
1	532	*Aspergillus nidulans*	100
2	552	*Penicillium persicinum*	100
3	493	*Candida parapsilosis*	100
4	571	*Hamigera insecticola*	100
5	557	*Penicillium* sp.	99
6	540	*Aspergillus nidulans*	100
7	551	*Aspergillus nidulans*	100
8	534	*Aspergillus nidulans*	100
9	553	*Penicillium madriti*	100
10	531	*Aspergillus nidulans*	100
11	1493	*Bacillus* sp.	100
12	1488	*Staphylococcus* sp.	100
13	1412	*Micrococcus* sp.	99
14	1482	*Staphylococcus epidermidis*	100
15	1487	*Staphylococcus haemolyticus*	100
16	1494	*Staphylococcus warneri*	99
17	1487	*Staphylococcus capitis*	99
18	1464	*Micrococcus luteus*	100
19	1486	*Staphylococcus capitis*	100

续表

菌株编号	长度（bp）	同源菌株	相似性（%）
20	1488	*Staphylococcus haemolyticus*	99
21	1463	*Micrococcus luteus*	100
22	1491	*Staphylococcus capitis*	99
23	1464	*Micrococcus* sp.	99
24	1487	*Staphylococcus hominis*	99
25	1491	*Staphylococcus hominis*	99
26	1461	*Cellulomonas massiliensis*	99
27	1495	*Staphylococcus* sp.	100
28	1457	*Cellulomonas massiliensis*	99

在本研究案例中，香茅醛熏蒸 48 h 后，真菌中唯一的 1 株熏蒸后仍被检测出的菌株为 3 号菌株近平滑念珠菌（*Candida parapsilosis*）；细菌中有 1 株芽孢杆菌（测序编号为 11，来源于 A 独立展柜）和 1 株葡萄球菌（测序编号为 12，来源于 B 独立展柜）还可以继续生长，不受香茅醛熏蒸的影响。该结果说明，香茅醛的熏蒸对于曲霉属和青霉属的真菌均有较好的抑制作用，而这两个菌属正是有机质文物霉变的主要病原菌。首都博物馆、南京博物院以及重庆中国三峡博物馆等的相关研究结果均显示，纸质文物霉变的主要污染菌是曲霉属，包括烟曲霉、黑曲霉、杂色曲霉等，其次是青霉属，包括草酸青霉、产黄青霉、粒状青霉等，也有少量其他种属的丝状真菌，如根霉、木霉（唐欢等，2015；闫丽等，2011；张慧等，2016）。上海博物馆王克华等（2012）的研究表明，香茅醛对于橘青霉和黑曲霉有很好的抑制作用，室内自然挥发的条件下即可有效杀灭橘青霉和黑曲霉；战广琴等（2003）通过电镜观察，发现香茅醛能够破坏黑曲霉的细胞壁、质膜，改变质膜选择通透性，进而抑制曲霉菌丝的生长和孢子的萌发；Wu 等（2016）的研究则发现，香茅醛可以通过造成质膜损伤进而发挥其抗青霉的活性。

结合培养结果发现，本次检测的两个展柜内，污染的青霉属主要包括伊朗青霉、马德里青霉和 1 株其他青霉属青霉，对于在营养琼脂上生长的真菌进行测序，发现其为构巢曲霉（*Aspergillus nidulans*）。其中，伊朗青霉（*Penicillium persicinum*）和 *Penicillium* sp.来源于 A 独立展柜，马德里青霉（*Penicillium madriti*）来源于 B 独立展柜，构巢曲霉在两个展柜内均有检测到，而在 B 独立展柜中数量高于 A 独立展柜。该结果说明，虽然两个展柜内的污染真菌种类类似，但并不完全相同，提示柜内污染的来源可能并不一致。至于新展柜内大量真菌的来源也是值得讨论的。新展柜出厂后并未使用，与展厅环境并没有产生过较多的交换，同时，我们对于该展柜存放的远古巴渝展厅也进行过连续两年的环境微生物检测，真菌数量最高值均未超过 50 CFU/m³，因此基本可以排除展厅内空气微生物污染对展柜的影响。基于此，我们推测可能是由于展柜内部材料携带了真菌污染，如玻璃胶黏剂等发生了霉变，展柜没有投入使用，并未进行通风透气，因此造成密闭环境中真菌数量极高的现象。

这些结果提示，新展柜在投入使用之前，柜内微环境除了挥发性成分、甲醛等污染物需要净化之外，对空气微生物也应该进行必要的处理，否则一旦用于有机质文物展示，则有可能造成有机质文物的霉变。空气微生物可以使用香茅醛熏蒸作为净化手段。本研究显示，对于密闭性较好的展柜，熏蒸可以有效抑杀展柜微环境中的空气微生物，包括细菌和真菌。熏蒸后再使用展柜进行文物展陈，可以最大限度避免霉菌对文物的侵袭。

9.5.5 小结与讨论

1）在博物馆小环境微生物数量上，在全年湿度较为稳定，而夏季温度极显著高于冬季的条件下，该研究案例中展厅内空气微生物菌落总数在夏季显著高于冬季。在微生物组成上，该研究案例中冬夏两个季节的可培养空气微生物组成稳定性高于 39%，且夏季样品中的微生物种类显著高于冬季样品。不动杆菌属、链球菌属、铜绿假单胞菌和 *Advenella* 属的微生物在冬夏两季都是整个展厅空气内的优势菌群，在展厅的 4 个采样点均可采集到。此外，夏季空气的特征菌属为不动杆菌属和微球菌属，冬季典型菌种为芽孢杆菌属。因此，保持展厅内环境的稳态有助于保持微生物组成的稳定，恒温恒湿、加强展厅空调送风系统的微生物控制工作对控制博物馆小环境的微生物污染具有重要作用。

2）本研究案例共对重庆中国三峡博物馆位于三个不同楼层的 9 个库房内部进行了空气微生物样品的采集。在空气微生物的数量调查中，库房最高细菌检出数量为 180 CFU/m^3，其中微球菌属、假单胞菌属和葡萄球菌属是主要的优势微生物类群；而 9 个检测库房内的空气真菌数量最高检出值为 10 CFU/m^3，其中曲霉属和青霉属是主要的优势微生物类群。由此可见，库房内的局部环境对于文物保存尤为重要，有效控制库房内空气微生物的质量和数量不仅有助于文物的防虫防霉，对于文物保管人员的健康也具有重要意义。

3）本案例的研究不仅从展柜内空气微生物分离获得了常见的青霉属、曲霉属，还获得了烟管菌属、篮状菌属和色串孢属等空气中不常见的一些特殊真菌类群，说明与文物的其他保存环境相比，展柜微环境中的微生物种属存在一定的差异。

4）在本研究案例中使用香茅醛对展柜内空气进行微生物的净化处理，效果显著。香茅醛对于葡萄球菌属、芽孢杆菌属和单胞菌属的细菌与青霉属和曲霉属的真菌具有极强的抑杀作用。因此，新展柜在使用之前建议先进行微环境的净化，这样更加有助于展柜内文物的微生物预防性保护。

9.6 馆藏文物微生物病害机理及防治

近年来，大量的文物微生物防治工作得以有效开展，但多数文物的有害微生物防治研究工作更集中关注自然环境中受损的不可移动文物，大量馆藏文物的有害微生物防治工作容易被忽视，当前该领域的研究工作开展的深度和有效性均十分有限，造成了大量被收藏起来的馆藏文物出现"二次损毁"（中国文化遗产研究院文物微生物实验室，2014）。因此，深入解析不同类型馆藏文物中有害微生物的种群特征，阐明其对不同文物的损伤机理，对我国馆藏文物有害微生物的针对性和高效性防治具有重大的科学意义。据此，本节将系统地阐述馆藏文物中常见的有害微生物种类，以及有害微生物对不同馆藏类型文物的损害机制,分析当前馆藏文物的微生物防治方法,以期能够揭示不同类型馆藏文物的有害微生物防治现状,为我国馆藏文物的有害微生物防治提供参考及有效应对策略。

9.6.1 馆藏文物病菌种类

真菌是馆藏文物有害微生物中最主要的优势群落,其由于具有强大的生物降解能力而成为不同微生物类群分析中的研究焦点。真菌分布极为广泛,种类繁多,有4万种左右,由细长的菌丝与孢子所组成,菌丝的主要作用是吸取养料,而孢子的作用是繁殖后代。真菌生命力顽强,真菌孢子具备耐受恶劣环境、发育和繁殖速度快等特点。通常,真菌生长繁殖既需要充足的养料成分,也需要适宜的温度和湿度,不同环境条件的改变能够显著影响真菌的生理和形态变化。其中,真菌对于生长环境的湿度最为敏感,在相对湿度达到85%~100%时,真菌生命力最为旺盛;在相对湿度为38%~40%时,真菌孢子仍可以成活。因此周围环境水分越充沛,真菌的生命力就越顽强,真菌的发育和繁殖速度就会越快。反之,即便有足够的养料,但水分极为不充足,大部分真菌的生长也会受到极大程度的抑制。菌丝在生长过程中,可以穿透文物本底材质造成文物的物理损伤,代谢产物如酸类会造成文物的化学损伤,同时,在真菌繁殖过程中,其分泌的带色物质(即色素),导致文物表面出现各种颜色的斑点,严重破坏文物的美学价值。大量的研究表明,不同种类的馆藏文物中存在的真菌类群主要属于子囊菌门(Ascomycota)和担子菌门(Basidiomycota)。例如,马燕莹等(2020)对经文上的真菌群落同时进行了分离鉴定和高通量测序,发现毛壳菌属(*Chaetomium*)、曲霉属、毛霉属(*Mucor*)、白僵菌属(*Beauveria*)是附着在经文上的主要真菌类群。肖嶙等(2014)从竹笥上分离鉴定出以曲霉属(*Aspergillus*)、支顶孢属(*Acremonium*)、青霉属(*Penicillium*)和木霉属(*Trichoderma*)为主的真菌菌株。由此可见,真菌是一类大量存在于多种馆藏文物中的有害微生物类群。

除了真菌外,细菌也是造成馆藏文物损毁的另一大类微生物。细菌是一类单细胞生物体,在自然界中广泛分布,生长繁殖速度快,能够耐受多种极端环境(包括极端温度和氧气含量等)且具有多种代谢方式。细菌主要通过分泌有机酸对文物产生腐蚀作用,破坏文物表面形貌;另外部分细菌产生的无机酸也能对文物造成影响(杨利广,2016;Abdulla *et al.*,2008)。馆藏的文物中常见的细菌主要属于变形菌门(Proteobacteria)、放线菌门(Actinobacteria)、厚壁菌门(Firmicutes)和酸杆菌门(Acidobacteria)。例如,都灵皇家博物馆的达·芬奇画上的细菌鉴定分析表明,莫拉氏菌属(*Moraxella*)、不动杆菌属(*Acinetobacter*)、罗尔斯通氏菌属(*Ralstonia*)、伯克氏菌属(*Burkholderia*)和贪铜菌属(*Cupriavidus*)是主要种属(Pinar *et al.*,2020)。楚州博物馆《牧牛图》轴的微生物组成分析显示,芽孢杆菌属(*Bacillus*)、微球菌属(*Micrococcus*)、假单胞菌属(*Pseudomonas*)和葡萄球菌属(*Staphylococcus*)等是其优势属(张诺和徐森,2020)。

本节对目前已报道过的馆藏文物中的有害真菌和细菌的类群进行了整理及汇总,如表9-24所示。

表 9-24　常见馆藏文物致病微生物种类

类型	地点	文物名称	主要优势微生物	参考文献
真菌	甘肃武威市博物馆	藏文大藏经	毛壳菌属（Chaetomium）、曲霉属（Aspergillus）、毛霉属（Mucor）和白僵菌属（Beauveria）	马燕莹等，2020
	楚州博物馆	《牧牛图》	根霉属（Rhizopus）、耙齿菌属（Irpex）、裂褶菌属（Schizophyllum）、蜡质菌属（Ceriporia）和微座孢属（Microdochium）	张诺和徐森，2020
	英国伦敦自然历史博物馆	鲸鱼骨架	马拉色霉菌属（Malassezia）、青霉属（Penicillium）	Planý et al.，2021
	成都文物考古研究院	竹笥	曲霉属、支顶孢属（Acremonium）、青霉属和木霉属（Trichoderma）	肖嶙等，2014
	西班牙圣安东（San Antón）修道院	油画	青霉属、链格孢属、细基格孢属（Ulocladium）、葡萄穗霉属（Stachybotrys）、毛霉属（Mucor）和曲霉属	López-Miras et al.，2013
	天津博物馆	木雕	毛壳菌属（Chaetomium）、曲霉属、青霉属、镰刀菌属（Fusarium）	Liu et al.，2018b
	约旦博物馆	牛角、铁器和纺织品	青霉属、曲霉属	Elserogy et al.，2016
	广东海上丝绸之路博物馆	木船	镰刀菌属、曲霉属和枝孢霉属	Liu et al.，2018a
	罗马尼亚阿玛拉蒂（Amarasti）教堂	画作	薄孔菌属（Antrodia）、曲霉属、链格孢属（Alternaria）、青霉属和细基格孢属（Ulocladium）	Gomoiu et al.，2018
	辽宁大学图书馆	古籍	里氏木霉（Trichoderma reesei）	李其久等，2019
	广西民族博物馆	坭兴陶壶	青霉属	田双娥等，2017
	故宫博物院	彩画	曲霉属、拟青霉属（Paecilomyces）、共头霉属（Syncephalastrum）、毛壳菌属（Chaetomium）	特日格乐等，2019
细菌	都灵皇家博物馆	达·芬奇画	莫拉氏菌属（Moraxella）、不动杆菌属（Acinetobacter）、罗尔斯通氏菌属（Ralstonia）、伯克氏菌属（Burkholderia）和贪铜菌属（Cupriavidus）	Pinar et al.，2020
	楚州博物馆	《牧牛图》轴	芽孢杆菌属（Bacillus）、微球菌属（Micrococcus）、假单胞菌属（Pseudomonas）和葡萄球菌属（Staphylococcus）	张诺和徐森，2020
	英国伦敦自然历史博物馆	鲸鱼骨架	厌氧球菌属（Anaerococcus）、葡萄球菌属和棒状杆菌属（Corynebacterium）	Planý et al.，2021
	意大利私人收藏	木版画、石版画、帆布画	罗氏菌属（Rhodanobacter）、假交替单胞菌属（Pseudoalteromonas）、伯克氏菌属和草酸杆菌科（Oxalobacteraceae）	Torralba et al.，2021
	西班牙圣安东（San Antón）修道院	油画	芽孢杆菌属、考克氏菌属（Kocuria）、诺卡菌属（Nocardia）	López-Miras et al.，2013
	荆州文物保护中心	木漆器	芽孢杆菌属（Bacillus）、短杆菌属（Brevibacterium）、短波单胞菌属（Brevundimonas）、产碱杆菌属（Alcaligenes）、黄杆菌属（Flavobacterium）、假苍白杆菌属（Pseudochrobactrum）、Ochrobactrum、类芽孢杆菌属（Paenibacillus）	雷琼等，2018

9.6.2　馆藏文物微生物病害机理

微生物是影响馆藏文物的重要因素，而不同类型的文物由于其化学性质及物理状态的差异，引发了不同类型的微生物损害。近年来，文物的微生物病害机制研究取得了快速进展，已逐步阐明了菌丝体生长引起的机械膨胀、代谢产酸和生物酶等对文物的生物风化和生物腐蚀机制（赵丹丹和潘路，2020）。因此，解析不同种类的微生物对不同类型文物的损害机制是对文物针对性修复和预防保护的前提与基础。

（1）纸质文物和纺织品文物

中国是世界上最早发明造纸术的国家，自西汉以来，各地留存了数量众多、类型广泛的纸质文物。它们是历史上各个方面社会活动最直观的记录，是研究时代变迁、历史演变、文明传播最丰富最原始的资料，是人类不可再生的极其宝贵的文化遗产。我国纸质文物数量庞大，在各类馆藏文物中占比极重（孙丽美，2009）。与其他文物相比，纸质文物由于自身性质和环境影响等因素，兼具珍贵性、脆弱性和敏感性等特点。由于纸张的这些特性，纸质文物的真菌病害尤其严重。真菌能够分泌草酸等有机酸，使纸张 pH 快速下降，引发酸老化，使纸张发黄、变脆，严重影响纸质文物的保存。在繁殖中，真菌会分泌出带色物质，导致文物表面出现各种颜色的斑点，从而污染书籍和字画，这也就是纸张中最为常见的微生物病变（郑晓霞等，2018）。此外，研究表明，霉菌能够在 5 d 之内使纸张的牢固度降低 50%，在 3 个月内毁坏纸质纤维的 10%～60%，由于纸的纤维素被破坏，因此纸的机械强度降低（López-Miras *et al.*，2013）。

纺织品是指所有用纺织纤维制成的平面或立体织物及其制成品，我国古代织物的原料有丝、毛、麻和棉 4 个大类。其中纺织品文物包括植物纤维类和动物纤维类，植物纤维的主要成分为纤维素、木质素，动物纤维以蛋白质、氨基酸为主要成分。而该类物质都是细菌和霉菌的食物，因而极易受到细菌、霉菌的侵袭，使纺织品出现霉烂甚至变为残渣（侯鲜婷，2019）。其中霉菌的主要危害体现在：将纺织品材料作为养分分解利用，满足自身生存需要，从而直接引起文物材质的霉变损坏，微生物在此代谢的过程中还会产生大量的有机酸（如柠檬酸、葡萄糖酸、乳酸等），使纺织品的文物遭受到酸的腐蚀而加快水解劣变速度；霉菌在代谢的过程中产生的色素会将织物表面污染，并因菌体本身堆积或自身产生的黏性物质，致使腐烂部位高度吸湿变软、发潮，并散发出霉味。此外，一些好氧微生物能够将一些有机物经三羧酸循环彻底氧化，此过程所释放出的能量中一部分用于自身活动需求，另外一部分以热量的形式散发出来，从而导致生霉局部温度和湿度增加，进而促进微生物的大量繁殖，加快文物的劣变（马淑琴，1997）。其中芽孢杆菌属（*Bacillus*）、微球菌属（*Micrococcus*）、假单胞菌属（*Pseudomonas*）和葡萄球菌属（*Staphylococcus*）等细菌，以及根霉属（*Rhizopus*）、耙齿菌属（*Irpex*）、裂褶菌属（*Schizophyllum*）、蜡孔菌属（*Ceriporia*）和微座孢属（*Microdochium*）等真菌是造成馆藏纸质和纺织品文物损毁的主要微生物类群（张诺和徐森，2020；周言君和钟江，2016）。

（2）木质文物

微生物种类繁多，代谢活动十分旺盛，代谢类型也呈现多样化，对木质文物破坏极大。通常木材由显微管胞细胞组成，该细胞的细胞壁由许多细小的纤维丝组成，而在外层的初生壁中微纤维丝无规则地排列着，内层组成次生壁，它的主要化学成分为纤维素、木脂素、半纤维素、浸提物等（肖嶙等，2014；王方，1999）。馆藏的木质文物出土前埋藏于土壤中，而土壤是微生物良好的栖息场所，具有微生物繁殖生长所需的各种环境条件，如 pH、含水量、氧气等，为好氧和厌氧微生物的生长提供了有利条件。由于水解作用，木材中的一些可溶性组分如单宁会溶解于水而流失，构成木材的基本成分多糖链和多肽部分或全部断裂，形成单链，由于微生物的作用，多糖链会被逐步分解成水和二氧化碳，并造成木质文物的腐烂。木质文物被腐蚀、降解后，化学成分与显微结构发生显著性的变化，许多较细的纤维组织消失了，木质的强度大大下降（肖嶙等，2014；王方，1999；刘亮，2014）。以微生物对木质文物中纤维素的分解为例，细菌中好气性的生孢噬纤维菌属（*Sporocytophaga*），厌气性的梭菌属（*Clostridium*）、纤维单胞菌属（*Cellulomonas*）、纤维弧菌属（*Cellvibrio*），真菌中的木霉属（*Trichoderma*）、曲霉属（*Aspergillus*）、青霉属（*Penicillium*）、蜡伞属（*Hygrophorus*）、奇果菌属（*Grifola*），放线菌中的链霉菌等，均能分解纤维素，在纤维素酶的作用下，使木材中的全纤维素和木质素遭受到破坏（武望婷等，2012），从而导致木质文物的损毁。

（3）金属、石质和陶瓷类文物

许多研究表明，微生物的繁殖活动也是造成金属、石质和陶瓷器类文物劣化的原因之一。对于馆藏的金属文物而言，金属文物表面粗糙，多褶皱，易吸附一些灰尘和水蒸气，为微生物的生长提供了营养物质，微生物的繁殖，一方面产生大量的有机酸类代谢物（包括草酸、柠檬酸、琥珀酸、延胡索酸、葡萄糖酸等），对金属造成腐蚀，另一方面一些特殊的硫酸盐还原细菌和厌氧菌能够将金属表面的硫酸盐类物质进行还原而生长，引起金属腐蚀（张孝绒和郝新本，1998）。对于馆藏的石质和陶瓷类文物，微生物通过生命体的附着、覆盖及穿插，剥离等机械活动，使石制品以及陶瓷的物理特性如色彩和密度发生改变。此外，微生物通过自身分泌及死后遗体析出的酸及 CO_2 等物质，和石制品以及陶瓷的矿物质之间发生化学反应并对其进行溶解，对该类文物造成腐蚀（张国勇等，2013）。此外，微生物的活动还可以导致硅酸盐、碳酸盐、磷酸盐、氧化物和硫化物等矿物被破坏，并使一些重要元素如 Al、Si、Fe、Mn、Mg、K、Ca、Ti、Na 等从矿物中溶出，为自身吸收利用，即通常所说的"螯合"作用。研究表明，微生物对石质文物的化学作用可分为几种不同类型，即酸解作用、胞外聚合物的作用、生物膜的作用、酶解、碱解以及氧化还原作用（申艾君等，2011）。其中去磺弧菌（*Desulfovibrio desulfuricans*）、氧化铁杆菌（*Ferrobacillus ferrooxidant*）、氧化铁硫杆菌（*Thiobacillusthio oxidant*）、纤毛菌（*Leptotrichia trevisan*）、*Micrococcus terreus*、铜绿假单胞菌、金黄色葡萄球菌（*Staphylococcus aureus*）和青铜小单孢菌（*Micromonospora chalcea*）等是导致金属、石质和陶瓷器类文物腐蚀的主要微生物（Ma *et al.*，2015）。

（4）皮革类文物

皮革由动物的皮毛经不同方法鞣制加工而成。早在原始社会，我国先民已具备了原始的制革手段，并已具初步的毛皮及其制品的手工生产技术（李闻欣，2002）。皮革的显微结构中，真正的皮组织是由蛋白质纤维的网状组织所构成（Cronyn，2004）。皮革的主要成分是蛋白质、脂肪、水、无机盐和碳水化合物等，使用和保存中遇见的最大的问题则是在潮湿的环境中极易滋生霉菌并发生腐烂。皮革表面的霉菌孢子会在适宜的环境中迅速生长和繁殖，同时分泌出多种有机水解酶和有机酸等腐蚀皮革的物质，如蛋白酶能够将长链的皮革蛋白质分解为短链的肽段和氨基酸，继而从中获得养分，迅速发育成熟而产生新的子实体。如此循环，不断分解皮革蛋白质，久之会使皮革失去光泽，出现褶皱和老化现象，乃至腐烂和腐朽（Kite and Thomson，2006）。相关研究结果表明，分布在皮革上的霉菌数量广、种类多，常见的可危害皮革文物的霉菌有曲霉属（*Aspergillus*）、短梗霉属（*Aureobasidium*）、支顶孢属（*Acremonium*）和青霉属（*Penicillium*）等。

9.6.3　馆藏文物微生物病害防治

馆藏文物微生物病害防治技术主要包括物理方法和化学方法。

物理方法是指应用物理学的基本原理，在不影响文物材料的前提下，利用高温、低温、干燥、隔绝氧气、微波和射线等抑制及杀灭微生物的方法。然而，微波和射线等方式对较多有机文物本身有一定程度的影响，因此在实际应用中仅采用低温、绝氧和干燥的方法，其中绝氧法是使用最广泛的方法。由于微生物多为好氧型，其正常生长发育和繁殖都需要氧气的参与，降低氧含量会导致其机能异常甚至死亡，低氧技术可以抑制霉菌、细菌的生长发育（张志惠等，2019；徐康等，2007；刘家真，2018）。这种方式内部采用专用脱氧剂洗掉密闭容器内的氧气，使其浓度降至 0.1%以下，并吸收各种有害气体且保持湿度；外部采用文物保护专用的高性能“保护袋”，长期高度隔绝外部环境中的有害因素的影响，密封包装以后形成无氧、无有害气体的保护空间，防止文物发生氧化、变色、脆化以及微生物带来的霉变。通过袋内氧气指示剂的颜色变化（无氧气存在时指示剂呈粉红色，有氧气时则变成蓝色）可以判断袋内是否含有氧气，并且这种操作方法对人体无害，操作安全，且相比高温杀菌更能保护文物的安全，但是需要经费购置专业设备和耗材（张志惠等，2019）。此外，控制水分是控制馆藏文物微生物病害的另一种物理方法，水分是微生物赖以生存的必需物质之一，控制水分造成一个脱水的微环境可以使得微生物的代谢活性变低，脱水处理可以达到抑制微生物繁殖和扩散的效果（刘亮，2014）。

化学方法是利用化学药剂的作用，使微生物的代谢过程和生理活动受到影响，从而杀死或抑制微生物的生长。其中有机类化合物是防霉灭菌剂的主要类型，这些物质能够使霉菌的细胞形成不溶性的沉淀，造成蛋白质变性和细胞壁破坏，达到杀死霉菌的目的。化学处理中采用的方法包括熏蒸法、喷雾法和涂刷法，其中最常用的方法是熏蒸法。早期的研究中微生物的防治大部分采用有毒化学试剂熏蒸，常用熏蒸剂是硫酰氟、环氧乙烷、溴甲烷、硫化氢和苄氯菊酯等，在文物行业中后两种的处理工艺比较成熟，市场上有专业公司生产消毒设备，并在不少文博单位得到应用，且有作用迅速而彻底等优点。但化学熏蒸剂对人体依然存在安全风险，同时可能出现微生物耐受的情况（刘恩迪，2003）。近年来，由于化学熏蒸剂对人体存在毒害的隐患，许多研究者都在努力探索新的防治技术和研制新型防治剂。植物源微生物熏蒸剂（植物精油）不仅来源十分广泛，抑菌活性好，且对人体和环境无害，因而是一种极具潜力的馆藏文物防霉抑菌剂。我国植物资源丰富，用其进行防霉抑菌由来已久，同时很多植物成分无毒无害、性质温和，广泛应用于香料、药材中（胡梅等，2009）。许多研究报道了多种植物精油对病害微生物的良好防治效果。例如，唐欢等（2014a）采用水蒸气蒸馏的方法，从香茅叶、桉树叶、松树叶等植物叶片中提取植物精油，再用纸片扩散法评价了 7 种植物精油对橘青霉的抑菌能力。其中香茅油具有最好的抑菌效果，在最低使用剂量为 5 μL 时也具有较好的抑菌活性，抑菌圈直径达到 16.82 mm。此外，植物精油和涂层材料的结合具有使用方便、延长作用时间、残留量少和减少使用量等多种增益效果。杨玉函等（2020）以百里香精油为抗菌剂，以蜂蜡、壳聚糖、多孔沸石为涂层基材，涂布于原纸，制备一种具有较强抑菌作用和抗水性的果蔬保鲜用抗菌纸。5% 的百里香精油抗菌纸具有最强抑菌活性，其对青霉属、灰霉属、根霉属和交链孢属真菌的抑菌圈直径分别达到了 62 mm、61 mm、55 mm 和 43 mm。复合植物精油的应用往往有协同的效果，林雅慧等（2012）制备了由百里香、肉桂、山苍子精油组成的复合香辛料精油，对展馆环境中细菌和霉菌的抑制率可分别达到 91% 和 100%。王克华等（2012）从具有良好抑菌防霉效果的植物肉桂、山苍子和香茅中分离得到柠檬醛、肉桂醛和香茅醛，三种成分均可以抑制和杀灭橘青霉（*Penicillium citrinum*）、黑曲霉（*Aspergillus niger*）和球毛壳霉（*Chaetomium globosum*）等霉菌。因此，在今后的研究中如何从博物馆的实际出发，采用不同的方法防治和保护馆藏文物，阻止或减缓因各种微生物所导致的文物病害，有效延长文物的寿命，是当前研究馆藏文物微生物病害防治和预防性保护不可避免的议题，具有重要的现实意义。

9.7　本 章 总 结

综上所述，文物微生物病害目前已经受到高度关注，相关研究也得以快速发展，多个交叉学科的研究技术已经在该领域得到应用，利用这些技术不仅可以研究危害文物的微生物种类，还可以借助各种组学分析深入研究微生物对不同材质文物的腐蚀降解机理，从而为文物保护修复技术提供坚实基础。但是，这些技术在文物保护微生物学研究和实际应用中大部分是零星的，缺乏系统化、规范化的推广和应用。同时，更多适用于文物分析检测的新技术，如对微生物病害的在线检测、即时检测、无损检测等技术，还需要研究者在后续的研究中进一步开发。除技术更新外，当前馆藏文物微生物病害综合防治还应建立更加完善的预警体系：日常文物保存过程中有效实施预防性保护，通过对文物保存环境因子（如温湿度和环境中微生物数量）的调控，将文物霉变的相关环境因素控制在安全范围，一旦环境因子的临界阈值出现，则应提前预警，及时为文物管理人员提供应对策略。日常预防与有效治理协同作用，才能从根本上降低微生物对馆藏文物带来的损害，最大程度地传承和发展人类文明成果。

参 考 文 献

仓道平, 温琼英. 1981. 茯砖茶发酵中优势菌与有害菌类的分离鉴定[J]. 茶叶通讯, 8(3): 12-14.
陈元生, 解玉林. 2002. 书画上"狐斑"成因研究[J]. 文物保护与考古科学, 14(S1): 63-76.
董新姣, 陈艳乐. 2000. 黄曲霉对酞菁染料脱色研究[J]. 浙江师大学报(自然科学版), 23(1): 60-63.
费利华. 2014. 泉州湾宋代海船保存现状的调查研究[J]. 中国文物科学研究, (3): 74-79.
费利华, 李国清. 2015. 泉州湾宋代海船保护 40 年回顾、现状与分析[J]. 文物保护与考古科学, 27(4):

95-100.

费利华, 林永峰, 吴耿烽. 2016. 泉州湾宋代海船保存环境的微生物调查[J]. 福建文博, (1): 21-27.

费利华, 吴耿烽, 林永峰. 2019. 泉州湾宋代海船低氧控湿保存实验研究[J]. 中国文物科学研究, (3): 90-96.

冯启彪. 2006. 胶蛋白质石膏缓凝剂的研究[D]. 西安: 西安建筑科技大学硕士学位论文.

国家文物局. 2008. 馆藏文物登录规范: WW/T 0017—2008[S]. 北京: 中国标准出版社.

何静, 凌雪, 薄颖悦. 2014. 文物保护中微生物技术的应用述略[J]. 西部考古, (1): 221-229.

侯鲜婷. 2019. 馆藏纺织品文物预防性保护的可行性方案探讨[J]. 文博, (1): 88-93.

胡梅, 陈根强, 侯军, 等. 2009. 玉米青枯病研究进展[J]. 河南农业科学, 38(8): 8-11.

雷琼, 肖璇, 马立安, 等. 2019. 荆州博物馆文物展陈环境空气中真菌数量及其群落特征[J]. 文物保护与考古科学, 31(2): 68-76.

雷琼, 章俊, 邱祖明, 等. 2018. 一件出土饱水木漆器文物中可培养细菌的鉴定及对木材的腐蚀作用[J]. 微生物学通报, 45(4): 753-761.

李其久, 陈娟, 熊丽星, 等. 2019. 古籍《中庸大学》污染霉菌的鉴定及其纸质样品霉斑的祛除[J]. 辽宁大学学报(自然科学版), 46(4): 294-299.

李其久, 段大程, 刘辰澍, 等. 2018. 晚清书画裱件一株霉菌的鉴定及培养条件优化[J]. 辽宁大学学报(自然科学版), 45(1): 59-63.

李闻欣. 2002. 我国古代皮革科学技术的发展[J]. 西北轻工业学院学报, 20(2): 89-92.

李玉鑑, 徐立业. 2007. 不加权算术平均组对方法的改进及应用[J]. 北京工业大学学报, 33(12): 1333-1339.

林雅慧, 柴向华, 吴克刚, 等. 2012. 复合香辛料精油对空气微生物气相抗菌作用研究[J]. 食品工业科技, 33(1): 109-111.

刘恩迪. 2003. 文物害虫防治工作中的几个问题[J]. 中国博物馆, 20(2): 59-63.

刘家真. 2018. 低氧气调技术在文化遗产保护领域的应用前景及问题[J]. 国家图书馆学刊, 27(3): 87-91.

刘亮. 2014. 出土饱水木质文物的微生物腐蚀及防腐措施[J]. 中国文物科学研究, (4): 83-85.

马淑琴. 1997. 文物霉害的防治[M]. 北京: 科学出版社: 7-8.

马燕天, 汪万福, 马旭, 等. 2011. 敦煌莫高窟洞窟内外空气中微生物的对比研究[J]. 文物保护与考古科学, 23(1): 13-18.

马燕莹, 张凤玉, 潘皎. 2020. 藏文大藏经金色经文成分及纸张微生物分析[J]. 文物保护与考古科学, 32(6): 78-86.

申艾君, 王明道, 刘康, 等. 2011. 馆藏竹木漆器类文物污染霉菌类群的鉴定与分析[J]. 河南科学, 29(8): 923-926.

孙剑秋, 阮永明, 金世宇, 等. 2021. 篮状菌属的重要性及其分类学研究概况[J]. 菌物研究, 19(2): 83-93.

孙丽美. 2009. 纸质文物库房微生物的防治[J]. 文物修复与研究, (0): 253-259.

谭东云, 刘志军. 2011. 肾盂肾炎患者尿中分离出藤黄微球菌一例[J]. 中华肾脏病杂志, (1): 62.

汤显春, 夏克祥, 刘海舟, 等. 2003. 曾侯乙墓穴木椁微生物的分离与鉴定[J]. 微生物学杂志, 23(6): 7-10.

唐欢, 范文奇, 周理坤, 等. 2014b. 重庆中国三峡博物馆临时展厅内空气微生物调查检测[J]. 中国微生态学杂志, 26(4): 420-424.

唐欢, 王春, 范文奇, 等. 2015. 馆藏纸质书画文物上霉菌的分离与鉴定[J]. 文物保护与考古科学, 27(2): 40-46.

唐欢, 周理坤, 范文奇, 等. 2014a. 7 种植物精油对青霉抑菌活性的初步研究[A]//中国文物保护技术协会. 中国文物保护技术协会第八次学术年会论文集. 宜昌: 5.

特日格乐, 傅鹏, 冯普, 等. 2019. 故宫文华殿彩画霉菌的清除研究[C]//中国建筑学会建筑史学分会, 北京工业大学. 2019 年中国建筑学会建筑史学分会年会暨学术研讨会论文集(上). 北京: 16.

田金英, 王春蕾. 2006. 故宫博物院藏清代石青色丝织品霉斑的清除[J]. 故宫学刊, (1): 582-598.

田双娥. 2016. 广西民族博物馆展柜空气中霉菌的分离及鉴定[A]//中国文物保护技术协会, 重庆市文物局. 中国文物保护技术协会第九次学术年会论文集[C]. 重庆: 7.

田双娥, 郑琳, 赵晶, 等. 2017. 坭兴陶表面及展柜空气中霉菌的分离及鉴定[J]. 博物馆研究, (2): 91-96.

王畅. 2019. 浅析馆藏文物的预防性保护[J]. 文物鉴定与鉴赏, (11): 146.

王方. 1999. 浅论木质文物的受损原因和保护[J]. 故宫博物院院刊, (4): 82-86.

王贵花, 王荣霞. 2011. 藤黄微球菌引起脑室外引流患者颅内感染[J]. 中国医药导刊, 13(12): 2167.

王和平. 2003. 空气温湿度和微生物对文物的影响[J]. 文物修复与研究, (0): 423-424.

王克华, 周新光, 吴来明, 等. 2012. 三种植物成分防霉活性及其对纸张、颜料影响的实验研究[J]. 文物保护与考古科学, 24(3): 67-71.

王磊, 谭国慧, 潘清灵, 等. 2015. 黑茶砖茶中两种产生"金花"的曲霉菌[J]. 菌物学报, 34(2): 186-195.

王丽娜, 修光利, 詹天珍, 等. 2013. 送风方式对文物保存展柜微环境气流分布的影响[J]. 文物保护与考古科学, 25(4): 8-13.

武望婷, 何海平, 闫丽, 等. 2012. 首都博物馆空气中细菌的分离鉴定及在文物保护中的意义[J]. 文物保护与考古科学, 24(1): 76-82.

夏寅, 李蔓, 张尚欣, 等. 2013. 遗址博物馆内土遗址本体可溶盐和霉菌危害预防与治理的进展[J]. 文物保护与考古科学, 25(4): 114-119.

肖嶙, 唐欢, 杨弢, 等. 2014. 出土竹笥饱水保存期间微生物病害的初步研究[J]. 文物世界, (3): 77-80.

邢来君, 李明春, 喻其林. 2020. 普通真菌学[M]. 3 版. 北京: 高等教育出版社.

徐康, 王庆国, 庄青. 2007. 超低氧贮藏技术研究进展[J]. 保鲜与加工, 7(3): 19-21.

闫丽, 高雅, 贾汀. 2011. 古代书画文物上污染霉菌的分离与鉴定研究[J]. 中国文物科学研究, (1): 78-82.

燕勇, 朱心强, 曹家穗, 等. 2010. 嘉兴市档案工作人员职业环境真菌的污染状况[J]. 环境与职业医学, 27(10): 634-636.

杨利广. 2016. 博物馆纸质文物的保存现状及病害原因分析[J]. 丝绸之路, (24): 65-66.

杨玲, 冯清平, 张晓君, 等. 1999. 一株使敦煌壁画红色颜料变色菌株氧化铅丹特性的研究[J]. 兰州大学学报, 35(1): 145-148.

杨玉函, 刘光发, 高文华, 等. 2020. 百里香精油-蜂蜡抗菌纸的制备及其性能研究[J]. 数字印刷, (2): 69-76.

战广琴, 黄有凯, 李耀亭. 2003. 香茅醛对黑曲霉有关形态及结构影响的研究[J]. 安徽农业大学学报, 30(2): 220-223.

张国勇, 张欣, 王欢. 2013. 浅析石质文物微生物病害的清洗[J]. 邢台学院学报, 28(1): 20-24.

张慧, 张金萍, 朱庆贵. 2016. 古旧纸本字画孳生霉斑的鉴定[J]. 文物保护与考古科学, 28(1): 108-111.

张诺, 徐森. 2020. 馆藏清代《牧牛图》轴的微生物病害研究[J]. 文物保护与考古科学, 32(1): 77-83.

张孝绒, 郝新本. 1998. 微生物对金属文物的腐蚀作用[J]. 文博, (2): 91-92, 53.

张志惠, 黄晓霞, 周华华. 2019. 低氧气调技术在纸质档案霉菌抑制中的应用探析[J]. 档案学通讯, (2): 43-48.

赵丹丹, 潘路. 2020. 文物保护有机材料微生物腐蚀理化分析技术[J]. 文物鉴定与鉴赏, (6): 71-73.

郑晓霞, 张诺, 胡南. 2018. 纸质文物上的"寄居者"[J]. 南京工业大学学报(自然科学版), 40(1): 101-105.

中国文化遗产研究院文物微生物实验室. 2014. 我国文物微生物病害防治工作的八大误区[N]. 中国文物报, 2014-07-11(005).

周言君, 钟江. 2016. 古籍纸张表面微生物群落组成的初步研究[J]. 复旦学报(自然科学版), 55(6): 707-714.

Abdulla H, May E, Bahgat M, et al. 2008. Characterisation of actinomycetes isolated from ancient stone and their potential for deterioration[J]. Polish Journal of Microbiology, 57(3): 213-220.

Balajee S A, Sigler L, Brandt M E. 2007. DNA and the classical way: identification of medically important molds in the 21st century[J]. Medical Mycology, 45(6): 475-490.

Corte A M, Ferroni A, Salvo V S. 2003. Isolation of fungal species from test samples and maps damaged by foxing, and correlation between these species and the environment[J]. International Biodeterioration & Biodegradation, 51(3): 167-173.

Cronyn M. 2004. Elements of Archaeological Conservation[M]. New York: Taylor&Francis e-Library: 267.

Du Z Y, Hudcovic T, Mrazek J, et al. 2015. Development of gut inflammation in mice colonized with mucosa-associated bacteria from patients with ulcerative colitis[J]. Gut Pathogens, 7: 32.

Duan Y L, Wu F S, Wang W F, et al. 2018. Differences of Microbial Community on the wall paintings preserved *in situ* and *ex situ* of the Tiantishan Grottoes, China[J]. International Biodeterioration & Biodegradation, 132: 102-113.

Elserogy A, Kanan G, Hussein E, et al. 2016. Isolation, characterization and treatment of microbial agents responsible for the deterioration of archaeological objects in three Jordanian museums[J]. Mediterranean Archaeology & Archaeometry, 1(1): 117-126.

Gaüzère C, Moletta-Denat M, Blanquart H, et al. 2014. Stability of airborne microbes in the Louvre Museum over time[J]. Indoor Air, 24(1): 29-40.

Gomoiu I, Cojoc R L, Enache M I, et al. 2018. Microbial ability to colonize mural painting and its substrate[J]. Acta Physica Polonica A, 134(1): 383-386.

Górny R L, Dutkiewicz J. 2002. Bacterial and fungal aerosols in indoor environment in Central and Eastern European countries[J]. Annals of Agricultural and Environmental Medicine: AAEM, 9(1): 17-23.

Heilig H G H J, Zoetendal E G, Vaughan E E, et al. 2002. Molecular diversity of *Lactobacillus* spp. and other lactic acid bacteria in the human intestine as determined by specific amplification of 16S ribosomal DNA[J]. Applied and Environmental Microbiology, 68(1): 114-123.

Jakucs E, Kovács G M, Agerer R, et al. 2005. Morphological-anatomical characterization and molecular identification of *Tomentella stuposa* ectomycorrhizae and related anatomotypes[J]. Mycorrhiza, 15(4): 247-258.

Kite M, Thomson R. 2006. Conservation of leather and related materials[M]. Oxford: Elsevier Butterworth-Heinemann.

Landeweert R, Leeflang P, Kuyper T W, et al. 2003. Molecular identification of ectomycorrhizal mycelium in soil horizons[J]. Applied and Environmental Microbiology, 69(1): 327-333.

Liu Z J, Fu T T, Hu C T, et al. 2018a. Microbial community analysis and biodeterioration of waterlogged archaeological wood from the Nanhai No. 1 shipwreck during storage[J]. Scientific Reports, 8: 7170.

Liu Z J, Zhang Y H, Zhang F Y, et al. 2018b. Microbial community analyses of the deteriorated storeroom objects in the Tianjin museum using culture-independent and culture-dependent approaches[J]. Frontiers in Microbiology, 9: 802.

Ljaljevic-Grbic M, Stupar M, Vukojevic J, et al. 2013. Molds in museum environments: Biodeterioration of art photographs and wooden sculptures[J]. Archives of Biological Sciences, 65(3): 955-962.

López-Miras M, Piñar G, Romero-Noguera J, et al. 2013. Microbial communities adhering to the obverse and reverse sides of an oil painting on canvas: identification and evaluation of their biodegradative potential[J]. Aerobiologia, 29(2): 301-314.

Ma Y T, Zhang H, Du Y, et al. 2015. The community distribution of bacteria and fungi on ancient wall paintings of the Mogao Grottoes[J]. Scientific Reports, 5: 7752.

Muyzer G, de Waal E C, Uitterlinden A G. 1993. Profiling of complex microbial populations by denaturing gradient gel electrophoresis analysis of polymerase chain reaction-amplified genes coding for 16S rRNA[J]. Applied and Environmental Microbiology, 59(3): 695-700.

Niesler A, Górny R L, Wlazło A, et al. 2010. Microbial contamination of storerooms at the Auschwitz-Birkenau Museum[J]. Aerobiologia, 26(2): 125-133.

Ondov B D, Bergman N H, Phillippy A M. 2011. Interactive metagenomic visualization in a web browser[J]. BMC Bioinformatics, 12: 385.

Pinar G, Sclocchi MC, Pinzari F, et al. 2020. The microbiome of Leonardo da Vincis drawings: a bioarchive of their history[J]. Frontiers in Microbiology, 11: 593401.

Planý M, Pinzari F, Šoltys K, et al. 2021. Fungal-induced atmospheric iron corrosion in an indoor environment[J]. International Biodeterioration & Biodegradation, 159: 105204.

Segers F J J, van Laarhoven K A, Wösten H A B, et al. 2017. Growth of indoor fungi on gypsum[J]. Journal of Applied Microbiology, 123(2): 429-435.

Su C, Lei L P, Duan Y Q, et al. 2012. Culture-independent methods for studying environmental microorganisms: methods, application, and perspective[J]. Applied Microbiology and Biotechnology, 93(3): 993-1003.

Szulc J, Otlewska A, Ruman T, et al. 2018. Analysis of paper foxing by newly available omics techniques[J]. International Biodeterioration & Biodegradation, 132: 157-165.

Thompson J R, Marcelino L A, Polz M F. 2002. Heteroduplexes in mixed-template amplifications: formation, consequence and elimination by 'reconditioning PCR'[J]. Nucleic Acids Research, 30(9): 2083-2088.

Tiano P, Biagiotti L, Bracci S. 2000. Biodegradability of products used in monuments' conservation[A]//Of Microbes and Art: The Role of Microbial Communities in the Degradation and Protection of Cultural Heritage. Florence: International Conference on Microbiology and Conservation (ICMC).

Torralba M G, Kuelbs C, Moncera K J, et al. 2021. Characterizing microbial signatures on sculptures and paintings of similar provenance[J]. Microbial Ecology, 81(4): 1098-1105.

Tringe S G, Zhang T, Liu X G, et al. 2008. The airborne metagenome in an indoor urban environment[J]. PLOS ONE, 3(4): e1862.

Walter J, Tannock G W, Tilsala-Timisjarvi A, et al. 2000. Detection and identification of gastrointestinal *Lactobacillus* species by using denaturing gradient gel electrophoresis and species-specific PCR primers[J]. Applied and Environmental Microbiology, 66(1): 297-303.

WHO Regional Office for Europe. 2009. WHO guidelines for indoor air quality: dampness and mould[M]. Rheinbach: Druckpartner Moser: 141-145.

Wu D C, Hou C X, Li Y X, et al. 2014. Analysis of the bacterial community in chronic obstructive pulmonary disease sputum samples by denaturing gradient gel electrophoresis and real-time PCR[J]. BMC Pulmonary Medicine, 14: 179.

Wu Y L, Ouyang Q L, Tao N G. 2016. Plasma membrane damage contributes to antifungal activity of citronellal against *Penicillium digitatum*[J]. Journal of Food Science and Technology, 53(10): 3853-3858.

Xiong X M, Hu Y L, Yan N F, et al. 2014. PCR-DGGE analysis of the microbial communities in three different Chinese Baiyunbian liquor fermentation starters[J]. Journal of Microbiology and Biotechnology, 24(8): 1088-1095.

第 10 章　总结与展望

10.1　文化遗产微生物研究总结

10.1.1　当前文化遗产微生物研究存在的问题

从前面章节的内容我们可以看出，文化遗产微生物的研究已经建立了较为完整的理论框架，并在此基础上形成了从开展科学研究到寻找文物病害预防和修复方法的一整套技术体系，一定程度上，具备形成一门学科的基础。但纵观文化遗产微生物研究发展脉络，依然存在许多问题，如果这些问题不能够及时地被解决，将给文化遗产微生物研究的发展带来许多不确定性。

首先，当前文化遗产微生物研究和发展存在严重的地域差异。大多数最新研究进展和重要发现主要集中在一些文化遗产保护较为发达的国家及其重点文物类型上，如在许多欧洲国家较为丰富的雕塑、岩画、羊皮纸、彩绘等，而在文化遗产保护较为薄弱的国家和地区，大量受到微生物损害的文物并没有得到关注。尽管这种地域的差异主要是由世界社会经济发展的不均衡造成的，但若放任这种不平衡持续下去，我们将在失去大量多样化珍贵文物的同时，还会阻断文化遗产微生物研究的深入和发展，从而导致我们失去保护的目标。

其次，当前文化遗产微生物的研究缺乏系统性，难以实现研究成果的整合和理论突破。尽管已经有大量的研究团队专注于文化遗产微生物的研究，但各个团队关注的文物类型和生物病害都不相同，获得的科学数据和结论往往难以验证，不同研究团队的研究成果难以比较。这就要求我们必须首先建立文化遗产微生物研究的理论框架，在此基础上形成规范的研究思路和技术流程，这样才能将不同的研究案例置于同一个学科背景下进行比较和总结。

最后，文物保护中文化遗产微生物的理念和社会关注度依然不够，我们需要加强科学宣传，提高文物保护工作者的专业技能，吸引社会大众参与文化遗产的科学保护。当前的文化遗产微生物研究思想和理念主要集中在专业的保护研究人员中，而大量的文物保护管理人员缺乏这样的专业知识，这对于文物保护是十分不利的。社会大众对文物保护事业的支持，对于文物保护工作至关重要。加强文化遗产微生物的理念和思想的宣传，不仅能够激发社会大众参与文物保护的热情，也能够促进文化遗产微生物研究的深入发展。

10.1.2　建立文化遗产微生物科学体系的必要性及紧迫性

现代生物技术的迅猛发展，使得文化遗产微生物的研究进入了一个关键的发展时期。一方面，我们要抓住机遇、融入科学发展的潮流，通过文化遗产微生物的研究全面发展文物保护科学；另一方面，我们要正视文化遗产微生物研究中存在的问题，通过科学的举措引导文化遗产微生物研究的发展。而当前最为重要也最为急迫的举措，便是要建立独立的文化遗产微生物科学体系，将当前的相关研究集中整合到一起，建立统一的理论框架和技术体系。总体来看，这样具有诸多好处。首先是能够整合当前文化遗产微生物相关的研究资源，使文化遗产微生物的研究更加系统和完善，从而促进科学研究的发展。其次，独立的学科建设，更加有利于专业人才的培养，而充足的专业人才和智力储备，也能够支持学科研究的发展。

10.2　文化遗产微生物研究展望

10.2.1　文化遗产微生物的发展现状

　　文化遗产保护是一门真正意义上的跨学科科学，在目前世界各国现行的学科分类中，专门的文物保护学科分类很少见，但在大多数欧美国家中主要归入考古学、历史学、艺术史学等。而与文化遗产微生物相关的研究，则主要集中在环境科学、生物技术应用与微生物学、考古学、材料科学、地学、化学分析、光谱分析、艺术、建筑施工技术、物理应用、生态学、生物化学与分子生物学、化学、人类学等。截至目前，尚未见到独立的文化遗产微生物学科设置，而相关的研究主要作为文化遗产保护学科下的一个研究方向进行。文化遗产微生物研究主要起源于欧美国家，其在学科研究上也处于国际领先地位。以法国为例，法国对文物保护学科的建设和人才的培养主要包括两个方面，一是设立专门的文化遗产教育教学机构，对具有专业水平的文物保护人员进行业务及管理水平的培养提高；二是成立以培养文物修复技术员为主的法国文物保护修复学院等机构以培养普通技术人员。比较著名的教育机构如巴黎第一大学（索邦大学）、法国国家遗产研究所、阿维尼翁学院和图尔昂热勒芒美术学院等，这些机构中虽然没有建立专门的文化遗产微生物学科，但在学生培养方案中都有涉及生物学及微生物学的课程。巴黎第一大学的文物保护与修复专业隶属于考古与艺术史系，主要包括四年制的本科教育和面向高等专业研究文凭（DESS）的研究生教育两个阶段。阿维尼翁学院和图尔昂热勒芒美术学院则主要面向本科生阶段的教育，其中阿维尼翁学院专注于绘画保护修复，而图尔昂热勒芒美术学院的重点是雕塑保护修复。法国国家遗产研究所的前身为法国艺术品修复学院（IFROA），为专门从事文物保护与修复专业人才教育的国家级机构，该所为四年学制，具有十分细化的专业教育和更专业、更“近距离”的文物藏品修复实践教育，主要研究的文物类型包括陶瓷器、金属器、丝绸、木质文物、绘画艺术（纸质和壁画）、照片影像和雕塑等。研究所同时设立有独立的微生物学实验室，还有欧洲收藏品图书馆及文献中心。另外，法国还有一大批专门从事文物保护研究的机构，著名的如水下考古保护实验室，跨地区文化遗产保护与修复中心（CICRP），国家文献保护研究中心（CRCDG），法国博物馆研究与修复中心（C2RMF），金属考古实验室（LAM），历史纪念碑研究实验室（LRMH）等。

在国际文物保护与修复领域具有重要影响的另外一个国家是意大利，它是拥有最多世界遗产的西方国家之一，具有悠久的文物保护研究历史和健全的文物保护法规体系及管理体制。在国际文化遗产保护领域最具影响力的两部公约，《雅典宪章》和《威尼斯宪章》，都是在意大利的主导和推动下完成的。意大利政府专门设立了文化遗产部，还有专门的执法队伍——文物宪兵，专门负责打击文化遗产犯罪活动。意大利的文物保护与修复专业一般是本硕连读，并在意大利有"国宝级专业"的称呼。许多综合性的大学和美术学院开设有文物修复专业，如博洛尼亚大学、佛罗伦萨大学、都灵大学、米兰大学、米兰欧洲设计学院、维泰博美术学院等。在专业设置上，每个院校的侧重点都有所不同，对专业的划分也非常细致。有些侧重对书籍、档案的修复，有些侧重对建筑与博物馆文物的修复，有些侧重对木雕、丝质品、皮制品的修复。在大部分专业的培养方案中，要求学生具有生物学的背景或者学习经历。意大利还成立了国家级的文物保护研究与培训基地，如意大利中央修复研究所（ICR）、佛罗伦萨文物修复中心（OPD）、中央纸张病理研究中心（IPCL）、中央文献编目与登录中心（ICCD）等。另外罗马文物保护修复高等研究院还建立了意大利文化遗产风险评估与预测系统，专门分析文化遗产损坏风险的相关科学数据。

在美国，文物保护工作主要依赖于两类专门人员——文保修复师和文保科学家。二者根据不同的工作侧重点，对应不同的培养模式，文保修复师需要掌握一定科学知识，能独立或与文保科学家合作进行材料修复、工艺选取等工作，以动手修复为主；文保科学家研究修复师面临的实际问题，以进行跨学科的实验和科学分析，最后与文保修复师、艺术家一起确定文物保护与修复的方案。在高校中，文保修复师以硕士培养为主，文保科学家以理工科的博士和博士后为主。美国特拉华大学、布法罗州立大学、加利福尼亚大学洛杉矶分校、纽约大学等都有培养文保修复师的硕士项目。在学科上，主要归属于材料科学与工程、考古、化学、生物化学和物理等各个科系，以跨学科方式合作培养文保修复人才。鉴于多数文物并不来自美国本土，因此对文物修复人才还有一项特殊要求：掌握一门非英语语言。

我国文化遗产资源丰富，各类文物出土量和保有量都十分大，据第三次全国文物普查（2011 年）和第一次全国可移动文物普查（2017 年）数据显示，我国境内有不可移动文物 766 722 处、可移动文物 108 154 907 件/套。目前，我国专门从事文物保护和文物修复的科技人员仅 3000 人左右，文物保护修复任务艰巨，但文物保护队伍严重不足（龚德才等，2020）。截至 2020 年，全国有近 80 所高校相继建立了文物保护相关的本科专业和研究方向，也有研究机构与国外文物保护机构、大学合作，通过举办培训班和项目合作等形式培养我国文物保护人才，但这依然不能满足我国文物保护事业的需求。造成这种情况的主要原因，在于现阶段我们文物保护学科体系建设不够全面，文物保护理论研究和保护修复技术的结合不够紧密，文物保护有关的专门人才培养体系（学科设置、专业体系和课程体系等）不够健全，导致人才数量满足不了社会需求。文物保护至今仍不是一门正式的学科，学科发展受到制约。全国各高校都在争相开设文物保护相关专业/方向，但总体处于各自为政的局面。文物保护专业往往设置于考古、历史或艺术等学科下面，没有系统的专业课程，缺乏专业的教师队伍，没有专门的实践训练平台，专业教材不足，人才培养的质量难以保证。复旦大学陈刚教授、敦煌研究院的苏伯民研究员、中国科技大学龚德才教授、复旦大学的杨光辉教授等文物保护研究者都提出，现在是时候将文物保护设置为一门独立的一级学科，以满足我国文物保护事业的需求。

据不完全统计，截至目前我国开设有文物保护类专业或研究方向的高校近 80 所，其中开设本科专业的高校 19 所，设有硕士学位授权点高校 44 所，设有博士学位授权点高校 15 所，大专高职类院校共 19 所。我国高校设置的文物保护相关专业设置目录如表 10-1 所示，与文物保护相关的专业同时出现在历史学、工学、医学、管理学学科门类中，以及考古学、建筑学、材料科学与工程、土木工程、城乡规划学、基础医学、图书情报与档案管理等众多一级学科里。不同的学科往往具有不同的培养方案，导致培养的毕业生专业背景五花八门，往往缺乏系统的专业教育。而且由于我国放开了二级学科自主设置权，已有许多高校自主设置了文物保护相关专业，挂靠在各个不同的学科门类下，使得文物保护相关专业的分布十分庞杂。

表 10-1　我国高校文物保护相关专业设置目录 [参照龚德才等（2020）修改]

教育类别	学科门类	专业类/一级学科	专业/二级学科
专科	文化艺术类	文化服务类	文物修复与保护
		民族文化类	少数民族古籍修复
	土木建筑大类	建筑设计类	古建筑工程技术
本科	历史学	历史学类	考古学 文物与博物馆学 文物保护技术 文化遗产
	工学	建筑类	历史建筑保护工程
	艺术学	美术学类	文物保护与修复
研究生	历史学	考古学	文化遗产及博物馆学 文物保护学 博物馆学与文化遗产 文化遗产研究与保护 文化遗产区域保护规划 古籍保护
	工学	建筑学	建筑遗产保护
		材料科学与工程	历史文化遗产保护与工程
		城乡规划学	城乡历史遗产保护规划
		土木工程	历史建筑保护与修复工程
	医学	基础医学	生物类文物保护学
	管理学	图书情报与档案管理	民族文化遗产保护与开发

基于以上现状，我国文物保护学科发展与文物保护事业发展需求之间存在较大差距，推动文物保护学科的发展势在必行。文物保护科学是一门结合了理论研究和技术探索的综合性科学，兼具理学和工学的特征，文学与艺术的内涵，管理与保护的成分，建筑与艺术的内容，民族与历史的范畴，涵盖了考古学、物理学、化学、大气科学、地质学、生物学、力学、材料科学与工程、建筑学等众多学科，但又不能被任何一门现有学

科所替代，具有独立设置一级学科的前提和基础。

从以上专业设置情况我们也可以看出，文物保护科学中缺失了生物学相关专业的设置，而文物的生物病害监控与防护是文物保护最为重要的课题之一。文化遗产微生物作为文物保护学的重要分支，在文物保护中发挥着极其重要的作用，也是近年来文物保护科学发展最快的分支领域。文化遗产微生物的学科建立和发展，有利于充实和丰富文物保护学科体系，将推动文物保护学科基本理论体系和技术规范的进一步发展。

10.2.2 文化遗产微生物的学科发展展望

学科的建立和人才的培养应当体现社会发展的需求，同时与国家发展战略相适应。近年来我国进入全面建设"五位一体"中国特色社会主义的新征程，推动文物保护科学发展的重要性也愈发突出。文物是国家文化软实力的物质载体，是促进民族文化自信的重要途径，因此大力推进文物保护的学科建设正当其时。文化遗产微生物研究是通过自然科学的理论和技术，实现文物原始的社会科学信息的长期保留，通过建立和完善文物微生物侵蚀过程、微生物侵蚀防护、微生物侵蚀修复等方面的理论体系，进而发展出可以应用于文物保护实践的技术，是工学和理学的综合，这既体现了这门学科的复杂性，也是这门学科的特色之处。文化遗产微生物同时也是一门新兴科学，其理论体系和技术规范还不够完善、成熟，但一些原则性的框架已经建立，未来研究工作需要在这些框架指导下进行理论完善和技术创新。文化遗产微生物未来的研究中主要需要做到以下几个方面。

第一，文化遗产微生物理论体系的完善。文化遗产微生物的研究宗旨是实现文物的可持续性保护和传承，而由于文物本身的特殊性，任何人为干预都需要遵循最小干预原则、可逆性原则和可识别原则。因而文化遗产微生物对于文物的修复和防护研究，同样要在这样的原则下进行。人们制定这些原则的目的，是最大程度地维持文物本体的原始历史信息，同时减少技术手段对文物历史信息的改变，尽可能地在维持文物原貌和延长文物寿命两个方面找到平衡。但随着学科的发展，人们发现这些原则在实践中存在很大的模糊性和不确定性，使得研究人员感到迷茫和无所适从。在文化遗产微生物的研究中，经常要面对这些原则的考验，例如，在一些户外的建筑和石刻遗迹上经常会生长藻类和地衣，这些生物造成了遗迹表面的侵蚀和破坏；但在另一方面，这些生物的存在又具有防护作用，避免了过度的自然风化和其他生物侵害，保护了内部结构。在这种情况下，我们需要评估生物侵蚀作用和生物保护作用到底哪个最为重要，来决定采取人为干预措施还是放任不管。然而，对于生物侵蚀作用和生物保护作用评估，就涉及人们对于文物保护理念和原则的认识，是维持文物表面形貌（最主要的体现历史、艺术价值之处）重要，还是维持文物的长久存在更加重要。而目前在文化遗产微生物的研究中尚缺乏统一的指导原则，不同研究者和文物保护工作者会采取不同的措施，在一定程度上影响了其发展。因而，健全和完善文化遗产微生物的科学理论指导原则是其发展的重要基础。

第二，要加快实现从基础理论到具体修复保护技术的统一。在文物保护中我们要尽可能地维持文物的历史原貌，因而广大文物保护工作者都希望采用传统的材料和制作工艺来修复与保护文物，而排斥使用一些现代科技发展出来的材料。尽管这样可以尽可能地恢复文物的原貌，在整体上保持原有的历史外观，但从可识别和可逆的角度来讲都是不利的。现代文物保护研究中发现了一些良好的材料可以用于文物修复，但由于基础科学研究和实际文物保护工作不能很好地有机结合，因而在实际保护工作中很少使用。此外，许多基础研究是在实验室和模拟的情况下进行的，缺少原位、真实的实验数据，这也是导致研究成果难以应用的重要原因。因此，文化遗产微生物的研究，一定要将基础理论研究和实际保护实践有机结合起来，以理论成果指导原位的修复工作，才能真正促进文化遗产微生物科学的快速发展。

第三，要实现研究资料的整合和共享。文化遗产微生物研究发展至今，已进入到了多组学联合、多学科技术整合的阶段，研究中往往综合了文物本体、微生物和环境的全面数据，信息量巨大。而目前尚没有建立文物微生物研究的专门数据库，导致这些数据分散在各个不同的研究机构中，难以实现整合和共享。因此，有必要建立文化遗产微生物网络数据平台，其中包含微生物的多组学分析数据、文物本体的理化分析数据、文物保存地点的气候和微环境信息、修复材料的实验数据，以及文物生物侵蚀防护和修复的长期观测数据等。不同地域、不同国家的文物保护工作者通过报告和整合这些数据，能够及时交流和共享研究成果。以上平台的建立，将促进文化遗产微生物研究进入新的阶段，使全球文化遗产保护工作受益，让文化遗产成为全世界人民共同的珍宝。

当今社会，文化遗产保护与社会发展结合得更加紧密。文化遗产作为促进经济社会可持续发展的积极的力量，有助于造福人类的当代生活，使得这个世界更加丰富多彩，更加和谐美好。文化遗产在社会发展中的影响不断凸显，对文化遗产保护提出了更高的要求。如何从单纯对文物的保护，逐渐发展成展示、利用与保护并重，综合考虑文化遗产保护的社会效益，更加强调保护对社会发展的促进作用，是当今文化遗产保护要重点解决的问题。同时，不可否认，文化遗产在当今仍然面临诸多威胁。国际上，一些有争端的地区的文化遗产屡遭破坏。极端分子妄图通过摧毁文化遗产来摧毁一个地区人民的信仰，摧毁人类的历史记忆。在中国，我们面临的主要问题是如何在经济快速发展中做好文化遗产的保护，取得发展与保护的共赢。中国目前正在经历一个经济快速发展期，不少地方存在单纯追求经济利益、忽视文化遗产保护的现象，甚至为了短期经济利益不惜破坏文化遗产；还有一些地方在经济发展后开始重视文化遗产保护，投入了大量经费，但却没有按照正确的保护理论去加以保护。

为解决这些问题，我们一是要加强文化遗产保护的执法督察，重点查处破坏文化遗产的违法行为；二是要加强宣传，让全社会、各利益相关者正确理解文化遗产对当代社会的积极作用；更为重要的是，加强对文化遗产保护理念的探索，用正确的理念去引导、解决文化遗产保护问题。比如，重点加强对文化遗产合理利用的理论探索，指出合理利用是保持文物古迹在当代社会生活中的活力，促进保护文物古迹及其价值的重要方法，同时促进大遗址、工业遗产、文化景观等类型遗产保护利用实践。

10.3　结　　语

文化遗产是人类共有的不可再生的珍贵资源，具有重要的历史、艺术和科学价值。

随着全球气候变化加剧、极端天气频繁发生、环境污染日益加重以及旅游业的高速发展，文化遗产保护中面临的微生物问题日益凸显，开展深入研究的需求十分迫切。本书编者针对文化遗产保护中的微生物问题，以文化遗产保护相关学科理论为指导，在参阅国内外大量文献资料的基础上，结合编者开展的以石窟寺、壁画、墓葬、考古遗址及馆藏文物为重点研究内容的科学研究和教学工作，系统介绍了文化遗产保存保护中的微生物类群、分布特征、作用机制、防治方法与技术，通过大量珍贵文物微生物侵蚀及防护案例分析，旨在探讨文化遗产微生物的科学概念、研究方法、研究范围及学科体系构建。希望本书的出版，能够促进文化遗产微生物研究的进步，推动相关学科的建设和发展。

参 考 文 献

龚德才, 乔成全, 于晨, 等. 2020. 文物保护学科建设的思考与建议[J]. 中国文化遗产, 6: 41-47.

龚钰轩. 2020. 文物保护概论[M]. 合肥: 中国科学技术大学出版社.

郭宏. 2001. 文物保存环境概论[M]. 北京: 科学出版社.

李群. 2021. 国务院关于文物工作和文物保护法实施情况的报告[R]. http://www.npc.gov.cn/c2/c30834/202108/t20210818_312964.html[2021-08-18].

李最雄. 2005. 丝绸之路石窟壁画彩塑保护[M]. 北京: 科学出版社.

雒树刚. 2017. 国务院关于文化遗产工作情况的报告[C]. 北京: 十二届全国人大常委会第三十一次会议第二次全体会议.

Adamiak J, Bonifay V, Otlewska A, et al. 2017. Untargeted metabolomics approach in halophiles: understanding the biodeterioration process of building materials[J]. Frontiers in Microbiology, 8: 2448.

Adriaens A. 2004. European actions to promote and coordinate the use of analytical techniques for cultural heritage studies[J]. TrAC Trends in Analytical Chemistry, 23(8): 583-586.

Candela R G, Maggi F, Lazzara G, et al. 2019. The essential oil of Thymbra capitata and its application as a biocide on stone and derived surfaces[J]. Plants, 8(9): 300.

Caneva G, Nugari M P, Salvadori O. 2008. Plant biology for cultural heritage: Biodeterioration and Conservation [M]. Los Angeles: Getty Conservation Institute.

Cappitelli F, Abbruscato P, Foladori P, et al. 2009. Detection and elimination of cyanobacteria from frescoes: the case of the St. Brizio Chapel (Orvieto Cathedral, Italy)[J]. Microbial Ecology, 57(4): 633-639.

Cappitelli F, Cattò C, Villa F. 2020. The control of cultural heritage microbial deterioration[J]. Microorganisms, 8(10): 1542.

Carmona N, Laiz L, Gonzalez J M, et al. 2006. Biodeterioration of historic stained glasses from the Cartuja de Miraflores (Spain)[J]. International Biodeterioration & Biodegradation, 58(3/4): 155-161.

Clair L, Seaward M. 2004. Biodeterioration of Stone Surfaces: Lichens and Biofilms as Weathering Agents of Rocks and Cultural Heritage[M]. Berlin: Springer Netherlands.

D'Amato A, Zilberstein G, Zilberstein S, et al. 2018a. Anton Chekhov and Robert Koch cheek to cheek: a proteomic study[J]. Proteomics, 18(9): e1700447.

D'Amato A, Zilberstein G, Zilberstein S, et al. 2018b. Of mice and men: traces of life in the death registries of the 1630 plague in Milano[J]. Journal of Proteomics, 180: 128-137.

de la Rosa J P M, Warke P A, Smith B J. 2013. Lichen-induced biomodification of calcareous surfaces: Bioprotection versus biodeterioration[J]. Progress in Physical Geography: Earth and Environment, 37(3): 325-351.

Degano I, Tognotti P, Kunzelman D, et al. 2017. HPLC-DAD and HPLC-ESI-Q-ToF characterisation of early 20th century lake and organic pigments from Lefranc archives[J]. Heritage Science, 5(1): 1-15.

Duan Y L, Wu F S, Wang W F, et al. 2017. The microbial community characteristics of ancient painted sculptures in Maijishan Grottoes, China[J]. PLOS ONE, 12(7): e0179718.

Garty J. 1990. Influence of epilithic microorganisms on the surface temperature of building walls[J]. Canadian Journal of Botany, 68(6): 1349-1353.

Gettens R J, Pease M, Stout G I. 1941. The problem of mold growth in paintings[J]. Technical Studies in the Field of the Fine Arts, 9: 127-143.

Gonzalez-Pimentel J L, Miller A Z, Jurado V, et al. 2018. Yellow coloured mats from lava tubes of La *Palma* (Canary Islands, Spain) are dominated by metabolically active Actinobacteria[J]. Scientific Reports, 8: 1944.

Haack T K, McFeters G A. 1982. Nutritional relationships among microorganisms in an epilithic biofilm community[J]. Microbial Ecology, 8(2): 115-126.

Hormes J, Diekamp A, Klysubun W, et al. 2016. The characterization of historic mortars: a comparison between powder diffraction and synchrotron radiation based X-ray absorption and X-ray fluorescence spectroscopy[J]. Microchemical Journal, 125: 190-195.

Hu H L, Ding S P, Katayama Y, et al. 2013. Occurrence of *Aspergillus allahabadii* on sandstone at Bayon temple, Angkor Thom, Cambodia[J]. International Biodeterioration & Biodegradation, 76: 112-117.

Hynek R, Kuckova S, Hradilova J, et al. 2004. Matrix-assisted laser desorption/ionization time-of-flight mass spectrometry as a tool for fast identification of protein binders in color layers of paintings[J]. Rapid Communications in Mass Spectrometry: RCM, 18(17): 1896-1900.

Joseph E. 2021. Microorganisms in the Deterioration and Preservation of Cultural Heritage[M]. Cham: Springer International Publishing.

Jroundi F, Schiro M, Ruiz-Agudo E, et al. 2017. Protection and consolidation of stone heritage by self-inoculation with indigenous carbonatogenic bacterial communities[J]. Nature Communications, 8: 279.

Klens P F, Lang J R. 1956. Microbiological factors in paint preservation[J]. J Oil Colour Chemists' Assoc, 38: 887-899.

Krakova L, De Leo F, Bruno L, et al. 2015. Complex bacterial diversity in the white biofilms of the Catacombs of St. Callixtus in Rome evidenced by different investigation strategies[J]. Environmental Microbiology, 17(5): 1738-1752.

Kramar S, Urosevic M, Pristacz H, et al. 2010. Assessment of limestone deterioration due to salt formation by micro-Raman spectroscopy: application to architectural heritage[J]. Journal of Raman Spectroscopy, 41(11): 1441-1448.

Krasilnikov N. 1949. The role of microorganisms in the weathering of rocks[J]. Mikrobiologiya, 18: 318-323.

Kusumi A, Li X S, Katayama Y. 2011. Mycobacteria isolated from Angkor monument sandstones grow chemolithoautotrophically by oxidizing elemental sulfur[J]. Frontiers in Microbiology, 2: 104.

Lan W S, Li H, Wang W D, et al. 2010. Microbial community analysis of fresh and old microbial biofilms on Bayon Temple Sandstone of Angkor Thom, Cambodia[J]. Microbial Ecology, 60(1): 105-115.

Lanas J, Alvarez-Galindo J I. 2003. Masonry repair lime-based mortars: factors affecting the mechanical behavior[J]. Cement and Concrete Research, 33(11): 1867-1876.

Liu X B, Koestler R J, Warscheid T, et al. 2020. Microbial deterioration and sustainable conservation of stone monuments and buildings[J]. Nature Sustainability, 3(12): 991-1004.

Maguregui M, Sarmiento A, Martínez-Arkarazo I, et al. 2008. Analytical diagnosis methodology to evaluate nitrate impact on historical building materials[J]. Analytical and Bioanalytical Chemistry, 391(4): 1361-1370.

Mandrioli P, Caneva G, Sabbioni C, et al. 2003. Cultural Heritage and Aerobiology. Berlin: Springer Netherlands.

Martino P D. 2016. What about biofilms on the surface of stone monuments?[J]. The Open Conference Proceedings Journal, 6(Suppl 1: M2): 14-28.

Massee G. 1911. A new paint-destroying fungus. (*Phoma* pigmentivora, mass.)[J]. Bulletin of Miscellaneous Information (Royal Gardens, Kew), 1911(8): 325.

Miller A, Dionísio A, Macedo M F. 2006. Primary bioreceptivity: a comparative study of different Portuguese lithotypes[J]. International Biodeterioration & Biodegradation, 57(2): 136-142.

Mitchell R, Mcnamara C J. 2010. Cultural Heritage Microbiology: Fundamental Studies in Conservation

Science[M]. Washington: ASM Press.

Morillas H, Maguregui M, Marcaida I, et al. 2015. Characterization of the main colonizer and biogenic pigments present in the red biofilm from La Galea Fortress sandstone by means of microscopic observations and Raman imaging[J]. Microchemical Journal, 121: 48-55.

Moroni B, Pitzurra L. 2008. Biodegradation of atmospheric pollutants by fungi: a crucial point in the corrosion of carbonate building stone[J]. International Biodeterioration & Biodegradation, 62(4): 391-396.

Negi A, Sarethy I P. 2019. Microbial biodeterioration of cultural heritage: events, colonization, and analyses[J]. Microbial Ecology, 78(4): 1014-1029.

Nuhoglu Y, Oguz E, Uslu H, et al. 2006. The accelerating effects of the microorganisms on biodeterioration of stone monuments under air pollution and continental-cold climatic conditions in Erzurum, Turkey[J]. Science of the Total Environment, 364(1/2/3): 272-283.

Ortega-Morales B O, Narváez-Zapata J, Reyes-Estebanez M, et al. 2016. Bioweathering potential of cultivable fungi associated with semi-arid surface microhabitats of Mayan buildings[J]. Frontiers in Microbiology, 7: 201.

Paquet J. 1964. Contribution a l'etude de la maladie de la pierre: new hypothese sur les causes des transferts et des concentrations de sulfate produisant les efets foliants[J]. Mon His France, 10: 73-88.

Piñar G, Garcia-Valles M, Gimeno-Torrente D, et al. 2013. Microscopic, chemical, and molecular-biological investigation of the decayed medieval stained window glasses of two Catalonian churches[J]. International Biodeterioration & Biodegradation, 84: 388-400.

Pochon J, Jaton C. 1967. The role of microbiological agencies in the deterioration of stone[J]. Chem Ind, 9: 1587-1589.

Pochon J, Jaton C. 1968. Biodeterioration of Materials[M]. London: Elsevier.

Pochon J, Tardieux P, Lajudie J, et al. 1960. Degradation des temples d'Angkor et processus biologiques[J]. Ann Inst Pasteur, 98: 457-461.

Polynov B. 1945. Te first stages of soil formation on massive crystaline rocks[J]. Pochvovedeniye, 7: 325-339.

Ranalli G, Alfano G, Belli C, et al. 2005. Biotechnology applied to cultural heritage: biorestoration of frescoes using viable bacterial cells and enzymes[J]. Journal of Applied Microbiology, 98(1): 73-83.

Reynolds E S. 1950. *Pullularia* as a cause of deterioration of paint and plastic surfaces in south *Florida*[J]. Mycologia, 42(3): 432-448.

Rodrigues A, Gutierrez-Patricio S, Miller A Z, et al. 2014. Fungal biodeterioration of stained-glass windows[J]. International Biodeterioration & Biodegradation, 90: 152-160.

Ross R T. 1963. Microbiology of paint films[J]. Adv Appl Microbiol, 5: 217-234.

Saiz-Jimenez C. 2003. Molecular Biology and Cultural Heritage[M]. London: Routledge.

Saiz-Jimenez C, Laiz L. 2000. Occurrence of halotolerant/halophilic bacterial communities in deteriorated monuments[J]. International Biodeterioration & Biodegradation, 46(4): 319-326.

Şerifaki K, Böke H, Yalçın Ş, et al. 2009. Characterization of materials used in the execution of historic oil paintings by XRD, SEM-EDS, TGA and LIBS analysis[J]. Materials Characterization, 60(4): 303-311.

Soffritti I, D'Accolti M, Lanzoni L, et al. 2019. The potential use of microorganisms as restorative agents: an update[J]. Sustainability, 11(14): 3853.

Sohrabi M, Favero-Longo S E, Perez-Ortega S, et al. 2017. Lichen colonization and associated deterioration processes in Pasargadae, UNESCO world heritage site, Iran[J]. International Biodeterioration & Biodegradation, 117: 171-182.

Sterfinger K. 2010. Fungi: their role in deterioration of cultural heritage[J]. Fungal Biol Rev, 24: 47-55.

Tretiach M, Pinna D, Grube M. 2003. *Caloplaca erodens*[sect. *Pyrenodesmia*], a new lichen species from Italy with an unusual thallus type[J]. Mycological Progress, 2(2): 127-136.

Unković N, Dimkić I, Stupar M, et al. 2018. Biodegradative potential of fungal isolates from sacral ambient: *in vitro* study as risk assessment implication for the conservation of wall paintings[J]. PLOS ONE, 13(1): e0190922.

Vázquez-Calvo C, Alvarez de Buergo M, Fort R, et al. 2007. Characterization of patinas by means of microscopic techniques[J]. Materials Characterization, 58(11/12): 1119-1132.

Vázquez-Nion D, Silva B, Prieto B. 2018. Influence of the properties of granitic rocks on their bioreceptivity to subaerial phototrophic biofilms[J]. Science of the Total Environment, 610/611: 44-54.

Vilarigues M, Redol P, Machado A, et al. 2011. Corrosion of 15th and early 16th century stained glass from the monastery of Batalha studied with external ion beam[J]. Materials Characterization, 62(2): 211-217.

Villa F, Stewart P S, Klapper I, et al. 2016. Subaerial biofilms on outdoor stone monuments: changing the perspective toward an ecological framework[J]. BioScience, 66(4): 285-294.

Warscheid T, Oelting M, Krumbein W E. 1991. Physico-chemical aspects of biodeterioration processes on rocks with special regard to organic pollutants[J]. International Biodeterioration, 28(1/2/3/4): 37-48.

Xu H B, Tsukuda M, Takahara Y, et al. 2018. Lithoautotrophical oxidation of elemental sulfur by fungi including *Fusarium solani* isolated from sandstone Angkor temples[J]. International Biodeterioration & Biodegradation, 126: 95-102.

Yarilova Y A. 1967. The role of lithophilous lichens in the weathering of massive crystalline rocks. Pochvovedeniye, 3: 533-548.

Zhao C, Zhang Y W, Wang C C, et al. 2019. Recent progress in instrumental techniques for architectural heritage materials[J]. Heritage Science, 7(1): 36.

附　　录

附录一　文化遗产微生物相关研究机构介绍

1.1　意大利国家研究委员会（CNR）

意大利国家研究委员会（CNR）的总部位于罗马，是意大利最大的公共研究机构，也是意大利政府研究部下设的唯一一个开展多学科活动的机构。CNR 的研究涵盖了材料化学与技术、地球系统科学和环境技术、物理学和物质技术、生物和农业及食品科学、生物医学科学、工程与信息通信技术和能源与运输技术、社会人文与文化遗产等七大领域。

国家研究委员会成立于 1923 年 11 月 18 日，主要使命包括：依托于下属的研究机构开展科学研究，提高国家工业体系的创新力和竞争力，促进国家研究体系的国际化，为新兴的公共和私人需求提供技术和解决方案，为政府和其他公共机构提供建议，并支撑人力资源的资格评定工作。

在 CNR 的研究体系中，主要资源是可用的知识，这些知识包括从事研究人员的技能、贡献和想法。该组织由 8000 多名员工组成，其中一半以上是研究和技术人员。CNR 在他们的主要研究领域为约 4000 名年轻研究人员提供研究生学习课程和科研培训。同时，该组织在协作研究上也做出了重要贡献：来自大学或私营企业的众多研究人员也参加了 CNR 的研究活动。

Consiglio Nazionale delle Ricerche (CNR)

The Rome-based National Research Council (CNR) is the largest public research institution in Italy, the only one under the Research Ministry of the Italian Government performing multidisciplinary activities. Seven thematic areas are involved: chemical sciences and materials technology; earth system science and environmental technologies; physical sciences and technologies of matter; biology, agriculture and food sciences; biomedical sciences; engineering, ICT and technologies for energy and transportation; and social sciences and humanities, cultural heritage.

CNR was founded on 18 November 1923. Its mission is to perform research in its own institutes, to promote innovation and competitiveness of the national industrial system, to promote the internationalization of the national research system, to provide technologies and solutions to emerging public and private needs, to advise government and other public bodies, and to contribute to the qualification of human resources.

In the CNR's research world, the main resource is available knowledge, which means people, with their skills, commitment, and ideas. This capital comprises more than 8000 employees, of whom more than half are researchers and technologists. Some 4000 young researchers are engaged in postgraduate studies and research training at CNR within the organization's top-priority areas of interest. A significant contribution also comes from research associates: researchers, from universities or private firms, who take part in CNR's research activities.

1.2　西班牙国家研究委员会（CSIC）

西班牙国家研究委员会（CSIC）是西班牙最大的公共研究机构，也是欧洲研究区（ERA）最知名的机构之一。它隶属于西班牙政府的科学与创新部下的研究秘书处。

西班牙国家研究委员会（CSIC）成立于 1939 年，前身是 1907 年成立的研究和科学研究推广委员会（JAE），第一任主席是圣地亚哥·拉蒙·卡哈尔。相比于前身，CSIC 在持续领导西班牙科学活动的同时，又比其前身更重视应用科学。

西班牙国家研究委员会的使命是促进、协调、发展和传播科学与技术方面的多学科研究，以此来促进知识的进步，以及经济、社会和文化的发展，此外还培训研究人员并向这些领域的公私实体提供咨询服务。

西班牙国家研究委员会是负责构建西班牙科学、技术和创新体系的主要机构，为了承担这一使命，其工作将专注于以下几个方面：

通过科学和技术研究产生知识。

研究成果的转化，尤其是促进和创建以技术为本的企业。

向公私机构提供专业建议。

提供高水平的博士前和博士后培养。

在社会上弘扬科学文化。

大型设施和特有科技基础设施的管理。

积极参与国际机构事务并在其中发挥代表性作用。

开展其他有针对性的研究。

Consejo Superior de Investigaciones Cientificas (CSIC)

Consejo Superior de Investigaciones Cientificas(CSIC) is the largest public research institution in Spain and one of the most renowned institutions in the European Research Area (ERA). It is affiliated to the Ministry of Science and Innovation through the Secretary General for Research.

The Spanish National Research Council (CSIC), founded in 1939, is the successor of the Committee for Extension of Studies and Scientific Research (JAE), created in 1907 and whose first president was Santiago Ramón y Cajal. The CSIC continued to lead scientific activity in Spain but gave more importance to applied science than its predecessor.

The mission of the Spanish National Research Council is to promote, coordinate, develop and disseminate scientific and technological multidisciplinary research, in order to contribute to the progress of knowledge and economic, social and cultural development; as well as to train researchers and provide advice to public and private entities in these fields.

The Spanish National Research Council is the main agent responsible for implementing the Spanish System for Science, Technology and Innovation; and in order to undertake this mission, it is capacitated to carry out activities aimed at:

The generation of knowledge through scientific and technical research.

The transfer of research results, in particular to promote and create technology-based enterprises.

The provision of expert advice to public and private institutions.

The delivery of highly-qualified pre-doctoral and post-doctoral training.

The promotion of scientific culture in society.

The management of large facilities and unique scientific and technical infrastructures.

The presence and representation in international bodies.

The development of targeted research.

1.3　史密森尼学会

史密森尼学会是世界最大的博物馆体系，总部设在华盛顿特区。它下属的 16 所博物馆中保管着超过 1.4 亿件艺术珍品和珍贵标本。同时，它也是一个研究中心，从事公共教育、国民服务以及艺术、科学和历史各方面的研究。

史密森尼博物馆保护研究所（MCI）面向整个史密森尼博物馆体系，是一个专门从事藏品研究和保护的研究中心。MCI 将材料和技术史方面的知识与最先进的仪器和科学技术相结合，据此加深对材料或复合材料物体受损机制的了解。这项研究形成的数据和模型，能够用于探究保存、展览和其他用途中的保护措施，以最大限度地减少受损。

自 1963 年成立以来，MCI 一直是博物馆保护和遗产科学领域独特而专业的中心，专注于开发更好的收藏品护理方法，并了解收藏品的组成和退化。MCI 通过其实习和奖学金计划，在遗产保护领域培训了大量的保护人员和科学家。其培训计划不仅面向史密森尼学会（SI）和美国的众多博物馆，还面向全世界传播知识。自 1963 年以来，MCI 在遗产保护与科学领域发表了 1800 多篇出版物，在遗产保护方面做出长期贡献。

Smithsonian Institution

The Smithsonian Institution, headquartered in Washington, D.C., is the largest museum system all over the world. More than 140 million pieces of art treasures and precious specimens are kept in 16 different museums belonging to the organization. It is also a research center engaged in public education, national services, and research in various aspects of art, science, and history.

The Smithsonian's Museum Conservation Institute (MCI) is the center for specialized technical collection research and conservation for all Smithsonian museums and collections. MCI combines knowledge of materials and the history of technology with state-of-the-art instrumentation and scientific techniques to enlarge understanding of how materials and composite objects deteriorate. This research generates both data and models used to formulate conditions for storage, display, and other uses that will minimize deterioration.

The Museum Conservation Institute (MCI), since its founding in 1963, is a unique and specialized center in the museum conservation and heritage science field for the development of new and better methods of collection care and understanding the composition and degradation of collection objects. MCI, through its internship and fellowship programs, has trained a significant number of conservators and scientists in conservation and heritage science field. Its training programs disseminate knowledge not just to SI and the U.S. museums but throughout the world. Since 1963, MCI has produced more than 1800 publications in the conservation and science literature; building a long legacy of contributions to heritage preservation.

1.4　世界古迹基金会（WMF）

世界古迹基金会（WMF）是一家独立的国际组织，致力于保护世界上的名胜古迹，以丰富人们的生活，建立多文化、跨社区的联系。该组织总部位于纽约市，在柬埔寨、印度、秘鲁、葡萄牙、西班牙和英国等地设有办事处和分支机构。自 1965 年组织成立以来，他们的国际化专家团队使用最高的国际标准在 112 个国家的 700 多个地点开展工作，保护了世界文化遗产多样性。同时他们还在中国、日本、中东、非洲、东南亚、拉丁美洲和加勒比地区拥有国际专业人士团队，可以帮助他们监督全球的项目。世界古迹基金会与当地社区、资助者和政府合作，利用文化遗产来应对当今一些最紧迫的挑战：气候变化、代表性不足、旅游业失衡和危机后复苏。WMF 竭力探索利用古迹的潜力来创造一个更加包容的社会，致力于让人们感受古迹带来的活力。

World Monuments Fund

World Monuments Fund (WMF) is the leading independent organization devoted to safeguarding the world's most treasured places to enrich people's lives and build mutual understanding across cultures and communities. The organization is headquartered in New York City with offices and affiliates in Cambodia, India, Peru, Portugal, Spain and the UK. Since 1965, their global team of experts has preserved the world's diverse cultural heritage using the highest international standards at more than 700 sites in 112 countries. They also have an international network of professionals in China, Japan, the Middle East, Africa, Southeast Asia, Latin America and Caribbea, which could support on overseeing projects across the globe. Partnering with local communities，funders, and governments，WMF draws on heritage to address some of today's most pressing challenges: climate change, underrepresentation, imbalanced tourism, and post-crisis recovery. With a commitment to the people who bring places to life, WMF embraces the potential of the past to create a more resilient and inclusive society.

1.5　国际文物修护学会（IIC）

国际文物修护学会（IIC）于 1950 年在英国成立，为独立的国际性组织，由个人及机构会员组成，旨在为从事修复和保存文化遗产的专业人员提供交流经验和知识的平台。70 多年来，IIC 通过出版学术刊物和举办国际会议，致力提升文物修复的专业知识与技术水平，并借助设立奖项和奖学金，表彰行业的卓越发展和推动公众关注文物保护。此外，IIC 亦与国际博物馆协会文物保护委员会（ICOM-CC）、联合国下属的国际文化遗产保护及修复研究中心（ICCROM）及北京故宫博物院等主要文保机构保持紧密合作。

IIC 拥有代表 70 多个国家的杰出研究员、成员和机构的强大全球网络。通过该网络，学会与国际上成千上万的保护人员和遗产专业人士有着密切的联系。目前，IIC 在全球拥有超过 7000 名积极的支持者和 40 000 个社交媒体联系人。

IIC 辖下有多个地区分会，英国文物修护协会（The Institute of Conservation，ICON）和美国文物修护协会（American Institute for Conservation，AIC）是首批成立并吸纳成员的分会。目前，IIC 分别在北欧地区（包括丹麦、芬兰、冰岛、挪威和瑞典）、荷兰、奥地利、克罗地亚、法国、日本、希腊、西班牙及阿拉伯语地区成立了分会。除此之外，中国、南美和加勒比海地区、非洲以及东南亚等地的分会也在筹办中。

The International Institute for Conservation of Historic and Artistic Works (IIC)

The International Institute for Conservation of Historic and Artistic Works (IIC) was established in the UK in 1950. It is an independent international organization composed of individuals and institutional members. It aims to provide a platform for professionals engaged in the restoration and preservation of cultural heritage to exchange experience and knowledge. For more than 70 years, IIC has devoted itself to improving the professional knowledge and technical level of cultural relics restoration by publishing academic journals and holding international conferences. And by setting up awards and scholarships, it has commended the excellent development of the industry and promoted the public's attention to cultural relics conservation. In addition, IIC also maintains close cooperation with major cultural protection institutions such as the International Council of Museums-Committee for Conservation (ICOM-CC), International Centre for the Study of the Preservation and Restoration of Cultural Property (ICCROM) under the United Nations, and the Beijing Palace Museum.

IIC has a strong global network of distinguished fellows, members and institutions representing more than 70 countries, which helps them establish close relationships with thousands of Conservators and heritage professionals internationally. Today, the institution has over 7, 000 engaged supporters and 40, 000 social media contacts globally.

IIC has several regional branches under its jurisdiction. The Institute of Conservation (ICON) and the American Institute for Conservation (AIC) are the first branches established and absorbed. At present, IIC has established branches in the Nordisk Konservator forbund (Denmark, Finland, Iceland, Norway and Sweden), the Netherlands, Austria, Croatia, France, Japan, Greece, Spain, and Arabic. In addition, branches in China, South America and the Caribbean, Africa and Southeast Asia are also under preparation.

1.6 国际生物退化与生物降解学会（IBBS）

国际生物退化与生物降解学会（IBBS）是一个拥有国际会员资格的科学学会。这是一家在英国注册的非营利组织，于 1971 年在伦敦成立。IBBS 属于欧洲微生物学会联合会，这是一个欧洲范围内国家层面的组织，被收录在由国际协会联盟出版的《国际组织年鉴在线版》中。如今，学会的成员方已经不再局限于欧洲范围，而是涵盖了所有大洲。到目前为止，协会已经任命了 25 名成员方代表，每个代表覆盖一个国家或地区（中国为两个代表）。

学会的宗旨是通过出版物和会议促进生物退化、生物降解和相关主题的科学、技术和研究。

　　IBBS 会安排关于特定主题的会议，还会每三年举行一次国际研讨会，在讨论会上，涵盖这些科学领域的广泛研究会被纳入其中。学会的会刊《国际生物退化与生物降解》由爱思唯尔出版。

International Biodeterioration & Biodegradation Society

The International Biodeterioration & Biodegradation Society (IBBS) is a scientific society with an international membership. It is a nonprofit organization registered in the UK, established in London in 1971. IBBS belongs to the Federation of European Microbiological Societies, along with national organizations from European countries and appears in the Yearbook of International Organizations On-line, published by the Union of International Associations. Today, the membership of the Society is no longer limited to Europe, but covers all continents. So far, they have appointed 25 representatives of member state, each one covering one country or region (two in the case of China).

The aims of the Society shall be to promote the science, technology and study of biodeterioration, biodegradation and related subjects through publications and meetings.

Conferences are arranged on specific topics and every three years an International Symposium covering a wide range of research in these scientific areas is organized. The Society's official journal, *International Biodeterioration & Biodegradation*, is published by Elsevier.

1.7　敦煌研究院

　　敦煌研究院是国家一级博物馆，负责世界文化遗产敦煌莫高窟、天水麦积山石窟、永靖炳灵寺石窟，全国重点文物保护单位瓜州榆林窟、敦煌西千佛洞、庆阳北石窟寺的管理，并依托这些文化遗产开展研究工作。敦煌研究院本部位于敦煌市东南 25 km 处的莫高窟，分院位于兰州市城关区。全院拥有超过 1500 名职工。

　　敦煌研究院的前身是 1944 年成立的国立敦煌艺术研究所，首任所长为常书鸿。1950 年改名为敦煌文物研究所，1984 年扩建为敦煌研究院。目前，该机构是国家古代壁画与土遗址保护工程技术研究中心、古代壁画保护国家文物局重点科研基地、甘肃省敦煌文物保护研究中心的依托单位。

　　敦煌研究院是我国拥有世界文化遗产数量最多、跨区域范围最广的文博管理机构，在国内外均具有相当大的影响力。

Dunhuang Academy

As a national first-class museum, the Dunhuang Academy is responsible for the management of several World Cultural Heritage sites (Dunhuang Mogao Grottoes, Tianshui Maijishan Grottoes, Yongjing Bingling Temple Grottoes) and key national heritage conservation units (Guazhou Yulin Grottoes, Dunhuang West Thousand Buddha Cave, and Qingyang North Grottoes Temple). The institution also carries out research based on these cultural heritage sites. Dunhuang Academy's headquarters is located in Mogao Grottoes, 25 kilometers southeast of Dunhuang City, and its branch is located in Chengguan District, Lanzhou City. The institution has more than 1500 employees.

The predecessor of the Dunhuang Academy was the National Dunhuang Art Institute, which was established in 1944. Chang Shuhong was the first director of the Academy. In 1950, it was renamed as the Dunhuang Institute of Cultural Relics, and expanded to the Dunhuang Academy in 1984. At present, this institution is the supporting unit of the National Engineering and Technology Research Center for the Protection of Ancient Murals and Earth Sites, the key scientific research base of the National Bureau of Cultural Relics for the Protection of Ancient Murals, and the Dunhuang Cultural Relics Protection and Research Center of Gansu Province.

Dunhuang Academy is a cultural and museum management institution with the largest number of world cultural heritages and the widest cross regional scope in China, which makes the institution considerably influential at home and abroad.

1.8 重庆中国三峡博物馆（馆藏文物有害生物控制研究国家文物局重点科研基地）

重庆中国三峡博物馆，又名重庆博物馆，是一座集巴渝文化、三峡文化、抗战文化、移民文化和城市文化等为特色的历史艺术类综合性博物馆。同时，该馆也是首批国家一级博物馆，全国爱国主义教育示范基地，全国科普教育基地，海峡两岸文化交流基地，以及全国古籍重点保护单位。其前身为 1951 年成立的西南博物院，1955 年更名为重庆市博物馆。2000 年为承担三峡文物保护工程大量珍贵文物的抢救、展示和研究工作，经国务院办公厅批准设立重庆中国三峡博物馆，加挂"重庆博物馆"馆名，主馆位于重庆市渝中区。

全馆现有馆藏文物 11.5 万余件/套（单件超 28 万件），珍贵古籍善本 1.8 万余册，涵盖 23 个文物门类，形成了"古人类标本、三峡文物、巴渝青铜器、汉代文物、西南民族文物、大后方抗战文物、瓷器、书画、古琴"等特色藏品系列。

Chongqing China Three Gorges Museum (Key Scientific Research Base of Pest and Mold Control of Museum Collections of National Cultural Heritage)

Chongqing China Three Gorges Museum, also known as Chongqing Museum, is a comprehensive museum of history and art featuring Bayu culture, Three Gorges culture, anti Japanese war culture, immigration culture and urban culture. At the same time, the museum is also one of the first batch of national first-class museums, a national patriotism education demonstration base, a national science popularization education base, a cross-strait cultural exchange base, and a national key protection unit of ancient books. Its predecessor was the Southwest Museum, which was established in 1951. And it was renamed Chongqing Museum in 1955. In 2000, in order to undertake the rescue, display and research of a large number of precious cultural relics of the Three Gorges Cultural Relics Protection Project, Chongqing China Three Gorges Museum was established with the approval of the General Office of the State Council, and the name of "Chongqing Museum" was added. The main part of the museum is located in Yuzhong District, Chongqing.

The museum has more than 115, 000 sets of cultural relics (more than 280, 000 pieces in a single piece), 18, 000 copies of rare ancient books, covering 23 categories of cultural relics.

The museum has formed a series of featured collections such as "ancient human specimens, Three Gorges cultural relics, Bayu bronzes, Han Dynasty cultural relics, southwest ethnic cultural relics, anti Japanese cultural relics in the rear area, porcelain, calligraphy and painting, and ancient zither".

附录二　文化遗产微生物相关学术期刊介绍

2.1 《遗产杂志》

《遗产杂志》（ISSN 2571-9408）是由 MDPI 出版的国际文化和自然遗产科学杂志，采用同行评审，为开放获取期刊，每季度出版一期。该出版物侧重于通过传感技术、新方法、最佳做法和政策对文化及自然遗产进行了解、保护和管理。

该期刊涉及的主要研究领域分为以下 6 个部分：

用于诊断和监测建筑和艺术遗产的传感技术；

保护自然遗产的创新性方案和最佳实践；

考古和建筑遗产保护与恢复领域的创新和研究；

用于遗产风险评估和缓解以及人类历史研究的地球科学和地球观测技术；

信息通信技术促进文化遗产管理和成果；

提高文化遗产在社会中的文化和经济作用的政策和人文科学贡献。

Heritage

Heritage (ISSN 2571-9408) is an international, peer-reviewed, open access journal of cultural and natural heritage science published quarterly by MDPI. The publication focuses on knowledge, conservation and management of cultural and natural heritage by sensing technologies, novel methods, best practices and policies.

The journal will be organized in six subsections as:

Sensing technologies for diagnostics and monitoring of architectural and artistic heritage;

Innovative solutions and best practices for protection of natural heritage;

Innovation and research in the field of conservation and recovery of archaeological and architectural heritage;

Geoscience and earth observation technologies for heritage risk assessment and mitigation and the study of the human past;

ICT for cultural heritage management and fruition;

Policies and human science contributions for increasing the cultural and economic role of cultural heritage in society.

2.2 《国际生物退化与生物降解》

《国际生物退化与生物降解》是国际生物退化与生物降解学会的官方刊物，主要发表关于腐蚀或降解的生物学原因的原创研究论文和评论。

研究主题包括：

来自空气的、水生的或陆地的宏观或微生物层面的腐蚀或降解成因。

包括腐蚀、结垢、腐烂、衰变、感染、毁容、毒素、变弱或液化、解毒或矿化等过程在内的消极影响。

受影响的材料可能包括天然、合成或精炼材料（如金属、碳氢化合物和油、食品和饮料、药品、纤维素和木材、塑料和聚合物、纤维、纸张、皮革、废料或任何其他具有商业重要性的材料），以及结构或系统（如建筑物、艺术品、加工设备等）及危险废物，并包括由上述生物制剂活动产生的环境和职业健康等方面的问题。

International Biodeterioration & Biodegradation

International Biodeterioration & Biodegradation, the official publication of IBBS, publishes original research papers and reviews on the biological causes of deterioration or degradation.

The research topics are as follows:

The causes may be macro- or microbiological, whose origins may be aerial, aquatic, or terrestrial.

The effects may include corrosion, fouling, rotting, decay, infection, disfigurement, toxification, weakening or processes that liquefy, detoxify, or mineralize.

The materials affected may include natural, synthetic or refined materials (such as metals, hydrocarbons and oils, foodstuffs and beverages, pharmaceuticals, cellulose and wood, plastics and polymers, fibers, paper, leather, waste materials or any other material of commercial importance); and structures or systems (such as buildings, works of art, processing equipment, etc.) as well as hazardous wastes, and include environmental and occupational health aspects resulting from the activities of the biological agents described above.

2.3　《文化遗产杂志》

《文化遗产杂志》（JCH）是一本多学科的科学技术期刊，旨在在广泛的框架内研究文化遗产的保护和意识问题。JCH 的主要目的是发表原创论文，其中包括以前未发表的数据，并提出与遗产科学相关的所有科学方面的创新方法。

该杂志旨在为来自不同学科的科学家提供一个开发和应用科学方法来促进文化遗产研究的平台，特别是在以下领域：

- 保护、保存和利用文化遗产；
- 遗产管理和经济分析；
- 文化遗产中的计算机科学；
- 可持续发展和文化遗产；
- 气候变化对文化遗产的影响和变化的管理。

具体来说，JCH 的研究主题如下：

1. 遗产资产的分析、知识和保护、开发：
- 研究遗产的组成、来源、年代、保护状态的新方法或分析方法；
- 保存物品及其评估的新材料和方法；
- 评估降解机制和预测可能的衰变过程。

2. 建筑遗产保护（历史建筑、古迹和考古遗址、现代和工业建筑）：
- 历史资料和建筑技术分析；
- 新的检查、测试和监测技术；

- 对材料和结构采用新方法或多学科方法进行分析；
- 能源效率和再生。

3. 关于遗产项目与环境（气候、小气候、光、污染、挥发性有机化合物等）之间相互作用的创新研究，包括气候变化的影响、文化遗产风险评估和缓解措施。

4. 用于知识、保护和恢复的数字技术，特别是：

- 多模态数字化（三维扫描、摄影测量、多光谱成像、X 射线、太赫兹成像等）和数据融合；
- 异构数据分析、建模、互联和浏览；
- 多维数字人工制品的语义感知表示；
- 虚拟、增强现实和混合现实环境；
- 数字连续体（从数字化到制造）；
- 数字资产的长期保存。

5. 遗产资产和文化组织经济与管理经济研究；文章必须使用科学研究方法（如计量经济学和统计分析、经济建模等），并报告创新研究，以解决该领域的经济问题。

6. 博物馆保护与博物馆藏品管理和改进的技术。

除此之外，JCH 十分鼓励多学科和跨学科研究，期望以此来更好地发展文化遗产科学。

Journal of Cultural Heritage

The *Journal of Cultural Heritage* (JCH) is a multidisciplinary journal of science and technology for studying problems concerning the conservation and awareness of cultural heritage in a wide framework. The main purpose of JCH is to publish original papers which comprise previously unpublished data and present innovative methods concerning all scientific aspects related to heritage science.

The journal aims to offer a venue to scientists from different disciplines whose common objective is developing and applying scientific methods to improve research and knowledge on cultural heritage, in particular in the following fields:

- Safeguarding, conservation and exploitation of cultural heritage;
- Heritage management and economic analyses;
- Computer sciences in cultural heritage;
- Sustainable development and cultural heritage;
- Impact of climate change on cultural heritage and management of the change.

Specifically, papers should deal with the following topics:

1. Analysis, knowledge and conservation of heritage assets, developing:

- Novel methodologies or analytical methods for studying the composition, provenance, dating, conservation state;
- New materials and methods for the preservation of objects and their assessment;
- Evaluation of degradation mechanisms and prediction of possible decay processes.

2. Conservation of Built Heritage (historical buildings, monuments and archaeological sites, modern and industrial buildings):

- Analysis of historical materials and construction techniques;
- Novel inspection, testing and monitoring techniques;
- Novel or multidisciplinary analyses of materials and structures;
- Energy efficiency and refurbishment.

3. Innovative studies on the interaction between heritage items and the environment (climate, microclimate, light, pollution, VOC, …), including the impact of climate change, risk assessment of cultural heritage and mitigation.

4. Digital technologies for knowledge, conservation and restoration, in particular:
- Multimodal digitization (3D scanning, photogrammetry, multispectral imaging, X-ray, terahertz imaging, …), and data fusion;
- Heterogenous data analysis, modelling, interlinking and browsing;
- Semantic-aware representation of multi-dimensional digital artefacts;
- Virtual, augmented and mixed reality environments;
- Digital continuum (from digitization to fabrication);
- Long-term preservation of digital assets.

5. Economic studies about the Economy and Management of heritage assets and cultural organizations; articles must use scientific research methods (e.g., econometric and statistical analysis, economic modelling, …) and report innovative research to address economic issues and problems in the field.

6. Museum conservation and technologies for the management and improvement of museum collections.

In addition, JCH encourages multi-disciplinary and interdisciplinary research in order to better develop cultural heritage science.

2.4 《文物保护与考古科学》

《文物保护与考古科学》是由上海博物馆主办的学术期刊，主管单位为上海市文化和旅游局（上海市广播电视局、上海市文物局）。

上海博物馆设立文物修复工场始于 1958 年，1960 年又设立了文物保护与考古科学实验室，成为国内文物博物馆系统最早的文物保护与考古科技学术研究机构之一。1985～1988 年，实验室编印了《国外自然科学与文物考古技术》情报资料 14 期，这些资料杂志即本刊的前身。

1989 年，上海博物馆正式创办《文物保护与考古科学》期刊，旨在充分报道国内外文物考古界的科研成果，让更多的文物工作者与爱好者了解、传递和交流在文物保护与考古中的传统或先进的科技方法，从而促进科学技术在古文物研究领域中的应用，提高我国文物保护水平和推动科技考古的深入研究。刊物的首任主编是马承源馆长。

1993 年，期刊获得国家统一出版物刊号（CN31-1652/K）和国际连续出版物标准刊号（ISSN 1005-1538），同年被上海市科委、新闻出版局、市科协联合评比为上海市优秀科技期刊。1994 年起，《文物保护与考古科学》被本领域著名国际文摘杂志 AATA 收录。2003 年，刊物改为季刊。2017 年，刊物改为双月刊。期刊入编《中文核心期刊要目总览》，为"中国科技核心期刊"（中国科技论文统计源期刊），"RCCSE 中国核心学术期刊""中国最具国际影响力学术期刊"。

《文物保护与考古科学》期刊以社会效益为主，充分体现文博科技的专业特色，主要报道文物科技领域中的研究、应用成果，以创新和实用相结合、提高与普及并重为特点，反映国内外同领域研究中的新进展和动向。自创办以来，在广泛进行技术交流，加快文物科研成果的推广应用，推动我国文物科学保护事业的发展方面发挥了积极的作用，并在行业内及海内外具有一定的影响。

Journal of Sciences of Conservation and Archaeology

Journal of Sciences of Conservation and Archaeology is sponsored by the Shanghai Museum and managed by Shanghai Municipal Administration of Culture and Tourism (Shanghai Municipal Administration of Radio and Television, Shanghai Municipal Administration of Cultural Heritage).

Shanghai Museum set up a cultural heritage restoration workshop in 1958. In 1960, it also established a cultural relics protection and archaeological science laboratory, which was one of the earliest academic research institutions for cultural relics protection and archaeological science and technology in the domestic cultural relics museum system. From 1985 to 1988, the laboratory published 14 issues of Information Materials of International Natural Science and Archaeological Techniques of Cultural Heritages, which is the predecessor of this magazine.

In 1989, the Shanghai Museum officially published the *Journal of Sciences of Conservation and Archaeology*. The journal aims to fully report the scientific research achievements of cultural heritage and archaeology at home and abroad, which could help cultural heritage researchers and enthusiasts understand, transmit and exchange traditional or advanced scientific and technological methods in cultural heritage protection and archaeology. Furthermore, the journal can: develop the application of science and technology in the field of ancient heritage research, improve the level of cultural heritage protection in China, and promote the in-depth research of scientific and technological archaeology. The first chief editor of the journal was Ma Chengyuan.

In 1993, the journal acquired the National Unified Publication Serial Number (CN31-1652/K) and the International Serial Publication Standard Serial Number (ISSN 1005-1538). In the same year, it was jointly rated as Shanghai Excellent Scientific and Technological Journal by the Science and Technology Commission of Shanghai Municipality, the Shanghai Municipal Bureau of Press, and Publication and the Shanghai Association for Science & Technology. Since 1994, *Journal of Sciences of Conservation and Archaeology* has been included by the famous international abstract magazine in this field, AATA. In 2003, the publication was changed to a quarterly one. In 2017, the publication was changed to bimonthly. The journal has been compiled into A Guide to the Core Chinese Periodical, which is the "The Key Magazine of China Technology" (The Chinese statistical source journals of science and technology), "RCCSE China Core Academic Journal" and "China's most influential academic journals in the world".

Journal of Sciences of Conservation and Archaeology focuses on social influence and the professional characteristics of culture, museums, and technology. The journal mainly reports the research and application achievements in the field of cultural heritage science and technology. With the characteristics of combining innovation and practicality, and attaching equal importance to improvement and popularization, the journal reflects the new research progress and trends at home and abroad. Since its establishment, it has played a positive role in conducting extensive technical exchanges, accelerating the promotion and application of cultural relics scientific research achievements, and promoting the development of China's cultural heritage scientific protection. And the journal has a certain impact on cultural heritage science at home and abroad.

2.5 《敦煌研究》

《敦煌研究》是敦煌研究院的院刊，创办于 20 世纪 80 年代初，于 1981 年和 1982 年出版了试刊第一期和第二期，1983 年出版创刊号。1986 年作为季刊定期发行，2002 年改为双月刊发行。

至 2021 年底为止，本刊出版正刊 190 期，特刊 8 期，共发表敦煌学相关的各类文章 3900 余篇，内容涉及敦煌学的所有专业，除了对敦煌学领域，还对中国佛教考古、美术史研究、历史研究、古代汉语、古代民俗学、古代科技、音乐舞蹈研究、文物保护研究等领域产生了深远的影响。

《敦煌研究》立足敦煌，面向世界，以促进世界范围内的敦煌学发展为宗旨，站在敦煌学及相关学科的前沿，本着百家争鸣的精神，刊发国内外敦煌学及相关学科研究的新成果、新资料、新信息。

主要栏目：

【石窟考古与艺术】以敦煌石窟为主兼及中外石窟考古与艺术方面的研究成果。

【敦煌文献】以敦煌藏经洞发现的文献为主，兼及丝绸之路沿线发掘的文献资料的研究成果。

【敦煌史地】敦煌地区以及丝绸之路沿线历史、地理研究成果。

【敦煌语言文学】有关敦煌文献中语言学问题的研究成果。

【简牍研究】有关简牍研究的新成果。

此外该刊会根据来稿情况增设敦煌学史、敦煌民族与宗教、敦煌民俗、敦煌乐舞、敦煌书法、古代科技等栏目，及时反映不同领域研究的新成果。

Dunhuang Research

The journal of *Dunhuang Research* is the official journal of the Dunhuang Academy. The journal was established in the early 1980s: it published the first and second trial issues in 1981 and 1982；and the first issue was officially published in 1983. In 1986, it was issued regularly as a quarterly magazine. In 2022, it was changed to bimonthly.

By the end of 2021, this journal has published 190 official issues and 8 special issues. More than 3900 papers covering all disciplines of Dunhuang Studies are included. In addition to Dunhuang Studies, it also has a profound impact on Chinese Buddhist archaeology, art history research, historical research, ancient Chinese, ancient folklore, ancient science and technology, music and dance research, cultural heritage protection research and other fields.

Based on Dunhuang and facing the world, *Dunhuang Research* aims to promote the development of Dunhuang Studies worldwide. Focusing on the forefront of Dunhuang Studies and related disciplines, the journal publishes new achievements, new materials and new information at home and abroad in the spirit of a hundred schools of thought contending.

Main columns:

[Grotto Archaeology and Art] Research achievements in Dunhuang Grottoes and grotto archaeology and art at home and abroad.

[Dunhuang Documents] The research results mainly focus on the documents found in the Dunhuang Sutra Cave and the documents excavated along the Silk Road.

[Dunhuang History and Geography] Research achievements in the history and geography of Dunhuang and along the Silk Road.

[Dunhuang Language and Literature] Research achievements on linguistic issues in Dunhuang documents.

[Bamboo slips research] New achievements in bamboo slips research.

In addition, the journal will add columns such as History of Dunhuang Studies, Dunhuang Nationalities and Religions, Dunhuang Folklore, Dunhuang Music and Dance, Dunhuang Calligraphy, Ancient Science and Technology, etc. according to the contributions, to reflect the new achievements in different fields.

后　记

　　文物是人类文明的重要载体,是历史发展不可或缺的物证。保护文物就是保护人类文化的传承,培植社会文化的根基,维护文化的多样性和创造性,保证社会不断向前发展。文物类型多样,分布广泛,其良好的保存状态受自身材料和环境因素双重影响,其中因微生物活动引起的文物生物劣化及退化现象屡见不鲜,直接威胁到文物的长久保存和有效利用。而针对微生物与文物相互作用方面的研究并不多见,已有的研究成果也多见于零散的论文发表,缺乏文物微生物从理论到实践的系统性研究,更谈不上去指导文化遗产保护工程实践。

　　2006 年秋,我从中国科学院研究生院(现中国科学院大学)博士毕业后,在与时任兰州大学生命科学学院院长安黎哲教授交流时提及文物微生物损害问题,并萌生了继续开展这方面研究工作的想法,得到安教授的肯定和支持,同时他希望我能够从这一方向入手从事博士后研究工作。经过安教授的推举,我顺利进入兰州大学生物学博士后流动站,随后申请的"敦煌壁画损害的微生物学机制及防护研究"课题也获第四十三批中国博士后科学基金一等资助(No. 20080430109),为继续开展文化遗产与微生物关系的相关研究工作提供了有力保障。经过不断研究积累,2014 年由敦煌研究院(国家古代壁画与土遗址保护工程技术研究中心)、兰州大学和国际生物退化与生物降解学会(IBBS)联合主办的"文物的生物退化与防护国际学术研讨会"在敦煌莫高窟隆重召开,来自美国、意大利、日本和中国(包括香港和台湾)主要从事文物的生物退化(腐蚀)与防护研究相关领域近 60 位专家学者到会,开展学术交流,会议成果丰硕。通过此次会议,我们重新认识到该领域存在研究人才和相关参考资料缺乏、操作研究尚无统一标准、不同国家和地区研究水平参差不齐的现状,自此产生了编撰出版《文化遗产微生物》的想法。

　　《文化遗产微生物》一书,是编者及其研究团队联合国内相关文博单位、科研院所和高等院校在前人研究工作的基础上,对近年来在石窟寺、壁画、土建筑遗址、古墓葬、考古遗址及馆藏文物等不同类型文化遗产与微生物相互关系研究的系统总结,全面反映了我国文化遗产微生物研究的现状和取得的最新成果。书中列举的国际案例,侧面反映出本领域国际研究前沿。

　　不积跬步,无以至千里;不积小流,无以成江海。在前人的研究基础上、在前辈的关心支持下,在 30 多年的文化遗产保护实践中,本书编者通过自身的努力钻研,从对文物价值的认知,到环境影响因素及病害机理探究,保护策略的制定,以及保护规律的认识及保护程序原则的把握,再到保护成果的共享,收获颇丰。时至今日,书稿得以问世,离不开前人的积淀,更离不开敦煌研究院提供的研究平台与人力、财力的支持,可以说是研究团队集体智慧的结晶。当然,书稿中大量成果的取得也离不开国家自然科学基金、国家文物局文物保护科学与技术研究课题、甘肃省重点研发计划等国家级与省部级项目的支持，专著出版也得到中国敦煌石窟保护研究基金会、甘肃省拔尖领军人才扶持计划项目（第一批）等项目资助，在此一并感谢。"文物的生物退化与防护国际学术研讨会"在敦煌研究院大力支持下成功举办是专著得以问世的重要契机。在此，谨向以常书鸿、段文杰、李最雄、孙儒僴和李云鹤为代表的老一辈敦煌学和敦煌文物保护前辈们致以最崇高的敬意和衷心的谢意。感谢敦煌研究院名誉院长樊锦诗研究馆员、原院长王旭东研究馆员、党委书记赵声良研究馆员等，他们为本研究工作给予大力支持，提供了诸多便利。

此外，书稿在编撰过程中，始终得到中国工程院院士、中国科学院西北生态环境资源研究院冯起研究员以及中国生态学学会副理事长、北京林业大学安黎哲教授的悉心指导；得到文博界老前辈中国文化遗产研究院王丹华研究馆员、黄克忠教授级高级工程师，四川省文物考古研究所马家郁研究馆员，以及中青年专家中国国家博物馆铁付德研究馆员、潘路研究馆员，四川博物院韦荃研究馆员，陕西省文物保护研究院马涛研究馆员，北京大学胡东波教授，复旦大学王金华教授，上海交通大学张晓军教授，中国科学技术大学龚德才教授，北京科技大学郭宏教授，西北工业大学杨军昌教授，上海大学黄继忠教授，同济大学戴仕炳教授，兰州大学李祥楷教授，中国科学院新疆生态与地理研究所王雪芹副研究员等颇多有益的修改意见和建议，极大提升了著作质量。

《国际生物退化与生物降解》（*International Biodeterioration & Biodegradation*）期刊主编、广东以色列理工学院顾继东教授，著名文物保护专家、中国文物保护技术协会原理事长、故宫博物院陆寿麟研究馆员为本书欣然作序，书稿交由科学出版社出版，编者倍感荣幸。值此书稿付梓之际，谨向以上专家、学者表示由衷的感谢！

本书编写过程中数易其稿，仍难免挂一漏万。限于编者水平，书中难免出现文献引用不够甚至不当等不足之处，敬请读者批评指正，以便进一步修订。

2022 年 10 月 10 日于敦煌莫高窟